大学数学基础丛书

微积分学习指导
（上册）

王金芝　齐淑华　主编

清华大学出版社
北京

内 容 简 介

本学习指导是与我们编写的教材《微积分》配套辅导用书. 书中按教材章节顺序编排,与教材保持一致.全书共 5 章,每章又分 4 个板块,即大纲要求与重点内容、内容精要、题型总结与典型例题、课后习题解答,以起到同步辅导的作用,帮助学生克服学习中遇到的困难.

图书在版编目(CIP)数据

微积分学习指导. 上册 / 王金芝,齐淑华主编. —北京:清华大学出版社,2018(2020.11重印)
(大学数学基础丛书)
ISBN 978-7-302-51396-4

Ⅰ. ①微⋯ Ⅱ. ①王⋯ ②齐⋯ Ⅲ. ①微积分－高等学校－教学参考资料 Ⅳ. ①O172

中国版本图书馆 CIP 数据核字(2018)第 228433 号

责任编辑:刘 颖
封面设计:傅瑞学
责任校对:刘玉霞
责任印制:丛怀宇

出版发行:清华大学出版社
　　网　　　址:http://www.tup.com.cn, http://www.wqbook.com
　　地　　　址:北京清华大学学研大厦 A 座　　　　　　　邮　　编:100084
　　社 总 机:010-62770175　　　　　　　　　　　　　　邮　　购:010-62786544
　　投稿与读者服务:010-62776969, c-service@tup.tsinghua.edu.cn
　　质量反馈:010-62772015, zhiliang@tup.tsinghua.edu.cn
印 装 者:涿州市京南印刷厂
经　　销:全国新华书店
开　　本:185mm×260mm　　印　张:15.25　　　　　　字　　数:488 千字
版　　次:2018 年 12 月第 1 版　　　　　　　　　　　　印　　次:2020 年 11 月第 4 次印刷
定　　价:43.00 元

产品编号:077724-02

前言

PREFACE

　　本学习指导是与我们编写的教材《微积分》配套的辅导用书.

　　微积分是高等院校的重要基础课之一,它不仅是后续课程学习及在各个学科领域中进行研究的必要基础,而且对学生综合能力的培养起着重要的作用,同时更是考研数学试题的重要组成部分.为更好地指导学生学好这门课程,加深学生对所学内容的理解和掌握,提高其综合运用知识解决问题的能力,我们组织编写此书.本书按教材章节顺序编排,与教材保持一致.全书共 5 章,每章又分 4 个板块,即大纲要求及重点内容、内容精要、题型总结与典型例题、课后习题解答,对现行教材逐章逐节同步辅导.各板块具有以下特点:

　　1. 大纲要求及重点内容部分列出了国家教学大纲对本章内容的基本要求,帮助同学们明确本章应该掌握的数学概念及相关知识.

　　2. 内容精要部分对每章的内容都给出了简明的摘要,用以帮助读者理解和记忆本书中的主要概念、结论和方法,对本章有一个全局性的认识和把握.

　　3. 题型总结与典型例题部分,选取了近几年的考研题和竞赛题作为例题,并进行了详细的解答.每种题型的解法都具有代表性.读者可以通过典型例题既对这部分知识消化理解,掌握了常见的解题方法与技巧,又扩充了知识面,同时也做到举一反三,触类旁通.

　　4. 课后习题解答部分,是对《微积分》一书的课后习题的详细解答,用以帮助读者在完成课后习题遇到困难时参考、查阅.对于课后习题,希望读者在学习过程中,先独立思考,自己动手解题,然后再对照检查,不要依赖于解答.

　　本书既是大学本科学生学习微积分有益的参考用书,又是有志考研同学的良师益友,相信通过对本书的系统阅读,会对学好微积分有很大帮助.

　　本书由大连民族大学理学院组织编写,由王金芝、齐淑华主编,参加编写的有刘强、张誉铎、李娇.理学院领导和同事们对本书的编写提出了宝贵的意见和建议,在此表示感谢.

　　由于作者水平有限,难免有疏漏、不足或错误之处,敬请同行和广大读者指正.

编　者

2018 年 6 月

第 1 章

函数、极限和连续

1.1 大纲要求及重点内容

1. 大纲要求

(1) 理解函数的定义,掌握函数定义的两个要素,会求函数的定义域,值域及函数值.

(2) 加深对函数的奇偶性、单调性、周期性和有界性等函数基本性质的了解,会判断函数的奇偶性、单调性,熟记一些常见的有界函数和周期函数.

(3) 了解反函数的概念,会求反函数.理解复合函数的概念,会进行函数的复合运算和复合步骤的分解.

(4) 掌握基本初等函数的函数关系式、定义域和值域、性质和图像.理解初等函数的概念,了解分段函数的概念及相关问题.

(5) 会建立简单物理、经济等实际问题中的函数关系式,掌握一些常见的经济函数.

(6) 理解极限的概念,会用两个重要极限求极限.

(7) 了解无穷小、无穷大以及无穷小的阶的概念,会用等价无穷小代换求极限.

(8) 理解函数在一点连续和在一个区间上连续的概念.了解函数间断点的概念,会判断间断点的类型;了解初等函数的连续性,会讨论简单初等函数和分段函数的连续性问题.

(9) 了解闭区间上连续函数的性质,会用介值定理证明简单的命题.

2. 重点内容

(1) 复合函数、反函数、分段函数、函数记号的运算、基本初等函数及其图像、初等函数的概念.

(2) 准确理解极限的概念、性质和极限存在的条件,求出各种极限.

(3) 比较无穷小的阶,用等价无穷小代换求极限.

(4) 判断函数的连续性及间断点的类型.

(5) 利用零点存在定理证明方程根的存在性.

1.2　内容精要

1. 函数

（1）函数的概念

① **函数**　设 x 和 y 是两个变量，D 是一个给定的非空数集，如果对于每个数 $x \in D$，变量 y 按照一定的对应法则 f 总有确定的数值和它对应，则称 y 是 x 的函数，记作 $y = f(x)$. x 叫做自变量，y 叫做因变量，数集 D 叫做这个函数的定义域.

一个函数当它的定义域及对应法则确定后，这个函数就确定了，所以，定义域和对应法则称为函数的**两要素**.

注：两个函数的定义域及对应法则相同，则这两个函数相同，而与自变量用什么表示无关. 如 $y = \sin x$ 与 $y = \sin t$ 是相同的函数.

② **定义域**　函数的定义域就是使函数 $y = f(x)$ 有意义的自变量 x 的全体取值所组成的集合，记作 $D(f)$. 在实际问题中，函数的定义域往往由问题的实际意义来确定.

（2）函数的基本性质

① **有界性**　设数集 X 是函数 $f(x)$ 的定义域的一个子集. 如果存在常数 M，使得：

- 对于任意 $x \in X$，有不等式 $f(x) \leqslant M$ 成立，则称函数 $f(x)$ 在 X 上**有上界**.
- 对于任意 $x \in X$，有不等式 $f(x) \geqslant M$ 成立，则称函数 $f(x)$ 在 X 上**有下界**.
- 对于任意 $x \in X$，有不等式 $|f(x)| \leqslant M$（这里 $M > 0$）成立，则称函数 $f(x)$ 在 X 上**有界**.
- 若对任意的 $M > 0$，都存在 $x \in X$，有 $|f(x)| \geqslant M$ 成立，则称函数 $f(x)$ 在 X 上**无界**.

注　有界函数 $f(x)$ 在 X 上的图像夹在两条平行线 $y = M$，$y = -M$ 之间.

② **单调性**　设函数 $f(x)$ 的定义域为 D，区间 $I \subset D$，对于 I 内任意两点 x_1，x_2，若：

- 当 $x_1 < x_2$ 时，恒有 $f(x_1) \leqslant f(x_2)$，则称函数 $f(x)$ 在 I 内是单调增加的.
- 当 $x_1 < x_2$ 时，恒有 $f(x_1) \geqslant f(x_2)$，则称函数 $f(x)$ 在 I 内是单调减少的.

注　单调增加函数的图像从左往右是上升的；单调减少函数的图像从左往右是下降的.

③ **奇偶性**　设函数 $f(x)$ 的定义域 D 关于原点对称，如果：

- 对于任意 $x \in D$，恒有 $f(-x) = -f(x)$，则称 $f(x)$ 为奇函数；
- 对于任意 $x \in D$，恒有 $f(-x) = f(x)$，则称 $f(x)$ 为偶函数.

注　奇函数的图像关于原点对称；偶函数的图像关于 y 轴对称.

④ **周期性**　对于函数 $f(x)$，如果存在一个不为零的数 T，使得对于定义域内的任何 x，$x \pm T$ 仍在定义域内，且关系式 $f(x+T) = f(x)$ 恒成立，则称 $f(x)$ 为周期函数. T 称为它的一个周期.

注　函数的周期是指它的最小正周期；周期为 T 的周期函数的图像，在长度为 T 的任何区间上有相同的形状.

（3）复合函数

若函数 $y = f(u)$ 的定义域为 D_1，函数 $u = \varphi(x)$ 在数集 D_2 上有定义，对应的值域 $W_2 = \{u \mid u = \varphi(x), x \in D_2\}$，并且 $W_2 \subset D_1$，那么对于每个数值 $x \in D_2$，有确定的数值 $u \in W_2$ 与 x

值对应. 由于这个值 u 也属于函数 $y=f(u)$ 的定义域 D_1,因此有确定的值 y 与值 u 对应,这样对于每个数值 $x\in D_2$,通过 u 有确定的数值 y 与 x 对应,从而得到一个以 x 为自变量,y 为因变量的函数,这个函数称为由函数 $y=f(u)$ 及 $u=\varphi(x)$ 复合而成的复合函数,记作 $y=f[\varphi(x)]$,而 u 称为中间变量.

注　不是任意两个函数都能复合成一个复合函数的.复合函数可以有多个中间变量.

将 $u=\varphi(x)$ 代入 $y=f(u)$ 中的运算就是函数的复合运算;从复合函数 $y=f[\varphi(x)]$ 中分解出 $y=f(u)$ 和 $u=\varphi(x)$ 的运算就是分解复合步骤的运算.

函数的复合运算是不同于函数的四则运算及其他运算的一种独特的运算,它具有内层函数与外层函数环环相扣的所谓"函数的函数"这样一个特征,所以分清中间变量与自变量是理解和解决复合函数问题的关键,对于一元函数和多元函数都是如此.

（4）反函数

设 $y=f(x)$ 在区间 I 上有定义,对应的函数值集合为 $Y=\{y\,|\,y=f(x),x\in D\}$,如果对于每个数 $y\in Y$,按照对应法则 $f(x)=y$,在 I 中有唯一的数 x 与 y 对应,则称这样得到的函数为 $y=f(x)$ 在区间 I 上的反函数,记为 $x=f^{-1}(y)$,或按字母使用习惯记为 $y=f^{-1}(x)$.而 $y=f(x)$ 称为**直接函数**.

注　反函数定义域和值域与直接函数的值域和定义域对应相等.互为反函数的两个函数的图像关于直线 $y=x$ 对称.

（5）基本初等函数

常值函数、幂函数、指数函数、对数函数、三角函数、反三角函数统称为基本初等函数.

（6）初等函数

由常数及基本初等函数经过有限次四则运算及有限次的复合步骤所构成,并且可以用一个式子表示的函数,叫做初等函数.是否为初等函数主要取决于函数中的运算是否为四则运算和复合运算,并且运算的次数是否为有限次.

（7）分段函数

在定义域的不同部分用不同的解析式来表示的函数就是分段函数.由于分段函数是一个函数,所以它的定义域是各段定义域的并集.讨论分段函数时,还要特别注意在相邻两段分段点处函数是如何定义的.

（8）常见的经济函数

收入函数 $R=R(x)$,成本函数 $C=C(x)$,利润函数 $L=L(x)=R(x)-C(x)$,需求函数 $x=x(P)$,供应函数 $Q=Q(P)$ 都是常见的经济函数,其中 x 表示产（销）量,P 表示价格,每个具体的经济函数要根据实际的经济问题来确定.

2. 极限

（1）数列极限、函数极限定义（略）

（2）无穷小与无穷大

无穷小　若 $\lim\limits_{x\to x_0}f(x)=0$（或 $\lim\limits_{x\to\infty}f(x)=0$）,就称函数 $f(x)$ 当 $x\to x_0$（或 $x\to\infty$）时为无穷小.

注　① 无穷小是以 0 为极限的变量.

② 说到无穷小,必须指明自变量的变化过程.

③ 无穷小与绝对值很小的数不能混为一谈.

④ 零是唯一可以作为无穷小的常数.

无穷大

① 若 $\lim\limits_{\substack{x \to x_0 \\ (x \to \infty)}} f(x) = \infty$,则称函数 $f(x)$ 当 $x \to x_0 (x \to \infty)$ 时为无穷大.

② 若 $\lim\limits_{\substack{x \to x_0 \\ (x \to \infty)}} f(x) = +\infty$,则称函数 $f(x)$ 当 $x \to x_0 (x \to \infty)$ 时为正无穷大.

③ 若 $\lim\limits_{\substack{x \to x_0 \\ (x \to \infty)}} f(x) = -\infty$,则称函数 $f(x)$ 当 $x \to x_0 (x \to \infty)$ 时为负无穷大.

注 ① 无穷大是变量.

② 说到无穷大,必须指明自变量的变化过程.

③ 无穷大与绝对值很大的数不能混为一谈.

等价无穷小代换 若 $\alpha \sim \alpha', \beta \sim \beta'$,且 $\lim \dfrac{\beta'}{\alpha'}$ 存在,则 $\lim \dfrac{\beta}{\alpha} = \lim \dfrac{\beta'}{\alpha'}$.

这表明,求两个无穷小之比的极限时,可以用等价无穷小来代替.

(3) 函数的连续性

① 连续的定义

定义 1 记 $\Delta y = f(x_0 + \Delta x) - f(x_0)$,称为 $f(x)$ 在 x_0 的增量,若 $\lim\limits_{\Delta x \to 0} \Delta y = 0$,则称 $f(x)$ 在 x_0 处连续.

定义 2 设 $f(x)$ 在点 x_0 的某邻域内有定义,若 $\lim\limits_{x \to x_0} f(x) = f(x_0)$,则称 $f(x)$ 在 x_0 处连续,x_0 称为 $f(x)$ 的连续点.

注 ①连续函数的图像是一条连续不间断的曲线.②一般的证明性命题用函数连续的第一个定义较方便;判断函数在某点连续,尤其是判断分段函数在分段点处是否连续用定义 2 较方便.

② 单侧连续

• 若 $f(x)$ 在点 x_0 的某个左邻域内有定义,且 $\lim\limits_{x \to x_0^-} f(x) = f(x_0)$,则称 $f(x)$ 在 x_0 点左连续;

• 若 $f(x)$ 在点 x_0 的某个右邻域内有定义,且 $\lim\limits_{x \to x_0^+} f(x) = f(x_0)$,则称 $f(x)$ 在 x_0 点右连续.

$f(x)$ 在 x_0 点连续的充要条件是 $f(x)$ 在 x_0 点既左连续,又右连续,即

$$\lim_{x \to x_0} f(x) = f(x_0) \Longleftrightarrow \lim_{x \to x_0^-} f(x) = \lim_{x \to x_0^+} f(x) = f(x_0).$$

区间上连续 若函数 $f(x)$ 在开区间 (a, b) 内每一点处都连续,则称 $f(x)$ 在 (a, b) 内连续;若 $f(x)$ 在 (a, b) 内连续,且 $\lim\limits_{x \to a^+} f(x) = f(a)$, $\lim\limits_{x \to b^-} f(x) = f(b)$,则称 $f(x)$ 在 $[a, b]$ 上连续.

③ 间断点

定义 若 $f(x)$ 在 x_0 处出现以下 3 种情形之一:

• $f(x)$ 在 x_0 处无定义;

• $\lim\limits_{x \to x_0} f(x)$ 不存在;

- $\lim\limits_{x\to x_0} f(x) \neq f(x_0)$,

则称 $f(x)$ 在 $x=x_0$ 处间断,称 x_0 为 $f(x)$ 的间断点.

间断点的类型 设 x_0 为 $f(x)$ 的间断点.

第一类间断点 $\lim\limits_{x\to x_0^-} f(x)$ 与 $\lim\limits_{x\to x_0^+} f(x)$ 都存在,x_0 称为 $f(x)$ 的第一类间断点分为可去与跳跃两类:

- 可去间断点:$\lim\limits_{x\to x_0^-} f(x)$ 与 $\lim\limits_{x\to x_0^+} f(x)$ 都存在且**相等**.

- 跳跃间断点:$\lim\limits_{x\to x_0^-} f(x)$ 与 $\lim\limits_{x\to x_0^+} f(x)$ 都存在但**不相等**.

第二类间断点 $\lim\limits_{x\to x_0^-} f(x)$ 与 $\lim\limits_{x\to x_0^+} f(x)$ 中至少有一个不存在,则称 x_0 为 $f(x)$ 的第二类间断点.

- 无穷间断点:$\lim\limits_{x\to x_0^-} f(x)$ 与 $\lim\limits_{x\to x_0^+} f(x)$ 中至少有一个极限为无穷大.

- 振荡间断点:$\lim\limits_{x\to x_0^-} f(x)$ 与 $\lim\limits_{x\to x_0^+} f(x)$ 中至少有一个极限不存在且振荡.

3. 重要公式和定理

(1) 重要公式

① $\lim\limits_{x\to 0} \dfrac{\sin x}{x} = 1, \qquad \lim\limits_{x\to 0}(1+x)^{\frac{1}{x}} = \mathrm{e}, \qquad \lim\limits_{x\to \infty}\left(1+\dfrac{1}{x}\right)^{x} = \mathrm{e}.$

推广 $\lim\limits_{\varphi(x)\to 0} \dfrac{\sin\varphi(x)}{\varphi(x)} = 1, \qquad \lim\limits_{\varphi(x)\to 0}(1+\varphi(x))^{\frac{1}{\varphi(x)}} = \mathrm{e}, \qquad \lim\limits_{\varphi(x)\to \infty}\left(1+\dfrac{1}{\varphi(x)}\right)^{\varphi(x)} = \mathrm{e}.$

② **抓大头公式** $\lim\limits_{x\to \infty} \dfrac{a_0 x^m + a_1 x^{m-1} + \cdots + a_m}{b_0 x^n + b_1 x^{n-1} + \cdots + b_n} = \lim\limits_{x\to \infty} \dfrac{a_0 x^m}{b_0 x^n} = \begin{cases} \infty, & m>n, \\ \dfrac{a_0}{b_0}, & m=n, \ m,n>0. \\ 0, & m<n, \end{cases}$

何谓"抓大头",即分子分母都抓最大那一项,同一数量级的认为不能忽略.

③ 常用极限

$\lim\limits_{n\to\infty}\sqrt[n]{a} = 1(a>0); \qquad \lim\limits_{n\to\infty}\sqrt[n]{n} = 1; \qquad \lim\limits_{n\to\infty} q^n = 0(|q|<1); \qquad \lim\limits_{n\to\infty} \dfrac{a^n}{n!} = 0(a>0);$

$\lim\limits_{x\to -\infty} \mathrm{e}^x = 0; \qquad \lim\limits_{x\to +\infty} \mathrm{e}^x = \infty;$

$\lim\limits_{x\to +\infty} x^{\frac{1}{x}} = 1; \qquad \lim\limits_{x\to 0^+} x^{\frac{1}{x}} = 0; \qquad \lim\limits_{x\to 0^+} x^x = 1; \qquad \lim\limits_{x\to +\infty} \dfrac{x^p}{a^x} = 0(a>0, p>0);$

$\lim\limits_{x\to -\infty} \arctan x = -\dfrac{\pi}{2}; \qquad \lim\limits_{x\to +\infty} \arctan x = \dfrac{\pi}{2}; \qquad \lim\limits_{x\to -\infty} \operatorname{arccot} x = \pi; \qquad \lim\limits_{x\to +\infty} \operatorname{arccot} x = 0.$

④ **无穷小的比较** 设 $\lim\limits_{\substack{x\to x_0 \\ (x\to\infty)}} \alpha(x) = 0, \ \lim\limits_{\substack{x\to x_0 \\ (x\to\infty)}} \beta(x) = 0.$

若 $\lim \dfrac{\alpha(x)}{\beta(x)} = \begin{cases} 0, & \text{则称 } \alpha(x) \text{ 是 } \beta(x) \text{ 的高阶无穷小,记为 } \alpha(x) = o(\beta), \\ \infty, & \text{则称 } \alpha(x) \text{ 是 } \beta(x) \text{ 的低阶无穷小}, \\ C(C\neq 0), & \text{则称 } \alpha(x) \text{ 是 } \beta(x) \text{ 的同阶无穷小}, \\ 1, & \text{则称 } \alpha(x) \text{ 是 } \beta(x) \text{ 的等价无穷小,记为 } \alpha(x) \sim \beta(x). \end{cases}$

若 $\lim \dfrac{\alpha(x)}{\beta^k(x)} = C(C\neq 0), k>0,$ 则称 $\alpha(x)$ 是 $\beta(x)$ 的 k 阶无穷小.

⑤ **无穷小的阶的运算法则**

若 $x \to 0$,则:

- $m > n$,$o(x^m) \pm o(x^n) = o(x^n)$,$o(x^n) \pm o(x^n) = o(x^n)$;
- $o(kx^n) = o(x^n)$;
- $x^m o(x^n) = o(x^{m+n})$;
- 若 $\varphi(x)$ 有界时,则 $\varphi(x) o(x^n) = o(x^n)$;
- $o(x^m) \cdot o(x^n) = o(x^{m+n})$.

⑥ **关于等价无穷小**

- 当 $x \to 0$ 时,$x^n + x^m \sim x^{\min\{m,n\}}$;
- 当 $\varphi(x) \to 0$ 时,$\varphi(x) + o(\varphi(x)) \sim \varphi(x)$.

例如,当 $x \to 0$ 时,$x^3 = o(3x)$,则 $x^3 + 3x \sim 3x$;$1 - \cos x = o(x)$,则 $x + (1 - \cos x) \sim x$.

- 当 $x \to 0$ 时

$$\sin x \sim x, \qquad \tan x \sim x, \qquad \arcsin x \sim x, \qquad \arctan x \sim x, \qquad \ln(1+x) \sim x,$$

$$\mathrm{e}^x - 1 \sim x, \qquad a^x - 1 \sim x \ln a, \qquad 1 - \cos x \sim \frac{1}{2}x^2, \qquad (1+x)^\alpha - 1 \sim \alpha x.$$

当 $x \to 0^+$ 时,$x^x - 1 = \mathrm{e}^{x\ln x} - 1 \sim x\ln x$.

当 $x \to 1$ 时,$\ln x \sim x - 1$.

- **推广**　将上面的 x 都换成 $\varphi(x)$ 等价仍成立,即当 $\varphi(x) \to 0$ 时

$$\sin\varphi(x) \sim \varphi(x), \qquad \tan\varphi(x) \sim \varphi(x), \qquad \arcsin\varphi(x) \sim \varphi(x), \qquad \arctan\varphi(x) \sim \varphi(x),$$

$$a^{\varphi(x)} - 1 \sim \varphi(x)\ln a, \qquad \ln(1+\varphi(x)) \sim \varphi(x), \qquad \mathrm{e}^{\varphi(x)} - 1 \sim \varphi(x),$$

$$(1+\varphi(x))^\alpha - 1 \sim \alpha\varphi(x), \qquad 1 - \cos\varphi(x) \sim \frac{1}{2}\varphi(x)^2.$$

当 $\varphi(x) \to 1$ 时,$\ln\varphi(x) \sim \varphi(x) - 1$.

- 更进一步的等价我们也经常用,求极限时更简便(由第 3 章的泰勒公式可推导下面的等价关系).

当 $x \to 0$ 时

$$\sin x - x \sim -\frac{1}{6}x^3; \qquad \arcsin x - x \sim \frac{1}{6}x^3;$$

$$\tan x - x \sim \frac{1}{3}x^3; \qquad \arctan x - x \sim -\frac{1}{3}x^3;$$

$$\tan x - \sin x \sim \frac{1}{2}x^3; \qquad \mathrm{e}^x - 1 - x \sim \frac{1}{2}x^2; \qquad \ln(1+x) - x \sim -\frac{1}{2}x^2.$$

将上面的 x 都换成 $\varphi(x)$ 等价关系仍成立.

⑦ **求两个无穷小比的极限时,可用等价无穷小的代换**

设 $\alpha \sim \alpha', \beta \sim \beta'$,且 $\lim\dfrac{\beta'}{\alpha'}$ 存在,则 $\lim\dfrac{\beta}{\alpha}$ 也存在,且 $\lim\dfrac{\beta}{\alpha} = \lim\dfrac{\beta'}{\alpha'}$.

这是因为 $\lim\dfrac{\beta}{\alpha} = \lim\left(\dfrac{\beta}{\beta'} \cdot \dfrac{\beta'}{\alpha'} \cdot \dfrac{\alpha'}{\alpha}\right) = \lim\dfrac{\beta}{\beta'}\lim\dfrac{\beta'}{\alpha'}\lim\dfrac{\alpha'}{\alpha} = \lim\dfrac{\beta'}{\alpha'}$.

在求无穷小比的极限,而分子或分母为两个无穷小的和或差时,可用等价无穷小代换:

设 $\alpha \sim \alpha', \beta \sim \beta'$,若:

$\lim\dfrac{\alpha'}{\beta'}\neq 1$，则在求极限时可用等价无穷小代换 $\alpha-\beta\sim\alpha'-\beta'$；

$\lim\dfrac{\alpha'}{\beta'}\neq -1$，则在求极限时可用等价无穷小代换 $\alpha+\beta\sim\alpha'+\beta'$.

例如，求 $\lim\limits_{x\to 0}\dfrac{\tan 3x-\sin x}{\ln(1+5x)-(e^x-1)}$. 因为

$$\tan 3x\sim 3x,\ \sin x\sim x,\ \ln(1+5x)\sim 5x,\ e^x-1\sim x,$$

且 $\lim\limits_{x\to 0}\dfrac{\tan 3x}{\sin x}=\lim\limits_{x\to 0}\dfrac{3x}{x}=3\neq 1$，$\lim\limits_{x\to 0}\dfrac{\ln(1+5x)}{e^x-1}=\lim\limits_{x\to 0}\dfrac{5x}{x}=5\neq 1$，所以

$$\lim\limits_{x\to 0}\dfrac{\tan 3x-\sin x}{\ln(1+5x)-(e^x-1)}=\lim\limits_{x\to 0}\dfrac{3x-x}{5x-x}=\lim\limits_{x\to 0}\dfrac{2x}{4x}=\dfrac{1}{2}.$$

（2）数列极限的性质及判定

收敛数列的性质：

① 若 $\{x_n\}$ 收敛，则其极限唯一；

② 若 $\{x_n\}$ 收敛，则 $\{x_n\}$ 有界，其逆不真.

收敛数列的判别法：

① 单调有界数列 $\{x_n\}$ 必有极限；

② 夹逼定理　设存在自然数 N，当 $n>N$，恒有 $y_n\leqslant x_n\leqslant z_n$，若 $\lim\limits_{n\to\infty}y_n=\lim\limits_{n\to\infty}z_n=l$，则 $\lim\limits_{n\to\infty}x_n=l$.

（3）函数极限的重要定理

定理 1（常用于判别函数的连续性）　$\lim\limits_{x\to x_0}f(x)=A\Leftrightarrow\lim\limits_{x\to x_0^-}f(x)=\lim\limits_{x\to x_0^+}f(x)=A$.

定理 2（常用于极限的证明或计算中）　$\lim\limits_{x\to x_0}f(x)=A\Leftrightarrow f(x)=A+\alpha(x)$，其中 $\lim\limits_{x\to x_0}\alpha(x)=0$.

定理 3（函数极限的保号性定理）　若 $\lim\limits_{x\to x_0}f(x)=A,A>0$（或 $A<0$），则存在一个 $\delta>0$，当 $x\in(x_0-\delta,x_0+\delta),x\neq x_0$ 时，$f(x)>0$（或 $f(x)<0$）.

定理 4（函数极限的保号性定理的逆定理）　若 $\lim\limits_{x\to x_0}f(x)=A,f(x)>0$（或 $f(x)<0$）则 $A\geqslant 0$（或 $A\leqslant 0$）.

定理 5（夹逼准则，常用于求极限）　设在 x_0 的邻域内，恒有 $\varphi(x)\leqslant f(x)\leqslant\psi(x)$，且 $\lim\limits_{x\to x_0}\varphi(x)=\lim\limits_{x\to x_0}\psi(x)=A$，则 $\lim\limits_{x\to x_0}f(x)=A$.

定理 6（无穷小的运算性质及规律）

① 有限个无穷小的代数和仍为无穷小；

② 有限个无穷小的乘积仍为无穷小；

③ 有界函数与无穷小的乘积仍为无穷小；

④ $\lim f(x)g(x)=A$ 且 $\lim g(x)=\infty$，则 $\lim f(x)=0$；

⑤ $\lim\dfrac{f(x)}{g(x)}=A$ 且 $\lim g(x)=0$，则 $\lim f(x)=0$.

定理 7（无穷小与无穷大的关系定理）　在自变量的同一变化过程中，如果 $f(x)$ 为无穷小，且 $f(x)\neq 0$，则 $\dfrac{1}{f(x)}$ 为无穷大；反之，如果 $f(x)$ 为无穷大，则 $\dfrac{1}{f(x)}$ 为无穷小.

定理 8（初等函数的连续性） 初等函数在其定义域子区间上连续.

定理 9（闭区间上连续函数的性质）

① （**连续函数的有界性**）若函数 $f(x)$ 在 $[a,b]$ 上连续，则 $f(x)$ 在 $[a,b]$ 上有界；

② （**最值定理**）若函数 $f(x)$ 在 $[a,b]$ 上连续，则在 $[a,b]$ 上 $f(x)$ 能取得最大值与最小值；

③ （**介值定理**）若函数 $f(x)$ 在 $[a,b]$ 上连续，且 μ 介于 $f(a)$，$f(b)$ 之间，则在 $[a,b]$ 上存在 ξ 使得 $f(\xi)=\mu$；

④ （**零点存在定理或根的存在定理**）若函数 $f(x)$ 在 $[a,b]$ 上连续，且 $f(a)\cdot f(b)<0$，则在 (a,b) 内至少存在一点 ξ，使得 $f(\xi)=0$.

1.3 题型总结与典型例题

重点题型 1.求函数的极限；2.无穷小的比较与阶的确定；3.极限中常数的确定；4.判断函数的连续性及间断点的类型，特别是分段函数在分段点处的连续性；5.闭区间上连续函数的零点定理和介值定理.

1. 函数及其性质

题型 1-1 函数的定义域

【**解题思路**】 求函数的定义域时，一般要根据分母不为零，负数不能开偶次方、负数和零无对数，$k\pi$ 无余切，$k\pi\pm\dfrac{\pi}{2}$ 无正切，以及绝对值大于 1 时无反正弦和反余弦等原则列出不等式（组），求得其解即为所求函数的定义域.

例 1.1 求函数 $f(x)=\lg(4-x)+\sqrt{x^2+3x-10}$ 的定义域.

解 依题意 $\begin{cases}4-x>0,\\x^2+3x-10\geqslant0,\end{cases}$ 解之得 $2\leqslant x<4$，即函数的定义域为 $\{x\mid 2\leqslant x<4\}=[2,4)$.

例 1.2 设 $f(x)$ 的定义域为 $[0,3]$，求 $g(x)=f(\tan^2 x)$ 的定义域.

解 因为 $f(x)$ 的定义域为 $[0,3]$，所以 $0\leqslant\tan^2 x\leqslant3$，由 $\tan^2 x\leqslant3$，得到 $-\sqrt{3}\leqslant\tan x\leqslant\sqrt{3}$，因而 $\tan\left(-\dfrac{\pi}{3}\right)\leqslant\tan x\leqslant\tan\dfrac{\pi}{3}$.

由 $\tan x$ 的周期性，得 $g(x)$ 的定义域为 $\left\{x\mid k\pi-\dfrac{\pi}{3}\leqslant x\leqslant k\pi+\dfrac{\pi}{3}\right\}$.

例 1.3 函数 $f(x)$ 的定义域为 $[0,1]$，求 $f(a+x)+f(a-x)(a>0)$ 的定义域.

解 因为函数 $f(x)$ 的定义域为 $[0,1]$，故函数 $f(a+x)+f(a-x)$ 的 x 应满足

$$\begin{cases}0\leqslant a+x\leqslant1,\\0\leqslant a-x\leqslant1,\end{cases}\quad\text{解得}\quad\begin{cases}-a\leqslant x\leqslant1-a,\\a-1\leqslant x\leqslant a.\end{cases}$$

因为 $a>0$，所以有 $-a<a$. 当 $a-1\leqslant1-a$ 时，上面的不等式组有解，否则无解，即当 $0<a\leqslant1$ 时，不等式组有解.

当 $-a\leqslant a-1$，即 $\dfrac{1}{2}\leqslant a\leqslant1$ 时，不等式组的解如图 1-1(a)所示，函数的定义域为 $[a-1,$

$1-a$]. 当$-a \geqslant a-1$,即$a \leqslant \dfrac{1}{2}$时,不等式组的解如图 1-1(b)所示,函数的定义域为$[-a, a]$.

图 1-1

题型 1-2 函数概念的理解

【解题思路】 函数关系式的确定只取决于函数的定义域和函数对应关系,定义域和对应法则相同表示同一函数.

例 1.4 (1) 函数$f(x) = \ln \dfrac{1+x}{1-x}$与$g(x) = \ln(1+x) - \ln(1-x)$是否为同一函数.

(2) 函数$f(x) = x$与$g(x) = \sqrt{x^2}$是否为同一函数.

(3) 设$f(x) = \begin{cases} 3^x, & x \geqslant 1, \\ \arcsin x, & -1 < x < 1, \\ 1+x, & x \leqslant -1, \end{cases}$ 求$f(-3), f\left(\dfrac{1}{2}\right), f(2)$.

解 (1) 是. 由于$f(x)$与$g(x)$的定义域都是$-1 < x < 1$,对应法则也相同,所以它们是同一函数.

(2) 不是. 虽然$f(x)$与$g(x)$的定义域都是$(-\infty, +\infty)$,但它们的对应法则不一样,所以它们不是同一函数.

(3) $f(-3) = 1 + (-3) = -2$,$f\left(\dfrac{1}{2}\right) = \arcsin \dfrac{1}{2} = \dfrac{\pi}{6}$,$f(2) = 3^2 = 9$.

题型 1-3 函数的简单性态的判别

【解题思路】 函数的奇偶性和周期性是在定义域上讨论的,而单调性和有界性是在有定义的某区间上讨论的.

例 1.5 设$f(x) = \dfrac{x^2+3}{x^2+5}$,证明$f(x)$在$(-\infty, +\infty)$上有界.

证明 因为$|f(x)| = \left| \dfrac{x^2+3}{x^2+5} \right| \leqslant 1 + \left| \dfrac{2}{x^2+5} \right| \leqslant 1 + \dfrac{2}{5} = \dfrac{7}{5}$,所以$f(x) = \dfrac{x^2+3}{x^2+5}$在$(-\infty, +\infty)$上有界.

例 1.6 证明函数$y = \dfrac{x}{1-x}$在$(-\infty, 1)$内单调增加.

证明 任取$x_1, x_2 \in (-\infty, 1)$,不妨设$x_1 < x_2$,则有

$$f(x_1) - f(x_2) = \frac{x_1}{1-x_1} - \frac{x_2}{1-x_2} = \frac{x_1 - x_2}{(1-x_1)(1-x_2)} < 0, \text{即} f(x_1) < f(x_2),$$

故函数$y = \dfrac{x}{1-x}$在$(-\infty, 1)$内单调增加.

例 1.7 设$f(x)$是周期为 6 的奇函数,且$f(x) = x^2 - 2x$ $x \in [0, 3]$,求$f(11)$.

解 $f(11) = f(5+6) = f(5) = f(-1+6) = f(-1) = -f(1) = -(1^2 - 2 \times 1) = 1$.

题型 1-4 求复合函数

【解题思路】 函数的复合运算是不同于函数的四则运算及其他运算的一种独特运算,它具有内层函数与外层函数环环相扣的所谓"函数的函数"这样一种特征,所以分清中间变量与自变量是理解和解决复合函数问题的关键.

例 1.8 将下列函数拆开成若干基本初等函数:

(1) $y = \sin^3(1+2x)$; (2) $y = 10^{(2x-1)^2}$.

解 (1) $y = u^3, u = \sin v, v = 1+2x$; (2) $y = 10^u, u = v^2, v = 2x-1$.

例 1.9 设 $y = f(u) = \arctan u, u = \varphi(t) = \dfrac{1}{\sqrt{t}}, t = \phi(x) = x^2-1$,求 $f\{\varphi[\phi(x)]\}$.

解 由题意得 $\varphi(\phi(x)) = \dfrac{1}{\sqrt{\phi(x)}} = \dfrac{1}{\sqrt{x^2-1}}$,故 $f\{\varphi[\phi(x)]\} = \arctan\dfrac{1}{\sqrt{x^2-1}}$.

例 1.10 设 $f\left(x+\dfrac{1}{x}\right) = x^2 + \dfrac{1}{x^2}$,求 $f(x)$.

解 因为 $f\left(x+\dfrac{1}{x}\right) = x^2+\dfrac{1}{x^2} = \left(x+\dfrac{1}{x}\right)^2 - 2$,令 $u = x+\dfrac{1}{x}$,则 $f(u) = u^2-2$,故 $f(x) = x^2-2$.

题型 1-5 分段函数

【解题思路】 讨论分段函数时,要注意自变量变化的每一段上的函数关系.

例 1.11 设分段函数 $f(x) = \begin{cases} \sin x, & x \leqslant 0 \\ x^2 + \ln x, & x > 0, \end{cases}$ 求 $f(1-x), f(x-1)$.

解 $f(1-x) = \begin{cases} \sin(1-x), & 1-x \leqslant 0 \\ (1-x)^2 + \ln(1-x), & 1-x > 0, \end{cases}$ 即

$$f(1-x) = \begin{cases} \sin(1-x), & x \geqslant 1 \\ (1-x)^2 + \ln(1-x), & x < 1. \end{cases}$$

类似地 $f(x-1) = \begin{cases} \sin(x-1), & x \leqslant 1 \\ (x-1)^2 + \ln(x-1), & x > 1. \end{cases}$

2. 数列的极限

题型 1-6 收敛数列的性质

【解题思路】 收敛的数列极限唯一;收敛的数列有界;收敛数列具有保号性;收敛数列的任何子列都收敛并具有相同的极限. 有界数列不一定收敛;无界数列一定发散. 收敛数列与发散数列的和发散;两个发散数列的和可能收敛也可能发散;收敛数列(极限不为零)与发散数列的积发散.

例 1.12 选择题

(1) 数列收敛是数列有界的( ).

    A. 必要条件   B. 充分条件   C. 充要条件   D. 无关条件

(2) 下列数列中收敛的是( ).

    A. $\{n\}$ B. $\{(-1)^n\}$ C. $\left\{\dfrac{1}{n}\right\}$ D. $\{\sin n\}$

解 (1)选 B; (2)选 C.

题型 1-7 含根式差的极限计算

【解题思路】 凡函数的表达式中含有 $a+\sqrt{b}$（或 $\sqrt{a}+\sqrt{b}$），则在运算前通常要在分子分母乘以其共轭根 $a-\sqrt{b}$（或 $\sqrt{a}-\sqrt{b}$），反之亦然，然后再做有关的运算.

例 1.13 求下列极限:

(1) $\lim\limits_{n\to\infty}[\sqrt{1+2+\cdots+n}-\sqrt{1+2+\cdots+(n-1)}]$;

(2) $\lim\limits_{n\to\infty}\sin(\sqrt{n^2+1}\pi)$;   (3) $\lim\limits_{n\to\infty}\left|\sin(\pi\sqrt{n^2+n})\right|$.

解 (1) $\lim\limits_{n\to\infty}[\sqrt{1+2+\cdots+n}-\sqrt{1+2+\cdots+(n-1)}]$ （先求根号下的和）

$$=\lim_{n\to\infty}\left[\sqrt{\frac{n(n+1)}{2}}-\sqrt{\frac{n(n-1)}{2}}\right] \quad （分子有理化）$$

$$=\lim_{n\to\infty}\frac{1}{\sqrt{2}}\frac{2n}{\sqrt{n(n+1)}+\sqrt{n(n-1)}} \quad （抓大头）$$

$$=\lim_{n\to\infty}\frac{1}{\sqrt{2}}\frac{2n}{\sqrt{n^2}+\sqrt{n^2}}=\frac{\sqrt{2}}{2}.$$

(2) $\lim\limits_{n\to\infty}\sin(\sqrt{n^2+1}\pi)=\lim\limits_{n\to\infty}\sin[(\sqrt{n^2+1}\pi-n\pi)+n\pi]$

$$=\lim_{n\to\infty}(-1)^n\sin(\sqrt{n^2+1}\pi-n\pi) \quad （分子有理化）$$

$$=\lim_{n\to\infty}(-1)^n\sin\frac{\pi}{\sqrt{n^2+1}+n} \quad （等价无穷小代换）$$

$$=\lim_{n\to\infty}(-1)^n\frac{\pi}{\sqrt{n^2+1}+n}=0.$$

(3) $\lim\limits_{n\to\infty}\left|\sin(\pi\sqrt{n^2+n})\right|=\lim\limits_{n\to\infty}\left|\sin(\pi\sqrt{n^2+n}-n\pi+n\pi)\right|$

$$=\lim_{n\to\infty}\left|(-1)^n\sin(\pi\sqrt{n^2+n}-n\pi)\right|$$

$$=\lim_{n\to\infty}\left|\sin(\pi\sqrt{n^2+n}-n\pi)\right|$$

$$=\left|\lim_{n\to\infty}\frac{n\pi}{\sqrt{n^2+n}+n}\right|$$

$$=\lim_{n\to\infty}\left|\sin\left(\frac{1}{\sqrt{1+\dfrac{1}{n}}+1}\pi\right)\right|=\sin\frac{\pi}{2}=1.$$

题型 1-8 单调有界必有极限证明数列极限的存在性,并求之,适用于 $x_{n+1}=f(x_n)$.

【解题思路】 由递推关系 $x_{n+1}=f(x_n)$ 定义的数列的极限问题,一般用单调有界必有极限.解题步骤:(1)直接对通项进行分析或用数学归纳法验证数列 $\{x_n\}$ 单调有界;(2)设 $\{x_n\}$ 的极限存在,记为 $\lim\limits_{n\to\infty}x_n=l$,将其代入给定的 x_n 的表达式中,则该式变为 l 的代数方程,解之得该数列的极限.

证明数列 $\{x_n\}$ 单调性的常用方法:

(1) 计算差 $d_n=x_{n+1}-x_n$,若 $d_n\leqslant0$（或 $d_n\geqslant0$）,则 $\{x_n\}$ 单调减少（增加）;

（2）若 $x_n>0$，计算商 $r_n=\dfrac{x_{n+1}}{x_n}$，若 $r_n\leqslant1$（或 $r_n\geqslant1$），则 $\{x_n\}$ 单调减少（增加）；

（3）用数学归纳法证明之；

（4）记 $x_n=f(n)$，若 $f(x)(x\geqslant1)$ 可导，则 $f'(x)\leqslant0$（或 $f'(x)\geqslant0$）时，$\{x_n\}$ 单调减少（增加）．

例 1.14　设 $x_1=\sqrt{a}$，$x_{n+1}=\sqrt{a+x_n}(a>0)(n=1,2,\cdots)$，试证数列 $\{x_n\}$ 极限存在，并求此极限．

证明　用数学归纳法证明数列 $\{x_n\}$ 单调增加．

由 $x_1=\sqrt{a}$，$x_2=\sqrt{a+x_1}>\sqrt{a}=x_1$，知 $x_1<x_2$，即 $n=1$ 时，有 $x_n<x_{n+1}$．设 $n=k$ 时，不等式 $x_n<x_{n+1}$ 成立．由 $x_{k+1}=\sqrt{a+x_k}<\sqrt{a+x_{k+1}}=x_{k+2}$ 可知，$n=k+1$ 时，不等式 $x_n<x_{n+1}$ 也成立，因而对一切的自然数时，不等式 $x_n<x_{n+1}$ 总成立．

又 $x_1=\sqrt{a}<\sqrt{a}+1$．设 $n=k$ 时，$x_k<\sqrt{a}+1$，则当 $n=k+1$ 时，有

$$x_{k+1}=\sqrt{a+x_k}<\sqrt{a+\sqrt{a}+1}<\sqrt{a+2\sqrt{a}+1}=\sqrt{(\sqrt{a}+1)^2}=\sqrt{a}+1.$$

可知 $\{x_n\}$ 有界，由单调有界准则可知原数列有极限．

设 $\lim\limits_{n\to\infty}x_n=l$，等式 $x_{n+1}=\sqrt{a+x_n}$ 两边取极限得 $l=\sqrt{a+l}$，即 $l=\dfrac{1}{2}(1+\sqrt{1+4a})$

$\left(l=\dfrac{1}{2}(1-\sqrt{1+4a})，与题意不符，舍去\right)$，故 $\lim\limits_{n\to\infty}x_n=\dfrac{1}{2}(1+\sqrt{1+4a})$．

例 1.15　设 $x_0>0$，$x_n=\dfrac{2(1+x_{n-1})}{2+x_{n-1}}(n=1,2,\cdots)$．证明 $\lim\limits_{n\to\infty}x_n$ 存在，并求之．

证明　证明 $\lim\limits_{n\to\infty}x_n$ 存在．注意到对于一切的 n 恒有

$$x_n=1+\dfrac{x_{n-1}}{2+x_{n-1}}>1,\quad x_n=2-\dfrac{2}{2+x_{n-1}}<2,$$

因此知数列 $\{x_n\}$ 有界．又

$$x_{n+1}-x_n=\left(2-\dfrac{2}{2+x_n}\right)-\left(2-\dfrac{2}{2+x_{n-1}}\right)$$

$$=2\left(\dfrac{1}{2+x_{n-1}}-\dfrac{1}{2+x_n}\right)=\dfrac{2(x_n-x_{n-1})}{(2+x_{n-1})(2+x_n)},$$

故得

$$x_n-x_{n-1}=\dfrac{2(x_{n-1}-x_{n-2})}{(2+x_{n-2})(2+x_{n-1})},\cdots,x_2-x_1=\dfrac{2(x_1-x_0)}{(2+x_0)(2+x_1)}.$$

于是可知 $x_{n+1}-x_n$ 与 x_1-x_0 同号，故当 $x_1>x_0$ 时，数列 $\{x_n\}$ 单调递增；当 $x_1<x_0$ 时，数列 $\{x_n\}$ 单调递减．也就是说，数列 $\{x_n\}$ 为单调有界数列，故此单调有界数列必有极限．

求 $\lim\limits_{n\to\infty}x_n$．设 $\lim\limits_{n\to\infty}x_n=a$，则

$$a=\lim\limits_{n\to\infty}x_n=\lim\limits_{n\to\infty}\dfrac{2(1+x_{n-1})}{2+x_{n-1}}=\dfrac{2(1+a)}{2+a},$$

解之得 $a=\sqrt{2}$，即 $\lim\limits_{n\to\infty}x_n=\sqrt{2}$．

例 1.16　数列 $\{x_n\}$ 满足 $x_1>0$，$x_n\mathrm{e}^{x_{n+1}}=\mathrm{e}^{x_n}-1(n=1,2,\cdots)$，证明 $\{x_n\}$ 收敛，并求 $\lim\limits_{n\to\infty}x_n$．（2018 数三）

证明 (1) 有界性. 由 $x_n e^{x_{n+1}} = e^{x_n} - 1$ 得 $e^{x_{n+1}} = \dfrac{e^{x_n} - 1}{x_n}$,即 $x_{n+1} = \ln \dfrac{e^{x_n} - 1}{x_n}$,从而 $x_2 = \ln \dfrac{e^{x_1} - 1}{x_1}$.

设 $f(x) = e^x - 1 - x$,则 $f'(x) = e^x - 1 > 0 (x > 0)$ 且 $f(0) = 0$,所以 $f(x)$ 单调递增,当 $x > 0$ 时,$f(x) > f(0) = 0$,即 $e^x - 1 > x(x > 0)$,于是 $\dfrac{e^x - 1}{x} > 1$,故 $\dfrac{e^{x_1} - 1}{x_1} > 1$,即 $x_2 = \ln \dfrac{e^{x_1} - 1}{x_1} > 0$,从而 $\forall n \in \mathbf{N}, x_n > 0$.

单调性. $x_{n+1} - x_n = \ln \dfrac{e^{x_n} - 1}{x_n} - x_n = \ln \dfrac{e^{x_n} - 1}{x_n} - \ln e^{x_n} = \ln \dfrac{e^{x_n} - 1}{x_n e^{x_n}}$.

令 $g(x) = e^x - 1 - x e^x$,则 $g'(x) = -x e^x < 0 (x > 0)$,所以 $g(x)$ 在 $[0, +\infty)$ 上单调递减,当 $x > 0$ 时,$g(x) < g(0) = 0$,从而有 $e^x - 1 < x e^x$,即 $\dfrac{e^x - 1}{x e^x} < 1$,于是

$$x_{n+1} - x_n = \ln \frac{e^{x_n} - 1}{x_n} - x_n = \ln \frac{e^{x_n} - 1}{x_n e^{x_n}} < 0,$$

故 $\{x_n\}$ 单调递减. 于是 $\{x_n\}$ 单调递减有下界,故 $\lim\limits_{n \to \infty} x_n$ 存在.

(2) 设 $\lim\limits_{n \to \infty} x_n = a$,则 $a e^a = e^a - 1$,解得 $a = 0$. 故 $\lim\limits_{n \to \infty} x_n = 0$.

例 1.17 已知 $a > 0, x_1 > 0$,定义

$$x_{n+1} = \frac{1}{4}\left(3x_n + \frac{a}{x_n^3}\right), \quad n = 1, 2, \cdots.$$

求证:$\lim\limits_{n \to \infty} x_n$ 存在,并求其值.

解 第一步:证明数列 $\{x_n\}$ 的极限存在.

注意到,当 $n \geqslant 2$ 时,$x_{n+1} = \dfrac{1}{4}\left(x_n + x_n + x_n + \dfrac{a}{x_n^3}\right) \geqslant \sqrt[4]{x_n x_n x_n \dfrac{a}{x_n^3}} = \sqrt[4]{a}$,因此数列 $\{x_n\}$ 有下界. 又 $\dfrac{x_{n+1}}{x_n} = \dfrac{1}{4}\left(3 + \dfrac{a}{x_n^4}\right) \leqslant \dfrac{1}{4}\left(3 + \dfrac{a}{a}\right) = 1$,即 $x_{n+1} \leqslant x_n$,所以 $\{x_n\}$ 单调递减,由极限存在准则知,数列 $\{x_n\}$ 有极限.

第二步:求数列 $\{x_n\}$ 的极限.

设 $\lim\limits_{n \to \infty} x_n = A$,则有 $A \geqslant \sqrt[4]{a} > 0$. 由 $\lim\limits_{n \to \infty} x_{n+1} = \dfrac{1}{4}\lim\limits_{n \to \infty}\left(3x_n + \dfrac{a}{x_n^3}\right)$,有 $A = \dfrac{1}{4}\left(3A + \dfrac{a}{A^3}\right)$,解得 $A = \sqrt[4]{a}$(舍掉负根),即 $\lim\limits_{n \to \infty} x_n = \sqrt[4]{a}$.

题型 1-9 无限项之和的极限

无限项之和的项数自然随着项数变化而变化,因此不能用和的极限运算法则. 求这类极限的关键是使和的项数不随项数的变化而变化,将和化为有限且易求其极限的形式.

【解题思路一】 先求和,再求极限.

求和时,常用下述求和公式:

$$1 + 2 + \cdots + n = \frac{n(n+1)}{2},$$

$$1^2 + 2^2 + \cdots + n^2 = \frac{n(n+1)(2n+1)}{6},$$

$$等差数列的前 n 项和 S_n = \frac{n(a_1 + a_n)}{2},$$

$$等比数列的前 n 项和 S_n = \frac{a_1(1 - q^n)}{1 - q}.$$

例 1.18　求 $\lim\limits_{n \to \infty}\left(\dfrac{1}{n^2} + \dfrac{2}{n^2} + \cdots + \dfrac{n}{n^2}\right).$

解　本题考虑无穷多个无穷小之和. 先求和再求极限.

$$\lim_{n \to \infty}\left(\frac{1}{n^2} + \frac{2}{n^2} + \cdots + \frac{n}{n^2}\right) = \lim_{n \to \infty}\frac{1 + 2 + \cdots + n}{n^2} = \lim_{n \to \infty}\frac{\frac{1}{2}n(n+1)}{n^2} = \lim_{n \to \infty}\frac{1}{2}\left(1 + \frac{1}{n}\right) = \frac{1}{2}.$$

例 1.19　$\lim\limits_{n \to \infty}\left(1 + \dfrac{1}{1+2} + \dfrac{1}{1+2+3} + \cdots + \dfrac{1}{1+2+3+\cdots+n}\right).$

解　$\lim\limits_{n \to \infty}\left(1 + \dfrac{1}{1+2} + \dfrac{1}{1+2+3} + \cdots + \dfrac{1}{1+2+3+\cdots+n}\right)$

$$= \lim_{n \to \infty}\left[\frac{2}{2} + \frac{1}{\frac{2(1+2)}{2}} + \frac{1}{\frac{3(1+3)}{2}} + \cdots + \frac{1}{\frac{n(1+n)}{2}}\right]$$

$$= \lim_{n \to \infty}\left(\frac{2}{2} + \frac{2}{2 \times 3} + \frac{2}{3 \times 4} + \cdots + \frac{2}{n(1+n)}\right)$$

$$= 2\lim_{n \to \infty}\left(\frac{1}{2} + \frac{1}{2 \times 3} + \frac{1}{3 \times 4} + \cdots + \frac{1}{n(1+n)}\right)$$

$$= 2\lim_{n \to \infty}\left(\frac{1}{2} + \frac{1}{2} - \frac{1}{3} + \frac{1}{3} - \frac{1}{4} + \cdots + \frac{1}{n} - \frac{1}{1+n}\right)$$

$$= 2\lim_{n \to \infty}\left(1 - \frac{1}{1+n}\right) = 2.$$

【解题思路二】　裂项相消法（部分分式法）

分解和式中的各项,使前后两项相消,将 n 项的和式简化成只含两项的和式.
常用的裂项方法,有

$$\frac{1}{k(k+1)} = \frac{1}{k} - \frac{1}{k+1}, \qquad \frac{1}{n(n+k)} = \frac{1}{k}\left(\frac{1}{n} - \frac{1}{n+k}\right),$$

$$\frac{1}{(ak)^2 - 1} = \frac{1}{2}\left(\frac{1}{ak-1} - \frac{1}{ak+1}\right), \qquad \frac{n}{(n+1)!} = \frac{n+1-1}{(n+1)!} = \frac{1}{n!} - \frac{1}{(n+1)!},$$

$$\frac{1}{k(k+1)(k+2)} = \frac{1}{2}\left[\frac{1}{k(k+1)} - \frac{1}{(k+1)(k+2)}\right].$$

例 1.20　求 $\lim\limits_{n \to \infty}\left(\dfrac{1}{1 \times 2 \times 3} + \dfrac{1}{2 \times 3 \times 4} + \cdots + \dfrac{n}{n(n+1)(n+2)}\right).$

解　将和式中各项分解成两项之差.

$$\frac{1}{1 \times 2 \times 3} = \frac{1}{2}\left(\frac{1}{1 \times 2} - \frac{1}{2 \times 3}\right), \qquad \frac{1}{2 \times 3 \times 4} = \frac{1}{2}\left(\frac{1}{2 \times 3} - \frac{1}{3 \times 4}\right),$$

$$\frac{1}{n(n+1)(n+2)} = \frac{1}{2}\left[\frac{1}{n(n+1)} - \frac{1}{(n+1)(n+2)}\right].$$

将上式各项相加得

$$\frac{1}{1 \times 2 \times 3} + \frac{1}{2 \times 3 \times 4} + \cdots + \frac{n}{n(n+1)(n+2)} = \frac{1}{2}\left(\frac{1}{1 \times 2} - \frac{1}{(n+1)(n+2)}\right),$$

$$原极限 = \lim_{n\to\infty} \frac{1}{2}\left(\frac{1}{1\times2} - \frac{1}{(n+1)(n+2)}\right] = \frac{1}{4}.$$

例 1.21 设 $x_n = \sum_{k=1}^{n} \frac{k}{(k+1)!}$，求 $\lim_{n\to\infty} x_n$.

解 $x_n = \sum_{k=1}^{n} \frac{k}{(k+1)!} = \sum_{k=1}^{n}\left(\frac{1}{k!} - \frac{1}{(k+1)!}\right)$

$$= \left(1 - \frac{1}{2!}\right) + \left(\frac{1}{2!} - \frac{1}{3!}\right) + \cdots + \left(\frac{1}{n!} - \frac{1}{(n+1)!}\right) = 1 - \frac{1}{(n+1)!},$$

$$\lim_{n\to\infty} x_n = \lim_{n\to\infty}\left(1 - \frac{1}{(n+1)!}\right) = 1.$$

例 1.22 $\lim_{n\to\infty}\left(\frac{1}{3} + \frac{1}{15} + \frac{1}{35} + \cdots + \frac{1}{(2n-1)(2n+1)}\right).$

解 $\lim_{n\to\infty}\left(\frac{1}{3} + \frac{1}{15} + \frac{1}{35} + \cdots + \frac{1}{(2n-1)(2n+1)}\right)$

$$= \lim_{n\to\infty}\left(\frac{1}{1\times3} + \frac{1}{3\times5} + \frac{1}{5\times7} + \cdots + \frac{1}{(2n-1)(2n+1)}\right)$$

$$= \lim_{n\to\infty}\frac{1}{2}\left(1 - \frac{1}{3} + \frac{1}{3} - \frac{1}{5} + \frac{1}{5} - \frac{1}{7} + \cdots + \frac{1}{(2n-1)} - \frac{1}{(2n+1)}\right)$$

$$= \lim_{n\to\infty}\frac{1}{2}\left(1 - \frac{1}{2n+1}\right) = \lim_{n\to\infty}\frac{1}{2}\left(\frac{2n}{2n+1}\right) = \frac{1}{2}.$$

【解题思路三】 夹逼准则 若存在正整数 N，当 $n > N$ 时有 $y_n \leqslant x_n \leqslant z_n$，且 $\lim_{n\to\infty} y_n = \lim_{n\to\infty} z_n = a$，则 $\lim_{n\to\infty} x_n = a$.

n 项按递增或递减排列的数列，一般利用夹逼准则求极限.

使用这个准则的关键在于：根据 $\{x_n\}$ 通项表达式的特点，利用常用的放缩技巧，找出符合定理条件的数列 $\{y_n\}$ 和 $\{z_n\}$，即 $\lim_{n\to\infty} y_n, \lim_{n\to\infty} z_n$ 存在且相等.

常用的放缩技巧如下：

（1）若干个整数乘积中，大于 1 的因子略去则缩小，小于 1 的因子略去则放大；

（2）分子分母同为整数，分母缩小，此数则放大，分母放大，此数则缩小；

（3）n 个正数之和可放大为（不超过）最大数乘 n，可缩小为（不小于）最小数乘 n 或最大数.

例 1.23 求 $\lim_{n\to\infty}\left(\frac{1}{n^2+n+1} + \frac{2}{n^2+n+2} + \cdots + \frac{n}{n^2+n+n}\right).$

解 设 $x_n = \frac{1}{n^2+n+1} + \frac{2}{n^2+n+2} + \cdots + \frac{n}{n^2+n+n}$，极限 $\lim_{n\to\infty} x_n$ 是无限多项和的极限，不能应用极限的四则运算法则求之. 这是因为极限的四则运算法则仅对有限项成立，即在取极限的过程中，项数要始终保持不变.

以和式中最小（分母最大）的一项的分母取代和式中的各项的分母，得到

$$y_n = \frac{1}{n^2+n+n} + \frac{2}{n^2+n+n} + \cdots + \frac{n}{n^2+n+n} = \frac{n(n+1)}{2(n^2+n+n)}.$$

以和式中最大（分母最小）的一项的分母取代和式中的各项的分母，得到

$$z_n = \frac{1}{n^2+n+1} + \frac{2}{n^2+n+1} + \cdots + \frac{n}{n^2+n+1} = \frac{n(n+1)}{2(n^2+n+1)},$$

$$y_n \leqslant \frac{1}{n^2+n+1} + \frac{2}{n^2+n+2} + \cdots + \frac{n}{n^2+n+n} \leqslant z_n.$$

而 $\lim\limits_{n\to\infty} y_n = \lim\limits_{n\to\infty} z_n = \dfrac{1}{2}$，所以 $\lim\limits_{n\to\infty}\left(\dfrac{1}{n^2+n+1} + \dfrac{2}{n^2+n+2} + \cdots + \dfrac{n}{n^2+n+n}\right) = \dfrac{1}{2}$.

例 1.24　求 $\lim\limits_{n\to\infty}\dfrac{1}{n}(1+\sqrt[n]{2}+\sqrt[n]{3}+\cdots+\sqrt[n]{n})$.

解　$\dfrac{1}{n}(1+1+1+\cdots+1) \leqslant \dfrac{1}{n}(1+\sqrt[n]{2}+\sqrt[n]{3}+\cdots+\sqrt[n]{n}) \leqslant \dfrac{1}{n}(\sqrt[n]{n}+\sqrt[n]{n}+\sqrt[n]{n}+\cdots+\sqrt[n]{n})$,

$\dfrac{n}{n} \leqslant \dfrac{1}{n}(1+\sqrt[n]{2}+\sqrt[n]{3}+\cdots+\sqrt[n]{n}) \leqslant \dfrac{n}{n}\sqrt[n]{n}$，即 $1 \leqslant \dfrac{1}{n}(1+\sqrt[n]{2}+\sqrt[n]{3}+\cdots+\sqrt[n]{n}) \leqslant \sqrt[n]{n}$.

而 $\lim\limits_{n\to\infty}\sqrt[n]{n}=1$，根据夹逼准则得 $\lim\limits_{n\to\infty}\dfrac{1}{n}(1+\sqrt[n]{2}+\sqrt[n]{3}+\cdots+\sqrt[n]{n})=1$.

题型 1-10　n 项乘积，当 $n\to\infty$ 时的极限

【解题思路一】　分子分母同时乘以一个因子，使之出现连锁反应.

例 1.25　(1) 当 $|x|<1$ 时，求 $\lim\limits_{n\to\infty}(1+x)(1+x^2)(1+x^4)\cdots(1+x^{2^n})$.

解　原极限 $= \lim\limits_{n\to\infty}\dfrac{(1-x)(1+x)(1+x^2)(1+x^4)\cdots(1+x^{2^n})}{1-x}$

$= \lim\limits_{n\to\infty}\dfrac{(1-x^2)(1+x^2)(1+x^4)\cdots(1+x^{2^n})}{1-x}$

$= \lim\limits_{n\to\infty}\dfrac{(1-x^{2^n})(1+x^{2^n})}{1-x} = \lim\limits_{n\to\infty}\dfrac{1-x^{2^{n+1}}}{1-x} = \dfrac{1}{1-x}.$

(2) 当 $x\neq 0$ 时，求 $\lim\limits_{n\to\infty}\cos\dfrac{x}{2}\cos\dfrac{x}{4}\cdots\cos\dfrac{x}{2^n}$.

解　原极限 $= \lim\limits_{n\to\infty}\dfrac{2^n\sin\dfrac{x}{2^n}\cos\dfrac{x}{2}\cos\dfrac{x}{4}\cdots\cos\dfrac{x}{2^n}}{2^n\sin\dfrac{x}{2^n}}$

$= \lim\limits_{n\to\infty}\dfrac{2^{n-1}\cos\dfrac{x}{2}\cos\dfrac{x}{4}\cdots\left(2\sin\dfrac{x}{2^n}\cos\dfrac{x}{2^n}\right)}{2^n\sin\dfrac{x}{2^n}}$

$= \lim\limits_{n\to\infty}\dfrac{2^{n-2}\sin\dfrac{x}{2^n}\cos\dfrac{x}{2}\cos\dfrac{x}{4}\cdots\left(2\sin\dfrac{x}{2^{n-1}}\cos\dfrac{x}{2^{n-1}}\right)}{2^n\sin\dfrac{x}{2^n}}$

$= \lim\limits_{n\to\infty}\dfrac{\sin x}{2^n\sin\dfrac{x}{2^n}}\left(\sin\dfrac{x}{2^n}\sim\dfrac{x}{2^n}\right)$

$= \lim\limits_{n\to\infty}\dfrac{\sin x}{2^n\dfrac{x}{2^n}} = \dfrac{\sin x}{x}.$

【解题思路二】　把通项拆开，使各项相乘过程中中间项相消.

例 1.26　求 $\lim\limits_{n\to\infty}\left(1-\dfrac{1}{2^2}\right)\left(1-\dfrac{1}{3^2}\right)\cdots\left(1-\dfrac{1}{n^2}\right)$.

解 $1-\dfrac{1}{k^2}=\dfrac{(k-1)(k+1)}{k^2}=\dfrac{k-1}{k}\cdot\dfrac{k+1}{k}$,故

$$\lim_{n\to\infty}\left(1-\frac{1}{2^2}\right)\left(1-\frac{1}{3^2}\right)\cdots\left(1-\frac{1}{n^2}\right)$$

$$=\lim_{n\to\infty}\left(\frac{1}{2}\times\frac{3}{2}\right)\left(\frac{2}{3}\times\frac{4}{3}\right)\cdots\left(\frac{n-1}{n}\cdot\frac{n+1}{n}\right)=\lim_{n\to\infty}\frac{1}{2}\cdot\frac{n+1}{n}=\frac{1}{2}.$$

【解题思路三】 夹逼准则.

例 1.27 求 $\lim\limits_{n\to\infty}\dfrac{n!}{n^n}$.

解 $0\leqslant\dfrac{n!}{n^n}=\dfrac{1\cdot 2\cdots\cdots n}{n\cdot n\cdots\cdots n}=\dfrac{1}{n}\cdot\dfrac{2}{n}\cdot\cdots\cdot\dfrac{n}{n}<\dfrac{1}{n}\cdot 1\cdot\cdots\cdot 1=\dfrac{1}{n}.$

而 $\lim\limits_{n\to\infty}\dfrac{1}{n}=0$,由夹逼准则有 $\lim\limits_{n\to\infty}\dfrac{n!}{n^n}=0.$

例 1.28 利用夹逼准则可以得到 $\lim\limits_{n\to\infty}\sqrt[n]{(a_1)^n+(a_2)^n+\cdots+(a_m)^n}=\max\limits_{1\leqslant i\leqslant m}a_i(a_i>0).$

利用上面的结论可求数列的极限 $\lim\limits_{n\to\infty}\sqrt[n]{1+2^n+3^n}=\max\{1,2,3\}=3.$

3. 函数的极限

目前求极限的方法:

(1) 利用极限的运算法则求极限;

(2) 多项式与分式函数代入法;

(3) 消去零因子法;

(4) "抓大头"方法;

(5) 利用重要极限;

(6) 等价无穷小代换.

题型 1-11 极限的运算性质

【解题思路】 注意极限的运算法则的前提条件是每个函数的极限都存在.

例 1.29 判断题

(1) 若 $\lim\limits_{x\to x_0}f(x)$ 存在, $\lim\limits_{x\to x_0}g(x)$ 不存在, $\lim\limits_{x\to x_0}[f(x)\pm g(x)]$ 一定存在.   (   ).

(2) 若 $\lim\limits_{x\to x_0}f(x)$ 与 $\lim\limits_{x\to x_0}g(x)$ 都不存在,则 $\lim\limits_{x\to x_0}[f(x)\pm g(x)]$ 一定不存在.   (   ).

解 (1) 错. 假设 $\lim\limits_{x\to x_0}[f(x)\pm g(x)]$ 存在,由于 $g(x)=[f(x)+g(x)]-f(x)$,则由极限运算法则知, $\lim\limits_{x\to x_0}g(x)$ 也存在,与条件矛盾. 假设错误.

(2) 错. 如设 $f(x)=\sin\dfrac{1}{x}$, $g(x)=-\sin\dfrac{1}{x}$, $\lim\limits_{x\to 0}\sin\dfrac{1}{x}$ 及 $\lim\limits_{x\to 0}\left(-\sin\dfrac{1}{x}\right)$ 不存在,但 $\lim\limits_{x\to 0}[f(x)+g(x)]=0.$

题型 1-12 用极限的四则运算法则求极限

【解题思路】 所求极限都是初等函数的极限,并且在所讨论的点处都连续,所以可以直接用代入法计算.

例 1.30 求下列各式极限:

(1) $\lim\limits_{x \to \frac{\pi}{4}} \dfrac{x^2 + x\ln(\pi + x)}{\sin x}$;

(2) $\lim\limits_{x \to 0}(1 + \cos x)^x$.

解 (1) 原式 $= \left[\left(\dfrac{\pi}{4}\right)^2 + \dfrac{\pi}{4}\ln\left(\pi + \dfrac{\pi}{4}\right)\right] \Big/ \sin\dfrac{\pi}{4} = \dfrac{\sqrt{2}\pi}{4}\left(\dfrac{\pi}{4} + \ln\dfrac{5\pi}{4}\right)$.

(2) 原式 $= (1+1)^0 = 1$.

题型 1-13 消去零公因子方法

【解题思路】 当分子分母都趋于 0 时,对分子分母进行适当的恒等变形约去零公因式.

例 1.31 求下列函数的极限:

(1) $\lim\limits_{x \to 1} \dfrac{x^n - 1}{x - 1}$;

(2) $\lim\limits_{x \to \pi} \dfrac{\sin^2 x}{1 + \cos^3 x}$.

解 (1) $\dfrac{0}{0}$ 型不定式,先消去分子分母中的零因子.

$$\text{原式} = \lim_{x \to 1} \frac{(x-1)(x^{n-1} + x^{n-2} + \cdots + x + 1)}{x - 1} = \lim_{x \to 1}(x^{n-1} + x^{n-2} + \cdots + x + 1) = n.$$

(2) $\dfrac{0}{0}$ 型不定式,不便化为重要极限公式,应利用三角恒等变形消去零因子后再进行计算.

$$\text{原式} = \lim_{x \to \pi} \frac{1 - \cos^2 x}{(1 + \cos x)(1 - \cos x + \cos^2 x)} = \lim_{x \to \pi} \frac{1 - \cos x}{1 - \cos x + \cos^2 x} = \frac{1 + 1}{1 + 1 + 1} = \frac{2}{3}.$$

题型 1-14 "抓大头"方法

【解题思路】 利用前面"抓大头"的结论,也可以推广到其他函数,只要抓住分子的大头和分母的大头,再求极限即可.

例 1.32 求下列各式极限:

(1) $\lim\limits_{x \to \infty} \dfrac{3x^2 - 4x + 2}{7x^3 + x^2 + 3x + 1}$;

(2) $\lim\limits_{x \to \infty} \dfrac{2x^3 + 3x^2 + 5}{7x^3 + 4x^2 - 1}$;

(3) $\lim\limits_{x \to \infty} \dfrac{\sqrt[3]{8x^3 + 6x^2 + 5x + 1}}{3x - 2}$;

(4) $\lim\limits_{x \to \infty} \dfrac{\sqrt{4x^2 + x - 1} + x + 1}{\sqrt{x^2 + \sin x}}$.

解 (1) 抓大头分子的大头 $3x^2$,分母的大头 $7x^3$. 原式 $= \lim\limits_{x \to \infty} \dfrac{3x^2}{7x^3} = \lim\limits_{x \to \infty} \dfrac{3}{7x} = 0$.

(2) 抓大头,分子的大头 $2x^3$,分母的大头 $7x^3$. $\lim\limits_{x \to \infty} \dfrac{2x^3 + 3x^2 + 5}{7x^3 + 4x^2 - 1} = \lim\limits_{x \to \infty} \dfrac{2x^3}{7x^3} = \dfrac{2}{7}$.

(3) 抓大头,分子的大头 $\sqrt[3]{8x^3}$,分母的大头 $3x$.

$$\lim_{x \to \infty} \frac{\sqrt[3]{8x^3 + 6x^2 + 5x + 1}}{3x - 2} = \lim_{x \to \infty} \frac{\sqrt[3]{8x^3}}{3x} = \frac{2}{3}.$$

(4) 抓大头 $\sqrt{4x^2 + x - 1} + x + 1$ 的大头为 $\sqrt{4x^2} + x$.

$$\lim_{x \to \infty} \frac{\sqrt{4x^2 + x - 1} + x + 1}{\sqrt{x^2 + \sin x}} = \lim_{x \to \infty} \frac{2x + x}{x} = 3.$$

注 设 $f(x) = \dfrac{P(x)}{Q(x)}$,且 $Q(x_0) \neq 0$,则有 $\lim\limits_{x \to x_0} f(x) = \dfrac{\lim\limits_{x \to x_0} P(x)}{\lim\limits_{x \to x_0} Q(x)} = \dfrac{P(x_0)}{Q(x_0)} = f(x_0)$.

当 $Q(x_0)=0$ 时,则商的法则不能应用.

题型 1-15 用重要的极限及等价无穷小代换计算极限

【解题思路】 一般涉及三角函数的 $\dfrac{0}{0}$ 型极限,要用第一个重要极限 $\lim\limits_{f(x)\to 0}\dfrac{\sin f(x)}{f(x)}=1$;

1^∞ 型极限要用第二个重要极限 $\lim\limits_{f(x)\to 0}\left(1+\dfrac{1}{f(x)}\right)^{f(x)}=\mathrm{e}$.

(1) 注意两个重要极限的变形:

① 只要 $\lim f(x)=0,f(x)\neq 0$,也有 $\lim\dfrac{\sin f(x)}{f(x)}=1$;

② 只要 $\lim f(x)=\infty$,也有 $\lim\left(1+\dfrac{1}{f(x)}\right)^{f(x)}=\mathrm{e}$.

(2) 利用两个重要极限求极限是求极限的重要方法之一,要求熟练掌握.

(3) 对于求 $u(x)^{v(x)}$ 的极限,首先要恒等变形 $u(x)^{v(x)}=\mathrm{e}^{v(x)\ln u(x)}$.

更进一步 $\boxed{\text{若 }\lim u(x)=1,\lim v(x)=\infty,\text{则 }\lim u(x)^{v(x)}=\mathrm{e}^{\lim v(x)[u(x)-1]}.}$

例 1.33 $\lim\limits_{x\to \pi}\dfrac{\sin x}{x-\pi}$.

解 $\lim\limits_{x\to \pi}\dfrac{\sin x}{x-\pi}=\lim\limits_{x\to \pi}\dfrac{\sin(\pi-x)}{-(\pi-x)}=-1.$

例 1.34 $\lim\limits_{x\to \frac{\pi}{4}}\dfrac{\tan 2x}{\cot\left(x-\dfrac{\pi}{4}\right)}$.

解 原式 $=\lim\limits_{x\to \frac{\pi}{4}}\left[\dfrac{\sin 2x}{\cos 2x}\cdot\dfrac{\sin\left(x-\dfrac{\pi}{4}\right)}{\cos\left(x-\dfrac{\pi}{4}\right)}\right]=\lim\limits_{x\to \frac{\pi}{4}}\left[\dfrac{\sin 2x}{\cos\left(x-\dfrac{\pi}{4}\right)}\cdot\dfrac{\sin\left(x-\dfrac{\pi}{4}\right)}{\sin\left(\dfrac{\pi}{2}-2x\right)}\right]$

$=\lim\limits_{x\to \frac{\pi}{4}}\left[\dfrac{\sin 2x}{\cos\left(x-\dfrac{\pi}{4}\right)}\cdot\dfrac{\sin\left(x-\dfrac{\pi}{4}\right)}{2\left(x-\dfrac{\pi}{4}\right)}\cdot\dfrac{-2\left(x-\dfrac{\pi}{4}\right)}{\sin 2\left(x-\dfrac{\pi}{4}\right)}\right]=-\dfrac{1}{2}.$

例 1.35 $\lim\limits_{x\to \mathrm{e}}\dfrac{\ln x-1}{x-\mathrm{e}}$.

解 解法一 洛必达法则.

解法二 变量代换再利用重要极限. 令 $x-\mathrm{e}=t$,则 $x=t+\mathrm{e}$,于是

$$\lim\limits_{x\to \mathrm{e}}\dfrac{\ln x-1}{x-\mathrm{e}}=\lim\limits_{t\to 0}\dfrac{\ln(\mathrm{e}+t)-1}{t}=\lim\limits_{t\to 0}\dfrac{\ln\mathrm{e}\left(1+\dfrac{t}{\mathrm{e}}\right)-1}{t}$$

$$=\lim\limits_{t\to 0}\dfrac{\ln\left(1+\dfrac{t}{\mathrm{e}}\right)}{t}=\lim\limits_{t\to 0}\dfrac{\dfrac{t}{\mathrm{e}}}{t}=\dfrac{1}{\mathrm{e}}.$$

例 1.36 $\lim\limits_{x\to 0}(\cos x)^{\frac{1}{x^2}}$.

解 解法一 $\lim\limits_{x\to 0}(\cos x)^{\frac{1}{x^2}}=\lim\limits_{x\to 0}\left\{[1+(\cos x-1)]^{\frac{1}{\cos x-1}}\right\}^{\frac{\cos x-1}{x^2}}\left(1-\cos x\sim\dfrac{x^2}{2}\right)$

$$=\lim_{x\to0}\{[1+(\cos x-1)]^{\frac{1}{\cos x-1}}\}^{-\frac{x^2}{2}} \cdot \frac{1}{x^2}=e^{-\frac{1}{2}}.$$

解法二　$\lim_{x\to0}(\cos x)^{\frac{1}{x^2}}=e^{\lim_{x\to0}\frac{\cos x-1}{x^2}}=e^{\lim_{x\to0}\frac{-\frac{1}{2}x^2}{x^2}}=e^{-\frac{1}{2}}.$

例 1.37　求 $\lim_{x\to\infty}\dfrac{\ln(1+3^x)}{\ln(1+2^x)}.$

解　$x\to-\infty, 2^x\to0, 3^x\to0$ 且 $\ln(1+2^x)\sim2^x, \ln(1+3^x)\sim3^x,$ 所以

$$\lim_{x\to-\infty}\frac{\ln(1+3^x)}{\ln(1+2^x)}=\lim_{x\to-\infty}\frac{3^x}{2^x}=\lim_{x\to-\infty}\left(\frac{3}{2}\right)^x=0,$$

$$\lim_{x\to+\infty}\frac{\ln(1+3^x)}{\ln(1+2^x)}=\lim_{x\to+\infty}\frac{\ln3^x(1+3^{-x})}{\ln2^x(1+2^{-x})}=\lim_{x\to+\infty}\frac{x\ln3+\ln(1+3^{-x})}{x\ln2+\ln(1+2^{-x})}$$

$$=\lim_{x\to+\infty}\frac{\ln3+\frac{1}{x}\ln(1+3^{-x})}{\ln2+\frac{1}{x}\ln(1+2^{-x})}=\frac{\ln3}{\ln2}.$$

故 $\lim_{x\to\infty}\dfrac{\ln(1+3^x)}{\ln(1+2^x)}$ 不存在.

例 1.38　求 $\lim_{x\to\infty}e^{-x}\left(1+\dfrac{1}{x}\right)^{x^2}.$

解　$\lim_{x\to\infty}e^{-x}\left(1+\dfrac{1}{x}\right)^{x^2}=\lim_{x\to\infty}e^{-x}e^{x^2\ln\left(1+\frac{1}{x}\right)}=\lim_{x\to\infty}e^{x^2\ln\left(1+\frac{1}{x}\right)-x}$

$$\xrightarrow{t=\frac{1}{x}}e^{\lim_{t\to0}\frac{\ln(1+t)-t}{t^2}}=e^{\lim_{t\to0}\frac{-\frac{1}{2}t^2}{t^2}}=e^{-\frac{1}{2}}.$$

题型 1-16　确定极限中的常数

【解题思路】　对于确定极限中的参数的问题,一般方法是:找出某些待定常数所满足的条件,列出方程,解之即可求出待定求常数,这是求极限中待求常数的总的思路.常用的具体方法有几种:

求法一　根据下述极限的结果求之

$$\lim_{x\to\infty}\frac{a_0x^m+a_1x^{m-1}+\cdots+a_m}{b_0x^n+b_1x^{n-1}+\cdots+b_n}=\lim_{x\to\infty}\frac{a_0x^m}{b_0x^n}=\begin{cases}\infty, & m>n,\\ \dfrac{a_0}{b_0}, & m=n,\\ 0, & m<n.\end{cases}$$

例 1.39　已知 $\lim_{x\to\infty}\left(\dfrac{1+x^2}{1+x}-ax+b\right)=0,$ 求常数 a 和 $b.$

解　原式 $=\lim_{x\to\infty}\dfrac{1+x^2-ax-ax^2+b+bx}{1+x}=\lim_{x\to\infty}\dfrac{(1-a)x^2+(b-a)x+b+1}{1+x}=0,$

则分子的次数小于分母的次数,分子二次项和一次项的系数均为 0,所以 $1-a=0, b-a=0,$ 即 $b=a=1.$

例 1.40　已知 $\lim_{n\to\infty}\dfrac{n^\alpha}{n^\beta-(n-1)^\beta}=\dfrac{1}{2017},$ 求 $\alpha, \beta.$

解　**解法一**　$\lim_{n\to\infty}\dfrac{n^\alpha}{n^\beta-(n-1)^\beta}=\lim_{n\to\infty}\dfrac{n^\alpha}{n^\beta-(n^\beta-C_\beta^1 n^{\beta-1}+\cdots+(-1)^\beta)}$

$$= \lim_{n \to \infty} \frac{n^{\alpha}}{\beta n^{\beta-1} - \frac{\beta(\beta-1)}{2}n^{\beta-2} + \cdots + (-1)^{\beta}} \quad (\alpha = \beta - 1)$$

$$= \frac{1}{\beta} = \frac{1}{2017},$$

则有 $\beta = 2017, \alpha = \beta - 1 = 2016$.

解法二 $\displaystyle\lim_{n \to \infty} \frac{n^{\alpha}}{n^{\beta} - (n-1)^{\beta}} = \lim_{n \to \infty} \frac{n^{\alpha}}{n^{\beta} - n^{\beta}\left(1 - \frac{1}{n}\right)^{\beta}}$

$$= \lim_{n \to \infty} \frac{n^{\alpha}}{n^{\beta}\left[1 - \left(1 - \frac{1}{n}\right)^{\beta}\right]} \quad \left(1 - \frac{1}{n}\right)^{\beta} - 1 \sim \beta\left(-\frac{1}{n}\right)$$

$$= \lim_{n \to \infty} \frac{n^{\alpha}}{n^{\beta} \cdot \beta \frac{1}{n}} = \lim_{n \to \infty} \frac{n^{\alpha}}{\beta n^{\beta-1}} = \frac{1}{2017},$$

则 $\alpha = \beta - 1, \beta = 2017$, 故 $\alpha = \beta - 1 = 2016$.

求法二 利用下述结果:

(1) $\displaystyle\lim_{x \to x_0} \frac{f(x)}{g(x)} = A, A \neq 0$ 且 $\displaystyle\lim_{x \to x_0} f(x) = 0$, 则 $\displaystyle\lim_{x \to x_0} g(x) = 0$.

(2) $\displaystyle\lim_{x \to x_0} \frac{f(x)}{g(x)} = A$, 且 $\displaystyle\lim_{x \to x_0} g(x) = 0$, 则 $\displaystyle\lim_{x \to x_0} f(x) = 0$.

例 1.41 若 $\displaystyle\lim_{x \to 1} \frac{x^2 + ax + b}{(x^2 - 1)} = 3$, 求 a, b 的值.

解 当 $x \to 1$ 时, $x^2 - 1 \to 0$, 且 $\displaystyle\lim_{x \to 1} \frac{x^2 + ax + b}{(x^2 - 1)} = 3$, 所以有

$$\lim_{x \to 1}(x^2 + ax + b) = 0, \quad 即 \quad 1 + a + b = 0, b = -(1 + a).$$

所以 $\dfrac{x^2 + ax + b}{x^2 - 1} = \dfrac{x^2 + ax - (a+1)}{(x-1)(x+1)} = \dfrac{(x-1)(x+a+1)}{(x-1)(x+1)}$, 故

$$\lim_{x \to 1} \frac{x^2 + ax + b}{x^2 - 1} = \lim_{x \to 1} \frac{(x-1)(x+a+1)}{(x-1)(x+1)} = \lim_{x \to 1} \frac{x+a+1}{x+1} = \frac{a+2}{2} = 3,$$

故得 $a = 4, b = -5$.

例 1.42 设 $\displaystyle\lim_{x \to -1} \frac{ax^2 - x - 3}{x + 1} = b(b \neq 0)$, 求常数 a 与 b 的值.

解 因为 $\displaystyle\lim_{x \to -1}(x + 1) = 0$ 且 $\displaystyle\lim_{x \to -1} \frac{ax^2 - x - 3}{x + 1}$ 存在, 所以必有 $\displaystyle\lim_{x \to -1}(ax^2 - x - 3) = a + 1 - 3 = a - 2 = 0$, 解得 $a = 2$. 而

$$b = \lim_{x \to -1} \frac{2x^2 - x - 3}{x + 1} = \lim_{x \to -1} \frac{(x+1)(2x-3)}{x+1} = \lim_{x \to -1}(2x - 3) = -5.$$

故得 $a = 2, b = -5$.

例 1.43 已知极限 $\displaystyle\lim_{x \to 0} \frac{x - \arctan x}{x^k} = c$, 其中 k, c 为常数, 且 $c \neq 0$, 求 k, c.

解 因为 $x - \arctan x \sim \dfrac{1}{3}x^3$, 由 $c \neq 0$, 知 $x - \arctan x$ 与 x^k 是同阶无穷小, 所以 $k = 3$.

$$\lim_{x \to 0} \frac{x - \arctan x}{x^k} = \lim_{x \to 0} \frac{\frac{1}{3} x^3}{x^3} = \frac{1}{3}, \quad 故 \quad c = \frac{1}{3}.$$

例 1.44 若 $\lim\limits_{x \to 0} \dfrac{\sin x}{e^x - a}(\cos x - b) = 5$, 求 a, b.

【分析】 本题属于已知极限求参数的反问题.

解 因为 $\lim\limits_{x \to 0} \dfrac{\sin x}{e^x - a}(\cos x - b) = 5$, 且 $\lim\limits_{x \to 0} \sin x \cdot (\cos x - b) = 0$, 所以 $\lim\limits_{x \to 0}(e^x - a) = 0$, 故得 $a = 1$. 这时极限化为 $\lim\limits_{x \to 0} \dfrac{\sin x}{e^x - 1}(\cos x - b) = \lim\limits_{x \to 0} \dfrac{x}{x}(\cos x - b) = 1 - b = 5$, 得 $b = -4$. 因此, $a = 1, b = -4$.

例 1.45 已知 $\lim\limits_{x \to +\infty}\left[(ax+b)e^{\frac{1}{x}} - x\right] = 2$, 求 a, b. (2018 年数学三)

解 令 $t = \dfrac{1}{x}$, 则

$$\lim_{x \to +\infty}\left[(ax+b)e^{\frac{1}{x}} - x\right] = \lim_{t \to 0^+}\left[\frac{(a+bt)e^t}{t} - \frac{1}{t}\right] = \lim_{t \to 0^+}\frac{(a+bt)e^t - 1}{t}$$
$$= \lim_{t \to 0^+}\frac{e^{\ln(a+bt)+t} - 1}{t} = \lim_{t \to 0^+}\frac{\ln(a+bt)+t}{t}$$
$$= \lim_{t \to 0^+}\frac{\ln(a+bt)}{t} + 1 = 2,$$

故 $\lim\limits_{t \to 0^+}\dfrac{\ln(a+bt)}{t} = 1$.

因为分母趋于零, 所以分子也应该趋于零, 即 $\lim\limits_{t \to 0^+}\ln(a+bt) = \ln a = 0$, 则 $a = 1$,

$$\lim_{t \to 0^+}\frac{\ln(a+bt)}{t} = \lim_{t \to 0^+}\frac{\ln(1+bt)}{t} = \lim_{t \to 0^+}\frac{bt}{t} = b = 1.$$

综合得 $a = 1, b = 1$.

题型 1-17 由已知极限求另一个与之相关的极限

【解题思路】 常用的方法:

(1) 利用存在极限的函数与无穷小量的关系:
$$\lim_{x \to x_0} f(x) = A \Leftrightarrow f(x) = A + g(x), 其中 \lim_{x \to x_0} g(x) = 0$$
得到未知函数 $f(x)$ 的一个表达式, 将其代入所求极限中即可求出所求极限.

(2) 找出所求极限与已知极限的关系, 为此在已知极限中凑出所求极限.

(3) 利用结论: 若 $\lim f(x)g(x) = A$(常数), 若 $\lim f(x) = \infty$, 则必有 $\lim g(x) = 0$.

例 1.46 已知 $\lim\limits_{x \to 0}\left[1 + x + \dfrac{f(x)}{x}\right]^{\frac{1}{x}} = e^3$, 求 $\lim\limits_{x \to 0}\dfrac{f(x)}{x^2}$.

【分析】 求已知极限, 在求的过程中配出 $\lim\limits_{x \to 0}\dfrac{f(x)}{x^2}$, 然后再比较.

解 $\lim\limits_{x \to 0}\left[1 + x + \dfrac{f(x)}{x}\right]^{\frac{1}{x}} = e^{\lim\limits_{x \to 0}\frac{1}{x}\left(x + \frac{f(x)}{x}\right)} = e^{\lim\limits_{x \to 0}\left(1 + \frac{f(x)}{x^2}\right)} = e^3$, 则 $\lim\limits_{x \to 0}\dfrac{f(x)}{x^2} = 2$.

例 1.47 若 $\lim\limits_{x \to 0}\dfrac{\sin 6x + xf(x)}{x^3} = 0$, 求 $\lim\limits_{x \to 0}\dfrac{6 + f(x)}{x^2}$.

解 $\lim\limits_{x\to 0}\dfrac{\sin 6x+xf(x)}{x^3}=\lim\limits_{x\to 0}\dfrac{6+f(x)}{x^2}+\dfrac{\sin 6x-6x}{x^3}$ （在已知极限中凑出所求极限）

$$=\lim\limits_{x\to 0}\frac{6+f(x)}{x^2}+\lim\limits_{x\to 0}\frac{-\dfrac{1}{6}(6x)^3}{x^3}=\lim\limits_{x\to 0}\frac{6+f(x)}{x^2}-36=0,$$

则 $\lim\limits_{x\to 0}\dfrac{6+f(x)}{x^2}=36.$

例 1.48 已知 $\lim\limits_{x\to 0}\dfrac{xf(x)+\ln(1-2x)}{x^2}=4$，求 $\lim\limits_{x\to 0}\dfrac{f(x)-2}{x}$.

解 $\lim\limits_{x\to 0}\dfrac{f(x)-2}{x}$

$$=\lim\limits_{x\to 0}\frac{xf(x)-2x}{x^2}$$

$$=\lim\limits_{x\to 0}\left[\frac{xf(x)+\ln(1-2x)}{x^2}-\frac{2x+\ln(1-2x)}{x^2}\right] \quad \text{（用已知极限表示未知极限）}$$

$$=\lim\limits_{x\to 0}\frac{xf(x)+\ln(1-2x)}{x^2}-\lim\limits_{x\to 0}\frac{\ln(1-2x)-(-2x)}{x^2}$$

$$=\lim\limits_{x\to 0}\frac{xf(x)+\ln(1-2x)}{x^2}-\lim\limits_{x\to 0}\frac{-\dfrac{1}{2}(-2x)^2}{x^2}=4-(-2)=6.$$

例 1.49 设函数 $f(x)$ 在 $x=1$ 的某邻域内连续，且有 $\lim\limits_{x\to 0}\dfrac{\ln[f(x+1)+1+3\sin^2 x]}{\sqrt{1-x^2}-1}=$

-4，求 $\lim\limits_{x\to 0}\dfrac{f(x+1)}{x^2}$.

解 因为分母 $\lim\limits_{x\to 0}(\sqrt{1-x^2}-1)=0$，而 $\lim\limits_{x\to 0}\dfrac{\ln[f(x+1)+1+3\sin^2 x]}{\sqrt{1-x^2}-1}=-4$，所以分子

$\lim\limits_{x\to 0}\ln[f(x+1)+1+3\sin^2 x]=0$， 从而有 $\lim\limits_{x\to 0}(f(x+1)+3\sin^2 x)=0$，

$\lim\limits_{x\to 0}f(x+1)=0$，由已知极限凑出所求极限

$$\lim\limits_{x\to 0}\frac{\ln[f(x+1)+1+3\sin^2 x]}{\sqrt{1-x^2}-1}=\lim\limits_{x\to 0}\frac{f(x+1)+3\sin^2 x}{-\dfrac{1}{2}x^2}=-2\lim\limits_{x\to 0}\left(\frac{f(x+1)}{x^2}+3\frac{\sin^2 x}{x^2}\right)$$

$$=-2\left(\lim\limits_{x\to 0}\frac{f(x+1)}{x^2}+3\right)=-4,$$

即 $\lim\limits_{x\to 0}\dfrac{f(x+1)}{x^2}+3=2$，故 $\lim\limits_{x\to 0}\dfrac{f(x+1)}{x^2}=-1.$

4. 无穷小的比较

题型 1-18 无穷小与无穷大的判断

【解题思路】 无穷小极限为零，无穷大极限为无穷大。

例 1.50 判断题

（1）变量 x_n 按下面数列取值：$1,0,2,0,3,0,\cdots,n,0,\cdots$. 变量 x_n 是无穷大. （   ）

（2）设 $f(x)$ 是自变量 x 的某个变化过程中的无穷小，$g(x)$ 为该过程中的无穷大，则在该过程中 $f(x)g(x)$ 以 1 为极限.

（   ）

解 (1) 错. 因为不论 n 取得有多大, x_n 后总有为 0 的项, 对任何正数 M, $0 > M$ 不能成立, 但变量 x_n 是无界的. 这表明无界的数列不一定是无穷大.

(2) 错. 如当 $n \to \infty$ 时, $\frac{1}{n}$ 是无穷小, n^2 是无穷大, 但 $\lim\limits_{n \to \infty} \frac{1}{n} \cdot n^2 = \infty$, 即它们的积是无穷大.

例 1.51 证明: 当 $x \to \infty$ 时, $\sqrt{x^2+1} - \sqrt{x^2-1}$ 是无穷小.

证明
$$\lim_{x \to \infty}(\sqrt{x^2+1} - \sqrt{x^2-1}) = \lim_{x \to \infty}\frac{(\sqrt{x^2+1} - \sqrt{x^2-1})(\sqrt{x^2+1} + \sqrt{x^2-1})}{\sqrt{x^2+1} + \sqrt{x^2-1}}$$

$$= \lim_{x \to \infty}\frac{x^2+1-(x^2-1)}{\sqrt{x^2+1} + \sqrt{x^2-1}} = \lim_{x \to \infty}\frac{2}{\sqrt{x^2+1} + \sqrt{x^2-1}} = 0.$$

所以 $\sqrt{x^2+1} - \sqrt{x^2-1}$ 是无穷小.

题型 1-19 无穷小的比较

【解题思路】

(1) 利用无穷小的比较的定义, 求极限.

(2) $x \to 0$ 时, $x^n + x^m \sim x^{\min(m,n)}$, $x^n x^m \sim x^{m+n}$, $x o(x^n) = o(x^{n+1})$.

(3) 当 $\varphi(x) \to 0$ 时, $\varphi(x) + o(\varphi(x)) \sim \varphi(x)$.

(4) 利用: 若 $x \to 0$ 时, $f(x) \sim ax^m$, $g(x) \sim bx^n$ $m > 0, n > 0$.

若 $m < n$, 则 ax^m 是 bx^n 的低阶无穷小, 从而 $f(x)$ 是 $g(x)$ 的低阶无穷小;

若 $m = n$, 则 bx^n 是 ax^m 的同阶无穷小, 从而 $g(x)$ 是 $f(x)$ 的同阶无穷小;

若 $m > n$, 则 ax^m 是 bx^n 的高阶无穷小, 从而 $f(x)$ 是 $g(x)$ 的高阶无穷小.

(5) $\alpha \sim \beta$, 则 $\alpha = \beta + o(\beta)$.

例 1.52 当 $x \to 0$ 时, 用 $o(x)$ 表示比 x 高阶的无穷小, 则下列式子中错误的是(   ).

    A. $x \cdot o(x^2) = o(x^3)$ B. $o(x)o(x^2) = o(x^3)$

    C. $o(x^2) + o(x^2) = o(x^2)$ D. $o(x) + o(x^2) = o(x^2)$

解 由高阶无穷小的定义可知 A, B, C 都是正确的, 对于 D 可找出反例, 例如当 $x \to 0$ 时, $f(x) = x^2 + x^3 = o(x)$, $g(x) = x^3 = o(x^2)$, 但 $f(x) + g(x) = o(x)$ 而不是 $o(x^2)$, 故应该选 D.

例 1.53 选择题

(1) 当 $x \to -1$ 时, $x^2 + 2x + 1$ 与 $x^2 - 1$ 比较是(   ).

    A. 等价无穷小   B. 同阶无穷小   C. 低阶无穷小   D. 高阶无穷小

(2) 当 $x \to 0$ 时, 与 $x \sin 5x$ 是同阶的无穷小是(   ).

    A. x B. $3x^2$ C. x^3 D. x^4

解 (1) $\lim\limits_{x \to -1}\frac{x^2+2x+1}{x^2-1} = \lim\limits_{x \to -1}\frac{(x+1)^2}{(x-1)(x+1)} = \lim\limits_{x \to -1}\frac{x+1}{x-1} = 0$, 故选 D.

(2) $x \sin 5x \sim 5x^2$, 故选 B.

例 1.54 证明: 当 $x \to \infty$ 时, $(\sqrt{x^2+1} - \sqrt{x^2-1})$ 与 $\frac{1}{x}$ 是等价无穷小.

证明 因为

$$\lim_{x\to\infty}\frac{\sqrt{x^2+1}-\sqrt{x^2-1}}{\frac{1}{x}}=\lim_{x\to\infty}\frac{x(\sqrt{x^2+1}-\sqrt{x^2-1})(\sqrt{x^2+1}+\sqrt{x^2-1})}{\sqrt{x^2+1}+\sqrt{x^2-1}}$$

$$=\lim_{x\to\infty}\frac{2x}{\sqrt{x^2+1}+\sqrt{x^2-1}}=1,$$

所以 $(\sqrt{x^2+1}-\sqrt{x^2-1})$ 与 $\frac{1}{x}$ 是等价无穷小.

例 1.55 当 $x\to0$ 时,判断下列各无穷小对无穷小 x 的阶:

(1) $\sqrt{x}+\sin x$;　　(2) $x^{\frac{2}{3}}-x^{\frac{1}{2}}$;　　(3) $\sqrt[3]{x}-3x^3+x^5$.

解 (1) 因为 $\lim\limits_{x\to0}\dfrac{\sqrt{x}+\sin x}{\sqrt{x}}=1$,所以 $x\to0$ 时 $\sqrt{x}+\sin x$ 是 x 的 $\frac{1}{2}$ 阶无穷小.

或 $x\to0$　$\sin x\sim x=o(\sqrt{x})$,所以 $\sqrt{x}+\sin x\sim\sqrt{x}$,即 $x\to0$ 时 $\sqrt{x}+\sin x$,是 x 的 $\frac{1}{2}$ 阶无穷小,是 x 的低阶无穷小.

(2) 因为 $\lim\limits_{x\to0}\dfrac{x^{\frac{2}{3}}-x^{\frac{1}{2}}}{x^{\frac{1}{2}}}=\lim\limits_{x\to0}(x^{\frac{1}{6}}-1)=-1$,所以 $x\to0$ 时 $x^{\frac{2}{3}}-x^{\frac{1}{2}}$ 是 x 的 $\frac{1}{2}$ 阶无穷小.

(3) 因为 $\lim\limits_{x\to0}\dfrac{\sqrt[3]{x}-3x^3+x^5}{\sqrt[3]{x}}=\lim\limits_{x\to0}(1-3x^{\frac{8}{3}}+x^{\frac{14}{3}})=1$,所以 $x\to0$ 时 $\sqrt[3]{x}-3x^3+x^5$ 是 x 的 $\frac{1}{3}$ 阶无穷小.

或 $x\to0$ 时,$-3x^3+5x^5=o(\sqrt[3]{x})$,所以 $\sqrt[3]{x}-3x^3+5x^5\sim\sqrt[3]{x}$,即 $x\to0$ 时 $\sqrt[3]{x}-3x^3+x^5$ 是 x 的 $\frac{1}{3}$ 阶无穷小.

例 1.56 已知函数 $f(x)=\dfrac{1+x}{\sin x}-\dfrac{1}{x}$,记 $a=\lim\limits_{x\to0}f(x)$.

(1) 求 a 的值;

(2) 若当 $x\to0$ 时,$f(x)-a$ 是 x^k 的同阶无穷小,求 k. (2012 年数学二)

解 (1) $\lim\limits_{x\to0}f(x)=\lim\limits_{x\to0}\left(\dfrac{1}{\sin x}-\dfrac{1}{x}+\dfrac{x}{\sin x}\right)=\lim\limits_{x\to0}\dfrac{x-\sin x}{x^2}+\lim\limits_{x\to0}\dfrac{x}{\sin x}=1$,即 $a=1$.

(2) 当 $x\to0$ 时,由 $f(x)-a=f(x)-1=\dfrac{1}{\sin x}-\dfrac{1}{x}=\dfrac{x-\sin x}{x\sin x}$.

又因为,当 $x\to0$ 时,$x-\sin x$ 与 $\frac{1}{6}x^3$ 等价,故 $f(x)-a\sim\frac{1}{6}x$,即 $k=1$.

例 1.57 当 $x\to0^+$ 时,与 $\sqrt{x}$ 等价的无穷小量是(　　).

A. $1-e^{\sqrt{x}}$　　　B. $\ln\dfrac{1+x}{1-\sqrt{x}}$　　　C. $\sqrt{1+\sqrt{x}}-1$　　D. $1-\cos\sqrt{x}$

解 $1-e^{\sqrt{x}}\sim-\sqrt{x}$;

$\ln(1+x)\sim x,\ln(1-\sqrt{x})\sim-\sqrt{x}$,故 $\ln\dfrac{1+x}{1-\sqrt{x}}=\ln(1+x)-\ln(1-\sqrt{x})\sim x+\sqrt{x}\sim\sqrt{x}$;

$\sqrt{1+\sqrt{x}}-1\sim\frac{1}{2}\sqrt{x}$;　　$1-\cos\sqrt{x}\sim\frac{1}{2}x$.

故选 B.

题型 1-20 利用等价无穷小代替求极限

【解题思路一】 当一个无穷小在算式中处于因子地位（与其他部分是相乘关系）时，才能够用它的某个等价无穷小来代替；若是两个无穷小做和或差，则要谨慎代换，是有条件的；而且这种代替只能是用简单的代替复杂的，不能用复杂的代替简单的，否则就失去了等价无穷小替代的意义了.

例 1.58 求下列极限：

(1) $\lim\limits_{x \to 0} \dfrac{\tan 3x}{2x}$；

(2) $\lim\limits_{x \to 0} \dfrac{\sin x^n}{\sin^m x}$（$m,n$ 为正整数）；

(3) $\lim\limits_{x \to 0} \dfrac{\sqrt{2} - \sqrt{1+\cos x}}{\sin^2 x}$；

(4) $\lim\limits_{x \to 0} \dfrac{\tan x - \sin x}{\sin^3 x}$.

解 (1) $\lim\limits_{x \to 0} \dfrac{\tan 3x}{2x} = \lim\limits_{x \to 0} \dfrac{3x}{2x} = \dfrac{3}{2}$.

(2) $\lim\limits_{x \to 0} \dfrac{\sin x^n}{\sin^m x} = \lim\limits_{x \to 0} \dfrac{x^n}{x^m} = \begin{cases} 1, & n = m, \\ 0, & n > m, \\ \infty, & n < m. \end{cases}$

(3) $\lim\limits_{x \to 0} \dfrac{\sqrt{2} - \sqrt{1+\cos x}}{\sin^2 x} = \lim\limits_{x \to 0} \dfrac{(\sqrt{2} - \sqrt{1+\cos x})(\sqrt{2} + \sqrt{1+\cos x})}{x^2(\sqrt{2} + \sqrt{1+\cos x})}$

$\qquad = \lim\limits_{x \to 0} \dfrac{1 - \cos x}{x^2(\sqrt{2} + \sqrt{1+\cos x})} = \dfrac{1}{4\sqrt{2}}$.

(4) $\lim\limits_{x \to 0} \dfrac{\tan x - \sin x}{\sin^3 x} = \lim\limits_{x \to 0} \dfrac{\dfrac{1 - \cos x}{\cos x}}{\sin^2 x} = \lim\limits_{x \to 0} \dfrac{\dfrac{x^2}{2}}{x^2 \cos x} = \dfrac{1}{2}$.

或 $\qquad \lim\limits_{x \to 0} \dfrac{\tan x - \sin x}{\sin^3 x} = \lim\limits_{x \to 0} \dfrac{\dfrac{1}{2} x^3}{x^3} = \dfrac{1}{2}$.

例 1.59 求 $\lim\limits_{x \to 0} \dfrac{(\sin^2 x + \cos x - 1)\tan 3x}{(e^{x^2} - 1)\sin x}$.

解 $\lim\limits_{x \to 0} \dfrac{(\sin^2 x + \cos x - 1)\tan 3x}{(e^{x^2} - 1)\sin x} = \lim\limits_{x \to 0} \dfrac{\left(x^2 - \dfrac{1}{2} x^2\right) \cdot 3x}{x^2 \cdot x} = \dfrac{3}{2}$.

例 1.60 求 $\lim\limits_{x \to 0} \left(\dfrac{e^x + e^{2x} + \cdots + e^{nx}}{n} \right)^{\frac{e}{x}}$.

【分析】 本题属于 1^∞ 型未定式，对于这类题

若 $\lim u(x) = 1, \lim v(x) = \infty$，则 $\lim u(x)^{v(x)} = e^{\lim v(x)[u(x) - 1]}$.

解 $\lim\limits_{x \to 0} \left(\dfrac{e^x + e^{2x} + \cdots + e^{nx}}{n} \right)^{\frac{e}{x}} = e^{\lim\limits_{x \to 0} \frac{e}{x}\left[\frac{e^x + e^{2x} + \cdots + e^{nx}}{n} - 1 \right]}$

$\qquad = e^{\lim\limits_{x \to 0} \frac{e}{x} \cdot \frac{(e^x - 1) + (e^{2x} - 1) + \cdots + (e^{nx} - 1)}{n}}$ （等价无穷小代换）

$\qquad = e^{\lim\limits_{x \to 0} \frac{e}{x} \cdot \frac{x + 2x + \cdots + nx}{n}} = e^{\lim\limits_{x \to 0} \frac{e}{x} \cdot \frac{\frac{n(n+1)}{2} x}{n}} = e^{\frac{(n+1)e}{2}}$.

例 1.61 求 $\lim\limits_{x\to0^+}\dfrac{x^x-(\sin x)^x}{\sqrt[3]{1+\arctan x\cdot\tan x^2\cdot(3+\arcsin x)}-1}$.

解 $\lim\limits_{x\to0^+}\dfrac{x^x-(\sin x)^x}{\sqrt[3]{1+\arctan x\cdot\tan x^2\cdot(3+\arcsin x)}-1}$

$=\lim\limits_{x\to0^+}\dfrac{e^{x\ln x}-e^{x\ln\sin x}}{\dfrac13\cdot\arctan x\cdot\tan x^2\cdot(3+\arcsin x)}$

$=\lim\limits_{x\to0^+}\dfrac{e^{x\ln\sin x}\cdot(e^{x\ln x-x\ln\sin x}-1)}{\dfrac13\cdot x\cdot x^2\cdot3}$

$=\lim\limits_{x\to0^+}\dfrac{e^{x\ln\sin x}\cdot(x\ln x-x\ln\sin x)}{x^3}\qquad(\lim\limits_{x\to0^+}x\ln\sin x=0)$

$=e^0\lim\limits_{x\to0^+}\dfrac{x\ln\dfrac{x}{\sin x}}{x^3}\qquad\left(\ln\dfrac{x}{\sin x}=\ln\left(1+\dfrac{x}{\sin x}-1\right)\sim\dfrac{x}{\sin x}-1\right)$

$=e^0\lim\limits_{x\to0^+}\dfrac{\dfrac{x}{\sin x}-1}{x^2}=\lim\limits_{x\to0^+}\dfrac{x-\sin x}{x^2\sin x}=\lim\limits_{x\to0^+}\dfrac{\dfrac16x^3}{x^3}=\dfrac16.$

5. 函数的连续与间断

题型 1-21　讨论函数的连续性

【解题思路】 当所给函数是抽象的记号而不是具体函数时,往往用 $\lim\limits_{\Delta x\to0}\Delta y=0$ 是否成立来讨论函数的连续性;当所给函数有具体函数关系时,往往用 $\lim\limits_{x\to x_0}f(x)=f(x_0)$ 是否成立来讨论函数的连续性.

讨论分段函数的连续性时,要分两种情况来讨论:

一是在某段上,按该段上初等函数式来讨论;

二是在相邻两段的分段点处,则要用极限存在的充要条件来讨论,看左右极限是否存在,是否相等来确定连续还是间断.

例 1.62 $\lim\limits_{x\to x_0^-}f(x)=\lim\limits_{x\to x_0^+}f(x)$ 是 $f(x)$ 在 x_0 连续的(　　).

A. 必要条件　　　　B. 充分条件　　　　C. 充要条件　　　　D. 无关条件

解 选 A.

例 1.63 讨论下列函数的连续性:

(1) 设 $f(x)=\dfrac1x\ln(1-x)$,要使 $f(x)$ 在 $x=0$ 处连续,$f(0)$ 为多少?

(2) 设 $f(x)=\begin{cases}\dfrac1\pi\arctan\dfrac1x+\dfrac{a+be^{\frac1x}}{1+e^{\frac1x}},&x\neq0,\\1,&x=0,\end{cases}$ a,b 为何值时 $f(x)$ 在 $x=0$ 连续.

(3) 设 $f(x)=\begin{cases}\dfrac{1-e^{\sin x}}{\arctan\dfrac{x}{2}},&x>0,\\ae^{2x}-1,&x\leqslant0\end{cases}$ 是 $(-\infty,+\infty)$ 上的连续函数,求 a.

(4) 设 $f(x) = \begin{cases} \dfrac{ax+b}{\sqrt{3x+1}-\sqrt{x+3}}, & x \neq 1, \\ 4, & x = 1 \end{cases}$ 在定义域内连续,求 a, b 的值.

解 (1) $f(x)$ 在 $x=0$ 处没有定义,$x=0$ 是函数的间断点.

因为 $\lim\limits_{x \to 0} f(x) = \lim\limits_{x \to 0} \dfrac{1}{x} \ln(1-x) = -1$,所以补充 $f(0) = -1$ 能使 $f(x)$ 在 $x=0$ 连续.

(2) 遇到 $x \to 0$,$e^{\frac{1}{x}}$ 的极限,要讨论左、右极限 $x \to 0^-$,$e^{\frac{1}{x}} \to 0$;$x \to 0^+$,$e^{\frac{1}{x}} \to +\infty$.

因为 $\lim\limits_{x \to 0^-} f(x) = \lim\limits_{x \to 0^-} \left(\dfrac{1}{\pi} \arctan \dfrac{1}{x} + \dfrac{a + b e^{\frac{1}{x}}}{1 + e^{\frac{1}{x}}} \right) = \dfrac{1}{\pi} \cdot \left(-\dfrac{\pi}{2} \right) + a = -\dfrac{1}{2} + a$,

$\lim\limits_{x \to 0^+} f(x) = \lim\limits_{x \to 0^+} \left(\dfrac{1}{\pi} \arctan \dfrac{1}{x} + \dfrac{a + b e^{\frac{1}{x}}}{1 + e^{\frac{1}{x}}} \right) = \dfrac{1}{\pi} \cdot \dfrac{\pi}{2} + b = \dfrac{1}{2} + b$,

而 $f(x)$ 在 $x=0$ 连续,且 $f(0) = 1$,则要求 $\lim\limits_{x \to 0^-} f(x) = \lim\limits_{x \to 0^+} f(x) = f(0)$,即

$$-\dfrac{1}{2} + a = \dfrac{1}{2} + b = 1,解得 a = \dfrac{3}{2}, b = \dfrac{1}{2}.$$

所以,当 $a = \dfrac{3}{2}, b = \dfrac{1}{2}$ 时,能使函数在 $x=0$ 连续.

(3) $\lim\limits_{x \to 0^-} f(x) = \lim\limits_{x \to 0^-} (a e^{2x} - 1) = a - 1$,

$\lim\limits_{x \to 0^+} f(x) = \lim\limits_{x \to 0^+} \dfrac{1 - e^{\sin x}}{\arctan \dfrac{x}{2}} = \lim\limits_{x \to 0^+} \dfrac{-\sin x}{\dfrac{x}{2}} = -2$,

而 $f(x)$ 在 $x=0$ 处连续,且 $f(0) = a - 1$,故

$$\lim\limits_{x \to 0^-} f(x) = \lim\limits_{x \to 0^+} f(x) = f(0),即有 a - 1 = -2,则 a = -1.$$

(4) $f(x)$ 在定义域内连续,所以它在 $x=1$ 处连续. 所以

$$\lim\limits_{x \to 1} f(x) = \lim\limits_{x \to 1} \dfrac{ax+b}{\sqrt{3x+1}-\sqrt{x+3}} = \lim\limits_{x \to 1} \dfrac{(ax+b)(\sqrt{3x+1}+\sqrt{x+3})}{3x+1-x-3}$$

$$= \lim\limits_{x \to 1} \dfrac{ax+b}{x-1} \cdot \lim\limits_{x \to 1} \dfrac{\sqrt{3x+1}+\sqrt{x+3}}{2} = 2 \lim\limits_{x \to 1} \dfrac{ax+b}{x-1} = 4,$$

所以 $\lim\limits_{x \to 1} \dfrac{ax+b}{x-1} = 2$,故 $a = 2, b = -2$.

例 1.64 设函数 $f(x) = \begin{cases} x^\alpha \cos \dfrac{1}{x^\beta}, & x > 0, \\ 0, & x \leqslant 0 \end{cases}$ $(\alpha > 0, \beta > 0)$,当 α, β 满足什么条件时,$f'(x)$ 在 $x=0$ 处连续.

解 当 $x < 0$ 时,$f'(x) = 0$,$f'_-(0) = 0$;

$$f'_+(0) = \lim\limits_{x \to 0^+} \dfrac{x^\alpha \cos \dfrac{1}{x^\beta} - 0}{x} = \lim\limits_{x \to 0^+} x^{\alpha-1} \cos \dfrac{1}{x^\beta},$$

当 $x > 0$ 时,$f'(x) = \alpha x^{\alpha-1} \cos \dfrac{1}{x^\beta} + (-1) x^\alpha \sin \dfrac{1}{x^\beta} (-\beta) \dfrac{1}{x^{\beta+1}}$

$$= \alpha x^{\alpha-1} \cos \dfrac{1}{x^\beta} + \beta x^{\alpha-\beta-1} \sin \dfrac{1}{x^\beta}.$$

若 $f'(x)$ 在 $x=0$ 处连续,则 $f'_-(0)=f'_+(0)=\lim\limits_{x\to 0^+}x^{\alpha-1}\cos\dfrac{1}{x^\beta}=0$,从而得 $\alpha-1>0$.

由 $f'(0)=\lim\limits_{x\to 0^+}f'(x)=\lim\limits_{x\to 0^+}\left(\alpha x^{\alpha-1}\cos\dfrac{1}{x^\beta}+\beta x^{\alpha-\beta-1}\sin\dfrac{1}{x^\beta}\right)=0$,得 $\alpha-\beta-1>0$.

题型 1-22　间断点及其类型的判断

【解题思路】　不连续就是间断,找函数的间断点主要是找无定义的点(例如使分式的分母为 0 的点).无定义的点一定是间断点,分段函数的分段点可能是间断点.判断间断点的类型主要根据定义,左、右极限都存在的点为第一类间断点,左、右极限相等时为可去间断点;不相等时为跳跃间断点.除了第一类就是第二类间断点.

例 1.65　判断题

(1) 分段函数必有间断点. 　　　　　　　　　　　　　　　　　　　　(　)

(2) 若 $f(x)$ 与 $g(x)$ 都在 x_0 点间断,则 $f(x)+g(x)$ 也在 x_0 点间断. 　(　)

解　(1) 错.例如分段函数 $f(x)=\begin{cases}1-x, & x<0,\\ 1+x, & x\geq 0,\end{cases}$ 在 $(-\infty,+\infty)$ 上连续.

(2) 错.例如 $f(x)=\begin{cases}\dfrac{1}{x}, & x\neq 0,\\ 1, & x=0\end{cases}$ 与 $g(x)=\begin{cases}-\dfrac{1}{x}, & x\neq 0,\\ -1, & x=0\end{cases}$ 都在 $x=0$ 处不连续,但 $f(x)+g(x)$ 在 $x=0$ 处连续.

例 1.66　选择题

(1) $x=0$ 是 $f(x)=x\sin\dfrac{1}{x}$ 的(　).

　A. 跳跃间断点　　B. 无穷间断点　　C. 可去间断点　　D. 振荡间断点

(2) 设 $F(x)=\begin{cases}\dfrac{f(x)}{x}, & x\neq 0,\\ f(0), & x=0,\end{cases}$ 其中 $f(x)$ 在 $x=0$ 处可导,$f'(0)\neq 0$,$f(0)=0$,则 $x=0$ 是 $F(x)$ 的(　).

　A. 连续点　　　　　　　　　　B. 第一类间断点

　C. 第二类间断点　　　　　　　D. 连续点或间断点不能由此确定

(1990 年数学二)

解　(1) 因为 $f(x)=x\sin\dfrac{1}{x}$ 在 $x=0$ 处没有定义,所以 $x=0$ 为 $f(x)$ 的间断点.又因为 $\lim\limits_{x\to 0}f(x)=\lim\limits_{x\to 0}x\sin\dfrac{1}{x}=0$,若补充 $f(0)=0$,那么 $f(x)$ 在 $x=0$ 处就连续了,因此 $x=0$ 为 $f(x)$ 的可去间断点,为第一类间断点.选 C.

(2) 因为 $\lim\limits_{x\to 0}F(x)=\lim\limits_{x\to 0}\dfrac{f(x)}{x}=\lim\limits_{x\to 0}\dfrac{f(x)-f(0)}{x-0}=f'(0)\neq 0=f(0)=F(0)$,即 $\lim\limits_{x\to 0}F(x)\neq F(0)$,$x=0$ 为 $F(x)$ 的可去间断点,为第一类间断点.故选 B.

例 1.67　设 $f(x)$ 在 $(-\infty,+\infty)$ 内有定义,且 $\lim\limits_{x\to\infty}f(x)=a$,

$$g(x)=\begin{cases}f\left(\dfrac{1}{x}\right), & x\neq 0,\\ 0, & x=0,\end{cases}$$

则( ).

A. $x=0$ 必是 $g(x)$ 的第一类间断点

B. $x=0$ 必是 $g(x)$ 的第二类间断点

C. $x=0$ 必是 $g(x)$ 的连续点

D. $g(x)$ 在点 $x=0$ 处的连续性与 a 的取值有关

【分析】 考查极限 $\lim\limits_{x\to 0}g(x)$ 是否存在,如存在,是否等于 $g(0)$ 即可,通过换元 $u=\dfrac{1}{x}$,可将极限 $\lim\limits_{x\to 0}g(x)$ 转化为 $\lim\limits_{x\to\infty}f(x)$.

解 因为 $\lim\limits_{x\to 0}g(x)=\lim\limits_{x\to 0}f\left(\dfrac{1}{x}\right)=\lim\limits_{u\to\infty}f(u)=a\left(\text{令}\ u=\dfrac{1}{x}\right)$. 又 $g(0)=0$,所以,当 $a=0$ 时,$\lim\limits_{x\to 0}g(x)=g(0)$,即 $g(x)$ 在点 $x=0$ 处连续,当 $a\neq 0$ 时,$\lim\limits_{x\to 0}g(x)\neq g(0)$,即 $x=0$ 是 $g(x)$ 的第一类间断点,因此,$g(x)$ 在点 $x=0$ 处的连续性与 a 的取值有关,故选 D.

例 1.68 求函数 $f(x)=\dfrac{|x|^x-1}{x(x+1)\ln|x|}$ 的间断点并判断其类型.

解 函数在 $x=-1,x=0,x=1$ 处没有定义,因此间断点为 $x=-1,x=0,x=1$.

当 $x\ln|x|\to 0$ 时,$|x|^x-1=\mathrm{e}^{x\ln|x|}-1\sim x\ln|x|$,$\lim\limits_{x\to 0}f(x)=\lim\limits_{x\to 0}\dfrac{|x|^x-1}{x(x+1)\ln|x|}=\lim\limits_{x\to 0}\dfrac{x\ln|x|}{x\ln|x|}=1$,所以 $x=0$ 是函数 $f(x)$ 的可去间断点.

$\lim\limits_{x\to 1}f(x)=\lim\limits_{x\to 1}\dfrac{|x|^x-1}{x(x+1)\ln|x|}=\lim\limits_{x\to 1}\dfrac{x\ln|x|}{2x\ln|x|}=\dfrac{1}{2}$,所以 $x=1$ 是函数 $f(x)$ 的可去间断点.

$\lim\limits_{x\to -1}f(x)=\lim\limits_{x\to -1}\dfrac{|x|^x-1}{x(x+1)\ln|x|}=\lim\limits_{x\to -1}\dfrac{x\ln|x|}{-(x+1)\ln|x|}=\infty$,所以 $x=-1$ 是函数 $f(x)$ 的无穷间断点.

例 1.69 函数 $f(x)=\lim\limits_{t\to 0}\left(1+\dfrac{\sin t}{x}\right)^{\frac{x^2}{t}}$ 在 $(-\infty,+\infty)$ 内( ).

A. 连续   B. 有可去间断点   C. 有跳跃间断点   D. 有无穷间断点

解 $f(x)=\lim\limits_{t\to 0}\left(1+\dfrac{\sin t}{x}\right)^{\frac{x^2}{t}}=\mathrm{e}^{\lim\limits_{t\to 0}\frac{\sin t}{x}\cdot\frac{x^2}{t}}=\mathrm{e}^x,x\neq 0$,故 $f(x)$ 有可去间断点 $x=0$,故选 B.

例 1.70 求函数 $f(x)=\dfrac{4}{1-\dfrac{2}{x}}$ 的间断点,并判断其类型.

解 函数 $f(x)=\dfrac{4}{1-\dfrac{2}{x}}$ 在 $x=0,x=2$ 处没有定义,因此 $x=0,x=2$ 都是函数的间断点.

$\lim\limits_{x\to 0}f(x)=\lim\limits_{x\to 0}\dfrac{4}{1-\dfrac{2}{x}}=0,x=0$ 为函数 $f(x)=\dfrac{4}{1-\dfrac{2}{x}}$ 的可去间断点,为第一类间断点.

$\lim\limits_{x\to 2}f(x)=\lim\limits_{x\to 2}\dfrac{4}{1-\dfrac{2}{x}}=\infty,x=2$ 为函数 $f(x)=\dfrac{4}{1-\dfrac{2}{x}}$ 的无穷间断点,为第二类间断点.

例 1.71 $f(x)=\lim\limits_{t\to x}\left(\dfrac{\sin t}{\sin x}\right)^{\frac{x}{\sin t-\sin x}}$,求 $f(x)$ 的间断点并判断其类型.

解 $f(x)=\lim\limits_{t\to x}\left(\dfrac{\sin t}{\sin x}\right)^{\frac{x}{\sin t-\sin x}}=\mathrm{e}^{\lim\limits_{t\to x}\left(\frac{\sin t}{\sin x}-1\right)\frac{x}{\sin t-\sin x}}=\mathrm{e}^{\frac{x}{\sin x}}$，因此 $x=0,x=k\pi(k=\pm1,\pm2,\cdots)$ 都是 $f(x)$ 的间断点.

因为 $\lim\limits_{x\to0}f(x)=\mathrm{e}^{\lim\limits_{x\to0}\frac{x}{\sin x}}=\mathrm{e}$，$x=0$ 为函数的可去间断点，为第一类间断点.

$\lim\limits_{x\to k\pi}f(x)=\mathrm{e}^{\lim\limits_{x\to k\pi}\frac{x}{\sin x}}=\infty$，因此 $x=k\pi(k=\pm1,\pm2,\cdots)$ 为函数的无穷间断点，为第二类间断点.

例 1.72 求函数 $f(x)=\dfrac{(\mathrm{e}^{\frac{1}{x}}+\mathrm{e})\tan x}{x(\mathrm{e}^{\frac{1}{x}}-\mathrm{e})}$ 的间断点，并判断类型.

解 函数没有定义的点为 $x=0,x=1,x=k\pi+\dfrac{\pi}{2}$，故函数的间断点为 $x=0,x=1,x=k\pi+\dfrac{\pi}{2}$.

在 $x=0$ 处，$\lim\limits_{x\to0^+}f(x)=\lim\limits_{x\to0^+}\dfrac{(\mathrm{e}^{\frac{1}{x}}+\mathrm{e})}{(\mathrm{e}^{\frac{1}{x}}-\mathrm{e})}\cdot\dfrac{\tan x}{x}=1\quad\left(\lim\limits_{x\to0^+}\mathrm{e}^{\frac{1}{x}}=+\infty\right)$，

$$\lim\limits_{x\to0^-}f(x)=\lim\limits_{x\to0^-}\dfrac{(\mathrm{e}^{\frac{1}{x}}+\mathrm{e})}{(\mathrm{e}^{\frac{1}{x}}-\mathrm{e})}\cdot\dfrac{\tan x}{x}=-1\quad\left(\lim\limits_{x\to0^-}\mathrm{e}^{\frac{1}{x}}=0\right),$$

所以 $x=0$ 为 $f(x)$ 的跳跃间断点，属于第一类间断点.

在 $x=1$ 处，$\lim\limits_{x\to1}f(x)=\lim\limits_{x\to1}\dfrac{(\mathrm{e}^{\frac{1}{x}}+\mathrm{e})}{(\mathrm{e}^{\frac{1}{x}}-\mathrm{e})}\cdot\dfrac{\tan x}{x}=\infty$，所以 $x=1$ 为 $f(x)$ 的无穷间断点，属于第二类间断点.

在 $x=k\pi+\dfrac{\pi}{2}$ 处，$\lim\limits_{x\to k\pi+\frac{\pi}{2}}f(x)=\lim\limits_{x\to k\pi+\frac{\pi}{2}}\dfrac{(\mathrm{e}^{\frac{1}{x}}+\mathrm{e})}{(\mathrm{e}^{\frac{1}{x}}-\mathrm{e})}\cdot\dfrac{\tan x}{x}=\infty$，故 $x=k\pi+\dfrac{\pi}{2}$ 为 $f(x)$ 的无穷间断点，属于第二类间断点.

例 1.73 求函数 $f(x)=\dfrac{x^2-x}{x^2-1}\sqrt{1+\dfrac{1}{x^2}}$ 的间断点，并判断类型.

解 $x=0,x=1,x=-1$ 为间断点.

当 $x=0$ 时，由于 $\lim\limits_{x\to0^+}f(x)=\lim\limits_{x\to0^+}\dfrac{x}{x+1}\dfrac{\sqrt{1+x^2}}{|x|}=1$，而 $\lim\limits_{x\to0^-}f(x)=\lim\limits_{x\to0^-}\dfrac{x}{x+1}\dfrac{\sqrt{1+x^2}}{|x|}=-1$，所以 $x=0$ 是跳跃间断点，属于第一类间断点.

当 $x=1$ 时，由于 $\lim\limits_{x\to1}f(x)=\lim\limits_{x\to1}\dfrac{x}{x+1}\dfrac{\sqrt{1+x^2}}{|x|}=\dfrac{\sqrt{2}}{2}$，所以 $x=1$ 是可去间断点，属于第一类间断点.

当 $x=-1$ 时，因 $\lim\limits_{x\to-1}f(x)=\infty$，所以 $x=-1$ 是无穷间断点，属于第二类间断点.

例 1.74 函数 $f(x)=\dfrac{\mathrm{e}^x-b}{(x-a)(x-1)}$，其中 $x=0$ 为 $f(x)$ 的无穷间断点，$x=1$ 为 $f(x)$ 的可去间断点，求 a,b.

解 因为 $x=0$ 为 $f(x)$ 的无穷间断点，所以 $\lim\limits_{x\to0}(x-a)(x-1)=0$，即 $(-a)(-1)=0$，

得 $a=0$，且 $\lim\limits_{x\to 0}e^x-b\neq 0$，即 $b\neq 1$.

又 $x=1$ 为 $f(x)$ 的可去间断点，则 $\lim\limits_{x\to 1}e^x-b=0$，得 $b=e$.

例 1.75　设 $f(x)=\dfrac{1}{1+2^{\frac{1}{x-1}}}$，判断 $x=1$ 为 $f(x)$ 的什么类型间断点.

解　$\lim\limits_{x\to 1^-}\dfrac{1}{x-1}=-\infty$，$\lim\limits_{x\to 1^-}2^{\frac{1}{x-1}}=0$，故 $\lim\limits_{x\to 1^-}f(x)=\lim\limits_{x\to 1^-}\dfrac{1}{1+2^{\frac{1}{x-1}}}=1$，

$\lim\limits_{x\to 1^+}\dfrac{1}{x-1}=+\infty$，$\lim\limits_{x\to 1^+}2^{\frac{1}{x-1}}=+\infty$，故 $\lim\limits_{x\to 1^+}f(x)=\lim\limits_{x\to 1^+}\dfrac{1}{1+2^{\frac{1}{x-1}}}=0$.

$x=1$ 处左右极限存在但不相等，所以 $x=1$ 为 $f(x)$ 的跳跃间断点，属于第一类间断点.

题型 1-23　利用闭区间上连续函数的性质证明命题

例 1.76　判断题

(1) 在 $[a,b]$ 上不连续的函数一定没有最大值.　　　　　　　　　　　(　　)

(2) 在 $[a,b]$ 上不连续的函数一定无界.　　　　　　　　　　　　　　(　　)

解　(1) 错. (2) 错. 例如：$y=\sin\dfrac{1}{x}$ 在 $[-1,1]$ 上不连续，但它有最大值，也有界.

例 1.77　证明下列各题：

(1) 证明 $x=e^{x-3}+1$ 至少有一个不超过 4 的正根.

(2) 设 $f(x)$ 在 $[a,b]$ 上连续且无零点，证明：$f(x)$ 在 $[a,b]$ 上恒正或恒负.

证明　(1) 令 $f(x)=x-e^{x-3}-1$，显然 $f(x)$ 在闭区间 $[0,4]$ 上连续且

$$f(0)=-e^{-3}-1<0,\qquad f(4)=4-e^{4-3}-1=3-e>0.$$

根据零点定理，在开区间 $(0,4)$ 内至少存在一点 $\xi\in(0,4)$，使 $f(\xi)=0$，原命题得证.

(2) 用反证法. 设 $f(x)$ 在 $[a,b]$ 上不是恒正或恒负，则在 $[a,b]$ 必有 x_1,x_2，且 $x_1<x_2$，使得 $f(x_1)f(x_2)<0$. 又 $f(x)$ 在 $[x_1,x_2]\subset[a,b]$ 上连续，所以根据零点定理至少存在一点 $\xi\in(x_1,x_2)\subset[a,b]$，使得 $f(\xi)=0$. 这与已知矛盾. 故得证.

题型 1-24　证明存在实根. 一般利用零点存在定理证明方程根的存在性

【解题思路】　(1) 零点存在定理由 3 部分组成：①闭区间 $[a,b]$；②函数 $f(x)$ 在闭区间 $[a,b]$ 上连续；③$f(a)$ 与 $f(b)$ 异号. 证明根的存在性命题常常只给出上述 3 个条件中的部分条件，另一些条件需要证明. 根据所给条件的不同，利用零点定理证明根的存在性有下述三类命题：

① 需找出函数值异号的两点，即找 $x_1,x_2\in[a,b]$，使 $f(x_1)f(x_2)<0$. 常用下述各法找出这样的两点.

用观察法，找两个特殊的点，使函数值在这两点上异号；根据函数极限为正无穷、负无穷分别求出函数值大于 0、小于 0 的两点；由函数值的大小关系找出 $x_1,x_2\in[a,b]$，使 $f(x_1)f(x_2)<0$.

② 需找出根存在的区间.

③ 需构造函数.

(2) 若函数 $f(x)$ 在闭区间 $[a,b]$ 上连续，则它在 $[a,b]$ 上取得介于最大值 M 与最小值 m 之间的任何值.

例 1.78　证明方程 $x^3+3x=9$ 至少有一个根介于 1 和 3 之间.

证明 所考虑区间应该是$[1,3]$.设$f(x)=x^3+3x-9$,则$f(x)$在$[1,3]$上连续,且$f(1)=-5<0,f(3)=27>0$,由零点定理,在$(1,3)$内至少有一点ξ,使$f(\xi)=0$,即方程$x^3+3x=9$在$(1,3)$内至少有一根.

例 1.79 证明方程$x+p+q\cos x=0$至少有一个根,其中p,q为常数.

证明 设$f(x)=x+p+q\cos x$,则

$$\lim_{x\to-\infty}f(x)=\lim_{x\to-\infty}(x+p+q\cos x)=-\infty,故存在 x_1,f(x_1)<0;$$

$$\lim_{x\to+\infty}f(x)=\lim_{x\to+\infty}(x+p+q\cos x)=+\infty,故存在 x_2>x_1,f(x_2)>0.$$

$f(x)$在$[x_1,x_2]$上连续,且$f(x_1)<0,f(x_2)>0$,则$f(x)=0$在$(x_1,x_2)\subset(-\infty,+\infty)$内至少有一根.

6. 介值定理的应用:若函数$f(x)$在闭区间$[a,b]$上连续,则它在$[a,b]$上取得介于最大值 M 与最小值 m 之间的任何值.

题型 1-25 证明存在$\xi\in[a,b]$,使含ξ的等式成立

【解题思路】 利用介值定理证明:先将含有ξ的待证等式分离成两部分使含ξ的函数和常数项分居在等式的两端,为方便,令其分别等于$f(\xi)$和k.设法证明常数k在$f(x)$的相关区间上的最大值与最小值之间,再利用介值定理即得存在ξ使得$f(\xi)=k$.

例 1.80 若$f(x)$在$[a,b]$上连续,且$a<c<d<b$,证明在(a,b)内至少存在一点ξ,使
$$pf(c)+qf(d)=(p+q)f(\xi),$$
其中p,q为任意正常数.

证明 先将预证结论改写成$f(\xi)=\dfrac{pf(c)+qf(d)}{p+q}$,其右端为一常数.令此常数$k=\dfrac{pf(c)+qf(d)}{p+q}$,可归结为证明存在$\xi\in(a,b)$,使$f(\xi)=k$,于是利用介值定理证明之.为此只需证明$k$介于$f(x)$的最大值与最小值之间.

因$f(x)$在$[a,b]$上连续,设M,m分别为$f(x)$在$[a,b]$上的最大值和最小值,于是
$$m\leqslant f(c)\leqslant M,\quad m\leqslant f(d)\leqslant M,故\ pm\leqslant pf(c)\leqslant pM,\quad qm\leqslant qf(d)\leqslant qM,$$
则
$$pm+qm\leqslant pf(c)+qf(d)\leqslant pM+qM,$$
$$m\leqslant k=\frac{pf(c)+qf(d)}{p+q}\leqslant M.$$

由介值定理知,至少存在一点$\xi\in(a,b)$,使$f(\xi)=k$,即$pf(c)+qf(d)=(p+q)f(\xi)$.

1.4 课后习题解答

习题 1.1

1. 用区间表示下列不等式的解:
(1) $x^2\leqslant9$; (2) $|x-1|>1$; (3) $(x-1)(x+2)<0$.

解 (1) $\{x|-3\leqslant x\leqslant3\}$; $[-3,3]$.
(2) $\{x|x>2\ 或\ x<0\}$; $(-\infty,0)\cup(2,+\infty)$.
(3) $\{x|-2<x<1\}$; $(-2,1)$.

2. 判断下面函数是否相同,并说明理由.
(1) $y=1$ 与 $y=\sin^2 x+\cos^2 x$; (2) $y=2x+1$ 与 $x=2y+1$.

解　(1)虽然这两个函数的表现形式不同,但它们的定义域$(-\infty,+\infty)$与对应法则均相同,所以这两个函数相同.

(2)虽然它们的自变量与因变量所用的字母不同,但其定义域$(-\infty,+\infty)$和对应法则均相同,所以这两个函数相同.

3. 求下列函数的定义域:

(1) $y=\sin\sqrt{4-x^2}$;　　　　　　　　(2) $y=\dfrac{1}{x^2-4x+3}+\sqrt{x+2}$;

(3) $y=\arccos\ln\dfrac{x}{10}$;　　　　　　(4) $y=\tan(x+1)$.

解　(1)要使$\sin\sqrt{4-x^2}$有意义,必须$4-x^2\geqslant0$,即$|x|\leqslant2$.所以定义域为$[-2,2]$.

(2)当$x\neq3$且$x\neq1$时,$\dfrac{1}{x^2-4x+3}$有意义,而要使$\sqrt{x+2}$有意义,必须$x\geqslant-2$,故函数的定义域为:
$[-2,1)\cup(1,3)\cup(3,+\infty)$.

(3)要使$\arccos\ln\dfrac{x}{10}$有意义,则使$-1\leqslant\ln\dfrac{x}{10}\leqslant1$,即$\dfrac{1}{\mathrm{e}}\leqslant\dfrac{x}{10}\leqslant\mathrm{e}$,$\dfrac{10}{\mathrm{e}}\leqslant x\leqslant10\mathrm{e}$,即定义域为$\left[\dfrac{10}{\mathrm{e}},10\mathrm{e}\right]$.

(4)要使$\tan(x+1)$有意义,则必有$x+1\neq\dfrac{\pi}{2}+k\pi,k=0,\pm1,\pm2,\cdots$,即函数定义域为$\left\{x\mid x\in\mathbf{R}\text{且}x\neq k\pi+\dfrac{\pi}{2}-1,k=0,\pm1,\pm2,\cdots\right\}$.

4. 设 $f(x)=\begin{cases}2^x, & -1<x<0,\\ 2, & 0\leqslant x<1,\\ x-1, & 1\leqslant x\leqslant3,\end{cases}$ 求$f(3),f(2),f(0),f\left(\dfrac{1}{2}\right),f\left(-\dfrac{1}{2}\right)$.

解　$f(3)=2,\quad f(2)=1,\quad f(0)=2,\quad f\left(\dfrac{1}{2}\right)=2,\quad f\left(-\dfrac{1}{2}\right)=2^{-\frac{1}{2}}$.

5. 设 $f(x)=\begin{cases}2x+1, & x\geqslant0,\\ x^2+4, & x<0,\end{cases}$ 求$f(x-1)+f(x+1)$.

解　$f(x-1)=\begin{cases}2x-1, & x\geqslant1,\\ x^2-2x+5, & x<1,\end{cases}$ $f(x+1)=\begin{cases}2x+3, & x\geqslant-1,\\ x^2+2x+5, & x<-1,\end{cases}$
故

$$f(x-1)+f(x+1)=\begin{cases}2x^2+10, & x<-1,\\ x^2+8, & -1\leqslant x<1,\\ 4x+2, & x\geqslant1.\end{cases}$$

6. 1998年在上海乘大众出租车的第一个5km(包括以内)路程要付费14.40元,续后的每1km(包括1km以内)需要付费1.40元,试把付费金额C元表达成距离$x$km的函数,其中$0<x<10$.

解　$C=\begin{cases}14.4, & 0<x\leqslant5,\\ 14.4+1.4([x-5]+1), & 5<x\leqslant10,\end{cases}$ 其中$[x-5]$表示$x-5$取整.

7. 写出图1-2(a)和图1-2(b)所示函数的解析表达式

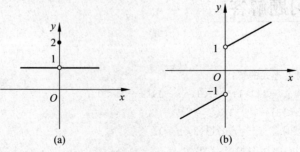

图　1-2

解 (a) $y=\begin{cases} 1, & x\neq 0, \\ 2, & x=0; \end{cases}$ (b) $y=\begin{cases} ax+1, & x>0, \\ bx-1, & x<0, \end{cases}$ 其中 $a>0,b>0$.

8. 已知 $f(x)$ 是二次多项式,且 $f(x+1)-f(x)=8x+3$,求 $f(x)$.

解 设 $f(x)=ax^2+bx+c$,由 $f(x+1)-f(x)=8x+3=a(x+1)^2+b(x+1)+c-(ax^2+bx+c)=2ax+a+b$,得 $2a=8,a+b=3$,解得 $a=4,b=-1$,所以 $f(x)=4x^2-x+c$.

9. 判定下列函数的奇偶性:

(1) $f(x)=\dfrac{1-x^2}{\cos x}$; (2) $f(x)=(x^2+x)\sin x$;

(3) $f(x)=\begin{cases} 1-e^{-x}, & x\leqslant 0, \\ e^x-1, & x>0; \end{cases}$ (4) $f(x)=\ln(x+\sqrt{1+x^2})$.

分析:先看定义域是否关于原点对称,若对称再看 $f(-x)$ 等于什么. 若定义域关于原点不对称,则是非奇非偶函数.

解 本题的四个小题中函数的定义域都关于原点对称.

(1) $f(-x)=f(x)$,偶函数. (2) 非奇非偶函数. (3) 奇函数.

(4) $f(-x)=\ln(-x+\sqrt{1+(-x)^2})=\ln(-x+\sqrt{1+x^2})=\ln\dfrac{(-x+\sqrt{1+x^2})(x+\sqrt{1+x^2})}{x+\sqrt{1+x^2}}$

$$=\ln\dfrac{1}{x+\sqrt{1+x^2}}=-\ln(x+\sqrt{1+x^2})=-f(x).$$

由定义知 $f(x)$ 为奇函数.

10. 证明下列函数在指定区间内的单调性:

(1) $y=x^2$ $(-1,0)$; (2) $y=\sin x$ $\left(-\dfrac{\pi}{2},\dfrac{\pi}{2}\right)$; (3) $y=\dfrac{x}{1+x}$ $(-1,+\infty)$.

证明 (1) 任取 $x_1,x_2\in(-1,0)$,且设 $x_1<x_2$,由于 $x_1^2-x_2^2=(x_1-x_2)(x_1+x_2)>0$,所以 $y=x^2$ 在 $(-1,0)$ 内单调减少.

(2) 任取 $x_1,x_2\in\left(-\dfrac{\pi}{2},\dfrac{\pi}{2}\right)$,设 $x_1<x_2$,由于 $\sin x_1-\sin x_2=2\cos\dfrac{x_1+x_2}{2}\sin\dfrac{x_1-x_2}{2}<0$,所以 $y=\sin x$ 在 $\left(-\dfrac{\pi}{2},\dfrac{\pi}{2}\right)$ 内单调增加.

(3) 在 $(-1,\infty)$ 内任取两点 x_1,x_2,且 $x_1<x_2$,则 $f(x_1)-f(x_2)=\dfrac{x_1}{1+x_1}-\dfrac{x_2}{1+x_2}=\dfrac{x_1-x_2}{(1+x_1)(1+x_2)}$.

因为 x_1,x_2 是 $(-1,\infty)$ 内任意两点,所以 $1+x_1>0,1+x_2>0$. 又因为 $x_1-x_2<0$,故 $f(x_1)-f(x_2)<0$,即 $f(x_1)<f(x_2)$,所以 $f(x)=\dfrac{x}{1+x}$ 在 $(-1,+\infty)$ 内是单调增加的.

提高题

1. 设 $f(x)$ 是周期为 4 的奇函数,且 $f(x)=x^2-2x,x\in[0,2]$,求 $f(7)$.

解 $f(7)=f(3)=f(-1)=-f(1)=-(1^2-2\times 1)=1$.

2. 设下面所考虑的函数都是定义在对称区间 $(-L,L)$ 内的,证明:

(1) 两个偶函数的和是偶函数,两个奇函数的和是奇函数.

(2) 两个偶函数的乘积是偶函数,两个奇函数的乘积是偶函数,偶函数与奇函数的乘积是奇函数.

证明 (1) 设 $f(x),g(x)$ 都是 $(-L,L)$ 内的偶函数,则 $f(-x)=f(x),g(-x)=g(x),f(-x)+g(-x)=f(x)+g(x)$,所以 $f(x)+g(x)$ 为偶函数.同理可证奇函数情形.

(2) 设 $f(x)$ 是 $(-L,L)$ 内的偶函数,$g(x)$ 是 $(-L,L)$ 内的奇函数,则

$$f(-x)=f(x), \quad g(-x)=-g(x).$$

令 $h(x)=f(x)g(x)$,则 $h(-x)=f(-x)g(-x)=-f(x)g(x)=-h(x)$,所以 $h(x)$ 是奇函数. 其余

两个类似证明.

3. 证明函数 $y=\dfrac{x}{x^2+1}$ 在 $(-\infty,+\infty)$ 上是有界的.

证明 因为 $(1-|x|)^2\geqslant0$，所以 $|1+x^2|\geqslant2|x|$，故 $|f(x)|=\left|\dfrac{x}{x^2+1}\right|=\dfrac{2|x|}{2|1+x^2|}\leqslant\dfrac{1}{2}$，对一切 $x\in(-\infty,+\infty)$ 都成立.所以函数在 $(-\infty,+\infty)$ 上是有界函数.

4. 证明函数 $y=\dfrac{1}{x^2}$ 在 $(0,1)$ 上是无界的.

证明 对于无论怎样大的 $M>0$，总可在 $(0,1)$ 内找到相应的 x.例如取 $x_0=\dfrac{1}{\sqrt{M+1}}\in(0,1)$ 使得 $|f(x_0)|=\dfrac{1}{x_0^2}=\dfrac{1}{\left(\dfrac{1}{\sqrt{M+1}}\right)^2}=M+1>M$，所以 $f(x)=\dfrac{1}{x^2}$ 在 $(0,1)$ 上是无界函数.

5. 判断函数 $f(x)=x\sin x$ 在 **R** 上是否有界？说明理由.

解 无界.如 $\left\{x\mid x=2k\pi+\dfrac{\pi}{2},k\in\mathbf{Z}\right\}$，$f(x)=2k\pi+\dfrac{\pi}{2}$.当 x 无限增大时，$f(x)$ 无限增大，此时 $f(x)$ 无界.

6. 定义在 **R** 上的函数 $y=f(x)$ 满足 $f(0)\neq0$，当 $x>0$ 时，$f(x)>1$，且对任意 $a,b\in\mathbf{R}$，$f(a+b)=f(a)f(b)$.（1）求 $f(0)$；（2）求证：对任意 $x\in\mathbf{R}$，有 $f(x)>0$；（3）求证：$f(x)$ 在 **R** 上是增函数.

解 （1）$f(x)=1$.

（2）当 $x>0$ 时，$1=f(0)=f(x)f(-x)>0$.又由于 $x>0$ 时，$f(x)>1$ 得知当 $x<0$ 时，$0<f(x)<1$.综上，对任意 $x\in\mathbf{R}$，有 $f(x)>0$.

（3）对任意的 $x_1<x_2$ 有，$x_1-x_2<0$，$\dfrac{f(x_1)}{f(x_2)}=\dfrac{f(x_1-x_2+x_2)}{f(x_2)}=f(x_1-x_2)<1$，故单调增函数.

习题 1.2

1. 下列初等函数是由哪些基本初等函数复合而成的？

（1）$y=\sqrt[3]{\arcsin a^x}$；　　　（2）$y=\sin^3\ln x$；　　　（3）$y=a^{\tan x^2}$；　　　（4）$y=\ln[\ln^2(\ln^3 x)]$.

解 （1）令 $u=\arcsin a^x$，则 $y=\sqrt[3]{u}$，再令 $v=a^x$，则 $u=\arcsin v$，因此 $y=\sqrt[3]{\arcsin a^x}$ 是由基本初等函数 $y=\sqrt[3]{u}$，$u=\arcsin v$，$v=a^x$ 复合而成的.

（2）令 $u=\sin\ln x$，则 $y=u^3$，再令 $v=\ln x$，则 $u=\sin v$.因此 $y=\sin^3\ln x$ 是由基本初等函数 $y=u^3$，$u=\sin v$，$v=\ln x$ 复合而成.

（3）令 $u=\tan x^2$，则 $y=a^u$，再令 $v=x^2$，则 $u=\tan v$，因此 $y=a^{\tan x^2}$ 是由基本初等函数 $y=a^u$，$u=\tan v$，$v=x^2$ 复合而成.

（4）令 $u=\ln^2(\ln^3 x)$，则 $y=\ln u$，再令 $v=\ln(\ln^3 x)$，则 $u=v^2$，再令 $w=\ln^3 x$，则 $v=\ln w$，再令 $t=\ln x$，则 $w=t^3$，因此 $y=\ln[\ln^2(\ln^3 x)]$ 是由基本初等函数 $y=\ln u$，$u=v^2$，$v=\ln w$，$w=t^3$，$t=\ln x$ 复合而成.

2. 指出下列函数是怎样复合而成的：

（1）$y=(1+x)^{20}$；　　　　　　　　　　（2）$y=2^{\sin^2 x}$.

解 （1）$y=u^{20}$，$u=1+x$；　　（2）$y=2^u$，$u=v^2$，$v=\sin x$.

3. 设 $f(x+1)=\dfrac{x+1}{x+5}$，求 $f(x)$，$f(x-1)$.

解 设 $x+1=t$，则 $f(t)=\dfrac{t}{t+4}$，故 $f(x)=\dfrac{x}{x+4}$，$f(x-1)=\dfrac{x-1}{x+3}$.

4. 已知函数 $f(x)=\begin{cases}1,&|x|\leqslant1\\0,&|x|>1,\end{cases}$ 则 $f[f(x)]=\underline{\qquad\qquad}$.

解　$f[f(x)]=1$.

5. 设 $f(x)=\arcsin x$，求 $f(0),f(-1),f\left(-\dfrac{\sqrt{2}}{2}\right),f\left(\dfrac{\sqrt{3}}{2}\right)$.

解　$f(0)=0$，　$f(-1)=-\dfrac{\pi}{2}$，　$f\left(-\dfrac{\sqrt{2}}{2}\right)=-\dfrac{\pi}{4}$，　$f\left(\dfrac{\sqrt{3}}{2}\right)=\dfrac{\pi}{3}$.

6. 设 $g(x)=\arctan x$，求 $g(0),g(1),g(\sqrt{3}),g(-1)$.

解　$\arctan 0=0$，　$\arctan 1=\dfrac{\pi}{4}$，　$\arctan\sqrt{3}=\dfrac{\pi}{3}$，　$\arctan(-1)=-\dfrac{\pi}{4}$.

提高题

1. 设 $f(x)$ 为奇函数，$g(x)$ 为偶函数，试证：$f[f(x)]$ 为奇函数，$g[f(x)]$ 为偶函数.

证明　因为 $f[f(-x)]=f[-f(x)]=-f[f(x)]$，所以 $f[f(x)]$ 为奇函数；

因为 $g[f(-x)]=g[-f(x)]=g[f(x)]$，所以 $g[f(x)]$ 为偶函数.

2. 求下列函数的反函数：

(1) $y=\dfrac{1-x}{1+x}$;　　　　　　(2) $y=2\sin 3x$;　　　(3) $y=\dfrac{2^x}{2^x+1}$.

解　(1) 由 $y=\dfrac{1-x}{1+x}$，解得 $x=\dfrac{1-y}{1+y}$，故反函数为 $y=\dfrac{1-x}{1+x}$.

(2) 由 $y=2\sin 3x$，解得 $x=\dfrac{1}{3}\arcsin\dfrac{y}{2}$，故反函数为 $y=\dfrac{1}{3}\arcsin\dfrac{x}{2}$.

(3) 由 $y=\dfrac{2^x}{2^x+1}$，解得 $x=\log_2\dfrac{y}{1-y}$，故反函数为 $y=\log_2\dfrac{x}{1-x}$.

3. 设 $f(x)=\begin{cases}1,&|x|<1,\\0,&|x|=1,\\-1,&|x|>1,\end{cases}g(x)=e^x$，求 $f[g(x)]$.

解　$f[g(x)]=\begin{cases}1,&e^x<1\\0,&e^x=1\\-1,&e^x>1\end{cases}=\begin{cases}1,&x<0,\\0,&x=0,\\-1,&x>0.\end{cases}$

习题 1.3

1. 设销售商品的总收入是销售量 x 的二次函数，已知 $x=0,2,4$ 时，总收入分别是 $0,6,8$，试确定总收入函数 $R(x)$.

解　设 $R(x)=ax^2+bx+c$，由 $\begin{cases}0=a\cdot 0+b\cdot 0+c,\\6=a\cdot 2^2+b\cdot 2+c,\\8=a\cdot 4^2+b\cdot 4+c,\end{cases}$ 得 $a=-\dfrac{1}{2},b=4,c=0$. 故 $R(x)=-\dfrac{1}{2}x^2+4x$.

2. 设某厂生产某种产品 1000t，定价为 130 元/t，当一次售出 700t 以内时，按原价出售；若一次成交超过 700t 时，超过 700t 的部分按原价的 9 折出售，试将总收入表示成销售量的函数.

解　$R(x)=\begin{cases}130x,&0\leqslant x\leqslant 700,\\91000+117(x-700),&700<x\leqslant 1000.\end{cases}$

3. 已知需求函数为 $P=10-\dfrac{Q}{5}$，成本函数为 $C=50+2Q$，P,Q 分别表示价格和销售量. 写出利润 L 与销售量 Q 的关系，并求平均利润 $\left(\text{单位产品获得的利润}\dfrac{L}{Q}\right)$.

解　$L(Q)=R(Q)-C(Q)=QP-C(Q)=Q\left(10-\dfrac{Q}{5}\right)-(50+2Q)=8Q-\dfrac{Q^2}{5}-50$,

$\overline{L(Q)}=\dfrac{R(Q)-C(Q)}{Q}=8-\dfrac{Q}{5}-\dfrac{50}{Q}$.

4.已知需求函数 Q_d 和供给函数 Q_s 分别为 $Q_d=\dfrac{100}{3}-\dfrac{2}{3}P$，$Q_s=20+10P$，求相应的市场均衡价格（需求量与供给量相等时的价格即为均衡价格）.

解 由 $Q_d=Q_s$，即 $\dfrac{100}{3}-\dfrac{2P}{3}=20+10P$，得 $P=\dfrac{5}{4}$.

习题 1.4

1.下列各数列是否收敛，若收敛，试指出其收敛于何值.

(1) $\{2^n\}$；　　　(2) $\left\{\dfrac{1}{n}\right\}$；　　　(3) $\{(-1)^{n+1}\}$；　　　(4) $\left\{\dfrac{n-1}{n}\right\}$；

(5) $x_n=\dfrac{1}{3^n}$；　　　(6) $x_n=2+\dfrac{1}{n^2}$；　　　(7) $x_n=(-1)^n n$；　　　(8) $x_n=\dfrac{1+(-1)^n}{1000}$.

解 (1) 数列 $\{2^n\}$，即为 $2,4,8,\cdots,2^n,\cdots$. 易见，当 n 无限增大时，2^n 也无限增大，故该数列是发散的；

(2) 数列 $\left\{\dfrac{1}{n}\right\}$，即为 $1,\dfrac{1}{2},\dfrac{1}{3},\cdots,\dfrac{1}{n},\cdots$. 易见，当 n 无限增大时，$\dfrac{1}{n}$ 无限接近于 0，故该数列是收敛于 0；

(3) 数列 $\{(-1)^{n+1}\}$，即为 $1,-1,1,-1,\cdots,(-1)^{n+1},\cdots$. 易见，当 n 无限增大时，$(-1)^{n+1}$ 无休止地反复取 $1,-1$ 两个数，而不会接近于任何一个确定的常数，故该数列是发散的；

(4) 数列 $\left\{\dfrac{n-1}{n}\right\}$，即为 $0,\dfrac{1}{2},\dfrac{2}{3},\dfrac{3}{4},\cdots,\dfrac{n-1}{n},\cdots$. 易见，当 n 无限增大时，$\dfrac{n-1}{n}$ 无限接近于 1，故该数列是收敛于 1.

(5) 0；

(6) 2；

(7) 不存在；

(8) 不存在.

2.是非题，若非，请举例说明.

(1) 设在常数 a 的无论怎样小的 ε 邻域内存在着 $\{x_n\}$ 的无穷多点，则 $\{x_n\}$ 的极限为 a. 　　　　( )

(2) 若 $\lim\limits_{n\to\infty}x_{2n}=a$，$\lim\limits_{n\to\infty}x_{2n-1}=a$，则 $\lim\limits_{n\to\infty}x_n=a$. 　　　　( )

(3) 设 $x_n=0.11\cdots1(n\ 个)$，则 $\lim\limits_{n\to\infty}x_n=\dfrac{1}{9}$. 　　　　( )

(4) 若 $\lim\limits_{n\to\infty}x_n$ 存在，而 $\lim\limits_{n\to\infty}y_n$ 不存在. 则 $\lim\limits_{n\to\infty}(x_n\pm y_n)$ 不存在. 　　　　( )

(5) 若 $\lim\limits_{n\to\infty}x_n$ 存在，而 $\lim\limits_{n\to\infty}y_n$ 不存在. 则 $\lim\limits_{n\to\infty}(x_n y_n)$ 不存在. 　　　　( )

(6) 若 $\lim\limits_{n\to\infty}u_n$，$\lim\limits_{n\to\infty}v_n$ 都存在，且满足 $u_n<v_n(n=1,2,\cdots)$，则 $\lim\limits_{n\to\infty}u_n<\lim\limits_{n\to\infty}v_n$. 　( )

解 (1) (×). 例如 $x_n=1+\dfrac{(-1)^n n}{2n+1}$，$a=\dfrac{3}{2}$.

(2) (√).

(3) (√).

(4) (√).

(5) (×). 例如 $x_n=\dfrac{1}{n}$，$y_n=\sin n$，$\lim\limits_{n\to\infty}\dfrac{1}{n}=0$，$\lim\limits_{n\to\infty}\sin n$ 不存在，但 $\lim\limits_{n\to\infty}\dfrac{1}{n}\sin n=0$ 存在.

(6) (×). 例如 $u_n=\dfrac{1}{n^2+1}$，$v_n=\dfrac{1}{n}$，$u_n<v_n(n=1,2,\cdots)$，但 $\lim\limits_{n\to\infty}\dfrac{1}{n^2+1}=\lim\limits_{n\to\infty}\dfrac{1}{n}=0$.

3.如果 $\lim\limits_{n\to\infty}x_n=a$，证明 $\lim\limits_{n\to\infty}|x_n|=|a|$. 举例说明反之未必成立.

证明 因为 $\lim\limits_{n\to\infty}x_n=a$. 所以任给 $\varepsilon>0$，存在 $N>0$，当 $n>N$ 时，有 $|x_n-a|<\varepsilon$. 又 $\big||x_n|-|a|\big|\leqslant$

$|x_n-a|<\varepsilon(n>N)$ 时,所以 $\lim\limits_{n\to\infty}|x_n|=|a|$.

例如,数列 $1,-1,1,-1,\cdots$, $\lim\limits_{n\to\infty}|(-1)^{n-1}|=1$,但 $\lim\limits_{n\to\infty}(-1)^{n-1}$ 不存在.

4. 求极限 $\lim\limits_{n\to\infty}\dfrac{1-e^{-nx}}{1+e^{-nx}}$.

解 $\lim\limits_{n\to\infty}\dfrac{1-e^{-nx}}{1+e^{-nx}}=\begin{cases}1,&x>0,\\0,&x=0,\\-1,&x<0.\end{cases}$

注 $\lim\limits_{x\to+\infty}e^x=+\infty$, $\lim\limits_{x\to-\infty}e^x=0$.

5. 证明数列 $x_n=(-1)^{n+1}$ 是发散的.

证明 设 $\lim\limits_{n\to\infty}x_n=a$,由定义,对于 $\varepsilon=\dfrac{1}{2}$,$\exists N>0$,使得当 $n>N$ 时,恒有 $|x_n-a|<\dfrac{1}{2}$,即当 $n>N$ 时,$x_n\in\left(a-\dfrac{1}{2},a+\dfrac{1}{2}\right)$,区间长度为 1.而 x_n 无休止地反复取 $1,-1$ 两个数,不可能同时位于长度为 1 地区间.因此该数列是发散的.

注 此例同时也表明:有界数列不一定收敛.

提高题

1. 用数列极限定义证明:

(1) $\lim\limits_{n\to\infty}(\sqrt{n+1}-\sqrt{n})=0$; (2) $\lim\limits_{n\to\infty}\dfrac{5+2n}{1-3n}=-\dfrac{2}{3}$; (3) $\lim\limits_{n\to\infty}\dfrac{n^2-2}{n^2+n+1}=1$.

证明 (1) 由于 $\left|\sqrt{n+1}-\sqrt{n}\right|=\dfrac{1}{\sqrt{n+1}+\sqrt{n}}<\dfrac{1}{\sqrt{n}}$,所以任给 $\varepsilon>0$,取 $N=\left[\dfrac{1}{\varepsilon^2}\right]$,当 $n>N$ 时,$\left|\sqrt{n+1}-\sqrt{n}\right|<\dfrac{1}{\sqrt{n}}<\varepsilon$.所以 $\lim\limits_{n\to\infty}(\sqrt{n+1}-\sqrt{n})=0$.

(2) 由于 $\left|\dfrac{5+2n}{1-3n}-\left(-\dfrac{2}{3}\right)\right|=\left|\dfrac{17}{3(1-3n)}\right|=\left|\dfrac{17}{9n-3}\right|(n\geqslant1)$,只要 $\dfrac{17}{9n-3}<\varepsilon$,解得 $n>\dfrac{17}{9\varepsilon}+\dfrac{1}{3}$.因此,对任给的 $\varepsilon>0$,取 $N=\left[\dfrac{17}{9\varepsilon}+\dfrac{1}{3}\right]$,则 $n>N$ 时,$\left|\dfrac{5+2n}{1-3n}-\left(-\dfrac{2}{3}\right)\right|<\varepsilon$ 成立,即 $\lim\limits_{n\to\infty}\dfrac{5+2n}{1-3n}=-\dfrac{2}{3}$.

(3) 由于 $\left|\dfrac{n^2-2}{n^2+n+1}-1\right|=\dfrac{3+n}{n^2+n+1}<\dfrac{n+n}{n^2}=\dfrac{2}{n}(n>3)$,要使 $\left|\dfrac{n^2-2}{n^2+n+1}-1\right|<\varepsilon$,只要 $\dfrac{2}{n}<\varepsilon$,即 $n>\dfrac{2}{\varepsilon}$,因此,对任给的 $\varepsilon>0$,取 $N=\max\left\{3,\left[\dfrac{2}{\varepsilon}\right]\right\}$,当 $n>N$ 时,有 $\left|\dfrac{n^2-2}{n^2+n+1}-1\right|<\varepsilon$,即 $\lim\limits_{n\to\infty}\dfrac{n^2-2}{n^2+n+1}=1$.

2. 若数列 $\{x_n\}$ 有界,又 $\lim\limits_{n\to\infty}y_n=0$,证明 $\lim\limits_{n\to\infty}x_ny_n=0$.

证明 因为 $\{x_n\}$ 有界,所以存在 $M>0$,使得 $|x_n|\leqslant M(n=1,2,\cdots)$.又因为 $\lim\limits_{n\to\infty}y_n=0$,所以对任意 $\varepsilon>0$,存在 $N>0$,当 $n>N$ 时有 $|y_n|<\dfrac{\varepsilon}{M}$,而 $|x_ny_n|=|x_n||y_n|\leqslant M\cdot\dfrac{\varepsilon}{M}=\varepsilon$.所以 $\lim\limits_{n\to\infty}x_ny_n=0$.

3. 设有两个数列 $\{u_n\}$ 与 $\{v_n\}$,已知 $\lim\limits_{n\to\infty}\dfrac{u_n}{v_n}=a\neq0$,又 $\lim\limits_{n\to\infty}u_n=0$,证明 $\lim\limits_{n\to\infty}v_n=0$.

证明 因为 $\lim\limits_{n\to\infty}\dfrac{u_n}{v_n}=a\neq0$,所以 $\lim\limits_{n\to\infty}\dfrac{v_n}{u_n}=\lim\limits_{n\to\infty}\dfrac{1}{\frac{u_n}{v_n}}=\dfrac{1}{a}$,所以 $\left\{\dfrac{v_n}{u_n}\right\}$ 有界,而 $v_n=\dfrac{v_n}{u_n}\cdot u_n$ 由数列极限的定义及性质和上一题可知 $\lim\limits_{n\to\infty}v_n=0$.

4. 证明:若 $\lim\limits_{n\to\infty}x_n=A$,则存在正整数 N,当 $n>N$ 时,不等式 $|x_n|>\dfrac{|A|}{2}$ 成立.

证明 因 $\lim\limits_{n\to\infty}x_n=A$,由数列极限的 ε-N 定义知,对任给的 $\varepsilon>0$,存在 $N>0$,当 $n>N$ 时,恒有 $|x_n-A|<\varepsilon$.由于 $||x_n|-|A||\leqslant|x_n-A|$,故 $n>N$ 时,恒有 $||x_n|-|A||<\varepsilon$,从而有 $|A|-\varepsilon<|x_n|<|A|+\varepsilon$,由此可

见,只要取 $\varepsilon=\dfrac{|A|}{2}$,则当 $n=N$ 时,恒有 $|x_n|>\dfrac{|A|}{2}$. 证毕.

5. 若 $\lim\limits_{n\to\infty}x_n$ 存在,证明 $\lim\limits_{n\to\infty}n\sin\dfrac{x_n}{n^2}=0$.

证明　因为 $\lim\limits_{n\to\infty}x_n$ 存在,存在 $M>0$ 有 $|x_n|\leqslant M(n=1,2,\cdots)$. 又因为 $\left|n\sin\dfrac{x_n}{n^2}\right|\leqslant\dfrac{|x_n|}{n}\leqslant\dfrac{M}{n}$. 所以对 $\varepsilon>0$ 取 $N=\left[\dfrac{M}{\varepsilon}\right]$,当 $n>N$ 时,有 $\left|a\sin\dfrac{x_n}{n^2}-0\right|\leqslant\dfrac{M}{n}<\varepsilon$,所以 $\lim\limits_{n\to\infty}n\sin\dfrac{x_n}{n^2}=0$.

习题 1.5

1. 设 $y=2x-1$,问 δ 等于多少时,有:当 $|x-4|<\delta$ 时,$|y-7|<0.1$?

解　欲使 $|y-7|<0.1$,即 $|y-7|=|(2x-1)-7|=|2x-8|=2|x-4|<0.1$,从而 $|x-4|<\dfrac{0.1}{2}=0.05$,即当 $\delta=0.05$ 时,有:当 $|x-4|<\delta$ 时,$|y-7|<0.1$(如图 1-3 所示).

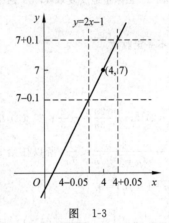

图　1-3

2. 设 $f(x)=\begin{cases}2x-1,&x<1,\\0,&x\geqslant1,\end{cases}$ 问 $\lim\limits_{x\to1}f(x)$ 是否存在? 画出 $y=f(x)$ 的图形.

解　由图形可知: $\lim\limits_{x\to1^-}(2x-1)=1$,而 $\lim\limits_{x\to1^+}f(x)=\lim\limits_{x\to1^+}0=0$,所以 $\lim\limits_{x\to1}f(x)$ 不存在.

3. 验证 $\lim\limits_{x\to0}\dfrac{|x|}{x}$ 不存在.

证明　$\lim\limits_{x\to0^-}\dfrac{|x|}{x}=\lim\limits_{x\to0^-}\dfrac{-x}{x}=\lim\limits_{x\to0^-}(-1)=-1$;$\lim\limits_{x\to0^+}\dfrac{|x|}{x}=\lim\limits_{x\to0^+}\dfrac{x}{x}=\lim\limits_{x\to0^+}1=1$. 左右极限存在但不相等. 所以 $\lim\limits_{x\to0}f(x)$ 不存在.

4. 设 $f(x)=\dfrac{1-a^{\frac{1}{x}}}{1+a^{\frac{1}{x}}}(a>0)$,求 $\lim\limits_{x\to0}f(x)$.

解　$f(x)$ 在 $x=0$ 处没有定义,而

$$\lim\limits_{x\to0^+}f(x)=\lim\limits_{x\to0^+}\dfrac{a^{-\frac{1}{x}}-1}{a^{-\frac{1}{x}}+1}=\lim\limits_{x\to0^+}\dfrac{-a^{-\frac{1}{x}}}{a^{-\frac{1}{x}}}=-1,\qquad \lim\limits_{x\to0^-}f(x)=\lim\limits_{x\to0^-}\dfrac{1-a^{\frac{1}{x}}}{1+a^{\frac{1}{x}}}=\dfrac{1}{1}=1,$$

故 $\lim\limits_{x\to0}f(x)$ 不存在.

5. 判断极限 $\lim\limits_{x\to\infty}\arctan x$ 是否存在,并说明理由.

解　由于 $\lim\limits_{x\to+\infty}\arctan x=\dfrac{\pi}{2}$,$\lim\limits_{x\to-\infty}\arctan x=-\dfrac{\pi}{2}$,所以 $\lim\limits_{x\to\infty}\arctan x$ 不存在.

提高题

若 $\lim\limits_{x \to x_0} f(x) = A > 0$，证明在 x_0 的某一个去心邻域内 $f(x) > 0$.

证明　因为 $\lim\limits_{x \to x_0} f(x) = A > 0$，由极限定义，取 $\varepsilon = \dfrac{A}{2}$，存在 $\delta > 0$，当 $0 < |x - x_0| < \delta$ 时，有 $|f(x) - A| < \dfrac{A}{2}$，即 $0 < \dfrac{A}{2} = A - \dfrac{A}{2} < f(x) < A + \dfrac{A}{2}$，所以 $f(x) > 0 \, (0 < |x - x_0| < \delta)$.

习题 1.6

1. 选择题

(1) $\lim\limits_{x \to \infty} \dfrac{x^2 + 2x - \sin x}{2x^2 + \sin x}($ 　　$)$.

　　A. 不存在　　　　　B. 0　　　　　　C. 2　　　　　　D. $\dfrac{1}{2}$

(2) 设 $f(x) = \dfrac{e^{\frac{1}{x}} + 1}{2e^{-\frac{1}{x}} + 1}$，则 $\lim\limits_{x \to 0} f(x)($ 　　$)$.

　　A. ∞　　　　　　B. 不存在　　　　C. 0　　　　　　D. $\dfrac{1}{2}$

(3) 设 $f(x) = \begin{cases} -x, & x \leqslant 1, \\ 3 + x, & x > 1; \end{cases}$ $g(x) = \begin{cases} x^3, & x \leqslant 1, \\ 2x - 1, & x > 1, \end{cases}$ 则 $\lim\limits_{x \to 1} f[g(x)]($ 　　$)$.

　　A. -1　　　　　　B. 1　　　　　　C. 4　　　　　　D. 不存在

(4) $\lim\limits_{x \to \infty} \dfrac{(1 + a)x^4 + bx^3 + 2}{x^3 + x^2 - 1} = -2$，则 a, b 的值分别为(　　).

　　A. $a = -3, b = 0$　　B. $a = 0, b = -2$　　C. $a = -1, b = 0$　　D. $a = -1, b = -2$

(5) 设 $0 < a < b$，则 $\lim\limits_{n \to \infty} \sqrt[n]{a^n + b^n} = ($ 　　$)$.

　　A. 1　　　　　　　B. 0　　　　　　C. a　　　　　　D. b

答案　(1) D; (2) B; (3) D; (4) D; (5) D.

2. 求下列各式的极限:

(1) $\lim\limits_{x \to \infty} \dfrac{(3x + 1)^{70}(8x - 1)^{30}}{(5x + 2)^{100}}$;　　(2) $\lim\limits_{x \to \infty} \left(\dfrac{x^3}{2x^2 - 1} - \dfrac{x^2}{2x + 1} \right)$;　　(3) $\lim\limits_{x \to +\infty} \dfrac{\sqrt{x}}{\sqrt{x + \sqrt{x + \sqrt{x}}}}$;

(4) $\lim\limits_{h \to 0} \dfrac{(x + h)^2 - x^2}{h}$;　　(5) $\lim\limits_{x \to +\infty} x(\sqrt{x^2 + 1} - x)$;　　(6) $\lim\limits_{x \to 1} \dfrac{2x^2 - x - 1}{x - 1}$;

(7) $\lim\limits_{t \to 1} \left(\dfrac{1}{1 - t} - \dfrac{2}{1 - t^2} \right)$;　　(8) $\lim\limits_{n \to \infty} \left(1 + \dfrac{1}{2} + \dfrac{1}{4} + \cdots + \dfrac{1}{2^n} \right)$;　(9) $\lim\limits_{x \to 1} \dfrac{\sqrt{x} - 1}{x - 1}$;

(10) $\lim\limits_{x \to 1} \left(\dfrac{1}{1 - x} - \dfrac{3}{1 - x^3} \right)$;　　(11) $\lim\limits_{x \to 1} \dfrac{x^2 - 1}{x^2 + 2x - 3}$;　　(12) $\lim\limits_{x \to 1} \dfrac{(1 - \sqrt{x})(1 - \sqrt[3]{x})(1 - \sqrt[4]{x})}{(1 - x)^3}$.

解　(1) $\lim\limits_{x \to \infty} \dfrac{(3x + 1)^{70}(8x - 1)^{30}}{(5x + 2)^{100}} = \lim\limits_{x \to \infty} \dfrac{\left(3 + \dfrac{1}{x} \right)^{70} \left(8 - \dfrac{1}{x} \right)^{30}}{\left(5 + \dfrac{2}{x} \right)^{100}} = \dfrac{3^{70} 8^{30}}{5^{100}}$.

(2) $\lim\limits_{x \to \infty} \left(\dfrac{x^3}{2x^2 - 1} - \dfrac{x^2}{2x + 1} \right) = \lim\limits_{x \to \infty} \dfrac{x^3(2x + 1) - x^2(2x^2 - 1)}{(2x^2 - 1)(2x + 1)} = \lim\limits_{x \to \infty} \dfrac{x^3 - x^2}{(2x^2 - 1)(2x + 1)} = \lim\limits_{x \to \infty} \dfrac{x^3}{4x^3} = \dfrac{1}{4}$.

(3) $\lim\limits_{x \to +\infty} \dfrac{\sqrt{x}}{\sqrt{x + \sqrt{x + \sqrt{x}}}} = \lim\limits_{x \to +\infty} \dfrac{1}{\sqrt{1 + \sqrt{\dfrac{1}{x} + \dfrac{1}{x\sqrt{x}}}}} = 1$.

或用抓大头 $\lim\limits_{x\to+\infty}\dfrac{\sqrt{x}}{\sqrt{x+\sqrt{x+\sqrt{x}}}}=\lim\limits_{x\to+\infty}\dfrac{\sqrt{x}}{\sqrt{x}}=1.$

(4) $\lim\limits_{h\to0}\dfrac{(x+h)^2-x^2}{h}=\lim\limits_{h\to0}(2x+h)=2x.$

(5) $\lim\limits_{x\to+\infty}x(\sqrt{x^2+1}-x)=\lim\limits_{x\to+\infty}\dfrac{x}{\sqrt{x^2+1}+x}=\dfrac{1}{2}.$

(6) $\lim\limits_{x\to1}\dfrac{2x^2-x-1}{x-1}=\lim\limits_{x\to1}\dfrac{(x-1)(2x+1)}{x-1}=3.$

(7) $\lim\limits_{t\to1}\left(\dfrac{1}{1-t}-\dfrac{2}{1-t^2}\right)=\lim\limits_{t\to1}\dfrac{t-1}{1-t^2}=-\dfrac{1}{2}.$

(8) $\lim\limits_{n\to\infty}\left(1+\dfrac{1}{2}+\dfrac{1}{4}+\cdots+\dfrac{1}{2^n}\right)=\lim\limits_{n\to\infty}\dfrac{1-\dfrac{1}{2^{n+1}}}{1-\dfrac{1}{2}}=2.$

(9) $\lim\limits_{x\to1}\dfrac{\sqrt{x}-1}{x-1}=\lim\limits_{x\to1}\dfrac{(\sqrt{x}-1)(\sqrt{x}+1)}{(x-1)(\sqrt{x}+1)}=\lim\limits_{x\to1}\dfrac{1}{\sqrt{x}+1}=\dfrac{1}{2}.$

(10) $\lim\limits_{x\to1}\left(\dfrac{1}{1-x}-\dfrac{3}{1-x^3}\right)=\lim\limits_{x\to1}\dfrac{x^2+x-2}{1-x^3}=\lim\limits_{x\to1}\dfrac{(x-1)(x+2)}{(1-x)(1+x+x^2)}=\lim\limits_{x\to1}-\dfrac{x+2}{x^2+x+1}=-1.$

(11) $x\to1$ 时,分子和分母的极限都是零 $\left(\dfrac{0}{0}\text{型}\right)$. 先约去不为零的无穷小因子 $x-1$ 后再求极限.

$$\lim\limits_{x\to1}\dfrac{x^2-1}{x^2+2x-3}=\lim\limits_{x\to1}\dfrac{(x+1)(x-1)}{(x+3)(x-1)}=\lim\limits_{x\to1}\dfrac{x+1}{x+3}=\dfrac{1}{2}.\ (\text{消去零因子法})$$

(12) 因分母的极限为 0,故不能应用极限运算法则,而要先对函数做必要的变形,因分子中含有根式,通常用根式有理化,然后约去分子分母中的公因子.

$$\lim\limits_{x\to1}\dfrac{(1-\sqrt{x})(1-\sqrt[3]{x})(1-\sqrt[4]{x})}{(1-x)^3}=\lim\limits_{x\to1}\dfrac{(1-x)(1-x)(1-x)}{(1-x)^3(1+\sqrt{x})(1+\sqrt[3]{x}+\sqrt[3]{x^2})(1+\sqrt[4]{x}+\sqrt[4]{x^2}+\sqrt[4]{x^3})}$$
$$=\lim\limits_{x\to1}\dfrac{1}{(1+\sqrt{x})(1+\sqrt[3]{x}+\sqrt[3]{x^2})(1+\sqrt[4]{x}+\sqrt[4]{x^2}+\sqrt[4]{x^3})}=\dfrac{1}{24}.$$

3. 设 $\lim\limits_{x\to-1}\dfrac{x^3-ax^2-x+4}{x+1}=m$,试求 a 及 m 的值.

解 因为 $\lim\limits_{x\to-1}(x+1)=0$,所以 $\lim\limits_{x\to-1}(x^3-ax^2-x+4)=-1-a+1+4=0$,故 $a=4$.于是

$$\lim\limits_{x\to-1}\dfrac{x^3-4x^2-x+4}{x+1}=\lim\limits_{x\to-1}\dfrac{(x+1)(x^2-5x+4)}{x+1}=10,\quad \text{即}\quad m=10.$$

4. 已知 $\lim\limits_{x\to+\infty}(5x-\sqrt{ax^2-bx+c})=2$,求 a,b 之值.

解 因 $\lim\limits_{x\to+\infty}(5x-\sqrt{ax^2-bx+c})=\lim\limits_{x\to+\infty}\dfrac{(5x-\sqrt{ax^2-bx+c})(5x+\sqrt{ax^2-bx+c})}{5x+\sqrt{ax^2-bx+c}}$

$$=\lim\limits_{x\to+\infty}\dfrac{(25-a)x^2+bx-c}{5x+\sqrt{ax^2-bx+c}}=\lim\limits_{x\to+\infty}\dfrac{(25-a)x+b-\dfrac{c}{x}}{5+\sqrt{a-\dfrac{b}{x}+\dfrac{c}{x^2}}}=2,$$

故 $\begin{cases}25-a=0,\\ \dfrac{b}{5+\sqrt{a}}=2,\end{cases}$ 解得 $a=25,b=20.$

5. 已知 $f(x)=\begin{cases}\sqrt{x-3},&x\geqslant3,\\ x+a,&x<3,\end{cases}$ 且 $\lim\limits_{x\to3}f(x)$ 存在,求 a.

解 $\lim\limits_{x\to3^-}f(x)=\lim\limits_{x\to3^-}(x+a)=3+a,\ \lim\limits_{x\to3^+}f(x)=\lim\limits_{x\to3^+}\sqrt{x-3}=0.$ 因为 $\lim\limits_{x\to3}f(x)$ 存在,所以 $3+a=0$,从

而 $a=-3$.

6. 已知 $f(x)=\begin{cases} x-1, & x<0, \\ \dfrac{x^2+3x-1}{x^3+1}, & x\geqslant 0, \end{cases}$ 求 $\lim\limits_{x\to 0}f(x)$, $\lim\limits_{x\to +\infty}f(x)$, $\lim\limits_{x\to -\infty}f(x)$.

解　因为 $\lim\limits_{x\to 0^-}f(x)=\lim\limits_{x\to 0^-}(x-1)=-1$, $\lim\limits_{x\to 0^+}f(x)=\lim\limits_{x\to 0^+}\dfrac{x^2+3x-1}{x^3+1}=-1$, 所以 $\lim\limits_{x\to 0}f(x)=-1$. 此外,易求得

$$\lim\limits_{x\to +\infty}f(x)=\lim\limits_{x\to +\infty}\frac{x^2+3x-1}{x^3+1}=\lim\limits_{x\to +\infty}\frac{\frac{1}{x}+\frac{3}{x^2}-\frac{1}{x^3}}{1+\frac{1}{x^3}}=0; \quad \lim\limits_{x\to -\infty}f(x)=\lim\limits_{x\to -\infty}(x-1)=-\infty.$$

提高题

1. 设数列 $\{x_n\}$ 收敛,则（　　）.

A. 当 $\lim\limits_{n\to\infty}\sin x_n=0$ 时, $\lim\limits_{n\to\infty}x_n=0$ 　　B. 当 $\lim\limits_{n\to\infty}(x_n+\sqrt{|x_n|})=0$ 时, $\lim\limits_{n\to\infty}x_n=0$

C. 当 $\lim\limits_{n\to\infty}(x_n+x_n^2)=0$ 时, $\lim\limits_{n\to\infty}x_n=0$ 　　D. 当 $\lim\limits_{n\to\infty}(x_n+\sin x_n)=0$ 时, $\lim\limits_{n\to\infty}x_n=0$

答案　D.

习题 1.7

1. 计算下列极限:

(1) $\lim\limits_{x\to 0}\dfrac{\sin\omega x}{x}$; 　　(2) $\lim\limits_{x\to 0}\dfrac{\tan 3x}{\tan 5x}$; 　　(3) $\lim\limits_{x\to 0}x\cot x$; 　　(4) $\lim\limits_{x\to 0}\dfrac{1-\cos 2x}{x\sin x}$;

(5) $\lim\limits_{x\to a}\dfrac{\sin x-\sin a}{x-a}$; 　(6) $\lim\limits_{x\to 0}\dfrac{\arcsin x}{x}$; 　(7) $\lim\limits_{x\to 0}\dfrac{x-\sin 2x}{x+\sin 2x}$; 　(8) $\lim\limits_{x\to 0}\dfrac{\cos x-\cos 3x}{x^2}$.

解　(1) $\lim\limits_{x\to 0}\dfrac{\sin\omega x}{x}=\omega\lim\limits_{x\to 0}\dfrac{\sin\omega x}{\omega x}=\omega$.

(2) $\lim\limits_{x\to 0}\dfrac{\tan 3x}{\tan 5x}=\lim\limits_{x\to 0}\dfrac{\frac{\tan 3x}{3x}}{\frac{\tan 5x}{5x}}\cdot\dfrac{3}{5}=\dfrac{3}{5}$.

(3) $\lim\limits_{x\to 0}x\cot x=\lim\limits_{x\to 0}\dfrac{x}{\tan x}=1$.

(4) $\lim\limits_{x\to 0}\dfrac{1-\cos 2x}{x\sin x}=\lim\limits_{x\to 0}\dfrac{2\sin^2 x}{x\sin x}=2$.

(5) $\lim\limits_{x\to a}\dfrac{\sin x-\sin a}{x-a}=\lim\limits_{x\to a}\dfrac{2\cos\frac{x+a}{2}\sin\frac{x-a}{2}}{x-a}=\cos a$.

(6) $\lim\limits_{x\to 0}\dfrac{\arcsin x}{x}=\lim\limits_{x\to 0}\dfrac{\arcsin x}{\sin(\arcsin x)}=1$.

另法：令 $y=\arcsin x$, 则有 $x=\sin y$, 且当 $x\to 0$ 时, $y\to 0$, 故 $\lim\limits_{x\to 0}\dfrac{\arcsin x}{x}=\lim\limits_{y\to 0}\dfrac{y}{\sin y}=1$.

(7) $\lim\limits_{x\to 0}\dfrac{x-\sin 2x}{x+\sin 2x}=\lim\limits_{x\to 0}\dfrac{1-\frac{\sin 2x}{x}}{1+\frac{\sin 2x}{x}}=\lim\limits_{x\to 0}\dfrac{1-2\frac{\sin 2x}{2x}}{1+2\frac{\sin 2x}{2x}}=\dfrac{1-2}{1+2}=-\dfrac{1}{3}$.

(8) $\lim\limits_{x\to 0}\dfrac{\cos x-\cos 3x}{x^2}=\lim\limits_{x\to 0}\dfrac{2\sin 2x\sin x}{x^2}=\lim\limits_{x\to 0}\dfrac{4\sin 2x}{2x}\cdot\dfrac{\sin x}{x}=4$.

2. 计算下列极限:

(1) $\lim\limits_{x\to 0}\ln(1+2x)^{\frac{1}{x}}$; 　　(2) $\lim\limits_{x\to\infty}\left(1+\dfrac{1}{x}\right)^{\frac{x}{2}}$; 　　(3) $\lim\limits_{x\to\infty}\left(\dfrac{1+x}{x}\right)^{2x}$;

(4) $\lim\limits_{x\to\infty}\left(\dfrac{2x+3}{2x+1}\right)^{x+1}$;   (5) $\lim\limits_{x\to\infty}\left(\dfrac{3+x}{2+x}\right)^{2x}$;   (6) $\lim\limits_{x\to\infty}\left(\dfrac{x^2}{x^2-1}\right)^{x}$.

解 (1) $\lim\limits_{x\to 0}\ln(1+2x)^{\frac{1}{x}}=\ln\lim\limits_{x\to 0}(1+2x)^{\frac{1}{x}}=\ln[\lim\limits_{x\to 0}(1+2x)^{\frac{1}{2x}}]^2=2.$

(2) $\lim\limits_{x\to\infty}\left(1+\dfrac{1}{x}\right)^{\frac{x}{2}}=\lim\limits_{x\to\infty}\left(1+\dfrac{1}{x}\right)^{x\cdot\frac{1}{2}}=\mathrm{e}^{\frac{1}{2}}=\sqrt{\mathrm{e}}.$

(3) $\lim\limits_{x\to\infty}\left(\dfrac{1+x}{x}\right)^{2x}=\lim\limits_{x\to\infty}\left(1+\dfrac{1}{x}\right)^{2x}=\mathrm{e}^2.$

(4) $\lim\limits_{x\to\infty}\left(\dfrac{2x+3}{2x+1}\right)^{x+1}=\lim\limits_{x\to\infty}\dfrac{\left(1+\dfrac{3}{2x}\right)^{\frac{2x}{3}\cdot\frac{3}{2}+1}}{\left(1+\dfrac{1}{2x}\right)^{2x\cdot\frac{1}{2}+1}}=\dfrac{\mathrm{e}^{\frac{3}{2}}}{\mathrm{e}^{\frac{1}{2}}}=\mathrm{e}.$

(5) $\lim\limits_{x\to\infty}\left(\dfrac{3+x}{2+x}\right)^{2x}=\lim\limits_{x\to\infty}\left[\left(1+\dfrac{1}{x+2}\right)^{x}\right]^2=\lim\limits_{x\to\infty}\left[\left(1+\dfrac{1}{x+2}\right)^{x+2-2}\right]^2$

$$=\lim\limits_{x\to\infty}\left[\left(1+\dfrac{1}{x+2}\right)^{x+2}\right]^2\left(1+\dfrac{1}{x+2}\right)^{-4}=\mathrm{e}^2.$$

(6) $\lim\limits_{x\to\infty}\left(\dfrac{x^2}{x^2-1}\right)^{x}=\lim\limits_{x\to\infty}\left(1+\dfrac{1}{x^2-1}\right)^{x}=\lim\limits_{x\to\infty}\left[\left(1+\dfrac{1}{x^2-1}\right)^{x^2-1}\right]^{\frac{x}{x^2-1}}=\mathrm{e}^0=1.$

3. 求下列极限:

(1) $\lim\limits_{n\to\infty}\left(\dfrac{1}{n+\sqrt{1}}+\dfrac{1}{n+\sqrt{2}}+\cdots+\dfrac{1}{n+\sqrt{n}}\right)$;   (2) $\lim\limits_{n\to\infty}n\left(\dfrac{1}{n^2+\pi}+\dfrac{1}{n^2+2\pi}+\cdots+\dfrac{1}{n^2+n\pi}\right)$;

(3) $\lim\limits_{n\to\infty}\sqrt[n]{\dfrac{2+(-1)^n}{2^n}}$;   (4) $\lim\limits_{n\to\infty}(1+2^n+3^n)^{\frac{1}{n}}$;

(5) $\lim\limits_{n\to\infty}\left(\dfrac{1}{n^2}+\dfrac{1}{(n+1)^2}+\cdots+\dfrac{1}{(n+n)^2}\right)$;   (6) $\lim\limits_{n\to\infty}\dfrac{n!}{n^n}$.

解 (1) 因为 $\dfrac{n}{n+\sqrt{n}}<\dfrac{1}{n+\sqrt{1}}+\dfrac{1}{n+\sqrt{2}}+\cdots+\dfrac{1}{n+\sqrt{n}}<\dfrac{n}{n+\sqrt{1}}$, 而 $\lim\limits_{n\to\infty}\dfrac{n}{n+\sqrt{n}}=1$, $\lim\limits_{n\to\infty}\dfrac{n}{n+\sqrt{1}}=1$, 所以由夹

逼准则 $\lim\limits_{n\to\infty}\left(\dfrac{1}{n+\sqrt{1}}+\dfrac{1}{n+\sqrt{2}}+\cdots+\dfrac{1}{n+\sqrt{n}}\right)=1.$

(2) 因为 $\dfrac{n^2}{n^2+n\pi}<n\left(\dfrac{1}{n^2+\pi}+\dfrac{1}{n^2+2\pi}+\cdots+\dfrac{1}{n^2+n\pi}\right)<\dfrac{n^2}{n^2+\pi}$, 而 $\lim\limits_{n\to\infty}\dfrac{n^2}{n^2+n\pi}=1$; $\lim\limits_{n\to\infty}\dfrac{n^2}{n^2+\pi}=1$, 所以由

夹逼准则 $\lim\limits_{n\to\infty}n\left(\dfrac{1}{n^2+\pi}+\dfrac{1}{n^2+2\pi}+\cdots+\dfrac{1}{n^2+n\pi}\right)=1.$

(3) 因为 $\dfrac{1}{2}=\dfrac{\sqrt[n]{1}}{2}\leqslant\sqrt[n]{\dfrac{2+(-1)^n}{2^n}}\leqslant\dfrac{\sqrt[n]{3}}{2}$, 而 $\lim\limits_{n\to\infty}\dfrac{\sqrt[n]{3}}{2}=\dfrac{1}{2}$, 所以由夹逼准则 $\lim\limits_{n\to\infty}\sqrt[n]{\dfrac{2+(-1)^n}{2^n}}=\dfrac{1}{2}.$

(4) 由 $(1+2^n+3^n)^{\frac{1}{n}}=3\left[1+\left(\dfrac{2}{3}\right)^n+\left(\dfrac{1}{3}\right)^n\right]^{\frac{1}{n}}$, 易见对任意自然数 n, 有

$$1<1+\left(\dfrac{2}{3}\right)^n+\left(\dfrac{1}{3}\right)^n<3,$$

故 $3\cdot 1^{\frac{1}{n}}<3\left[1+\left(\dfrac{2}{3}\right)^n+\left(\dfrac{1}{3}\right)^n\right]^{\frac{1}{n}}<3\cdot 3^{\frac{1}{n}}$. 而 $\lim\limits_{n\to\infty}3\cdot 1^{\frac{1}{n}}=3$, $\lim\limits_{n\to\infty}3\cdot 3^{\frac{1}{n}}=3$, 所以

$$\lim\limits_{n\to\infty}(1+2^n+3^n)^{\frac{1}{n}}=\lim\limits_{n\to\infty}3\left[1+\left(\dfrac{2}{3}\right)^n+\left(\dfrac{1}{3}\right)^n\right]^{\frac{1}{n}}=3.$$

(5) 设 $x_n=\dfrac{1}{n^2}+\dfrac{1}{(n+1)^2}+\cdots+\dfrac{1}{(n+n)^2}$. 显然

$$\dfrac{n+1}{4n^2}=\dfrac{1}{(2n)^2}+\dfrac{1}{(2n)^2}+\cdots+\dfrac{1}{(2n)^2}<x_n<\dfrac{1}{n^2}+\dfrac{1}{n^2}+\cdots+\dfrac{1}{n^2}=\dfrac{n+1}{n^2}.$$

又 $\lim\limits_{n\to\infty}\dfrac{n+1}{4n^2}=0$，$\lim\limits_{n\to\infty}\dfrac{n+1}{n^2}=0$，由夹逼准则知 $\lim\limits_{n\to\infty}x_n=0$，即

$$\lim_{n\to\infty}\left(\frac{1}{n^2}+\frac{1}{(n+1)^2}+\cdots+\frac{1}{(n+n)^2}\right)=0.$$

(6) 由 $\dfrac{n!}{n^n}=\dfrac{1\cdot2\cdot3\cdot\cdots\cdot n}{n\cdot n\cdot n\cdot\cdots\cdot n}<\dfrac{1\cdot2\cdot n\cdot n\cdot\cdots\cdot n}{n\cdot n\cdot n\cdot\cdots\cdot n}=\dfrac{2}{n^2}$，易见 $0<\dfrac{n!}{n^n}<\dfrac{2}{n^2}$. 又 $\lim\limits_{n\to\infty}\dfrac{2}{n^2}=0$. 所以由夹逼

准则知 $\lim\limits_{n\to\infty}\dfrac{n!}{n^n}=0$.

4. 求下列极限:

(1) $\lim\limits_{x\to\infty}x\sin\dfrac{1}{x}$;　　　　(2) $\lim\limits_{x\to1}(1-x)\sec\dfrac{\pi x}{2}$;　　　　(3) $\lim\limits_{x\to0}(1+3\tan^2x)^{\cot^2x}$;

(4) $\lim\limits_{x\to\infty}\left(\dfrac{x-1}{x+3}\right)^{x+2}$;　　(5) $\lim\limits_{x\to\infty}\left(\dfrac{x^2}{x^2-1}\right)^x$.

解　(1) $\lim\limits_{x\to\infty}x\sin\dfrac{1}{x}=\lim\limits_{x\to\infty}\dfrac{\sin\dfrac{1}{x}}{\dfrac{1}{x}}=1.$

(2) 令 $1-x=t$，则 $\lim\limits_{x\to1}(1-x)\sec\dfrac{\pi x}{2}=\lim\limits_{x\to0}\dfrac{t}{\sin\dfrac{\pi t}{2}}=\dfrac{2}{\pi}\lim\limits_{t\to0}\dfrac{\dfrac{\pi t}{2}}{\sin\dfrac{\pi t}{2}}=\dfrac{2}{\pi}.$

(3) $\lim\limits_{x\to0}(1+3\tan^2x)^{\cot^2x}=\lim\limits_{x\to0}\left[(1+3\tan^2x)^{\frac{1}{3\tan^2x}}\right]^3=e^3.$

(4) $\lim\limits_{x\to\infty}\left(\dfrac{x-1}{x+3}\right)^{x+2}=\lim\limits_{x\to\infty}\left[\left(1-\dfrac{4}{x+3}\right)^{\frac{x+3}{-4}}\right]^{-4}\cdot\left(\dfrac{x-1}{x+3}\right)^{-1}=e^{-4}.$

(5) $\lim\limits_{x\to\infty}\left(\dfrac{x^2}{x^2-1}\right)^{x^2}=\lim\limits_{x\to\infty}\left[\left(1+\dfrac{1}{x^2-1}\right)^{x^2-1}\right]^{\frac{x^2}{x^2-1}}=e.$

提高题

1. 求下列极限:

(1) $\lim\limits_{x\to0}(\cos2x+2x\sin x)^{\frac{1}{x^4}}$;　　(2) $\lim\limits_{n\to\infty}\sqrt[n]{n}$;　　(3) $\lim\limits_{x\to\infty}x\left[\sin\ln\left(1+\dfrac{3}{x}\right)-\sin\ln\left(1+\dfrac{1}{x}\right)\right]$;

(4) $\lim\limits_{x\to0}(\sin x+\cos x)^{\frac{1}{x}}$;　　　　(5) $\lim\limits_{x\to0}\dfrac{\sqrt{1+\tan x}-\sqrt{1+\sin x}}{x^3}$;　　　(6) $\lim\limits_{n\to\infty}\left(\dfrac{n+1}{n}\right)^{(-1)^n}$.

解　(1) $\lim\limits_{x\to0}(\cos2x+2x\sin x)^{\frac{1}{x^4}}=\lim\limits_{x\to0}(1+\cos2x+2x\sin x-1)^{\frac{1}{x^4}}$

$$=\lim_{x\to0}\left[(1+\cos2x+2x\sin x-1)^{\frac{1}{\cos2x+2x\sin x-1}}\right]^{\frac{\cos2x+2x\sin x-1}{x^4}}$$

$$=e^{\frac{1}{3}}.$$

注　$\lim\limits_{x\to0}\dfrac{\cos2x+2x\sin x-1}{x^4}=\lim\limits_{x\to0}\dfrac{2x\sin x-2\sin^2x}{x^4}=2\lim\limits_{x\to0}\dfrac{\sin x}{x}\cdot\dfrac{x-\sin x}{x^3}=2\lim\limits_{x\to0}\dfrac{x-\sin x}{x^3}=2\times\dfrac{1}{6}=\dfrac{1}{3}.$

$\lim\limits_{x\to0}\dfrac{x-\sin x}{x^3}=\dfrac{1}{6}$ 在下一节将学到.

(2) 令 $\sqrt[n]{n}=1+r_n(r_n\geqslant0)$，则

$$n=(1+r_n)^n=1+nr_n+\frac{n(n-1)}{2!}r_n^2+\cdots+r_n^n>\frac{n(n-1)}{2!}r_n^2(n>1)，因此，0\leqslant r_n<\sqrt{\frac{2}{n-1}}.$$

由于 $\lim\limits_{n\to\infty}\sqrt{\dfrac{2}{n-1}}=0$，所以 $\lim\limits_{n\to\infty}r_n=0$. 故 $\lim\limits_{n\to\infty}\sqrt[n]{n}=\lim\limits_{n\to\infty}(1+r_n)=1+\lim\limits_{n\to\infty}r_n=1.$

(3) $\lim\limits_{x\to\infty}x\sin\ln\left(1+\dfrac{3}{x}\right)=\lim\limits_{x\to\infty}\dfrac{\sin\ln\left(1+\dfrac{3}{x}\right)}{\dfrac{1}{x}}=\lim\limits_{x\to\infty}\dfrac{\sin\ln\left(1+\dfrac{3}{x}\right)}{\ln\left(1+\dfrac{3}{x}\right)}x\ln\left(1+\dfrac{3}{x}\right)$

$$=\lim\limits_{x\to\infty}\ln\left(1+\dfrac{3}{x}\right)^{x}=\lim\limits_{x\to\infty}\ln\left(1+\dfrac{3}{x}\right)^{\frac{x}{3}\cdot3}=3.$$

同理 $\lim\limits_{x\to\infty}x\sin\left[\ln\left(1+\dfrac{1}{x}\right)\right]=1$,所以 $\lim\limits_{x\to\infty}x\left[\sin\ln\left(1+\dfrac{3}{x}\right)-\sin\ln\left(1+\dfrac{1}{x}\right)\right]=3-1=2.$

(4) **解法一**　原式 $=\lim\limits_{x\to0}\left[(\sin x+\cos x)^{2}\right]^{\frac{1}{2x}}=\lim\limits_{x\to0}(1+\sin2x)^{\frac{1}{2x}}=\lim\limits_{x\to0}\left[(1+\sin2x)^{\frac{1}{\sin2x}}\right]^{\frac{\sin2x}{2x}}=\mathrm{e}.$

解法二　令 $y=(\sin x+\cos x)^{\frac{1}{x}}$,则有 $\ln y=\dfrac{1}{x}\ln(\sin x+\cos x)$,而 $\lim\limits_{x\to0}\dfrac{\ln(\sin x+\cos x)}{x}=\lim\limits_{x\to0}\dfrac{\cos x-\sin x}{\sin x+\cos x}=$

1,所以原式 $=\mathrm{e}.$

(5) $\lim\limits_{x\to0}\dfrac{\sqrt{1+\tan x}-\sqrt{1+\sin x}}{x^{3}}=\lim\limits_{x\to0}\dfrac{\tan x-\sin x}{x^{3}\left(\sqrt{1+\tan x}+\sqrt{1+\sin x}\right)}=\dfrac{1}{2}\lim\limits_{x\to0}\dfrac{\tan x-\sin x}{x^{3}}$

$$=\dfrac{1}{2}\lim\limits_{x\to0}\dfrac{\sin x-\sin x\cos x}{x^{3}\cos x}=\dfrac{1}{2}\lim\limits_{x\to0}\dfrac{\sin x}{x}\cdot\dfrac{1-\cos x}{x^{2}}\cdot\dfrac{1}{\cos x}=\dfrac{1}{4}.$$

(6) $\lim\limits_{n\to\infty}\left(\dfrac{n+1}{n}\right)^{(-1)^{n}}=\lim\limits_{n\to\infty}\left(1+\dfrac{1}{n}\right)^{(-1)^{n}}=\lim\limits_{n\to\infty}\left(1+\dfrac{1}{n}\right)^{n\cdot\frac{(-1)^{n}}{n}}=\mathrm{e}^{0}=1.$

2. 设数列 $\{x_{n}\}$ 满足 $0<x_{1}<\pi,x_{n+1}=\sin x_{n}(n=1,2,\cdots).$

(1) 证明 $\lim\limits_{n\to\infty}x_{n}$ 存在,并求该极限;(2) 计算 $\lim\limits_{n\to\infty}\left(\dfrac{x_{n+1}}{x_{n}}\right)^{\frac{1}{x_{n}^{2}}}.$

(1) **证明**　$x_{2}=\sin x_{1}<x_{1},\cdots,x_{n+1}=\sin x_{n}<x_{n}$,且 $0<x_{n}<\pi$,故 $\{x_{n}\}$ 单调有界,$\lim\limits_{n\to\infty}x_{n}$ 存在. 设 $\lim\limits_{n\to\infty}x_{n}=$
l, 在数列递推公式 $x_{n+1}=\sin x_{n}$ 两端取极限,得

$$\lim\limits_{n\to\infty}x_{n+1}=\lim\limits_{n\to\infty}\sin x_{n},\ \text{即有}\ l=\sin l,\ \text{得}\ l=0,\ \text{即}\ \lim\limits_{n\to\infty}x_{n}=0.$$

(2) **解**　$\lim\limits_{n\to\infty}\left(\dfrac{x_{n+1}}{x_{n}}\right)^{\frac{1}{x_{n}^{2}}}=\lim\limits_{n\to\infty}\left(\dfrac{\sin x_{n}}{x_{n}}\right)^{\frac{1}{x_{n}^{2}}}$ 是 1^{∞} 型极限.

$$\lim\limits_{n\to\infty}\left(\dfrac{x_{n+1}}{x_{n}}\right)^{\frac{1}{x_{n}^{2}}}=\lim\limits_{n\to\infty}\left(\dfrac{\sin x_{n}}{x_{n}}\right)^{\frac{1}{x_{n}^{2}}}=\lim\limits_{n\to\infty}\left(1+\dfrac{\sin x_{n}}{x_{n}}-1\right)^{\frac{1}{x_{n}^{2}}}=\lim\limits_{n\to\infty}\left(1+\dfrac{\sin x_{n}-x_{n}}{x_{n}}\right)^{\frac{1}{x_{n}^{2}}}$$

$$=\mathrm{e}^{\lim\limits_{n\to\infty}\frac{1}{x_{n}^{2}}\cdot\frac{\sin x_{n}-x_{n}}{x_{n}}}=\mathrm{e}^{\lim\limits_{n\to\infty}\frac{1}{x_{n}^{2}}\cdot\frac{\sin x_{n}-x_{n}}{x_{n}}}=\mathrm{e}^{\lim\limits_{x\to0}\frac{\sin x-x}{x^{3}}}=\mathrm{e}^{\lim\limits_{x\to0}\frac{-\frac{1}{6}x^{3}}{x^{3}}}=\mathrm{e}^{-\frac{1}{6}}.$$

$\left(\text{本题用到}\ \sin x-x\sim-\dfrac{1}{6}x^{3}\right)$

3. 设 $0<x_{1}<3,x_{n+1}=\sqrt{x_{n}(3-x_{n})}$,证明 $\lim\limits_{n\to\infty}x_{n}$ 存在,并求该极限.

证明　因为 $0<x_{1}<3$,知 $x_{1}(3-x_{1})$ 均为正数,因此有

$$0<x_{2}=\sqrt{x_{1}(3-x_{1})}\leqslant\dfrac{x_{1}+(3-x_{1})}{2}=\dfrac{3}{2}\qquad(\text{算术平均数大于等于几何平均数}).$$

设 $0<x_{k}\leqslant\dfrac{3}{2}(k>1)$,则 $0<x_{k+1}=\sqrt{x_{k}(3-x_{k})}\leqslant\dfrac{x_{k}+(3-x_{k})}{2}=\dfrac{3}{2}.$

由数学归纳法,对任意的正整数 $n>1$,均有 $0<x_{n}\leqslant\dfrac{3}{2}$,因而数列 $\{x_{n}\}$ 有界.

又 $\dfrac{x_{n+1}}{x_{n}}=\dfrac{\sqrt{3x_{n}-x_{n}^{2}}}{x_{n}}=\sqrt{\dfrac{3}{x_{n}}-1}\geqslant\sqrt{2-1}=1$,故知 $x_{n+1}\geqslant x_{n}$,$\{x_{n}\}$ 单调增加有界,从而 $\{x_{n}\}$ 的极限
存在.

设 $\lim\limits_{n\to\infty}x_{n}=l$,在 $x_{n+1}=\sqrt{x_{n}(3-x_{n})}$ 两边取极限,得 $l=\sqrt{l(3-l)}$,解得 $l=0$ 或 $l=\dfrac{3}{2}$. 因 $0<x_{n}\leqslant\dfrac{3}{2}$ 且

单调增加,故$\lim\limits_{n\to\infty}x_n=\dfrac{3}{2}$. 舍去 $l=0$.

4. 设 $u_1=1,u_2=2,n\geqslant3$ 时,$u_n=u_{n-1}+u_{n-2}$.

(1) 求证:$\dfrac{3}{2}u_{n-1}<u_n<2u_{n-1}$;　　(2) 求 $\lim\limits_{n\to\infty}\dfrac{1}{u_n}$.

证明 (1) 因为 $u_1=1,u_2=2$,当 $n\geqslant3$ 时,$u_n=u_{n-1}+u_{n-2}$,所以,$u_n>0$. 又 $u_n=u_{n-1}+u_{n-2}>u_{n-1}$,所以,$\{u_n\}$ 单调增加.

$$u_n=u_{n-1}+u_{n-2}<2u_{n-1}\,(n\geqslant3),\qquad u_n=u_{n-1}+u_{n-2}>u_{n-1}+\frac{1}{2}u_{n-1}=\frac{3}{2}u_{n-1}\,(n\geqslant3),$$

所以,$\dfrac{3}{2}u_{n-1}<u_n<2u_{n-1}$.

(2) 由(1)知:$\dfrac{3}{2}u_{n-1}<u_n$,所以

$$0<\frac{1}{u_n}<\frac{2}{3u_{n-1}}<\left(\frac{2}{3}\right)^2\frac{1}{u_{n-2}}<\cdots<\left(\frac{2}{3}\right)^{n-1}\frac{1}{u_1}=\left(\frac{2}{3}\right)^{n-1},$$

故 $\lim\limits_{n\to\infty}\dfrac{1}{u_n}=0$.

习题 1.8

1. 举例说明:在某极限过程中,两个无穷小量之商、两个无穷大量之商、无穷小量与无穷大量之积都不一定是无穷小量,也不一定是无穷大量.

解 例1,当 $x\to0$ 时,$\tan x,\sin x$ 都是无穷小量,但由 $\dfrac{\sin x}{\tan x}=\cos x$(当 $x\to0$ 时,$\cos x\to1$)不是无穷大量,也不是无穷小量.

例2,当 $x\to\infty$ 时,$2x$ 与 x 都是无穷大量,但 $\dfrac{2x}{x}=2$ 不是无穷大量,也不是无穷小量.

例3,当 $x\to0^+$ 时,$\tan x$ 是无穷小量,而 $\cot x$ 是无穷大量,但 $\tan x\cdot\cot x=1$ 不是无穷大量,也不是无穷小量.

2. 判断下列命题是否正确:

(1) 无穷小量与无穷小量的商一定是无穷小量;

(2) 有界函数与无穷小量之积为无穷小量;

(3) 有界函数与无穷大量之积为无穷大量;

(4) 有限个无穷小量之和为无穷小量;

(5) 有限个无穷大量之和为无穷大量;

(6) $y=x\sin x$ 在 $(-\infty,+\infty)$ 内无界,但 $\lim\limits_{x\to+\infty}x\sin x\neq\infty$;

(7) 无穷大量的倒数都是无穷小量;

(8) 无穷小量的倒数都是无穷大量.

解 (1) 错误,例如,第 1 题例1.

(2) 正确.

(3) 错误. 例如,当 $x\to0$ 时,$\cot x$ 为无穷大量,$\sin x$ 是有界函数,$\cot x\cdot\sin x=\cos x$ 不是无穷大量.

(4) 正确.

(5) 错误. 例如,当 $x\to0$ 时,$\dfrac{1}{x}$ 与 $-\dfrac{1}{x}$ 都是无穷大量,但它们之和 $\dfrac{1}{x}+\left(-\dfrac{1}{x}\right)=0$ 不是无穷大量.

(6) 正确. 因为 $\forall M>0$,$\exists$ 正整数 k,使 $2k\pi+\dfrac{\pi}{2}>M$,从而 $f\left(2k\pi+\dfrac{\pi}{2}\right)=\left(2k\pi+\dfrac{\pi}{2}\right)\sin\left(2k\pi+\dfrac{\pi}{2}\right)=$

$2k\pi+\dfrac{\pi}{2}>M$,即 $y=x\sin x$ 在 $(-\infty,+\infty)$ 内无界. 又 $\forall M>0$,无论 X 多么大,总存在正整数 k,使 $k\pi>X$,

使 $f(2k\pi)=k\pi\sin(k\pi)=0<M$,即 $x\to+\infty$ 时,$|x\sin x|$ 不无限增大,即 $\lim\limits_{x\to+\infty}x\sin x\neq\infty$.

(7) 正确.

(8) 错误. 只有非零的无穷小量的倒数才是无穷大量. 零是无穷小量,但其倒数无意义.

3. 指出下列函数哪些是该极限过程中的无穷小量,哪些是极限过程中的无穷大量.

(1) $f(x)=\dfrac{3}{x^2-4},x\to2$;

(2) $f(x)=\ln x,x\to1,x\to0^+,x\to+\infty$;

(3) $f(x)=e^{\frac{1}{x}},x\to0^+,x\to0^-$;

(4) $f(x)=\dfrac{\pi}{2}-\arctan x,x\to+\infty$;

(5) $f(x)=\dfrac{1}{x}\sin x,x\to\infty$;

(6) $f(x)=\dfrac{1}{x^2}\sqrt{1+\dfrac{1}{x^2}},x\to\infty$.

解 (1) 因为 $\lim\limits_{x\to2}(x^2-4)=0$,即 $x\to2$ 时,x^2-4 是无穷小量,所以 $\dfrac{1}{x^2-4}$ 是无穷大量,因而 $\dfrac{3}{x^2-4}$ 也是无穷大量.

(2) 从 $f(x)=\ln x$ 的图像可以看出,$\lim\limits_{x\to0^+}\ln x=-\infty$,$\lim\limits_{x\to1}\ln x=0$,$\lim\limits_{x\to+\infty}\ln x=+\infty$,所以,当 $x\to0^+$ 时,$x\to+\infty$ 时,$f(x)=\ln x$ 是无穷大量;当 $x\to1$ 时,$f(x)=\ln x$ 是无穷小量.

(3) 从 $f(x)=e^{\frac{1}{x}}$ 的图可以看出,$\lim\limits_{x\to0^+}e^{\frac{1}{x}}=+\infty$,$\lim\limits_{x\to0^-}e^{\frac{1}{x}}=0$,所以,当 $x\to0^+$ 时,$f(x)=e^{\frac{1}{x}}$ 是无穷大量;当 $x\to0^-$ 时,$f(x)=e^{\frac{1}{x}}$ 是无穷小量.

(4) 因为 $\lim\limits_{x\to+\infty}\left(\dfrac{\pi}{2}-\arctan x\right)=0$,所以当 $x\to+\infty$ 时,$f(x)=\dfrac{\pi}{2}-\arctan x$ 是无穷小量.

(5) 因为当 $x\to\infty$ 时,$\dfrac{1}{x}$ 是无穷小量,$\sin x$ 是有界函数,所以 $\dfrac{1}{x}\sin x$ 是无穷小量.

(6) 因为当 $x\to\infty$ 时,$\dfrac{1}{x^2}$ 是无穷小量,$\sqrt{1+\dfrac{1}{x^2}}$ 是有界变量,所以 $\dfrac{1}{x^2}\sqrt{1+\dfrac{1}{x^2}}$ 是无穷小量.

4. 求 $\lim\limits_{x\to\infty}\dfrac{\sin x}{x}$.

解 因为 $\lim\limits_{x\to\infty}\dfrac{\sin x}{x}=\lim\limits_{x\to\infty}\dfrac{1}{x}\cdot\sin x$,而当 $x\to\infty$ 时,$\dfrac{1}{x}$ 是无穷小量,$\sin x$ 是有界量($|\sin x|\leqslant1$),所以 $\lim\limits_{x\to\infty}\dfrac{\sin x}{x}=0$.

5. 当 $x\to0$ 时,判断下列各无穷小对无穷小 x 的阶:

(1) $\sqrt{x}+\sin x$;　　(2) $x^{\frac{2}{3}}-x^{\frac{1}{2}}$;　　(3) $\sqrt[3]{x}-3x^3+x^5$.

解 (1) 因为 $\lim\limits_{x\to0}\dfrac{\sqrt{x}+\sin x}{\sqrt{x}}=1$,所以当 $x\to0$ 时 $\sqrt{x}+\sin x$ 是 x 的 $\dfrac{1}{2}$ 阶无穷小.

(2) 因为 $\lim\limits_{x\to0}\dfrac{x^{\frac{2}{3}}-x^{\frac{1}{2}}}{x^{\frac{1}{2}}}=\lim\limits_{x\to0}(x^{\frac{1}{6}}-1)=-1$,所以当 $x\to0$ 时 $x^{\frac{2}{3}}-x^{\frac{1}{2}}$ 是 x 的 $\dfrac{1}{2}$ 阶无穷小.

(3) 因为 $\lim\limits_{x\to0}\dfrac{\sqrt[3]{x}-3x^3+x^5}{\sqrt[3]{x}}=\lim\limits_{x\to0}(1-3x^{\frac{8}{3}}+x^{\frac{14}{3}})=1$,所以当 $x\to0$ 时是 x 的 $\dfrac{1}{3}$ 阶无穷小.

6. 比较下列各组无穷小:

(1) 当 $x\to1$ 时,$\dfrac{1-x}{1+x}$ 与 $1-\sqrt{x}$;　　(2) 当 $x\to0$ 时,$(1-\cos x)^2$ 与 $\sin^2 x$;

(3) 当 $x\to1$ 时,$1-x$ 与 $1-\sqrt[3]{x}$.

解 (1) 因为 $\lim\limits_{x\to1}\dfrac{\frac{1-x}{1+x}}{1-\sqrt{x}}=\lim\limits_{x\to1}\dfrac{(1-\sqrt{x})(1+\sqrt{x})}{(1+x)(1-\sqrt{x})}=1$,所以当 $x\to1$ 时,$\dfrac{1-x}{1+x}\sim1-\sqrt{x}$.

(2) 因为 $\lim\limits_{x\to 0}\dfrac{(1-\cos x)^2}{\sin^2 x}=\lim\limits_{x\to 0}\dfrac{\left(\frac{1}{2}x^2\right)^2}{x_2}=0.$ 故 $(1-\cos x)^2$ 为比 $\sin^2 x$ 高阶的无穷小.

(3) 因为 $\lim\limits_{x\to 1}\dfrac{1-x}{1-\sqrt[3]{x}}=\lim\limits_{x\to 1}\dfrac{(1-x)(1+\sqrt[3]{x}+\sqrt[3]{x^2})}{(1-\sqrt[3]{x})(1+\sqrt[3]{x}+\sqrt[3]{x^2})}=\lim\limits_{x\to 1}(1+\sqrt[3]{x}+\sqrt[3]{x^2})=3$，所以，无穷小 $1-x$ 是 $1-\sqrt[3]{x}$ 的同阶无穷小.

7. 利用等价无穷小代换，求下列各极限：

(1) $\lim\limits_{x\to 0}\dfrac{1-\cos 2x}{x\sin x}$;

(2) $\lim\limits_{x\to 0}\dfrac{3\sin x+x^2\cos\frac{1}{x}}{(1+\cos x)\ln(1+x)}$;

(3) $\lim\limits_{x\to 0}\dfrac{1-\cos^3 x}{x\sin 2x}$;

(4) $\lim\limits_{x\to 0}\left(\dfrac{1}{\sin x}-\dfrac{1}{\tan x}\right)$;

(5) $\lim\limits_{x\to 0}\dfrac{e^{2x}-1}{\ln(x+1)}$;

(6) $\lim\limits_{x\to 0}\dfrac{\sqrt[3]{1+x^2}-1}{x^2}$;

(7) $\lim\limits_{n\to\infty}\sqrt{n}(\sqrt[n]{a}-1)$;

(8) $\lim\limits_{x\to 0}\dfrac{\ln(a+x)+\ln(a-x)-2\ln a}{x^2}$.

解 (1) $\lim\limits_{x\to 0}\dfrac{1-\cos 2x}{x\sin x}=\lim\limits_{x\to 0}\dfrac{2x^2}{x^2}=2$;

(2) $\lim\limits_{x\to 0}\dfrac{3\sin x+x^2\cos\frac{1}{x}}{(1+\cos x)\ln(1+x)}=\lim\limits_{x\to 0}\dfrac{3\sin x+x^2\cos\frac{1}{x}}{2x}=\dfrac{3}{2}\lim\limits_{x\to 0}\dfrac{\sin x}{x}+\lim\limits_{x\to 0}\dfrac{1}{2}x\cos\dfrac{1}{x}=\dfrac{3}{2}$;

(3) $\lim\limits_{x\to 0}\dfrac{1-\cos^3 x}{x\sin 2x}=\lim\limits_{x\to 0}\dfrac{(1-\cos x)(1+\cos x+\cos^2 x)}{2x^2}=3\lim\limits_{x\to 0}\dfrac{\frac{x^2}{2}}{2x^2}=\dfrac{3}{4}$;

(4) $\lim\limits_{x\to 0}\left(\dfrac{1}{\sin x}-\dfrac{1}{\tan x}\right)=\lim\limits_{x\to 0}\dfrac{\tan x-\sin x}{\sin x\tan x}==\lim\limits_{x\to 0}\dfrac{\sin x\frac{1-\cos x}{\cos x}}{\sin x\tan x}=\lim\limits_{x\to 0}\dfrac{1-\cos x}{\tan x}\cdot\dfrac{1}{\cos x}=\lim\limits_{x\to 0}\dfrac{\frac{x^2}{2}}{x}=0$;

(5) $\lim\limits_{x\to 0}\dfrac{e^{2x}-1}{\ln(x+1)}=\lim\limits_{x\to 0}\dfrac{2x}{x}=2$;

(6) $\lim\limits_{x\to 0}\dfrac{\sqrt[3]{1+x^2}-1}{x^2}=\lim\limits_{x\to 0}\dfrac{\frac{x^2}{3}}{x^2}=\dfrac{1}{3}$;

(7) $\lim\limits_{n\to\infty}\sqrt{n}(\sqrt[n]{a}-1)=\lim\limits_{n\to\infty}\sqrt{n}(e^{\frac{1}{n}\ln a}-1)=\lim\limits_{n\to\infty}\dfrac{\sqrt{n}\ln a}{n}=0$;

(8) $\lim\limits_{x\to 0}\dfrac{\ln(a+x)+\ln(a-x)-2\ln a}{x^2}=\lim\limits_{x\to 0}\dfrac{\ln\frac{a^2-x^2}{a^2}}{x^2}=\lim\limits_{x\to 0}\dfrac{\ln\left(1-\frac{x^2}{a^2}\right)}{x^2}=\lim\limits_{x\to 0}\dfrac{-\frac{x^2}{a^2}}{x^2}=-\dfrac{1}{a^2}$.

8. 已知 $\lim\limits_{x\to 0}\dfrac{\sqrt{1+f(x)\sin 2x}-1}{e^{3x}-1}=2$，求 $\lim\limits_{x\to 0}f(x)$.

解 因为 $\lim\limits_{x\to 0}(e^{3x}-1)=0$，所以，$2=\lim\limits_{x\to 0}\dfrac{\sqrt{1+f(x)\sin 2x}-1}{e^{3x}-1}=\lim\limits_{x\to 0}\dfrac{\frac{1}{2}f(x)\sin 2x}{3x}=\dfrac{1}{3}\lim\limits_{x\to 0}f(x)$，所以 $\lim\limits_{x\to 0}f(x)=6$.

提高题

1. $\lim\limits_{x\to +\infty}\dfrac{x^{100}+3x^2+2}{e^x+8}(2+\cos x)=$ _____ .

解 $\lim\limits_{x\to +\infty}\dfrac{x^{100}+3x^2+2}{e^x+8}=0$，$2+\cos x$ 有界，故 $\lim\limits_{x\to +\infty}\dfrac{x^{100}+3x^2+2}{e^x+8}(2+\cos x)=0$.

2. 求极限 $\lim\limits_{x\to 0}\dfrac{1}{x^3+\ln(1+x^5)}\left[\left(\dfrac{2+\cos x}{3}\right)^x-1\right]$.

解   原式 $=\lim\limits_{x\to0}\dfrac{e^{x\ln\frac{2+\cos x}{3}}-1}{x^3}=\lim\limits_{x\to0}\dfrac{x\ln\left(\dfrac{2+\cos x}{3}\right)}{x^3}=\lim\limits_{x\to0}\dfrac{\ln\left(1+\dfrac{\cos x-1}{3}\right)}{x^2}$

$=\lim\limits_{x\to0}\dfrac{\cos x-1}{3x^2}=\lim\limits_{x\to0}\dfrac{-\dfrac{x^2}{2}}{3x^2}=-\dfrac{1}{6}.$

3. 当 $x\to0$ 时,函数 $e^{\tan x}-e^{\sin x}$ 与 x^n 是同阶的无穷小量,则 $n=$ _____.

解 $e^{\tan x}-e^{\sin x}=e^{\sin x}(e^{\tan x-\sin x}-1)\sim\tan x-\sin x\sim\dfrac{1}{2}x^3$,所以 $n=3$.

4. 当 $x\to0^+$ 时,若 $\ln^\alpha(1+2x)$,$(1-\cos x)^{\frac{1}{\alpha}}$ 均是比 x 高阶的无穷小,求 α 的取值范围.

解 $\ln^\alpha(1+2x)\sim(2x)^\alpha=2^\alpha x^\alpha$, $(1-\cos x)^{\frac{1}{\alpha}}\sim\left(\dfrac{1}{2}x^2\right)^{\frac{1}{\alpha}}=\left(\dfrac{1}{2}\right)^{\frac{1}{\alpha}}x^{\frac{2}{\alpha}}$.

根据题意知,$x^\alpha=o(x)$,$x^{\frac{2}{\alpha}}=o(x)$,则有 $\alpha>1$ 且 $\dfrac{2}{\alpha}>1$,所以 $1<\alpha<2$.

5. 设 $a_1=x(\cos\sqrt{x}-1)$,$a_2=\sqrt{x}\ln(1+\sqrt[3]{x})$,$a_3=\sqrt[3]{x+1}-1$. 当 $x\to0^+$ 时,以上 3 个无穷小量按照从低阶到高阶顺序排列.

解 $a_1=x(\cos\sqrt{x}-1)\sim x\cdot\left(-\dfrac{1}{2}(\sqrt{x})^2\right)=-\dfrac{1}{2}x^2$,

$a_2=\sqrt{x}\ln(1+\sqrt[3]{x})\sim\sqrt{x}\cdot\sqrt[3]{x}=x^{\frac{5}{6}}$, $a_3=\sqrt[3]{x+1}-1=(1+x)^{\frac{1}{3}}-1\sim\dfrac{1}{3}x$.

则 3 个无穷小量从低阶到高阶排列为 a_2,a_3,a_1.

6. 当 $x\to0^+$ 时,$\sqrt{x+\sqrt{x}}$ 与 $1-\cos x^\alpha$ 是同阶无穷小量,求 α.

解 $\sqrt{x+\sqrt{x}}\sim x^{\frac{1}{4}}$,$1-\cos x^\alpha\sim\dfrac{1}{2}x^{2\alpha}$,则 $2\alpha=\dfrac{1}{4}$,$\alpha=\dfrac{1}{8}$.

7. 根据定义证明:当 $x\to0$ 时,$y=x^2\sin\dfrac{1}{x}$ 为无穷小.

证明 $\forall\varepsilon>0$,要使 $\left|x^2\sin\dfrac{1}{x}-0\right|=|x^2|\left|\sin\dfrac{1}{x}\right|\leqslant x^2<\varepsilon$,只需 $|x|<\sqrt{\varepsilon}$. 取 $\delta=\sqrt{\varepsilon}$,则当 $0<|x-0|<$

δ 时,恒有 $\left|x^2\sin\dfrac{1}{x}-0\right|<\varepsilon$,所以 $\lim\limits_{x\to0}x^2\sin\dfrac{1}{x}=0$.

8. 证明:函数 $y=\dfrac{1}{x}\cos\dfrac{1}{x}$ 在区间 $(0,1]$ 上无界,但当 $x\to0^+$ 时,该函数不是无穷大.

证明   对于任意给定的正数 M,取 $x=\dfrac{1}{k\pi}(k\in\mathbf{N})$,则 $\left|\dfrac{1}{x}\cos\dfrac{1}{x}\right|=k\pi$.

只要 $k>\dfrac{M}{\pi}$,就有 $\left|\dfrac{1}{x}\cos\dfrac{1}{x}\right|>M$,这表明 $y=\dfrac{1}{x}\cos\dfrac{1}{x}$ 在 $(0,1]$ 上无界. 但它不是无穷大. 因为对于任

意给定的正数 M,取 $x=\dfrac{1}{k\pi+\dfrac{\pi}{2}}(k\in\mathbf{N})$,则 $\left|\dfrac{1}{x}\cos\dfrac{1}{x}\right|=0$ 不大于 M.

9. 设函数 $y=\dfrac{1+2x}{x}$,问 x 应满足什么条件能使 $|y|>10^4$? 并证明 $x\to0$ 时该函数是无穷大.

解   因为 $\left|\dfrac{1+2x}{x}\right|\geqslant2+\dfrac{1}{|x|}$,要使 $\left|\dfrac{1+2x}{x}\right|>10^4$,只要 $2+\dfrac{1}{|x|}>10^4$,即 $|x|<\dfrac{1}{10^4-2}$. 对于任意给定

的正数 M,要使 $\left|\dfrac{1+2x}{x}\right|>M$,只要 $2+\dfrac{1}{|x|}>M$,即 $|x|<\dfrac{1}{M-2}$. 这表明 $x\to0$ 时函数是无穷大.

10. 设 α,β 是无穷小,证明:如果 $\alpha\sim\beta$,则 $\beta-\alpha=o(\alpha)$;反之,如果 $\beta-\alpha=o(\alpha)$,则 $\alpha\sim\beta$.

证明   设 $\alpha\sim\beta$,则 $\lim\dfrac{\beta}{\alpha}=1$,故 $\lim\dfrac{\beta-\alpha}{\alpha}=\lim\left(\dfrac{\beta}{\alpha}-1\right)=0$,故 $\beta-\alpha=o(\alpha)$.

设 $\beta-\alpha=o(\alpha)$，则 $\lim\dfrac{\beta-\alpha}{\alpha}=\lim\left(\dfrac{\beta}{\alpha}-1\right)=0$，所以 $\lim\dfrac{\beta}{\alpha}=1$，即 $\alpha\sim\beta$.

习题 1.9

1. 研究下列函数的连续性：

(1) $f(x)=\begin{cases}x^2, & 0\leqslant x\leqslant 1,\\ 2-x, & 1<x\leqslant 2;\end{cases}$　　(2) $f(x)=\begin{cases}x, & -1\leqslant x\leqslant 1,\\ 1, & x<-1,x>1.\end{cases}$

解 (1) $f(x)$ 在 $[0,1]$ 与 $(1,2]$ 上连续. 又 $\lim\limits_{x\to 1^-}f(x)=\lim\limits_{x\to 1^-}x^2=1$，$\lim\limits_{x\to 1^+}f(x)=\lim\limits_{x\to 1^+}(2-x)=1$，故 $f(x)$ 在 $x=1$ 处连续. 从而 $f(x)$ 在 $[0,2]$ 上连续.

(2) $f(x)$ 在 $(-\infty,-1),[-1,1],(1,+\infty)$ 上连续. 又 $\lim\limits_{x\to 1^-}f(x)=\lim\limits_{x\to 1^-}x=1$，$\lim\limits_{x\to 1^+}f(x)=\lim\limits_{x\to 1^+}1=1$，故 $f(x)$ 在 $x=1$ 处连续；$\lim\limits_{x\to -1^-}f(x)=\lim\limits_{x\to -1^-}1=1$，$\lim\limits_{x\to -1^+}f(x)=\lim\limits_{x\to -1^+}x=-1$，故 $f(x)$ 在 $x=-1$ 处不连续. 即 $f(x)$ 在 $(-\infty,-1)\bigcup(-1,+\infty)$ 上连续.

2. 常数 C 为何值时，可使函数 $f(x)=\begin{cases}Cx+1, & x\leqslant 3,\\ Cx^2-1, & x>3\end{cases}$ 在 $(-\infty,+\infty)$ 内连续.

解 $f(x)$ 在 $(-\infty,3),[3,+\infty)$ 上连续. 在 $x=3$ 处，$\lim\limits_{x\to 3^-}f(x)=\lim\limits_{x\to 3^-}(Cx+1)=3C+1$，$\lim\limits_{x\to 3^+}f(x)=\lim\limits_{x\to 3^+}(Cx^2-1)=9C-1$，因 $f(x)$ 在 $(-\infty,+\infty)$ 上连续，所以 $3C+1=9C-1$，即 $C=\dfrac{1}{3}$.

3. 设函数 $f(x)=\begin{cases}\mathrm{e}^x, & x<0,\\ a+x, & x\geqslant 0,\end{cases}$ 应当怎样选择数 a，使 $f(x)$ 成为在 $(-\infty,+\infty)$ 上连续的函数？

解 要使函数 $f(x)$ 在 $(-\infty,+\infty)$ 上连续，则函数 $f(x)$ 必在 $x=0$ 处连续. 故 $\lim\limits_{x\to 0^-}f(x)=\lim\limits_{x\to 0^-}\mathrm{e}^x=1=f(0)=a$. 因此，当 $a=1$ 时，函数 $f(x)$ 在 $(-\infty,+\infty)$ 上连续.

4. 设 $f(x)=\begin{cases}\dfrac{\ln(1+2x)}{x}, & x\neq 0,\\ k, & x=0,\end{cases}$ 求 k 值使得 $f(x)$ 在点 $x=0$ 处连续.

解 因为 $\lim\limits_{x\to 0}f(x)=\lim\limits_{x\to 0}\dfrac{\ln(1+2x)}{x}=\lim\limits_{x\to 0}\dfrac{2x}{x}=2$. 所以当 $k=f(0)=\lim\limits_{x\to 0}f(x)=2$ 时，$f(x)$ 在点 $x=0$ 处连续.

5. 问 a 取何值时，$f(x)=\begin{cases}\cos x, & x<0,\\ a+x, & x\geqslant 0\end{cases}$ 在 $x=0$ 处连续.

解 因为 $f(0)=a$，$\lim\limits_{x\to 0^-}f(x)=\lim\limits_{x\to 0^-}\cos x=1$，$\lim\limits_{x\to 0^+}f(x)=\lim\limits_{x\to 0^+}(a+x)=a$. 要使 $\lim\limits_{x\to 0^-}f(x)=\lim\limits_{x\to 0^+}f(x)=f(0)$，必须 $a=1$. 故当且仅当 $a=1$ 时，函数 $f(x)$ 在 $x=0$ 处连续.

6. 讨论 $f(x)=\begin{cases}x+2, & x\geqslant 0,\\ x-2, & x<0\end{cases}$ 在 $x=0$ 处的连续性.

解 因为 $\lim\limits_{x\to 0^+}f(x)=\lim\limits_{x\to 0^+}(x+2)=2=f(0)$，$\lim\limits_{x\to 0^-}f(x)=\lim\limits_{x\to 0^-}(x-2)=-2\neq f(0)$，右连续，但不左连续，故函数 $f(x)$ 在点 $x=0$ 处不连续.

7. 指出下列函数的间断点及其所属类型，若是可去间断点，试补充或修改定义，使函数在该点连续.

(1) $y=\dfrac{x^2-x}{|x|(x^2-1)}$；　　　(2) $y=\arctan\dfrac{1}{x-1}$；　　　(3) $y=\dfrac{x^2-1}{x^2-3x+2}$；

(4) $y=\dfrac{x}{\tan x}$；　　　(5) $y=\cos^2\dfrac{1}{x},x=0$；　　　(6) $f(x)=\begin{cases}1/x, & x<0,\\ \dfrac{x^2-1}{x-1}, & x<|x-1|\leqslant 1,\\ x+1, & x>2.\end{cases}$

解 (1) 函数无定义的点为 $x=0,x=\pm 1$. 因为 $\lim\limits_{x\to 0^+}\dfrac{x^2-x}{|x|(x^2-1)}=1$, $\lim\limits_{x\to 0^-}\dfrac{x^2-x}{|x|(x^2-1)}=-1$, 所以 $x=0$ 为第一类跳跃间断点.

又因为 $\lim\limits_{x\to 1}\dfrac{x^2-x}{|x|(x^2-1)}=\dfrac{1}{2}$, 所以 $x=1$ 为可去间断点, 补充定义 $y(1)=\dfrac{1}{2}$, 则函数在 $x=1$ 处连续. 而 $\lim\limits_{x\to -1}\dfrac{x^2-x}{|x|(x^2-1)}=\infty$, 故 $x=-1$ 为第二类无穷间断点.

(2) 函数无定义的点为 $x=1$. $\lim\limits_{x\to 1^+}\arctan\dfrac{1}{x-1}=\dfrac{\pi}{2}$, $\lim\limits_{x\to 1^-}\arctan\dfrac{1}{x-1}=-\dfrac{\pi}{2}$, 所以 $x=1$ 为第一类跳跃间断点.

(3) $x^2-3x+2=(x-2)(x-1)$, 故函数无定义的点为 $x=1,x=2$. 因为 $\lim\limits_{x\to 1}\dfrac{x^2-1}{x^2-3x+2}=-2$, 故 $x=1$ 为可去间断点, 补充 $y(1)=-2$, 则函数在 $x=1$ 处连续. 又 $\lim\limits_{x\to 2}\dfrac{x^2-1}{x^2-3x+2}=\infty$, 所以 $x=2$ 为无穷间断点.

(4) 函数无定义的点为 $x=k\pi,x=k\pi+\dfrac{\pi}{2},k=0,\pm 1,\pm 2,\cdots$. 当 $k=0$ 时, $\lim\limits_{x\to 0}\dfrac{x}{\tan x}=0$, 故 $x=0$ 为可去间断点, 补充 $y(0)=1$, 则函数在 $x=0$ 处连续;

当 $k\neq 0$ 时, $\lim\limits_{x\to k\pi}\dfrac{x}{\tan x}=\infty$, 故 $x=k\pi$ 是无穷间断点;

$\lim\limits_{x\to k\pi+\frac{\pi}{2}}\dfrac{x}{\tan x}=0$, 故 $x=k\pi+\dfrac{\pi}{2}$ 是可去间断点, 补充 $y\left(k\pi+\dfrac{\pi}{2}\right)=0$, 则函数在 $x=k\pi+\dfrac{\pi}{2}$ 处连续.

(5) $\lim\limits_{x\to 0}\cos^2\dfrac{1}{x}$ 不存在, 故 $x=0$ 是函数的第二类间断点.

(6) $f(x)$ 的定义域为 $(-\infty,1)\bigcup(1,+\infty)$, 且在 $(-\infty,1),(0,1)(1,2)(2,+\infty)$ 中 $f(x)$ 都是初等函数, 因而 $f(x)$ 的间断点只可能在 $x_1=0,x_2=1,x_3=2$ 处.

由于 $\lim\limits_{x\to 0^-}f(x)=\lim\limits_{x\to 0^-}\dfrac{1}{x}=\infty$, 因此 $x_1=0$ 是 $f(x)$ 的第二类间断点(无穷间断点);

由于 $\lim\limits_{x\to 1}f(x)=\lim\limits_{x\to 1}\dfrac{x^2-1}{x-1}=2$, 且 $f(x)$ 在 $x_2=1$ 处无定义, 因此 $x_2=1$ 是 $f(x)$ 的可去间断点;

由于 $\lim\limits_{x\to 2^-}f(x)=\lim\limits_{x\to 2^-}\dfrac{x^2-1}{x-1}=3$, $\lim\limits_{x\to 2^+}f(x)=\lim\limits_{x\to 2^+}(x+1)=3,f(2)=3$, 因此 $x_3=2$ 是 $f(x)$ 的连续点.

8. 设 $f(x)$ 在点 x_0 连续, $g(x)$ 在点 x_0 不连续, 问 $f(x)+g(x)$ 及 $f(x)\cdot g(x)$ 在点 x_0 是否连续? 若肯定或否定, 请给出证明; 若不确定试给出例子(连续的例子与不连续的例子).

解 $f(x)+g(x)$ 在点 x_0 肯定不连续, 证明如下: 若 $f(x)+g(x)$ 在 x_0 连续, 因为 $f(x)$ 在点 x_0 连续, 故 $g(x)=[f(x)+g(x)]-f(x)$ 在点 x_0 也连续, 此与题设矛盾.

$f(x)\cdot g(x)$ 在 x_0 的连续性不能确定. 例如: 若 $f(x)\equiv 1,g(x)$ 为任一在 x_0 不连续的函数, 则 $f(x)\cdot g(x)$ 在 x_0 不连续. 又例: 若 $f(x)=x,g(x)=\begin{cases}\sin\dfrac{1}{x}, & x\neq 0, \\ 0, & x=0,\end{cases}$ $x_0=0$, 则 $f(x),g(x)$ 满足题目要求,

但 $f(x)\cdot g(x)=\begin{cases}x\sin\dfrac{1}{x}, & x\neq 0, \\ 0, & x=0\end{cases}$ 在 $x_0=0$ 处连续.

9. 求下列极限:

(1) $\lim\limits_{x\to +\infty}(\sin\sqrt{x+1}-\sin\sqrt{x})$;

(2) $\lim\limits_{x\to +\infty}\tan\left(\ln\dfrac{4x^2+1}{x^2+4x}\right)$;

(3) $\lim\limits_{x\to 0}(1+2x)^{\frac{3}{\sin x}}$;

(4) $\lim\limits_{x\to 2}\dfrac{\mathrm{e}^x}{2x+1}$.

解 (1) $\lim\limits_{x\to+\infty}(\sin\sqrt{x+1}-\sin\sqrt{x})=\lim\limits_{x\to+\infty}2\cos\dfrac{\sqrt{x+1}+\sqrt{x}}{2}\sin\dfrac{\sqrt{x+1}-\sqrt{x}}{2}.$

又因为 $\lim\limits_{x\to+\infty}\sin\dfrac{\sqrt{x+1}-\sqrt{x}}{2}=\sin\left(\lim\limits_{x\to+\infty}\dfrac{\sqrt{x+1}-\sqrt{x}}{2}\right)=\sin\left(\lim\limits_{x\to+\infty}\dfrac{1}{2(\sqrt{x+1}+\sqrt{x})}\right)=0,$ 而

$$\left|\cos\dfrac{\sqrt{x+1}+\sqrt{x}}{2}\right|\leqslant 1,\quad \text{故}\ \lim\limits_{n\to+\infty}(\sin\sqrt{x+1}-\sin\sqrt{x})=0.$$

(2) $\lim\limits_{x\to+\infty}\tan\left(\ln\dfrac{4x^2+1}{x^2+4x}\right)=\tan\left[\ln\left(\lim\limits_{x\to+\infty}\dfrac{4x^2+1}{x^2+4x}\right)\right]=\tan(2\ln 2).$

(3) 因为 $(1+2x)^{\frac{3}{\sin x}}=(1+2x)^{\frac{1}{2x}\cdot\frac{x}{\sin x}\cdot 6}$，所以 $\lim\limits_{x\to 0}(1+2x)^{\frac{3}{\sin x}}=\lim\limits_{x\to 0}\left[(1+2x)^{\frac{1}{2x}}\right]^{\frac{x}{\sin x}\cdot 6}=\mathrm{e}^6.$

(4) 因为 $f(x)=\dfrac{\mathrm{e}^x}{2x+1}$ 是初等函数，且 $x_0=2$ 是其定义区间内的点，所以 $f(x)=\dfrac{\mathrm{e}^x}{2x+1}$ 在点 $x_0=2$ 处

连续，于是 $\lim\limits_{x\to 2}\dfrac{\mathrm{e}^x}{2x+1}=\dfrac{\mathrm{e}^2}{2\times 2+1}=\dfrac{\mathrm{e}^2}{5}.$

提高题

1. 设 $f(x)=\lim\limits_{n\to\infty}\dfrac{x^{2n-1}+ax^2+bx}{x^{2n}+1}$ 为连续函数，试确定 a 与 b 的值.

解 首先求出 $f(x)$. 注意到 $\lim\limits_{n\to\infty}x^{2n}=\begin{cases}\infty,&|x|>1,\\1,&|x|=1,\\0,&|x|<1,\end{cases}$ 即应分段求出 $f(x)$.

当 $|x|>1$ 时，$f(x)=\lim\limits_{n\to\infty}\dfrac{x^{-1}+ax^{2-2n}+bx^{1-2n}}{x^{-2n}+1}=\dfrac{1}{x};$

当 $|x|<1$ 时，$f(x)=\lim\limits_{n\to\infty}\dfrac{ax^2+bx}{1}=ax^2+bx.$ 于是得

$$f(x)=\begin{cases}\dfrac{1}{x},&|x|>1,\\[2mm]\dfrac{1}{2}(a+b+1),&x=1,\\[2mm]\dfrac{1}{2}(a-b-1),&x=-1,\\[2mm]ax^2+bx,&|x|<1.\end{cases}$$

其次，由初等函数的连续性，当 $|x|>1$，$|x|<1$ 时 $f(x)$ 分别为初等函数，故连续.

最后，考察分段函数的连接点 $x=\pm 1$ 处的连续性. 根据定义，分别计算

$$\lim\limits_{x\to 1^+}f(x)=\lim\limits_{x\to 1^+}\dfrac{1}{x}=1,\qquad \lim\limits_{x\to 1^-}f(x)=\lim\limits_{x\to 1^-}(ax^2+bx)=a+b;$$

$$\lim\limits_{x\to -1^+}f(x)=\lim\limits_{x\to -1^+}(ax^2+bx)=a-b,\qquad \lim\limits_{x\to -1^-}f(x)=\lim\limits_{x\to -1^-}\dfrac{1}{x}=-1;$$

$$f(x)\text{在}\ x=1\ \text{连续}\Leftrightarrow \lim\limits_{x\to 1^-}f(x)=\lim\limits_{x\to 1^+}f(x)=f(1)\Leftrightarrow a+b=1=\dfrac{1}{2}(a+b+1)$$
$$\Leftrightarrow a+b=1;$$

$$f(x)\text{在}\ x=-1\ \text{连续}\Leftrightarrow \lim\limits_{x\to(-1)^-}f(x)=\lim\limits_{x\to(-1)^+}f(x)=f(-1)\Leftrightarrow a-b=-1=\dfrac{1}{2}(a-b-1)$$
$$\Leftrightarrow a-b=-1.$$

因此 $f(x)$ 在 $x=\pm 1$ 均连续 $\Leftrightarrow\begin{cases}a+b=1,\\a-b=-1\end{cases}\Leftrightarrow a=0,b=1.$ 故仅当 $a=0,b=1$ 时 $f(x)$ 处处连续.

2. 函数 $f(x)=\begin{cases}\dfrac{\ln(1+ax^3)}{x-\arcsin x}, & x<0,\\[2mm] 6, & x=0,\\[2mm] \dfrac{e^{ax}+x^2-ax-1}{x\sin\dfrac{x}{4}}, & x>0,\end{cases}$ 问 a 为何值时,$f(x)$ 在:

(1) $x=0$ 处连续;(2) $x=0$ 为可去间断点;(3) $x=0$ 为跳跃间断点.

解 $\lim\limits_{x\to0^-}f(x)=\lim\limits_{x\to0^-}\dfrac{\ln(1+ax^3)}{x-\arcsin x}=-6a,$ $\qquad\lim\limits_{x\to0^+}f(x)=\lim\limits_{x\to0^+}\dfrac{e^{ax}+x^2-ax-1}{x\sin\dfrac{x}{4}}=2a^2+4.$

令 $-6a=2a^2+4$,得 $a=-1$ 或 $a=-2$.

当 $a=-1$ 时,$\lim\limits_{x\to0^-}f(x)=f(0)=\lim\limits_{x\to0^+}f(x)=6$,故 $f(x)$ 在 $x=0$ 处连续.

当 $a=-2$ 时,$\lim\limits_{x\to0^-}f(x)=\lim\limits_{x\to0^+}f(x)=12\neq f(0)=6$,故 $f(x)$ 在 $x=0$ 处为可去间断点.

当 $a\neq-1$ 且 $a\neq-2$ 时,$f(x)$ 在 $x=0$ 处为跳跃间断点.

3. 讨论函数 $f(x)=x\lim\limits_{n\to\infty}\dfrac{1-x^{2n}}{1+x^{2n}}$ 的连续性,若有间断点,判别其类型.

解 $f(x)=x\lim\limits_{n\to\infty}\dfrac{1-x^{2n}}{1+x^{2n}}=\begin{cases}x, & |x|<1,\\ 0, & |x|=1,\\ -x, & |x|>1.\end{cases}$

因为 $\lim\limits_{x\to1^+}f(x)=\lim\limits_{x\to1^+}(-x)=-1,\lim\limits_{x\to1^-}f(x)=\lim\limits_{x\to1^-}x=1$,所以 $x=1$ 为函数的跳跃间断点;

因为 $\lim\limits_{x\to-1^+}f(x)=\lim\limits_{x\to-1^+}x=1,\lim\limits_{x\to-1^-}f(x)=\lim\limits_{x\to-1^-}(-x)=-1$,所以 $x=-1$ 为函数的跳跃间断点.

4. 已知函数 $f(x)=\begin{cases}x, & x\leqslant0,\\ \dfrac{1}{n}, & \dfrac{1}{n+1}\leqslant x\leqslant\dfrac{1}{n},\end{cases}$ 判断 $x=0$ 是 $f(x)$ 的连续点还是间断点.

解 $\lim\limits_{x\to0^-}f(x)=0,\lim\limits_{x\to0^+}f(x)=\lim\limits_{n\to\infty}\dfrac{1}{n}=0,f(0)=0$,即 $\lim\limits_{x\to0^-}f(x)=\lim\limits_{x\to0^+}f(x)=f(0)$,故 $f(x)$ 在 $x=0$ 处连续.

5. 设 $f(x)$ 在点 x_0 连续,且 $f(x_0)\neq0$,试证存在 $\delta>0$,使得当 $x\in(x_0-\delta,x_0+\delta)$ 时 $|f(x)|>\dfrac{|f(x_0)|}{2}$.

证明 取 $\varepsilon=\dfrac{|f(x_0)|}{2}>0$. 因 $f(x)$ 在点 x_0 连续,故存在 $\delta>0$,使 $|x-x_0|<\delta$,即 $x\in(x_0-\delta,x_0+\delta)$时,$|f(x)-f(x_0)|<\varepsilon=\dfrac{|f(x_0)|}{2}$,即 $f(x_0)-\dfrac{|f(x_0)|}{2}<f(x)<f(x_0)+\dfrac{|f(x_0)|}{2}$,于是:

(1) 若 $f(x_0)>0$,则 $f(x)>f(x_0)-\dfrac{f(x_0)}{2}=\dfrac{f(x_0)}{2}$.

(2) 若 $f(x_0)<0$,则 $f(x)<-|f(x_0)|+\dfrac{|f(x_0)|}{2}=-\dfrac{|f(x_0)|}{2}$,即 $|f(x)|>\dfrac{|f(x_0)|}{2}$.

6. 设 $f(x)=\begin{cases}\dfrac{\sqrt[3]{1-ax}-1}{x}, & x<0,\\ ax+b, & 0\leqslant x\leqslant1,\\ \dfrac{\sin(x-1)}{x-1}, & x>1,\end{cases}$ 为连续函数,求常数 a,b.

解 $\lim\limits_{x\to0^-}f(x)=\lim\limits_{x\to0^-}\dfrac{\sqrt[3]{1-ax}-1}{x}=\lim\limits_{x\to0^-}\dfrac{-\dfrac{1}{3}ax}{x}=-\dfrac{1}{3}a,\qquad\lim\limits_{x\to0^+}f(x)=\lim\limits_{x\to0^+}(ax+b)=b,\qquad f(0)=b.$

因为 $f(x)$ 在 $x=0$ 处连续，所以 $\lim\limits_{x\to 0^-} f(x) = \lim\limits_{x\to 0^+} f(x) = f(0)$，即 $b=-\dfrac{1}{3}a$.

$$\lim_{x\to 1^-} f(x) = \lim_{x\to 1^-}(ax+b) = b+a, \quad \lim_{x\to 1^+} f(x) = \lim_{x\to 1^+}\frac{\sin(x-1)}{x-1} = 1, \quad f(1) = b+a.$$

因为 $f(x)$ 在 $x=1$ 处连续，所以 $\lim\limits_{x\to 1^-} f(x) = \lim\limits_{x\to 1^+} f(x) = f(1)$，即 $b+a=1$. 又 $b=-\dfrac{1}{3}a$，得 $a=\dfrac{3}{2}$，$b=$

$-\dfrac{1}{2}$.

7. 设函数 $f(x) = \begin{cases} x^2+1, & |x| \leqslant c, \\ \dfrac{2}{|x|}, & |x| > c \end{cases}$ 在 $(-\infty, +\infty)$ 内连续，求 c.

解 $f(x) = \begin{cases} -\dfrac{2}{x}, & x < -c, \\ x^2+1, & -c \leqslant x \leqslant c, \\ \dfrac{2}{x}, & x > c. \end{cases}$

$$\lim_{x\to c^+} f(x) = \lim_{x\to c^+}\left(-\frac{2}{x}\right) = \frac{2}{c}, \quad \lim_{x\to c^-} f(x) = \lim_{x\to c^-}(x^2+1) = c^2+1, \quad f(-c)=f(c)=c^2+1.$$

因为 $f(x)$ 在 $x=c$ 处连续，所以 $\lim\limits_{x\to c^-} f(x) = \lim\limits_{x\to c^+} f(x) = f(c)$，即有 $c^2+1=\dfrac{2}{c}$，解得 $c=1$.

习题 1.10

1. 证明方程 $x^3+2x=6$ 至少有一个根介于 1 和 3 之间.

证明 设 $f(x)=x^2+2x-6$，则 $f(x)$ 在 $[1,3]$ 上连续，且 $f(1)=-3<0$，$f(3)=9>0$，由零点定理，在 $(1,3)$ 内至少有一点 ξ，使 $f(\xi)=0$，即方程 $x^2+2x=6$ 在 $(1,3)$ 内至少有一根.

2. 证明方程 $x=a\sin x+b\,(a>0, b>0)$ 至少有一个正根，并且它不超过 $a+b$.

证明 设 $f(x)=a\sin x+b-x$，则 $f(x)$ 在 $[0, a+b]$ 上连续，且
$$f(0)=b>0, \quad f(a+b)=a\sin(a+b)-a=a[\sin(a+b)-1]\leqslant 0.$$

若 $f(a+b)=0$，则 $a+b$ 是方程 $x=a\sin x+b$ 的根；

若 $f(a+b)<0$，由零点定理，在 $(0, a+b)$ 内至少有一点 ξ，使 $f(\xi)=0$，即 ξ 是方程 $x=a\sin x+b$ 的根. 故方程 $x=a\sin x+b$ 至少有一个不超过 $a+b$ 的正根.

3. 证明方程 $xe^{x^2}=1$ 在区间 $\left(\dfrac{1}{2}, 1\right)$ 内有且仅有一个实根.

证明 设 $F(x)=xe^{x^2}-1$，则 $F(x)$ 在 $\left[\dfrac{1}{2}, 1\right]$ 上连续. 又

$$F\left(\frac{1}{2}\right) = \frac{1}{2}e^{\frac{1}{4}}-1 = \frac{1}{2}\left(e^{\frac{1}{4}}-2\right) = \frac{1}{2}\left(\sqrt[4]{e}-2\right) < \frac{1}{2}\left(\sqrt[4]{4}-2\right) = \frac{1}{2}(\sqrt{2}-2)<0,$$
$$F(1)=e-1>0.$$

由零点存在定理，$F(x)=0$ 在 $\left(\dfrac{1}{2}, 1\right)$ 内至少有一个实根.

因 $F'(x)=e^{x^2}(1+2x^2)>0$，故 $F(x)=xe^{x^2}-1$ 在 $\left[\dfrac{1}{2}, 1\right]$ 单调增加，从而 $F(x)=0$ 在 $\left(\dfrac{1}{2}, 1\right)$ 至多有一个实根，故 $xe^{x^2}=1$ 在区间 $\left(\dfrac{1}{2}, 1\right)$ 有且仅有一个实根.

4. 设 $f(x)$ 在 $[0,1]$ 上连续，且 $0\leqslant f(x)\leqslant 1$，证明在 $[0,1]$ 上至少存在一点 ξ，使得 $f(\xi)=\xi$.

证明 设 $F(x)=x-f(x)$，则由题设 $F(x)$ 在 $[0,1]$ 上连续，且 $F(0)=-f(0)\leqslant 0$，$F(1)=1-f(1)\geqslant 0$.

若 $F(0)=0$ 或 $F(1)=0$，则可取 $\xi=0$ 或 $\xi=1$ 结论成立；否则 $F(0)<0$，$F(1)>0$，由连续函数的零点定理，存在 $\xi\in(0,1)$ 使得 $F(\xi)=0$，即 $f(\xi)=\xi$.

5. 设函数 $f(x)$ 在 $[0,2a]$ 上连续,且 $f(0)=f(2a)$,证明在 $[0,a]$ 上至少存在一点 ξ,使得 $f(\xi)=f(\xi+a)$.

证明　设 $F(x)=f(x)-f(x+a)$,则 $F(x)$ 在 $[0,a]$ 上连续且 $F(0)=f(0)-f(a)=f(2a)-f(a)$,$F(a)=f(a)-f(2a)=-F(0)$.若 $F(0)=0$,则 $\xi=0$ 即为所求;若 $F(0)\neq0$,则 $F(0)F(a)=-F^2(0)<0$,故由零点定理,存在 $\xi\in(0,a)$ 使 $F(\xi)=0$,即 $f(\xi)=f(\xi+a)$.

6. 若 $f(x)$ 在 $[a,b]$ 上连续,$a<x_1<x_2<\cdots<x_n<b$,则在 $[x_1,x_n]$ 上必有 ξ,使

$$f(\xi)=\frac{f(x_1)+f(x_2)+\cdots+f(x_n)}{n}.$$

证明　因为 $f(x)$ 在 $[x_1,x_n]\subset[a,b]$ 上连续,所以 $f(x)$ 在 $[x_1,x_n]$ 上有最大值 M 和最小值 m,则 $m\leqslant f(x_i)\leqslant M(i=1,2,\cdots,n)$,从而 $m\leqslant\dfrac{f(x_1)+f(x_2)+\cdots+f(x_n)}{n}\leqslant M$,由介值定理,至少存在一点 ξ,使

$$f(\xi)=\frac{f(x_1)+f(x_2)+\cdots+f(x_n)}{n}.$$

提高题

1. 设 $f(x)$ 在 $[a,b]$ 上连续且无零点,证明:存在 $m>0$,使得或者在 $[a,b]$ 上恒有 $f(x)\geqslant m$,或者在 $[a,b]$ 上恒有 $f(x)\leqslant-m$.

证明　若有 $x_0\in[a,b]$,使 $f(x_0)>0$,由闭区间上连续函数的最值定理,设 $f(x)$ 在 $x_1\in[a,b]$ 取最小值 m,则可断定 $m>0$,从而 $f(x)\geqslant m,x\in[a,b]$.若不然,则 $m<0$,由连续函数介值定理,在 x_0 与 x_1 之间必有一点 ξ,使 $f(\xi)=0$.此与 $f(x)$ 无零点矛盾.

同法可证,若有 $x_0\in[a,b]$,使 $f(x_0)<0$,则存在 $m>0$,使 $f(x)<-m,x\in[a,b]$($-m$ 为 $f(x)$ 在 $[a,b]$ 上最大值),则 $-m<0$,从而 $m>0$.

2. 若 $f(x)$ 在 $[a,b)$ 上连续,且 $\lim\limits_{x\to b^-}f(x)$ 存在,证明 $f(x)$ 在 $[a,b)$ 上有界.

证明　设 $\lim\limits_{x\to b^-}f(x)=A$,取 $\varepsilon=1$,由极限定义,存在 $0<\delta<b-a$,使当 $0<b-x<\delta$,即 $x\in(b-\delta,b)$ 时,$|f(x)-A|<\varepsilon=1$,从而 $|f(x)|=|f(x)-A+A|\leqslant|f(x)-A|+|A|<1+|A|$.

又因 $f(x)$ 在闭区间 $[a,b-\delta]$ 上连续,从而有界,设在 $[a,b-\delta]$ 上,$|f(X)|\leqslant M$,记 $N=\max\{M,|A|+1\}$,则当 $x\in[a,b)$ 时,恒有 $|f(x)|\leqslant N$.

3. 设 $f(x)$ 在 $[a,+\infty)$ 上连续,$f(a)>0$,且 $\lim\limits_{x\to+\infty}f(x)=A<0$,证明:在 $[a,+\infty)$ 上至少有一点 ξ,使 $f(\xi)=0$.

证明　只要能找到一点 $x_1>a$,使 $f(x_1)<0$ 便可对 $f(x)$ 在 $[a,x_1]$ 上应用零点定理,得到所需的结论.

因 $\lim\limits_{x\to+\infty}f(x)=A<0$,故对 $\varepsilon_0=\dfrac{|A|}{2}>0$,存在 $X_0>0$,当 $x>X_0$ 时,有 $|f(x)-A|<\varepsilon_0$,即 $-\dfrac{|A|}{2}+A<f(x)<\dfrac{|A|}{2}+A=\dfrac{A}{2}<0$.取实数 $x_1>X_0$,这样 $f(a)>0$,而 $f(x_1)<0$,由零点定理知:在 $(a,+\infty)$ 内至少有一点 ξ,使 $f(\xi)=0$.由于 $(a,x_1)\subset(a,+\infty)$,也就是说在 $(a,+\infty)$ 内至少有一点 ξ,使 $f(\xi)=0$.

4. 证明方程 $x^5-3x=1$ 在 $(1,2)$ 内至少存在一个实根.

证明　设 $f(x)=x^5-3x-1$,则 $f(x)$ 在 $[1,2]$ 上连续,且 $f(1)=-3,f(2)=25$,由零点定理,在 $(1,2)$ 内至少有一点 ξ,使 $f(\xi)=0$.即方程 $x^5-3x=1$ 在 $(1,2)$ 内至少有一根.

5. 证明曲线 $y=-x^4-3x^2+7x+10$ 在 $x=1$ 与 $x=2$ 之间至少与 x 轴有一个交点.

证明　设 $f(x)=-x^4-3x^2+7x+10$,则 $f(x)$ 在 $[1,2]$ 上连续,且 $f(1)=9,f(2)=-4$,由零点定理,在 $(1,2)$ 内至少有一点 ξ,使 $f(\xi)=0$.即方程 $-x^4-3x^2+7x+10=0$ 在 $(1,2)$ 内至少有一根,即曲线 $y=-x^4-3x^2+7x+10$ 在 $x=1$ 与 $x=2$ 之间至少与 x 轴有一个交点.

6. 证明在 $(0,2)$ 内至少存在一点 x_0,使得 $e^{x_0}-2=x_0$.

证明　设 $f(x)=e^x-x-2$,则 $f(x)$ 在 $[0,2]$ 上连续,且 $f(0)=-1<0$,　$f(2)=e^2-4>0$.由零点存在

定理知在 $(0,2)$ 内至少存在一点 x_0 ,使得 $e^{x_0}-2=x_0$.

复习题 1 解答

1. 是非题

(1) 无界数列必定发散; ( )

(2) 分段函数必存在间断点; ( )

(3) 初等函数在其定义域内必连续; ( )

(4) 若 $f(x)$ 在 x_0 连续,则必有 $\lim\limits_{x\to x_0} f(x)=f(\lim\limits_{x\to x_0} x)$; ( )

(5) 若对任意给定的 $\varepsilon>0$,存在自然数 N ,当 $n>N$ 时,总有无穷多个 u_n 满足 $|u_n-A|<\varepsilon$,则数列 $\{u_n\}$ 必以 A 为极限. ( )

答案 (1) $\sqrt{}$;(2) $\times$;(3) $\times$;(4) $\sqrt{}$;(5) $\times$.

2. 填空题

(1) $\lim\limits_{n\to\infty}(\sqrt{n+2}-\sqrt{n})\sqrt{n-1}=$ _____ .

(2) 已知 $\lim\limits_{x\to 0}\dfrac{\ln\left(1+\dfrac{f(x)}{\sin 2x}\right)}{3^x-1}=5$,则 $\lim\limits_{x\to 0}\dfrac{f(x)}{x^2}=$ _____ .

(3) $\lim\limits_{x\to 0}(x+e^{2x})^{\frac{1}{\sin x}}=$ _____ .

(4) 函数 $f(x)=\begin{cases}\dfrac{e^{2x}-1}{x}, & x<0,\\ a\cos x+x^2, & x\geqslant 0\end{cases}$ 在 $(-\infty,+\infty)$ 上连续则 $a=$ _____ .

(5) 已知 $\lim\limits_{x\to 1}\dfrac{x^2+ax+b}{x-1}=3$,则 $a=$ _____ , $b=$ _____ .

解 (1) $\lim\limits_{n\to\infty}(\sqrt{n+2}-\sqrt{n})\sqrt{n-1}=\lim\limits_{n\to\infty}\dfrac{(\sqrt{n+2}-\sqrt{n})(\sqrt{n+2}+\sqrt{n})\sqrt{n-1}}{\sqrt{n+2}+\sqrt{n}}$

$\qquad\qquad =\lim\limits_{n\to\infty}\dfrac{(n+2-n)\sqrt{n-1}}{\sqrt{n+2}+\sqrt{n}}$ （抓大头）

$\qquad\qquad =\lim\limits_{n\to\infty}\dfrac{2\sqrt{n}}{2\sqrt{n}}=1.$

(2) 因为 $x\to 0$ 时分母趋于 0 ,而整个分式的极限存在,所以分子也趋于 0 .

$$\lim\limits_{x\to 0}\dfrac{\ln\left(1+\dfrac{f(x)}{\sin 2x}\right)}{3^x-1}=\lim\limits_{x\to 0}\dfrac{\dfrac{f(x)}{\sin 2x}}{x\ln 3}=\lim\limits_{x\to 0}\dfrac{f(x)}{2x\cdot x\ln 3}=\lim\limits_{x\to 0}\dfrac{f(x)}{x^2}\cdot\dfrac{1}{2\ln 3}=5,$$

故 $\lim\limits_{x\to 0}\dfrac{f(x)}{x^2}=10\ln 3$.

(3) 本题属于 1^∞ 型,故 $\lim\limits_{x\to 0}(x+e^{2x})^{\frac{1}{\sin x}}=e^{\lim\limits_{x\to 0}\frac{x+e^{2x}-1}{\sin x}}=e^{\lim\limits_{x\to 0}\frac{x+2x}{x}}=e^3$.

$\left(\text{注:因为}\lim\limits_{x\to 0}\dfrac{e^{2x}-1}{x}\neq -1,\text{所以 }x+e^{2x}-1\sim x+2x=3x.\right)$

(4) $f(x)$ 在 $x=0$ 处连续,则 $f(0-0)=f(0)=f(0+0)$,而

$f(0-0)=\lim\limits_{x\to 0^-}f(x)=\lim\limits_{x\to 0^-}\dfrac{e^{2x}-1}{x}=\lim\limits_{x\to 0^-}\dfrac{2x}{x}=2,\qquad f(0+0)=\lim\limits_{x\to 0^+}f(x)=\lim\limits_{x\to 0^+}(a\cos x+x^2)=a,$

则 $a=2$.

(5) 因为 $x\to 1$ 时分母趋于零,而整个分式的极限存在,所以分子也趋于零.

$$\lim\limits_{x\to 1}(x^2+ax+b)=1+a+b=0,\quad\text{即}\quad a=-1-b.$$

$$\lim\limits_{x\to 1}\dfrac{x^2+ax+b}{x-1}=\lim\limits_{x\to 1}\dfrac{x^2+(-1-b)x+b}{x-1}=\lim\limits_{x\to 1}\dfrac{(x-1)(x-b)}{x-1}=1-b=3,$$

则 $b=-2,a=1$.

3. 选择题

(1) 设 $f(x)$ 在 **R** 上有定义,函数 $f(x)$ 在点 x_0 左、右极限都存在且相等是函数 $f(x)$ 在点 x_0 连续的( ).

    A. 充分条件   B. 充分且必要条件

    C. 必要条件   D. 非充分也非必要条件

(2) 若函数 $f(x)=\begin{cases} x^2+a, & x\geqslant 1 \\ \cos\pi x, & x<1 \end{cases}$ 在 **R** 上连续,则 a 的值为( ).

    A. 0   B. 1   C. -1 D. -2

(3) 若函数 $f(x)$ 在某点 x_0 极限存在,则( ).

    A. $f(x)$ 在 x_0 的函数值必存在且等于极限值   B. $f(x)$ 在 x_0 函数值必存在,但不一定等于极限值

    C. $f(x)$ 在 x_0 的函数值可以不存在   D. 如果 $f(x_0)$ 存在的话,必等于极限值

(4) $\lim\limits_{x\to\infty} x\sin\dfrac{1}{x}=$( ).

    A. ∞ B. 不存在   C. 1   D. 0

(5) $\lim\limits_{x\to\infty}\left(1-\dfrac{1}{x}\right)^{2x}=$( ).

    A. e^{-2} B. ∞ C. 0   D. $\dfrac{1}{2}$

解 (1) C;(2) D;(3) C;(4) C;(5) A.

4. 利用极限定义证明:

(1) $\lim\limits_{x\to\infty}\dfrac{3n+1}{2n-1}=\dfrac{3}{2}$;   (2) $\lim\limits_{n\to\infty} 0\cdot\underbrace{99\cdots9}_{n\uparrow}=1$.

证明 (1) $\forall\varepsilon>0$,要使 $\left|\dfrac{3n+1}{2n-1}-\dfrac{3}{2}\right|=\left|\dfrac{5}{2(2n-1)}\right|\underset{n\geqslant2}{\leqslant}\dfrac{5}{A}<\varepsilon$,只要 $n>\dfrac{5}{\varepsilon}$,取 $N=\left[\dfrac{5}{\varepsilon}\right]$,则当 $n>N$ 时,

恒有 $\left|\dfrac{3n+1}{2n-1}-\dfrac{3}{2}\right|<\varepsilon$,即 $\lim\limits_{x\to\infty}\dfrac{3n+1}{2n-1}=\dfrac{3}{2}$.

(2) $\forall\varepsilon>0$,因 $0\cdot\underbrace{999\cdots9}_{n}=\left|1-\dfrac{1}{10^n}\right|$,要使 $|0\cdot\underbrace{999\cdots9}_{n\uparrow}|<\varepsilon$,只要 $\dfrac{1}{10^n}<\varepsilon$,即只要 $n>\log_{10}\dfrac{1}{\varepsilon}$. 取 $N=$

$\left[\log_{10}\dfrac{1}{\varepsilon}\right]$,则当 $n>N$ 时,恒有 $|0\cdot\underbrace{999\cdots9}_{n\uparrow}|<\varepsilon$,即 $\lim\limits_{n\to\infty}0\cdot\underbrace{999\cdots9}_{n\uparrow}=1$.

5. 求下列极限:

(1) $\lim\limits_{x\to1}\dfrac{\ln(1+\sqrt[3]{x-1})}{\arcsin2\sqrt[3]{x^2-1}}$;   (2) $\lim\limits_{n\to\infty}\dfrac{n}{\ln n}(\sqrt[n]{n}-1)$;

(3) $\lim\limits_{n\to\infty}\left(\dfrac{1}{n^2+n+1}+\dfrac{2}{n^2+n+2}+\cdots+\dfrac{n}{n^2+n+n}\right)$;   (4) $\lim\limits_{n\to\infty}(\sqrt{n+3\sqrt{n}}-\sqrt{n-\sqrt{n}})$;

(5) $\lim\limits_{n\to\infty}\left[\dfrac{3}{1^2\times2^2}+\dfrac{5}{2^2\times3^2}+\cdots+\dfrac{2n+1}{n^2(n+1)^2}\right]$.

解 (1) 当 $x\to1$ 时,$\ln(1+\sqrt[3]{x-1})\sim\sqrt[3]{x-1}$,$\arcsin2\sqrt[3]{x^2-1}\sim2\sqrt[3]{x^2-1}$.

由等价无穷小代换,得 $\lim\limits_{x\to1}\dfrac{\ln(1+\sqrt[3]{x-1})}{\arcsin2\sqrt[3]{x^2-1}}=\lim\limits_{x\to1}\dfrac{\sqrt[3]{x-1}}{2\sqrt[3]{x^2-1}}=\lim\limits_{x\to1}\dfrac{1}{2\sqrt[3]{x+1}}=\dfrac{1}{2\sqrt[3]{2}}$.

(2) $\lim\limits_{n\to\infty}\dfrac{n}{\ln n}(\sqrt[n]{n}-1)=\lim\limits_{n\to\infty}\dfrac{\sqrt[n]{n}-1}{\ln\sqrt[n]{n}}\xlongequal{\text{令}\sqrt[n]{n}-1=x}\lim\limits_{x\to0}\dfrac{x}{\ln(1+x)}=1$.

(3) $\dfrac{1}{n^2+n+n}+\dfrac{2}{n^2+n+n}+\cdots+\dfrac{n}{n^2+n+n}<\dfrac{1}{n^2+n+1}+\dfrac{2}{n^2+n+2}+\cdots+\dfrac{n}{n^2+n+n}$

$$< \frac{1}{n^2+n+1}+\frac{2}{n^2+n+1}+\cdots+\frac{n}{n^2+n+1},$$

所以 $\frac{1+2+\cdots+n}{n^2+n+n}<\frac{1}{n^2+n+1}+\frac{2}{n^2+n+2}+\cdots+\frac{n}{n^2+n+n}<\frac{1+2+\cdots+n}{n^2+n+1}.$

因为 $\frac{1+2+\cdots+n}{n^2+n+n}=\frac{\frac{n(1+n)}{2}}{n^2+n+n}\to\frac{1}{2}\ (n\to\infty),\qquad \frac{1+2+\cdots+n}{n^2+n+1}=\frac{\frac{n(1+n)}{2}}{n^2+n+1}\to\frac{1}{2}\ (n\to\infty),$ 所以

$$\lim_{n\to\infty}\left(\frac{1}{n^2+n+1}+\frac{2}{n^2+n+2}+\cdots+\frac{n}{n^2+n+n}\right)=\frac{1}{2}.$$

(4) $\displaystyle\lim_{n\to\infty}(\sqrt{n+3\sqrt{n}}-\sqrt{n-\sqrt{n}})=\lim_{n\to\infty}\frac{(\sqrt{n+3\sqrt{n}}-\sqrt{n-\sqrt{n}})(\sqrt{n+3\sqrt{n}}+\sqrt{n-\sqrt{n}})}{\sqrt{n+3\sqrt{n}}+\sqrt{n-\sqrt{n}}}$

$$=\lim_{n\to\infty}\frac{n+3\sqrt{n}-n+\sqrt{n}}{\sqrt{n+3\sqrt{n}}+\sqrt{n-\sqrt{n}}}=\lim_{n\to\infty}\frac{4\sqrt{n}}{\sqrt{n}+\sqrt{n}}=2.$$

(5) $\displaystyle\lim_{n\to\infty}\left[\frac{3}{1^2\times2^2}+\frac{5}{2^2\times3^2}+\cdots+\frac{2n+1}{n^2(n+1)^2}\right]=\lim_{n\to\infty}\left[\frac{1}{1^2}-\frac{1}{2^2}+\frac{1}{2^2}-\frac{1}{3^2}+\cdots+\frac{1}{n^2}-\frac{1}{(n+1)^2}\right]$

$$=\lim_{n\to\infty}\left[1-\frac{1}{(n+1)^2}\right]=1.$$

6. 设 $\displaystyle\lim_{x\to\infty}\frac{(x+1)^{95}(ax+1)^5}{(x^2+1)^{50}}=8$，求 a 的值.

解 因为 $8=\displaystyle\lim_{x\to\infty}\frac{(x+1)^{95}(ax+1)^5}{(x^2+1)^{50}}=\lim_{x\to\infty}\frac{x^{95}(ax)^5}{(x^2)^{50}}=a^5$，所以 $a=\sqrt[5]{8}.$

7. 已知函数 $f(x)=\begin{cases}x^2+1,&x<0,\\2x-b,&x\geqslant0\end{cases}$ 在点 $x=0$ 处连续，求 b 的值.

解 $\displaystyle\lim_{x\to0^-}f(x)=\lim_{x\to0^-}(x^2+1)=1,\quad \lim_{x\to0^+}f(x)=\lim_{x\to0^+}(2x-b)=-b.$
因为 $f(x)$ 点 $x=0$ 处连续，则 $\displaystyle\lim_{x\to0^-}f(x)=\lim_{x\to0^+}f(x)$，即 $b=-1.$

8. 求下列函数的间断点，并判断其类型. 若为可去间断点，试补充或修改定义后使其为连续点.

$$f(x)=\begin{cases}\dfrac{x^2+x}{|x|(x^2-1)},&x\neq\pm1\ \text{及}\ 0,\\0,&x=\pm1.\end{cases}$$

解 因为 $f(x)$ 在 $x=0$ 处无定义，所以 $x=0$ 是 $f(x)$ 的间断点.

又因 $\displaystyle\lim_{x\to0^-}f(x)=\lim_{x\to0^-}\frac{x^2+x}{-x(x^2-1)}=1,\qquad \lim_{x\to0^+}f(x)=\lim_{x\to0^+}\frac{x^2+x}{x(x^2-1)}=-1.$
所以 $x=0$ 为 $f(x)$ 的第一类间断点(跳跃间断点).

$f(x)$ 在 $x=\pm1$ 处有定义，但是 $\displaystyle\lim_{x\to1}\frac{x^2+x}{|x|(x^2-1)}=\infty$，所以 $x=1$ 为 $f(x)$ 的无穷间断点.

$\displaystyle\lim_{x\to-1}f(x)=\lim_{x\to-1}\frac{x(x+1)}{-x(x+1)(x-1)}=\frac{1}{2}$，所以 $x=-1$ 为 $f(x)$ 的可去间断点.

9. 求下列函数的间断点并判别类型：

(1) $f(x)=\dfrac{x}{(1+x)^2}$; (2) $f(x)=\dfrac{|x|}{x}$; (3) $f(x)=[x]$; (4) $f(x)=\dfrac{2^{\frac{1}{x}}-1}{2^{\frac{1}{x}}+1}.$

解 (1) 当 $x=-1$ 为第二类间断点(无穷间断点).

(2) $x=0$，为第一类间断点(跳跃间断点).

(3) $x=0,\pm1,\pm2,\cdots$，均为第一类间断点(跳跃间断点).

(4) $\displaystyle\lim_{x\to0^+}f(x)=\lim_{x\to0^+}\frac{2^{\frac{1}{x}}-1}{2^{\frac{1}{x}}+1}=\lim_{x\to0^+}\frac{2^{\frac{1}{x}}}{2^{\frac{1}{x}}}=1\qquad \left(\lim_{x\to0^+}2^{\frac{1}{x}}=+\infty\right),$

$$\lim_{x\to 0^-}f(x)=\lim_{x\to 0^-}\frac{2^{\frac{1}{x}}-1}{2^{\frac{1}{x}}+1}=\lim_{x\to 0^-}\frac{-1}{1}=-1\qquad\left(\lim_{x\to 0^-}2^{\frac{1}{x}}=0\right),$$

所以 $x=0$ 为第一类(跳跃)间断点.

10. 设 $a>0,f(x)=\begin{cases}\dfrac{\cos x}{x+2}, & x\geqslant 0,\\[3mm]\dfrac{\sqrt{a}-\sqrt{a-x}}{x}, & x<0.\end{cases}$

(1) a 为何值时,$x=0$ 是 $f(x)$ 的连续点?　　　(2) a 为何值时,$x=0$ 是 $f(x)$ 的间断点?

(3) 当 $a=2$ 时求连续区间.

解 (1) $\lim\limits_{x\to 0^+}f(x)=f(0)=\dfrac{1}{2}$, $\lim\limits_{x\to 0^-}f(x)=\lim\limits_{x\to 0^-}f(x)=\lim\limits_{x\to 0^-}\dfrac{\sqrt{a}-\sqrt{a-x}}{x}=\dfrac{1}{2\sqrt{a}}$,要 $f(x)$ 在 $x=0$ 连续,

则 $\dfrac{1}{2\sqrt{a}}=\dfrac{1}{2}$,所以 $a=1$.

(2) 由(1)可知,$a>0$ 且 $a\neq 1$ 时 $x=0$ 是 $f(x)$ 的间断点.

(3) 当 $a=2$ 时,$f(x)$ 在 $x=0$ 间断,但右连续而不左连续,故 $f(x)$ 的连续区间为 $(-\infty,0)$ 及 $[0,+\infty)$.

11. 设 $f(x)=\begin{cases}2, & x=0,x=\pm 2,\\ 4-x^2, & 0<|x|<2,\quad\text{求出 }f(x)\text{ 的间断点,并指出是哪一类间断点,若可去,则补充}\\ 4, & |x|>2,\end{cases}$

定义,使其在该点连续.

解 (1) 由 $\lim\limits_{x\to 0}f(x)=4$,$f(0)=2$,故 $x=0$ 为可去间断点,改变 $f(x)$ 在 $x=0$ 的定义为 $f(0)=4$,即可使 $f(x)$ 在 $x=0$ 连续.

(2) 由 $\lim\limits_{x\to 2^+}f(x)=4$, $\lim\limits_{x\to 2^-}f(x)=0$,故 $x=2$ 为第一类间断点.

(3) 类似地,易得 $x=-2$ 为第一类间断点.

12. 讨论函数 $f(x)=\begin{cases}x^{\alpha}\sin\dfrac{1}{x}, & x>0,\\[3mm] e^x+\beta, & x\leqslant 0\end{cases}$ 在 $x=0$ 处的连续性.

解 当 $\alpha\leqslant 0$ 时,$\lim\limits_{x\to 0^+}f(x)=\lim\limits_{x\to 0^+}\left(x^{\alpha}\sin\dfrac{1}{x}\right)$ 不存在,所以 $x=0$ 为第二类间断点;

当 $\alpha>0$ 时,$\lim\limits_{x\to 0^+}f(x)=\lim\limits_{x\to 0^+}\left(x^{\alpha}\sin\dfrac{1}{x}\right)=0$. $\lim\limits_{x\to 0^-}f(x)=\lim\limits_{x\to 0^-}(e^x+\beta)=1+\beta$,所以 $\beta=-1$ 时,在 $x=0$ 连续;当 $\beta\neq -1$ 时,$x=0$ 为第一类跳跃间断点.

13. 若 $f(x)$ 在 $[0,a]$ 上连续($a>0$)且 $f(0)=f(a)$,证明方程 $f(x)=f\left(x+\dfrac{a}{2}\right)$ 在 $(0,a)$ 内至少有一个实根.

证明 令 $F(x)=f(x)-f\left(x+\dfrac{a}{2}\right)$,在 $\left[0,\dfrac{a}{2}\right]$ 上用零点定理.

14. 验证方程 $x2^x=1$ 至少有一个小于 1 的根.

证明 设 $f(x)=x2^x-1$,易知 $f(x)$ 在 $[0,1]$ 上连续,且 $f(0)=-1<0$,$f(1)=1>0$,故 $\exists\xi\in(0,1)$,使 $f(\xi)=0$.

15. 证明:若 $f(x)$ 在 $(-\infty,+\infty)$ 内连续,且 $\lim\limits_{x\to\infty}f(x)$ 存在,则 $f(x)$ 必在 $(-\infty,+\infty)$ 内有界.

证明 令 $\lim\limits_{n\to\infty}f(x)=A$,则对给定的一个 $\varepsilon>0$,$\exists X>0$,只要 $|x|>X$,就有 $|f(x)-A|<\varepsilon$,即 $A-\varepsilon<f(x)<A+\varepsilon$. 又由 $f(x)$ 在闭区间 $[-X,X]$ 上连续,根据有界性条件,$\exists M>0$,使 $|f(x)|\leqslant M$,$x\in[-X,X]$,取 $N=\max\{M,|A-\varepsilon|,|A+\varepsilon|\}$,则 $|f(x)|\leqslant N$,$x\in(-\infty,+\infty)$.

16. 设 $f(x)$ 在 $[a,b]$ 上连续,且 $a<x_1<x_2<\cdots<x_n<b,c_i(i=1,2,\cdots,n)$ 为任意正数,则在 (a,b) 内至

少存在一个 ξ，使 $f(\xi)=\dfrac{c_1 f(x_1)+c_2 f(x_2)+\cdots+c_n f(x_n)}{c_1+c_2+\cdots+c_n}$．

证明 令 $M=\max\limits_{1\leqslant i\leqslant n}\{f(x_i)\},m=\min\limits_{1\leqslant i\leqslant n}\{f(x_i)\}$，则

$$m\leqslant f(x_1)\leqslant M,\qquad c_1 m\leqslant c_1 f(x_1)\leqslant c_1 M,$$
$$m\leqslant f(x_2)\leqslant M,\qquad c_2 m\leqslant c_2 f(x_1)\leqslant c_2 M,$$
$$\vdots\qquad\qquad\qquad\qquad\vdots$$
$$m\leqslant f(x_n)\leqslant M,\qquad c_n m\leqslant c_n f(x_n)\leqslant c_n M,$$

所以 $m\leqslant\dfrac{c_1 f(x_1)+c_2 f(x_2)+\cdots+c_n f(x_n)}{c_1+c_2+\cdots+c_n}\leqslant M$，由介值定理存在

$$\xi(a<x_1\leqslant\xi\leqslant x_n<b)，使得 f(\xi)=\dfrac{c_1 f(x_1)+c_2 f(x_2)+\cdots+c_n f(x_n)}{c_1+c_2+\cdots+c_n}.$$

17. 设 $f(x),g(x)$ 在 $[a,b]$ 上连续，且 $f(a)<g(a),f(b)>g(b)$，试证：在 (a,b) 内至少存在一个 ξ，使 $f(\xi)=g(\xi)$．

证明 假设 $F(x)=f(x)-g(x)$，则 $F(a)=f(a)-g(a)<0,F(b)=f(b)-g(b)>0$，于是由介值定理在 (a,b) 内至少存在一个 ξ，使 $f(\xi)-g(\xi)=0$，即 $f(\xi)=g(\xi)$．

自测题 1 答案

1. **解** （1）本题属于 1^∞，故 $\lim\limits_{x\to\infty}\left(\dfrac{2x+3}{2x+1}\right)^{x+1}=\mathrm{e}^{\lim\limits_{x\to\infty}(x+1)\left(\frac{2x+3}{2x+1}-1\right)}=\mathrm{e}^{\lim\limits_{x\to\infty}\frac{2x+2}{2x+1}}=\mathrm{e}.$

（2）当 $x\to 0$ 时，$(1+kx^2)^{\frac{1}{2}}-1\sim\dfrac{1}{2}kx^2,\cos x-1\sim-\dfrac{1}{2}x^2$，故得 $\dfrac{1}{2}kx^2=-\dfrac{1}{2}x^2$，即 $k=-1$．

（3）$\lim\limits_{x\to 0^-}f(x)=\lim\limits_{x\to 0^-}(a+\mathrm{e}^{\frac{1}{x}})=a,\ \lim\limits_{x\to 0^+}f(x)=\lim\limits_{x\to 0^+}\dfrac{\sin 3x}{x}=3,f(0)=b+1.$
因为 $f(x)$ 在 $x=0$ 连续，则 $\lim\limits_{x\to 0^-}f(x)=\lim\limits_{x\to 0^+}f(x)=f(0)$，即 $a=3=b+1$，故得 $a=3,b=2$．

（4）因 $\lim\limits_{x\to 0}\dfrac{x}{f(3x)}=2$，则 $\lim\limits_{x\to 0}\dfrac{x}{f(x)}=\lim\limits_{t\to 0}\dfrac{3t}{f(3t)}=3\lim\limits_{t\to 0}\dfrac{t}{f(3t)}=6$，故

$$\lim\limits_{x\to 0}\dfrac{f(2x)}{x}=\lim\limits_{x\to 0}\dfrac{2}{\dfrac{2x}{f(2x)}}=\dfrac{2}{6}=\dfrac{1}{3}.$$

（5）正．

2. **解** （1）$x=1$ 为 $f(x)$ 的可去间断点，意味着 $\lim\limits_{x\to 1}\dfrac{\mathrm{e}^x-b}{(x-a)(x-1)}$ 存在．

又因为 $\lim\limits_{x\to 1}(x-1)=0$，而 $\lim\limits_{x\to 1}\dfrac{\mathrm{e}^x-b}{(x-a)(x-1)}$ 存在，所以 $\lim\limits_{x\to 1}(\mathrm{e}^x-b)=\mathrm{e}-b=0\Rightarrow b=\mathrm{e}$，于是

$$\lim\limits_{x\to 1}\dfrac{\mathrm{e}^x-b}{(x-a)(x-1)}=\lim\limits_{x\to 1}\dfrac{\mathrm{e}^x-\mathrm{e}}{(x-a)(x-1)}=\lim\limits_{x\to 1}\dfrac{\mathrm{e}(\mathrm{e}^{x-1}-1)}{(x-a)(x-1)}=\lim\limits_{x\to 1}\dfrac{\mathrm{e}(x-1)}{(x-a)(x-1)}=\lim\limits_{x\to 1}\dfrac{\mathrm{e}}{x-a}.$$

若要 $\lim\limits_{x\to 1}\dfrac{\mathrm{e}}{x-a}$ 存在，则 $a\neq 1$．所以，当 $a\neq 1,b=\mathrm{e}$ 时，$x=1$ 为 $f(x)$ 的可去间断点．故选 C．

（2）$f(x)=x\sin x$，故：
当 $x_k=k\pi$ 时，$f(x_k)=0$，即 $k\to\infty$ 时，$f(x_k)=0$；
当 $x_k=2k\pi+\dfrac{\pi}{2}$ 时，$f(x_k)=2k\pi+\dfrac{\pi}{2}$，即 $k\to\infty$ 时，$f(x_k)\to\infty$．

在 $x\to\infty$ 的过程中，$f(x)$ 可以取到 0，故不是无限增大，但有部分值是无限增大，因而 $f(x)=x\sin x$ 在 $(-\infty,+\infty)$ 内无界，但不是无穷大．故选 A．

（3）$\lim\limits_{x\to 1}\dfrac{f(x)}{g(x)}=\lim\limits_{x\to 1}\dfrac{x-1}{(x+1)(\sqrt[3]{x}-1)}=\lim\limits_{x\to 1}\dfrac{(\sqrt[3]{x}-1)(\sqrt[3]{x^2}+\sqrt[3]{x}+1)}{(x+1)(\sqrt[3]{x}-1)}=\dfrac{3}{2}$，所以 $f(x)$ 与 $g(x)$ 是同阶无穷小，但不等价．故选 D．

(4) $\lim\limits_{x\to\frac{\pi}{2}}\dfrac{\cos x}{x-\frac{\pi}{2}}=\lim\limits_{x\to\frac{\pi}{2}}\dfrac{\sin\left(\frac{\pi}{2}-x\right)}{x-\frac{\pi}{2}}=\lim\limits_{x\to\frac{\pi}{2}}\dfrac{\frac{\pi}{2}-x}{x-\frac{\pi}{2}}=-1,\ \lim\limits_{x\to\infty}x\sin\dfrac{1}{x}=\lim\limits_{x\to\infty}\dfrac{\sin\frac{1}{x}}{\frac{1}{x}}=1,\ \lim\limits_{x\to0}\dfrac{\tan x}{\sin x}=1,$

$\lim\limits_{x\to0}\dfrac{\sin(\tan x)}{x}=\lim\limits_{x\to0}\dfrac{\tan x}{x}=1.$ 故选 A.

(5) 当 $x=0,x=-1,x=1$ 时函数没有定义，因此 $x=0,x=-1,x=1$ 为 $f(x)$ 的间断点

$$\lim\limits_{x\to0^-}f(x)=\lim\limits_{x\to0^-}\dfrac{x(x-1)}{-x(x-1)(x+1)}=-1,\qquad \lim\limits_{x\to0^+}f(x)=\lim\limits_{x\to0^+}\dfrac{x(x-1)}{x(x-1)(x+1)}=1.$$

因 $\lim\limits_{x\to0^-}f(x)\ne\lim\limits_{x\to0^+}f(x)$，故 $x=0$ 为 $f(x)$ 的跳跃间断点.

$$\lim\limits_{x\to-1}f(x)=\lim\limits_{x\to-1}\dfrac{x(x-1)}{-x(x-1)(x+1)}=\infty,$$ 故 $x=-1$ 为 $f(x)$ 的无穷间断点.

$$\lim\limits_{x\to1}f(x)=\lim\limits_{x\to1}\dfrac{x(x-1)}{x(x-1)(x+1)}=\dfrac{1}{2},$$ 故 $x=1$ 为 $f(x)$ 的可去间断点. 故选 C.

3. **解** (1) $\lim\limits_{x\to+\infty}(\sqrt{x^2+1}-x)\xrightarrow{\text{分子有理化}}\lim\limits_{x\to+\infty}\dfrac{(\sqrt{x^2+1}-x)(\sqrt{x^2+1}+x)}{\sqrt{x^2+1}+x}=\lim\limits_{x\to+\infty}\dfrac{1}{\sqrt{x^2+1}+x}=0.$

(2) $\lim\limits_{x\to0}\sqrt[x]{1-2x}=\lim\limits_{x\to0}(1-2x)^{\frac{1}{x}}=\mathrm{e}^{\lim\limits_{x\to0}\frac{1}{x}(-2x)}=\mathrm{e}^{-2}.$

(3) 令 $x=t+1$，则

$$\lim\limits_{x\to1}\dfrac{\ln x}{x^2-1}=\lim\limits_{t\to0}\dfrac{\ln(1+t)}{(1+t)^2-1}\text{(分子进行等价无穷小代换)}=\lim\limits_{t\to0}\dfrac{t}{t^2+2t}=\dfrac{1}{2}.$$

(4) $\lim\limits_{x\to0}\dfrac{\mathrm{e}^{2x}-\mathrm{e}^x}{\sin x}=\lim\limits_{x\to0}\dfrac{\mathrm{e}^x(\mathrm{e}^x-1)}{\sin x}=\lim\limits_{x\to0}\dfrac{\mathrm{e}^x x}{\sin x}=1.$

4. **解** $\lim\limits_{x\to0^-}f(x)=\lim\limits_{x\to0^-}(a+x^2)=a,\ \lim\limits_{x\to0^+}f(x)=\lim\limits_{x\to0^+}x\sin\dfrac{1}{x}=0,f(0)=a.$

因 $f(x)$ 在 $x=0$ 连续，则 $\lim\limits_{x\to0^-}f(x)=\lim\limits_{x\to0^+}f(x)=f(0)$，即有 $a=0$.

5. **解** $\lim\limits_{x\to0^-}f(x)=\lim\limits_{x\to0^-}\left(x\sin\dfrac{1}{x}+\mathrm{e}^{\frac{1}{x}}\right)=0,\ \lim\limits_{x\to0^+}f(x)=\lim\limits_{x\to0^+}\left(\dfrac{\sin x}{x}-1\right)=0,f(0)=k+1.$

因为 $f(x)$ 在 $x=0$ 连续，则 $\lim\limits_{x\to0^-}f(x)=\lim\limits_{x\to0^+}f(x)=f(0)$，即 $0=k+1=0$，故得 $k=-1$.

6. **解** (1) $\lim\limits_{x\to-1}f(x)=\lim\limits_{x\to-1}\dfrac{1+x}{(x+1)(x^2-x+1)}=\lim\limits_{x\to-1}\dfrac{1}{x^2-x+1}=\dfrac{1}{3}$，故 $x=-1$ 是 $f(x)$ 的可去间断点.

(2) 函数在 $x=1$ 和 $x=2$ 处都没有定义.

$\lim\limits_{x\to1^-}f(x)=\dfrac{1}{2},\ \lim\limits_{x\to1^+}f(x)=0$，故 $x=1$ 为跳跃间断点；$\lim\limits_{x\to2}f(x)=\infty$，故 $x=2$ 为无穷间断点.

7. **解** 令 $f(x)=x^3+4x^2-3x-1$，则 $f(x)$ 在 $(-\infty,+\infty)$ 上连续. 又

$$f'(x)=3x^2+8x-3=(3x-1)(x+3).$$

令 $f'(x)=0$ 得 $x=-3,x=\dfrac{1}{3}$.

$$\lim\limits_{x\to-\infty}f(x)=-\infty,\quad f(-3)=17>0,\quad f(0)=-1<0,\quad \lim\limits_{x\to+\infty}f(x)=+\infty,$$

则 $f(x)=0$ 在 $(-\infty,-3),(-3,0),(0,+\infty)$ 上各有一根，故 $f(x)=0$ 在 $(-\infty,0)$ 内有两个实根.

第 2 章

导数与微分

2.1 大纲要求及重点内容

1. 大纲要求

(1) 理解导数的概念及其几何意义,了解函数的可导性与连续性之间的关系.

(2) 了解导数作为变化率的实际意义,会用导数表达实际应用中一些量的变化率.

(3) 熟练掌握导数的四则运算法则和复合函数的求导法则,熟练掌握基本初等函数的导数公式.

(4) 理解微分的概念,了解微分概念中所包含的局部线性化思想,了解微分的四则运算法则和一阶微分形式的不变性,会求函数的微分.

(5) 了解高阶导数的概念,掌握初等函数一阶、二阶导数的求法.

(6) 会求分段函数的导数,特别是利用定义求分段点处的导数.

(7) 会求隐函数和由参数方程确定的函数的一阶、二阶导数,会求反函数的导数.

2. 重点内容

(1) 利用导数的定义求函数的导数;

(2) 根据导数的几何意义求曲线的切线与法线;

(3) 高阶导数;

(4) 复合函数求导;

(5) 由隐函数及参数方程求高阶导数;

(6) 求函数的微分.

2.2 内容精要

1. 基本概念

(1) 导数的极限定义

设函数 $y = f(x)$ 在点 x_0 的某邻域 $U(x_0)$ 内有定义,在点 x_0 自变量的增量是 Δx,相应的函数的增量是 $\Delta y = f(x_0 + \Delta x) - f(x_0)$. 若极限 $\lim\limits_{\Delta x \to 0} \dfrac{\Delta y}{\Delta x} = \lim\limits_{\Delta x \to 0} \dfrac{f(x_0 + \Delta x) - f(x_0)}{\Delta x}$ 存在,则称

函数 $f(x)$ 在点 x_0 **可导**(或存在导数),称此极限为函数 $f(x)$ 在点 x_0 的**导数**(或微商),记为 $f'(x_0)$ 或 $\left.\dfrac{\mathrm{d}y}{\mathrm{d}x}\right|_{x=x_0}$,即

$$f'(x_0)=\lim_{\Delta x\to 0}\frac{f(x_0+\Delta x)-f(x_0)}{\Delta x} \quad 或 \quad \left.\frac{\mathrm{d}y}{\mathrm{d}x}\right|_{x=x_0}=\lim_{\Delta x\to 0}\frac{f(x_0+\Delta x)-f(x_0)}{\Delta x}.$$

有时为了方便也将极限改写为下列形式

$$f'(x_0)=\lim_{h\to 0}\frac{f(x_0+h)-f(x_0)}{h} \quad (\Delta x=h)$$

或
$$f'(x_0)=\lim_{x\to x_0}\frac{f(x)-f(x_0)}{x-x_0} \quad (x=x_0+\Delta x),$$

$$f'(x_0)=\lim_{\varphi(x)\to 0}\frac{f(x_0+\varphi(x))-f(x_0)}{\varphi(x)}.$$

注 导数是一个分式的极限,分子是函数在两点的差值,分母是自变量在两点的差值.

(2) 左右导数

$$f'_-(x_0)=\lim_{\Delta x\to 0^-}\frac{f(x_0+\Delta x)-f(x_0)}{\Delta x}=\lim_{x\to x_0^-}\frac{f(x)-f(x_0)}{x-x_0} 称为函数 f(x) 在 x_0 的左导数,$$

$$f'_+(x_0)=\lim_{\Delta x\to 0^+}\frac{f(x_0+\Delta x)-f(x_0)}{\Delta x}=\lim_{x\to x_0^+}\frac{f(x)-f(x_0)}{x-x_0} 称为函数 f(x) 在 x_0 的右导数.$$

函数 $f(x)$ 在 x_0 可导 $\Leftrightarrow$ 函数 $f(x)$ 在 x_0 的左、右导数都存在并且相等.

(3) 导数的几何意义 $f'(x_0)$ 是曲线 $y=f(x)$ 在对应点 $A(x_0,f(x_0))$ 处的切线的斜率.

导数的经济意义 函数 $y=f(x)$ 在 x_0 处的导数 $f'(x_0)$ 是当自变量 x 在 x_0 基础上增加一个单位,函数 $y=f(x)$ 在 $f(x_0)$ 基础上增加 $f'(x_0)$ 个单位. 如利润函数 $R=R(x)$,当产量 x 在 x_0 基础上增加一个单位,利润在 $R(x_0)$ 基础上增加 $R'(x_0)$ 个单位.

(4) 区间上可导 如果 $y=f(x)$ 在 (a,b) 内每一点均可导,则称该函数在 (a,b) 内可导;若 $f(x)$ 在 (a,b) 内可导,且在 $x=a$ 处右导数存在,在 $x=b$ 处左导数存在,则称函数 $y=f(x)$ 在 $[a,b]$ 上可导.

(5) 可微 若函数 $y=f(x)$ 在 x_0 的改变量 Δy 与自变量 x 的改变量 Δx 有下列关系
$$\Delta y=A\Delta x+o(\Delta x),$$
其中 A 是与 Δx 无关的常数,则称函数 $f(x)$ 在 x_0 **可微**,$A\Delta x$ 称为函数 $f(x)$ 在 x_0 的**微分**,表为 $\mathrm{d}y=A\Delta x$ 或 $\mathrm{d}f(x_0)=A\Delta x$.

注 由微分的定义,我们可以把导数看成微分的商. 例如求 $\sin x$ 对 $\sqrt{x}$ 的导数时就可以看成 $\sin x$ 微分与 $\sqrt{x}$ 微分的商,即 $\dfrac{\mathrm{d}\sin x}{\mathrm{d}\sqrt{x}}=\dfrac{\cos x\,\mathrm{d}x}{\dfrac{1}{2\sqrt{x}}\mathrm{d}x}=2\sqrt{x}\cos x.$

当 $f'(x_0)\neq 0$ 时,$\mathrm{d}y=f'(x_0)\mathrm{d}x$ 是 Δy 的线性主部.

2. 求各类函数的导数

(1) 求复合函数的导数 设 $y=f(u)$,$u=\varphi(x)$,则 $y'=f'(u)\varphi'(x)$.

这里包含抽象函数的导数.

(2) 求隐函数的导数 设函数 $y(x)$ 由 $F(x,y)=0$ 确定.

把方程的两边直接对 x 求导,注意 y 看成 x 的函数.

(3) 求参数方程 $\begin{cases} x=x(t), \\ y=y(t) \end{cases}$ 所确定函数的导数 $\dfrac{\mathrm{d}y}{\mathrm{d}x}=\dfrac{y'(t)}{x'(t)}$.

注意求二阶导数 $\dfrac{\mathrm{d}^2 y}{\mathrm{d}x^2}=\dfrac{\mathrm{d}}{\mathrm{d}x}\left(\dfrac{\mathrm{d}y}{\mathrm{d}x}\right)=\dfrac{\mathrm{d}}{\mathrm{d}x}\left(\dfrac{y'(t)}{x'(t)}\right)=\dfrac{\mathrm{d}}{\mathrm{d}t}\left(\dfrac{y'(t)}{x'(t)}\right)\cdot\dfrac{\mathrm{d}t}{\mathrm{d}x}=\left(\dfrac{y'(t)}{x'(t)}\right)'\cdot\dfrac{1}{\dfrac{\mathrm{d}x}{\mathrm{d}t}}$.

(4) 互为反函数的导数

(函数与反函数的导数)若 $f'(x)\neq 0$,则 $\dfrac{\mathrm{d}x}{\mathrm{d}y}=\dfrac{1}{\dfrac{\mathrm{d}y}{\mathrm{d}x}}$.

(5) 高阶导数的计算

① 直接法　例如,设 $f(x)=\sin x$,求 $f^{(n)}(x)$ 方法是求一、二、三等低阶导数,总结出高阶导数.

② 间接法　利用已知函数的 n 阶导数. 设 $f(x)=\sin 4x$,求 $f^{(n)}(x)=4^n\sin\left(4x+\dfrac{n\pi}{2}\right)$.

③ 用莱布尼茨公式　　$(uv)^{(n)}=\sum_{i=0}^{n}\mathrm{C}_n^i u^{(i)}v^{(n-i)}$. 如 $y=x^2\ln x$,设 $u=x^2$,$v=\ln x$.

3. 基本定理和基本公式

(1) 基本定理

定理 1(导函数存在定理)　$f'(x_0)$ 存在 $\Leftrightarrow f'_-(x_0)=f'_+(x_0)$.

定理 2(函数可导与连续的关系)　可导点必是连续点,反之未必. 例如,$y=|x|$ 在 $x=0$ 点连续但不可导.

定理 3(一阶可微与可导的关系)　函数 $f(x)$ 在 x 处可微 $\Leftrightarrow f(x)$ 在 x 处可导.

(2) 公式

$(c)'=0$,其中 c 是常数;

$(x^\alpha)'=\alpha x^{\alpha-1}$,其中 α 是实数;

$(\log_a x)'=\dfrac{1}{x}\log_a \mathrm{e}=\dfrac{1}{x\ln a}$,　　$(\ln x)'=\dfrac{1}{x}$;

$(a^x)'=a^x\ln a$;　　$(\mathrm{e}^x)'=\mathrm{e}^x$;

$(\sin x)'=\cos x$;　　$(\cos x)'=-\sin x$;　　$(\tan x)'=\sec^2 x$;

$(\cot x)'=-\csc^2 x$;　　$(\sec x)'=\tan x\sec x$;　　$(\csc x)'=-\cot x\csc x$;

$(\arcsin x)'=\dfrac{1}{\sqrt{1-x^2}}$;　　$(\arccos x)'=-\dfrac{1}{\sqrt{1-x^2}}$;

$(\arctan x)'=\dfrac{1}{1+x^2}$;　　$(\text{arccot}\,x)'=-\dfrac{1}{1+x^2}$;

$(\sqrt{1+x^2})'=\dfrac{x}{\sqrt{1+x^2}}$;　　$(\sqrt{1-x^2})'=\dfrac{-x}{\sqrt{1-x^2}}$.

根据复合函数求导,上面公式中的 x 都可以换成任意可导函数 $\varphi(x)$,即

$$\frac{\mathrm{d}f(x)}{\mathrm{d}x}=f'(x),\quad \text{则}\quad \frac{\mathrm{d}f[\varphi(x)]}{\mathrm{d}\varphi(x)}=f'[\varphi(x)].$$

如 $\dfrac{\mathrm{d}\varphi^a(x)}{\mathrm{d}\varphi(x)} = (\varphi(x)^a)'_{\varphi(x)} = \alpha\varphi^{a-1}(x)$，其中 α 是实数.

2.3　题型总结与典型例题

题型 2-1　判断函数在某点的可导性

【解题思路】　利用导数的定义 $f'(x_0) = \lim\limits_{x \to x_0}\dfrac{f(x)-f(x_0)}{x-x_0} = \lim\limits_{\Delta x \to 0}\dfrac{f(x_0+\Delta x)-f(x_0)}{\Delta x}$，导数在一点存在的充分必要条件是左右导数存在且相等.

注意　$\lim\limits_{\Delta x \to 0^+}\dfrac{f(x_0+\Delta x)-f(x_0)}{\Delta x}$ 存在或 $\lim\limits_{\Delta x \to 0^-}\dfrac{f(x_0+\Delta x)-f(x_0)}{\Delta x}$ 存在并不能保证 $f'(x_0)$ 存在，即单侧导数存在并不能保证 $f'(x_0)$ 存在.

利用导数定义解决以下几个问题：

(1) 求特殊函数的导数.

(2) 求极限问题　常用的公式为 $f'(x_0) = \lim\limits_{\varphi(x) \to 0}\dfrac{f(x_0+\varphi(x))-f(x_0)}{\varphi(x)}$.

例如，已知 $f'(x_0)$ 存在，求 $\lim\limits_{\varphi(x) \to 0}\dfrac{f(x_0-3\varphi(x))-f(x_0)}{\varphi(x)}$.

(3) 分段函数某点的导数　例如，设 $f(x) = \begin{cases} x\arctan\dfrac{1}{x^2}, & x \neq 0, \\ 0, & x = 0, \end{cases}$ 求 $f'(0)$.

(4) 求含有绝对值的函数的导数. 如，讨论 $f(x) = |x-1|$ 在 $x=1$ 的可导性.

例 2.1　设函数 $f(x) = \cos x$，求 $(\cos x)'$ 及 $(\cos x)'|_{x=\frac{\pi}{4}}$.

解　$f'(x) = \lim\limits_{\Delta x \to 0}\dfrac{f(x+\Delta x)-f(x)}{\Delta x} = \lim\limits_{\Delta x \to 0}\dfrac{\cos(x+\Delta x)-\cos x}{\Delta x}$

$\qquad = \lim\limits_{\Delta x \to 0}\dfrac{1}{\Delta x} \cdot (-2)\sin\left(x+\dfrac{\Delta x}{2}\right)\sin\dfrac{\Delta x}{2}$

$\qquad = -\lim\limits_{\Delta x \to 0}\sin\left(x+\dfrac{\Delta x}{2}\right) \cdot \dfrac{\sin\dfrac{\Delta x}{2}}{\dfrac{\Delta x}{2}} = -\sin x$,

$\qquad (\cos x)'|_{x=\frac{\pi}{4}} = -\sin\dfrac{\pi}{4} = -\dfrac{\sqrt{2}}{2}$.

例 2.2　设 $f(x) = (x-a)g(x)$，其中 $g(x)$ 在 $x=a$ 处连续，求 $f'(a)$.

解　$g(x)$ 仅在 $x=a$ 处连续，在任意点 x 处未必可导，即 $f'(x)$ 未必存在，因此利用导数的定义 $f'(a) = \lim\limits_{x \to a}\dfrac{f(x)-f(a)}{x-a} = \lim\limits_{x \to a}\dfrac{(x-a)g(x)-0}{x-a} = g(a)$.

例 2.3　试按导数定义观察极限 $\lim\limits_{\Delta x \to 0}\dfrac{f(x_0-2\Delta x)-f(x_0)}{\Delta x} = A$，指出 A 表示什么（假设各极限均存在）.

解　$A = \lim\limits_{\Delta x \to 0}(-2)\dfrac{f(x_0-2\Delta x)-f(x_0)}{-2\Delta x} = (-2)\lim\limits_{\Delta x \to 0}\dfrac{f(x_0-2\Delta x)-f(x_0)}{-2\Delta x} = -2f'(x_0)$.

例 2.4　设函数 $f(x)=(e^x-1)(e^{2x}-2)\cdots(e^{nx}-n)$,其中 n 为正整数,求 $f'(0)$.

【分析】　由于 $f(x)$ 是由 n 个因式乘积形式给出的,直接用乘积的求导法则计算比较困难.但是用导数的定义计算反而简单.

解　
$$f'(0)=\lim_{x\to 0}\frac{f(x)-f(0)}{x-0}=\lim_{x\to 0}\frac{(e^x-1)(e^{2x}-2)\cdots(e^{nx}-n)-0}{x-0}$$
$$=\lim_{x\to 0}\frac{x(e^{2x}-2)\cdots(e^{nx}-n)}{x}=\lim_{x\to 0}(e^{2x}-2)\cdots(e^{nx}-n)$$
$$=\lim_{x\to 0}(1-2)\cdots(1-n)=(-1)^{n-1}(n-1)!.$$

例 2.5　已知 $f(x)$ 在 $x=0$ 处可导,且 $f(0)=0$,求 $\lim_{x\to 0}\dfrac{x^2 f(x)-2f(x^3)}{x^3}$.

解　
$$\lim_{x\to 0}\frac{x^2 f(x)-2f(x^3)}{x^3}=\lim_{x\to 0}\frac{x^2 f(x)-x^2 f(0)}{x^3}-2\lim_{x\to 0}\frac{f(x^3)-f(0)}{x^3-0}$$
$$=\lim_{x\to 0}\frac{f(x)-f(0)}{x}-2\lim_{x\to 0}\frac{f(x^3)-f(0)}{x^3-0}$$
$$=f'(0)-2f'(0)=-f'(0).$$

例 2.6　设 $f(x)$ 对任意的实数 x_1,x_2 有 $f(x_1+x_2)=f(x_1)f(x_2)$,且 $f'(0)=1$,试证 $f'(x)=f(x)$.

证明　$\forall x,f(x+0)=f(x)f(0)$,可得 $f(0)=1$,从而
$$f'(x)=\lim_{\Delta x\to 0}\frac{f(x+\Delta x)-f(x)}{\Delta x}=\lim_{\Delta x\to 0}\frac{f(x)f(\Delta x)-f(x)}{\Delta x}=f(x)\lim_{\Delta x\to 0}\frac{f(\Delta x)-1}{\Delta x}$$
$$=f(x)\lim_{\Delta x\to 0}\frac{f(\Delta x)-f(0)}{\Delta x}=f(x)f'(0)=f(x).$$

例 2.7　设 $f(x)=\begin{cases}\sin(x-1)+2, & x<1,\\ ax+b, & x\geqslant 1,\end{cases}$ 问 a,b 取何值时 $f(x)$ 在 $(-\infty,+\infty)$ 内可导.

【分析】　要使 $f(x)$ 在 $(-\infty,+\infty)$ 内可导,则分段函数在分段点是连续的和可导的,利用这两点就可以求出 a,b 的值.

解　容易知道 $\lim\limits_{x\to 1^+}f(x)=\lim\limits_{x\to 1^+}(ax+b)=a+b$, $\lim\limits_{x\to 1^-}f(x)=\lim\limits_{x\to 1^-}(\sin(x-1)+2)=2$, $f(1)=a+b$,要使 $f(x)$ 在 $x=1$ 处连续,必须 $a+b=2$.

因为 $f'_+(1)=\lim\limits_{x\to 1^+}\dfrac{f(x)-f(1)}{x-1}=\lim\limits_{x\to 1^+}\dfrac{(ax+b)-(a+b)}{x-1}=a$,

$\quad f'_-(1)=\lim\limits_{x\to 1^-}\dfrac{f(x)-f(1)}{x-1}=\lim\limits_{x\to 1^-}\dfrac{\sin(x-1)+2-(a+b)}{x-1}=\lim\limits_{x\to 1}\dfrac{\sin(x-1)}{x-1}=1$,

要使 $f(x)$ 在 $x=1$ 处可导,则 $a=1$,故 $a=1,b=1$.

【方法小结】　$f(x)$ 在 $(-\infty,+\infty)$ 内可导隐含了函数在分段点是连续的和可导的,求待定常数时我们往往要用这两个条件.

例 2.8　设 $f(x)=\begin{cases}x^3\sin\dfrac{1}{x}, & x\neq 0,\\ 1, & x=0,\end{cases}$ 求 $f'(x)$.

【分析】　分段函数的导数分两部分来求:

(1) 在非分段点处,用导数公式来求;

(2) 在分段点处,首先判断函数在分段点处是否连续.若不连续,则一定不可导;若连续且在分段点左右两侧函数表达式不同,则要分别用定义求左右导数;反之,即分段点左右两侧函数表达式一样,则直接用导数定义(一个式子)来求导数.

解 当 $x \neq 0$ 时,$f(x) = x^3 \sin \dfrac{1}{x}$ 为一初等函数,这时

$$f'(x) = 3x^2 \sin \frac{1}{x} + x^3 \left(\cos \frac{1}{x} \right) \left(-\frac{1}{x^2} \right) = 3x^2 \sin \frac{1}{x} - x \cos \frac{1}{x};$$

由于 $\lim\limits_{x \to 0} f(x) = \lim\limits_{x \to 0} x^3 \sin \dfrac{1}{x} = 0 \neq f(0)$,所以 $f(x)$ 在 $x = 0$ 处不连续,由此可知 $f(x)$ 在 $x = 0$ 处不可导.

例 2.9 设 $f(x) = \begin{cases} ax^2 + bx + c, & x \leqslant 0, \\ \ln(1+x), & x > 0, \end{cases}$ 试问 a, b, c 为何值时,$f(x)$ 在 $x = 0$ 处一阶导数连续,但二阶导数不存在.

【分析】 可导首先要求连续.$f'(0)$ 存在的充分必要条件是 $f'_-(0)$,$f'_+(0)$ 存在并且相等.

解 (1) $\lim\limits_{x \to 0^-} f(x) = \lim\limits_{x \to 0^-} (ax^2 + bx + c) = c$,$\lim\limits_{x \to 0^+} f(x) = \lim\limits_{x \to 0^+} \ln(1+x) = 0$,$f(0) = c$. 要使 $f(x)$ 在 $x = 0$ 处可导,则 $f(x)$ 在 $x = 0$ 处必先连续即 $\lim\limits_{x \to 0^-} f(x) = \lim\limits_{x \to 0^+} f(x) = f(0)$,故得 $c = 0$.

(2) $f'_-(0) = \lim\limits_{x \to 0^-} \dfrac{f(x) - f(0)}{x - 0} = \lim\limits_{x \to 0^-} \dfrac{ax^2 + bx + 0 - 0}{x - 0} = b$,

$f'_+(0) = \lim\limits_{x \to 0^+} \dfrac{f(x) - f(0)}{x - 0} = \lim\limits_{x \to 0^+} \dfrac{\ln(1+x) - 0}{x - 0} = 1$.

若 $f'(0)$ 存在,则 $f'_-(0) = f'_+(0)$,故得 $b = 1$.

(3) $f'(x) = \begin{cases} 2ax + 1, & x < 0, \\ 1, & x = 0, \\ \dfrac{1}{1+x}, & x > 0. \end{cases}$

无论 a 为何值,均有 $\lim\limits_{x \to 0^-} f'(x) = \lim\limits_{x \to 0^+} f'(x) = f'(0)$,故 $f'(x)$ 在 $x = 0$ 处连续.

$$f''_-(0) = \lim\limits_{x \to 0^-} \frac{f'_-(x) - f'(0)}{x - 0} = \lim\limits_{x \to 0^-} \frac{2ax + 1 - 1}{x - 0} = 2a,$$

$$f''_+(0) = \lim\limits_{x \to 0^+} \frac{f'_+(x) - f'(0)}{x - 0} = \lim\limits_{x \to 0^+} \frac{\dfrac{1}{1+x} - 1}{x - 0} = 1.$$

若使 $f''(0)$ 不存在,则 $f''_-(0) \neq f''_+(0)$,即 $2a \neq 1$,$a \neq \dfrac{1}{2}$.

结论:当 $a \neq \dfrac{1}{2}$,$b = 1$,$c = 0$ 时 $f(x)$ 在 $x = 0$ 处一阶导数连续,但二阶导数不存在.

例 2.10 设 $f(x)$ 在 $x = 0$ 处二阶可导,且 $\lim\limits_{x \to 0} \dfrac{f(x)}{1 - \cos x} = 1$,求 $f(0)$,$f'(0)$,$f''(0)$ 的值.

解 因为 $f(x)$ 在 $x = 0$ 处二阶可导,所以 $f(x)$,$f'(x)$ 在 $x = 0$ 处连续,在 $x = 0$ 附近 $f'(x)$ 存在.

(1) 因为 $\lim\limits_{x\to 0}\dfrac{f(x)}{1-\cos x}=1$, $\lim\limits_{x\to 0}(1-\cos x)=0$, 所以 $\lim\limits_{x\to 0}f(x)=f(0)=0$.

(2) 因为 $\lim\limits_{x\to 0}\dfrac{f(x)}{1-\cos x}=\lim\limits_{x\to 0}\dfrac{f(x)}{\frac{1}{2}x^2}=\lim\limits_{x\to 0}\dfrac{f'(x)}{x}=1$, 而 $\lim\limits_{x\to 0}x=0$, 所以 $\lim\limits_{x\to 0}f'(x)=f'(0)=0$.

(3) $\lim\limits_{x\to 0}\dfrac{f(x)}{1-\cos x}=\lim\limits_{x\to 0}\dfrac{f(x)}{\frac{1}{2}x^2}=\lim\limits_{x\to 0}\dfrac{f'(x)}{x}=\lim\limits_{x\to 0}\dfrac{f'(x)-f'(0)}{x-0}=f''(0)=1.$

题型 2-2　导数的应用

【解题思路】　利用导数的几何意义：函数 $y=f(x)$ 在 x_0 处的导数 $f'(x_0)$ 是曲线 $y=f(x)$ 在对应点 $A(x_0,f(x_0))$ 处的切线的斜率, 即 $k_{切}=f'(x_0)$, $k_{法}=-\dfrac{1}{f'(x_0)}$, 再根据直线的点斜式方程, 可以求出曲线 $y=f(x)$ 在对应点 $A(x_0,f(x_0))$ 处的切线方程和法线方程.

例 2.11　曲线 $y=\cos x$ 在 $\left(\dfrac{\pi}{3},\dfrac{1}{2}\right)$ 处的切线方程及法线方程.

解　切线斜率 $y'\big|_{x=\frac{\pi}{3}}=-\sin x\big|_{x=\frac{\pi}{3}}=-\sin\dfrac{\pi}{3}=-\dfrac{\sqrt{3}}{2}$, 故在 $\left(\dfrac{\pi}{3},\dfrac{1}{2}\right)$ 处, 切线方程为

$y-\dfrac{1}{2}=-\dfrac{\sqrt{3}}{2}\left(x-\dfrac{\pi}{3}\right)$; 法线斜率为 $-\left(1\big/-\dfrac{\sqrt{3}}{2}\right)=\dfrac{2}{\sqrt{3}}=\dfrac{2\sqrt{3}}{3}$, 故法线方程为

$$y-\dfrac{1}{2}=\dfrac{2\sqrt{3}}{3}\left(x-\dfrac{\pi}{3}\right).$$

注　切线方程切不可写成 $y-\dfrac{1}{2}=-\sin x\left(x-\dfrac{\pi}{3}\right)$, 一定要求出曲线在 $\left(\dfrac{\pi}{3},\dfrac{1}{2}\right)$ 处的斜率.

例 2.12　曲线 $y=x^2$ 与曲线 $y=a\ln x(a\neq 0)$ 相切, 求 a. (2010 年考研数学二)

解　相切指相交且有公共切线, 两条曲线有交点, 且在交点处有公切线.

由 $\begin{cases}x^2=a\ln x,\\ 2x=\dfrac{a}{x},\end{cases}$ 得 $\begin{cases}x=\mathrm{e}^{\frac{1}{2}},\\ a=2\mathrm{e}.\end{cases}$

例 2.13　设 $f(x)$ 在 $x=0$ 处连续, 且 $\lim\limits_{x\to 0}\dfrac{[f(x)+1]x^2}{x-\sin x}=2$, 求曲线 $y=f(x)$ 在点 $(0,f(0))$ 处的切线方程.

解　$\lim\limits_{x\to 0}(f(x)+1)=\lim\limits_{x\to 0}\dfrac{[f(x)+1]x^2}{x^2}=\lim\limits_{x\to 0}\dfrac{[f(x)+1]x^2}{x-\sin x}\cdot\dfrac{x-\sin x}{x^2}$

$=\lim\limits_{x\to 0}\dfrac{[f(x)+1]x^2}{x-\sin x}\cdot\lim\limits_{x\to 0}\dfrac{x-\sin x}{x^2}=2\lim\limits_{x\to 0}\dfrac{\frac{1}{6}x^3}{x^2}=0.$

由于 $f(x)$ 在 $x=0$ 处连续, 故 $f(0)=\lim\limits_{x\to 0}f(x)=-1.$ 于是

$f'(0)=\lim\limits_{x\to 0}\dfrac{f(x)-f(0)}{x-0}=\lim\limits_{x\to 0}\dfrac{f(x)+1}{x}=\lim\limits_{x\to 0}\dfrac{[f(x)+1]x^2}{x^3}=\lim\limits_{x\to 0}\dfrac{[f(x)+1]x^2}{x-\sin x}\cdot\dfrac{x-\sin x}{x^3}$

$=\lim\limits_{x\to 0}\dfrac{[f(x)+1]x^2}{x-\sin x}\cdot\lim\limits_{x\to 0}\dfrac{x-\sin x}{x^3}=2\lim\limits_{x\to 0}\dfrac{\frac{1}{6}x^3}{x^3}=\dfrac{1}{3},$

故所求的切线方程为 $y-f(0)=\dfrac{1}{3}x$，即 $y=\dfrac{1}{3}x-1$.

例 2.14 设 $f(x)=\begin{cases}(1+\sin 2x)^{\frac{1}{x}}, & x\neq 0,\\ a, & x=0,\end{cases}$ 且 $f(x)$ 在 $x=0$ 处连续. (1)求 a 的值；

(2)求曲线 $y=f(x)$ 在 $(0,a)$ 处的切线方程.

解 因为 $f(x)$ 在 $x=0$ 处连续，所以 $\lim\limits_{x\to 0}f(x)=f(0)=a$，即

$$a=f(0)=\lim_{x\to 0}(1+\sin 2x)^{\frac{1}{x}}=\mathrm{e}^{\lim\limits_{x\to 0}\frac{1}{x}\sin 2x}=\mathrm{e}^2.$$

$$f'(0)=\lim_{x\to 0}\frac{f(x)-f(0)}{x-0}=\lim_{x\to 0}\frac{(1+\sin 2x)^{\frac{1}{x}}-\mathrm{e}^2}{x}$$

$$=\lim_{x\to 0}\frac{\mathrm{e}^{\frac{1}{x}\ln(1+\sin 2x)}-\mathrm{e}^2}{x}=\mathrm{e}^2\lim_{x\to 0}\frac{\mathrm{e}^{\frac{1}{x}\ln(1+\sin 2x)-2}-1}{x}$$

$$=\mathrm{e}^2\lim_{x\to 0}\frac{\ln(1+\sin 2x)-2x}{x^2}=\mathrm{e}^2\lim_{x\to 0}\frac{\dfrac{2\cos 2x}{1+\sin 2x}-2}{2x}$$

$$=\mathrm{e}^2\lim_{x\to 0}\frac{\cos 2x-1-\sin 2x}{x(1+\sin 2x)}=\mathrm{e}^2\left(\lim_{x\to 0}\frac{\cos 2x-1}{x}-2\right)$$

$$=-2\mathrm{e}^2.$$

所求切线方程为 $y-\mathrm{e}^2=-2\mathrm{e}^2(x-0)$，即 $y=\mathrm{e}^2(1-2x)$.

例 2.15 在曲线 $\begin{cases}x=\arctan t,\\ y=\ln\sqrt{1+t^2}\end{cases}$ 上求对应于 $t=1$ 处的法线方程.

解 当 $t=1$ 时，$x=\dfrac{\pi}{4}$，$y=\dfrac{1}{2}\ln 2$，而 $\dfrac{\mathrm{d}y}{\mathrm{d}x}\Big|_{t=1}=\dfrac{\frac{\mathrm{d}y}{\mathrm{d}t}}{\frac{\mathrm{d}x}{\mathrm{d}t}}\Big|_{t=1}=\dfrac{\frac{t}{1+t^2}}{\frac{1}{1+t^2}}\Big|_{t=1}=1$，所以法线方程

为 $y-\dfrac{1}{2}\ln 2=-1\left(x-\dfrac{\pi}{4}\right)$，即 $y+x-\dfrac{1}{2}\ln 2-\dfrac{\pi}{4}=0$.

例 2.16 设曲线 $y=f(x)$ 和 $y=x^2-x$ 在点 $(1,0)$ 处有公共切线，求 $\lim\limits_{n\to\infty}nf\left(\dfrac{n}{n+2}\right)$.

【分析】 有公共切线，则有交点且在交点处有相同的切线. (1)切点为 $(1,0)$，故 $f(1)=0$；(2)有公共切线，故 $f'(1)=(2x-1)\big|_{x=1}=1$.

解 由条件可知 $f(1)=0$，$f'(1)=1$，所以

$$\lim_{n\to\infty}nf\left(\frac{n}{n+2}\right)=\lim_{n\to\infty}\frac{f\left(1+\frac{-2}{n+2}\right)-f(1)}{\frac{-2}{n+2}}\cdot\frac{n+2}{-2n}=-2f'(1)=-2.$$

题型 2-3 求分段函数的导数（分段函数在分段点的导数必须用定义）

【解题思路】 对于分段函数的求导问题，在分段点处的导数必须用定义求，在分段点外一个区间上的导数用运算法则求.

例 2.17 设 $f(x)=\begin{cases}\ln(1+x), & x>0,\\ 0, & x=0,\\ \dfrac{1}{x}\sin^2 x, & x<0,\end{cases}$ 求 $f'(x)$.

解　在分段点 $x=0$ 处的导数必须用定义求.

当 $x>0$ 时,$f'(x)=\dfrac{1}{x+1}$;当 $x<0$ 时,$f'(x)=\dfrac{x\sin 2x-\sin^2 x}{x^2}$.

由于 $x=0$ 是该函数的分段点,由导数的定义,有

$$f'_+(0)=\lim_{x\to 0^+}\frac{f(x)-f(0)}{x-0}=\lim_{x\to 0^+}\frac{\ln(x+1)-0}{x-0}=1,$$

$$f'_-(0)=\lim_{x\to 0^-}\frac{f(x)-f(0)}{x-0}=\lim_{x\to 0^+}\frac{\sin^2 x}{x^2}=1,$$

因此 $f'(0)=1$,于是

$$f'(x)=\begin{cases}\dfrac{1}{x+1}, & x>0,\\[2mm] 1, & x=0,\\[2mm] \dfrac{x\sin 2x-\sin^2 x}{x^2}, & x<0,\end{cases}\quad 即\quad f'(x)=\begin{cases}\dfrac{1}{x+1}, & x\geqslant 0,\\[2mm] \dfrac{x\sin 2x-\sin^2 x}{x^2}, & x<0.\end{cases}$$

例 2.18　函数 $f(x)=\begin{cases}\dfrac{1-\cos 2x}{x}, & x\neq 0,\\[2mm] 0, & x=0,\end{cases}$ 求 $f'(x)$.

解　当 $x=0$ 时,

$$f'(0)=\lim_{x\to 0}\frac{f(x)-f(0)}{x}=\lim_{x\to 0}\frac{\dfrac{1-\cos 2x}{x}-0}{x}=\lim_{x\to 0}\frac{1-\cos 2x}{x^2}=\lim_{x\to 0}\frac{2\sin^2 x}{x^2}=2.$$

当 $x\neq 0$ 时,$f'(x)=\left(\dfrac{1-\cos 2x}{x}\right)'=\dfrac{2x\sin 2x-(1-\cos 2x)}{x^2}$.故

$$f'(x)=\begin{cases}\dfrac{2x\sin 2x-1+\cos 2x}{x^2}, & x\neq 0,\\[2mm] 2, & x=0.\end{cases}$$

例 2.19　已知 $f(x)=\begin{cases}x^2, & x\geqslant 0,\\ -x, & x<0,\end{cases}$ 求 $f'_-(0),f'_+(0)$.

解　$f'_-(0)=\lim_{x\to 0^-}\dfrac{f(x)-f(0)}{x-0}=\lim_{x\to 0^-}\dfrac{-x-0}{x-0}=-1$,

$$f'_+(0)=\lim_{x\to 0^+}\frac{f(x)-f(0)}{x-0}=\lim_{x\to 0^+}\frac{x^2-0}{x-0}=\lim_{x\to 0^+}x=0.$$

由于 $f'_-(0)\neq f'_+(0)$,所以 $f'(0)$ 不存在.

题型 2-4　可导性与连续性的讨论

【解题思路】　利用连续的定义 $\lim\limits_{x\to x_0}f(x)=\lim\limits_{x\to x_0^-}f(x)=\lim\limits_{x\to x_0^+}f(x)=f(x_0)$,判断 $f(x)$ 在

x_0 点判断是否连续;利用导数的定义 $f'(x_0)=\lim\limits_{\Delta x\to 0}\dfrac{f(x_0+\Delta x)-f(x_0)}{\Delta x}$ 或 $f'(x_0)=$

$\lim\limits_{x\to x_0}\dfrac{f(x)-f(x_0)}{x-x_0}$ 来判断 $f(x)$ 在 x_0 点是否可导.

例 2.20　讨论函数 $f(x)=|\sin x|$ 在 $x=0$ 处的连续性与可导性.

解　因为 $\lim\limits_{x\to 0^-}f(x)=\lim\limits_{x\to 0^-}(-\sin x)=0,\lim\limits_{x\to 0^+}f(x)=\lim\limits_{x\to 0^+}\sin x=0,f(0)=|\sin 0|=0$,所以

$$\lim_{x\to 0^-}f(x)=\lim_{x\to 0^+}f(x)=f(0),于是 f(x)=|\sin x| 在 x=0 处连续.$$

$$f'_-(0)=\lim_{x\to 0^-}\frac{f(x)-f(0)}{x-0}=\lim_{x\to 0^-}\frac{-\sin x-0}{x-0}=-1,$$

$$f'_+(0)=\lim_{x\to 0^+}\frac{f(x)-f(0)}{x-0}=\lim_{x\to 0^+}\frac{\sin x-0}{x-0}=1.$$

由于 $f'_-(0)\neq f'_+(0)$，所以 $f(x)=|\sin x|$ 在 $x=0$ 处不可导.

例 2.21　讨论 $f(x)=\begin{cases}x^3\sin\dfrac{1}{x}, & x\neq 0,\\ 0, & x=0\end{cases}$ 在 $x=0$ 处的连续性与可导性.

解　因为 $\lim\limits_{x\to 0}f(x)=\lim\limits_{x\to 0}x^3\sin\dfrac{1}{x}=0=f(0)$，所以函数在 $x=0$ 处连续.

又由 $f'(0)=\lim\limits_{x\to 0}\dfrac{f(x)-f(0)}{x}=\lim\limits_{x\to 0}\dfrac{x^3\sin\dfrac{1}{x}-0}{x}=\lim\limits_{x\to 0}x^2\sin\dfrac{1}{x}=0$，所以函数在 $x=0$ 处可导.

题型 2-5　用四则运算求导法则、复合函数及反函数求导法则求导数

【解题思路】　利用四则运算求导法则、复合函数及反函数求导法则.

设函数 $u=u(x)$ 及 $v=v(x)$ 在点 x 处具有导数，则：

(1) $[u(x)\pm v(x)]'=u'(x)\pm v'(x)$；

(2) $[u(x)\cdot v(x)]'=u'(x)v(x)+u(x)v'(x)$，$[cu(x)]'=cu'(x)$，
$(uvw)'=u'vw+uv'w+uvw'$；

(3) $\left[\dfrac{u(x)}{v(x)}\right]'=\dfrac{u'(x)v(x)-u(x)v'(x)}{v^2(x)}$；

(4) 复合函数求导法则，设 $y=f(u)$，$u=\varphi(x)$，则 $y'=f'(u)\varphi'(x)$；

(5) 设 $y=f(x)$ 的反函数为 $x=\varphi(y)$，则 $f'(x)=\dfrac{1}{\varphi'(y)}$.

例 2.22　求下列函数的导数：

(1) $y=\mathrm{e}^{\frac{1}{\sin x}}$；　　　　　　　　　(2) $y=\sqrt[3]{1-2x^2}$；

(3) $y=\ln\tan x$；　　　　　　　　　(4) $y=\ln\cos(\mathrm{e}^x)$；

(5) $y=\sec^3(\ln(x^2+1))$；　　　　　(6) $y=x\arctan x-\ln\sqrt{1+x^2}$.

解　(1) $y'=\dfrac{\mathrm{d}\mathrm{e}^{\frac{1}{\sin x}}}{\mathrm{d}x}=\dfrac{\mathrm{d}\mathrm{e}^{\frac{1}{\sin x}}}{\mathrm{d}\dfrac{1}{\sin x}}\cdot\dfrac{\mathrm{d}\dfrac{1}{\sin x}}{\mathrm{d}\sin x}\cdot\dfrac{\mathrm{d}\sin x}{\mathrm{d}x}=\mathrm{e}^{\frac{1}{\sin x}}\cdot\left(-\dfrac{1}{\sin^2 x}\right)\cdot\cos x$；

(2) $y'=(\sqrt[3]{1-2x^2})'=\dfrac{1}{3}(1-2x^2)^{-\frac{2}{3}}\cdot(1-2x^2)'=\dfrac{-4x}{3\sqrt[3]{(1-2x^2)^2}}$.

(3) $y'=(\ln\tan x)'=\dfrac{1}{\tan x}\cdot(\tan x)'=-\dfrac{\sec^2 x}{\tan x}=\dfrac{2}{\sin 2x}$.

(4) 所给函数可分解为 $y=\ln u$，$u=\cos v$，$v=\mathrm{e}^x$. 因为 $\dfrac{\mathrm{d}y}{\mathrm{d}u}=\dfrac{1}{u}$，$\dfrac{\mathrm{d}u}{\mathrm{d}v}=-\sin v$，$\dfrac{\mathrm{d}v}{\mathrm{d}x}=\mathrm{e}^x$，故

$$\dfrac{\mathrm{d}y}{\mathrm{d}x}=\dfrac{1}{u}\cdot(-\sin v)\cdot\mathrm{e}^x=-\dfrac{\sin(\mathrm{e}^x)}{\cos(\mathrm{e}^x)}\cdot\mathrm{e}^x=-\mathrm{e}^x\tan(\mathrm{e}^x).$$

不写出中间变量,此例可写成:

$$\frac{\mathrm{d}y}{\mathrm{d}x}=[\mathrm{lncos}\ (\mathrm{e}^x)]'=\frac{1}{\cos\ (\mathrm{e}^x)}[\cos\ (\mathrm{e}^x)]'=\frac{-\sin\ (\mathrm{e}^x)}{\cos\ (\mathrm{e}^x)}(\mathrm{e}^x)'=-\mathrm{e}^x\tan\ (\mathrm{e}^x).$$

(5) 设 $y=u^3,u=\sec v,v=\ln w,w=z+1,z=x^2$,根据复合函数求导法则,有

$$\frac{\mathrm{d}y}{\mathrm{d}x}=\frac{\mathrm{d}y}{\mathrm{d}u}\cdot\frac{\mathrm{d}u}{\mathrm{d}v}\cdot\frac{\mathrm{d}v}{\mathrm{d}w}\cdot\frac{\mathrm{d}w}{\mathrm{d}z}\cdot\frac{\mathrm{d}z}{\mathrm{d}x}=3u^2\cdot\sec v\cdot\tan v\cdot\frac{1}{w}\cdot1\cdot2x$$

$$=3\sec^2\ (\ln x\ (x^2+1))\sec\ (\ln\ (x^2+1))\tan\ (\ln\ (x^2+1))\frac{1}{x^2+1}2x$$

$$=6\frac{x}{x^2+1}\sec^3\ (\ln\ (x^2+1))\tan\ (\ln\ (x^2+1)).$$

(6) $y'=\left[x\arctan x-\frac{1}{x}\ln(1+x^2)\right]'=\arctan x+\frac{x}{1+x^2}+\frac{1}{x^2}\ln(1+x^2)-\frac{1}{x}\frac{2x}{1+x^2}$

$$=\arctan x+\frac{x-2}{1+x^2}+\frac{1}{x^2}\ln(1+x^2).$$

例 2.23 设函数 f,φ 可导,$y=f\ (\arctan x+\varphi\ (\tan x))$,求 y'.

解 $y'=f'(\arctan x+\varphi(\tan x))\cdot(\arctan x+\varphi(\tan x))'$

$$=f'(\arctan x+\varphi(\tan x))\cdot\left(\frac{1}{1+x^2}+\varphi'(\tan x)(\tan x)'\right)$$

$$=f'(\arctan x+\varphi(\tan x))\cdot\left(\frac{1}{1+x^2}+\varphi'(\tan x)\sec^2 x\right).$$

注 $\dfrac{\mathrm{d}f[\varphi(x)]}{\mathrm{d}x}=f'[\varphi(x)]\varphi'(x).$

例 2.24 设 $y=f(x)$ 二阶可导,$f'(x)\neq0,f(0)=1,f'(0)=\sqrt{15},f''(0)=-2,y=f(x)$ 的反函数为 $x=\varphi(y)$,求 $\dfrac{|\varphi''(1)|}{[1+\varphi'^2(1)]^{\frac{3}{2}}}.$

解 由 $f(0)=1$,得 $\varphi(1)=0.$ 由反函数导数公式 $\varphi'(y)=\dfrac{1}{f'(x)}$,得 $\varphi'(1)=\dfrac{1}{f'(0)}=\dfrac{1}{\sqrt{15}}.$ 再由复合函数求导法则得

$$\varphi''(y)=\left[\frac{1}{f'(x)}\right]'_y=\left[\frac{1}{f'(x)}\right]'_{f'(x)}\cdot[f'(x)]'_x\cdot x'_y\quad\left(x'_y=\varphi'(y)=\frac{1}{f'(x)}\right)$$

$$=-\frac{1}{f'^2(x)}\cdot f''(x)\cdot\frac{1}{f'(x)}=-\frac{f''(x)}{f'^3(x)},$$

$$\varphi''(1)=-\frac{f''(0)}{f'^3(0)}=\frac{2}{15\sqrt{15}},$$

$$\frac{|\varphi''(1)|}{[1+\varphi'^2(1)]^{\frac{3}{2}}}=\frac{\dfrac{2}{15\sqrt{15}}}{\left(1+\dfrac{1}{15}\right)^{\frac{3}{2}}}=\frac{1}{32}.$$

题型 2-6 隐函数的导数

【解题思路】 求隐函数的导数关键是明确对哪个变量求导,这样,另一个变量就是方程所确定的隐函数.隐函数求导方法小结:(1)方程两端同时对 x 求导数,注意把 y 当作复合

函数求导的中间变量来看待,例如 $(\ln y)'_x = \dfrac{1}{y} y'$. (2) 从求导后的方程中解出 y' 来. (3) 隐函数求导允许其结果中含有 y. 但求一点的导数时不但要把 x 值代进去,还要把对应的 y 值代进去.

例 2.25　设方程 $xy + \mathrm{e}^y = \mathrm{e}$ 确定了 y 是 x 的函数,求 $y'(0)$.

解
$$xy + \mathrm{e}^y = \mathrm{e}, \tag{1}$$

第一步,将 $x = 0$ 代入方程(1),得 $y = 1$.

第二步,将方程(1)两边关于 x 求导,得
$$y + xy' + \mathrm{e}^y y' = 0, \tag{2}$$

第三步,由(2)解得 $y' = -\dfrac{y}{x + \mathrm{e}^y}$. 当 $x = 0$ 时 $y = 1$,所以 $y'(0) = -\dfrac{1}{\mathrm{e}}$. 或 将 $x = 0$ 时 $y = 1$ 代入(2)中,解得 $y'(0) = -\dfrac{1}{\mathrm{e}}$.

例 2.26　设函数 $x = x(t)$ 由方程 $t\cos x + x = 0$ 确定,又函数 $y = y(x)$ 由方程 $\mathrm{e}^{y-2} - xy = 1$ 确定,求复合函数 $y = y(x(t))$ 的导数 $\left.\dfrac{\mathrm{d}y}{\mathrm{d}t}\right|_{t=0}$.

【分析】　这是一道复合函数,隐函数求导的题. $\dfrac{\mathrm{d}y}{\mathrm{d}t} = \dfrac{\mathrm{d}y}{\mathrm{d}x} \dfrac{\mathrm{d}x}{\mathrm{d}t}$,而 $\dfrac{\mathrm{d}y}{\mathrm{d}x}$ 和 $\dfrac{\mathrm{d}x}{\mathrm{d}t}$ 需要利用隐函数求导法来求.

解　先给方程标号
$$t\cos x + x = 0, \tag{1}$$
$$\mathrm{e}^{y-2} - xy = 1. \tag{2}$$

将 $t = 0$ 代入方程(1)得 $x = 0$,再将 $x = 0$ 代入方程(2)得 $y = 2$.

在方程(1)两端关于 t 求导,得
$$\cos x - t\sin x \cdot \dfrac{\mathrm{d}x}{\mathrm{d}t} + \dfrac{\mathrm{d}x}{\mathrm{d}t} = 0, \tag{3}$$

故 $\dfrac{\mathrm{d}x}{\mathrm{d}t} = \dfrac{\cos x}{t\sin x - 1}$. 于是 $\left.\dfrac{\mathrm{d}x}{\mathrm{d}t}\right|_{t=0} = \left.\dfrac{\mathrm{d}x}{\mathrm{d}t}\right|_{\substack{t=0 \\ x=0}} = \left.\dfrac{\cos x}{t\sin x - 1}\right|_{\substack{t=0 \\ x=0}} = -1$.

在方程(2)两端关于 x 求导,得
$$\mathrm{e}^{y-2} \dfrac{\mathrm{d}y}{\mathrm{d}x} - y - x \dfrac{\mathrm{d}y}{\mathrm{d}x} = 0, \tag{4}$$

故 $\dfrac{\mathrm{d}y}{\mathrm{d}x} = \dfrac{y}{\mathrm{e}^{y-2} - x}$.

将 $x = 0, y = 2$ 代入上式,得 $\left.\dfrac{\mathrm{d}y}{\mathrm{d}x}\right|_{x=0} = \left.\dfrac{\mathrm{d}y}{\mathrm{d}x}\right|_{\substack{x=0 \\ y=2}} = \left.\dfrac{y}{\mathrm{e}^{y-2} - x}\right|_{\substack{x=0 \\ y=2}} = 2$,因此
$$\left.\dfrac{\mathrm{d}y}{\mathrm{d}t}\right|_{t=0} = \left.\dfrac{\mathrm{d}y}{\mathrm{d}x}\right|_{x=0} \cdot \left.\dfrac{\mathrm{d}x}{\mathrm{d}t}\right|_{t=0} = -1 \times 2 = -2.$$

注　可直接将 $t = 0, x = 0$ 代入(3)式得 $\left.\dfrac{\mathrm{d}x}{\mathrm{d}t}\right|_{t=0} = \left.\dfrac{\mathrm{d}x}{\mathrm{d}t}\right|_{\substack{t=0 \\ x=0}} = -1$,将 $x = 0, y = 2$ 代入(4)式得 $\left.\dfrac{\mathrm{d}y}{\mathrm{d}x}\right|_{x=0} = \left.\dfrac{\mathrm{d}y}{\mathrm{d}x}\right|_{\substack{x=0 \\ y=2}} = 2$.

例 2.27 设函数 $y=y(x)$ 由方程 $x^2-y+1=\mathrm{e}^y$ 确定,求 $\dfrac{\mathrm{d}^2y}{\mathrm{d}x^2}\Big|_{x=0}$.(2012 年数学二)

【分析】 这是一个隐函数,可以利用隐函数求导法则求解.

解
$$x^2-y+1=\mathrm{e}^y. \tag{1}$$

把 $x=0$ 代入(1)式得 $y=0$.

对(1)式两边关于 x 求导得

$$2x-\frac{\mathrm{d}y}{\mathrm{d}x}=\mathrm{e}^y\,\frac{\mathrm{d}y}{\mathrm{d}x}. \tag{2}$$

把 $x=0,y=0$ 代入(2)式得 $\dfrac{\mathrm{d}y}{\mathrm{d}x}\Big|_{x=0}=\dfrac{\mathrm{d}y}{\mathrm{d}x}\Big|_{\substack{x=0\\y=0}}=0$.

对方程(2)两边关于 x 求导得

$$2-\frac{\mathrm{d}^2y}{\mathrm{d}x^2}=\mathrm{e}^y\left(\frac{\mathrm{d}y}{\mathrm{d}x}\right)^2+\mathrm{e}^y\,\frac{\mathrm{d}^2y}{\mathrm{d}x^2}. \tag{3}$$

再将 $x=0,y=0,\dfrac{\mathrm{d}y}{\mathrm{d}x}\Big|_{x=0}=0$ 代入(3)式可得 $\dfrac{\mathrm{d}^2y}{\mathrm{d}x^2}\Big|_{x=0}=\dfrac{\mathrm{d}^2y}{\mathrm{d}x^2}\Big|_{\substack{x=0\\y=0\\ \frac{\mathrm{d}y}{\mathrm{d}x}=0}}=1$.

题型 2-7 取对数求导法

【解题思路】 对形如 $y=u(x)^{v(x)}$ 的函数的幂指函数或多个因式的积、商、乘方、开方组成的函数,对于这类函数,可以先在函数两边取对数,然后在等式两边同时对自变量 x 求导,最后解出所求导数. 我们把这种方法称为**取对数求导法**.

例 2.28 设 $y=x^{\sin x}(x>0)$,求 y'.

解 这函数是幂指函数,为了求此函数的导数,可以先在两边取对数,得 $\ln y=\sin x\cdot\ln x$. 此式两边对 x 求导,有 $\dfrac{1}{y}y'=\cos x\ln x+\sin x\cdot\dfrac{1}{x}$, 于是

$$y'=y\left(\cos x\ln x+\sin x\cdot\frac{1}{x}\right)=x^{\sin x}\left(\cos x\ln x+\sin x\cdot\frac{1}{x}\right).$$

例 2.29 设 $y=\dfrac{\sqrt[3]{(x-1)^2(x-2)}}{\sqrt{(x-3)^3(x-4)^5}}$,求 y'.

解 先在两边取对数,得

$$\ln y=\frac{1}{3}\left[2\ln|x-1|+\ln|x-2|\right]-\frac{1}{2}\left[3\ln|x-3|+5\ln|x-4|\right].$$

上式两边对 x 求导,有 $\dfrac{1}{y}y'=\dfrac{1}{3}\left[\dfrac{2}{x-1}+\dfrac{1}{x-2}\right]-\dfrac{1}{2}\left[\dfrac{3}{x-3}+\dfrac{5}{x-4}\right]$,于是

$$y'=\frac{y}{3}\left[\frac{2}{x-1}+\frac{1}{x-2}\right]-\frac{y}{2}\left[\frac{3}{x-3}+\frac{5}{x-4}\right].$$

例 2.30 求函数 $y=\left(\dfrac{x}{1+x}\right)^x$ 的导数.

【错解】 $y'=x\left(\dfrac{x}{1+x}\right)^{x-1}\dfrac{1+x-x}{(1+x)^2}=x\left(\dfrac{x}{1+x}\right)^{x-1}\dfrac{1}{(1+x)^2}$.

【分析】 这函数不是指数函数型的一般复合函数,不能按照复合函数的求导法则计算导数,应该两边取对数后再求导.

解 两边取对数得 $\ln y=x\ln\left|\dfrac{x}{1+x}\right|=x[\ln|x|-\ln|1+x|].$ 两边求导得

$$\frac{y'}{y}=[\ln x-\ln(1+x)]+x\left(\frac{1}{x}-\frac{1}{1+x}\right),$$

故有 $y'=y\left(\ln\dfrac{x}{1+x}+\dfrac{1}{1+x}\right)=\left(\dfrac{x}{1+x}\right)^x\left(\ln\dfrac{x}{1+x}+\dfrac{1}{1+x}\right).$

题型 2-8 由参数方程所确定的函数的导数

【解题思路】 设 $\begin{cases}x=\varphi(t),\\ y=\psi(t),\end{cases}$ $x=\varphi(t)$ 具有单调连续的反函数 $t=\varphi^{-1}(x)$，则变量 y 与 x

构成复合函数关系 $y=\psi[\varphi^{-1}(x)]$，且 $\dfrac{dy}{dx}=\dfrac{\frac{dy}{dt}}{\frac{dx}{dt}}.$ $\dfrac{d^2y}{dx^2}=\dfrac{\frac{d}{dt}\left(\frac{dy}{dx}\right)}{\frac{dx}{dt}}.$ 利用参数方程的求导公式

求导.

例 2.31 设函数由参数方程 $\begin{cases}x=2t+t^2,\\ y=\psi(t)\end{cases}$ $(t>-1)$ 所确定，其中 $\psi(t)$ 具有 2 阶导数，求

$\dfrac{d^2y}{dx^2}.$（2010 年考研数学二）

解 $\dfrac{dy}{dx}=\dfrac{\frac{dy}{dt}}{\frac{dx}{dt}}=\dfrac{\psi'(t)}{2t+2},$

$$\frac{d^2y}{dx^2}=\frac{\frac{d}{dt}\left(\frac{\psi'(t)}{2t+2}\right)}{\frac{dx}{dt}}=\frac{\frac{\psi''(t)(2t+2)-2\psi'(t)}{(2t+2)^2}}{2t+2}=\frac{\psi''(t)(t+1)-\psi'(t)}{4(1+t)^3}.$$

例 2.32 求椭圆方程 $\begin{cases}x=a\cos t,\\ y=b\sin t\end{cases}$ 在 $t=\dfrac{\pi}{4}$ 时的切线方程.

解 当 $t=\dfrac{\pi}{4}$ 时，椭圆上的相应点 M_0 的坐标为

$$x_0=a\cos\frac{\pi}{4}=\frac{a\sqrt{2}}{2},\qquad y_0=b\sin\frac{\pi}{4}=\frac{b\sqrt{2}}{2}.$$

曲线在点 M_0 的切线的斜率为 $\dfrac{dy}{dx}\Big|_{t=\frac{\pi}{4}}=\dfrac{(b\sin t)'}{(a\cos t)'}\Big|_{t=\frac{\pi}{4}}=\dfrac{b\cos t}{-a\sin t}\Big|_{t=\frac{\pi}{4}}=-\dfrac{b}{a}$，代入点斜式

方程即得椭圆在点 M_0 处的切线方程为 $y-\dfrac{b\sqrt{2}}{2}=-\dfrac{b}{a}\left(x-\dfrac{a\sqrt{2}}{2}\right).$

例 2.33 设 $\begin{cases}x=\sin t,\\ y=t\sin t+\cos t,\end{cases}$ t 为参数，则 $\dfrac{d^2y}{dx^2}\Big|_{t=\frac{\pi}{4}}.$

解 $dx=\cos t\,dt,\quad dy=t\cos t\,dt,\quad \dfrac{dy}{dx}=t,$

$$\frac{d^2y}{dx^2}=\frac{d}{dx}\left(\frac{dy}{dx}\right)=\frac{\frac{d}{dt}\left(\frac{dy}{dx}\right)}{\frac{dx}{dt}}=\frac{(t)'}{(\sin t)'}=\frac{1}{\cos t}=\sec t,\quad \text{所以}\frac{d^2y}{dx^2}\Big|_{t=\frac{\pi}{4}}=\sqrt{2}.$$

例 2.34 $\begin{cases} x = \arctan t, \\ y = 3t + t^3, \end{cases}$ 则 $\dfrac{\mathrm{d}^2 y}{\mathrm{d} x^2}\Big|_{t=1}$.

解 $\dfrac{\mathrm{d} y}{\mathrm{d} x} = \dfrac{\frac{\mathrm{d} y}{\mathrm{d} t}}{\frac{\mathrm{d} x}{\mathrm{d} t}} = \dfrac{3 + 3t^2}{\frac{1}{1+t^2}} = 3(1+t^2)^2,$

$\dfrac{\mathrm{d}^2 y}{\mathrm{d} x^2} = \dfrac{\mathrm{d}}{\mathrm{d} x}[3(1+t^2)^2] = \dfrac{\frac{\mathrm{d}[3(1+t^2)^2]}{\mathrm{d} t}}{\frac{\mathrm{d} x}{\mathrm{d} t}} = \dfrac{12t(1+t^2)}{\frac{1}{1+t^2}} = 12t(1+t^2)^2,$ 故 $\dfrac{\mathrm{d}^2 y}{\mathrm{d} x^2}\Big|_{t=1} = 48.$

题型 2-9　求函数在一点的微分

【解题思路】 利用 $\mathrm{d} f(x)\big|_{x=x_0} = f'(x_0)\Delta x = f'(x_0)\mathrm{d} x$ 求函数在一点的微分.

例 2.35 求函数 $y = x^3$ 当 $x = 2, \Delta x = 0.02$ 时的微分.

解 先求函数在任一点的微分 $\mathrm{d} y = f'(x)\Delta x = (x^3)'\Delta x = 3x^2\Delta x$, 再求函数当 $x = 2,$ $\Delta x = 0.02$ 时的微分 $\mathrm{d} y\big|_{\substack{x=2 \\ \Delta x=0.02}} = 3x^2\Delta x\big|_{\substack{x=2 \\ \Delta x=0.02}} = 3\times 2^2\times 0.02 = 0.24.$

例 2.36 求函数 $y = x^2$ 在 $x = 1$ 和 $x = 3$ 处的微分.

解 函数 $y = x^2$ 在 $x = 1$ 处的微分为 $\mathrm{d} y\big|_{x=1} = (x^2)'\big|_{x=1}\Delta x = 2\Delta x$; 在 $x = 3$ 处的微分为
$$\mathrm{d} y\big|_{x=3} = (x^2)'\big|_{x=3}\Delta x = 6\Delta x.$$

例 2.37 设函数 $f(u)$ 可导, $y = f(x^2)$ 当自变量 x 在 $x = -1$ 处取得增量 $\Delta x = -0.1$ 时, 相应的函数增量 Δy 的线性主部为 0.1, 则 $f'(1) = $ _____.（2002 年高数二）

A. -1　　　　B. 0.1　　　　C. 1　　　　D. 0.5

【分析】 相应的函数增量 Δy 的线性主部就是微分 $\mathrm{d} y$, 因此利用微分可以解决.

解 因为 $\dfrac{\mathrm{d} y}{\mathrm{d} x} = 2xf'(x^2)$, 则 $\mathrm{d} y\big|_{\substack{x=-1 \\ \Delta x=-0.1}} = 2xf'(x^2)\cdot\Delta x\big|_{\substack{x=-1 \\ \Delta x=-0.1}},$ 即
$$0.1 = 2(-1)f'(1)\cdot(-0.1), \quad 故 \quad f'(1) = 0.5.$$

例 2.38 在等式 $\mathrm{d}(\quad) = x\mathrm{d} x$ 的括号中填入适当的函数, 使等式成立.

解 我们知道, $\mathrm{d}(x^2) = 2x\mathrm{d} x$. 可见, $x\mathrm{d} x = \dfrac{1}{2}\mathrm{d}(x^2) = \mathrm{d}\left(\dfrac{x^2}{2}\right)$, 即 $\mathrm{d}\left(\dfrac{x^2}{2}\right) = x\mathrm{d} x.$

更进一步 $\mathrm{d}\left(\dfrac{x^2}{2} + c\right) = x\mathrm{d} x.$

题型 2-10　利用 $\mathrm{d} f(x) = f'(x)\mathrm{d} x$ 求函数的微分

【解题思路】 利用 $\mathrm{d} f(x) = f'(x)\mathrm{d} x$ 求函数的微分.

例 2.39 设 $y = x\sin 2x$, 求 $\mathrm{d} y$.

解 $\mathrm{d} y = \mathrm{d}(x\sin 2x) = \sin 2x\mathrm{d} x + x\mathrm{d}(\sin 2x) = \sin 2x\mathrm{d} x + 2x\cos 2x\mathrm{d} x$
$= (\sin 2x + 2x\cos 2x)\mathrm{d} x.$

例 2.40 求函数 $y = \mathrm{e}^{1-3x}\cos x$ 的微分.

解 $\mathrm{d} y = \mathrm{d}(\mathrm{e}^{1-3x}\cos x) = \cos x\mathrm{d}(\mathrm{e}^{1-3x}) + \mathrm{e}^{1-3x}\mathrm{d}(\cos x)$
$= (\cos x)\mathrm{e}^{1-3x}(-3\mathrm{d} x) + \mathrm{e}^{1-3x}(-\sin x)\mathrm{d} x = -\mathrm{e}^{1-3x}(3\cos x + \sin x)\mathrm{d} x.$

题型 2-11　利用微分形式不变性求函数的微分

【解题思路】 无论 u 是自变量还是复合函数的中间变量, 函数 $y = f(u)$ 的微分形式总

是可以按微分定义的形式来写,即有 $\mathrm{d}y = f'(u)\mathrm{d}u$,这一性质称为**微分形式的不变性**. 利用微分形式不变性求函数的微分.

例 2.41　求函数 $y = \sin(2x+1)$ 的微分.

解　把 $2x+1$ 看成中间变量,则

$$\mathrm{d}y = \mathrm{d}(\sin u) = \cos u\,\mathrm{d}u = \cos(2x+1)\mathrm{d}(2x+1) = \cos(2x+1)\cdot 2\mathrm{d}x = 2\cos(2x+1)\mathrm{d}x.$$

例 2.42　设 $y = \ln^2(1-x)$,求 $\mathrm{d}y$.

解　$\mathrm{d}y = 2\ln(1-x)\mathrm{d}\ln(1-x) = 2\ln(1-x)\cdot\dfrac{-1}{1-x}\mathrm{d}x = \dfrac{2}{x-1}\ln(1-x)\mathrm{d}x.$

题型 2-12　利用微分进行近似计算

【解题思路】　利用 $\Delta y \approx \mathrm{d}y = f'(x_0)\Delta x$,或 $f'(x_0+\Delta x) \approx f(x_0) + f'(x_0)\Delta x$ 进行近似计算.

例 2.43　有一批半径为 1cm 的球,为了提高球面的光洁度,要镀上一层铜,厚度定为 0.01cm,估计一下每只球需用铜多少克?(铜的密度为 $8.9\mathrm{g/cm^3}$)

解　先求出镀层的体积,再乘上密度就得到每只球需用铜的质量.

因为镀层的体积等于两个球体体积之差,所以它就是球体体积 $V = \dfrac{4}{3}\pi R^3$ 当 R 自 R_0 取得增量 ΔR 时得增量 ΔV. 求 V 对 R 的导数得

$$V'\big|_{R=R_0} = \left(\frac{4}{3}\pi R^3\right)'\bigg|_{R=R_0} = 4\pi R, \quad 于是 \quad \Delta V \approx 4\pi R_0^2\Delta R.$$

将 $R=1, \Delta R = 0.01$ 代入上式,得 $\Delta V \approx 4 \times 3.14 \times 1^2 \times 0.01 \approx 0.13(\mathrm{cm^3})$,于是镀每只球需用的铜约为 $0.13 \times 8.9 \approx 1.16(\mathrm{g})$.

例 2.44　计算 $\sin 30°30'$ 的近似值.

解　把 $30°30'$ 化为弧度,得 $30°30' = \dfrac{\pi}{6} + \dfrac{\pi}{360}$.

由于所求的是正弦函数的值,故设 $f(x) = \sin x$. 此时 $f'(x) = \cos x$. 如果取 $x_0 = \dfrac{\pi}{6}$,则

$f\left(\dfrac{\pi}{6}\right) = \sin\dfrac{\pi}{6} = \dfrac{1}{2}$ 与 $f'\left(\dfrac{\pi}{6}\right) = \cos\dfrac{\pi}{6} = \dfrac{\sqrt{3}}{2}$ 都容易计算,并且 $\Delta x = \dfrac{\pi}{360}$ 比较小,所以有

$$\sin 30°30' = \sin\left(\frac{\pi}{6} + \frac{\pi}{360}\right) \approx \sin\frac{\pi}{6} + \cos\frac{\pi}{6}\cdot\frac{\pi}{360} = \frac{1}{2} + \frac{\sqrt{3}}{2}\cdot\frac{\pi}{360}$$

$$\approx 0.5000 + 0.0076 = 0.5076.$$

题型 2-13　求高阶导数

【解题思路】　求高阶导数的方法主要有 4 种:

(1) 由直接求低阶导数总结规律,推断高阶导数.

(2) 利用下面的公式间求高阶导数. 要记住几个常见的高阶导数.

① $(\mathrm{e}^x)^{(n)} = \mathrm{e}^x$; 　　　　　　　② $(a^x)^{(n)} = a^x(\ln a)^n$;

③ $[\sin(ax+b)]^{(n)} = a^n\sin\left(ax+b+\dfrac{n\pi}{2}\right)$; 　④ $[\cos(ax+b)]^{(n)} = a^n\cos\left(ax+b+\dfrac{n\pi}{2}\right)$;

⑤ $\left(\dfrac{1}{x}\right)^{(n)} = \dfrac{(-1)^n n!}{x^{n+1}}$; 　　　　　⑥ $(\ln x)^{(n)} = \dfrac{(-1)^{n-1}(n-1)!}{x^n}$;

⑦ $\left(\dfrac{1}{ax+b}\right)^{(n)}=\dfrac{(-1)^n n!\ a^n}{(ax+b)^{n+1}}.$

（3）利用莱布尼茨公式求乘积的高阶导数.

（4）泰勒公式（第 3 章）.

例 2.45　求 $y=\ln(1+x)$ 的 n 阶导数.

【分析】　可直接求，然后归纳总结.

解　$y=\ln(1+x),\quad y'=\dfrac{1}{1+x},\quad y''=-\dfrac{1}{(1+x)^2},$

$$y'''=\dfrac{1\cdot 2}{(1+x)^3},\quad y^{(4)}=-\dfrac{1\cdot 2\cdot 3}{(1+x)^4}.$$

一般地，$y^{(n)}=[\ln(1+x)]^{(n)}=(-1)^{n-1}\dfrac{(n-1)!}{(1+x)^n}.$

由数学归纳法知 $f^{(n)}(x)=(-1)^{n-1}\dfrac{(n-1)!}{(1+x)^n},\ n=1,2,\cdots.$

例 2.46　设 $y=f(x^2)$，若 $f''(x)$ 存在，求 $\dfrac{\mathrm{d}^2 y}{\mathrm{d}x^2}.$

解　$\dfrac{\mathrm{d}y}{\mathrm{d}x}=f'(x^2)\cdot 2x,\quad \dfrac{\mathrm{d}^2 y}{\mathrm{d}x^2}=f''(x^2)4x^2+2f'(x^2).$

例 2.47　设 $f'(x)=\mathrm{e}^{2f(x)}$，若 $f'(0)=1$ 存在，求 $f^{(n)}(0).$

解　因为 $f'(0)=1$，所以 $f(0)=0.$

$f''(x)=\mathrm{e}^{2f(x)}\cdot 2f'(x)=2\mathrm{e}^{2f(x)}\cdot \mathrm{e}^{2f(x)}=2\mathrm{e}^{4f(x)},$

$f'''(x)=2\mathrm{e}^{4f(x)}\cdot 4f'(x)=2\cdot 4\mathrm{e}^{4f(x)}\cdot \mathrm{e}^{2f(x)}=2\cdot 4\mathrm{e}^{6f(x)},$

$f^{(4)}(x)=2\cdot 4\mathrm{e}^{6f(x)}\cdot 6f'(x)=2\cdot 4\cdot 6\mathrm{e}^{6f(x)}\cdot \mathrm{e}^{2f(x)}=2\cdot 4\cdot 6\mathrm{e}^{8f(x)},$

$$\vdots$$

$f^{(n)}(x)=2\cdot 4\cdot 6\cdot\cdots\cdot 2(n-1)\cdot \mathrm{e}^{2nf(x)}.$

$f^{(n)}(0)=2\cdot 4\cdot 6\cdot\cdots\cdot 2(n-1)\cdot \mathrm{e}^{2nf(0)}=2\cdot 4\cdot 6\cdot\cdots\cdot 2(n-1)=2^{n-1}(n-1)!.$

例 2.48　$y=x^2\mathrm{e}^{2x}$，求 $y^{(20)}.$

解　设 $u=\mathrm{e}^{2x},v=x^2$，则 $u^{(k)}=2^k\mathrm{e}^{2x}\ (k=1,2,\cdots,20),v'=2x,v''=2,v^{(k)}=0$ $(k=3,4,\cdots,20)$，代入莱布尼茨公式，得

$$y^{(20)}=(x^2\mathrm{e}^{2x})^{(20)}=2^{20}\mathrm{e}^{2x}\cdot x^2+20\cdot 2^{19}\mathrm{e}^{2x}\cdot 2x+\dfrac{20\cdot 19}{2!}2^{18}\mathrm{e}^{2x}\cdot 2$$

$$=2^{20}\mathrm{e}^{2x}(x^2+20x+95).$$

例 2.49　函数 $f(x)=x^2\cdot 2^x$ 在 $x=0$ 处的 n 阶导数 $f^{(n)}(0).$

解　$f^{(n)}(x)=\mathrm{C}_n^0 x^2(2^x)^{(n)}+\mathrm{C}_n^1(x^2)'(2^x)^{(n-1)}+\mathrm{C}_n^2(x^2)''(2^x)^{(n-2)}$，故

$$f^{(n)}(0)=\mathrm{C}_n^2 2(2^x)^{(n-2)}|_{x=0}=\dfrac{n(n-1)}{2}2(\ln 2)^{n-2}=n(n-1)(\ln 2)^{n-2}.$$

例 2.50　设 $f(x)$ 在 (a,b) 内二次可导，且存在常数 α,β，使得对于 $\forall x\in(a,b)$，有 $f'(x)=\alpha f(x)+\beta f''(x)$，则 $f(x)$ 在 (a,b) 内无穷次可导.

证明　若 $\beta=0$，对于 $\forall x\in(a,b)$，有

$$f'(x)=\alpha f(x),f''(x)=\alpha f'(x)=\alpha^2 f(x),\cdots,f^{(n)}(x)=\alpha^n f(x),$$

从而 $f(x)$ 在 (a,b) 内无穷次可导.

若 $\beta\neq 0$, 对于 $\forall x\in(a,b)$, 有

$$f''(x)=\frac{f'(x)-\alpha f(x)}{\beta}=A_1 f'(x)+B_1 f(x),$$

其中 $A_1=\dfrac{1}{\beta}$, $B_1=\dfrac{\alpha}{\beta}$. 而

$$f'''(x)=A_1 f''(x)+B_1 f'(x).$$

设 $f^{(n)}(x)=A_1 f^{(n-1)}(x)+B_1 f^{(n-2)}(x)$, 则 $f^{(n+1)}(x)=A_1 f^{(n)}(x)+B_1 f^{(n-1)}(x)$, 即 $f(x)$ 在 (a,b) 内任意阶可导.

2.4　课后习题解答

习题 2.1

1. 根据导数的定义求下列函数的导数:

(1) $y=ax+b$, 求 $\dfrac{\mathrm{d}y}{\mathrm{d}x}$;

(2) $f(x)=(x-1)(x-2)^2(x-3)^3$, 求 $f'(1),f'(2),f'(3)$;

(3) $f(x)=(x-1)\arcsin\sqrt{\dfrac{x}{1+x}}$, 求 $f'(1)$;

(4) $f(x)=\begin{cases}x^2\sin\dfrac{1}{x}, & x\neq 0, \\ 0, & x=0,\end{cases}$ 求 $f'(0)$;

(5) $f(x)=x|x|$, 求 $f'(0)$.

解 (1) $\dfrac{\mathrm{d}y}{\mathrm{d}x}=\lim\limits_{\Delta x\to 0}\dfrac{f(x+\Delta x)-f(x)}{\Delta x}=\lim\limits_{\Delta x\to 0}\dfrac{a(x+\Delta x)+b-ax-b}{\Delta x}=a$;

(2) $f'(1)=\lim\limits_{x\to 1}\dfrac{f(x)-f(1)}{x-1}=\lim\limits_{x\to 1}\dfrac{(x-1)(x-2)^2(x-3)^3-0}{x-1}=\lim\limits_{x\to 1}(x-2)^2(x-3)^3=-8$,

$f'(2)=\lim\limits_{x\to 2}\dfrac{f(x)-f(2)}{x-2}=0$; $\qquad f'(3)=\lim\limits_{x\to 3}\dfrac{f(x)-f(3)}{x-3}=0$;

(3) $f'(1)=\lim\limits_{x\to 1}\dfrac{f(x)-f(1)}{x-1}=\lim\limits_{x\to 1}\dfrac{(x-1)\arcsin\sqrt{\dfrac{x}{x+1}}-0}{x-1}=\dfrac{\pi}{4}$;

(4) $f'(0)=\lim\limits_{x\to 0}\dfrac{f(x)-f(0)}{x-0}=\lim\limits_{x\to 0}\dfrac{x^2\sin\dfrac{1}{x}-0}{x}=\lim\limits_{x\to 0}x\sin\dfrac{1}{x}=0$;

(5) $f(x)=\begin{cases}x^2, & x\geqslant 0, \\ -x^2, & x<0,\end{cases}$

$f'_+(0)=\lim\limits_{x\to 0^+}\dfrac{f(x)-f(0)}{x-0}=\lim\limits_{x\to 0^+}\dfrac{x^2-0}{x-0}=0$, $\qquad f'_-(0)=\lim\limits_{x\to 0^-}\dfrac{f(x)-f(0)}{x-0}=\lim\limits_{x\to 0^-}\dfrac{-x^2-0}{x-0}=0$,

$f'_+(0)=f'_-(0)$, 故 $f'(0)=0$.

2. 下列各题中均假定 $f'(x_0)$ 存在, 按照导数定义观察下列极限, 指出 A 表示什么:

(1) $\lim\limits_{\Delta x\to 0}\dfrac{f(x_0-\Delta x)-f(x_0)}{\Delta x}=A$; $\qquad$ (2) $\lim\limits_{x\to 0}\dfrac{f(x)}{x}=A$, 其中 $f(0)=0$, 且 $f'(0)$ 存在;

(3) $\lim\limits_{h\to 0}\dfrac{f(x_0+h)-f(x_0-h)}{h}=A$; $\qquad$ (4) $\lim\limits_{n\to\infty}n\left[f\left(x_0+\dfrac{1}{n}\right)-f(x_0)\right]=A$.

解 (1) 因为 $\lim\limits_{\Delta x\to 0}\dfrac{f(x_0-\Delta x)-f(x_0)}{\Delta x}=-\lim\limits_{-\Delta x\to 0}\dfrac{f[x_0+(-\Delta x)]-f(x_0)}{-\Delta x}=-f'(x_0)$, 所以 $A=$

$-f'(x_0)$.

(2) 因为 $f(0)=0$,于是 $\lim\limits_{x\to 0}\dfrac{f(x)}{x}=\lim\limits_{x\to 0}\dfrac{f(x)-f(0)}{x-0}=f'(0)=A$.

(3) 因为 $\lim\limits_{h\to 0}\dfrac{f(x_0+h)-f(x_0-h)}{h}=\lim\limits_{h\to 0}\dfrac{[f(x_0+h)-f(x_0)]-[f(x_0-h)-f(x_0)]}{h}$

$$=\lim\limits_{h\to 0}\dfrac{f(x_0+h)-f(x_0)}{h}+\lim\limits_{-h\to 0}\dfrac{f[x_0+(-h)]-f(x_0)}{-h}$$

$$=f'(x_0)+f'(x_0)=2f'(x_0),$$

所以 $A=2f'(x_0)$.

(4) $A=\lim\limits_{n\to\infty}\dfrac{f\left(x_0+\dfrac{1}{n}\right)-f(x_0)}{\dfrac{1}{n}}=f'(x_0)$.

3. 如果 $f(x)$ 为偶函数,且 $f'(0)$ 存在,证明 $f'(0)=0$.

证明　因为 $f'(0)$ 存在,所以 $f'(0)=f'_+(0)=f'_-(0)$,而

$$f'_-(0)=\lim\limits_{x\to 0^-}\dfrac{f(x)-f(0)}{x-0}\xlongequal{x=-t}\lim\limits_{t\to 0^+}\dfrac{f(-t)-f(0)}{-t}=\lim\limits_{t\to 0^+}\dfrac{f(t)-f(0)}{-t}=-f'_+(0)=-f'(0),$$

所以 $f'(0)=-f'(0)$,故 $f'(0)=0$.

4. 若 $f(x)=\begin{cases}x^2,&x\leqslant c,\\ax+b,&x>c,\end{cases}$ 其中 c 为常数,试确定 a 和 b,使得 $f'(c)$ 存在.

解　要 $f'(c)$ 存在,必须 $f(x)$ 在点 $x=c$ 处连续,即 $\lim\limits_{x\to c^-}f(x)=\lim\limits_{x\to c^+}f(x)=f(c)$,亦即

$$\lim\limits_{x\to c^-}x^2=c^2=\lim\limits_{x\to c^+}(ax+b)=ac+b.$$

又

$$f'_-(c)=\lim\limits_{x\to c^-}\dfrac{f(x)-f(c)}{x-c}=\lim\limits_{x\to c^-}\dfrac{x^2-c^2}{x-c}=2c,\quad f'_+(c)=\lim\limits_{x\to c^+}\dfrac{f(x)-f(c)}{x-c}=\lim\limits_{x\to c^+}\dfrac{ax+b-(ac+b)}{x-c}=a.$$

由 $f'_+(c)=f'_-(c)$ 得 $a=2c$,从而 $b=-c^2$,即当 $a=2c,b=-c^2$ 时 $f'(c)$ 存在.

5. 设函数 $f(x)$ 在 $x=2$ 处连续,且 $\lim\limits_{x\to 2}\dfrac{f(x)}{x-2}=3$,求 $f'(2)$.

解　由于极限 $\lim\limits_{x\to 2}\dfrac{f(x)}{x-2}=3$ 存在,故有 $f(2)=0$,所以 $f'(2)=\lim\limits_{x\to 2}\dfrac{f(x)-f(2)}{x-2}=\lim\limits_{x\to 2}\dfrac{f(x)}{x-2}=3$.

6. 求下列函数 $f(x)$ 的 $f'_-(0)$ 和 $f'_+(0)$,并问 $f'(0)$ 是否存在?

(1) $f(x)=\begin{cases}\sin x,&x<0,\\\ln(1+x),&x\geqslant 0;\end{cases}$　(2) $f(x)=\begin{cases}\dfrac{x}{1+e^{\frac{1}{x}}},&x\neq 0,\\0,&x=0.\end{cases}$

解　(1) $f'_-(0)=\lim\limits_{x\to 0^-}\dfrac{f(x)-f(0)}{x-0}=\lim\limits_{x\to 0^-}\dfrac{\sin x-0}{x-0}=1$,

$f'_+(0)=\lim\limits_{x\to 0^+}\dfrac{f(x)-f(0)}{x-0}=\lim\limits_{x\to 0^+}\dfrac{\ln(1+x)-0}{x-0}=1$,

故有 $f'(0)=1$.

(2) $f'_-(0)=\lim\limits_{x\to 0^-}\dfrac{f(x)-f(0)}{x-0}=\lim\limits_{x\to 0^-}\dfrac{\dfrac{x}{1+e^{\frac{1}{x}}}-0}{x-0}=1$,

$f'_+(0)=\lim\limits_{x\to 0^+}\dfrac{f(x)-f(0)}{x-0}=\lim\limits_{x\to 0^+}\dfrac{\dfrac{x}{1+e^{\frac{1}{x}}}-0}{x-0}=0$,

故有 $f'(0)$ 不存在.

注 $\lim\limits_{x\to 0^-}e^{\frac{1}{x}}=0,\lim\limits_{x\to 0^+}e^{\frac{1}{x}}=+\infty$.

7. 求曲线 $y=\dfrac{x^5+1}{x^4+1}$,$x_0=1$ 在横坐标为 x_0 点的切线方程和法线方程.

解 切点为 $(1,1)$,斜率为 $f'(1)=\lim\limits_{x\to 1}\dfrac{f(x)-f(1)}{x-1}=\lim\limits_{x\to 1}\dfrac{\frac{x^5+1}{x^4+1}-1}{x-1}=\dfrac{1}{2}$,故切线方程为 $y=\dfrac{1}{2}x+\dfrac{1}{2}$;

法线方程为 $y=-2x+3$.

注 本题的 $f'(1)$ 用定义求比较好.

8. 在抛物线 $y=x^2$ 上取横坐标为 $x_1=1$ 和 $x_2=3$ 的两点,作过这两点的割线,问该抛物线上哪一点的切线可平行于这割线?

解 割线与切线平行,则割线的斜率等于切线的斜率.

割线的斜率 $k_1=\dfrac{3^2-1^2}{3-1}=4$,切线的斜率 $k_2=y'=2x$,由 $k_1=k_2=4$,得 $x=2$,故抛物线上 $(2,4)$ 的切线可平行于这割线,即抛物线上 $(2,4)$ 点处的切线平行于割线.

提高题

1. 若 $f(x)$ 在 $x=a$ 可导,且 $f(a)\ne 0$,求 $\lim\limits_{n\to\infty}\left[\dfrac{f\left(a+\frac{1}{n}\right)}{f(a)}\right]^n$. (2016 年全国预赛题)

解 本题属于 1^∞ 型未定式

$$\lim\limits_{n\to\infty}\left[\dfrac{f\left(a+\frac{1}{n}\right)}{f(a)}\right]^n=\lim e^{n\ln\left(\frac{f\left(a+\frac{1}{n}\right)}{f(a)}\right)}=e^{\lim\limits_{n\to\infty}n\left[\frac{f\left(a+\frac{1}{n}\right)}{f(a)}-1\right]}=e^{\lim\limits_{n\to\infty}\frac{f\left(a+\frac{1}{n}\right)-f(a)}{\frac{1}{n}}\cdot\frac{1}{f(a)}}=e^{\frac{f'(a)}{f(a)}}.$$

2. 若 $f(1)=0$,$f'(1)$ 存在,求极限 $I=\lim\limits_{x\to 0}\dfrac{f(\sin^2 x+\cos x)\tan 3x}{(e^{x^2}-1)\sin x}$.

解 $I=\lim\limits_{x\to 0}\dfrac{f(\sin^2 x+\cos x)\tan 3x}{(e^{x^2}-1)\sin x}=\lim\limits_{x\to 0}\dfrac{f(\sin^2 x+\cos x)\cdot 3x}{x^2\cdot x}=3\lim\limits_{x\to 0}\dfrac{f(\sin^2 x+\cos x)}{x^2}$

$=3\lim\limits_{x\to 0}\dfrac{f(\sin^2 x+\cos x)-f(1)}{\sin^2 x+\cos x-1}\cdot\dfrac{\sin^2 x+\cos x-1}{x^2}$

$=3\lim\limits_{x\to 0}\dfrac{f(\sin^2 x+\cos x)-f(1)}{\sin^2 x+\cos x-1}\cdot\dfrac{x^2-\frac{1}{2}x^2}{x^2}$

$=3f'(1)\cdot\dfrac{1}{2}=\dfrac{3}{2}f'(1).$

3. 设 $f(x)$ 在 $(-\infty,+\infty)$ 内有定义,对任意 x 都有 $f(x+1)=2f(x)$,且当 $0\le x\le 1$ 时,$f(x)=x(1-x^2)$,试判断 $f(x)$ 在 $x=0$ 处是否可导.

解 当 $-1\le x\le 0$ 时,$0\le x+1\le 1$,则

$$f(x)=\dfrac{1}{2}f(x+1)=\dfrac{1}{2}(x+1)[1-(x+1)^2]=\dfrac{1}{2}(x+1)(-x^2-2x).$$

故

$$f(x)=\begin{cases}x(1-x^2), & 0\le x\le 1,\\ \dfrac{1}{2}(x+1)(-x^2-2x), & -1\le x<0.\end{cases}$$

$$f'_-(0)=\lim\limits_{x\to 0^-}\dfrac{f(x)-f(0)}{x-0}=\lim\limits_{x\to 0^-}\dfrac{\frac{1}{2}(x+1)(-x^2-2x)-0}{x}=-1,$$

$$f'_+(0)=\lim\limits_{x\to 0^+}\dfrac{f(x)-f(0)}{x-0}=\lim\limits_{x\to 0^+}\dfrac{x(1-x^2)-0}{x}=1,$$

$f'_-(0)\neq f'_+(0)$，故 $f'(0)$ 不存在.

4. 已知 α,β 为常数，$f(x)$ 可导，求 $\lim\limits_{\Delta x\to 0}\dfrac{f(x+\alpha\Delta x)-f(x-\beta\Delta x)}{\Delta x}$.

解 $\lim\limits_{\Delta x\to 0}\dfrac{f(x+\alpha\Delta x)-f(x-\beta\Delta x)}{\Delta x}=\lim\limits_{\Delta x\to 0}\dfrac{f(x+\alpha\Delta x)-f(x)}{\alpha\Delta x}\alpha+\dfrac{f(x-\beta\Delta x)-f(x)}{-\beta\Delta x}\beta=(\alpha+\beta)f'(x).$

5. 已知 $f(x)=x(2x-1)(3x-2)\cdot\cdots\cdot(100x-99)$，求 $f'(0)$.

解 $f'(0)=\lim\limits_{x\to 0}\dfrac{f(x)-f(0)}{x-0}=\lim\limits_{x\to 0}\dfrac{x(2x-1)(3x-2)\cdot\cdots\cdot(100x-99)-0}{x-0}$

$\qquad =(-1)(-2)\cdot\cdots\cdot(-99)=-99!.$

6. 设函数 $f(x)$ 在 $x=0$ 处连续，且 $\lim\limits_{h\to 0}\dfrac{f(h^2)}{h^2}=1$，则（   ）.

  A. $f(0)=0$ 且 $f'_-(0)$ 存在　　　　　B. $f(0)=1$ 且 $f'_-(0)$ 存在

  C. $f(0)=0$ 且 $f'_+(0)$ 存在　　　　　D. $f(0)=1$ 且 $f'_+(0)$ 存在

解 $\lim\limits_{h\to 0}\dfrac{f(h^2)}{h^2}=1$ 只能说明 $f(0)=0$，$f'_+(0)=1$，故选 C.

7. 设函数 $f(x)$ 连续，且 $f'(0)>0$，则存在 $\delta>0$，使得（   ）.

  A. $f(x)$ 在 $(0,\delta)$ 内单调增加　　　B. $f(x)$ 在 $(-\delta,0)$ 内单调减少

  C. 对任意的 $x\in(0,\delta)$ 有 $f(x)>f(0)$　　D. 对任意的 $x\in(-\delta,0)$ 有 $f(x)>f(0)$

解 $f'(0)=\lim\limits_{x\to 0}\dfrac{f(x)-f(0)}{x-0}>0$，则存在 $\delta>0$，对任意的 $x\in(-\delta,0)$ 有 $f(x)<f(0)$，对任意的 $x\in(0,\delta)$ 有 $f(x)>f(0)$，故选 C.

8. 设函数 $f(x)$ 在 $x=0$ 处可导，$f'(0)=1$，则 $\lim\limits_{x\to 0}\dfrac{f(x)-f(-2x)}{\tan x}=$ _____.

解 $\lim\limits_{x\to 0}\left(\dfrac{f(x)-f(0)}{x-0}\cdot\dfrac{x}{\tan x}+\dfrac{f(-2x)-f(0)}{-2x}\cdot\dfrac{2x}{\tan x}\right)=f'(0)+2f'(0)=3f'(0)=3.$

习题 2.2

1. 求下列函数的导数：

(1) $y=x^3+\dfrac{5}{x^4}-\dfrac{1}{x}+10$;　　(2) $y=4x^5-2^x+3e^x$;　　(3) $y=\tan x-2\sec x+3$;

(4) $y=\sin x\cdot\cos x$;　　(5) $y=x\ln x-x^2$;　　(6) $y=3e^x\cos x$;

(7) $y=\dfrac{e^x}{x^2}+\ln 2$;　　(8) $y=\dfrac{1-\cos x}{\sin x}$;　　(9) $y=x(x+1)\tan x$.

解 (1) $y'=3x^2-\dfrac{20}{x^5}+\dfrac{1}{x^2}$;

(2) $y'=20x^4-2^x\ln 2+3e^x$;

(3) $y'=\sec^2 x-2\sec x\tan x$;

(4) $y'=\cos^2 x-\sin^2 x=\cos 2x$;

(5) $y'=\ln x+x\cdot\dfrac{1}{x}-2x=\ln x-2x+1$;

(6) $y'=3e^x(\cos x-\sin x)$;

(7) $y'=e^x\left(\dfrac{1}{x^2}-\dfrac{2}{x^3}\right)$;

(8) $y'=\dfrac{\sin^2 x-(1-\cos x)\cos x}{\sin^2 x}=\dfrac{1-\cos x}{\sin^2 x}$;

(9) $y'=(x+1)\tan x+x\tan x+x(x+1)\sec^2 x.$

2. 求下列函数的导数：

(1) $y = \sin x - \cos x$，求 $y'\mid_{x=\frac{\pi}{6}}$ 和 $y'\mid_{x=\frac{\pi}{4}}$；　　　(2) $\rho = \theta \sin\theta + \dfrac{1}{2}\cos\theta$，求 $\dfrac{d\rho}{d\theta}\Big|_{\theta=\frac{\pi}{4}}$．

解　(1) $y' = \cos x + \sin x$，故

$$y'\mid_{x=\frac{\pi}{6}} = \cos\frac{\pi}{6} + \sin\frac{\pi}{6} = \frac{\sqrt{3}}{2} + \frac{1}{2} = \frac{1+\sqrt{3}}{2}, \qquad y'\mid_{x=\frac{\pi}{4}} = \cos\frac{\pi}{4} + \sin\frac{\pi}{4} = \frac{\sqrt{2}}{2} + \frac{\sqrt{2}}{2} = \sqrt{2}.$$

(2) $\dfrac{d\rho}{d\theta} = \sin\theta + \theta\cos\theta - \dfrac{1}{2}\sin\theta = \dfrac{1}{2}\sin\theta + \theta\cos\theta$,　　$\dfrac{d\rho}{d\theta}\Big|_{\theta=\frac{\pi}{4}} = \dfrac{1}{2}\cdot\dfrac{\sqrt{2}}{2} + \dfrac{\pi}{4}\cdot\dfrac{\sqrt{2}}{2} = \dfrac{\sqrt{2}}{4}\left(1 + \dfrac{\pi}{2}\right).$

3. 求下列函数的导数：

(1) $y = (2x+5)^4$；　　(2) $y = \cos(4-3x)$；　　(3) $y = e^{-3x^2}$；　　(4) $y = \ln(1+x^2)$；

(5) $y = \sin^2 x$；　　(6) $y = \arctan(e^x)$；　　(7) $y = (\arcsin x)^2$；　　(8) $y = \ln\cos x$.

解　(1) $y' = 4(2x+5)^3 \cdot 2 = 8(2x+5)^3$；

(2) $y' = -\sin(4-3x)\cdot(-3) = 3\sin(4-3x)$；

(3) $y' = e^{-3x^2}\cdot(-6x) = -6xe^{-3x^2}$；

(4) $y' = \dfrac{2x}{1+x^2}$；

(5) $y' = 2\sin x\cdot\cos x = \sin 2x$；

(6) $y' = \dfrac{1}{1+(e^x)^2}\cdot e^x = \dfrac{e^x}{1+e^{2x}}$；

(7) $y' = 2\arcsin x\cdot\dfrac{1}{\sqrt{1-x^2}}$；

(8) $y' = \dfrac{1}{\cos x}\cdot(-\sin x) = -\tan x.$

4. 求下列函数的导数：

(1) $y = \arcsin(2x+5)$；　　(2) $y = \dfrac{1}{\sqrt{1-x^2}}$；　　(3) $y = e^{-3x^2}\cos 2x$；

(4) $y = \ln(1+x^2)$；　　(5) $y = \arcsin\sqrt{x}$；　　(6) $y = \ln(x+\sqrt{a^2+x^2})$；

(7) $y = \ln(\sec x + \tan x)$；　　(8) $y = \ln(\csc x + \cot x)$.

解　(1) $y' = \dfrac{1}{\sqrt{1-(2x+5)^2}}\cdot 2$；

(2) $y = (1-x^2)^{-\frac{1}{2}}$；　$y' = -\dfrac{1}{2}(1-x^2)^{-\frac{3}{2}}\cdot(-2x) = \dfrac{x}{\sqrt{(1-x^2)^3}}$；

(3) $y' = e^{-3x^2}\cdot(-6x)\cos 2x + e^{-3x^2}\cdot(-\sin 2x)\cdot 2 = -2e^{-3x^2}(3x\cos 2x + \sin 2x)$；

(4) $y' = \dfrac{1}{1+x^2}\cdot 2x$；

(5) $y' = \dfrac{1}{\sqrt{1-x}}\cdot\dfrac{1}{2\sqrt{x}}$；

(6) $y' = \dfrac{1}{x+\sqrt{a^2+x^2}}\cdot\left(1 + \dfrac{x}{\sqrt{a^2+x^2}}\right) = \dfrac{1}{\sqrt{a^2+x^2}}$；

(7) $y' = \dfrac{1}{\sec x + \tan x}(\sec x\cdot\tan x + \sec^2 x) = \sec x$；

(8) $y' = \dfrac{1}{\csc x + \cot x}(-\csc x\cdot\cot x - \csc^2 x) = -\csc x.$

5. 求下列函数的导数：

(1) $y = e^{\tan\frac{1}{x}}$；　　(2) $y = \ln\tan 2x$；　　(3) $y = e^{\arctan\sqrt{x}}$；　　(4) $y = \ln\ln\ln x$；

(5) $y=\sin^2 x \cdot \sin x^2$；(6) $y=\sqrt{x+\sqrt{x}}$；(7) $y=\arccos\sqrt{1-3x}-2^{-\frac{1}{x}}$；(8) $y=\sqrt{\dfrac{x+1}{x-1}}$，求 $y'|_{x=2}$.

解 (1) $y'=e^{\tan\frac{1}{x}} \cdot \sec^2\dfrac{1}{x} \cdot \left(-\dfrac{1}{x^2}\right)$；

(2) $y'=\dfrac{1}{\tan 2x} \cdot \sec^2 2x \cdot 2$；

(3) $y'=e^{\arctan\sqrt{x}} \cdot \dfrac{1}{1+(\sqrt{x})^2} \cdot \dfrac{1}{2\sqrt{x}}=e^{\arctan\sqrt{x}} \cdot \dfrac{1}{2\sqrt{x}(1+x)}$；

(4) $y'=\dfrac{1}{\ln\ln x} \cdot \dfrac{1}{\ln x} \cdot \dfrac{1}{x}$；

(5) $y'=2\sin x \cdot \cos x \cdot \sin x^2+\sin^2 x \cdot \cos x^2 \cdot 2x$；

(6) $y'=\dfrac{1}{2\sqrt{x+\sqrt{x}}} \cdot \left(1+\dfrac{1}{2\sqrt{x}}\right)$；

(7) $y'=\dfrac{1}{\sqrt{1-(1-3x)}} \cdot \dfrac{1}{2\sqrt{1-3x}} \cdot (-3)-2^{-\frac{1}{x}} \cdot \ln 2 \cdot \dfrac{1}{x^2}$

$=\dfrac{3}{2} \cdot \dfrac{1}{\sqrt{3x}} \cdot \dfrac{1}{\sqrt{1-3x}}-2^{-\frac{1}{x}} \cdot \dfrac{1}{x^2} \cdot \ln 2$；

(8) $y'=\dfrac{1}{2\sqrt{\dfrac{x+1}{x-1}}} \cdot \dfrac{(x-1)-(x+1)}{(x-1)^2}$，$y'|_{x=2}=-\dfrac{\sqrt{3}}{3}$.

6. 设 $f(x)=(ax+b)\sin x+(cx+d)\cos x$，确定 a,b,c,d 使 $f'(x)=x\cos x$.

解 $f'(x)=a\sin x+(ax+b)\cos x+c\cos x-(cx+d)\sin x=(a-cx-d)\sin x+(ax+b+c)\cos x=x\cos x$，则有 $a-d=0,c=0,a=1,b+c=0$，即 $a=1,b=c=0,d=1$.

7. 求垂直于直线 $2x-6y+1=0$，且与曲线 $y=x^3-3x^2-5$ 相切的直线方程.

解 直线 $2x-6y+1=0$ 的斜率为 $k=\dfrac{1}{3}$，则所求切线的斜率为 -3. 由 $y'=3x^2-6x=-3$，解得 $x=1$，$y=-7$，所求直线方程为 $y+7=-3(x-1)$.

8. 设 $y=f\left(\dfrac{3x-2}{3x+2}\right)$，又 $f'(x)=\arctan x^2$，求 $\dfrac{dy}{dx}\bigg|_{x=0}$.

解 $\dfrac{dy}{dx}=f'\left(\dfrac{3x-2}{3x+2}\right)\dfrac{3(3x+2)-3(3x-2)}{(3x+2)^2}=f'\left(\dfrac{3x-2}{3x+2}\right)\dfrac{12}{(3x+2)^2}=\arctan\left(\dfrac{3x-2}{3x+2}\right)^2\dfrac{12}{(3x+2)^2}$，

$\dfrac{dy}{dx}\bigg|_{x=0}=\arctan\left(\dfrac{0-2}{0+2}\right)^2\times\dfrac{12}{(0+2)^2}=\dfrac{\pi}{4}\times 3=\dfrac{3\pi}{4}$.

9. 求 $\dfrac{d(\sin x^2)}{dx}$，$\dfrac{d^2(\sin x^2)}{dx^2}$.

解 $\dfrac{d(\sin x^2)}{dx}=\dfrac{d(\sin x^2)}{d(x^2)}\dfrac{d(x^2)}{dx}=2x\cos x^2$，

$\dfrac{d^2(\sin x^2)}{dx^2}=\dfrac{d}{dx}\left(\dfrac{d\sin x^2}{dx}\right)=\dfrac{d}{dx}(2x\cos x^2)=2\cos x^2-4x^2\sin x^2$.

提高题

1. 设 $y=x^{\sin x}$，$x>0$，求 $\dfrac{dy}{dx}$.

解 $y=e^{\sin x\ln x}$，$\dfrac{dy}{dx}=e^{\sin x\ln x}\left[\cos x\ln x+\dfrac{\sin x}{x}\right]$.

2. 设 $f(x)$ 可导,求下列函数的导数 $\dfrac{\mathrm{d}y}{\mathrm{d}x}$:

(1) $y=f(x^2)$;　　　　　　(2) $y=f(\sin^2 x)+f(\cos^2 x)$.

解　(1) $\dfrac{\mathrm{d}y}{\mathrm{d}x}=2xf'(x^2)$;

(2) $\dfrac{\mathrm{d}y}{\mathrm{d}x}=f'(\sin^2 x)\cdot 2\sin x\cos x+f'(\cos^2 x)\cdot(-2\sin x\cos x)=\sin 2x[f'(\sin^2 x)-f'(\cos^2 x)]$.

3. 求 $y=\sqrt{x+\sqrt{x+\sqrt{x}}}$ 的导数.

解　$\dfrac{\mathrm{d}y}{\mathrm{d}x}=\dfrac{1}{2\sqrt{x+\sqrt{x+\sqrt{x}}}}\left[1+\dfrac{1}{2\sqrt{x+\sqrt{x}}}\left(1+\dfrac{1}{2\sqrt{x}}\right)\right]$.

4. 求函数 $y=f^n(\varphi^n(\sin x^n))$ 的导数,其中 f,φ 均可导.

解　$\dfrac{\mathrm{d}y}{\mathrm{d}x}=nf^{n-1}(\varphi^n(\sin x^n))f'(\varphi^n(\sin x^n))\cdot n\varphi^{n-1}(\sin x^n)\varphi'(\sin x^n)\cdot\cos x^n\cdot nx^{n-1}$.

5. 验证 $(\sqrt{x^2-a^2})'_x=\dfrac{x}{\sqrt{x^2-a^2}}$,$(\sqrt{a^2-x^2})'_x=\dfrac{-x}{\sqrt{a^2-x^2}}$ 并记住.

解　答略.

习题 2.3

1. 求下列函数的二阶导数:

(1) $y=2x^2+\ln x$;　　　　(2) $y=\mathrm{e}^{2x-1}$;　　　　(3) $y=x\cos x$;

(4) $y=\mathrm{e}^{-t}\sin t$;　　　　(5) $y=\dfrac{x}{\sqrt{1-x^2}}$;　　　　(6) $y=(1+x^2)\arctan x$.

解　(1) $y'=4x+\dfrac{1}{x}$,　$y''=4-\dfrac{1}{x^2}$;

(2) $y'=2\mathrm{e}^{2x-1}$,　$y''=4\mathrm{e}^{2x-1}$;

(3) $y'=\cos x-x\sin x$;　$y''=-\sin x-\sin x-x\cos x=-2\sin x-x\cos x$;

(4) $y'=-\mathrm{e}^{-t}\sin t+\mathrm{e}^{-t}\cos t=\mathrm{e}^{-t}(\cos t-\sin t)$,

$y''=-\mathrm{e}^{-t}(\cos t-\sin t)+\mathrm{e}^{-t}(-\sin t-\cos t)=\mathrm{e}^{-t}(-2\cos t)=-2\mathrm{e}^{-t}\cos t$;

(5) $y'=\dfrac{1}{\sqrt{1-x^2}}+x\cdot\left(-\dfrac{1}{2}\right)\cdot\dfrac{1}{\sqrt{(1-x^2)^3}}\cdot(-2x)=\dfrac{1}{\sqrt{(1-x^2)^3}}=(1-x^2)^{-\frac{3}{2}}$,

$y''=-\dfrac{3}{2}\cdot(1-x^2)^{-\frac{5}{2}}\cdot(-2x)=\dfrac{3x}{\sqrt{(1-x^2)^5}}$;

(6) $y'=2x\arctan x+1$,　$y''=2\arctan x+\dfrac{2x}{1+x^2}$.

2. 设 $y=f[x\varphi(x)]$,其中 f,φ 具有二阶导数,求 $\dfrac{\mathrm{d}^2 y}{\mathrm{d}x^2}$.

解　$\dfrac{\mathrm{d}y}{\mathrm{d}x}=f'(x\varphi(x))(\varphi(x)+x\varphi'(x))$,

$\dfrac{\mathrm{d}^2 y}{\mathrm{d}x^2}=f''(x\varphi(x))(\varphi(x)+x\varphi'(x))^2+f'(x\varphi(x))(2\varphi'(x)+x\varphi''(x))$.

3. 设 $f(x)=(x-a)^3\varphi(x)$,其中 $\varphi(x)$ 有二阶连续导数,问 $f'''(a)$ 是否存在;若不存在,请说明理由;若存在,求出其值.

解　$f'(x)=3(x-a)^2\varphi(x)+(x-a)^3\varphi'(x)$,

$f''(x)=6(x-a)\varphi(x)+6(x-a)^2\varphi'(x)+(x-a)^3\varphi''(x)$,

$f'''(a)=\lim_{x\to a}\dfrac{f''(x)-f''(a)}{x-a}=\lim_{x\to a}\dfrac{6(x-a)\varphi(x)+6(x-a)^2\varphi'(x)+(x-a)^3\varphi(x)-0}{x-a}=6\varphi(a)$.

4. 问自然数 n 至少多大,才能使

$$f(x)=\begin{cases} x^n\sin\dfrac{1}{x}, & x\neq 0, \\ 0, & x=0 \end{cases}$$

在 $x=0$ 处二阶可导,并求 $f''(0)$.

解 $f'(0)=\lim\limits_{x\to 0}\dfrac{f(x)-f(0)}{x-0}=\lim\limits_{x\to 0}\dfrac{x^n\sin\dfrac{1}{x}-0}{x-0}=\lim\limits_{x\to 0}x^{n-1}\sin\dfrac{1}{x}$,

要使上式极限存在,则要求 $n-1>0$,即 $n>1$,且 $f'(0)=0$.

当 $x\neq 0$ 时,$f'(x)=nx^{n-1}\sin\dfrac{1}{x}-x^{n-2}\cos\dfrac{1}{x}$,于是

$$f''(0)=\lim\limits_{x\to 0}\dfrac{f'(x)-f'(0)}{x-0}=\lim\limits_{x\to 0}\dfrac{nx^{n-1}\sin\dfrac{1}{x}-x^{n-2}\cos\dfrac{1}{x}}{x-0}=\lim\limits_{x\to 0}\left(nx^{n-2}\sin\dfrac{1}{x}-x^{n-3}\cos\dfrac{1}{x}\right),$$

$f''(0)$ 存在的话只能为 0,上式极限存在要求 $n-3>0$,即 $n>3$. 故当 $n>3$ 时,$f''(0)$ 存在,且 $f''(0)=0$.

5. 求下列函数的 n 阶导数:

(1) $y=\sin^2 x$;   (2) $y=x\ln x$;   (3) $y=\dfrac{1}{x^2-3x+2}$;   (4) $y=xe^x$.

解 (1) $y=\dfrac{1-\cos 2x}{2}=\dfrac{1}{2}-\dfrac{1}{2}\cos 2x$, $y^{(n)}=-\dfrac{1}{2}\cdot 2^n\cdot\cos\left(2x+\dfrac{n\pi}{2}\right)=-2^{n-1}\cdot\cos\left(2x+\dfrac{n\pi}{2}\right)$.

(2) $y=\ln x+1$, $y'=\dfrac{1}{x}=x^{-1}$, $y''=(-1)x^{-2}$, $y'''=(-1)\cdot(-2)x^{-3}=(-1)^2\cdot 2!\cdot x^{-3},\cdots$,

$y^{(n)}=(-1)^{(n-1)}\cdot(n-1)!\cdot x^{-n}$.

(3) $y=\dfrac{1}{(x-1)(x-2)}=\dfrac{1}{(x-2)}-\dfrac{1}{(x-1)}=(x-2)^{-1}-(x-1)^{-1}$,

$y'=(-1)[(x-2)^{-2}-(x-1)^{-2}]$, $y''=(-1)(-2)[(x-2)^{-3}-(x-1)^{-3}],\cdots$,

$y^{(n)}=(-1)^n\cdot n!\ [(x-2)^{-(n+1)}-(x-1)^{-(n+1)}]$.

(4) $y'=e^x+xe^x=e^x(1+x)$, $y''=e^x(1+x)+e^x=e^x(2+x),\cdots,y^{(n)}=e^x(n+x)$.

6. 求下列函数指定阶的导数:

(1) $y=x^2\sin 3x$,求 $y^{(50)}$;   (2) $y=e^x\cos x$,求 $y^{(4)}$.

解 (1) $y^{(50)}=\sum\limits_{k=0}^{50}C_{50}^k(x^2)^{(k)}\cdot(\sin 3x)^{(50-k)}$

$$=C_{50}^0 x^2\cdot 3^{50}\cdot\sin\left(3x+50\cdot\dfrac{\pi}{2}\right)+C_{50}^1\cdot 2x\cdot 3^{49}\cdot\sin\left(3x+49\cdot\dfrac{\pi}{2}\right)+$$

$$C_{50}^2\cdot 2\cdot 3^{48}\cdot\sin\left(3x+48\cdot\dfrac{\pi}{2}\right)$$

$$=x^2\cdot 3^{50}\cdot\sin\left(3x+50\cdot\dfrac{\pi}{2}\right)+50\cdot 2x\cdot 3^{49}\cdot\sin\left(3x+49\cdot\dfrac{\pi}{2}\right)+$$

$$\dfrac{50\times 49}{2}\cdot 2\times 3^{48}\cdot\sin\left(3x+48\cdot\dfrac{\pi}{2}\right)$$

$$=-3^{50}\cdot x^2\sin 3x+3^{49}\cdot 100x\cdot\cos 3x+3^{48}\cdot 50\times 49\sin 3x$$

$$=3^{48}(-9x^2\sin 3x+300x\cos 3x+2450\sin 3x);$$

(2) $y^{(4)}=\sum\limits_{k=0}^{4}C_4^k(e^x)^{(k)}(\cos x)^{(4-k)}$

$$=e^x\cos\left(x+4\cdot\dfrac{\pi}{2}\right)+C_4^2\cdot e^x\cos\left(x+2\cdot\dfrac{\pi}{2}\right)+e^x\cos x=-4e^x\cos x.$$

提高题

1. $f(x)=\sin^4 x+\cos^4 x$,求 $f^{(n)}(x)$.

解 $y = \sin^4 x + \cos^4 x = (\sin^2 x + \cos^2 x)^2 - 2\sin^2 x \cos^2 x$

$$= 1 - \frac{1}{2}\sin^2 2x = 1 - \frac{1}{2}\left(\frac{1-\cos 4x}{2}\right) = \frac{3}{4} + \frac{1}{4}\cos 4x,$$

$$y' = \frac{1}{4}(-\sin 4x) \cdot 4 = 4^0 \cos\left(4x + \frac{\pi}{2}\right), \quad y'' = 4\cos\left(4x + 2 \cdot \frac{\pi}{2}\right), \cdots$$

所以 $y^{(n)} = 4^{n-1}\cos\left(4x + n \cdot \frac{\pi}{2}\right)$.

2. $f'(x) = 2f(x), f(0) = 1$，求 $f^{(n)}(0)$.

解 $f'(x) = 2f(x), \quad f''(x) = 2f'(x) = 2 \cdot 2f(x),$

$f'''(x) = 2^2 f'(x) = 2^3 f(x), \cdots, f^{(n)}(x) = 2^n f(x)$，故 $f^{(n)}(0) = 2^n f(0) = 2^n$.

3. $f'(x) = e^{f(x)}, f(0) = 1$，求 $f^{(n)}(0)$.

解 $f'(x) = e^{f(x)}, \quad f''(x) = e^{f(x)} \cdot f'(x) = e^{f(x)} \cdot e^{f(x)} = e^{2f(x)},$

$f'''(x) = e^{2f(x)} \cdot 2f'(x) = 2e^{3f(x)}, \quad f^{(4)}(x) = 2e^{3f(x)} \cdot 3f'(x) = 3! \cdot e^{3f(x)} \cdot e^{f(x)} = 3! \cdot e^{4f(x)}, \cdots,$

$f^{(n)}(x) = (n-1)! \cdot e^{nf(x)}$，故 $f^{(n)}(0) = (n-1)! \cdot e^n$.

4. 设 y 的 $n-2$ 阶导数 $y^{(n-2)} = \frac{x}{\ln x}$，求 y 的 n 阶导数 $y^{(n)}$.

解 $y^{(n-2)} = \frac{x}{\ln x}, \quad y^{(n-1)} = [y^{(n-2)}]' = \left(\frac{x}{\ln x}\right)' = \frac{\ln x - x \cdot \frac{1}{x}}{\ln^2 x} = \frac{\ln x - 1}{\ln^2 x},$

$$y^{(n)} = [y^{(n-1)}]' = \left(\frac{\ln x - 1}{\ln^2 x}\right)' = \frac{\frac{1}{x} \cdot \ln^2 x - (\ln x - 1) \cdot 2\ln x \cdot \frac{1}{x}}{\ln^4 x} = \frac{2 - \ln x}{x \ln^3 x}.$$

5. 设 $y = f(x^2 + b)$，其中 b 为常数，f 存在二阶导数，求 y''.

解 $y' = f'(x^2 + b) \cdot 2x, \quad y'' = f''(x^2 + b) \cdot (2x)^2 + 2f'(x^2 + b) = f''(x^2 + b) \cdot 4x^2 + 2f'(x^2 + b).$

6. 设函数 $y = \frac{1}{2x+3}$，求 $y^{(n)}(0)$.

解 $y' = (-1)(2x+3)^{-2} \cdot 2, \quad y'' = (-1)(-2)(2x+3)^{-3} \cdot 2^2, \cdots,$

$y^{(n)} = (-1)(-2) \cdots (-n)(2x+3)^{-(n+1)} \cdot 2^n = (-1)^n n! (2x+3)^{-(n+1)} \cdot 2^n,$

$y^{(n)}(0) = (-1)^n n! \cdot 3^{-(n+1)} \cdot 2^n.$

习题 2.4

1. 求下列方程确定的隐函数的导数：

(1) $y^2 + 2xy + 9 = 0$；　　　　(2) $x^3 + y^3 - 3axy = 0$；

(3) $xy = \sin(x+y)$；　　　　(4) $y = 1 - xe^y$.

解 (1) 两边关于 x 求导 $2yy' + 2y + 2xy' = 0$，即 $(y+x)y' = -y$，故 $y' = -\frac{y}{y+x}$.

(2) 两边关于 x 求导 $3x^2 + 3y^2 \cdot y' - 3ay - 3axy' = 0$，即 $(3y^2 - 3ax)y' = 3ay - 3x^2$，故 $y' = \frac{ay - x^2}{y^2 - ax}$.

(3) 两边关于 x 求导 $y + xy' = \cos(x+y) \cdot (1 + y')$，即 $(x - \cos(x+y))y' = \cos(x+y) - y$，故 $y' = \frac{\cos(x+y) - y}{x - \cos(x+y)}$.

(4) 两边关于 x 求导 $y' = -e^y - xe^y \cdot y'$，即 $(1 + xe^y)y' = -e^y$，故 $y' = -\frac{e^y}{1 + xe^y}$.

2. 设 $\arctan \frac{y}{x} = \ln\sqrt{x^2 + y^2}$，求 $\frac{d^2 y}{dx^2}$.

解 $\arctan \frac{y}{x} = \frac{1}{2}\ln(x^2 + y^2)$. 两边关于 x 求导

$$\frac{1}{1+\left(\frac{y}{x}\right)^2}\cdot\frac{xy'-y}{x^2}=\frac{1}{2}\cdot\frac{1}{x^2+y^2}(2x+2yy'),\ \text{即}\ xy'-y=x+y\cdot y',$$

于是 $(x-y)y'=x+y$,故 $y'=\dfrac{x+y}{x-y}$.

对方程 $xy'-y=x+y\cdot y'$ 两边关于 x 求导得

$$y'+xy''-y'=1+y'^2+y\cdot y'',\ \text{故}\ y''=\frac{1+y'^2}{x-y}=\frac{(x-y)^2+(x+y)^2}{(x-y)^3}=\frac{2(x^2+y^2)}{(x-y)^3}.$$

3. 设 $xy-\ln y=0$,求 $\dfrac{dy}{dx}\Big|_{x=0}$,$\dfrac{d^2y}{dx^2}\Big|_{x=0}$.

解 取 $x=0$,得 $y=1$.两边关于 x 求导

$$y+xy'-\frac{1}{y}y'=0,\ \text{故}\ y'=\frac{y^2}{1-xy},\quad y'\Big|_{x=0}=y'\Big|_{\substack{x=0\\y=1}}=1.$$

$$y''=\frac{2yy'(1-xy)-y^2(-y-xy')}{(1-xy)^2},\quad y''\Big|_{x=0}=y''\Big|_{\substack{x=0\\y=1\\y'=1}}=\frac{2+1}{1}=3.$$

4. 求下列函数的导数:

(1) $y=(1+x^2)^{\sin x}$; (2) $y=\left(\dfrac{x}{1+x}\right)^x$;

(3) $y=\dfrac{\sqrt{x+2}(3-x)^4}{(x+1)^5}$; (4) $y=\sqrt{x\sin x\sqrt{1-e^x}}$.

解 (1)两边取自然对数,得 $\ln y=\sin x\ln(1+x^2)$.

$$\frac{1}{y}y'=\cos x\ln(1+x^2)+\sin x\cdot\frac{2x}{1+x^2},\ \text{故}\ y'=(1+x^2)^{\sin x}\left[\cos x\ln(1+x^2)+\sin x\cdot\frac{2x}{1+x^2}\right].$$

(2)两边取自然对数,得 $\ln y=x[\ln|x|-\ln|1+x|]$.

$$\frac{1}{y}y'=\ln\left|\frac{x}{1+x}\right|-x\left[\frac{1}{x}-\frac{1}{1+x}\right],\ \text{故}\ y'=\left(\frac{x}{1+x}\right)^x\left[\ln\left|\frac{x}{1+x}\right|-\frac{1}{1+x}\right].$$

(3)两边取自然对数,得

$$\ln y=\frac{1}{2}\ln|x+2|+4\ln|3-x|-5\ln|x+1|,$$

$$\frac{1}{y}y'=\frac{1}{2}\cdot\frac{1}{x+2}-\frac{4}{3-x}-\frac{5}{x+1},\ \text{故}\ y'=\frac{\sqrt{x+2}(3-x)^4}{(x+1)^5}\left(\frac{1}{2x+4}-\frac{4}{3-x}-\frac{5}{x+1}\right).$$

(4)两边取自然对数,得

$$\ln y=\frac{1}{2}\left(\ln|x|+\ln|\sin x|+\frac{1}{2}\ln|1-e^x|\right),$$

$$\frac{1}{y}y'=\frac{1}{2}\left(\frac{1}{x}+\frac{\cos x}{\sin x}+\frac{1}{2}\cdot\frac{-e^x}{1-e^x}\right),\ \text{故}\ y'=\frac{1}{2}\sqrt{x\sin x\sqrt{1-e^x}}\left(\frac{1}{x}+\cot x-\frac{e^x}{2(1-e^x)}\right).$$

5. 求下列函数的导数:

(1) $\begin{cases}x=\sin t,\\y=\cos 2t,\end{cases}$ 求 $\dfrac{dy}{dx}\Big|_{t=\frac{\pi}{4}}$; (2) 设 $x=a\ln\cot\theta,y=\tan\theta$,求 $\dfrac{dy}{dx}$ 与 $\dfrac{d^2y}{dx^2}$.

(3) 设 $x=f'(t),y=tf'(t)-f(t)$,又 $f''(t)$ 存在且不为零,求 $\dfrac{dy}{dx}$ 与 $\dfrac{d^2y}{dx^2}$.

解 (1) $\dfrac{dy}{dx}=\dfrac{\frac{dy}{dt}}{\frac{dx}{dt}}=\dfrac{-2\sin 2t}{\cos t}=-4\sin t,\quad \dfrac{dy}{dx}\Big|_{x=\frac{\pi}{4}}=-2\sqrt{2}.$

(2) $\dfrac{dy}{dx}=\dfrac{\frac{dy}{d\theta}}{\frac{dx}{d\theta}}=\dfrac{\sec^2\theta}{a\cdot\frac{1}{\cot\theta}(-\csc^2\theta)}=-\dfrac{1}{a}\tan\theta,$

$$\frac{d^2 y}{dx^2} = \frac{d}{dx}\left(\frac{dy}{dx}\right) \cdot \frac{d\theta}{dx} = \frac{\left(-\frac{1}{\alpha}\tan\theta\right)'_\theta}{x'_\theta} = \frac{-\frac{1}{\alpha} \cdot \sec^2\theta}{\alpha \cdot \frac{1}{\cot\theta} \cdot (-\csc^2\theta)} = -\frac{1}{\alpha^2}\tan\theta.$$

(3) $\dfrac{dy}{dx} = \dfrac{\dfrac{dy}{dt}}{\dfrac{dx}{dt}} = \dfrac{f'(t) + t f''(t) - f'(t)}{f''(t)} = t,$ 　　$\dfrac{d^2 y}{dx^2} = \dfrac{\dfrac{d}{dt}\left(\dfrac{dy}{dx}\right)}{\dfrac{dx}{dt}} = \dfrac{(t)'_t}{f''(t)} = \dfrac{1}{f''(t)}.$

提高题

1. 设函数 $y = y(x)$ 由参数方程 $\begin{cases} x = t + e^t, \\ y = \sin t \end{cases}$ 确定,则 $\dfrac{d^2 y}{dx^2}\bigg|_{t=0} = $ _____.

解　$\dfrac{dy}{dx} = \dfrac{\cos t}{1 + e^t}$,　$\dfrac{d^2 y}{dx^2} = \dfrac{d\left(\dfrac{\cos t}{1 + e^t}\right)}{\dfrac{dx}{dt}} = -\dfrac{(1 + e^t)\sin t + e^t \cos t}{(1 + e^t)^3}$,所以 $\dfrac{d^2 y}{dx^2}\bigg|_{t=0} = -\dfrac{1}{8}.$

2. 设函数 $y = f(x)$ 由方程 $\cos(xy) + \ln y - x = 1$ 确定,则 $\lim\limits_{n \to \infty} n\left(f\left(\dfrac{2}{n}\right) - 1\right).$

解　将 $x = 0$ 代入方程得 $y = 1$. 在 $\cos(xy) + \ln y - x = 1$ 两边关于 x 求导,得

$$-\sin(xy) \cdot (y + xy') + \frac{1}{y}y' - 1 = 0.$$

将 $x = 0, y = 1$ 代入上式,得

$$\sin 0 \cdot (1 + 0) + \frac{1}{1}y' - 1 = 0,\text{ 故 } y' = 1, \quad \text{即 } y'(0) = f'(0) = 1.$$

$$\lim_{n \to \infty} n\left(f\left(\frac{2}{n}\right) - 1\right) = \lim_{n \to \infty} 2\,\frac{f\left(\dfrac{2}{n}\right) - f(0)}{\dfrac{2}{n}} = 2 f'(0) = 2.$$

3. 曲线 L 的极坐标方程为 $r = \theta$,求 L 在点 $(r, \theta) = \left(\dfrac{\pi}{2}, \dfrac{\pi}{2}\right)$ 处的切线方程.

解　先把曲线方程化为参数方程

$$\begin{cases} x = r(\theta)\cos\theta = \theta\cos\theta, \\ y = r(\theta)\sin\theta = \theta\sin\theta, \end{cases}$$

于是在 $\theta = \dfrac{\pi}{2}$ 处,$x = 0, y = \dfrac{\pi}{2}, \dfrac{dy}{dx}\bigg|_{\frac{\pi}{2}} = \dfrac{\sin\theta + \theta\cos\theta}{\cos\theta - \theta\sin\theta}\bigg|_{\frac{\pi}{2}} = -\dfrac{2}{\pi}$,则 L 在点 $(r, \theta) = \left(\dfrac{\pi}{2}, \dfrac{\pi}{2}\right)$ 处的切线方程为

$$y - \frac{\pi}{2} = -\frac{2}{\pi}(x - 0), \text{ 即 } y = -\frac{2}{\pi}x + \frac{\pi}{2}.$$

4. 求曲线 $\tan\left(x + y + \dfrac{\pi}{4}\right) = e^y$ 在点 $(0, 0)$ 处的切线方程.

解　方程两边关于 x 求导得 $\sec^2\left(x + y + \dfrac{\pi}{4}\right) \cdot (1 + y') = e^y \cdot y'.$

将 $x = 0, y = 0$ 代入上式得 $(\sqrt{2})^2(1 + y') = y'$,故 $y' = -2$,即 $y'(0) = -2$. 所以切线方程为 $y = -2x$.

5. 设函数 $y = y(x)$ 是由方程 $x^2 + y = \tan(x - y)$ 所确定且满足 $y(0) = 0$,求 $y''(0)$.

解　在方程 $x^2 + y = \tan(x - y)$ 中关于 x 求导

$$2x + y' = \sec^2(x - y) \cdot (1 - y'). \tag{1}$$

将 $x = 0, y = 0$ 代入上式得 $y' = \dfrac{1}{2}$. 在 (1) 式两边关于 x 求导,得

$$2 + y'' = 2\sec^2(x - y)\tan(x - y) \cdot (1 - y')^2 + \sec^2(x - y)(-y'').$$

将 $x=0,y=0,y'=\dfrac{1}{2}$ 代入上式,得 $2+y''=0+(-y'')$,故得 $y''=-1$,即 $y''(0)=-1$.

习题 2.5

1. 求函数 $y=x^2$ 当 x 由 1 改变到 1.01 的微分.

解 因为 $dy=2xdx$,由题设条件知 $x=1,dx=\Delta x=1.01-1=0.01$,所以 $dy=2\times 1\times 0.01=0.02$.

2. 求函数 $y=x^3$ 在 $x=2$ 处的微分.

解 函数 $y=x^3$ 在 $x=2$ 处的微分为 $dy=(x^3)'|_{x=2}dx=12dx$.

3. 求下列函数的微分:

(1) $y=x^3e^{2x}$;   (2) $y=\dfrac{\sin x}{x}$;   (3) $y=\sin(2x+1)$;

(4) $y=\ln(1+e^{x^2})$;   (5) $y=\ln(x+\sqrt{x^2+1})$;   (6) $y=\dfrac{e^{2x}}{x^2}$.

解 (1) $y'=(x^3e^{2x})'=3x^2e^{2x}+2x^3e^{2x}=x^2e^{2x}(3+2x)$, $dy=y'dx=x^2e^{2x}(3+2x)dx$.

或利用微分形式不变性

$$dy=e^{2x}d(x^3)+x^3d(e^{2x})=e^{2x}\cdot 3x^2dx+x^3\cdot 2e^{2x}dx=x^2e^{2x}(3+2x)dx.$$

(2) 因为 $y'=\left(\dfrac{\sin x}{x}\right)'=\dfrac{x\cos x-\sin x}{x^2}$,所以 $dy=y'dx=\dfrac{x\cos x-\sin x}{x^2}dx$.

(3) 设 $y=\sin u,u=2x+1$,则

$$dy=d(\sin u)=\cos udu=\cos(2x+1)d(2x+1)=\cos(2x+1)\cdot 2dx=2\cos(2x+1)dx.$$

注 与复合函数求导类似,求复合函数的微分也可不写出中间变量,这样更加直接和方便.

(4) $dy=d\ln(1+e^{x^2})=\dfrac{1}{1+e^{x^2}}d(1+e^{x^2})=\dfrac{1}{1+e^{x^2}}e^{x^2}d(x^2)=\dfrac{e^{x^2}}{1+e^{x^2}}2xdx=\dfrac{2xe^{x^2}}{1+e^{x^2}}dx.$

(5) $dy=d\ln(x+\sqrt{x^2+1})=\dfrac{1}{x+\sqrt{x^2+1}}d(x+\sqrt{x^2+1})=\dfrac{1}{x+\sqrt{x^2+1}}\left(1+\dfrac{x}{\sqrt{x^2+1}}\right)dx$

$$=\dfrac{1}{\sqrt{x^2+1}}dx.$$

(6) $dy=\dfrac{x^2d(e^{2x})-e^{2x}d(x^2)}{(x^2)^2}=\dfrac{x^2e^{2x}\cdot 2dx-e^{2x}\cdot 2xdx}{x^4}=\dfrac{2e^{2x}(x-1)}{x^3}dx.$

4. 在下列等式的括号中填入适当的函数,使等式成立:

(1) $d(\quad)=\cos\omega tdt$;   (2) $d(\sin x^2)=(\quad)d(\sqrt{x})$.

解 (1) $d(\sin\omega t)=\omega\cos\omega tdt$, $\cos\omega tdt=\dfrac{1}{\omega}d(\sin\omega t)=d\left(\dfrac{1}{\omega}\sin\omega t\right)$;

一般地,有 $d\left(\dfrac{1}{\omega}\sin\omega t+C\right)=\cos\omega tdt$.

(2) $\dfrac{d(\sin x^2)}{d(\sqrt{x})}=\dfrac{2x\cos x^2dx}{\dfrac{1}{2\sqrt{x}}dx}=4x\sqrt{x}\cos x^2$, $d(\sin x^2)=(4x\sqrt{x}\cos x^2)d(\sqrt{x})$.

5. 求由方程 $e^{xy}=2x+y^3$ 所确定的隐函数 $y=f(x)$ 的微分 dy.

解 对方程两边求微分,得 $d(e^{xy})=d(2x+y^3)$, $e^{xy}d(xy)=d(2x)+d(y^3)$,

$$e^{xy}(ydx+xdy)=2dx+3y^2dy, \text{ 于是 } dy=\dfrac{2-ye^{xy}}{xe^{xy}-3y^2}dx.$$

6. 导出近似公式(当 $|\Delta x|$ 远远小于 $|x|$ 时):$\sqrt[3]{x+\Delta x}\approx\sqrt[3]{x}+\dfrac{\Delta x}{3\sqrt[3]{x^2}}$,并按此公式求 $\sqrt[3]{25}$ 的近似值,结果取小数点后四位.

解 设 $f(x)=x^{\frac{1}{3}}$,$f(x+\Delta x)-f(x)\approx f'(x)\Delta x$,$f'(x)=\dfrac{1}{3}x^{-\frac{2}{3}}$,从而有

$\sqrt[3]{x+\Delta x}-\sqrt[3]{x}\approx\dfrac{\Delta x}{3\sqrt[3]{x^2}}$，移项得近似公式：$\sqrt[3]{x+\Delta x}\approx\sqrt[3]{x}+\dfrac{\Delta x}{3\sqrt[3]{x^2}}$．

因为 $\sqrt[3]{25}=\sqrt[3]{27-2}=3\left(1-\dfrac{2}{27}\right)^{\frac{1}{3}}$，令 $x=1$，$\Delta x=-\dfrac{2}{27}$，则 $\left(1-\dfrac{2}{27}\right)^{\frac{1}{3}}\approx\sqrt[3]{1}+\dfrac{-\dfrac{2}{27}}{3\sqrt[3]{1}}=1-\dfrac{2}{81}=\dfrac{79}{81}$，所以

$\sqrt[3]{25}\approx3\cdot\dfrac{79}{81}=\dfrac{79}{27}=2.9259$．

7. 计算下列各数的近似值：(1) $\sqrt[3]{998.5}$；(2) $\mathrm{e}^{-0.03}$．

【分析】 $|x|$ 很小时，$(1+x)^{\frac{1}{3}}\approx1+\dfrac{1}{3}x$，$\mathrm{e}^x\approx1+x$．

解 (1) $\sqrt[3]{998.5}=\sqrt[3]{1000-1.5}=\sqrt[3]{1000\left(1-\dfrac{1.5}{1000}\right)}=10\sqrt[3]{1-0.0015}$

$$\approx10\left(1-\dfrac{1}{3}\times0.0015\right)=9.995.$$

(2) $\mathrm{e}^{-0.03}\approx1-0.03=0.97$．

提高题

$y=2^{\tan x}$，求 $\mathrm{d}y$．

解 $\mathrm{d}y=\mathrm{d}2^{\tan x}=2^{\tan x}\ln 2\mathrm{d}\tan x=2^{\tan x}\ln 2\cdot\sec^2 x\mathrm{d}x$．

复习题 2

1. 判断题

(1) $(x^2+1)'=2x+1$. ( )

(2) 设函数 $f(x)$ 在 x 处可导，那么 $\lim\limits_{\Delta x\to0}\dfrac{f(x)-f(x-\Delta x)}{\Delta x}=f'(x)$ 成立. ( )

(3) 设函数 $y=\mathrm{e}^x$，则 $y^{(n)}=n\mathrm{e}^x$. ( )

(4) $f''(100)=[f'(100)]'$. ( )

(5) 若 $u(x),v(x),w(x)$ 都是 x 的可导函数，则 $(uvw)'=u'vw+uv'w+uvw'$. ( )

(6) 若 $y=f(\mathrm{e}^x)\mathrm{e}^{f(x)}$，$f'(x)$ 存在，那么有 $y'_x=f'(\mathrm{e}^x)\mathrm{e}^{f(x)}+\mathrm{e}^{f(x)}f'(x)f(\mathrm{e}^x)$. ( )

答案 (1) $\checkmark$；(2) $\checkmark$；(3) $\times$；(4) $\times$；(5) $\checkmark$；(6) $\times$．

2. 填空题

(1) 曲线 $f(x)=\sqrt{x}+1$ 在 $(1,2)$ 点处的切线的斜率是 _____．

(2) 曲线 $f(x)=\mathrm{e}^x$ 在 $(0,1)$ 点的切线方程是 _____．

(3) 已知 $f(x)=x^3+3^x$，则 $f'(3)=$ _____．

(4) 函数 $y=x^3-2$，当 $x=2$，$\Delta x=0.1$ 时，$\dfrac{\Delta y}{\Delta x}=$ _____．

(5) 若函数 $f(x)$ 可导及 n 为自然数，则 $\lim\limits_{n\to\infty}n\left[f\left(x+\dfrac{1}{n}\right)-f(x)\right]=$ _____．

(6) 曲线 $y=f(x)$ 在点 $M(x_0,f(x_0))$ 的法线斜率为 _____．

(7) 设函数 $y=y(x)$ 是由方程 $x^2+y^2=1$ 确定，则 $y'=$ _____．

(8) d _____ $=\sin 3x\mathrm{d}x$．

答案 (1) $\dfrac{1}{2}$；   (2) $y=x+1$；   (3) $f'(3)=27(1+\ln 3)$；   (4) $\dfrac{\Delta y}{\Delta x}=12.61$；

(5) $f'(x)$；   (6) $-\dfrac{1}{f'(x_0)}$；   (7) $\dfrac{\mathrm{d}y}{\mathrm{d}x}=-\dfrac{x}{y}$；   (8) $-\dfrac{1}{3}\cos 3x$．

3. 单项选择题

(1) 下列函数中，在 $x=0$ 处可导的是( )．

A. $y=|x|$　　　　　B. $y=2\sqrt{x}$　　　　　C. $y=x^3$　　　　　D. $y=|\sin x|$

(2) 下列函数在 $x=0$ 处不可导的是(　　).

A. $y=2\sqrt{x}$　　　　B. $y=\sin x$　　　　C. $y=\cos x$　　　　D. $y=x^3$

(3) 设函数 $y=\begin{cases} x^2, & x\leqslant 1,\\ ax+b, & x>1 \end{cases}$ 在 $x=1$ 处连续且可导,则(　　).

A. $a=1,b=2$　　　B. $a=3,b=2$　　　C. $a=-2,b=1$　　　D. $a=2,b=-1$

(4) 设 $f(x)$ 在 x_0 处可导,则 $\lim\limits_{\Delta x\to 0}\dfrac{f(x_0-\Delta x)-f(x_0)}{\Delta x}=$(　　).

A. $-f'(x_0)$　　　B. $f'(-x_0)$　　　C. $f'(x_0)$　　　D. $2f'(x_0)$

(5) 设 $f(x)$ 在 $x=x_0$ 可导,当 $f'(x_0)=$(　　)时,有 $\lim\limits_{x\to 0}\dfrac{x}{f(x_0-2x)-f(x_0)}=\dfrac{1}{4}$.

A. 4　　　　　　B. -4　　　　　　C. 2　　　　　　D. -2

(6) 设 $f(x)$ 在 x_0 处不连续,则 $f(x)$ 在 x_0 处(　　).

A. 必不可导　　　B. 一定可导　　　C. 可能可导　　　D. 无极限

(7) 若 $f(x)=\mathrm{e}^{-x}\cos x$,则 $f'(0)=$(　　).

A. 2　　　　　　B. 1　　　　　　C. -1　　　　　　D. -2

(8) 设 $y=f(x)$ 是可微函数,则 $\mathrm{d}f(\cos 2x)=$(　　).

A. $2f'(\cos 2x)\mathrm{d}x$　　　　　　　　B. $f'(\cos 2x)\sin 2x\mathrm{d}2x$

C. $2f'(\cos 2x)\sin 2x\mathrm{d}x$　　　　　D. $-f'(\cos 2x)\sin 2x\mathrm{d}2x$

答案　(1) C ;(2) A;(3) D;(4) A;(5) D;(6) A;(7) C;(8) D.

4. 计算下列各题:

(1) 设 $y=x^2\mathrm{e}^{\frac{1}{x}}$,求 y';　　　　　　　　(2) 设 $y=x\sqrt{x}+\ln\cos x$,求 y';

(3) $y=\ln\sqrt{x}+\sqrt{\ln x}$,求 $\dfrac{\mathrm{d}y}{\mathrm{d}x}$;　　　　(4) $y=\ln(x-\sqrt{x^2-a^2})$,求 $\dfrac{\mathrm{d}y}{\mathrm{d}x}$;

(5) 设 $y=\sqrt[7]{x}+\sqrt[x]{7}+\sqrt[7]{7}$,求 $\dfrac{\mathrm{d}y}{\mathrm{d}x}$;　　(6) $y=f(\ln x)\mathrm{e}^{f(x)}$,$f(x)$ 可导,求 $\dfrac{\mathrm{d}y}{\mathrm{d}x}$;

(7) $y=\arcsin(\sin x)$,求 $\dfrac{\mathrm{d}y}{\mathrm{d}x}$;　　　(8) $y=\ln\tan\dfrac{x}{2}-\cos x\cdot\ln\tan x$,求 $\dfrac{\mathrm{d}y}{\mathrm{d}x}$.

解　(1) $y'(x)=(2x-1)\mathrm{e}^{\frac{1}{x}}$;

(2) $y'(x)=\dfrac{3}{2}\sqrt{x}-\tan x$;

(3) $y=\dfrac{1}{2}\ln x+\sqrt{\ln x}$,　　$\dfrac{\mathrm{d}y}{\mathrm{d}x}=\dfrac{1}{2x}+\dfrac{1}{2\sqrt{\ln x}}\cdot\dfrac{1}{x}$;

(4) $\dfrac{\mathrm{d}y}{\mathrm{d}x}=\dfrac{1}{x-\sqrt{x^2-a^2}}\cdot\left(1-\dfrac{1}{2\sqrt{x^2-a^2}}\cdot 2x\right)=-\dfrac{1}{\sqrt{x^2-a^2}}$;

(5) $y'=\left(x^{\frac{1}{7}}+7^{\frac{1}{x}}+\sqrt[7]{7}\right)'=\dfrac{1}{7}x^{-\frac{6}{7}}-7^{\frac{1}{x}}\cdot\dfrac{1}{x^2}\ln 7$;

(6) $\dfrac{\mathrm{d}y}{\mathrm{d}x}=f'(\ln x)\cdot\dfrac{1}{x}\cdot\mathrm{e}^{f(x)}+f(\ln x)\cdot\mathrm{e}^{f(x)}\cdot f'(x)$;

(7) $\dfrac{\mathrm{d}y}{\mathrm{d}x}=\dfrac{\cos x}{\sqrt{1-\sin^2 x}}=\dfrac{\cos x}{|\cos x|}$;

(8) $\dfrac{\mathrm{d}y}{\mathrm{d}x}=\dfrac{1}{\tan\dfrac{x}{2}}\cdot\sec^2\dfrac{x}{2}\cdot\dfrac{1}{2}+\sin x\cdot\ln\tan x-\cos x\cdot\dfrac{1}{\tan x}\sec^2 x$

$\qquad\qquad =\dfrac{1}{\sin x}+\sin x\cdot\ln\tan x-\dfrac{1}{\sin x}=\sin x\cdot\ln\tan x.$

94

5. 求等边双曲线 $y=\dfrac{1}{x}$ 在点 $\left(\dfrac{1}{2},2\right)$ 处的切线的斜率，并写出在该点处的切线方程和法线方程.

解　由导数的几何意义，得切线斜率为 $k=y'\Big|_{x=\frac{1}{2}}=\left(\dfrac{1}{x}\right)'\Big|_{x=\frac{1}{2}}=-\dfrac{1}{x^2}\Big|_{x=\frac{1}{2}}=-4.$

所求切线方程为 $y-2=-4\left(x-\dfrac{1}{2}\right)$，即 $4x+y-4=0.$

法线方程为 $y-2=\dfrac{1}{4}\left(x-\dfrac{1}{2}\right)$，即 $2x-8y+15=0.$

6. 求曲线 $y=\sqrt{x}$ 在点 $(4,2)$ 处的切线方程.

解　因为 $y'=(\sqrt{x})'=\dfrac{1}{2\sqrt{x}}$，　$k=y'\Big|_{x=4}=\dfrac{1}{2\sqrt{4}}=\dfrac{1}{4}$，故所求切线方程为

$$y-2=\dfrac{1}{4}(x-4),\quad 即 -x+4y-4=0.$$

7. 已知 $f(x)=\begin{cases}\sin x, & x<0,\\ x, & x\geqslant 0,\end{cases}$ 求 $f'(x).$

解　当 $x\neq 0$ 时，用公式有 $f'(x)=\begin{cases}\cos x, & x<0,\\ 1, & x>0,\end{cases}$

$$f'_-(0)=\lim_{x\to 0^-}\dfrac{f(x)-f(0)}{x-0}=\lim_{x\to 0^-}\dfrac{\sin x-0}{x-0}=1,\quad f'_+(0)=\lim_{x\to 0^+}\dfrac{f(x)-f(0)}{x-0}=\lim_{x\to 0^+}\dfrac{x-0}{x-0}=1,$$

$f'_-(0)=f'_+(0)=1$，故 $f'(0)=1$，所以 $f'(x)=\begin{cases}\cos x, & x<0,\\ 1, & x\geqslant 0.\end{cases}$

8. 已知 $y=x+x^x$，求 $y'.$

解　$y'=(x+e^{x\ln x})'=1+e^{x\ln x}(x\ln x)'=1+x^x(\ln x+1).$

9. 求由方程 $xy+\ln y=1$ 所确定的函数 $y=f(x)$ 在点 $M(1,1)$ 处的切线方程.

解　在题设方程两边同时对自变量 x 求导，得 $y+xy'+\dfrac{1}{y}y'=0$，解得 $y'=-\dfrac{y^2}{xy+1}$. 在点 $M(1,1)$

处，$y'\Big|_{\substack{x=1\\y=1}}=-\dfrac{1^2}{1\times 1+1}=-\dfrac{1}{2}$. 于是，在点 $M(1,1)$ 处的切线方程为 $y-1=-\dfrac{1}{2}(x-1)$，即 $x+2y-3=0.$

10. 设 $y=y(x)$ 是由方程 $x^2+y^2-xy=4$ 确定的隐函数，求 $\dfrac{dy}{dx},\dfrac{d^2y}{dx^2}.$

解　方程两边关于 x 求导得 $2x+2yy'-y-xy'=0$，即 $(2y-x)y'=y-2x$，故 $y'=\dfrac{y-2x}{2y-x}.$

对方程 $2x+2yy'-y-xy'=0$ 两边关于 x 求导，得

$$2+2y'^2+2yy''-y'-y'-xy''=0,\quad 即\quad y''=\dfrac{2(y'-y'^2-1)}{2y-x}=\dfrac{-6(x^2+y^2-xy)}{(2y-x)^3}.$$

11. 设 $\cos(x+y)+e^y=1$，求 $\dfrac{dy}{dx},\dfrac{d^2y}{dx^2}.$

解　在题设方程两边同时对自变量 x 求导，得 $-\sin(x+y)\cdot\left(1+\dfrac{dy}{dx}\right)+e^y\dfrac{dy}{dx}=0$，整理得

$$\left[-\sin(x+y)+e^y\right]\dfrac{dy}{dx}=\sin(x+y)，解得\ \dfrac{dy}{dx}=\dfrac{\sin(x+y)}{e^y-\sin(x+y)}.$$

$$\dfrac{d^2y}{dx^2}=\dfrac{e^yy'(e^y-\sin(x+y))-e^y(e^yy'-\cos(x+y)(1+y'))}{\left[e^y-\sin(x+y)\right]^2}$$

$$=\dfrac{2e^{2y}\cos(x+y)-e^{2y}\sin(x+y)-\dfrac{1}{2}e^y\sin 2(x+y)}{\left[e^y-\sin(x+y)\right]^3}.$$

12. 设 $y = x + \ln y$；求 $\dfrac{dy}{dx}, \dfrac{d^2 y}{dx^2}$.

解 方程两边同时对自变量 x 求导，得

$$\frac{dy}{dx} = 1 + \frac{1}{y}\frac{dy}{dx}, \text{故 } \frac{dy}{dx} = \frac{y}{y-1}. \text{ 于是 } \frac{d^2 y}{dx^2} = \frac{\frac{dy}{dx}(y-1) - y\frac{dy}{dx}}{(y-1)^2} = -\frac{\frac{dy}{dx}}{(y-1)^2} = -\frac{y}{(y-1)^3}.$$

13. $y = 1 + xe^y$，求 $\left.\dfrac{d^2 y}{dx^2}\right|_{x=0}$.

解 将 $x=0$ 代入方程中得 $y=1$.

方程两边同时对自变量 x 求导，得 $y' = e^y + xe^y y'$.

将 $x=0, y=1$ 代入上式得 $y' = e$.

在 $y' = e^y + xe^y y'$ 两边同时对自变量 x 求导，得 $y'' = e^y y' + e^y y' + xe^y (y')^2 + xe^y y''$.

将 $x=0, y=1, y'=e$ 代入上式得 $y'' = 2e^2$，即 $\left.y''\right|_{x=0} = \left.y''\right|_{\substack{x=0 \\ y=1 \\ y'=e}} = 2e^2$.

14. $xy - \sin(\pi y^2) = 0$. 求 $\left.\dfrac{d^2 y}{dx^2}\right|_{\substack{x=0 \\ y=-1}}$.

解 方程两边同时对自变量 x 求导，得 $y + xy' - \cos(\pi y^2) \cdot 2\pi y y' = 0$.

将 $x=0, y=-1$ 代入上式得 $-1 - 0 - \cos\pi \cdot 2\pi \cdot (-1) \cdot y' = 0$，即 $y' = -\dfrac{1}{2\pi}$.

在 $y + xy' - \cos(\pi y^2) \cdot 2\pi y y' = 0$ 两边同时对自变量 x 求导，得

$$y' + y' + xy'' + \sin(\pi y^2) \cdot (2\pi y y')^2 - \cos(\pi y^2) \cdot 2\pi (y')^2 - \cos(\pi y^2) \cdot 2\pi y y'' = 0.$$

将 $x=0, y=-1, y'=-\dfrac{1}{2\pi}$ 代入上式得

$$\left(-\frac{1}{2\pi}\right) + \left(-\frac{1}{2\pi}\right) + 0 + 0 - \cos(\pi) \cdot 2\pi \left(-\frac{1}{2\pi}\right)^2 - \cos(\pi) \cdot 2\pi(-1)y'' = 0, \text{故 } y''(0) = -\frac{1}{4\pi^2}.$$

15. 求由方程 $xy - e^x + e^y = 0$ 所确定的隐函数 y 的导数 $\dfrac{dy}{dx}, \left.\dfrac{d^2 y}{dx^2}\right|_{x=0}$.

解 方程两边对 x 求导得 $y + x\dfrac{dy}{dx} - e^x + e^y \dfrac{dy}{dx} = 0$，解得 $\dfrac{dy}{dx} = \dfrac{e^x - y}{x + e^y}$.

由原方程知 $x=0, y=0$，所以 $\left.\dfrac{dy}{dx}\right|_{x=0} = \left.\dfrac{e^x - y}{x + e^y}\right|_{\substack{x=0 \\ y=0}} = 1$.

$$\frac{d^2 y}{dx^2} = \frac{(e^x - y')(x + e^y) - (e^x - y)(1 + e^y y')}{(x + e^y)^2}, \text{ 故 } \left.\frac{d^2 y}{dx^2}\right|_{x=0} = \left.\frac{d^2 y}{dx^2}\right|_{\substack{x=0 \\ y=0 \\ y'=1}} = -2.$$

16. 若 $y^3 - x^2 y = 2$，求 $\dfrac{d^2 y}{dx^2}$.

解 两边对 x 求导得 $3y^2 y' - 2xy - x^2 y' = 0$，解得 $y' = \dfrac{2xy}{3y^2 - x^2}$，再求导得

$$6y y'^2 + 3y^2 y'' - 2y - 2xy' - 2xy' - x^2 y'' = 0,$$

解得 $y'' = \dfrac{4xy' - 6y y'^2 + 2y}{3y^2 - x^2} \left(\text{其中 } y' = \dfrac{2xy}{3y^2 - x^2}\right)$.

17. 已知 $\begin{cases} x = 2t - t^2, \\ y = 3t - t^3, \end{cases}$ 求 $\left.\dfrac{d^2 y}{dx^2}\right|_{t=0}$.

解 $\dfrac{dy}{dx} = \dfrac{\frac{dy}{dt}}{\frac{dx}{dt}} = \dfrac{3 - 3t^2}{2 - 2t} = \dfrac{3}{2}(1 + t)$,

$$\frac{\mathrm{d}^2 y}{\mathrm{d}x^2}=\frac{\frac{\mathrm{d}}{\mathrm{d}t}\left(\frac{\mathrm{d}y}{\mathrm{d}x}\right)}{\frac{\mathrm{d}x}{\mathrm{d}t}}=\frac{\frac{3}{2}}{2-2t}=\frac{3}{4(1-t)}, \quad \text{故} \left.\frac{\mathrm{d}^2 y}{\mathrm{d}x^2}\right|_{t=0}=\frac{3}{4}.$$

18. 设函数 $y=x^3 \mathrm{e}^{-x}$，求 $y^{(20)}(0)$.

解 $y^{(20)}(x)=\mathrm{C}_{20}^0\cdot(\mathrm{e}^{-x})^{(20)}x^3+\mathrm{C}_{20}^1(\mathrm{e}^{-x})^{(19)}(x^3)'+\mathrm{C}_{20}^2(\mathrm{e}^{-x})^{(18)}(x^3)''+\mathrm{C}_{20}^3(\mathrm{e}^{-x})^{(17)}(x^3)'''$，

$y^{(20)}(0)=\dfrac{20\cdot 19\cdot 18}{3\cdot 2\cdot 1}(-1)^{17}\mathrm{e}^0\cdot 6=-6840.$

19. 已知 $f(x)=\dfrac{x^2}{1-x^2}$，求 $f^{(n)}(0)$.

解 $f(x)=-1+\dfrac{1}{2}\cdot\dfrac{1}{1-x}+\dfrac{1}{2}\cdot\dfrac{1}{1+x}$，$f^{(n)}(x)=\dfrac{1}{2}\cdot\dfrac{n!}{(1-x)^{n+1}}+\dfrac{1}{2}\cdot\dfrac{(-1)^n n!}{(1+x)^{n+1}}$，

$f^{(2k+1)}(0)=0, \quad f^{(2k)}(0)=(2k)! \quad k=0,1,2,\cdots.$

20. 求微分 $\mathrm{d}y$：

(1) $y=\arcsin\sqrt{x}$；　　　　　　　　　(2) $xy=\mathrm{e}^{x+y}$；

(3) $y=f(\mathrm{e}^x)$；　　　　　　　　　　(4) $y=a^x+\sqrt{1-a^{2x}}\arccos(a^x)$.

解 (1) $\mathrm{d}y=\mathrm{d}\arcsin\sqrt{x}=\dfrac{1}{\sqrt{1-x}}\mathrm{d}\sqrt{x}=\dfrac{1}{\sqrt{1-x}}\cdot\dfrac{1}{2\sqrt{x}}\mathrm{d}x$；

(2) $\mathrm{d}xy=\mathrm{d}\mathrm{e}^{x+y}$，即 $y\mathrm{d}x+x\mathrm{d}y=\mathrm{e}^{x+y}(\mathrm{d}x+\mathrm{d}y)$，故 $\mathrm{d}y=\dfrac{\mathrm{e}^{x+y}-y}{x-\mathrm{e}^{x+y}}\mathrm{d}x.$

(3) $\mathrm{d}y=\mathrm{d}f(\mathrm{e}^x)=f'(\mathrm{e}^x)\mathrm{d}\mathrm{e}^x=f'(\mathrm{e}^x)\mathrm{e}^x\mathrm{d}x.$

(4) $\mathrm{d}y=\mathrm{d}a^x+\mathrm{d}\sqrt{1-a^{2x}}\arccos(a^x)=a^x\ln a\mathrm{d}x+\arccos a^x\cdot\mathrm{d}\sqrt{1-a^{2x}}+\sqrt{1-a^{2x}}\mathrm{d}\arccos a^x$

$=a^x\ln a\mathrm{d}x+\arccos a^x\cdot\dfrac{1}{2\sqrt{1-a^{2x}}}\mathrm{d}(1-a^{2x})+\sqrt{1-a^{2x}}\left(-\dfrac{1}{\sqrt{1-a^{2x}}}\right)\mathrm{d}a^x$

$=a^x\ln a\mathrm{d}x+\arccos a^x\cdot\dfrac{-2a^{2x}\ln a}{2\sqrt{1-a^{2x}}}\mathrm{d}x+\sqrt{1-a^{2x}}\left(-\dfrac{1}{\sqrt{1-a^{2x}}}\right)a^x\ln a\mathrm{d}x$

$=\left(a^x\ln a-\arccos a^x\cdot\dfrac{a^{2x}\ln a}{\sqrt{1-a^{2x}}}-a^x\ln a\right)\mathrm{d}x$

$=\left(-\arccos a^x\cdot\dfrac{a^{2x}\ln a}{\sqrt{1-a^{2x}}}\right)\mathrm{d}x.$

21. 设 $f(x)=\begin{cases}\dfrac{\ln(1+x)}{x}, & \text{当 } x>-1, x\neq 0, \\ A, & \text{当 } x=0\end{cases}$ 在 $(-1,+\infty)$ 上连续，求 A 值，并判定 $f'(x)$ 在 $x=0$ 处的连续性.

解 因为 $f(x)$ 在 $x=0$ 处连续，所以 $\lim\limits_{x\to 0}f(x)=f(0)$，即 $\lim\limits_{x\to 0}\dfrac{\ln(1+x)}{x}=A$，则 $A=1$.

$f'(0)=\lim\limits_{x\to 0}\dfrac{f(x)-f(0)}{x-0}=\lim\limits_{x\to 0}\dfrac{\dfrac{\ln(1+x)}{x}-1}{x}=\lim\limits_{x\to 0}\dfrac{\ln(1+x)-x}{x^2} \quad \left(\dfrac{0}{0}\text{ 型未定式}\right)$

$=\lim\limits_{x\to 0}\dfrac{\dfrac{1}{1+x}-1}{2x}=\lim\limits_{x\to 0}\dfrac{-x}{2x(1+x)}=-\dfrac{1}{2}.$

当 $x\neq 0$ 时，$f'(x)=\dfrac{\dfrac{x}{1+x}-\ln(1+x)}{x^2}$，而 $\lim\limits_{x\to 0}f'(x)=\lim\limits_{x\to 0}\dfrac{x-(1+x)\ln(1+x)}{x^2}\cdot\dfrac{1}{1+x}=\lim\limits_{x\to 0}\dfrac{1-\ln(1+x)-1}{2x}=-\dfrac{1}{2}$，所以 $f'(x)$ 连续.

22. 设函数 $f(x)=\begin{cases}\dfrac{x\ln x}{1-x}, & x>0,x\neq1,\\ 0, & x=0,\\ -1, & x=1,\end{cases}$ 试证明 $f(x)$ 在 $[0,+\infty)$ 上连续，并求 $f'(1)$.

解 $\lim\limits_{x\to1}f(x)=\lim\limits_{x\to1}\dfrac{x\ln x}{1-x}=\lim\limits_{x\to1}\dfrac{x(1-x)}{1-x}=-1=f(1)$，所以 $f(x)$ 在 $x=1$ 处连续；$\lim\limits_{x\to0^+}f(x)=\lim\limits_{x\to0^+}\dfrac{x\ln x}{1-x}=$

$0=f(0)$，所以 $f(x)$ 在 $x=0$ 处连续. 从而 $f(x)$ 在 $[0,+\infty)$ 连续.

$$f'(1)=\lim\limits_{x\to1}\frac{f(x)-f(1)}{x-1}=\lim\limits_{x\to1}\frac{\frac{x\ln x}{1-x}+1}{x-1}=\lim\limits_{x\to1}\frac{x\ln x+1-x}{-(x-1)^2}=\lim\limits_{x\to1}\frac{\ln x+1-1}{-2(x-1)}=\lim\limits_{x\to1}\frac{\frac{1}{x}}{-2}=-\frac{1}{2}.$$

23. 利用函数的微分代替函数的增量求 $\sqrt[3]{1.02}$ 的近似值.

解 设函数 $f(x)=\sqrt[3]{x},x_0=1,\Delta x=0.02$，则
$$f(x_0+\Delta x)\approx f(x_0)+f'(x_0)\Delta x=1+\frac{1}{3}\cdot0.02=1+\frac{2}{300}.$$

自测题 2 答案

1. (1) 充分必要；(2) 充分，必要；

(3) $\lim\limits_{h\to0}\dfrac{f(3-h)-f(3)}{2h}=-\dfrac{1}{2}\lim\limits_{h\to0}\dfrac{f(3-h)-f(3)}{-h}=-\dfrac{1}{2}f'(3)=-\dfrac{1}{2}\cdot2=-1$；

(4) 令 $y'=2ax+b=0$，得驻点 $x=-\dfrac{b}{2a}$，也为极值点. 若要曲线与 x 轴相切，则只能是在横坐标为极

值点处相切，即 $x=-\dfrac{b}{2a},y=0$.

由 $0=a\left(-\dfrac{b}{2a}\right)^2+b\cdot\left(-\dfrac{b}{2a}\right)+c$，得 $b^2=4ac$.

(5) 令 $f(x)=\cos x$，由 $f(x_0+\Delta x)\approx f(x_0)+f'(x_0)\Delta x$，得 $\cos(x_0+\Delta x)\approx\cos x_0-\sin x_0\cdot\Delta x$，故

$$\cos149°=\cos\left(\frac{5\pi}{6}-\frac{\pi}{180}\right)\approx\cos\frac{5\pi}{6}-\sin\frac{5\pi}{6}\cdot\left(-\frac{\pi}{180}\right)=-\frac{\sqrt{3}}{2}+\frac{\pi}{360}.$$

2. (1) $\lim\limits_{x\to0}\dfrac{x}{f(x_0-2x)-f(x_0-x)}=\lim\limits_{x\to0}\dfrac{1}{\dfrac{f(x_0-2x)-f(x_0)}{-2x}\cdot(-2)+\dfrac{f(x_0-x)-f(x_0)}{-x}}$

$$=\frac{1}{-2f'(x_0)+f'(x_0)}=-\frac{1}{f'(x_0)}=1,$$

故选 C.

(2) $\lim\limits_{x\to0}\dfrac{f(1)-f(1-x)}{2x}=\dfrac{1}{2}\lim\limits_{x\to0}\dfrac{f(1-x)-f(1)}{-x}=\dfrac{1}{2}f'(1)=-1$，则 $f'(1)=-2$，切线斜率 $f'(1)=-2$，

故选 B.

(3) $\mathrm{d}f(\mathrm{e}^x)=f'(\mathrm{e}^x)\mathrm{d}\mathrm{e}^x=f'(\mathrm{e}^x)\mathrm{e}^x\mathrm{d}x$，故选 C.

(4) $f'(0)=\lim\limits_{x\to0}\dfrac{f(x)-f(0)}{x-0}=\lim\limits_{x\to0}\dfrac{\varphi(a+bx)-\varphi(a-bx)}{x}$

$$=\lim\limits_{x\to0}\left[\frac{\varphi(a+bx)-\varphi(a)}{x}-\frac{\varphi(a-bx)-\varphi(a)}{x}\right]=\lim\limits_{x\to0}\left[\frac{\varphi(a+bx)-\varphi(a)}{bx}b+\frac{\varphi(a-bx)-\varphi(a)}{-bx}b\right]$$

$$=2b\varphi'(a),$$

故选 C.

(5) $y=\cos\dfrac{\arcsin x}{2}$，$y'=-\sin\dfrac{\arcsin x}{2}\cdot\dfrac{1}{2}\cdot\dfrac{1}{\sqrt{1-x^2}}$，

$$y'\left(\frac{\sqrt{3}}{2}\right)=-\sin\frac{\arcsin\frac{\sqrt{3}}{2}}{2}\cdot\frac{1}{2}\cdot\frac{1}{\sqrt{1-\left(\frac{\sqrt{3}}{2}\right)^2}}=-\sin\frac{\pi}{6}\cdot\frac{1}{2}\cdot 2=-\frac{1}{2},$$

故选 A.

3. **解** (1) $y'=\pi x^{\pi-1}+\pi^x\ln\pi+e^{x\ln x}(1+\ln x)$;

(2) $y'=(a^x\ln a+ax^{a-1})\sin x+(a^x+x^a)\cos x$.

4. **解** 因为是分段函数,所以分段点处的左右导数要分别用定义来求

$$f'_-(0)=\lim_{x\to 0^-}\frac{f(x)-f(0)}{x-0}=\lim_{x\to 0^-}\frac{e^{-x}-1}{x-0}=-1, \qquad f'_+(0)=\lim_{x\to 0^+}\frac{f(x)-f(0)}{x-0}=\lim_{x\to 0^+}\frac{x^2+ax+b-1}{x-0}=a.$$

当且仅当 $a=-1$ 时,$f(x)$ 在 $x=0$ 处可导,由可导必连续得 $b=1$;故当 $a=-1,b=1$ 时 $f(x)$ 可导,且

$$f'(x)=\begin{cases}-e^{-x}, & x<0,\\ -1, & x=0,\\ 2x-1, & x>0.\end{cases}$$

5. **解** $y'=\dfrac{\mathrm{d}y}{\mathrm{d}x}=2xf\left(\dfrac{1}{x}\right)+x^2f'\left(\dfrac{1}{x}\right)\cdot\left(-\dfrac{1}{x^2}\right)=2xf\left(\dfrac{1}{x}\right)-f'\left(\dfrac{1}{x}\right)$,

$$y''=\frac{\mathrm{d}^2y}{\mathrm{d}x^2}=2f\left(\frac{1}{x}\right)+2x\cdot f'\left(\frac{1}{x}\right)\cdot\left(-\frac{1}{x^2}\right)-f''\left(\frac{1}{x}\right)\cdot\left(-\frac{1}{x^2}\right)$$

$$=2f\left(\frac{1}{x}\right)-\frac{2}{x}f'\left(\frac{1}{x}\right)+\frac{1}{x^2}f''\left(\frac{1}{x}\right).$$

6. **解**

$$y=1+xe^y. \tag{1}$$

将 $x=0$ 代入(1)式得 $y=1$. 在 $y=1+xe^y$ 两边关于 x 求导得

$$y'=e^y+xe^yy'. \tag{2}$$

将 $x=0,y=1$ 代入(2)式,得 $y'(0)=e$.

(2)式两端关于 x 求导得

$$y''=e^yy'+e^yy'+xe^y(y')^2+xe^yy''. \tag{3}$$

将 $x=0,y=1,y'=e$ 代入(3)式得 $y''=2e^2$.

7. **解** $y'=\dfrac{\mathrm{d}y}{\mathrm{d}x}=\dfrac{\dfrac{\mathrm{d}y}{\mathrm{d}t}}{\dfrac{\mathrm{d}x}{\mathrm{d}t}}=\dfrac{3t^2+2t}{1-\dfrac{1}{1+t}}=(3t+2)(1+t)=3t^2+5t+2$,

$$y''=\frac{\mathrm{d}^2y}{\mathrm{d}x^2}=\frac{\mathrm{d}}{\mathrm{d}x}\left(\frac{\mathrm{d}y}{\mathrm{d}x}\right)=\frac{\dfrac{\mathrm{d}\left(\dfrac{\mathrm{d}y}{\mathrm{d}x}\right)}{\mathrm{d}t}}{\dfrac{\mathrm{d}x}{\mathrm{d}t}}=\frac{6t+5}{1-\dfrac{1}{1+t}}=\frac{(6t+5)(1+t)}{t}.$$

8. **解** $y'=\dfrac{\mathrm{d}y}{\mathrm{d}x}=f'\left(\dfrac{3x-2}{3x+2}\right)\cdot\dfrac{3(3x+2)-3(3x-2)}{(3x+2)^2}=\arctan\left(\dfrac{3x-2}{3x+2}\right)^2\cdot\dfrac{12}{(3x+2)^2}$,

故 $\dfrac{\mathrm{d}y}{\mathrm{d}x}\bigg|_{x=0}=\arctan 1\cdot\dfrac{12}{4}=\dfrac{3\pi}{4}$.

第 3 章

微分中值定理与导数的应用

3.1 大纲要求及重点内容

1. 大纲要求

(1) 理解罗尔定理、拉格朗日定理和柯西定理,会运用中值定理证明一些等式和不等式.

(2) 掌握函数单调性的判别方法,会求函数的单调区间,会利用单调性证明一些不等式.

(3) 熟练掌握求函数极值的方法,会求函数在闭区间上的最大值和最小值,会解简单的最大值、最小值的应用题.

(4) 会求曲线的凹凸区间和拐点,求曲线的渐近线,能正确地做出某些函数的图形草图.

(5) 了解泰勒公式、泰勒定理、麦克劳林公式及其拉格朗日型余项,能写出某些初等函数的麦克劳林展开式.

(6) 熟练掌握洛必达法则,会求各类"未定式"的极限.

2. 重点内容

(1) 用中值定理讨论方程在给定区间内的根的情况、证明等式;

(2) 用中值定理和单调性证明不等式;

(3) 用洛必达法则求未定式的极限;

(4) 函数的极值、单调性、凹凸性、拐点及渐近线的求法;

(5) 函数的最大值和最小值以及求实际问题的最大值或最小值.

3.2 内容精要

1. 中值定理与泰勒公式

定理 1(费尔马定理) 若函数 $f(x)$ 满足条件:

(1) $f(x)$ 在点 x_0 的某邻域有定义,并且在某邻域内恒有 $f(x) \leqslant f(x_0)$ 或 $f(x) \geqslant f(x_0)$;

(2) $f(x)$ 在 x_0 处可导.

则有 $f'(x_0)=0$.

定理 2（罗尔定理）　设函数 $f(x)$ 满足条件：

(1) 在 $[a,b]$ 上连续；

(2) 在 (a,b) 内可导；

(3) $f(a)=f(b)$.

则在 (a,b) 内至少存在一点 ξ 使 $f'(\xi)=0$.

定理 3（拉格朗日中值定理）　设函数 $f(x)$ 满足条件：

(1) 在 $[a,b]$ 上连续；

(2) 在 (a,b) 内可导.

则在 (a,b) 内至少存在一点 ξ 使 $f(b)-f(a)=f'(\xi)(b-a)$.

注意　(1) 在需要建立 $f(x)$ 与其导数 $f'(x)$ 联系时,应考虑使用拉格朗日中值定理.

(2) 在证明不等式时,应判断是否使用拉格朗日中值定理.

定理 4（柯西定理）　设函数 $f(x),g(x)$ 满足条件：

(1) 在 $[a,b]$ 上连续；

(2) 在 (a,b) 内均可导；且 $g'(x)\neq0$.

则在 (a,b) 内至少存在一点 ξ 使 $\dfrac{f(b)-f(a)}{g(b)-g(a)}=\dfrac{f'(\xi)}{g'(\xi)}$.

定理 5（泰勒公式）　设函数 $f(x)$ 在点 x_0 处的某邻域内具有 $n+1$ 阶导数,则对该邻域内异于 x_0 的任意点 x,在 x_0 与 x 之间至少存在一个 ξ,使得

$$f(x)=f(x_0)+f'(x_0)(x-x_0)+\frac{f''(x_0)}{2!}(x-x_0)^2+\cdots+\frac{f^{(n)}(x_0)}{n!}(x-x_0)^n+R_n(x),$$

其中 $R_n(x)=\dfrac{f^{n+1}(\xi)}{(n+1)!}(x-x_0)^{n+1}$ 称为拉格朗日型余项, $R_n(x)=o((x-x_0)^n)$ 称为佩亚诺型余项.

（麦克劳林公式）　当 $x_0=0$ 时,有

$$f(x)=f(0)+f'(0)x+\frac{f''(0)}{2!}x^2+\cdots+\frac{f^{(n)}(0)}{n!}x^n+\frac{f^{(n+1)}(\xi)}{(n+1)!}x^{n+1}(\xi\text{在 }0\text{ 与 }x\text{ 之间}),$$

$$f(x)=f(0)+f'(0)x+\frac{f''(0)}{2!}x^2+\cdots+\frac{f^{(n)}(0)}{n!}x^n+o(x^n).$$

常用的五种函数的麦克劳林公式,如 $e^x,\sin x,\cos x,\ln(1+x),(1+x)^m$ 的展开式如下：

$$e^x=1+x+\frac{x^2}{2!}+\cdots+\frac{x^n}{n!}+\frac{e^{\theta x}}{(n+1)!}x^{n+1},\quad \theta\in(0,1),$$

$$\sin x=x-\frac{x^3}{3!}+\frac{x^5}{5!}-\cdots+(-1)^n\frac{x^{2n+1}}{(2n+1)!}+o(x^{2n+2}),$$

$$\cos x=1-\frac{x^2}{2!}+\frac{x^4}{4!}-\frac{x^6}{6!}+\cdots+(-1)^n\frac{x^{2n}}{(2n)!}+o(x^{2n}),$$

$$\ln(1+x)=x-\frac{x^2}{2}+\frac{x^3}{3}-\cdots+(-1)^n\frac{x^{n+1}}{n+1}+o(x^{n+1}),$$

$$\frac{1}{1-x}=1+x+x^2+\cdots+x^n+o(x^n),$$

$$(1+x)^\alpha = 1 + \alpha x + \frac{\alpha(\alpha-1)}{2!}x^2 + \cdots + \frac{\alpha(\alpha-1)\cdots(\alpha-n+1)}{n!}x^n + o(x^n).$$

2. 一元函数微分的应用

(1) 函数的单调性

① **定义** $\forall x_1, x_2 \in (a,b)$，且当 $x_1 < x_2$ 时，$f(x_1) < f(x_2)$（或 $f(x_1) > f(x_2)$），则函数 $f(x)$ 在 (a,b) 内单调增加（或单调减少）.

② **判别方法** $\forall x \in (a,b)$，都有 $f'(x) > 0$（或 $f'(x) < 0$），则函数 $f(x)$ 在 (a,b) 内单调增加（或单调减少）.

③ 用函数的单调性可以证明不等式.

(2) 极值与最值

① **极值的定义** 函数 $f(x)$ 在 x_0 的某一邻域内异于 x_0 的任意一点，若恒有 $f(x) > f(x_0)$（$f(x) < f(x_0)$），则称 $f(x_0)$ 为 $y = f(x)$ 的极小值（或极大值）.

② **驻点** 若 $f'(x_0) = 0$，则 x_0 为函数 $f(x)$ 的驻点.

③ **定理 1（极值存在的必要条件）** 设函数 $f(x)$ 在 x_0 处可导，且在 x_0 处取得极值，则 $f'(x_0) = 0$.

④ **定理 2（极值存在的第一充分条件）** 设函数 $f(x)$ 在 x_0 的某一邻域内可导，且 $f'(x_0) = 0$（或 $f(x)$ 在 x_0 处连续，但 $f'(x_0)$ 不存在），若设函数 $f(x)$ 在 x_0 的某一邻域内，若：

Ⅰ $f'(x)$ 在 x_0 的附近左正右负，则 $f(x_0)$ 为**极大值**；

Ⅱ $f'(x)$ 在 x_0 的附近左负右正，则 $f(x_0)$ 为**极小值**；

Ⅲ $f'(x)$ 在 x_0 的附近**不变号**，则 $f(x_0)$ **不是极值**.

⑤ **定理 3（极值存在的第二充分条件）** 设函数 $f(x)$ 在 x_0 处有 $f''(x_0) \neq 0$ 且 $f'(x_0) = 0$，则：

Ⅰ 当 $f''(x_0) < 0$ 时，$f(x_0)$ 为极大值；

Ⅱ 当 $f''(x_0) > 0$ 时，$f(x_0)$ 为极小值；

Ⅲ 当 $f''(x_0) = 0$ 时，无法判断.

推论 设函数 $f(x)$ 在 x_0 处具有二阶以上的 n 阶导数，且 $f'(x_0) = f''(x_0) = \cdots = f^{(n-1)}(x_0) = 0, f^{(n)}(x_0) \neq 0$，则：

Ⅰ n 为偶数且 $f^{(n)}(x_0) < 0$，则 $f(x)$ 在 x_0 处取得极大值；

Ⅱ n 为偶数且 $f^{(n)}(x_0) > 0$，则 $f(x)$ 在 x_0 处取得极小值；

Ⅲ n 为偶数且 $f^{(n)}(x_0) = 0$，无法判断；

Ⅳ n 为奇数时，$f(x)$ 在 x_0 处无极值.

⑥ **最值**

若 $f(x)$ 为定义在 $[a,b]$ 上的连续函数，则在 $[a,b]$ 函数值最大的为最大值，最小的为最小值. 这时，求最值的求法步骤为：

Ⅰ 求 $f'(x)$，求出驻点和使 $f'(x)$ 不存在的点；

Ⅱ 计算出（Ⅰ）中所得到的各点的函数值及 $f(a), f(b)$；

Ⅲ 比较以上各函数值的大小，最大者为最大值，最小者为最小值.

若 $f(x)$ 为定义在 $[a,b]$ 上有唯一的极值点，则这个极值点为最值点.

应用问题的最值：

Ⅰ 建立目标函数（根据实际问题）；

Ⅱ 求目标函数的最值.

（3）函数的凹凸和拐点

① 函数的凹凸定义：设 $\forall x_1$，$x_2 \in I$，恒有 $f\left(\dfrac{x_1+x_2}{2}\right) > \dfrac{f(x_1)+f(x_2)}{2}$ $\left(f\left(\dfrac{x_1+x_2}{2}\right) < \dfrac{f(x_1)+f(x_2)}{2}\right)$，则称 $f(x)$ 在 I 上是上凸的（下凸）.

② 凹凸性的判断：设 $\forall x \in I$，若 $f''(x) < 0$（或 $f''(x) > 0$），则 $f(x)$ 在 I 上是上凸的（下凸）.

③ 拐点：函数 $f(x)$ 的图形上上凸弧和下凸弧的分界点称为图形的拐点.

④ 拐点的求法：若在 x_0 处 $f''(x_0)=0$（或 $f''(x_0)$ 不存在），当 x 变动经过 x_0 时，$f''(x)$ 变号，则 $(x_0, f(x_0))$ 为拐点；否则不是拐点.

（4）渐近线

① **水平渐近线**：若 $\lim\limits_{x \to +\infty} f(x) = b$ 或 $\lim\limits_{x \to -\infty} f(x) = b$，则称 $y = b$ 为曲线 $y = f(x)$ 的水平渐近线.

② **铅直渐近线**：若 $\lim\limits_{x \to x_0^-} f(x) = \infty$ 或 $\lim\limits_{x \to x_0^+} f(x) = \infty$，则称 $x = x_0$ 为曲线 $y = f(x)$ 的铅直渐近线.

③ **斜渐近线**：若 $a = \lim\limits_{x \to \infty} \dfrac{f(x)}{x}$，$b = \lim\limits_{x \to \infty} [f(x) - ax]$，则称 $y = ax + b$ 为曲线 $y = f(x)$ 的斜渐近线.

（5）边际与弹性

① **边际**

设函数 $y = f(x)$ 可导，称导数 $f'(x)$ 为 $f(x)$ 的边际函数，$f'(x)$ 在 x_0 处的函数值 $f'(x_0)$ 为 $f(x)$ 在 x_0 处的边际函数值，即当 $x = x_0$ 时，若 x 改变一个单位，则 y 改变 $f'(x_0)$ 个单位.

在经济学中，边际成本定义为产量增加一个单位时所增加的总成本，边际收益定义为多销售一个单位产品时增加的销售总收入，等等.

$C(x)$ 表示产量为 x 单位时的总成本，$R(x)$ 表示销售 x 单位产品时的总收益，$C'(x)$ 和 $R'(x)$ 表示边际成本和边际收益，则

总利润函数 $L(x) = R(x) - C(x)$，边际利润 $L'(x) = R'(x) - C'(x)$.

② **弹性**

弹性用于定量描述一个经济变量对另一个经济变量变化的反应程度，即当一个经济变量变动百分之一时另一个经济变量变动百分之几. 设 x 和 y 是两个变量，y 对 x 的弹性记为 $\dfrac{Ey}{Ex}$，当 $y = y(x)$ 可导时，其计算公式为 $\dfrac{Ey}{Ex} = \dfrac{x}{y} \cdot \dfrac{\mathrm{d}y}{\mathrm{d}x}$.

设某商品的需求量为 Q，价格为 P，需求函数 $Q = Q(P)$ 可导，则该商品需求对价格的弹性（需求弹性）为 $\dfrac{EQ}{EP} = \dfrac{P}{Q} \cdot \dfrac{\mathrm{d}Q}{\mathrm{d}P}$. 由于需求函数 $Q = Q(P)$ 一般是单调减少的，因而需求对价格的弹性常为负值.

收益对价格的弹性为 $\dfrac{ER}{EP}=\dfrac{P}{Q}\cdot\dfrac{\mathrm{d}R}{\mathrm{d}P}$. 因为 $R=PQ$, 于是有

$$\frac{ER}{EP}=\frac{1}{Q}\cdot\frac{\mathrm{d}PQ}{\mathrm{d}P}=\frac{1}{Q}\Big(Q+P\,\frac{\mathrm{d}Q}{\mathrm{d}P}\Big)=1+\frac{EQ}{EP}.$$

3.3　题型总结与典型例题

1. 中值定理

题型 3-1　欲证结论：在 (a,b) 内至少存在一点 ξ 使 $f^{(n)}(\xi)=0$ 的命题的证明

【解题思路】　此类型的命题证法有三种思路：

(1) 验证 $f^{(n-1)}(x)$ 在 $[a,b]$ 上满足罗尔定理条件，由该定理证得.

(2) 验证 ξ 为 $f^{(n-1)}(x)$ 的最值或极值点，用费尔马定理证明.

(3) 条件涉及某一点的高阶导数都存在时，也可用泰勒公式；在使用泰勒公式之后可能需要用介值定理.

例 3.1　设 $f(x)$ 在 $[1,2]$ 上具有二阶导数 $f''(x)$, 且 $f(2)=f(1)=0$. 如果 $F(x)=(x-1)f(x)$, 证明：至少存在一点 $\xi\in(1,2)$, 使 $F''(\xi)=0$.

证明　由已知 $F(x)$ 在 $[1,2]$ 上连续，在 $(1,2)$ 内可导，$F(1)=F(2)=0$, 所以 $F(x)$ 满足罗尔定理条件，则至少存在一点 $a\in(1,2)$, 使得 $F'(a)=0$. 因为 $F'(x)=f(x)+(x-1)f'(x)$, 则由题设知 $F'(x)$ 在 $[1,a]$ 上连续，在 $(1,a)$ 内可导，且 $F'(1)=f(1)=0=F'(a)$, 故 $F'(x)$ 在 $[1,a]$ 上满足罗尔定理条件，则至少存在一点 $\xi\in(1,a)\subset(1,2)$, 使 $F''(\xi)=0$.

例 3.2　设 $f(x)$ 在 $[a,b]$ 上连续，在 (a,b) 内二阶可导. 连接点 $A(a,f(a))$ 与点 $B(b,f(b))$ 的直线段交曲线 $f(x)$ 于 $C(c,f(c))$ 处，此处 $a<c<b$. 证明：在 (a,b) 内至少存在一点 ξ, 使 $f''(\xi)=0$.

证明　$f(x)$ 在 $[a,c]$, $[c,b]$ 上满足拉格郎日中值定理，因此，至少分别存在一点 $\xi_1\in(a,c)$, $\xi_2\in(c,b)$ 使得 $f'(\xi_1)=\dfrac{f(c)-f(a)}{c-a}$, $f'(\xi_2)=\dfrac{f(b)-f(c)}{b-c}$, 由 a,b,c 三点位于同一直线上，因此 $f'(\xi_1)=f'(\xi_2)$, 不妨设 $\xi_1<\xi_2$, 在 $[\xi_1,\xi_2]$ 上，$f'(x)$ 满足罗尔定理条件，故至少存在一点 $\xi\in(\xi_1,\xi_2)\subset(a,b)$, 使得 $f''(\xi)=0$.

例 3.3　设函数 $f(x)$ 在 $[0,3]$ 上连续，在 $(0,3)$ 内可导. 又 $f(0)+f(1)+f(2)=3$, $f(3)=1$, 证明存在一点 $\xi\in(0,3)$, 使得 $f'(\xi)=0$.

证明　有题设可知，函数 $f(x)$ 在 $[0,2]$ 上连续，所以 $m\leqslant f(x)\leqslant M$, 其中 m,M 分别为 $f(x)$ 在 $[0,2]$ 的最小值和最大值，于是

$$m\leqslant f(1)\leqslant M,\quad m\leqslant f(2)\leqslant M,\quad m\leqslant f(0)\leqslant M,$$

$$3m\leqslant f(0)+f(1)+f(2)\leqslant 3M,\quad 即\ m\leqslant\frac{f(0)+f(1)+f(2)}{3}\leqslant M.$$

由介值定理，存在点 $\eta\in[0,2]$, 使得 $f(\eta)=\dfrac{f(0)+f(1)+f(2)}{3}=1$. 又 $f(3)=1$, 可知 $f(x)$ 在 $[\eta,3]$ 上满足罗尔定理，故存在一点 $\xi\in(\eta,3)\subset(0,3)$, 使得 $f'(\xi)=0$.

例 3.4　设函数 $f(x)$ 在区间 (a,b) 上连续可导，$x_i\in(a,b)$, $\lambda_i>0\,(i=1,2,\cdots,n)$, 且

$\sum\limits_{i=1}^{n} \lambda_i = 1$, 证明：存在 $\xi \in (a,b)$，使得 $\sum\limits_{i=1}^{n} \lambda_i f'(x_i) = f'(\xi)$.

证明 不妨设 $x_1 \leqslant x_2 \leqslant \cdots \leqslant x_{n-1} \leqslant x_n$. 若 $x_1 = x_n$, 则取 $\xi = x_1$, $\sum\limits_{i=1}^{n} \lambda_i f'(x_i) = f'(\xi)$ 显然成立.

若 $x_1 < x_n$, 再设
$$f'(x_1) = \min\{f'(x_1), f'(x_2), \cdots, f'(x_n)\}, f'(x_n) = \max\{f'(x_1), f'(x_2), \cdots, f'(x_n)\},$$
则有
$$f'(x_1) = f'(x_1) \sum_{i=1}^{n} \lambda_i = \sum_{i=1}^{n} \lambda_i f'(x_1) \leqslant \sum_{i=1}^{n} \lambda_i f'(x_i)$$
$$\leqslant \sum_{i=1}^{n} \lambda_i f'(x_n) = f'(x_n) \sum_{i=1}^{n} \lambda_i = f'(x_n),$$

即 $f'(x_1) \leqslant \sum\limits_{i=1}^{n} \lambda_i f'(x_i) \leqslant f'(x_n)$. 又因为 $f'(x)$ 在区间 (a,b) 上连续, 因而也在 (x_1, x_n) 上连续, 由连续函数的介值定理, 存在 $\xi \in (x_1, x_n) \subset (a,b)$, 使得 $f'(\xi) = \sum\limits_{i=1}^{n} \lambda_i f'(x_i)$. 本题去掉导函数的连续性结论也成立.

例 3.5 已知函数 $f(x)$ 具有二阶导数, 且 $\lim\limits_{x \to 0} \dfrac{f(x)}{x} = 0$, $f(1) = 0$. 证明: 存在一点 $\xi \in (0,1)$ 使 $f''(\xi) = 0$.

证明 由 $\lim\limits_{x \to 0} \dfrac{f(x)}{x} = 0$, 得 $f(0) = 0$, $f'(0) = 0$.

函数 $f(x)$ 在 $[0,1]$ 上连续, 在 $(0,1)$ 内可导, 且 $f(0) = f(1) = 0$, 由罗尔定理, 至少存在 $x_0 \in (0,1)$ 使 $f'(x_0) = 0$.

函数 $f'(x)$ 在 $[0, x_0]$ 上连续, 在 $(0, x_0)$ 内可导, 且 $f'(0) = f'(x_0) = 0$, 由罗尔定理, 至少存在 $\xi \in (0, x_0) \subset (0,1)$ 使 $f''(\xi) = 0$.

例 3.6 设函数 $f(x)$ 在 $[a,b]$ 上连续, 在 (a,b) 内二阶可导, 且 $f(a) = f(b)$, $f'_+(a) f'_-(b) > 0$, 试证: 在 (a,b) 内至少存在一点 ξ, 使 $f''(\xi) = 0$.

证明 因为 $f'_+(a) f'_-(b) > 0$, 所以, 可设 $f'_+(a) > 0$, $f'_-(b) > 0$. 由于 $\lim\limits_{x \to a^+} \dfrac{f(x) - f(a)}{x - a} = f'_+(a) > 0$, 所以, 总存在 $c \left(a < c < \dfrac{a+b}{2} \right)$, 使 $\dfrac{f(c) - f(a)}{c - a} > 0$. 又 $\lim\limits_{x \to b^-} \dfrac{f(x) - f(b)}{x - b} = f'_-(b) > 0$, 所以, 总存在 $d \left(\dfrac{a+b}{2} < d < b \right)$, 使 $\dfrac{f(d) - f(b)}{d - b} > 0$, 即 $f(c) > f(a) = f(b) > f(d)$, 且 $[c,d] \subset [a,b]$.

由 $f(x)$ 在 $[a,b]$ 上连续知, $f(x)$ 在 $[c,d]$ 上也连续, 由介值定理知总存在 $x_0 \in [c,d] \subset [a,b]$ 使 $f(x_0) = f(a) = f(b)$. 将 $f(x)$ 分别在 $[a, x_0]$、$[x_0, b]$ 上用罗尔定理得: 总存在 $x_1 \in (a, x_0)$, $x_2 \in (x_0, b)$, 使 $f'(x_1) = 0$, $f'(x_2) = 0$, 在 $[x_1, x_2]$ 上再用罗尔定理得: 总存在 $\xi \in (x_1, x_2) \subset (a,b)$, 使 $f''(\xi) = 0$.

题型 3-2 欲证结论: 在 (a,b) 内至少存在一点 ξ 使 $f^{(n)}(\xi) = k$ 的命题的证明

【解题思路】 (1) 作辅助函数 $F(x)$;

（2）验证 $F(x)$ 在 $[a,b]$ 上满足罗尔定理条件，由该定理结论证得.

构造辅助函数 $F(x)$ 的方法：（1）原函数法；（2）常数 k 值法.

1）原函数方法

具体步骤：（1）将欲证结论中的 ξ 改写成 x；

（2）将式子写成容易去掉一次导数符号的形式（即容易积分的形式）；

（3）去掉一次导数符号（即积分一次），移项，使等式一端为"0"，另一端即为新作的辅助函数 $F(x)$（为简便，积分常数取为 0）.

例如，证明存在 $\xi\in(a,b)$，使得 $cf'(\xi)=dg'(\xi)$，其中 c,d 为常数.

因为 $cf'(\xi)=dg'(\xi)\Leftrightarrow[cf(x)]'\big|_{x=\xi}=[dg(x)]'\big|_{x=\xi}\Leftrightarrow[cf(x)-dg(x)]'\big|_{x=\xi}=0$，

所以可构造辅助函数 $F(x)=cf(x)-dg(x)$.

有的时候需要把待证等式进行变形，求辅助函数 $F(x)$.

例 3.7 设函数 $f(x)$ 在 $[a,b]$ 上连续，在 (a,b) 内可导，$f(a)=0(a>0)$. 证明：在 (a,b) 内至少存在一点 ξ 使 $f(\xi)=\dfrac{b-\xi}{a}f'(\xi)$.

【分析】 将欲证结论中的 ξ 改写成 x，则

$$f(\xi)=\frac{b-\xi}{a}f'(\xi)\Rightarrow f(x)=\frac{b-x}{a}f'(x)\Rightarrow\frac{f(x)}{f'(x)}=\frac{b-x}{a}\Rightarrow\frac{f'(x)}{f(x)}=\frac{a}{b-x}\Rightarrow[\ln f(x)]'$$

$$=[-a\ln(b-x)]'\Rightarrow\ln f(x)=-a\ln(b-x)+C\Rightarrow(b-x)^a f(x)=C.$$

证明 做辅助函数 $F(x)=(b-x)^a f(x)$，则 $F(x)$ 在 $[a,b]$ 上连续，在 (a,b) 内可导，且 $F(a)=F(b)=0$. 由罗尔定理，在 (a,b) 内至少存在一点 ξ 使 $F'(\xi)=0$，即 $a(b-\xi)^{a-1}f(\xi)+(b-\xi)^a f'(\xi)=0$，约去 $(b-\xi)^{a-1}$ 得 $af(\xi)+(b-\xi)f'(\xi)=0$，即 $f(\xi)=\dfrac{b-\xi}{a}f'(\xi)$.

例 3.8 设函数 $f(x)$ 在 $\left[0,\dfrac{1}{2}\right]$ 上二阶可导，且 $f(0)=f'(0)$，$f\left(\dfrac{1}{2}\right)=0$. 试证：至少存在一点 $\xi\in\left(0,\dfrac{1}{2}\right)$，使得 $f''(\xi)=\dfrac{3f'(\xi)}{1-2\xi}$.

【分析】 欲证结论可写为 $f''(\xi)(1-2\xi)-2f'(\xi)=f'(\xi)$.

令 $\xi=x$，则上式为

$$f''(x)(1-2x)-2f'(x)=f'(x),\quad 即[f'(x)(1-2x)]'=f'(x).$$

根据拉格朗日中值定理的推论得 $f'(x)(1-2x)=f(x)+C$. 令 $C=0$，并移项得

$$f'(x)(1-2x)-f(x)=0.$$

则令辅助函数 $F(x)=f'(x)(1-2x)-f(x)$.

证明 做辅助函数 $F(x)=f'(x)(1-2x)-f(x)$，显然 $F(x)$ 在 $\left[0,\dfrac{1}{2}\right]$ 上连续，在 $\left(0,\dfrac{1}{2}\right)$ 内可导，且

$$F(0)=f'(0)(1-0)-f(0)=0,\quad F\left(\frac{1}{2}\right)=f'\left(\frac{1}{2}\right)\left(1-2\cdot\frac{1}{2}\right)-f\left(\frac{1}{2}\right)=0.$$

$F(x)$ 在 $\left[0,\dfrac{1}{2}\right]$ 上满足罗尔定理的条件，则至少存在一点 $\xi\in\left(0,\dfrac{1}{2}\right)$，使 $F'(\xi)=0$，即

$f''(\xi)(1-2\xi)-3f'(\xi)=0$,亦即 $f''(\xi)=\dfrac{3f'(\xi)}{1-2\xi}$.

2) 常数 k 值法

此方法适用于常数部分可被分离出来的命题. 构造辅助函数的步骤如下:

(1) 令常数部分为 k.

(2) 做恒等变形,使上式一端为 a 及 $f(a)$ 构成的代数式,另一端为 b 及 $f(b)$ 构成的代数式.

(3) 分析关于端点的表达式是否为对称式或轮换对称式. 若是,只要把 a(或 b)改成 x,相应的函数值 $f(a)$(或 $f(b)$)改成 $f(x)$,则代换变量后的表达式就是所求的辅助函数 $F(x)$.

例 3.9   设函数 $f(x)$ 在 $[a,b]$ 上连续,在 (a,b) 内可导. 证明:在 (a,b) 内至少存在一点 ξ 使 $\dfrac{bf(b)-af(a)}{b-a}=f(\xi)+\xi f'(\xi)$.

【分析】   令 $\dfrac{bf(a)-af(a)}{b-a}=k\Rightarrow bf(b)-kb=af(a)-ka$ 为轮换对称式.

证明   令 $F(x)=xf(x)-kx=xf(x)-\dfrac{bf(b)-af(a)}{b-a}x$,则

$$F(b)-F(a)=bf(b)-\dfrac{bf(b)-af(a)}{b-a}b-af(a)+\dfrac{bf(b)-af(a)}{b-a}a=0,$$

所以 $F(x)$ 在 $[a,b]$ 上满足罗尔定理,在 (a,b) 内至少存在一点 ξ 使 $F'(\xi)=0$,即

$$\dfrac{bf(b)-af(a)}{b-a}=f(\xi)+\xi f'(\xi).$$

题型 3-3   证明存在 $\xi\in(a,b)$,使得 $f'(\xi)g(\xi)+f(\xi)g'(\xi)=0$

【解题思路】   利用导数公式 $f'(x)g(x)+f(x)g'(x)=[f(x)g(x)]'$,找出辅助函数 $F(x)=f(x)g(x)$.

例 3.10   设函数 $f(x),g(x)$ 在 $[a,b]$ 上连续,在 (a,b) 内可导,且 $g'(x)\neq0$,证明存在一点 $\xi\in(a,b)$,使得 $\dfrac{f(\xi)-f(a)}{g(b)-g(\xi)}=\dfrac{f'(\xi)}{g'(\xi)}$.

证明   将待证结论改写为 $f(\xi)g'(\xi)+f'(\xi)g(\xi)-f(a)g'(\xi)-g(b)f'(\xi)=0$,即

$$[f(x)g(x)]'\big|_{x=\xi}-[f(a)g(x)+g(b)f(x)]'\big|_{x=\xi}=0,$$

$$\{[f(x)g(x)]-[f(a)g(x)+g(b)f(x)]\}'\big|_{x=\xi}=0.$$

令 $F(x)=[f(x)g(x)]-[f(a)g(x)+g(b)f(x)]$,则 $F(x)$ 在 $[a,b]$ 上连续,在 (a,b) 内可导,且 $F(a)=-f(a)g(b)=F(b)$;由罗尔定理,存在一点 $\xi\in(a,b)$,使得 $F'(\xi)=0$,即

$$\dfrac{f(\xi)-f(a)}{g(b)-g(\xi)}=\dfrac{f'(\xi)}{g'(\xi)}.$$

题型 3-4   证明存在 $\xi\in(a,b)$,使得 $f'(\xi)g(\xi)-f(\xi)g'(\xi)=0$

【解题思路】   常将等式化为 $\dfrac{f'(\xi)g(\xi)-f(\xi)g'(\xi)}{g^2(\xi)}=\left[\dfrac{f(x)}{g(x)}\right]'\bigg|_{x=\xi}=0$,令 $F(x)=\dfrac{f(x)}{g(x)}$.

特别地,当 $g(\xi)=\xi$ 时,$g'(\xi)=1$,可令 $F(x)=\dfrac{f(x)}{x}$.

注 凡遇到含导数的两个函数乘积只差时,常用上述求导公式找出辅助函数.

例 3.11 设函数 $f(x)$ 在 $[0,2]$ 上连续,在 $(0,2)$ 内可导,且 $f(2)=5f(0)$,证明存在 $\xi\in(0,2)$ 使得 $(1+\xi^2)f'(\xi)=2\xi f(\xi)$.

证明 待证等式可写为 $(1+x^2)f'(x)-2xf(x)=0$,即 $(1+x^2)f'(x)-(1+x^2)'f(x)=0$,

亦即 $\dfrac{(1+x^2)f'(x)-(1+x^2)'f(x)}{(1+x^2)^2}=0$.

令 $F(x)=\dfrac{f(x)}{(1+x^2)}$,则 $F(x)$ 在 $[0,2]$ 上连续,在 $(0,2)$ 内可导,且

$$F(0)=f(0),\quad F(2)=\frac{f(2)}{5}=f(0).$$

由罗尔定理,存在一点 $\xi\in(0,2)$,使得 $F'(\xi)=0$,即有

$$\frac{(1+\xi^2)f'(\xi)-2\xi f(\xi)}{(1+\xi^2)^2}=0,\quad \text{即}(1+\xi^2)f'(\xi)=2\xi f(\xi).$$

题型 3-5 证明存在 $\xi\in(a,b)$,使得 $f'(\xi)+g'(\xi)f(\xi)=0$

【解题思路】 可构造辅助函数 $F(x)=f(x)e^{g(x)}$,利用罗尔定理证明.

例 3.12 设函数 $f(x)$ 在 $[-a,a]$ 上连续,在 $(-a,a)$ 内可导,且 $f(-a)=f(a)$,$a>0$.证明存在 $\xi\in(-a,a)$ 使得证明存在 $f'(\xi)=2\xi f(\xi)$.

证明 待证结论改写为 $[f'(x)-2xf(x)]\big|_{x=\xi}=0$.

令 $F(x)=f(x)e^{-x^2}$,则 $F(x)$ 在 $[-a,a]$ 上连续,在 $(-a,a)$ 内可导,且
$$F(-a)=f(-a)e^{-(-a)^2}=f(a)e^{-a^2}=F(a).$$
由罗尔定理,存在一点 $\xi\in(-a,a)$,使得 $F'(\xi)=0$,即有
$$f'(\xi)e^{-\xi^2}-2\xi e^{-\xi^2}f(\xi)=0\qquad \text{故 } f'(\xi)=2\xi f(\xi).$$

例 3.13 设奇函数 $f(x)$ 在 $[-1,1]$ 上具有二阶导数,且 $f(1)=1$,证明:

(1) 存在 $\xi\in(0,1)$,使得 $f'(\xi)=1$;

(2) 存在 $\eta\in(-1,1)$,使得 $f''(\eta)+f'(\eta)=1$.

证明 (1) 由于 $f(x)$ 为奇函数,则 $f(0)=0$. 由于 $f(x)$ 在 $[-1,1]$ 上具有二阶导数,由拉格朗日定理,存在 $\xi\in(0,1)$,使得 $f'(\xi)=\dfrac{f(1)-f(0)}{1-0}=1$.

(2) 由于 $f(x)$ 为奇函数,则 $f'(x)$ 为偶函数,由(1)可知存在 $\xi\in(0,1)$,使得 $f'(\xi)=1$,且 $f'(-\xi)=1$.

令 $\varphi(x)=e^x(f'(x)-1)$,由条件显然可知 $\varphi(x)$ 在 $[-\xi,\xi]$ 上连续,在 $(-\xi,\xi)$ 内可导,且 $\varphi(-\xi)=\varphi(\xi)=0$,由罗尔定理可知,存在 $\eta\in(-\xi,\xi)\subset(-1,1)$,使得 $\varphi'(\eta)=0$,即 $f''(\eta)+f'(\eta)=1$.

题型 3-6 证明存在 $\xi\in(a,b)$,使得 $nf(\xi)+\xi f'(\xi)=0$,n 为正整数

【解题思路】 可构造辅助函数 $F(x)=x^nf(x)$,利用罗尔定理证明.

例 3.14 设函数 $f(x)$ 在 $[0,a]$ 上连续,在 $(0,a)$ 内可导,且 $f(a)=0$,$a>0$,证明存在 $\xi\in(0,a)$ 使得 $nf(\xi)+\xi f'(\xi)=0$(n 为正整数).

证明 令 $F(x)=x^nf(x)$,则 $F(x)$ 在 $[0,a]$ 上连续,在 $(0,a)$ 内可导,且 $F(0)=F(a)=0$.由罗尔定理,存在一点 $\xi\in(-a,a)$,使得 $F'(\xi)=0$,即有

$$n\xi^{n-1}f(\xi)+\xi^n f(\xi)=0,\quad \text{故 } nf(\xi)+\xi f'(\xi)=0.$$

题型 3-7 证明存在 $\xi\in(a,b)$，使得 $\dfrac{f(\xi)}{g(\xi)}=\dfrac{f''(\xi)}{g''(\xi)}$

【解题思路】 由 $\dfrac{f(\xi)}{g(\xi)}=\dfrac{f''(\xi)}{g''(\xi)}$ 得 $f(\xi)g''(\xi)-f''(\xi)g(\xi)=0$，可构造辅助函数 $F(x)=f(x)g'(x)-f'(x)g(x)$，利用罗尔定理证明.

例 3.15 设函数 $f(x),g(x)$ 在 $[a,b]$ 上二阶可导，$g''(x)\neq0$，且 $f(a)=f(b)=g(a)=g(b)=0$，证明：

(1) 在 (a,b) 内 $g(x)\neq0$；

(2) 存在 $\xi\in(a,b)$，使得 $\dfrac{f(\xi)}{g(\xi)}=\dfrac{f''(\xi)}{g''(\xi)}$.

证明 (1) 反证法　假设存在 $c\in(a,b)$，使得 $g(c)=0$，对 $g(x)$ 在 $[a,c]$ 和 $[c,b]$ 上应用罗尔定理，存在 $\xi_1\in(a,c),\xi_2\in(c,b)$，使得 $g'(\xi_1)=0,g'(\xi_2)=0$. 对 $g'(x)$ 在 $[\xi_1,\xi_2]$ 上应用罗尔定理，存在 $\xi_3\in(\xi_1,\xi_2)$，使得 $g''(\xi_3)=0$. 这与条件 $g''(x)\neq0$ 矛盾，故在 (a,b) 内 $g(x)\neq0$.

(2) 做辅助函数 $F(x)=f(x)g'(x)-f'(x)g(x)$，则 $F(x)$ 在 $[a,b]$ 上连续，在 (a,b) 内可导，且 $F(a)=F(b)=0$，由罗尔定理，存在 $\xi\in(a,b)$，使得 $F'(\xi)=0$，即

$$f(\xi)g''(\xi)-f''(\xi)g(\xi)=0,\quad \text{故 } \dfrac{f(\xi)}{g(\xi)}=\dfrac{f''(\xi)}{g''(\xi)}.$$

题型 3-8 欲证结论：在 (a,b) 内存在 ξ,η 且 $\xi\neq\eta$ 满足某种关系式的命题的证明

【解题思路】 两次使用拉格朗日中值定理或两次使用柯西中值定理，或一次拉格朗日中值定理、一次柯西中值定理，然后再做某种运算，证明中的辅助函数的做法不同于题型 3-5，而是利用分离变量法，使等式一端只含 ξ 的代数式，另一端只含 η 的代数式，结合原函数法稍加分析 ξ,η 的代数式，即可看出该做什么样的辅助函数.

例 3.16 设函数 $f(x)$ 在 $[a,b]$ 上连续，在 (a,b) 内可导，且 $f(a)=f(b)=1$，证明存在 $\xi,\eta\in(a,b)$，使得 $e^{\eta-\xi}[f(\eta)+f'(\eta)]=1$.

【分析】 $e^{\eta-\xi}[f(\eta)+f'(\eta)]=1\Rightarrow e^{\eta}[f(\eta)+f'(\eta)]=e^{\xi}\Rightarrow [e^x f(x)]'_{x=\eta}=e^{\xi}$.

证明 (1) 令 $F(x)=e^x f(x)$，则由拉格朗日中值定理，存在 $\eta\in(a,b)$，使得 $F'(\eta)=\dfrac{F(b)-F(a)}{b-a}$，即 $e^{\eta}[f(\eta)+f'(\eta)]=\dfrac{e^b f(b)-e^a f(a)}{b-a}=\dfrac{e^b-e^a}{b-a}(f(a)=f(b)=1)$.

(2) 令 $\varphi(x)=e^x$，由拉格朗日中值定理，存在 $\xi\in(a,b)$，使得

$$\varphi'(\xi)=\dfrac{\varphi(b)-\varphi(a)}{b-a}=\dfrac{e^b-e^a}{b-a},\quad \text{即 } e^{\xi}=\dfrac{e^b-e^a}{b-a}.$$

综合 (1)(2) 可得 $e^{\eta}[f(\eta)+f'(\eta)]=e^{\xi}$，即 $e^{\eta-\xi}[f(\eta)+f'(\eta)]=1$.

例 3.17 设函数 $f(x)$ 在闭区间 $[0,1]$ 上连续，在开区间 $(0,1)$ 内可导，且 $f(0)=0$，$f(1)=1$. 试证明：对于任意给定的正数 a 和 b，在开区间 $(0,1)$ 内存在不同的 ξ 和 η，使得

$$\dfrac{a}{f'(\xi)}+\dfrac{b}{f'(\eta)}=a+b.$$

证明 取数 $\mu\in(0,1)$，由连续函数介值定理知，存在 $C\in(0,1)$，使得 $f(C)=\mu$. 在区间 $[0,C]$ 与 $[C,1]$ 上分别应用拉格朗日中值定理，有

$$f'(\xi)=\dfrac{f(C)-f(0)}{C-0}=\dfrac{\mu}{C},\quad 0<\xi<C,$$

$$f'(\eta) = \frac{f(1) - f(C)}{1 - C} = \frac{1 - \mu}{1 - C}, \quad C < \eta < 1.$$

显然 $\xi \neq \eta$. 由于 $\mu \in (0,1)$, 所以 $\mu \neq 0, 1 - \mu \neq 0$, 即 $f'(\xi) \neq 0, f'(\eta) \neq 0$. 从而

$$\frac{a}{f'(\xi)} + \frac{b}{f'(\eta)} = \frac{a}{\dfrac{\mu}{C}} + \frac{b}{\dfrac{1-\mu}{1-C}} = \frac{aC(1-\mu) + b\mu(1-C)}{\mu(1-\mu)} = \frac{b\mu + C(a - b\mu - a\mu)}{\mu(1-\mu)}.$$

注意到, 若取 $\mu = \dfrac{a}{a+b}$, 则 $1 - \mu = \dfrac{b}{a+b}$, 并且 $\mu, 1 - \mu \in (0,1)$, 代入上式得

$$\frac{a}{f'(\xi)} + \frac{b}{f'(\eta)} = \frac{\dfrac{ab}{a+b}}{\dfrac{a}{a+b} \cdot \dfrac{b}{a+b}} = a + b.$$

2. 不等式的证明

题型 3-9 用中值定理证明不等式

【解题思路】 该法适用于经过简单变形, 不等式的一端可写成 $\dfrac{f(b) - f(a)}{b - a}$ 或

$\dfrac{f(b) - f(a)}{g(b) - g(a)}$, 或欲证命题是区间内"至少"一点 ξ 使命题成立.

步骤: (1) 在 $[a,b]$ 上由题意做函数 $f(t), g(t)$;

(2) 写出微分中值公式 $\dfrac{f(b) - f(a)}{b - a} = f'(\xi)$ 或 $\dfrac{f(b) - f(a)}{g(b) - g(a)} = \dfrac{f'(\xi)}{g'(\xi)}$;

(3) 根据需要对 $f'(\xi), g'(\xi)$ 进行放缩.

例 3.18 设不恒为常数的函数 $f(x)$ 在 $[a,b]$ 上连续, 在 (a,b) 内可导, $f(a) = f(b)$, 证明存在 $\xi \in (a,b)$, 使得 $f'(\xi) > 0$.

证明 因为 $f(a) = f(b)$ 且 $f(x)$ 不恒为常数的函数, 所以至少存在一点 $c \in (a,b)$, 使得 $f(c) \neq f(a) = f(b)$.

(1) 若 $f(c) > f(a) = f(b)$, 显然 $f(x)$ 在 $[a,c]$ 上满足拉格朗日定理的条件, 则至少存在一个 $\xi \in (c,b) \subset [a,b]$, 使得 $f'(\xi) = \dfrac{f(c) - f(a)}{c - a} > 0$.

(2) 若 $f(c) < f(a) = f(b)$, 显然 $f(x)$ 在 $[c,b]$ 上满足拉格朗日定理的条件, 则至少存在一个 $\xi \in (c,b) \subset [a,b]$, 使得 $f'(\xi) = \dfrac{f(b) - f(c)}{b - c} > 0$.

例 3.19 证明: 当 $0 < a < b < \pi$ 时, $b\sin b + 2\cos b + \pi b > a\sin a + 2\cos a + \pi a$.

证明 令 $F(x) = x\sin x + 2\cos x + \pi x$. 当 $0 < a < b < \pi$ 时, 由拉格朗日中值定理有

$$F(b) - F(a) = b\sin b + 2\cos b + \pi b - (a\sin a + 2\cos a + \pi a) = F'(\xi)(b - a).$$

而 $F'(\xi) = \xi\cos\xi - \sin\xi + \pi > 0$, 则 $F'(\xi)(b - a) > 0$, 从而有

$$b\sin b + 2\cos b + \pi b - (a\sin a + 2\cos a + \pi a) > 0, \quad \text{即}$$
$$b\sin b + 2\cos b + \pi b > a\sin a + 2\cos a + \pi a.$$

例 3.20 已知函数 $f(x)$ 在区间 $[a, +\infty)$ 上具有 2 阶导数, $f(a) = 0, f'(x) > 0, f''(x) > 0$. 设 $b > a$, 曲线 $y = f(x)$ 在点 $(b, f(b))$ 处的切线与 x 轴的交点是 $(x_0, 0)$, 证明 $a < x_0 < b$.

证明 根据题意得点 $(b, f(b))$ 处的切线方程为 $y - f(b) = f'(b)(x - b)$.

令 $y=0$，得 $x_0=b-\dfrac{f(b)}{f'(b)}$．因为 $f'(x)>0$，所以 $f(x)$ 单调递增．又因为 $f(a)=0$，所以 $f(b)>0$．又因为 $f'(b)>0$，所以 $x_0=b-\dfrac{f(b)}{f'(b)}<b$．

又因为 $x_0-a=b-a-\dfrac{f(b)}{f'(b)}$，而在区间 (a,b) 中应用拉格朗日中值定理有

$$\frac{f(b)-f(a)}{b-a}=f'(\xi),\quad \xi\in(a,b),$$

所以 $x_0-a=b-a-\dfrac{f(b)}{f'(b)}=\dfrac{f(b)}{f'(\xi)}-\dfrac{f(b)}{f'(b)}=f(b)\dfrac{f'(b)-f'(\xi)}{f'(b)f'(\xi)}$．

因为 $f''(x)>0$，所以 $f'(x)$ 单调递增，所以 $f'(b)>f'(\xi)$，故 $x_0-a>0$，即 $x_0>a$，所以 $a<x_0<b$，结论得证．

题型 3-10　用单调性证明不等式

【解题思路】　该方法适用于某区间上成立的不等式，对于数值不等式通常是通过辅助函数完成的．

步骤：

(1) 移项(有时需要做简单的恒等变形)，使不等式一端为 0，另一端即为所做的辅助函数；

(2) 求 $f'(x)$ 并验证 $f(x)$ 在指定区间的增减性；

(3) 求出区间端点的函数值(或极值)，作比较即得所证．

例 3.21　证明：(1) $1+x\ln\left(x+\sqrt{1+x^2}\right)\geqslant\sqrt{1+x^2}$，$x\in(-\infty,+\infty)$；

$$(2)\ \ln(1+x)\leqslant x-\frac{x^2}{2}+\frac{x^3}{3}(x>-1);\quad(3)\ \mathrm{e}^x>1+x.$$

证明　(1) 设 $f(x)=1+x\ln\left(x+\sqrt{1+x^2}\right)-\sqrt{1+x^2}$，则

$$f'(x)=\ln\left(x+\sqrt{1+x^2}\right)+x\frac{1+\dfrac{x}{\sqrt{1+x^2}}}{x+\sqrt{1+x^2}}-\frac{x}{\sqrt{1+x^2}}=\ln\left(x+\sqrt{1+x^2}\right).$$

令 $f'(x)=0$，得到驻点 $x=0$．由 $f''(x)=\dfrac{1}{\sqrt{1+x^2}}>0$，可知 $x=0$ 为极小值点，亦即最小值点，最小值为 $f(0)=0$，于是对任意 $x\in(-\infty,+\infty)$ 有 $f(x)\geqslant0$，即所证不等式成立．

(2) 设 $f(x)=\ln(1+x)-x+\dfrac{1}{2}x^2-\dfrac{1}{3}x^3$，则 $f'(x)=\dfrac{1}{1+x}-1+x-x^2=\dfrac{-x^3}{1+x}>0$．

令 $f'(x)=0$，得 $x=0$ 及 $f(0)=0$．

当 $-1<x<0$ 时，$f'(x)>0$，$f(x)$ 在 $(-1,0]$ 上单调增加．当 $x>0$ 时，$f'(x)<0$，$f(x)$ 在 $[0,+\infty)$ 上单调减少．故 $f(x)$ 在 $x=0$ 处取得极大值 $f(0)=0$，因为唯一，所以也是最大值．所以，对于任意 $x>-1$ 有 $f(x)\leqslant0$，即

$$f(x)=\ln(1+x)-x+\frac{1}{2}x^2-\frac{1}{3}x^3\leqslant0,\quad\text{故 }\ln(1+x)\leqslant x-\frac{1}{2}x^2+\frac{1}{3}x^3.$$

（3）设 $x<0$，试证 $e^x>1+x$.

证法一　用中值定理

设 $f(t)=e^t-1-t$，则①$f(t)$ 在 $[x,0]$ 上连续；②$f(t)$ 在 $(x,0)$ 内可导，且 $f'(t)=e^t-1$，则存在 $\xi\in(x,0)$，使 $f'(\xi)=\dfrac{f(0)-f(x)}{0-x}$，即 $x(e^\xi-1)=e^x-1-x$.

因为 $\xi<0$，故 $0<e^\xi<1$. 又因为 $x<0$，故 $x(e^\xi-1)>0$，从而 $e^x-1-x>0$，即 $e^x>1+x$.

证法二　用函数的单调性

设 $f(x)=e^x-1-x$，则 $f'(x)=e^x-1$，因为 $x<0$，故 $e^x-1<0$，即 $f'(x)<0$，从而当 $x<0$ 时 $f(x)$ 是单调减少的. 又 $\lim\limits_{x\to0^-}f(x)=\lim\limits_{x\to0^-}(e^x-1-x)=0$，所以当 $x<0$ 时，有 $f(x)>f(0)=0$，即 $e^x-1-x>0$，故 $e^x>1+x$.

例 3.22　设 $e<a<b<e^2$，证明 $\ln^2 b-\ln^2 a>\dfrac{4}{e^2}(b-a)$.

【分析】　根据要证不等式的形式，可考虑用拉格朗日中值定理或转化为函数不等式用单调性证明.

证明　证法一　对函数 $\ln^2 x$ 在 $[a,b]$ 上应用拉格朗日中值定理，得

$$\ln^2 b-\ln^2 a=\frac{2\ln\xi}{\xi}(b-a),\quad a<\xi<b.$$

设 $\varphi(t)=\dfrac{\ln t}{t}$，则 $\varphi'(t)=\dfrac{1-\ln t}{t^2}$. 当 $t>e$ 时，$\varphi'(t)<0$，所以 $\varphi(t)$ 单调减少，从而 $\varphi(\xi)>\varphi(e^2)$，即 $\dfrac{\ln\xi}{\xi}>\dfrac{\ln e^2}{e^2}=\dfrac{2}{e^2}$，故 $\ln^2 b-\ln^2 a>\dfrac{4}{e^2}(b-a)$.

本题也可设辅助函数为 $\varphi(x)=\ln^2 x-\ln^2 a-\dfrac{4}{e^2}(x-a)$，$e<a<x<e^2$ 或 $\varphi(x)=\ln^2 b-\ln^2 x-\dfrac{4}{e^2}(b-x)$，$e<x<b<e^2$，再用单调性进行证明即可.

证法二　设 $\varphi(x)=\ln^2 x-\dfrac{4}{e^2}x$，则 $\varphi'(x)=2\dfrac{\ln x}{x}-\dfrac{4}{e^2}$，$\varphi''(x)=2\dfrac{1-\ln x}{x^2}$. 所以，当 $x>e$ 时，$\varphi''(x)<0$，故 $\varphi'(x)$ 单调减少，从而当 $e<x<e^2$ 时，

$$\varphi'(x)>\varphi'(e^2)=\frac{4}{e^2}-\frac{4}{e^2}=0,$$

即当 $e<x<e^2$ 时，$\varphi(x)$ 单调增加. 因此当 $e<a<b<e^2$ 时，$\varphi(b)>\varphi(a)$，即

$$\ln^2 b-\frac{4}{e^2}b>\ln^2 a-\frac{4}{e^2}a,\text{ 故 }\ln^2 b-\ln^2 a>\frac{4}{e^2}(b-a).$$

例 3.23　证明：当 $x>0$ 时，$(1+x)\ln^2(1+x)<x^2$.

证明　只需证 $\dfrac{x}{\sqrt{1+x}}>\ln(1+x)$. 令 $f(x)=\dfrac{x}{\sqrt{1+x}}-\ln(1+x)$ $(x\geqslant0)$，则 $f(x)$ 在 $[0,+\infty)$ 上可导，且当 $x>0$ 时

$$f'(x)=\frac{\sqrt{1+x}-\dfrac{x}{2\sqrt{1+x}}}{1+x}-\frac{1}{1+x}=\frac{2+x-2\sqrt{1+x}}{2(1+x)^{\frac{3}{2}}}=\frac{(\sqrt{1+x}-1)^2}{2(1+x)^{\frac{3}{2}}}>0,$$

所以 $f(x)$ 在 $[0,+\infty)$ 上单调增加；当 $x>0$ 时，$f(x)>f(0)=0$.

例 3.24　证明：当 $0<a<b<\pi$ 时，$b\sin b+2\cos b+\pi b>a\sin a+2\cos a+\pi a$.

【分析】　本题与例 3.19 是同一题目，这里利用"参数变易法"构造辅助函数，再利用函数的单调性证明.

证明　令 $f(x)=x\sin x+2\cos x+\pi x-a\sin a-2\cos a-\pi a,0<a\leqslant x\leqslant b<\pi$，则

$$f'(x)=\sin x+x\cos x-2\sin x+\pi=x\cos x-\sin x+\pi，且 f'(\pi)=0.$$

又 $f''(x)=\cos x-x\sin x-\cos x=-x\sin x<0,(0<x<\pi$ 时，$\sin x>0)$，故当 $0<a\leqslant x\leqslant b<\pi$ 时，$f'(x)$ 单调减少，即 $f'(x)>f'(\pi)=0$，则 $f(x)$ 单调增加，于是 $f(b)>f(a)=0$，即 $b\sin b+2\cos b+\pi b>a\sin a+2\cos a+\pi a$.

题型 3-11　用泰勒公式证明不等式

【解题思路】　该法适用于题设中函数 $f(x)$ 具有二阶和二阶以上可导，且最高阶导数的大小或上下界可知的命题.

步骤：(1) 写出比最高阶导数低一阶的函数的泰勒展开；

(2) 恰当选择等式两边的 x 或 x_0；

(3) 根据所给的最高阶导数的大小或界对展开式进行放缩.

例 3.25　设 $\lim\limits_{x\to 0}\dfrac{f(x)}{x}=1$ 且 $f''(x)>0$，证明 $f(x)>x$.

证明　由 $\lim\limits_{x\to 0}\dfrac{f(x)}{x}=1$ 可知，$f(0)=0,f'(0)=\lim\limits_{x\to 0}\dfrac{f(x)-f(0)}{x-0}=1$.

因为 $f(x)$ 二阶可导，所以 $f(x)$ 在 $x=0$ 处展成一阶泰勒公式

$$f(x)=f(0)+f'(0)x+\frac{x^2}{2}f''(\xi)，\quad \xi 介于 0 与 x 之间.$$

由于 $f''(x)>0$，所以 $f''(\xi)>0$，于是有

$$f(x)=f(0)+f'(0)x+\frac{x^2}{2}f''(\xi)>f(0)+f'(0)x=x，\quad 即 f(x)>x.$$

例 3.26　已知函数 $f(x)$ 二阶可导，且 $f(x)>0,f(0)=1,f'(0)=1,f(x)f''(x)-(f'(x))^2>0$. 证明：$f(x)\geqslant \mathrm{e}^x$.

证明　令 $g(x)=\ln f(x)$，则 $g(0)=0$，且

$$g'(x)=\frac{f'(x)}{f(x)},\quad g'(0)=1;\quad g''(x)=\frac{f(x)f''(x)-(f'(x))^2}{f^2(x)}>0.$$

所以 $g(x)=g(0)+g'(0)x+\dfrac{g''(\xi)}{2}x^2=x+\dfrac{g''(\xi)}{2}x^2\geqslant x$，从而 $f(x)\geqslant \mathrm{e}^x$.

例 3.27　设 $f(x)$ 在区间 $[a,+\infty)$ 上具有二阶导数，且 $|f(x)|\leqslant M_0,0<|f''(x)|\leqslant M_2$，$(a\leqslant x<+\infty)$. 证明 $|f'(x)|\leqslant 2\sqrt{M_0 M_2}$.

证明　对任意的 $x\in[a,+\infty)$ 及任意的 $h>0$，有 $x+h\in(a,+\infty)$，于是

$$f(x+h)=f(x)+f'(x)h+\frac{1}{2!}f''(\xi)h^2，\quad 其中 \xi\in[h,x+h]，$$

即 $f'(x)=\dfrac{1}{h}[f(x+h)-f(x)]-\dfrac{h}{2}f''(\xi)$，故

$$|f'(x)|\leqslant\frac{2M_0}{h}+\frac{h}{2}M_2，\quad x\in[a,+\infty),h>0.$$

令 $g(h)=\dfrac{2M_0}{h}+\dfrac{h}{2}M_2$，试求其最小值. 取 $g'(h)=-\dfrac{2M_0}{h^2}+\dfrac{1}{2}M_2=0$，得到 $h_0=2\sqrt{\dfrac{M_0}{M_2}}$，

而 $g''(h)=\dfrac{4M_0}{h^3}>0$，所以，$g(h)$ 在 $h_0=2\sqrt{\dfrac{M_0}{M_2}}$ 处得极小值，亦即最小值. 而 $g(h_0)=$

$2\sqrt{M_0M_2}$，故

$$|f'(x)|\leqslant 2\sqrt{M_0M_2},\quad x\in[a,+\infty).$$

题型 3-12　利用函数的凸性证明不等式

【解题思路】　若 $F(x)$ 在 (a,b) 内二阶可导，x_1,x_2 为 (a,b) 内任意两点.

(1) 若 $F''(x)>0,x\in(a,b)$，则 $F(x)$ 在 (a,b) 内为下凸函数，即

$$F\left(\frac{x_1+x_2}{2}\right)<\frac{F(x_1)+F(x_2)}{2},$$

或 $F(px_1+qx_2)<pF(x_1)+qF(x_2)$，其中 $p+q=1,p>0,q>0$.

(2) 若 $F''(x)<0,x\in(a,b)$，则 $F(x)$ 在 (a,b) 内为上凸函数，即

$$F\left(\frac{x_1+x_2}{2}\right)>\frac{F(x_1)+F(x_2)}{2},$$

或 $F(px_1+qx_2)>pF(x_1)+qF(x_2)$，其中 $p+q=1,p>0,q>0$.

例 3.28　证明：$x\ln x+y\ln y>(x+y)\ln\dfrac{x+y}{2}(x>0,y>0,x\neq y)$.

证明　设 $f(u)=u\ln u$，则 $f'(u)=\ln u+1,f''(u)=\dfrac{1}{u}>0(u>0)$，故函数 $f(u)=u\ln u$ 在

$(0,+\infty)$ 上是下凸的. 任取 $x,y\in(0,+\infty),x\neq y$，有 $f\left(\dfrac{x+y}{2}\right)<\dfrac{f(x)+f(y)}{2}$，所以

$$\frac{x+y}{2}\ln\frac{x+y}{2}<\frac{x\ln x+y\ln y}{2},$$

即 $x\ln x+y\ln y>(x+y)\ln\dfrac{x+y}{2}(x>0,y>0,x\neq y)$.

例 3.29　设函数 $f(x)$ 具有二阶导数，$g(x)=f(0)(1-x)+f(1)x$，则在 $[0,1]$ 上（　　）.

A. 当 $f'(x)\geqslant 0$ 时，$f(x)\geqslant g(x)$ 　　　　　B. 当 $f'(x)\geqslant 0$ 时，$f(x)\leqslant g(x)$

C. 当 $f''(x)\geqslant 0$ 时，$f(x)\geqslant g(x)$ 　　　　　D. 当 $f''(x)\geqslant 0$ 时，$f(x)\leqslant g(x)$

【分析】　此题考查的曲线的凹凸性的定义及判断方法.

解　显然 $g(x)=f(0)(1-x)+f(1)x$ 就是连接 $(0,f(0)),(1,f(1))$ 两点的直线方程.

故当 $f''(x)\geqslant 0$ 时，曲线是下凸的，也就有 $f(x)\leqslant\dfrac{f(1)-f(0)}{1-0}x+f(0)$，即

$$f(x)\leqslant f(0)(1-x)+f(1)x=g(x),$$

也就是 $f(x)\leqslant g(x)$，应该选 D.

3. 导数的应用

题型 3-13　函数单调性的判别法、极值的求法

1）求函数的单调区间

【解题思路】　函数 $y=f(x)$ 的导函数 $y'=f'(x)$ 保持不变号的区间称为单调区间，因而求可导函数的单调区间就是求导函数的正负区间，而相邻的两个单调区间的分界点就是极值点，求单调区间的步骤：

(1) 写出 $y = f(x)$ 的定义域；

(2) 求出 $y' = f'(x)$；

(3) 解方程 $f'(x) = 0$ 求出驻点，并找出不可导的点；

(4) 用驻点和不可导的点将 $f(x)$ 的定义域分成若干个区间；

(5) 在每个子区间上确定导数 $f'(x)$ 的符号及 $f(x)$ 的单调性.

2) 求函数的极值

【解题思路及步骤】

(1) 写出 $y = f(x)$ 的定义域；

(2) 求出 $y' = f'(x)$，解方程 $f'(x) = 0$ 求出驻点，并找出不可导的点；

(3) 利用第一充分条件判断驻点和不可导的点是否为极值点；

(4) 求出 $f(x)$ 的极值.

例 3.30 判断题

(1) 若 $f(x_1)$ 为函数 $f(x)$ 的极小值，$f(x_2)$ 为 $f(x)$ 的极大值，则必有 $f(x_1) < f(x_2)$；

(2) 若 x_0 是函数 $f(x)$ 的极值点，则 $f'(x_0) = 0$.

解 (1) 错，因为极大值有可能小于极小值，极值是局部的；

(2) 错，因为导数不存在的点也有可能是极值点.

例 3.31 (1) 讨论函数 $y = \sqrt{3}\arctan x - 2\arctan \dfrac{x}{\sqrt{3}}$ 的单调性，并求其极值.

(2) 设 $y = x^3 + ax^2 + bx + c$ 在 $x = 1, x = 2$ 处取得极值，求 a, b 的值，并判断 $y(1), y(2)$ 是极大值还是极小值.

解 (1) 因为 $y' = \sqrt{3}\dfrac{1}{1+x^2} - 2\dfrac{1}{1+\frac{x^2}{3}} \cdot \dfrac{1}{\sqrt{3}} = \dfrac{\sqrt{3}(1-x^2)}{(1+x^2)(3+x^2)}$，所以驻点为 $x = \pm 1$，

x	$(-\infty, -1)$	-1	$(-1, 1)$	1	$(1, +\infty)$
y'	$-$	0	$+$	0	$-$
y	减少	极小值	增加	极大值	减少

极小值为 $y(-1) = -\dfrac{\sqrt{3}\pi}{4} + \dfrac{\pi}{3}$，极大值为 $y(1) = \dfrac{\sqrt{3}\pi}{4} - \dfrac{\pi}{3}$.

(2) 因为 $y' = 3x^2 + 2ax + b$，依题意得 $3 + 2a + b = 0, 12 + 4a + b = 0$.

联立解之，得 $a = -\dfrac{9}{2}, b = 6$. 又 $y'' = 6x + 2a = 6x - 9, y''(1) = -3 < 0, y''(2) = 3 > 0$，所以 $y(1)$ 为极大值，$y(2)$ 为极小值.

例 3.32 设函数 $f(x)$ 在 $[0, +\infty)$ 上可导，且 $f(0) = 0, f'(x)$ 单调增加. 证明 $\dfrac{f(x)}{x}$ 在 $(0, +\infty)$ 上单调增加.

证明 $\left(\dfrac{f(x)}{x}\right)' = \dfrac{xf'(x) - f(x)}{x^2} = \dfrac{xf'(x) - (f(x) - f(0))}{x^2} = \dfrac{xf'(x) - xf'(\xi)}{x^2}$

$= \dfrac{x(f'(x) - f'(\xi))}{x^2} > 0, \xi$ 在 0 和 x 之间，

所以 $\dfrac{f(x)}{x}$ 在 $(0,+\infty)$ 上单调增加.

例 3.33 设函数 $f(x)$ 是可导函数,且满足 $f(x)f'(x)>0$,则(   ).

A. $f(1)>f(-1)$ B. $f(1)<f(-1)$

C. $|f(1)|>|f(-1)|$ D. $|f(1)|<|f(-1)|$

解 设 $g(x)=(f(x))^2$,则 $g'(x)=2f(x)f'(x)>0$,也就是 $(f(x))^2$ 是单调增加函数. 也就得到 $(f(1))^2>(f(-1))^2 \Rightarrow |f(1)|>|f(-1)|$,所以应该选 C.

例 3.34 设函数 $y=f(x)$ 由方程 $y^3+xy^2+x^2y+6=0$ 确定,求 $f(x)$ 的极值.

解 在方程两边同时对 x 求导一次,得到

$$(3y^2+2xy+x^2)y'+(y^2+2xy)=0, \tag{1}$$

即 $\dfrac{dy}{dx}=\dfrac{-y^2-2xy}{3y^2+2xy+x^2}$. 令 $\dfrac{dy}{dx}=0$ 及 $y^3+xy^2+x^2y+6=0$,得到函数唯一驻点 $x=1,y=-2$.

在(1)式两边同时对 x 求导一次,得到

$$(6yy'+4y+2xy'+4x)y'+(3y^2+2xy+x^2)y''+2y=0.$$

把 $x=1,y=-2,y'(1)=0$ 代入,得到 $y''(1)=\dfrac{4}{9}>0$,所以函数 $y=f(x)$ 在 $x=1$ 处取得极小值 $y=-2$.

3) 曲线的凸性及拐点

题型 3-14 凸性及拐点的判定

【解题思路】 根据二阶导数的符号判定曲线的凸性及求拐点

判别方法一 设函数 $f(x)$ 在 x_0 的某一邻域内二阶可导,且 $f''(x_0)=0$ 且在 x_0 的左右两侧 $f''(x)$ 异号,则 $(x_0,f(x_0))$ 为曲线 $y=f(x)$ 的拐点;若在 x_0 的左右两侧 $f''(x)$ 同号,则 $(x_0,f(x_0))$ 不是曲线 $y=f(x)$ 的拐点.

判别方法二 设函数 $f(x)$ 在 x_0 的某一邻域内二阶可导,若 $f'(x_0)=f''(x_0)=0$,$f'''(x_0)\neq 0$,则 $(x_0,f(x_0))$ 为曲线 $y=f(x)$ 的拐点.

一般地,若函数 $f(x)$ 在 x_0 处具有二阶以上的 n 阶导数,且

$$f'(x_0)=f''(x_0)=\cdots=f^{(n-1)}(x_0)=0, \quad f^{(n)}(x_0)\neq 0,$$

则当 n 为奇数时,$(x_0,f(x_0))$ 为曲线 $y=f(x)$ 的拐点.

判别方法三 设函数 $f(x)$ 在 x_0 处连续,$f''(x_0)$ 不存在,若在 x_0 的左右两侧 $f''(x)$ 异号,则 $(x_0,f(x_0))$ 为曲线 $y=f(x)$ 的拐点;若在 x_0 的左右两侧 $f''(x)$ 同号,则 $(x_0,f(x_0))$ 不是曲线 $y=f(x)$ 的拐点.

曲线的拐点只可能在二阶导数为零的点和二阶导数不存在的点处出现.

例 3.35 判断题

(1) 若 $(x_0,f(x_0))$ 为曲线 $y=f(x)$ 的拐点,则 $f''(x_0)=0$.

(2) 若 $f''(x_0)=0$,则 $(x_0,f(x_0))$ 必为 $y=f(x)$ 的拐点.

解 (1) 错,在拐点的横坐标处,函数的二阶导数可能不存在.

(2) 错,$f''(x_0)=0$,$(x_0,f(x_0))$ 可能不是 $y=f(x)$ 的拐点.

例 3.36 若 $f(x)$ 二阶可导,且 $f(-x)=-f(x)$,$x\in(0,+\infty)$ 时,$f'(x)>0$,$f''(x)>0$,则在 $(-\infty,0)$ 内曲线 $y=f(x)$(   ).

A. 单调下降,曲线是下凸的   B. 单调下降,曲线是上凸的

C. 单调上升,曲线是下凸的   D. 单调上升,曲线是上凸的

解 因为 $f(-x)=-f(x)$,所以 $f(x)$ 为奇函数,$f'(x)$ 为偶函数,$f''(x)$ 为奇函数,则当 $x\in(0,+\infty)$ 时,$f'(-x)=f'(x)>0$,$f''(-x)=-f''(x)<0$,从而 $x\in(-\infty,0)$ 时,$f'(x)>0$,$f''(x)<0$,在 $(-\infty,0)$ 内,曲线 $y=f(x)$ 单调增加,上凸. 故选 D.

例 3.37 求函数 $y=(x-1)\sqrt[3]{x^5}$ 的凹凸区间及拐点.

解 函数的定义域为 $(-\infty,+\infty)$,$y'=\dfrac{8}{3}x^{\frac{5}{3}}-\dfrac{5}{3}x^{\frac{2}{3}}$,$y''=\dfrac{10}{9}\dfrac{4x-1}{\sqrt[3]{x}}$.

令 $y''=0$ 得 $x=\dfrac{1}{4}$,而 $x=0$ 在 y'' 处不存在.

x	$(-\infty,0)$	0	$\left(0,\dfrac{1}{4}\right)$	$\dfrac{1}{4}$	$\left(\dfrac{1}{4},+\infty\right)$
y''	$+$	不存在	$-$	0	$+$
y	凹	拐点	凸	拐点	凹

因为 $y(0)=0$,$y\left(\dfrac{1}{4}\right)=-\dfrac{3}{16\sqrt[3]{16}}$,所以拐点为 $(0,0)$ 和 $\left(\dfrac{1}{4},-\dfrac{3}{16\sqrt[3]{16}}\right)$.

例 3.38 设 $f(x)=|x(1-x)|$,则(   ).

A. $x=0$ 是 $f(x)$ 的极值点,但 $(0,0)$ 不是曲线 $y=f(x)$ 的拐点

B. $x=0$ 不是 $f(x)$ 的极值点,但 $(0,0)$ 是曲线 $y=f(x)$ 的拐点

C. $x=0$ 是 $f(x)$ 的极值点,且 $(0,0)$ 是曲线 $y=f(x)$ 的拐点

D. $x=0$ 不是 $f(x)$ 的极值点,$(0,0)$ 也不是曲线 $y=f(x)$ 的拐点

【分析】 由于 $f(x)$ 在 $x=0$ 处的一、二阶导数不存在,可利用定义判断极值情况,考查 $f(x)$ 在 $x=0$ 的左、右两侧的二阶导数的符号,判断拐点情况.

解 设 $0<\delta<1$,当 $x\in(-\delta,0)\cup(0,\delta)$ 时,$f(x)>0$,而 $f(0)=0$,所以 $x=0$ 是 $f(x)$ 的极小值点.

显然,$x=0$ 是 $f(x)$ 的不可导点. 当 $x\in(-\delta,0)$ 时,$f(x)=-x(1-x)$,$f''(x)=2>0$,当 $x\in(0,\delta)$ 时,$f(x)=x(1-x)$,$f''(x)=-2<0$,所以 $(0,0)$ 是曲线 $y=f(x)$ 的拐点. 故选 C.

注 对于极值情况,也可考查 $f(x)$ 在 $x=0$ 的某去心邻域内的一阶导数的符号来判断.

例 3.39 设函数 $f(x)$ 满足关系 $f''(x)=x-(f'(x))^2$,且 $f'(0)=0$,证明:点 $(0,f(0))$ 是曲线 $y=f(x)$ 的拐点.

证明 由关系式,令 $x=0$,得 $f''(0)=0$. 等式两端求导,得 $f'''(x)=1-2f'(x)f''(x)$,因此 $f'''(0)=1$.

再由 $f'''(x)$ 的连续性可知,在 $x=0$ 附近,$f'''(x)>0$,所以 $f''(x)$ 单增,$f''(x)$ 在 $x=0$ 的两侧异号,点 $(0,f(0))$ 是曲线 $y=f(x)$ 的拐点.

例 3.40 设函数 $y=y(x)$ 在 $(-\infty,+\infty)$ 上可导,且满足 $y'=x^2+y^2$,$y(0)=0$.

(1) 研究 $y(x)$ 在区间 $(0,+\infty)$ 的单调性和曲线 $y=y(x)$ 的凹凸性;

(2) 求 $\lim\limits_{x\to 0}\dfrac{y(x)}{x^3}$.

解 (1) 当 $x>0$ 时,有 $y'=x^2+y^2>0$,故 $y(x)$ 在区间 $(0,+\infty)$ 单调增加.从而当 $x>0$ 时,$y'=x^2+y^2$ 也单调增加.可见,曲线 $y=y(x)$ 在区间 $(0,+\infty)$ 向下凸.

或当 $x>0$ 时,可得 $y''=2x+2y\cdot y'=2x+2y(x^2+y^2)>0$.可见,曲线 $y=y(x)$ 在区间 $(0,+\infty)$ 向下凸.

(2) 由题设知,$y(0)=y'(0)=0$.应用洛必达法则有

$$\lim_{x\to 0}\frac{y(x)}{x^3}=\lim_{x\to 0}\frac{y'(x)}{3x^2}=\lim_{x\to 0}\frac{x^2+y^2}{3x^2}=\frac{1}{3}+\lim_{x\to 0}\frac{1}{3}\left(\frac{y}{x}\right)^2=\frac{1}{3}+\frac{1}{3}\left[y'(0)\right]^2=\frac{1}{3}.$$

4) 曲线的渐近线

题型 3-15　求渐近线

【解题思路】 求渐近线就是按定义求极限,渐近线分为水平渐近线、垂直渐近线和斜渐近线.

水平渐近线:若 $\lim\limits_{x\to+\infty}f(x)=b$ 或 $\lim\limits_{x\to-\infty}f(x)=b$,则 $y=b$ 称为函数 $y=f(x)$ 的水平渐近线.

铅直渐近线:若 $\lim\limits_{x\to x_0^-}f(x)=\infty$ 或 $\lim\limits_{x\to x_0^+}f(x)=\infty$,则 $x=x_0$ 称为函数 $y=f(x)$ 的铅直渐近线.

斜渐近线:若 $a=\lim\limits_{x\to\infty}\dfrac{f(x)}{x}$,$b=\lim\limits_{x\to\infty}[f(x)-ax]$,则 $y=ax+b$ 称为函数 $y=f(x)$ 的斜渐近线.学习渐近线应注意函数的图形不一定有渐近线.

例 3.41 讨论函数 $y=\ln\left(3-\dfrac{e}{x}\right)$ 的单调性、凹凸性,并求极值与拐点及渐近线方程.

解 函数的定义域为 $(-\infty,0)\cup\left(\dfrac{e}{3},+\infty\right)$.$y'=\dfrac{1}{3-\dfrac{e}{x}}\cdot\dfrac{e}{x^2}=\dfrac{e}{x(3x-e)}>0$,故 $y=\ln\left(3-\dfrac{e}{x}\right)$ 在定义域内没有驻点,也没有导数不存在的点.取 $y''=-\dfrac{e(6x-e)}{x^2(3x-e)^2}=0$,得 $x=\dfrac{e}{6}$,而 $\dfrac{e}{6}$ 不在 $y=\ln\left(3-\dfrac{e}{x}\right)$ 的定义域内.

当 $x\in(-\infty,0)$ 时,$y''<0$,故 $y=\ln\left(3-\dfrac{e}{x}\right)$ 在 $(-\infty,0)$ 上单增上凸;当 $x\in\left(\dfrac{e}{3},+\infty\right)$ 时,$y''>0$,故 $y=\ln\left(3-\dfrac{e}{x}\right)$ 在 $\left(\dfrac{e}{3},+\infty\right)$ 上单增下凸。

又 $\lim\limits_{x\to\infty}\ln\left(3-\dfrac{e}{x}\right)=\ln 3$,$\lim\limits_{x\to 0^-}\ln\left(3-\dfrac{e}{x}\right)=+\infty$,$\lim\limits_{x\to\left(\frac{e}{3}\right)^+}\ln\left(3-\dfrac{e}{x}\right)=-\infty$,故曲线 $y=\ln\left(3-\dfrac{e}{x}\right)$ 水平渐近线为 $y=\ln 3$,铅直渐近线为 $x=0$ 和 $x=\dfrac{e}{3}$.

例 3.42 求曲线 $y=\dfrac{x^2+x}{x^2-1}$ 渐近线.

解 $\lim\limits_{x\to\infty}\dfrac{x^2+x}{x^2-1}=1$,故 $y=1$ 为水平渐近线;$\lim\limits_{x\to 1}\dfrac{x^2+x}{x^2-1}=\infty$,故 $x=1$ 为铅直渐近线.没有斜渐近线.

例 3.43　下列曲线有渐近线的是(　　).

A. $y=x+\sin x$　　　　　　　　　B. $y=x^2+\sin x$

C. $y=x+\sin\dfrac{1}{x}$　　　　　　　D. $y=x^2+\sin\dfrac{1}{x}$

解　A. 因为 $\lim\limits_{x\to\infty}y=\lim\limits_{x\to\infty}(x+\sin x)=\infty$,所以 $y=x+\sin x$ 没有水平渐近线;因为不存在 x_0,使得 $\lim\limits_{x\to x_0}(x+\sin x)=\infty$,所以 $y=x+\sin x$ 没有铅直渐近线;因为 $\lim\limits_{x\to\infty}\dfrac{y}{x}=\lim\limits_{x\to\infty}\dfrac{x+\sin x}{x}=1$, $\lim\limits_{x\to\infty}(y-x)=\lim\limits_{x\to\infty}(x+\sin x-x)$ 不存在. 所以 $y=x+\sin x$ 没有斜渐近线.

B. 类似讨论 $y=x^2+\sin x$ 没有渐近线.

C. $y=x+\sin\dfrac{1}{x}$ 没有水平渐近线和铅直渐近线. 因为 $\lim\limits_{x\to\infty}\dfrac{y}{x}=\lim\limits_{x\to\infty}\dfrac{x+\sin\dfrac{1}{x}}{x}=1$, $\lim\limits_{x\to\infty}(y-x)=\lim\limits_{x\to\infty}\left(x+\sin\dfrac{1}{x}-x\right)=0$,所以 $y=x+\sin\dfrac{1}{x}$ 有斜渐近线 $y=x$.

D. $y=x^2+\sin\dfrac{1}{x}$ 没有渐近线.

故选 C.

5) 方程根的存在与界定

题型 3-16　关于方程 $f(x)=0$ 的根(或 $f(x)$ 的零点)的存在性的讨论

【解题思路】　一般用零点存在定理或罗尔定理证明

例 3.44　不用求出函数 $f(x)=(x-1)(x-2)(x-3)$ 的导数,说明方程 $f'(x)=0$ 有几个实根,并指出它们所在的区间.

解　因 $f(1)=f(2)=0$,根据罗尔定理知:存在 $\xi_1\in(1,2)$,使得 $f'(\xi_1)=0$;同理,因 $f(2)=f(3)=0$,根据罗尔定理知:存在 $\xi_2\in(2,3)$,使得 $f'(\xi_2)=0$.

又由于 $f'(x)$ 是二次函数,最多只有两个不相等的实根,故 $f'(x)=0$ 的两个实根分别为 $\xi_1\in(1,2)$, $\xi_2\in(2,3)$.

例 3.45　设 $a_1,a_2,\cdots,a_n$ 为满足 $a_1-\dfrac{a_2}{3}+\cdots+(-1)^{n-1}\dfrac{a_n}{2n-1}=0$ 的实数,试证明方程 $a_1\cos x+a_2\cos 3x+\cdots+a_n\cos(2n-1)x=0$,在 $\left(0,\dfrac{\pi}{2}\right)$ 内至少存在一个实根.

证明　作辅助函数 $f(x)=a_1\sin x+\dfrac{1}{3}a_2\sin 3x+\cdots+\dfrac{1}{2n-1}a_n\sin(2n-1)x$.

显然 $f(x)$ 在 $\left[0,\dfrac{\pi}{2}\right]$ 上连续,在 $\left(0,\dfrac{\pi}{2}\right)$ 内可导,且 $f(0)=f\left(\dfrac{\pi}{2}\right)=0$,故由罗尔定理知,至少存在一点 $\xi\in\left(0,\dfrac{\pi}{2}\right)$ 使 $f'(\xi)=0$. 即

$$f'(\xi)=a_1\cos\xi+a_2\cos 3\xi+\cdots+a_n\cos(2n-1)\xi=0,$$

从而题设方程在 $\left(0,\dfrac{\pi}{2}\right)$ 内至少有一个实根.

例 3.46　设正整数 $n>1$,证明方程 $x^{2n}+a_1x^{2n-1}+\cdots+a_{2n-1}x-1=0$ 至少有两个实根.

证明 设 $f(x)=x^{2n}+a_1x^{2n-1}+\cdots+a_{2n-1}x-1$,则其在区间 $(-\infty,+\infty)$ 上连续,且 $f(0)=-1,\lim\limits_{x\to\infty}f(x)=+\infty$. 因而,必存在 $x_1>0$,使得 $f(x_1)>0$. 由连续函数的零点定理可知,至少有一点 $\xi_1\in(0,x_1)$,使得 $f(\xi_1)=0$.

同理,必存在 $x_2<0$,使得 $f(x_2)>0$. 由连续函数的介值定理可知,至少有一点 $\xi_2\in(x_2,0)$,使得 $f(\xi_2)=0$.

综上可知,方程 $x^{2n}+a_1x^{2n-1}+\cdots+a_{2n-1}x-1=0$ 至少有两个实根.

题型 3-17 方程 $f(x)=0$ 的根的个数的讨论

【解题思路】 (1) 求出 $f(x)$ 的驻点或导数不存在的点,确定 $f(x)$ 的单调增减性区间;

(2) 求出单调区间和极值(或最值);

(3) 分析极值(或最值)与 x 轴的相对位置.

例 3.47 试讨论方程 $xe^{-x}=a(a>0)$ 的实根.

解 令 $F(x)=xe^{-x}-a$,则方程 $xe^{-x}=a$ 实根的个数就是 $F(x)$ 的零点的个数. 令

$$F'(x)=(1-x)e^{-x}=0\Rightarrow x=1.$$

x	$(-\infty,1)$	1	$(1,+\infty)$
$F'(x)$	+	0	−
$F(x)$	↗	$(e^{-1}-a)$极大值	↘

$x=1$ 是 $F(x)$ 的唯一驻点,$F(1)=e^{-1}-a$ 为 $(-\infty,+\infty)$ 上的极大值,因此也是最大值. 以下就 $F(1)=e^{-1}-a$ 与 x 轴的相对位置讨论 $F(x)$ 的零点.

(1) 若 $F(1)=e^{-1}-a<0$,$F(x)=xe^{-x}-a$ 与 x 轴不会有交点,因此 $F(x)$ 没有零点.

(2) 若 $F(1)=e^{-1}-a=0$,$(1,e^{-1}-a)$ 位于 x 轴上,$F(x)=xe^{-x}-a$ 与 x 轴只有一个交点 $(1,e^{-1}-a)$,因此 $F(x)$ 有唯一的零点.

(3) $F(1)=e^{-1}-a>0$,$(1,e^{-1}-a)$ 位于 x 轴上方,$F(x)$ 在 $(-\infty,1)$ 上单调增加,且 $\lim\limits_{x\to-\infty}F(x)=\lim\limits_{x\to-\infty}(xe^{-x}-a)=-\infty$,由此可知 $F(x)$ 在 $(-\infty,1)$ 内有且仅有唯一的零点;$F(x)$ 在 $(1,+\infty)$ 上单调减少,且 $\lim\limits_{x\to+\infty}F(x)=\lim\limits_{x\to+\infty}(xe^{-x}-a)=-a<0$,由此可知 $F(x)$ 在 $(1,+\infty)$ 内有且仅有唯一的零点. 因此 $F(x)$ 在 $(-\infty,+\infty)$ 内有且仅有两个零点.

综上所述,当 $F(1)=e^{-1}-a<0$,即 $e^{-1}<a$ 时,方程没有实根;

当 $F(1)=e^{-1}-a=0$,即 $e^{-1}=a$ 时,方程有唯一实根;

当 $F(1)=e^{-1}-a>0$,即 $e^{-1}>a$ 时,方程有两个实根.

例 3.48 讨论方程 $\ln x=ax$(其中 $a>0$)有几个实根?

解 设 $f(x)=\ln x-ax,x\in(0,+\infty)$,则 $f'(x)=\dfrac{1}{x}-a$,故 $x=\dfrac{1}{a}$ 为 $f(x)$ 的驻点.

当 $x<\dfrac{1}{a}$ 时,$f'(x)>0$;当 $x>\dfrac{1}{a}$ 时,$f'(x)<0$. 所以 $f\left(\dfrac{1}{a}\right)$ 为最大值.

当 $f\left(\dfrac{1}{a}\right)>0$,即 $-\ln a-1>0$,亦即 $0<a<\dfrac{1}{e}$ 时,由于 $\lim\limits_{x\to0^+}f(x)=-\infty,\lim\limits_{x\to\infty}f(x)=-\infty$,所以当 $0<a<\dfrac{1}{e}$ 时,方程有两个根.

当 $f\left(\dfrac{1}{a}\right)=0$，即 $a=\dfrac{1}{e}$ 时，方程有一个根.

当 $f\left(\dfrac{1}{a}\right)<0$，即 $a>\dfrac{1}{e}$ 时，方程无根.

例 3.49　对 k 的不同取值，分别讨论方程 $x^3-3kx^2+1=0$ 在区间 $(0,+\infty)$ 内根的个数.

解　设 $f(x)=x^3-3kx^2+1,0\leqslant x<+\infty$，则 $f'(x)=3x(x-2k)$.

(1) 当 $k\leqslant 0$ 时，$f'(x)>0$，即 $f(x)$ 在 $[0,+\infty)$ 上单调增加. 又 $f(0)=1$，故原方程在区间 $(0,+\infty)$ 内无根；

(2) 当 $k>0$ 时：若 $0<x<2k$，则 $f'(x)<0$，$f(x)$ 单调减少；若 $2k<x$，则 $f'(x)>0$，$f(x)$ 单调增加. 所以 $x=2k$ 是 $f(x)$ 的极小值点，极小值 $f(2k)=1-4k^3$，于是：

当 $1-4k^3>0$，即 $0<k<\dfrac{\sqrt[3]{2}}{2}$ 时，原方程在区间 $(0,+\infty)$ 内无根；

当 $1-4k^3=0$，即 $k=\dfrac{\sqrt[3]{2}}{2}$ 时，原方程在区间 $(0,+\infty)$ 内有唯一的根；

当 $1-4k^3<0$，即 $k>\dfrac{\sqrt[3]{2}}{2}$ 时，原方程在区间 $(0,+\infty)$ 内有两个根.

例 3.50　设方程 $x^4+ax+b=0$.

(1) 当常数 a,b 满足何种关系时，方程有唯一实根？

(2) 当常数 a,b 满足何种关系时，方程无实根.

解　设 $y=x^4+ax+b,-\infty<x<+\infty$，求导得 $y'=4x^3+a$.

令 $y'=0$ 得唯一驻点 $x=\sqrt[3]{-\dfrac{a}{4}}$. 又 $y''=12x^2\geqslant 0$，故当 $x=\sqrt[3]{-\dfrac{a}{4}}$ 时，y 有最小值，且最小值为 $y\big|_{x=\sqrt[3]{-\frac{a}{4}}}=\left(-\dfrac{a}{4}\right)^{\frac{4}{3}}+a\left(-\dfrac{a}{4}\right)^{\frac{1}{3}}+b$.

又当 $x\to-\infty$ 时，$y\to+\infty$；$x\to+\infty$ 时，$y\to+\infty$，因此：

(1) 当且仅当 $\left(-\dfrac{a}{4}\right)^{\frac{4}{3}}+a\left(-\dfrac{a}{4}\right)^{\frac{1}{3}}+b=0$ 时，方程有唯一实根；

(2) 当 $\left(-\dfrac{a}{4}\right)^{\frac{4}{3}}+a\left(-\dfrac{a}{4}\right)^{\frac{1}{3}}+b>0$ 时，方程无实根.

题型 3-18　方程 $f(x)=0$ 的根的唯一性的研究

【解题思路】　(1) 利用零值定理(或罗尔定理)证明 $f(x)=0$ 至少存在一个根；(2) 利用函数的单调性证明 $f(x)=0$ 最多只有一个根；或用反证法证明，这时主要利用罗尔定理或拉格朗日中值定理.

例 3.51　设函数 $f(x)$ 在闭区间上可微，对于 $[0,1]$ 上的每一个 x，函数值 $f(x)$ 在开区间 $(0,1)$ 内，且 $f'(x)\neq 1$，证明，在 $(0,1)$ 内有且仅有一个 x，使 $f(x)=x$.

证明　令 $F(x)=f(x)-x$，则 $F(x)$ 在 $[0,1]$ 上连续.

由题设知 $0<f(x)<1$，所以 $F(0)=f(0)-0>0$，$F(1)=f(1)-1<0$，故由零点定理知，在 $(0,1)$ 内至少存在一点 x，使 $F(x)=f(x)-x=0$，即 $f(x)=x$.

再设有两个 $x_1,x_2\in(0,1)$，$x_1\neq x_2$，使 $F(x_1)=0$，$F(x_2)=0$. 根据罗尔定理，$\exists\xi\in(0,1)$ 使 $F'(\xi)=f'(\xi)-1=0$. 这与 $f'(x)\neq 1$ 矛盾. 故方程有唯一根.

6）洛必达法则

（1）学习洛必达法则应注意的问题

① 洛必达法则仅仅用于 $\frac{0}{0}$ 型和 $\frac{\infty}{\infty}$ 型未定式；

② 如果 $\lim\frac{f'(x)}{g'(x)}$ 不存在（不包括 ∞），不能断言 $\lim\frac{f(x)}{g(x)}$ 不存在，只能说明洛必达法则在此失效，应采用其他方法求极限，但不能说此未定式的极限不存在.

③ $0\cdot\infty,\infty-\infty,0^{0},1^{\infty},\infty^{0}$ 也叫未定型，必须转化为 $\frac{0}{0}$ 型或 $\frac{\infty}{\infty}$ 型之后，再用洛必达法则求极限：思路为

$0\cdot\infty$ 型转化为 $\frac{1}{\infty}\cdot\infty$ 或 $0\cdot\frac{1}{0}$ 型；

$\infty-\infty$ 可通分转化为 $\frac{0}{0}$ 型或 $\frac{\infty}{\infty}$ 型；

0^{0} 型转化为 $e^{\ln 0^{0}}=e^{0\cdot\ln 0}$，其中指数是 $0\cdot\infty$ 型；

1^{∞} 型转化为 $e^{\ln 1^{\infty}}=e^{\infty\cdot\ln 1}$，其中指数是 $\infty\cdot 0$；

∞^{0} 型转化为 $e^{\ln\infty^{0}}=e^{0\ln\infty}$，其中指数是 $0\cdot\infty$ 型.

④ 洛必达法则求极限与其他方法求极限在同一题中可交替使用；

⑤ 有时要连续用几次洛必达法则，每一次都要验证是否是 $\frac{0}{0}$ 型或 $\frac{\infty}{\infty}$ 型.

⑥ 应注意洛必达法则不是求 0/0 型或与 ∞/∞ 型未定式的唯一方法. 读者在计算时应该结合使用等价无穷小的替换、带有佩亚诺余项的泰勒公式等方法，以使计算简便、准确.

（2）如果数列极限也属于未定式的极限问题，需先将其转换为函数极限，然后使用洛必达法则，从而求出数列极限.

题型 3-19　利用洛必达法则求极限

例 3.52　求下列各式的极限：

（1）$\lim\limits_{x\to 0}\dfrac{x-\arcsin x}{x^{3}}$；

（2）$\lim\limits_{x\to+\infty}x\left(\dfrac{\pi}{2}-\arctan x\right)$；

（3）$\lim\limits_{x\to 0}\left(\dfrac{1}{x}-\cot x\right)$；

（4）$\lim\limits_{x\to 0}\dfrac{\sqrt{1+x}+\sqrt{1-x}-2}{x^{2}}$.

解　（1）解法一　$\lim\limits_{x\to 0}\dfrac{x-\arcsin x}{x^{3}}=\lim\limits_{x\to 0}\dfrac{1-\dfrac{1}{\sqrt{1-x^{2}}}}{3x^{2}}$（洛必达法则）

$$=\lim\limits_{x\to 0}\dfrac{\sqrt{1-x^{2}}-1}{3x^{2}\sqrt{1-x^{2}}}（通分）$$

$$=\dfrac{1}{3}\lim\limits_{x\to 0}\dfrac{-\dfrac{1}{2}x^{2}}{x^{2}\sqrt{1-x^{2}}}（分子等价无穷小代换）$$

$$=-\dfrac{1}{6}.$$

注　对 $\dfrac{0}{0},\dfrac{\infty}{\infty}$ 型未定式，只要满足洛必达法则的条件，可直接运用法则来求.

解法二　$\lim\limits_{x\to 0}\dfrac{x-\arcsin x}{x^3}=\lim\limits_{x\to 0}\dfrac{-\dfrac{1}{6}x^3}{x^3}=-\dfrac{1}{6}\quad\left(x-\arcsin x\sim -\dfrac{1}{6}x^3\right).$

(2)　$\lim\limits_{x\to +\infty}x\left(\dfrac{\pi}{2}-\arctan x\right)=\lim\limits_{x\to +\infty}\dfrac{\dfrac{\pi}{2}-\arctan x}{\dfrac{1}{x}}=\lim\limits_{x\to +\infty}\dfrac{-\dfrac{1}{1+x^2}}{-\dfrac{1}{x^2}}=\lim\limits_{x\to +\infty}\dfrac{x^2}{1+x^2}=1.$

(3)　$\lim\limits_{x\to 0}\left(\dfrac{1}{x}-\cot x\right)=\lim\limits_{x\to 0}\dfrac{\sin x-x\cos x}{x\sin x}=\lim\limits_{x\to 0}\dfrac{\sin x-x\cos x}{x^2}$

$\qquad\qquad =\lim\limits_{x\to 0}\dfrac{\cos x-\cos x+x\sin x}{2x}=\lim\limits_{x\to 0}\dfrac{x\sin x}{2x}=0.$

注　对 $0\cdot\infty,\infty-\infty$ 型未定式,先化为 $\dfrac{0}{0}$ 或 $\dfrac{\infty}{\infty}$ 型,再利用洛必达法则来求.

(4)　对原式应用洛必达法则

$$原式=\lim\limits_{x\to 0}\dfrac{\dfrac{1}{2\sqrt{1+x}}-\dfrac{1}{2\sqrt{1-x}}}{2x}=\lim\limits_{x\to 0}\dfrac{\sqrt{1-x}-\sqrt{1+x}}{4x}$$

$$=\lim\limits_{x\to 0}\dfrac{(1-x)-(1+x)}{4x(\sqrt{1-x}+\sqrt{1+x})}=-\dfrac{1}{4}.$$

例 3.53　求 $\lim\limits_{x\to 0}\left(\dfrac{1}{\sin^2 x}-\dfrac{\cos^2 x}{x^2}\right).$

【错解】　$\lim\limits_{x\to 0}\left(\dfrac{1}{\sin^2 x}-\dfrac{\cos^2 x}{x^2}\right)=\lim\limits_{x\to 0}\dfrac{x^2-\sin^2 x\cos^2 x}{x^2\sin^2 x}=0.$

【分析】　先通分化为"$\dfrac{0}{0}$"型极限,再利用等价无穷小与洛必达法则求解即可,而不是想当然的猜一个结果.本题属于求未定式极限的基本题型,对于"$\dfrac{0}{0}$"型极限,应充分利用等价无穷小替换来简化计算.

解　$\lim\limits_{x\to 0}\left(\dfrac{1}{\sin^2 x}-\dfrac{\cos^2 x}{x^2}\right)=\lim\limits_{x\to 0}\dfrac{x^2-\sin^2 x\cos^2 x}{x^2\sin^2 x}=\lim\limits_{x\to 0}\dfrac{x^2-\dfrac{1}{4}\sin^2 2x}{x^4}$

$\qquad =\lim\limits_{x\to 0}\dfrac{2x-\dfrac{1}{2}\sin 4x}{4x^3}=\lim\limits_{x\to 0}\dfrac{1-\cos 4x}{6x^2}=\lim\limits_{x\to 0}\dfrac{\dfrac{1}{2}(4x)^2}{6x^2}=\dfrac{4}{3}.$

例 3.54　求 $\lim\limits_{x\to 0}\dfrac{x^2\sin\dfrac{1}{x}}{\sin x}.$

解　所求极限属于 $\dfrac{0}{0}$ 的未定式.但分子分母分别求导数后,将化为 $\lim\limits_{x\to 0}\dfrac{2x\sin\dfrac{1}{x}-\cos\dfrac{1}{x}}{\cos x}$,此式振荡无极限,故洛必达法则失效,不能使用.但原极限是存在的,可用下法求得:

$$\lim\limits_{x\to 0}\dfrac{x^2\sin\dfrac{1}{x}}{\sin x}=\lim\limits_{x\to 0}\left(\dfrac{x}{\sin x}\cdot x\sin\dfrac{1}{x}\right)=\dfrac{\lim\limits_{x\to 0}x\sin\dfrac{1}{x}}{\lim\limits_{x\to 0}\dfrac{\sin x}{x}}=\dfrac{0}{1}=0.$$

例 3.55 已知函数 $f(x)=\dfrac{1+x}{\sin x}-\dfrac{1}{x}$，$a=\lim\limits_{x\to0}f(x)$.

(1) 求 a 的值；(2) 若 $x\to0$ 时，$f(x)-a$ 是 x^k 的同阶无穷小，求 k.

解 (1) $a=\lim\limits_{x\to0}f(x)=\lim\limits_{x\to0}\dfrac{x-\sin x}{x^2}+\lim\limits_{x\to0}\dfrac{x}{\sin x}=1$.

(2) 当 $x\to0$ 时，$f(x)-a=f(x)-1=\dfrac{1}{\sin x}-\dfrac{1}{x}=\dfrac{x-\sin x}{x\sin x}$.

而当 $x\to0$ 时，$x-\sin x$ 与 $\dfrac{1}{6}x^3$ 等价，故 $f(x)-a\sim\dfrac{1}{6}x$，即 $k=1$.

例 3.56 求极限 $\lim\limits_{x\to0}\dfrac{e^{x^2}-e^{2-2\cos x}}{x^4}$.

解 $\lim\limits_{x\to0}\dfrac{e^{x^2}-e^{2-2\cos x}}{x^4}=\lim\limits_{x\to0}\dfrac{e^{x^2}(1-e^{2-2\cos x-x^2})}{x^4}$（提出非零因子）

$$=\lim\limits_{x\to0}\dfrac{1-e^{2-2\cos x-x^2}}{x^4}\text{（非零因子单独求出极限}\lim\limits_{x\to0}e^{x^2}=1\text{）}$$

$$=\lim\limits_{x\to0}\dfrac{-(2-2\cos x-x^2)}{x^4}\text{（等价无穷小代换）}$$

$$=\lim\limits_{x\to0}\dfrac{x^2+2\cos x-2}{x^4}=\lim\limits_{x\to0}\dfrac{2x-2\sin x}{4x^3}\text{（洛必达法则）}$$

$$=\lim\limits_{x\to0}\dfrac{x-\sin x}{2x^3}=\lim\limits_{x\to0}\dfrac{\frac{1}{6}x^3}{2x^3}=\dfrac{1}{12}.\text{（等价无穷小代换）}$$

例 3.57 求 $\lim\limits_{x\to0}\left(\dfrac{\ln(1+x)}{x}\right)^{\frac{1}{x^2-1}}$.

解 对 1^{∞}，0^0，∞^0 型未定式，通过取对数，先化为 $0\cdot\infty$ 型，再化为 $\dfrac{0}{0}$ 或 $\dfrac{\infty}{\infty}$ 型，利用洛必达法则来求.

$$\lim\limits_{x\to0}\left(\dfrac{\ln(1+x)}{x}\right)^{\frac{1}{x^2-1}}=\lim\limits_{x\to0}e^{\frac{\ln\ln(1+x)-\ln x}{x^2-1}}\text{（利用指数函数的连续性极限号可以穿过函数符号）}$$

$$=e^{\lim\limits_{x\to0}\frac{\ln\ln(1+x)-\ln x}{x^2-1}}\left(\dfrac{0}{0}\text{ 型洛必达法则}\right)$$

$$=e^{\lim\limits_{x\to0}\frac{\frac{1}{(1+x)\ln(1+x)}-\frac{1}{x}}{2x}}=e^{\lim\limits_{x\to0}\frac{x-(1+x)\ln(1+x)}{2x^2\ln(1+x)}\frac{1}{1+x}}.$$

将非零极限因子适时地分离并计算出来 $\left(\lim\limits_{x\to0}\dfrac{1}{1+x}=1\right)$，并进行等价无穷小代换，有

$$\text{上式}=e^{\lim\limits_{x\to0}\frac{x-(1+x)\ln(1+x)}{2x^3}}\text{（洛必达法则）}$$

$$=e^{\lim\limits_{x\to0}\frac{1-\ln(1+x)-1}{6x^2}}=e^{\lim\limits_{x\to0}\frac{-x}{6x^2}}=0.$$

7）最值及其经济意义

题型 3-20 函数最值的求法

【解题思路】 (1) 求最大值最小值的步骤为：首先求出定义域；然后求出 $f'(x)$，求出可疑极值点；最后比较可疑极值点的函数值与边界处的函数值.（可疑极值点为驻点和导数

不存在的点)

（2）求具体问题最值的步骤

① 分析问题,明确求哪个量的最值.

② 写出函数关系式.确定函数关系常常要用几何、物理、化学、经济学等方面的知识,函数关系式列出后,依具体情况要写出定义域.

③ 由函数式求驻点,并判断是否为极值点.

④ 根据具体问题,判别该极值点是否为最值点.一般如果函数在 $[a,b]$ 连续,且只求得唯一的极值点,则这个极值点就是所求的最值点.

⑤ 最后写出最值.

注意不要将极大(极小)值与最大(最小)值混为一谈,要懂得它们的区别和联系.

例 3.58　求 $y=2x^3-6x^2-18x+7$ 在 $[1,4]$ 上的最大值与最小值.

解　令 $y'=6x^2-12x-18=6(x+1)(x-3)=0$,得驻点 $x=-1,x=3$,且 $y(-1)=17$, $y(3)=-47$,而 $y(1)=-15,y(4)=-33$,故最大值为 $y(-1)=17$,最小值为 $y(3)=-47$.

例 3.59　设函数 $f(x)=\ln x+\dfrac{1}{x}$.

（1）求 $f(x)$ 的最小值;

（2）设数列 $\{x_n\}$ 满足 $\ln x_n+\dfrac{1}{x_{n+1}}<1$,证明极限 $\lim\limits_{n\to\infty}x_n$ 存在,并求此极限.

解　（1）$f'(x)=\dfrac{1}{x}-\dfrac{1}{x^2}=\dfrac{x-1}{x^2}$,令 $f'(x)=0$,得唯一驻点 $x=1$.

当 $x\in(0,1)$ 时,$f'(x)<0$,函数单调递减;当 $x\in(1,\infty)$ 时,$f'(x)>0$,函数单调递增.所以函数在 $x=1$ 处取得最小值 $f(1)=1$.

（2）由于 $\ln x_n+\dfrac{1}{x_{n+1}}<1$,但 $\ln x_n+\dfrac{1}{x_n}\geqslant 1$,所以 $\dfrac{1}{x_{n+1}}<\dfrac{1}{x_n}$,故数列 $\{x_n\}$ 单调递增.又由于 $\ln x_n\leqslant\ln x_n+\dfrac{1}{x_{n+1}}<1$,得到 $0<x_n<e$,故数列 $\{x_n\}$ 有界.由单调有界收敛定理可知极限 $\lim\limits_{n\to\infty}x_n$ 存在.

令 $\lim\limits_{n\to\infty}x_n=a$,则 $\lim\limits_{n\to\infty}\left(\ln x_n+\dfrac{1}{x_{n+1}}\right)=\ln a+\dfrac{1}{a}\leqslant 1$,由(1)的结论可知 $\lim\limits_{n\to\infty}x_n=a=1$.

例 3.60　1992 年巴塞罗那夏季奥运会开幕式上的奥运火炬,是由射箭铜牌获得者安东尼奥·雷波罗用一枝燃烧的箭点燃的(参见图 3-1(a)),奥运火炬位于高约 21m 的火炬台顶端的圆盘中,假定雷波罗在地面以上 2m 距火炬台顶端圆盘约 70m 处的位置射出火箭,若火箭恰好在达到其最大飞行高度 1s 后落入火炬圆盘中,试确定火箭的发射角 α 和初速度 v_0. $\left(\text{假定火箭射出后在空中的运动过程中受到的阻力为零,且 } g=10\text{m/s}^2,\arctan\dfrac{22}{20.9}\approx\right.$ $\left.46.5°,\sin 46.5°\approx 0.725.\right)$

解　建立如图 3-1(b)所示坐标系,设火箭被射向空中的初速度为 v_0 m/s,即 $v_0=(v_0\cos\alpha,v_0\sin\alpha)$,则火箭在空中运动 t s 后的位移方程为
$$s(t)=(x(t),y(t))=(v_0\cos\alpha t,2+v_0\sin\alpha t-5t^2).$$

火箭在其速度的竖直分量为零时达到最高点,故有

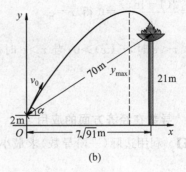

图 3-1

$$\frac{\mathrm{d}y(t)}{\mathrm{d}t} = (2 + v_0\sin\alpha t - 5t^2)' = v_0\sin\alpha - 10t = 0 \Rightarrow t = \frac{v_0}{10}\sin\alpha,$$

于是可得出当火箭达到最高点 1s 后的时刻其水平位移和竖直位移分别为

$$x(t)\Big|_{t=\frac{v_0\sin\alpha}{10}+1} = v_0\cos\alpha\left(\frac{v_0}{10}\sin\alpha+1\right) = 3.2v_0\cos\alpha = \sqrt{70^2-21^2},$$

$$y(t)\Big|_{t=\frac{v_0\sin\alpha}{10}+1} = \frac{v_0^2\sin^2\alpha}{20} - 3 = 21.$$

解得 $v_0\sin\alpha \approx 22, v_0\cos\alpha \approx 20.9$, 从而 $\tan\alpha = \dfrac{22}{20.9} \Rightarrow \alpha \approx 46.5°$.

又 $v_0\sin\alpha \approx 22, \alpha \approx 46.5° \Rightarrow v_0 \approx 30.3 (\mathrm{m/s})$, 所以, 火箭的发射角 α 和初速度 v_0 分别约为 $46.5°$ 和 $30.3\mathrm{m/s}$.

例 3.61 曲线 $y = \dfrac{1}{3}x^6 (x > 0)$ 上哪一点处的法线在 y 轴上的截距最小?

解 设 $y = \dfrac{1}{3}x^6$ 在 (x, y) 处的法线方程为 $Y - y = k(X - x)$.

因为 $y' = 2x^5$, 所以 $k = -\dfrac{1}{2x^5}$, 法线方程为 $Y - y = -\dfrac{1}{2x^5}(X - x)$, 整理后为

$$Y = y - \frac{X}{2x^5} + \frac{1}{2x^4} = -\frac{1}{2x^5}X + \frac{1}{2x^4} + \frac{1}{3}x^6,$$

法线在 y 轴上的截距为 $b = \dfrac{1}{2x^4} + \dfrac{1}{3}x^6$.

求此函数的极值: 令 $b' = 0$, 解得 $x_1 = 1, x_2 = -1$ (舍去);

$$b'' = \frac{10}{x^6} + 10x^4, \quad b''(1) = 20 > 0,$$

故 $b(1)$ 为极小值. 由于驻点唯一, 知它即是最小值, 因此曲线在点 $\left(1, \dfrac{1}{3}\right)$ 处的法线在 y 轴上截距最小.

例 3.62 设 a 为正常数, 使得 $x^2 \leqslant \mathrm{e}^{ax}$ 对一切正数 x 成立, 求常数 a 的最小值.

解 $x^2 \leqslant \mathrm{e}^{ax} \Leftrightarrow 2\ln x \leqslant ax \Leftrightarrow a \geqslant \dfrac{2\ln x}{x}$.

要求 a 的最小值, 只需求 $f(x) = \dfrac{2\ln x}{x}$ 的最大值.

令 $f'(x)=\dfrac{2(1-\ln x)}{x^2}=0$ 得 $x=e$.

由于当 $0<x<e$ 时, $f'(x)>0$;当 $x>e$ 时, $f'(x)<0$. 所以 $f(e)=\dfrac{2}{e}$ 为其最大值,故 a 的最小值为 $\dfrac{2}{e}$.

题型 3-21　导数在经济方面的应用

【解题思路】　利用边际(一阶导数)求最小成本,最大利润.利用弹性讨论需求弹性和收益弹性.

利润函数 $L(x)=R(x)-C(x)$,当有唯一驻点使 $L'(x_0)=0,L''(x_0)<0$,则在 x_0 处取得最大利润.

需求弹性为 $\dfrac{EQ}{EP}=\dfrac{P}{Q}\cdot\dfrac{dQ}{dP}$.

由于需求函数 $Q=Q(P)$ 一般是单调减少的,因而需求对价格的弹性常为负值.

收益对价格的弹性为 $\dfrac{ER}{EP}=\dfrac{P}{Q}\cdot\dfrac{dR}{dP}$. 因为 $R=PQ$,于是有

$$\frac{ER}{EP}=\frac{1}{Q}\cdot\frac{d(PQ)}{dP}=\frac{1}{Q}\left(Q+P\frac{dQ}{dP}\right)=1+\frac{EQ}{EP}.$$

例 3.63　一商家销售某种商品的价格满足关系 $P=7-0.2x$(单位：万元/t),其中 x 为销售量(单位：t),商品的成本函数是 $C=3x+1$(万元).

(1) 若每销售 1t 商品,政府要征税 t 万元,求该商家获最大利润时商品的销售量;

(2) t 为何值时,政府的税收总额最大?

解　(1) 该商家销售商品的总收益函数 $R(x)=Px=7x-0.2x^2$. 政府征收的总税额为 $T(x)=tx$,则商家的总利润函数

$$L(x)=R(x)-C(x)-T(x)=-0.2x^2+(4-t)x-1.$$

$L'(x)=-0.4x+4-t$,可求得唯一驻点 $x=\dfrac{5}{2}(4-t)$.

$L''(x)=-0.4<0$,从而 $L(x)$ 在该驻点 $x=\dfrac{5}{2}(4-t)$ 取得最大值,即 $x=\dfrac{5}{2}(4-t)$ 是使商家获得最大利润的销售量.

(2) 政府税收总额 $T=tx=\dfrac{5}{2}t(4-t)$.

令 $T'=10-5t=0$,可得唯一驻点 $t=2$. 又因 $T''<0$,故当 $t=2$ 时政府税收总额最大.

例 3.64　设某产品的需求函数 $Q=Q(P)$ 是单调减少的,收益函数 $R=PQ$,当价格为 P_0 且对应的需求量为 Q_0 时,边际收益 $R'(Q_0)=2$,而 $R'(P_0)=-150$,需求对价格的弹性 EP 满足 $|EP|=\dfrac{3}{2}$,求 P_0,Q_0.

【分析】　为了解决本题,必须建立 $R'(Q),R'(P)$ 与 EP 之间的关系.

因为 $R=PQ=PQ(P)$,于是有

$$R'(P)=Q(P)+P\frac{dQ}{dP}=Q\left(1+\frac{P}{Q}\frac{dQ}{dP}\right)=Q(1+EP).$$

设 $P=P(Q)$ 是需求函数 $Q=Q(P)$ 的反函数,则 $R=PQ=QP(Q)$,于是

$$R'(Q) = P(Q) + Q\frac{\mathrm{d}P}{\mathrm{d}Q} = P\left(1 + \frac{Q}{P}\frac{\mathrm{d}P}{\mathrm{d}Q}\right) = P\left(1 + \frac{1}{\frac{P}{Q}\cdot\frac{\mathrm{d}Q}{\mathrm{d}P}}\right) = P\left(1 + \frac{1}{EP}\right).$$

解 因需求函数 $Q = Q(P)$ 是单调减少的,故需求函数的弹性 $EP < 0$,且反函数 $P = P(Q)$ 存在,由题设 $Q_0 = Q(P_0), P_0 = P(Q_0)$,且 $EP\big|_{P=P_0} = -\frac{3}{2}$,把它们代入分析中得到关系式中,于是有 $R'(Q_0) = P_0\left(1 - \frac{2}{3}\right) = 2$,故 $P_0 = 6$.

$$R'(P_0) = Q_0\left(1 - \frac{3}{2}\right) = -150, \text{故 } Q_0 = 300.$$

例 3.65 设平均收益函数和总成本函数分别为

$$\bar{R} = a - bQ, C = \frac{1}{3}Q^3 - 7Q^2 + 100Q + 50,$$

其中常数 $a > 0, b > 0$ 待定,已知当边际收益 $MR = 67$,且需求价格弹性 $EP = -\frac{89}{22}$ 时总利润最大,求总利润最大时的产量,并确定 a, b 的值.

【分析】 平均收益 $\bar{R} = \frac{R}{Q}$,则 $R = \bar{R}Q = aQ - bQ^2$.

通常平均收益即为商品的价格,即 $P = a - bQ$,则 $Q = \frac{1}{b}(a - P)$.

进而可求得需求对价格的弹性 $EP = \frac{P}{Q}\frac{\mathrm{d}Q}{\mathrm{d}P} = \frac{1}{b}\cdot\frac{a - bQ}{Q} = 1 - \frac{a}{bQ}$.

解 总利润函数

$$L(Q) = R - C = Q\bar{R} - C = -\frac{1}{3}Q^3 + (7 - b)Q^2 + (a - 100)Q - 50.$$

从而使利润最大的产量 Q 及相应的 a, b 应满足 $L'(Q) = 0, MR = 67$ 以及 $EP = -\frac{89}{22}$,即

$$\begin{cases} -Q^2 + 2(7 - b)Q + a - 100 = 0, \\ a - 2bQ = 67, \\ 1 - \frac{a}{bQ} = -\frac{89}{22}. \end{cases}$$

解得 $\begin{cases} a = 111, \\ b = \frac{22}{3}, \\ Q = 3 \end{cases}$ 或 $\begin{cases} a = 111, \\ b = 2, \\ Q = 11. \end{cases}$ 将第一组解中的 a, b 代入总利润函数,得

$$L(Q) = -\frac{1}{3}Q^3 - \frac{1}{3}Q^2 + 11Q - 50.$$

虽然 $L'(3) = 0, L''(3) < 0$,即 $L(3)$ 为 $L(Q)$ 的最大值,但 $L(3) < 0$,不合实际,故舍去.

将第二组解中的 a, b 代入总利润函数,得 $L(Q) = -\frac{1}{3}Q^3 + 5Q^2 + 11Q - 50$,故有 $L'(11) = 0, L''(11) < 0$,即 $L(11)$ 为 $L(Q)$ 的最大值. 又因 $L(11) > 0$,故 $a = 111, b = 2$ 是所求常数的值,使利润最大的产量为 $Q = 11$.

例 3.66　设某商品的需求函数为 $Q=100-5P$，其中价格 $P\in(0,20)$，Q 为需求量.

(1) 求需求量对价格的弹性 $E_d(E_d>0)$；

(2) 推导 $\dfrac{\mathrm{d}R}{\mathrm{d}P}=Q(1-E_d)$（其中 R 为收益），并用弹性 E_d 说明价格在何范围内变化时，降低价格反而使收益增加.

【分析】　由于 $E_d>0$，所以 $E_d=\left|\dfrac{P}{Q}\dfrac{\mathrm{d}Q}{\mathrm{d}P}\right|$；由 $R=PQ$ 及 $E_d=\left|\dfrac{P}{Q}\dfrac{\mathrm{d}Q}{\mathrm{d}P}\right|$ 可推导

$$\frac{\mathrm{d}R}{\mathrm{d}P}=Q(1-E_d).$$

解　(1) $E_d=\left|\dfrac{P}{Q}\dfrac{\mathrm{d}Q}{\mathrm{d}P}\right|=\dfrac{P}{20-P}.$

(2) 由 $R=PQ$，得 $\dfrac{\mathrm{d}R}{\mathrm{d}P}=Q+P\dfrac{\mathrm{d}Q}{\mathrm{d}P}=Q\left(1+\dfrac{P}{Q}\dfrac{\mathrm{d}Q}{\mathrm{d}P}\right)=Q(1-E_d).$

又由 $E_d=\dfrac{P}{20-P}=1$，得 $P=10$.

当 $10<P<20$ 时，$E_d>1$，于是 $\dfrac{\mathrm{d}R}{\mathrm{d}P}<0$，故当 $10<P<20$ 时，降低价格反而使收益增加.

注　当 $E_d>0$ 时，需求量对价格的弹性公式为 $E_d=\left|\dfrac{P}{Q}\dfrac{\mathrm{d}Q}{\mathrm{d}P}\right|=-\dfrac{P}{Q}\dfrac{\mathrm{d}Q}{\mathrm{d}P}.$

利用需求弹性分析收益的变化情况有以下四个常用的公式：

$$\mathrm{d}R=(1-E_d)Q\mathrm{d}P,\qquad \frac{\mathrm{d}R}{\mathrm{d}P}=(1-E_d)Q,\qquad \frac{\mathrm{d}R}{\mathrm{d}Q}=\left(1-\frac{1}{E_d}\right)P,$$

$$\frac{ER}{EP}=1-E_d（收益对价格的弹性）.$$

例 3.67　设生产某产品的固定成本为 6000 元，可变成本为 20 元/件，价格函数为 $P=60-\dfrac{Q}{1000}$（P 是单价，单位：元；Q 是销量，单位：件），已知产销平衡，求：

(1) 该产品的边际利润.

(2) 当 $P=50$ 时的边际利润，并解释其经济意义.

(3) 使得利润最大的定价 P.

解　(1) 设利润为 $L(Q)$，则 $L(Q)=R-C=PQ-(6000+20Q)=40Q-\dfrac{Q^2}{1000}-6000$，边际利润为 $L'(Q)=40-\dfrac{Q}{500}.$

(2) 当 $P=50$ 时，$Q=10000$，边际利润为 20.

经济意义为：当 $P=50$ 时，销量每增加一个，利润增加 20.

(3) 令 $L'(Q)=40-\dfrac{Q}{500}=0$，得 $Q=20000$，$P=60-\dfrac{20000}{10000}=40$，而 $L''(Q)=-\dfrac{1}{500}<0$，故当 $P=40$ 时，利润达到最大.

例 3.68　为了实现利润的最大化，厂商需要对某商品确定其定价模型，设 Q 为该商品的需求量，P 为价格，$C'(Q)$ 为边际成本，η 为需求弹性（$\eta>0$）.

(1) 证明定价模型为 $P=\dfrac{C'(Q)}{1-\dfrac{1}{\eta}}$；

(2) 若该商品的成本函数为 $C(Q)=1600+Q^2$,需求函数为 $Q=40-P$,试由(1)中的定价模型确定此商品的价格.

解 (1) 由于利润函数 $L(Q)=R(Q)-C(Q)=PQ-C(Q)$,两边对 Q 求导,得 $\dfrac{\mathrm{d}L}{\mathrm{d}Q}=$ $P+Q\dfrac{\mathrm{d}P}{\mathrm{d}Q}-C'(Q)=P+Q\dfrac{\mathrm{d}P}{\mathrm{d}Q}-C'(Q)$. 当且仅当 $\dfrac{\mathrm{d}L}{\mathrm{d}Q}=0$ 时,利润 $L(Q)$ 最大. 又由于 $\eta=$ $-\dfrac{P}{Q}\cdot\dfrac{\mathrm{d}Q}{\mathrm{d}P}$,所以 $\dfrac{\mathrm{d}P}{\mathrm{d}Q}=-\dfrac{1}{\eta}\cdot\dfrac{P}{Q}$,故当 $P=\dfrac{C'(Q)}{1-\dfrac{1}{\eta}}$ 时,利润最大.

(2) 由于 $C'(Q)=2Q=2(40-P)$,则 $\eta=-\dfrac{P}{Q}\cdot\dfrac{\mathrm{d}Q}{\mathrm{d}P}=\dfrac{P}{40-P}$. 代入(1)中的定价模型,得 $P=\dfrac{2(40-P)}{1-\dfrac{40-P}{P}}$,从而解得 $P=30$.

3.4 课后习题解答

习题 3.1

1. 验证函数 $f(x)=\ln\sin x$ 在 $\left[\dfrac{\pi}{6},\dfrac{5\pi}{6}\right]$ 上满足罗尔定理的条件,并求出相应的 ξ,使 $f'(\xi)=0$.

解 一方面,因为 $f(x)=\ln\sin x$ 在区间 $\left[\dfrac{\pi}{6},\dfrac{5\pi}{6}\right]$ 上连续、在 $\left(\dfrac{\pi}{6},\dfrac{5\pi}{6}\right)$ 内可导,且 $y\left(\dfrac{\pi}{6}\right)=y\left(\dfrac{5\pi}{6}\right)=$ $\ln\dfrac{1}{2}$,所以 $f(x)=\ln\sin x$ 在区间 $\left[\dfrac{\pi}{6},\dfrac{5\pi}{6}\right]$ 上满足罗尔定理的条件,存在 $\xi\in\left(\dfrac{\pi}{6},\dfrac{5\pi}{6}\right)$,使得 $f'(\xi)=0$. 另一方面,$f'(x)=\dfrac{\cos x}{\sin x}$,令 $f'(x)=0$,得 $x=\dfrac{\pi}{2}$,则罗尔定理中的 $\xi=\dfrac{\pi}{2}$,$f'(\xi)=0$.

2. 下列函数在指定区间上是否满足罗尔定理的三个条件? 有没有满足定理结论中的 ξ?

(1) $f(x)=\mathrm{e}^{x^2}-1,[-1,1]$; (2) $f(x)=|x-1|,[0,2]$; (3) $f(x)=\begin{cases}\sin x, & 0<x\leqslant\pi, \\ 1, & x=0,\end{cases}$ $[0,\pi]$.

解 (1) 因为 $f(x)$ 在 $[-1,1]$ 上连续、在 $(-1,1)$ 内可导,且 $f(-1)=f(1)=\mathrm{e}-1$,所以满足罗尔定理中的三个条件. 由 $f'(x)=2x\mathrm{e}^{x^2}$,若令 $f'(\xi)=0$,则有 $\xi=0$.

(2) 因为函数在 $x=1$ 点的导数不存在,故不满足罗尔定理的条件.

(3) 因为函数在 $x=0$ 点不连续,故不满足罗尔定理的条件. 但存在 $\xi=\dfrac{\pi}{2}\in(0,\pi)$,使得 $f'(\xi)=\cos\dfrac{\pi}{2}=0$.

3. 若方程 $a_0x^n+a_1x^{n-1}+\cdots+a_{n-1}x=0$ 有一个正根 x_0,证明方程 $a_0nx^{n-1}+a_1(n-1)x^{n-2}+\cdots+a_{n-1}=0$ 必有一个小于 x_0 的正根.

证明 作辅助函数 $f(x)=a_0x^n+a_1x^{n-1}+\cdots+a_{n-1}x$. 显然 $f(x)$ 在 $[0,x_0]$ 上连续,在 $(0,x_0)$ 内可导,且 $f(0)=f(x_0)=0$. 故由罗尔定理知,至少存在一点 $\xi\in(0,x_0)$ 使 $f'(\xi)=0$,即 $f'(\xi)=a_0n\xi^{n-1}+a_1(n-1)\xi^{n-2}+\cdots+a_{n-1}=0$,从而题设方程在 $(0,x_0)$ 内至少有一个实根.

4. 已知函数 $f(x)$ 在 $[a,b]$ 上连续,在 (a,b) 内可导,且 $f(a)=f(b)=0$,试证:在 (a,b) 内至少存在一点 ξ,使得 $f(\xi)+f'(\xi)=0,\xi\in(a,b)$.

证明 构造函数 $F(x)=\mathrm{e}^x f(x)$,显然 $F(x)$ 在 $[a,b]$ 上连续,在 (a,b) 内可导,且 $F(a)=F(b)=0$,根据罗尔定理:在 (a,b) 内至少存在一点 ξ,使得 $F'(\xi)=0$,进而得到 $f(\xi)+f'(\xi)=0,\xi\in(a,b)$.

5. 设 $f(a)=f(c)=f(b)$,且 $a<c<b$,$f''(x)$ 在 $[a,b]$ 上存在,证明:在 (a,b) 内至少存在一点 ξ,使 $f''(\xi)=0$.

证明　由 $f(a)=f(c)$,根据罗尔定理,存在 $\xi_1\in(a,c)$,使得 $f'(\xi_1)=0$;

由 $f(b)=f(c)$,根据罗尔定理,存在 $\xi_2\in(c,b)$,使得 $f'(\xi_1)=0$.

由 $f''(x)$ 在 $[a,b]$ 上存在,得到 $f'(x)$ 在 $[a,b]$ 上连续且可导,又 $f'(\xi_1)=f'(\xi_2)=0$,根据罗尔定理知:存在 $\xi\in(\xi_1,\xi_2)$,使得 $f''(\xi)=0$.

6. 验证拉格朗日中值定理对函数 $f(x)=x^3+2x$ 在区间 $[0,1]$ 上的正确性,并求出满足条件的 ξ 值.

解　一方面,$f(x)=x^3+2x$ 在 $[0,1]$ 上连续,在 $(0,1)$ 内可导,满足拉格朗日中值定理的条件.

另一方面,$f'(x)=3x^2+2,\dfrac{f(1)-f(0)}{1-0}=3$.

当 $\xi=\dfrac{1}{\sqrt{3}}$ 时 $f'(\xi)=3\left(\dfrac{1}{\sqrt{3}}\right)^2+2=3$,即当 $\xi=\dfrac{1}{\sqrt{3}}$,有 $\dfrac{f(1)-f(0)}{1-0}=f'(\xi)$.拉格朗日定理的结论成立.

7. 试证明对函数 $y=px^2+qx+r$,应用拉格朗日中值定理时所求得的点 ξ 总位于区间的正中间.

证明　设 $y=f(x)=px^2+qx+r$,则 $f(x)$ 在 $[a,b]$ 上连续,在 (a,b) 内可导,故由拉格朗日中值定理得存在 $\xi\in(a,b)$,使得

$$f'(\xi)=\frac{f(b)-f(a)}{b-a}=\frac{p(b^2-a^2)+q(b-a)}{b-a}=p(b+a)+q.$$

而 $f'(x)=2px+q$,故得 $2p\xi+q=p(b+a)+q$,从而 $\xi=\dfrac{b+a}{2}$,即 ξ 为 $[a,b]$ 中点.

8. 已知函数 $f(x)$ 在 $[a,b]$ 上连续,在 (a,b) 内可导,且 $f(a)=f(b)$,试证:在 (a,b) 内至少存在一点 ξ,使得 $f(\xi)+\xi f'(\xi)=f(a),\xi\in(a,b)$.

【分析】　本题既可以用罗尔定理证明,又可以用拉格朗日定理证明.

用罗尔定理证明用原函数构造法构造辅助函数.待证等式变形为 $f(\xi)+\xi f'(\xi)-f(a)=0$.

将 ξ 变为 x 得 $f(x)+xf'(x)-f(a)=0$.故设

$$F'(x)=f(x)+xf'(x)-f(a),\quad \text{则}\ F(x)=xf(x)-xf(a).$$

证明　证法一　令 $F(x)=xf(x)-xf(a)$,则 $F(x)$ 在 $[a,b]$ 上连续,在 (a,b) 内可导,且

$$F(a)=af(a)-af(a)=0,\quad F(b)=bf(b)-bf(a)=0.$$

由罗尔定理,存在 $\xi\in(a,b)$,使得 $F'(\xi)=0$,即有

$$f(\xi)+\xi f'(\xi)-f(a)=0,\quad \text{即}\ f(\xi)+\xi f'(\xi)=f(a).$$

证法二　利用拉格朗日中值定理证明.令 $F(x)=xf(x)$,则 $F(x)$ 在 $[a,b]$ 上连续,在 (a,b) 内可导,由拉格朗日定理,存在 $\xi\in(a,b)$,使得

$$\frac{F(b)-F(a)}{b-a}=F'(\xi),\quad \text{即}\ f(\xi)+\xi f'(\xi)=\frac{bf(b)-af(a)}{b-a}=\frac{f(a)(b-a)}{b-a}=f(a).$$

9. 证明下列不等式:

(1) $a>b>0,n>1$,证明 $nb^{n-1}(a-b)<a^n-b^n<na^{n-1}(a-b)$;

(2) $a>b>0$,证明 $\dfrac{a-b}{a}<\ln\dfrac{a}{b}<\dfrac{a-b}{b}$;

(3) $|\arctan b-\arctan a|\leqslant|b-a|$.

证明　(1) 设 $f(x)=x^n$,对于 $a>b>0,n>1$,$f(x)$ 在 $[a,b]$ 上连续,在 (a,b) 内可导,则存在 $\xi\in(a,b)$ 使得 $\dfrac{f(b)-f(a)}{b-a}=f'(\xi)$,即 $\dfrac{b^n-a^n}{b-a}=n\xi^{n-1}$,也即

$$na^{n-1}(b-a)<b^n-a^n=n\xi^{n-1}(b-a)<nb^{n-1}(b-a),$$

$$nb^{n-1}(b-a)<a^n-b^n=n\xi^{n-1}(b-a)<na^{n-1}(a-b).$$

(2) 设 $f(x)=\ln x$,$f(x)$ 在 $[b,a]$ 上连续,在 (b,a) 内可导,则存在 $\xi\in(a,b)$ 使得 $\dfrac{f(a)-f(b)}{a-b}=f'(\xi)$,即

$\dfrac{\ln a - \ln b}{a-b}=\dfrac{1}{\xi}$，也即 $\ln\dfrac{a}{b}=\dfrac{a-b}{\xi}$，而 $\dfrac{a-b}{a}<\dfrac{a-b}{\xi}<\dfrac{a-b}{b}$，从而 $\dfrac{a-b}{a}<\ln\dfrac{a}{b}<\dfrac{a-b}{b}$.

(3) 设 $f(x)=\arctan x$，则 $f(x)$ 在 $[a,b]$ 上连续，在 (a,b) 内可导，则存在 $\xi\in(a,b)$ 使得 $\dfrac{f(b)-f(a)}{b-a}=f'(\xi)$，即 $\dfrac{\arctan b-\arctan a}{b-a}=\dfrac{1}{1+\xi^2}$，从而 $\arctan b-\arctan a=\dfrac{1}{1+\xi^2}(b-a)$，而 $\left|\dfrac{1}{1+\xi^2}(b-a)\right|\leqslant|b-a|$，所以 $|\arctan b-\arctan a|\leqslant|b-a|$.

10. 设函数 $f(x)$ 在 $[0,1]$ 上连续，在 $(0,1)$ 内可导. 试证明至少存在一点 $\xi\in(0,1)$ 使 $f'(\xi)=2\xi[f(1)-f(0)]$.

证明 待证结论恒等变形为 $\dfrac{f(1)-f(0)}{1-0}=\dfrac{f'(\xi)}{2\xi}=\left.\dfrac{f'(x)}{(x^2)'}\right|_{x=\xi}$，故设 $g(x)=x^2$，对 $f(x),g(x)$ 在 $[0,1]$ 上应用柯西中值定理，存在 $\xi\in(0,1)$，使得 $\dfrac{f(1)-f(0)}{g(1)-g(0)}=\dfrac{f'(\xi)}{g'(\xi)}$，从而

$$\dfrac{f(1)-f(0)}{1}=\dfrac{f'(\xi)}{2\xi}, \quad 即\ f'(\xi)=2\xi[f(1)-f(0)].$$

注 也可令 $F(x)=f(x)-x^2[f(1)-f(0)]$，利用罗尔定理证明.

提高题

1. 设函数 $f(x)$ 在 $[0,1]$ 上连续，在 $(0,1)$ 内可导，且 $f(0)=0,f(1)=1$. 证明：
(1) 存在 $\xi\in(0,1)$，使得 $f(\xi)=1-\xi$；
(2) 存在两个不同的点 $\eta,\tau\in(0,1)$，使得 $f'(\eta)f'(\tau)=1$.

证明 (1) 令 $F(x)=f(x)+x-1$，则 $F(x)$ 在 $[0,1]$ 上连续，且
$$F(0)=f(0)+0-1=-1, \quad F(1)=f(1)+1-1=1, \quad 故\ F(0)\cdot F(1)<0.$$
由零点存在定理存在 $\xi\in(0,1)$，使得 $F(\xi)=0$，即 $f(\xi)=1-\xi$.

(2) $f(x)$ 在 $[0,\xi]$ 上连续，在 $(0,\xi)$ 内可导，由拉格朗日中值定理得存在 $\eta\in(0,\xi)$，使得 $f'(\eta)=\dfrac{f(\xi)-f(0)}{\xi-0}=\dfrac{1-\xi}{\xi}$.

又 $f(x)$ 在 $[\xi,1]$ 上连续，在 $(\xi,1)$ 内可导，由拉格朗日中值定理得存在 $\tau\in(\xi,1)$，使得 $f'(\tau)=\dfrac{f(1)-f(\xi)}{1-\xi}=\dfrac{\xi}{1-\xi}$.

综上得 $f'(\eta)f'(\tau)=1$.

2. 已知函数 $f(x),g(x)$ 在 $[a,b]$ 上连续，在 (a,b) 内可导，且 $f(a)=f(b)=0$，试证：在 (a,b) 内至少存在一点 ξ，使得
$$f'(\xi)+f(\xi)g'(\xi)=0, \quad \xi\in(a,b).$$

证明 令 $F(x)=f(x)e^{g(x)}$，则 $F(x)$ 在 $[a,b]$ 上连续，在 (a,b) 内可导，且 $F(a)=F(b)=0$. 由罗尔定理，存在 $\xi\in(a,b)$，使得 $F'(\xi)=0$，即 $e^{g(\xi)}(f'(\xi)+f(\xi)g'(\xi))=0$，从而有 $f'(\xi)+f(\xi)g'(\xi)=0$.

3. 设函数 $f(x),g(x)$ 在 $[a,b]$ 上二阶可导且存在相等的最大值. 又 $f(a)=g(a),f(b)=g(b)$. 证明：
(1) 存在 $\eta\in(a,b)$，使得 $f(\eta)=g(\eta)$；(2) 存在 $\xi\in(a,b)$，使得 $f''(\xi)=g''(\xi)$.

证明 (1) 函数 $f(x),g(x)$ 在 $[a,b]$ 上连续，故可设 $f(x)$ 在 $\xi_1\in[a,b]$ 处取得最大值 $f(\xi_1)=M,g(x)$ 在 $\xi_2\in[a,b]$ 处取得最大值 $g(\xi_2)=M$.

若 $\xi_1=\xi_2$，则取 $\eta=\xi_1=\xi_2$，有 $f(\eta)=g(\eta)$.

若 $\xi_1<\xi_2$，令 $F(x)=f(x)-g(x)$，则 $F(x)$ 在 $[\xi_1,\xi_2]$ 上连续，且
$$F(\xi_1)=f(\xi_1)-g(\xi_1)=M-g(\xi_1)>0, \quad F(\xi_2)=f(\xi_2)-g(\xi_2)=f(\xi_2)-M<0,$$
由介值定理，存在 $\eta\in(\xi_1,\xi_2)\subset(a,b)$，使得 $F(\eta)=0$，即 $f(\eta)=g(\eta)$.

(2) 设 $F(x)=f(x)-g(x)$，则 $F(x)$ 在 $[a,\eta]$ 上连续，在 (a,η) 内可导，且 $F(a)=F(\eta)=0$. 由罗尔定理，存在 $\eta_1\in(a,\eta)$，使得 $F'(\eta_1)=0$；

同理，$F(x)$ 在 $[\eta,b]$ 上连续，在 (η,b) 内可导，且 $F(b)=F(\eta)=0$. 由罗尔定理，存在 $\eta_2\in(\eta,b)$，使得 $F'(\eta_2)=0$；

$F(x)$ 在 $[\eta_1,\eta_2]$ 上连续，在 (η_1,η_2) 内可导，且 $F'(\eta_1)=F'(\eta_2)=0$. 由罗尔定理，存在 $\xi\in(\eta_1,\eta_2)$，使得 $F''(\xi)=0$.

4. 设函数 $f(x)$ 在区间 $[0,1]$ 上具有二阶导数，且 $f(1)>0$，$\lim\limits_{x\to 0^+}\dfrac{f(x)}{x}<0$，证明：

(1) 方程 $f(x)=0$ 在区间 $(0,1)$ 至少存在一个实根；

(2) 方程 $f(x)f''(x)+(f'(x))^2=0$ 在区间 $(0,1)$ 内至少存在两个不同实根.

证明　(1) 根据极限的局部保号性的结论，由条件 $\lim\limits_{x\to 0^+}\dfrac{f(x)}{x}<0$ 可知，存在 $0<\delta<1$，及 $x_1\in(0,\delta)$，使得 $f(x_1)<0$. 由于 $f(x)$ 在 $[x_1,1]$ 上连续，且 $f(x_1)\cdot f(1)<0$，由零点定理，存在 $\xi\in(x_1,1)\subset(0,1)$，使得 $f(\xi)=0$，也就是方程 $f(x)=0$ 在区间 $(0,1)$ 至少存在一个实根.

(2) 由条件 $\lim\limits_{x\to 0^+}\dfrac{f(x)}{x}<0$ 可知 $f(0)=0$，由 (1) 可知 $f(\xi)=0$，由罗尔定理，存在 $\eta\in(0,\xi)$，使得 $f'(\eta)=0$.

设 $F(x)=f(x)f'(x)$，由条件可知 $F(x)$ 在区间 $[0,1]$ 上可导，且 $F(0)=0$，$F(\xi)=0$，$F(\eta)=0$，分别在区间 $[0,\eta]$，$[\eta,\xi]$ 上对函数 $F(x)$ 使用罗尔定理，则存在 $\xi_1\in(0,\eta)\subset(0,1)$，$\xi_2\in(\eta,\xi)\subset(0,1)$，使得 $\xi_1\neq\xi_2$，$F'(\xi_1)=F'(\xi_2)=0$，也就是方程 $f(x)f''(x)+(f'(x))^2=0$ 在区间 $(0,1)$ 内至少存在两个不同实根.

5. 设 $f(x)$ 在 $[0,1]$ 上连续，在 $(0,1)$ 内可导且 $f(0)=0$，但当 $x\in(0,1)$ 时，$f(x)>0$，求证：$\exists\xi\in(0,1)$，使 $\dfrac{2016\cdot f'(\xi)}{f(\xi)}=\dfrac{f'(1-\xi)}{f(1-\xi)}$.

证明　设 $F(x)=f^{2016}(x)\cdot f(1-x)$，则 $F(0)=F(1)=0$，且 $F(x)$ 在 $[0,1]$ 上满足罗尔定理的条件，由罗尔定理，$\exists\xi\in(0,1)$，使 $F'(\xi)=2016f^{2015}(\xi)\cdot f'(\xi)\cdot f(1-\xi)-f^{2016}(\xi)\cdot f'(1-\xi)=0$.

又因为 $x\in(0,1)$ 时，$f(x)>0$，所以

$$2016\cdot f'(\xi)\cdot f(1-\xi)-f(\xi)\cdot f'(1-\xi)=0,\quad\text{即}\quad\dfrac{2016\cdot f'(\xi)}{f(\xi)}=\dfrac{f'(1-\xi)}{f(1-\xi)}.$$

6. 设 $f(x)$ 在 $(-\infty,+\infty)$ 上可导，并且满足 $f(0)\leqslant 0$，$\lim\limits_{x\to\infty}f(x)=+\infty$. 试证：

(1) 存在 $\xi_1\in(-\infty,0)$ 和 $\xi_2\in(0,+\infty)$ 使得 $f(\xi_1)=2014=f(\xi_2)$；

(2) 存在 $\xi\in(\xi_1,\xi_2)$ 使得 $f(\xi)+f'(\xi)=2014$.

证明　(1) 由 $\lim\limits_{x\to\infty}f(x)=+\infty$，取 $M=2014$，则存在 $X>0$，当 $|x|\geqslant X$ 时，$f(x)>2014$.

令 $F(x)=f(x)-2014$，则 $F(x)$ 在 $[-X,X]$ 上连续，且

$$F(-X)=f(-X)-2014>0,\quad F(X)=f(X)-2014>0,\quad F(0)=f(0)-2014<0,$$

所以 $F(-X)F(0)<0$，$F(X)F(0)<0$.

由零点定理知，存在 $\xi_1\in(-\infty,0)$ 和 $\xi_2\in(0,+\infty)$ 使得 $F(\xi_1)=0=F(\xi_2)$，即 $f(\xi_1)=2014=f(\xi_2)$；

(2) 构造辅助函数 $\Phi(x)=e^x(f(x)-2014)$，$x\in[\xi_1,\xi_2]$，则

$\Phi(x)$ 在 $[\xi_1,\xi_2]$ 上连续，在 (ξ_1,ξ_2) 内可导，且 $\Phi(\xi_1)=\Phi(\xi_2)=0$. 由罗尔定理，存在 $\xi\in(\xi_1,\xi_2)$ 使得 $\Phi'(\xi)=0$，即 $\Phi'(\xi)=e^\xi(f(\xi)+f'(\xi)-2014)=0$，由此可得 $f(\xi)+f'(\xi)=2014$.

7. 设函数 $f(x)$ 在 $[-2,2]$ 上二阶可导，且 $|f(x)|\leqslant 1$，$f(-2)=f(0)=f(2)$. 又设 $[f(0)]^2+[f'(0)]^2=4$，试证：在 $(-2,2)$ 内至少存在一点 ξ，使 $f(\xi)+f''(\xi)=0$.

证明　设 $F(x)=[f(x)]^2+[f'(x)]^2$，则 $F(x)$ 在 $[-2,2]$ 上可导.

由于 $f(x)$ 在 $[-2,2]$ 上可导及 $f(-2)=f(0)=f(2)$，所以存在 $a\in(-2,0)$ 及 $b\in(0,2)$ 使得 $f'(a)=f'(b)=0$. 由此可得 $F(a)=[f(a)]^2+[f'(a)]^2\leqslant 1$，$F(b)=[f(b)]^2+[f'(b)]^2\leqslant 1$.

由题设 $F(0)=4$ 知，$F(x)$ 在 $[a,b]$ 上的最大值 M 必在 (a,b) 内取到，即存在 $\xi\in(a,b)$，使得 $F(\xi)=M$，从而 $F'(\xi)=0$，即 $f'(\xi)[f(\xi)+f''(\xi)]=0$. 由于 $F(\xi)=[f(\xi)]^2+[f'(\xi)]^2\geqslant F(0)=4$，而 $f(\xi)\leqslant 1$，所以有

$f'(\xi) \neq 0$, 由此可得 $f(\xi) + f''(\xi) = 0 (\xi \in (a,b) \subset (-2,2))$.

习题 3.2

1. 利用洛必达法则求下列极限：

(1) $\lim\limits_{x \to \pi} \dfrac{\sin 3x}{\tan 5x}$;

(2) $\lim\limits_{x \to 0} \dfrac{e^x - x - 1}{x(e^x - 1)}$;

(3) $\lim\limits_{x \to 0} \dfrac{e^x - e^{-x}}{\sin x}$;

(4) $\lim\limits_{x \to \frac{\pi}{2}} \dfrac{\ln \sin x}{(\pi - 2x)^2}$;

(5) $\lim\limits_{x \to a} \dfrac{x^m - a^m}{x^n - a^n}$;

(6) $\lim\limits_{x \to 0} \dfrac{\tan x - x}{x - \sin x}$;

(7) $\lim\limits_{x \to +\infty} \dfrac{\ln\left(1 + \dfrac{1}{x}\right)}{\text{arccot} x}$;

(8) $\lim\limits_{x \to \frac{\pi}{2}} \dfrac{\tan x}{\tan 3x}$;

(9) $\lim\limits_{x \to 0^+} \dfrac{\ln x}{\cot x}$;

(10) $\lim\limits_{x \to 0^+} \sin x \ln x$;

(11) $\lim\limits_{x \to +\infty} (\sqrt[3]{x^3 + x^2 + x + 1} - x)$;

(12) $\lim\limits_{x \to 0} \left(\dfrac{e^x}{x} - \dfrac{1}{e^x - 1}\right)$;

(13) $\lim\limits_{x \to 0} (1 + \sin x)^{\frac{1}{x}}$;

(14) $\lim\limits_{x \to +\infty} \left(\dfrac{2}{\pi} \arctan x\right)^x$;

(15) $\lim\limits_{x \to 0} \left(\dfrac{3 - e^x}{2 + x}\right)^{\csc x}$;

(16) $\lim\limits_{x \to 0} x^2 e^{\frac{1}{x^2}}$.

解　(1) $\lim\limits_{x \to \pi} \dfrac{\sin 3x}{\tan 5x} = \lim\limits_{x \to \pi} \dfrac{3\cos 3x}{5\sec^2 5x} = -\dfrac{3}{5}$;

(2) $\lim\limits_{x \to 0} \dfrac{e^x - x - 1}{x(e^x - 1)} = \lim\limits_{x \to 0} \dfrac{e^x - x - 1}{x^2} = \lim\limits_{x \to 0} \dfrac{e^x - 1}{2x} = \lim\limits_{x \to 0} \dfrac{x}{2x} = \dfrac{1}{2}$;

(3) $\lim\limits_{x \to 0} \dfrac{e^x - e^{-x}}{\sin x} \xlongequal{\text{无穷小代换}} \lim\limits_{x \to 0} \dfrac{e^x - e^{-x}}{x} = \lim\limits_{x \to 0} \dfrac{e^x + e^{-x}}{1} = 2$;

(4) $\lim\limits_{x \to \frac{\pi}{2}} \dfrac{\ln \sin x}{(\pi - 2x)^2} \xlongequal{\frac{0}{0}} \lim\limits_{x \to \frac{\pi}{2}} \dfrac{\dfrac{\cos x}{\sin x}}{2(\pi - 2x) \cdot (-2)} \xlongequal{\frac{0}{0}} \lim\limits_{x \to \frac{\pi}{2}} \dfrac{-\csc^2 x}{8} = -\dfrac{1}{8}$;

(5) 当 $a \neq 0$ 时, 原式 $= \lim\limits_{x \to a} \dfrac{m x^{m-1}}{n x^{n-1}} = \dfrac{m}{n} a^{m-n}$,

当 $a = 0$ 时, 原式 $= \begin{cases} 0, & m > n, \\ 1, & m = n, \\ \infty, & m < n; \end{cases}$

(6) $\lim\limits_{x \to 0} \dfrac{\tan x - x}{x - \sin x} \xlongequal{\frac{0}{0}} \lim\limits_{x \to a} \dfrac{\sec^2 x - 1}{1 - \cos x} = \lim\limits_{x \to 0} \dfrac{\tan^2 x}{1 - \cos x} = \lim\limits_{x \to 0} \dfrac{x^2}{\dfrac{1}{2} x^2} = 2$;

(7) $\lim\limits_{x \to +\infty} \dfrac{\ln\left(1 + \dfrac{1}{x}\right)}{\text{arccot} x} = \lim\limits_{x \to +\infty} \dfrac{\dfrac{1}{x}}{\text{arccot} x} = \lim\limits_{x \to +\infty} \dfrac{-\dfrac{1}{x^2}}{-\dfrac{1}{1 + x^2}} = 1$;

(8) $\lim\limits_{x \to \frac{\pi}{2}} \dfrac{\tan x}{\tan 3x} = \lim\limits_{x \to \frac{\pi}{2}} \dfrac{\dfrac{\sin x}{\cos x}}{\dfrac{\sin 3x}{\cos 3x}} = \lim\limits_{x \to \frac{\pi}{2}} \dfrac{\cos 3x}{\cos x} \cdot \dfrac{\sin x}{\sin 3x} = -\lim\limits_{x \to \frac{\pi}{2}} \dfrac{-3\sin 3x}{-\sin x} = 3$; $\left[\lim\limits_{x \to \frac{\pi}{2}} \dfrac{\sin x}{\sin 3x} = \dfrac{\sin \dfrac{\pi}{2}}{\sin \dfrac{3\pi}{2}} = -1\right]$

(9) $\lim\limits_{x \to 0^+} \dfrac{\ln x}{\cot x} \xlongequal{\frac{\infty}{\infty}} \lim\limits_{x \to 0} \dfrac{\dfrac{1}{x}}{-\csc^2 x} = \lim\limits_{x \to 0^+} \dfrac{\sin^2 x}{x} = 0$;

(10) $\lim\limits_{x \to 0^+} \sin x \cdot \ln x = \lim\limits_{x \to 0^+} x \ln x = 0$;

(11) $\lim\limits_{x \to +\infty} (\sqrt[3]{x^3 + x^2 + x + 1} - x) = \lim\limits_{x \to +\infty} x\left(\sqrt[3]{1 + \dfrac{1}{x} + \dfrac{1}{x^2} + \dfrac{1}{x^3}} - 1\right)$

$$=\lim_{x\to 0}x\cdot\frac{1}{3}\left(\frac{1}{x}+\frac{1}{x^2}+\frac{1}{x^3}\right)=\frac{1}{3};$$

(12) $\lim\limits_{x\to 0}\left(\dfrac{e^x}{x}-\dfrac{1}{e^x-1}\right)\xlongequal{\text{通分}}\lim\limits_{x\to 0}\dfrac{e^x(e^x-1)-x}{x(e^x-1)}=\lim\limits_{x\to 0}\dfrac{e^{2x}-e^x-x}{x^2}=\lim\limits_{x\to 0}\dfrac{2e^{2x}-e^x-1}{2x}=\lim\limits_{x\to 0}\dfrac{4e^{2x}-e^x}{2}=\dfrac{3}{2};$

(13) 原式$=\lim\limits_{x\to 0}e^{\frac{\ln(1+\sin x)}{x}}=e^{\lim\limits_{x\to 0}\frac{\sin x}{x}}=e;$

(14) $\lim\limits_{x\to +\infty}\left(\dfrac{2}{\pi}\arctan x\right)^x=\lim\limits_{x\to +\infty}e^{x\ln\frac{2}{\pi}\arctan x}\quad\left(x\to +\infty,\ln\dfrac{2}{\pi}\arctan x\sim\dfrac{2}{\pi}\arctan x-1\right)$

$$=e^{\lim\limits_{x\to +\infty}x\left(\frac{2}{\pi}\arctan x-1\right)}\quad\left(\infty\cdot 0\text{ 型化为}\dfrac{0}{0}\text{ 型}\right)$$

$$=e^{\lim\limits_{x\to +\infty}\frac{\frac{2}{\pi}\arctan x-1}{\frac{1}{x}}}\quad(\text{洛必达法则});$$

$$=e^{\lim\limits_{x\to +\infty}\frac{\frac{2}{\pi}\frac{1}{1+x^2}}{-\frac{1}{x^2}}}=e^{-\frac{2}{\pi}}$$

(15) 原式$=\lim\limits_{x\to 0}e^{\csc x[\ln(3-e^x)-\ln(2+x)]}=e^{\lim\limits_{x\to 0}\frac{\ln(3-e^x)-\ln(2+x)}{x}}=e^{\lim\limits_{x\to 0}\frac{\frac{-e^x}{3-e^x}-\frac{1}{2+x}}{1}}=e^{-\frac{1}{4}};$

(16) 令 $x^2=\dfrac{1}{t}$,则原式$=\lim\limits_{x\to +\infty}\dfrac{e^t}{t}\xlongequal{\frac{0}{0}}\lim\limits_{t\to +\infty}\dfrac{e^t}{1}=+\infty.$

2. 设 $\lim\limits_{x\to 1}\dfrac{x^2+mx+n}{x-1}=5$,求常数 m,n 的值.

解　因为 $\lim\limits_{x\to 1}(x-1)=0$,而 $\lim\limits_{x\to 1}\dfrac{x^2+mx+n}{x-1}=5$,所以 $\lim\limits_{x\to 1}(x^2+mx+n)=1+m+n=0.$ 由洛必达法则得 $\lim\limits_{x\to 1}\dfrac{x^2+mx+n}{x-1}=\lim\limits_{x\to 1}\dfrac{2x+m}{1}=2+m=5$,从而得 $m=3,n=-4.$

3. 验证极限 $\lim\limits_{x\to\infty}\dfrac{x+\sin x}{x}$ 存在,但不能由洛必达法则得出.

解　$\lim\limits_{x\to +\infty}\dfrac{x+\sin x}{x}=\lim\limits_{x\to +\infty}\left(1+\dfrac{\sin x}{x}\right)=1.$

而用洛必达法则,有 $\lim\limits_{x\to +\infty}\dfrac{x+\sin x}{x}=\lim\limits_{x\to +\infty}\left(1+\dfrac{\cos x}{1}\right)$ 不存在. 这验证了 $\lim\limits_{x\to x_0}\dfrac{f'(x)}{g'(x)}$ 不存在,但 $\lim\limits_{x\to x_0}\dfrac{f(x)}{g(x)}$ 存在.

4. 设 $f(x)$ 二阶连续可导,求 $\lim\limits_{h\to 0}\dfrac{f(x+h)-2f(x)+f(x-h)}{h^2}.$

解　原式$=\lim\limits_{h\to 0}\dfrac{f'(x+h)-f'(x-h)}{2h}=\lim\limits_{h\to 0}\dfrac{f''(x+h)+f''(x-h)}{2}=f''(x).$

5. 设 $f(x)$ 具有二阶连续导数,且 $f(0)=0$,试证 $g(x)=\begin{cases}\dfrac{f(x)}{x}, & x\neq 0,\\ f'(0) & x=0\end{cases}$

可导,且导函数连续.

证明　由已知 $\lim\limits_{x\to 0}g(x)=\lim\limits_{x\to 0}\dfrac{f(x)}{x}=\lim\limits_{x\to 0}\dfrac{f(x)-f(0)}{x-0}=f'(0)=g(0)$,故 $g(x)$ 连续,且当 $x\neq 0$ 时,$g'(x)=\dfrac{xf'(x)-f(x)}{x^2}$,而

$$g'(0)=\lim\limits_{x\to 0}\dfrac{g(x)-g(0)}{x-0}=\lim\limits_{x\to 0}\dfrac{\dfrac{f(x)}{x}-f'(0)}{x}=\lim\limits_{x\to 0}\dfrac{f(x)-xf'(0)}{x^2}$$

$$=\lim\limits_{x\to 0}\dfrac{f'(x)-f'(0)}{2x}=\lim\limits_{x\to 0}\dfrac{f''(x)}{2}=\dfrac{1}{2}f''(0)$$

当 $x \neq 0$ 时，$g'(x)$ 显然连续. 而

$$\lim_{x \to 0} g'(x) = \lim_{x \to 0} \frac{xf'(x) - f(x)}{x^2} = \frac{1}{2}f''(0) = g'(0),$$

所以 $g'(x)$ 在点 $x=0$ 处连续，从而 $g'(x)$ 在 $(-\infty, +\infty)$ 内是连续函数.

6. 讨论函数 $f(x) = \begin{cases} \left[\dfrac{1}{e}(1+x)^{\frac{1}{x}}\right]^{\frac{1}{x}}, & x \neq 0, \\ e^{-\frac{1}{2}}, & x = 0 \end{cases}$ 在 $x=0$ 处的连续性.

解 $\displaystyle\lim_{x \to 0} f(x) = \lim_{x \to 0} \left[\frac{1}{e}(1+x)^{\frac{1}{x}}\right]^{\frac{1}{x}} = e^{\lim\limits_{x \to 0} \frac{1}{x}\left[\frac{1}{x}\ln(1+x) - 1\right]} = e^{\lim\limits_{x \to 0} \frac{\frac{1}{x}\ln(1+x)-1}{x}}$

$$= e^{\lim\limits_{x \to 0} \frac{\ln(1+x)-x}{x^2}} = e^{\lim\limits_{x \to 0} \frac{\frac{1}{1+x}-1}{2x}} = e^{\lim\limits_{x \to 0} \frac{-x}{2x(1+x)}} = e^{-\frac{1}{2}} = f(0).$$

所以 $f(x)$ 在 $x=0$ 处连续.

提高题

1. 求下列极限：

(1) $\displaystyle\lim_{x \to 0} \frac{(a+x)^x - a^x}{x^2}\ (a>0)$；　　　(2) $\displaystyle\lim_{x \to 0}\left(\frac{1+2^x}{2}\right)^{\frac{1}{x}}$；　　　(3) $\displaystyle\lim_{x \to 0^+}(\cos\sqrt{x})^{\frac{2}{x}}$；

(4) $\displaystyle\lim_{x \to +\infty}(x^{\frac{1}{x}} - 1)^{\frac{1}{\ln x}}$；　　　(5) $\displaystyle\lim_{x \to 0}\frac{\arctan x - \sin x}{x - \sin x}$；　　　(6) $\displaystyle\lim_{x \to \frac{\pi}{4}}(\tan x)^{\frac{1}{\cos x - \sin x}}$.

解 (1) 这类题应先变形，再等价无穷小代换或用洛必达法则.

$$\lim_{x \to 0} \frac{(a+x)^x - a^x}{x^2} = \lim_{x \to 0} \frac{a^x\left[\left(1+\frac{x}{a}\right)^x - 1\right]}{x^2} = \lim_{x \to 0} \frac{\left(1+\frac{x}{a}\right)^x - 1}{x^2} = \lim_{x \to 0} \frac{e^{x\ln\left(1+\frac{x}{a}\right)} - 1}{x^2}$$

$$= \lim_{x \to 0} \frac{x\ln\left(1+\frac{x}{a}\right)}{x^2} = \lim_{x \to 0} \frac{x \cdot \frac{x}{a}}{x^2} = \frac{1}{a}.$$

(2) 属于 1^∞. $\displaystyle\lim_{x \to 0}\left(\frac{1+2^x}{2}\right)^{\frac{1}{x}} = e^{\lim\limits_{x \to 0} \frac{1}{x}\left(\frac{1+2^x}{2} - 1\right)} = e^{\lim\limits_{x \to 0} \frac{1}{x}\cdot\frac{2^x-1}{2}} = e^{\lim\limits_{x \to 0} \frac{1}{x}\cdot\frac{x\ln 2}{2}} = e^{\frac{\ln 2}{2}} = \sqrt{2}.$

(3) 属于 1^∞. $\displaystyle\lim_{x \to 0^+}(\cos\sqrt{x})^{\frac{2}{x}} = e^{\lim\limits_{x \to 0^+} \frac{2}{x}[\cos\sqrt{x}-1]} = e^{\lim\limits_{x \to 0^+} \frac{2}{x}\left(-\frac{1}{2}x\right)} = e^{-1} = \frac{1}{e}.$

(4) $\displaystyle\lim_{x \to +\infty}(x^{\frac{1}{x}} - 1)^{\frac{1}{\ln x}} = e^{\lim\limits_{x \to +\infty} \frac{1}{\ln x}\ln\left(x^{\frac{1}{x}}-1\right)} = e^{\lim\limits_{x \to +\infty} \frac{\ln\left(e^{\frac{\ln x}{x}}-1\right)}{\ln x}} = e^{\lim\limits_{x \to +\infty} \frac{\ln\frac{\ln x}{x}}{\ln x}} = e^{\lim\limits_{x \to +\infty} \frac{\ln\ln x - \ln x}{\ln x}}$

$$= e^{\lim\limits_{x \to +\infty} \frac{\ln\ln x}{\ln x} - 1} = e^{\lim\limits_{x \to +\infty} \frac{\frac{1}{x\ln x}}{\frac{1}{x}} - 1} = e^{\lim\limits_{x \to +\infty} \frac{1}{\ln x} - 1} = e^{-1} = \frac{1}{e}.$$

(5) $\displaystyle\lim_{x \to 0}\frac{\arctan x - \sin x}{x - \sin x} = \lim_{x \to 0}\frac{\frac{1}{1+x^2} - \cos x}{1 - \cos x} = \lim_{x \to 0}\frac{\frac{1}{1+x^2}[1 - (1+x^2)\cos x]}{1 - \cos x}$

$$= \lim_{x \to 0}\frac{[1-(1+x^2)\cos x]}{1-\cos x} \cdot \lim_{x \to 0}\frac{1}{1+x^2} \quad \left(\lim_{x \to 0}\frac{1}{1+x^2} = 1\right)$$

$$= \lim_{x \to 0}\frac{1 - (1+x^2)\cos x}{\frac{1}{2}x^2} = \lim_{x \to 0}\frac{-2x\cos x + (1+x^2)\sin x}{x}$$

$$= \lim_{x \to 0}\frac{-2x\cos x}{x} + \lim_{x \to 0}\frac{(1+x^2)\sin x}{x} = -2 + 1 = -1.$$

(6) 属于 1^∞. $\displaystyle\lim_{x \to \frac{\pi}{4}}(\tan x)^{\frac{1}{\cos x - \sin x}} = e^{\lim\limits_{x \to \frac{\pi}{4}} \frac{\tan x - 1}{\cos x - \sin x}} = e^{\lim\limits_{x \to \frac{\pi}{4}} \frac{\sin x - \cos x}{\cos x - \sin x}\cdot\frac{1}{\cos x}} = e^{-\sqrt{2}}.$

2. 设函数 $f(x)=x+a\ln(1+x)+bx\sin x, g(x)=kx^3$, 若 $f(x)$ 与 $g(x)$ 在 $x\to 0$ 时是等价无穷小, 求 a, b,k 的值.

解 因为 $f(x)$ 与 $g(x)$ 在 $x\to 0$ 时是等价无穷小, 所以 $\lim\limits_{x\to 0}\dfrac{f(x)}{g(x)}=1$.

$$\lim_{x\to 0}\frac{f(x)}{g(x)}=\lim_{x\to 0}\frac{x+a\ln(1+x)+bx\sin x}{kx^3}\ (洛必达法则)$$

$$=\lim_{x\to 0}\frac{1+\dfrac{a}{1+x}+b\sin x+bx\cos x}{3kx^2}=1.$$

因为 $\lim\limits_{x\to 0}3kx^2=0$, 所以有 $\lim\limits_{x\to 0}\left(1+\dfrac{a}{1+x}+b\sin x+bx\cos x\right)=0$, 即 $1+a+0=0$, 得 $a=-1$.

$$原式=\lim_{x\to 0}\frac{-\dfrac{-1}{(1+x)^2}+2b\cos x-bx\sin x}{6kx}\left(分子的极限为\ 0, 得\ b=-\frac{1}{2}\right)$$

$$=\lim_{x\to 0}\frac{-\dfrac{2}{(1+x)^3}-2b\sin x-b\sin x-bx\cos x}{6k}=1\left(得\ k=-\frac{1}{3}\right).$$

所以 $a=-1, b=-\dfrac{1}{2}, k=-\dfrac{1}{3}$.

习题 3.3

1. 将 $f(x)=xe^x$ 展开成 n 阶麦克劳林公式.

解 **直接法** 利用求积的高阶导数的莱布尼茨公式, 得
$$f^{(n)}(x)=(e^x)^{(n)}x+n(e^x)^{(n-1)}x'+0=e^x(x+n),$$

于是 $f(0)=0, f^{(n)}(0)=n, a_0=0, a_n=\dfrac{f^{(n)}(0)}{n!}=\dfrac{1}{(n-1)!}\quad (n=1,2,\cdots)$, 余项
$$R_n(x)=\frac{f^{(n+1)}(\theta x)}{(n+1)!}x^{n+1}=\frac{e^{\theta x}(\theta x+n+1)}{(n+1)!}x^{n+1}\quad (0<\theta<1),$$

因此, $f(x)$ 的 n 阶麦克劳林公式为
$$f(x)=x+x^2+\frac{x^3}{2!}+\cdots+\frac{x^n}{(n-1)!}+\frac{e^{\theta x}(\theta x+n+1)}{(n+1)!}x^{n+1}\quad (0<\theta<1),$$

或具有佩亚诺余项的 n 阶麦克劳林公式为
$$f(x)=x+x^2+\frac{x^3}{2!}+\cdots+\frac{x^n}{(n-1)!}+o(x^n).$$

间接法 利用 e^x 的 $n-1$ 阶麦克劳林公式, 可间接得到函数 xe^x 的 n 阶麦克劳林公式
$$xe^x=x\left[1+x+\frac{x^2}{2!}+\cdots+\frac{x^{n-1}}{(n-1)!}+o(x^{n-1})\right]=x+x^2+\frac{x^3}{2!}+\cdots+\frac{x^n}{(n-1)!}+o(x^n).$$

2. 当 $x_0=-1$ 时, 求函数 $f(x)=\dfrac{1}{x}$ 的 n 阶泰勒公式.

解 $f(x)=\dfrac{1}{x}, f(-1)=\dfrac{1}{-1}=-1;\quad f'(x)=\dfrac{-1}{x^2}, f'(-1)=-1;$

$$f''(x)=\frac{2}{x^3}, f''(-1)=-2,\cdots, f^{(n)}(x)=\frac{(-1)^n n!}{x^{n+1}}, f^{(n)}(-1)=\frac{(-1)^n n!}{(-1)^{n+1}}=-n!;$$

故 $\dfrac{1}{x}=-1-(x+1)-(x+1)^2+\cdots-(x+1)^n+\dfrac{(-1)^{n+1}}{\xi^{n+2}}(x+1)^{n+1}.$

3. 按 $x-4$ 的乘幂展开多项式 $f(x)=x^4-5x^3+x^2-3x+4$.

解 $f(4)=4^4-5\times 4^3+4^2-3\times 4+4=-4^3+4+4=-56;$

$$f'(x)=4x^3-15x^2+2x-3,\quad f'(4)=4\times 4^3-15\times 4^2+2\times 4-3=21;$$

$$f''(x)=12x^2-30x+2,\quad f''(4)=12\times 4^2-30\times 4+2=74;$$

$$f'''(x)=24x-30, \quad f'''(4)=66; \quad f^{(4)}(x)=24.$$

故 $f(x)=-56+21(x-4)-37(x-4)^2+11(x-4)^3+(x-4)^4.$

4. 利用泰勒公式求下列极限：

(1) $\lim\limits_{x\to0}\dfrac{x-\sin x}{x^3}$；　　　　(2) $\lim\limits_{x\to+\infty}\Big[x-x^2\ln\Big(1+\dfrac{1}{x}\Big)\Big].$

解　(1) $\sin x=x-\dfrac{x^3}{3!}+o(x^3)$，故

$$\lim_{x\to0}\frac{x-\sin x}{x^3}=\lim_{x\to0}\frac{x-\Big(x-\frac{x^3}{3!}+o(x^3)\Big)}{x^3}=\lim_{x\to0}\frac{\frac{x^3}{3!}+o(x^3)}{x^3}=\frac{1}{6}.$$

(2) 当 $x\to0$ 时，$\ln(1+x)=x-\dfrac{x^2}{2}+\dfrac{x^3}{3}+o(x^3)$，

当 $x\to\infty$ 时，$\ln\Big(1+\dfrac{1}{x}\Big)=\dfrac{1}{x}-\dfrac{1}{2}\cdot\dfrac{1}{x^2}+\dfrac{1}{3x^3}+o\Big(\dfrac{1}{x^3}\Big)$，

故

$$\lim_{x\to+\infty}x-x^2\ln\Big(1+\frac{1}{x}\Big)=\lim_{x\to+\infty}x-x^2\Big(\frac{1}{x}-\frac{1}{2x^2}+\frac{1}{3x^3}+o\Big(\frac{1}{x^3}\Big)\Big)$$
$$=\lim_{x\to+\infty}\Big(x-x+\frac{1}{2}-\frac{1}{3x}+o\Big(\frac{1}{x}\Big)\Big)=\frac{1}{2}.$$

提高题

1. 当 $x\to0$ 时，$e^x-(ax^2+bx+1)$ 是比 x^2 高阶的无穷小，求 a,b.

解　$e^x=1+x+\dfrac{x^2}{2}+o(x^2)$，故

$$e^x-(ax^2+bx+1)=1+x+\frac{x^2}{2}+o(x^2)-(ax^2+bx+1)=(1-b)x+\Big(\frac{1}{2}-a\Big)x^2+o(x^2)=o(x^2),$$

则 $1-b=0,\dfrac{1}{2}-a=0$，故 $b=1,a=\dfrac{1}{2}.$

2. 设 $f(x)$ 在 $[-1,1]$ 上具有三阶连续导数，且 $f(-1)=0,f(1)=1,f'(0)=0$. 证明：在 $(-1,1)$ 内至少存在一点 ξ，使得 $f'''(\xi)=3.$

证明　将 $f(x)$ 在 $x=0$ 处展开成二阶麦克劳林公式

$$f(x)=f(0)+f'(0)x+\frac{f''(0)}{2}x^2+\frac{f'''(\eta)}{3!}x^3,$$
$$f(1)=f(0)+f'(0)+\frac{f''(0)}{2}+\frac{f'''(\eta_1)}{3!}, \quad \eta_1\in(0,1),$$
$$f(-1)=f(0)-f'(0)+\frac{f''(0)}{2}-\frac{f'''(\eta_2)}{3!}, \quad \eta_2\in(-1,0),$$

故 $f(1)-f(-1)=\dfrac{f'''(\eta_1)}{3!}+\dfrac{f'''(\eta_2)}{3!}$，即 $\dfrac{1}{3!}(f'''(\eta_1)+f'''(\eta_2))=1$，于是 $f'''(\eta_1)+f'''(\eta_2)=6.$

因为 $f(x)$ 在 $[-1,1]$ 上具有三阶连续导数，所以 $f'''(x)$ 在 $[\eta_2,\eta_1]$ 上连续，能取到最大值 M 和最小值 m，即

$$m\leqslant f'''(\eta_1)\leqslant M, \quad m\leqslant f'''(\eta_2)\leqslant M.$$

于是

$$2m\leqslant f'''(\eta_1)+f'''(\eta_2)\leqslant 2M, \quad 即\ m\leqslant\frac{f'''(\eta_1)+f'''(\eta_2)}{2}\leqslant M.$$

由 $f'''(x)$ 的连续性知，存在 $\xi\in[\eta_2,\eta_1]\subset(0,1)$，使得 $f'''(\xi)=\dfrac{f'''(\eta_1)+f'''(\eta_2)}{2}=3.$

3. 求 $\lim\limits_{x \to 0} \dfrac{\cos x - 1 - \ln(1+x^2)}{\sqrt{1+x} - 1 - \dfrac{1}{2}x}$.

解　$\cos x = 1 - \dfrac{1}{2}x^2 + o(x^2)$，　$\ln(1+x^2) = x^2 + o(x^2)$，　$\sqrt{1+x} = 1 + \dfrac{1}{2}x - \dfrac{1}{8}x^2 + o(x^2)$，故

$$\lim_{x \to 0} \frac{\cos x - 1 - \ln(1+x^2)}{\sqrt{1+x} - 1 - \dfrac{1}{2}x} = \lim_{x \to 0} \frac{1 - \dfrac{1}{2}x^2 + o(x^2) - 1 - x^2 + o(x^2)}{1 + \dfrac{1}{2}x - \dfrac{1}{8}x^2 + o(x^2) - 1 - \dfrac{1}{2}x} = \lim_{x \to 0} \frac{-\dfrac{3}{2}x^2 + o(x^2)}{-\dfrac{1}{8}x^2 + o(x^2)} = 12.$$

4. 求 $\lim\limits_{x \to 0} \dfrac{e^{x^2} + 2\cos x - 3}{x^4}$.

解　$e^{x^2} = 1 + x^2 + \dfrac{1}{2}x^4 + o(x^4)$，　　$\cos x = 1 - \dfrac{1}{2}x^2 + \dfrac{1}{4!}x^4 + o(x^4)$，故

$$\lim_{x \to 0} \frac{e^{x^2} + 2\cos x - 3}{x^4} = \lim_{x \to 0} \frac{1 + x^2 + \dfrac{1}{2}x^4 + 2 - x^2 + \dfrac{2}{4!}x^4 - 3 + o(x^4)}{x^4}$$

$$= \lim_{x \to 0} \frac{\dfrac{1}{2}x^4 + \dfrac{2}{4!}x^4 + o(x^4)}{x^4} = \frac{7}{12}.$$

5. 求 $\lim\limits_{x \to 0} \dfrac{\tan(\tan x) - \tan(\sin x)}{x - \sin x}$.

解　解法一　$\lim\limits_{x \to 0} \dfrac{\tan(\tan x) - \sin(\sin x)}{x - \sin x} = \lim\limits_{x \to 0} \dfrac{[\tan(\tan x) - \tan(\sin x)] + [\tan(\sin x) - \sin(\sin x)]}{x - \sin x}$

$$= \lim_{x \to 0} \frac{\tan(\tan x) - \tan(\sin x)}{x - \sin x} + \lim_{x \to 0} \frac{\tan(\sin x) - \sin(\sin x)}{x - \sin x}$$

$$= \lim_{x \to 0} \sec^2 \xi \cdot \frac{\tan x - \sin x}{x - \sin x} + \lim_{x \to 0} \frac{\tan(\sin x)[1 - \cos(\sin x)]}{x - \sin x}$$

$$= \lim_{x \to 0} \frac{\tan x - \sin x}{x - \sin x} + \lim_{x \to 0} \frac{x \cdot \dfrac{1}{2}\sin^2 x}{x - \sin x}$$

$$= \lim_{x \to 0} \frac{\tan x[1 - \cos x]}{x - \sin x} + \lim_{x \to 0} \frac{\dfrac{1}{2}x^3}{x - \sin x}$$

$$= \lim_{x \to 0} \frac{x \cdot \dfrac{1}{2}x^2}{\dfrac{1}{6}x^3} + \lim_{x \to 0} \frac{\dfrac{1}{2}x^3}{\dfrac{1}{6}x^3} = 3 + 3 = 6.$$

解法二　因为 $\tan x = x + \dfrac{1}{3}x^3 + o(x^3)$，$\sin x = x - \dfrac{1}{6}x^3 + o(x^3)$，所以

$$\tan(\tan x) = \tan x + \dfrac{1}{3}\tan^3 x + o(x^3)，\quad \sin(\sin x) = \sin x - \dfrac{1}{6}\sin^3 x + o(x^3)，$$

$$x - \sin x = \dfrac{1}{6}x^3 + o(x^3)，$$

所以

$$\lim_{x \to 0} \frac{\tan(\tan x) - \sin(\sin x)}{x - \sin x} = \lim_{x \to 0} \frac{\tan x + \dfrac{1}{3}\tan^3 x - \sin x + \dfrac{1}{6}\sin^3 x + o(x^3)}{\dfrac{1}{6}x^3 + o(x^3)}$$

$$= \lim_{x \to 0} \frac{\dfrac{\tan x - \sin x}{x^3} + \dfrac{\tan^3 x}{3x^3} + \dfrac{\sin^3 x}{6x^3} + \dfrac{o(x^3)}{x^3}}{\dfrac{1}{6} + \dfrac{o(x^3)}{x^3}}$$

$$= \lim_{x \to 0} \frac{\frac{1}{2}+\frac{1}{3}+\frac{1}{6}}{\frac{1}{6}} = 6.$$

6. 设 $f(x)=x^2\sin x$, 则 $f^{(2015)}(0)=$ _____.

解 $f^{(2015)}(x)=(\sin x)^{(2015)}x^2+2015(\sin x)^{(2014)}\cdot 2x+\dfrac{2015\times2014}{2}(\sin x)^{(2013)}\cdot 2$

$$=(\sin x)^{(2015)}x^2+2015(\sin x)^{(2014)}\cdot 2x+\frac{2015\cdot2014}{2}\sin\left(x+2013\cdot\frac{\pi}{2}\right)\cdot 2,$$

$$f^{(2015)}(0)=(\sin x)^{(2015)}\cdot 0+2015(\sin x)^{(2014)}\cdot 0+\frac{2015\cdot2014}{2}\sin\left(0+2013\cdot\frac{\pi}{2}\right)\cdot 2$$

$$=\frac{2015\times2014}{2}\sin\left(0+2013\cdot\frac{\pi}{2}\right)\cdot 2=2015\times2014.$$

7. 已知函数 $f(x)=\dfrac{1}{1+x^2}$, 则 $f^{(3)}(0)=$ _____.

解 由函数的麦克劳林级数公式: $f(x)=\displaystyle\sum_{n=0}^{\infty}\frac{f^{(n)}(0)}{n!}x^n$, 知 $f^{(n)}(0)=n!a_n$, 其中 a_n 为展开式中 x^n 的系数. 由于 $f(x)=\dfrac{1}{1+x^2}=1-x^2+x^4-\cdots+(-1)^nx^{2n}+\cdots, x\in[-1,1]$, 所以 $f^{(3)}(0)=0$.

习题 3.4

1. 求下面函数的单调区间与极值:

(1) $f(x)=2x^3-6x^2-18x-7$;   (2) $f(x)=x-\ln x$;

(3) $f(x)=1-(x-2)^{\frac{2}{3}}$;   (4) $f(x)=|x|(x-4)$.

解 (1) 取 $f'(x)=6x^2-12x-18=6(x-3)(x+1)=0$, 得 $x=-1,x=3$.

当 $x>3$ 或 $x<-1$ 时, $f'(x)>0$; 当 $-1<x<3$ 时, $f'(x)<0$. 故单增区间 $(-1,-\infty),(3,+\infty)$; 单减区间为 $[-1,3]$. 极大值 $f(-1)=3$, 极小值 $f(3)=-47$.

(2) $f(x)=x-\ln x$, 定义域 $(0,+\infty)$. 令 $f'(x)=1-\dfrac{1}{x}=0$, 得 $x=1$.

当 $x<1$ 时 $f'(x)<0$; 当 $x>1$ 时, $f'(x)>0$. 故单增区间 $(1,+\infty)$; 单减区间为 $(0,1]$. 极小值 $f(1)=1$.

(3) $f'(x)=-\dfrac{2}{3}(x-2)^{-\frac{1}{3}}=-\dfrac{2}{3}\dfrac{1}{\sqrt[3]{x-2}}$. 当 $x<2$ 时 $f'(x)>0$; 当 $x>2$ 时, $f'(x)<0$. 所以, 单增区间为 $(-\infty,2)$, 单减区间为 $(2,+\infty)$, 极大值为 $f(2)=1$.

(4) $f(x)=\begin{cases}x^2-4x, & x>0,\\ -x^2+4x, & x\leqslant0;\end{cases}$ $f'(x)=\begin{cases}2x-4, & x>0,\\ -2x+4, & x<0,\end{cases}$ $f'(0)$ 不存在.

当 $x<0$ 时 $f'(x)>0$; 当 $0<x<2$ 时, $f'(x)<0$; 当 $x>2$ 时, $f'(x)>0$, 故单增区间 $(-\infty,0),(2,+\infty)$; 单减区间为 $(0,2]$. 极大值 $f(0)=0$, 极小值 $f(2)=-4$.

2. 求下列函数的极值:

(1) $f(x)=x^3-3x^2+7$;   (2) $f(x)=\dfrac{2x}{1+x^2}$;

(3) $f(x)=\sqrt{2+x-x^2}$;   (4) $f(x)=x^2e^{-x}$.

解 (1) $f'(x)=3x^2-6x$. 令 $f'(x)=3x^2-6x=0$, 得驻点 $x=0,x=2$.

本题的二阶导数比较容易求, 而且形式简单, 因此用第二充分条件. $f''(x)=6x-6$, 故:

$f''(0)=-6, f(x)=x^3-3x^2+7$ 在 $x=0$ 处取得极大值 $f(0)=7$;

$f''(2)=6, f(x)=x^3-3x^2+7$ 在 $x=2$ 处取得极小值 $f(2)=3$.

(2) $f'(x)=\dfrac{2[(1+x^2)-x\cdot 2x]}{(1+x^2)^2}=\dfrac{2(1-x^2)}{(1+x^2)^2}$. 令 $f'(x)=0$, 得 $x=-1,x=1$.

本题的二阶导数求起来比较麻烦,判断驻点处的二阶导数符号也麻烦,因此用取得极值的第一充分条件.

当 $x<-1$ 时,$f'(x)<0$;当 $-1<x<1$ 时,$f'(x)>0$. 故 $f(x)$ 在 $x=-1$ 处取得极小值 $f(-1)=-1$.

当 $-1<x<1$ 时,$f'(x)>0$;当 $x>1$ 时,$f'(x)<0$. 故 $f(x)$ 在 $x=1$ 处取得极大值 $f(1)=1$.

(3) 函数的定义域为 $[-1,2]$. $f'(x)=\dfrac{1}{2}\dfrac{1-2x}{\sqrt{2+x-x^2}}$. 令 $f'(x)=0$,得 $x=\dfrac{1}{2}$.

当 $-1<x<\dfrac{1}{2}$ 时,$f'(x)>0$;当 $\dfrac{1}{2}<x<2$ 时,$f'(x)<0$. 故 $f(x)$ 在 $x=\dfrac{1}{2}$ 处取得极大值 $f\left(\dfrac{1}{2}\right)=\dfrac{3}{2}$.

(4) $f'(x)=2xe^{-x}-x^2e^{-x}=xe^{-x}(2-x)$. 令 $f'(x)=0$,得 $x=0$,$x=2$.

当 $x<0$ 时,$f'(x)<0$;当 $0<x<2$ 时,$f'(x)>0$. 故 $f(x)$ 在 $x=0$ 处取得极小值 $f(0)=0$.

当 $0<x<2$ 时,$f'(x)>0$;当 $x>2$ 时,$f'(x)<0$. 故 $f(x)$ 在 $x=2$ 处取得极大值 $f(2)=4e^{-2}$.

3. 试证方程 $\sin x=x$ 只有一个根.

证明 令 $f(x)=x-\sin x$,其定义域 $(-\infty,+\infty)$.

一方面,$f(x)$ 在 $[-2,2]$ 上连续,$f(-2)=-2-\sin(-2)<0$,$f(2)=2-\sin(2)>0$,由零点定理,$f(x)=x-\sin x=0$ 在 $[-2,2]$ 上至少存在一个根.

另一方面,$f'(x)=1-\cos x\geq0$,且 $f'(x)$ 不恒等于零,因此 $f(x)$ 在 $(-\infty,+\infty)$ 上单调增加,$f(x)=x-\sin x=0$ 在 $(-\infty,+\infty)$ 至多有一个根.

故 $f(x)=x-\sin x=0$ 有且仅有一个根.

4. 已知 $f(x)$ 在 $[0,+\infty)$ 上连续,若 $f(0)=0$,$f'(x)$ 在 $[0,+\infty)$ 内存在且单调增加,证明 $\dfrac{f(x)}{x}$ 在 $(0,+\infty)$ 内也单调增加.

证明 令 $F(x)=\dfrac{f(x)}{x}$,$x\in(0,+\infty)$,则

$$F'(x)=\frac{xf'(x)-f(x)}{x^2}=\frac{xf'(x)-[f(x)-f(0)]}{x^2}$$

$$=\frac{xf'(x)-xf'(\xi)}{x^2}\underset{\xi\in(0,x)}{=\!=\!=}\frac{x(f'(x)-f'(\xi))}{x^2}>0,$$

故 $F(x)=\dfrac{f(x)}{x}$ 在 $(0,+\infty)$ 内也单调增加.

5. 证明下列不等式:

(1) $1+\dfrac{1}{2}x>\sqrt{1+x}$,$x>0$; (2) $x-\dfrac{x^2}{2}<\ln(1+x)<x$,$x>0$; (3) $e^x>ex$,$x>1$.

证明 上面三个题都可用泰勒公式做,还可用单调性做.

(1) 本题用单调性做

$$f(x)=1+\frac{1}{2}x-\sqrt{1+x},\quad x\in[0,+\infty),$$

$$f'(x)=\frac{1}{2}-\frac{1}{2}\frac{1}{\sqrt{1+x}}>0,\quad x\in(0,+\infty),$$

则 $f(x)$ 在 $x\in[0,+\infty)$ 上单调增加,即对任意 $x>0$,$f(x)>f(0)=0$,从而对任意 $x>0$,$1+\dfrac{1}{2}x>\sqrt{1+x}$.

(2) 令 $f(x)=\ln(1+x)-x+\dfrac{x^2}{2}$,则 $f(x)$ 在 $[0,+\infty)$ 上连续,而且

$$f'(x)=\frac{1}{1+x}-1+x=\frac{1-1+x^2}{1+x}=\frac{x^2}{1+x}>0\ (x>0),$$

因而 $f(x)$ 在 $[0,+\infty)$ 上单调增加,当 $x>0$ 时,$f(x)>f(0)$,所以

$$\ln(1+x)-x+\frac{x^2}{2}>0\,(x>0),\text{因而}\ln(1+x)>x-\frac{x^2}{2}\,(x>0).$$

另一方面,取 $g(x)=\ln(1+x)-x$,则 $g'(x)=\dfrac{1}{1+x}-1=-\dfrac{x}{1+x}<0$,$g(x)=\ln(1+x)-x$ 在 $[0,+\infty)$ 上单调减少,当 $x>0$ 时,$g(x)<g(0)=0$,即 $\ln(1+x)<x$. 所以有 $x-\dfrac{x^2}{2}<\ln(1+x)<x,x>0$.

(3) 设 $f(x)=e^x-ex$,则 $f'(x)=e^x-e$.

当 $x>1$ 时,$f'(x)>0$,所以 $f(x)$ 在 $(1,+\infty)$ 上单调递增,故 $f(x)>f(1)=0$,即当 $x>1$ 时,$e^x>ex$.

6. 试问 a 为何值时,$f(x)=a\sin x+\dfrac{1}{3}\sin 3x$ 在 $x=\dfrac{\pi}{3}$ 处取得极值? 是极大值还是极小值? 并求出此极值.

解 $f'(x)=a\cos x+\cos 3x$,因在 $x=\dfrac{\pi}{3}$ 处取极值,则 $f'\left(\dfrac{\pi}{3}\right)=a\cos\dfrac{\pi}{3}-\cos\pi=\dfrac{1}{2}a-1=0$,于是得 $a=2$. 且 $f''(x)=-2\sin x-3\sin 3x$,故 $f''\left(\dfrac{\pi}{3}\right)=-2\sin\dfrac{\pi}{3}-3\sin\pi=-\sqrt{3}<0$,函数 $f(x)=2\sin x+\dfrac{1}{3}\sin 3x$ 在 $x=\dfrac{\pi}{3}$ 处取得极大值,极大值为 $f\left(\dfrac{\pi}{3}\right)=\sqrt{3}$.

提高题

1. 证明 $x>0$ 时,$(x^2-1)\ln x\geqslant(x-1)^2$.

证明 令 $\varphi(x)=(x^2-1)\ln x-(x-1)^2,x>0$,则

$$\varphi'(x)=2x\ln x-x+2-\frac{1}{x}, \quad \varphi'(1)=0; \quad \varphi''(x)=2\ln x+1+\frac{1}{x^2}, \quad \varphi''(1)=2>0;$$

$$\varphi'''(x)=\frac{2(x^2-1)}{x^3}.$$

当 $0<x<1$ 时,$\varphi'''(x)<0$;当 $1<x<+\infty$ 时,$\varphi'''(x)>0$. 故 $\varphi''(1)$ 为 $\varphi''(x)$ 极小值也是最小值,因而当 $x>0$ 时,$\varphi''(x)\geqslant\varphi''(1)=2>0$. 故 $\varphi'(x)$ 单调增加. 由 $\varphi'(1)=0$ 得 $0<x<1$ 时,$\varphi'(x)<0$;当 $1<x<+\infty$ 时,$\varphi'(x)>0$. 因此 $\varphi(1)=0$ 是 $\varphi(x)$ 的最小值,得 $x>0$ 时,$\varphi(x)\geqslant\varphi(1)=0$,即 $(x^2-1)\ln x\geqslant(x-1)^2$.

2. 设 $x>0$ 时,方程 $kx+\dfrac{1}{x^2}=1$ 有且仅有一个实根,求 k 的取值范围.

解 令 $f(x)=kx+\dfrac{1}{x^2}-1$,则 $f'(x)=k-\dfrac{2}{x^3}$. 当 $k\leqslant 0$ 时,$f'(x)<0$,$f(x)$ 是减函数,$\lim\limits_{x\to 0^+}f(x)=+\infty$,

$$\lim_{x\to+\infty}f(x)=\begin{cases}-\infty, & k<0,\\ -1, & k=0,\end{cases}$$ 故 $f(x)$ 在 $(0,+\infty)$ 内有唯一根.

当 $k>0$ 时,令 $f'(x)=0$,得唯一驻点:$x=\sqrt[3]{\dfrac{2}{k}}$,讨论如下:

x	$\left(0,\sqrt[3]{\dfrac{2}{k}}\right)$	$\sqrt[3]{\dfrac{2}{k}}$	$\left(\sqrt[3]{\dfrac{2}{k}}+\infty\right)$
$f'(x)$	$-$	0	$+$
$f(x)$	↘		↗

所以当 $f\left(\sqrt[3]{\dfrac{2}{k}}\right)=0$ 时,即 $k=\dfrac{2}{9}\sqrt{3}$ 时,$f(x)$ 在 $(0,+\infty)$ 内有唯一根.

3. 证明方程 $1-x+\dfrac{x^2}{2}-\dfrac{x^3}{3}+\dfrac{x^4}{4}=0$ 无实根.

证明 令 $f(x)=1-x+\dfrac{x^2}{2}-\dfrac{x^3}{3}+\dfrac{x^4}{4}$，$x\in(-\infty,+\infty)$，则 $f'(x)=-1+x-x^2+x^3=(x-1)(1+x^2)$.

令 $f'(x)=0$，得 $x=1$. 而 $f''(x)=1-2x+3x^2$，$f''(1)=2>0$.

$f(x)$ 在 $x=1$ 处取得唯一的极小值，也就是最小值 $f(1)=\dfrac{5}{12}>0$. $f(x)=1-x+\dfrac{x^2}{2}-\dfrac{x^3}{3}+\dfrac{x^4}{4}$ 的最小值

大于零，故方程 $1-x+\dfrac{x^2}{2}-\dfrac{x^3}{3}+\dfrac{x^4}{4}=0$ 无实根.

4. 已知方程 $\dfrac{1}{\ln(1+x)}-\dfrac{1}{x}=k$ 在区间 $(0,1)$ 内有实根，确定常数 k 的取值范围.

解 设 $f(x)=\dfrac{1}{\ln(1+x)}-\dfrac{1}{x}$，$x\in(0,1)$，则

$$f'(x)=-\frac{1}{(1+x)\ln^2(1+x)}+\frac{1}{x^2}=\frac{(1+x)\ln^2(1+x)-x^2}{x^2(1+x)\ln^2(1+x)}.$$

令 $g(x)=(1+x)\ln^2(1+x)-x^2$，则 $g(0)=0$，$g(1)=2\ln^2 2-1$.

$$g'(x)=\ln^2(1+x)-2\ln(1+x)-2x,\quad g'(0)=0,$$

$g''(x)=\dfrac{2(\ln(1+x)-x)}{1+x}<0$，$x\in(0,1)$，所以 $g'(x)$ 在 $(0,1)$ 上单调减少.

由于 $g'(0)=0$，所以当 $x\in(0,1)$ 时，$g'(x)<g'(0)=0$，也就是 $g(x)g'(x)$ 在 $(0,1)$ 上单调减少，当 $x\in(0,1)$ 时，$g(x)<g(0)=0$，进一步得到当 $x\in(0,1)$ 时，$f'(x)<0$，也就是 $f(x)$ 在 $(0,1)$ 上单调减少.

$\lim\limits_{x\to 0^+}f(x)=\lim\limits_{x\to 0}\left(\dfrac{1}{\ln(1+x)}-\dfrac{1}{x}\right)=\lim\limits_{x\to 0^+}\dfrac{x-\ln(1+x)}{x\ln(1+x)}=\dfrac{1}{2}$，$f(1)=\dfrac{1}{\ln 2}-1$，即 $\dfrac{1}{\ln 2}-1<k<\dfrac{1}{2}$.

5. 已知函数 $y=y(x)$ 满足关系式 $x^2+y^2y'=1-y'$，且 $y(2)=0$，求 $y(x)$ 的极大值和极小值.

解 由 $x^2+y^2y'=1-y'$，得 $y'=\dfrac{1-x^2}{1+y^2}$. 令 $y'=\dfrac{1-x^2}{1+y^2}=0$，得 $x-1$，$x=-1$.

由 $(1+y^2)y'=1-x^2$，得 $y+\dfrac{1}{3}y^3=x-\dfrac{1}{3}x^3+C$；由 $y(2)=0$ 得 $C=\dfrac{2}{3}$，故 $y+\dfrac{1}{3}y^3=x-\dfrac{1}{3}x^3+\dfrac{2}{3}$.

当 $x=1$ 时，可解得 $y=1$，$y''=-1<0$，函数取得极大值 $y=1$；

当 $x=-1$ 时，可解得 $y=0$，$y''=2>0$，函数取得极小值 $y=0$.

6. 设 $f(x)$ 是二次可微的函数，满足 $f(0)=-1$，$f'(0)=0$，且对任意的 $x\geqslant 0$，有 $f''(x)-3f'(x)+2f(x)\geqslant 0$，证明：对每个 $x\geqslant 0$，都有 $f(x)\geqslant e^{2x}-2e^x$.

证明 首先 $[f''(x)-f'(x)]-2[f'(x)-f(x)]\geqslant 0$，令 $F(x)=f'(x)-f(x)$，则

$$F'(x)-2F(x)\geqslant 0,\quad 因此 [F(x)e^{-2x}]'\geqslant 0.$$

所以 $F(x)e^{-2x}\geqslant F(0)=1$，或者 $f'(x)-f(x)\geqslant e^{2x}$.

进一步有 $[f(x)e^{-x}]'\geqslant e^x$，即 $[f(x)e^{-x}-e^x]'\geqslant 0$，所以 $f(x)e^{-x}-e^x\geqslant f(0)-1=-2$，故 $f(x)\geqslant e^{2x}-2e^x$.

7. 设函数 $y=y(x)$ 由方程 $2y^3-2y^2+2xy-x^2=1$ 所确定，试求 $y=y(x)$ 的驻点，并判断是否为极值点.

解 将方程 $2y^3-2y^2+2xy-x^2=1$ 两边同时对 x 求导，得

$$6y^2y'-4yy'+2y+2xy'-2x=0, \tag{1}$$

两边再同时对 x 求导，得

$$12yy'+6y^2y''-4(y')^2-4yy''+2y'+2y'+2xy''-2=0. \tag{2}$$

将 $y'=0$ 代入 (1) 式中，得

$$y=x. \tag{3}$$

将 (3) 式代入原方程中，得 $y=x=1$，将 $y'(1)=0$，$y(1)=1$ 代入 (2) 式中得 $y''(1)=\dfrac{1}{2}$，所以 $y=y(x)$ 的驻点为 $x=1$，$(1,1)$ 为极小值点.

习题 3.5

1. 求下列函数的最大值和最小值：

(1) $f(x)=2x^3-3x^2$，$x\in[-1,4]$；　　　　(2) $f(x)=x+\sqrt{1-x}$，$x\leqslant\in[-5,1]$；

(3) $f(x)=x^4-2x^2+5$，$x\in[-2,2]$.

解 (1) $f'(x)=6x^2-6x$. 令 $f'(x)=6x(x-1)=0$，得驻点 $x=0,x=1$.

$$f(-1)=-5,\quad f(0)=0,\quad f(1)=-1,\quad f(4)=80,$$

则 $f(x)$ 在 $[-1,4]$ 上的最小值为 $f(-1)=-5$，最大值为 $f(4)=80$.

(2) $f'(x)=\dfrac{2\sqrt{1-x}-1}{2\sqrt{1-x}}$. 令 $f'(x)=0$ 解得驻点为 $x=\dfrac{3}{4}$.

$$f(-5)=-5+\sqrt{6},\quad f\left(\frac{3}{4}\right)=\frac{5}{4},\quad f(1)=1,$$

则 $f(x)$ 在 $[-5,1]$ 上的最小值为 $f(-5)=-5+\sqrt{6}$，最大值为 $f\left(\dfrac{3}{4}\right)=\dfrac{5}{4}$.

(3) $f'(x)=4x^3-4x=4x(x^2-1)$. 令 $f'(x)=0$，得驻点 $x=0,x=\pm1$.

$$f(\pm1)=4,\quad f(0)=5,\quad f(\pm2)=13.$$

则 $f(x)$ 在 $[-2,2]$ 上的最小值为 $f(\pm1)=4$，最大值为 $f(\pm2)=13$.

2. 问函数 $y=x^2-\dfrac{54}{x}$（$x<0$）在何处取得最小值？

解 取 $y'=2x+\dfrac{54}{x^2}=0$，得 $x=-3$.

当 $x<-3$ 时，$y'<0$；当 $x>-3$ 时，$y'>0$. 故 $x=-3$ 为 $y=x^2-\dfrac{54}{x}$（$x<0$）唯一的极小值点，也为最小值点. 最小值为 $y(-3)=27$.

3. 某车间靠墙壁要盖一间长方形小屋，现有存砖只够砌 20m 长的墙壁，问应围成怎样的长方形才能使这间小屋的面积最大？

解 设长方形的宽为 x，则长为 $20-2x$，面积

$$y=x(20-2x),\quad x\in(0,10).$$

$y'=20-4x$. 令 $y'=0$，得 $x=5$，且 $y''=-4<0$，故 $x=5$ 为 $y=x(20-2x)$ 唯一极大值点，所以为最大值点. 最大值为 $y(5)=50\text{m}^2$.

4. 要造一个圆柱形的储油罐，体积为 V，问底半径 r 和高 h 等于多少时，才能使表面积最小？这时底直径与高的比是多少？

解 $V=\pi r^2 h$，故 $h=\dfrac{V}{\pi r^2}$.

$$S=2\pi r^2+2\pi r\cdot\frac{V}{\pi r^2}=2\left(\pi r^2+\frac{V}{r}\right),\quad S'=4\pi r-\frac{2V}{r^2}. \text{ 取 } S'=0 \text{ 得 } r=\sqrt[3]{\frac{V}{2\pi}}.$$

而 $S''=4\pi+\dfrac{4V}{r^3}>0$，则 $r=\sqrt[3]{\dfrac{V}{2\pi}}$ 时表面积取最小值，这时 $r=\sqrt[3]{\dfrac{V}{2\pi}},h=2\sqrt[3]{\dfrac{V}{2\pi}}$.

5. 一房地产公司有 50 套公寓要出租，当月租金定位 1000 元时，公寓会全部租出去. 当月租金每套增加 50 元时，就会多一套公寓租不出去，而租出去的公寓每月需花费 100 元维修费. 试问房租定位多少时可获得最大收入.

解 设有 x 套公寓租不出去，则房租为 $1000+50x$ 元，总收入为 y 元，此时租出公寓 $50-x$ 套，则

$$y=(1000+50x)(50-x)-100(50-x)=(900+50x)(50-x),\quad 0\leqslant x\leqslant50$$
$$y'=50(50-x)+(900+50x)(-1)=2500-50x-900-50x=1600-100x.$$

令 $y'=0$，得 $x=16$，且 $y''=-100<0$，故 y 在唯一驻点处取得极大值，因而也是最大值. 当 $x=16$，即租

出 34 套公寓,房租定为 1800 元时,总收入最大.

6. 用一块半径为 R 的圆形铁皮,剪去一圆心角为 α 的扇形后,做成一个漏斗形容器,问 α 为何值时,容器的容积最大?

解 设余下部分的圆心角为 φ 时所卷成的漏斗容积 V 最大,漏斗的底半径为 r,高为 h,则 $2\pi r = R\varphi$,

$h = \sqrt{R^2 - r^2}$, $V = \frac{1}{3}\pi r^2 h = \frac{\pi}{3}r^2\sqrt{R^2 - r^2}$. 令 $V' = \frac{\pi}{3}2r\sqrt{R^2 - r^2} + \frac{\pi}{3}r^2 \cdot \frac{-r}{\sqrt{R^2 - r^2}} = 0$,得 $r = \frac{\sqrt{6}}{3}R$,此时

$\varphi = \frac{2\pi r}{R} = \frac{2\sqrt{6}}{3}\pi$,即当余下的圆心角为 $\varphi = \frac{2\sqrt{6}}{3}\pi$ 时漏斗容积最大.

提高题

1. 求内接于椭圆 $\frac{x^2}{a^2} + \frac{y^2}{b^2} = 1$ 而面积最大的矩形各边之长.

解 设 $M(x, y)$ 为椭圆上第一象限内任意一点,则以点 M 为一顶点的内接矩形的面积为

$$S(x) = 2x \cdot 2y = \frac{4b}{a}x\sqrt{a^2 - x^2}, \quad 0 \leqslant x \leqslant a,$$

且 $S(0) = S(a) = 0$. $S'(x) = \frac{4b}{a}\left[\sqrt{a^2 - x^2} + x\frac{-x}{\sqrt{a^2 - x^2}}\right] = \frac{4b}{a}\frac{a^2 - 2x^2}{\sqrt{a^2 - x^2}}$.

由 $S'(x) = 0$,求得驻点 $x_0 = \frac{a}{\sqrt{2}}$ 为唯一的极值可疑点. 依题意,$S(x)$ 存在最大值,故 $x_0 = \frac{a}{\sqrt{2}}$ 是 $S(x)$

的最大值点,最大值为 $S_{\max} = \frac{4b}{a} \cdot \frac{a}{\sqrt{2}}\sqrt{a^2 - \left(\frac{a}{\sqrt{2}}\right)^2} = 2ab$,对应的 y 值为 $\frac{b}{\sqrt{2}}$,即当矩形的边长分别为

$\sqrt{2}a, \sqrt{2}b$ 时面积最大.

习题 3.6

1. 某产品的成本函数为 $C(Q) = 15Q - 6Q^2 + Q^3$.

(1) 生产数量为多少时,可使平均成本最小?

(2) 求出边际成本,并验证边际成本等于平均成本时平均成本最小.

解 (1) $\overline{C(Q)} = \frac{C(Q)}{Q} = 15 - 6Q + Q^2$,取 $(\overline{C(Q)})' = -6 + 2Q = 0$,得 $Q = 3$,$(\overline{C(Q)})'' = 2 > 0$. 当 $Q = 3$

时,平均成本最小.

(2) $C'(Q) = 15 - 12Q + 3Q^2$. 由 $15 - 12Q + 3Q^2 = 15 - 6Q + Q^2$,得 $2Q^2 - 6Q = 0$,即 $Q = 0$(舍去),$Q = 3$.

2. 已知某厂生产 Q 件产品的成本为 $C(Q) = 25000 + 2000Q + \frac{1}{40}Q^2$(元). 问:

(1) 要使平均成本最小,应生产多少件产品?

(2) 若产品以每件 5000 元售出,要使利润最大,应生产多少件产品?

解 (1) 由 $\overline{C(Q)} = \frac{25000}{Q} + 2000 + \frac{Q}{40} = 2000 + \frac{Q}{20}$,得 $\frac{25000}{Q} = \frac{Q}{40}$,即 $Q^2 = 400 \times 2500$,从而得 $Q = $

$20 \times 50 = 1000$. 当 $Q = 1000$ 时,平均成本最小.

(2) $L = R(Q) - C(Q) = PQ - C(Q) = 5000Q - 25000 - 2000Q - \frac{1}{40}Q^2$.

取 $L' = 3000 - \frac{1}{20}Q = 0$,得 $Q = 60000$. 而 $L'' = -\frac{1}{20}$,故当 $Q = 60000$ 时,L 最大.

3. 设某商品的需求函数和成本函数分别为 $P + 0.1x = 80$, $C(x) = 5000 + 20x$,其中 x 为销售量(产量),P 为价格. 求边际利润函数,并计算 $x = 150$ 和 $x = 400$ 时的边际利润,解释所得结果的经济意义.

解 $L(x) = R(x) - C(x) = (80 - 0.1x)x - (5000 + 20x)$,

$L'(x) = 60 - 0.2x$, $L'(150) = 60 - 0.2 \times 150 = 30$, $L'(400) = 60 - 0.2 \times 400 = -20$.

当 $x=150$ 时,产量每增加一个单位利润增加 30 个单位;当 $x=400$ 时,产量每增加一个单位利润减少 20 个单位.

4. 某厂每批生产 x 单位产品的费用为 $C(x)=5x+200$,得到的收益是 $R(x)=10x-0.01x^2$,问每批生产多少单位时才能获得最大利润?

解 $L(x)=R(x)-C(x)=10x-0.01x^2-5x-200=-0.01x^2+5x-200$, $L'(x)=5-0.02x$.

令 $L'(x)=0$,得 $x=250$,且 $L''(x)=-0.02<0$,故在 $x=250$ 处取得最大利润.

5. 某工厂生产某种产品,日总成本为 C 元,其中固定成本为 200 元,每多生产一个单位产品,成本增加 10 元,该商品的需求函数为 $Q=50-2P$,求 Q 为多少时,工厂日总利润最大?

解 $C(Q)=200+10Q$,

$$L(P)=R(P)-C(P)=QP-200-10(50-2P)=(50-2P)P-10(50-2P)-200.$$

令 $L'(P)=70-4P=0$,得 $P=\dfrac{70}{4}$.而 $L''(P)=-4<0$,故在 $P=\dfrac{70}{4}$ 处,$Q=50-2\times\dfrac{70}{4}=15$,利润取得最大值.

6. 设某种商品的销售额 Q 是价格 P(单位:元)的函数,$Q=f(P)=300P-2P^2$.

分别求价格 $P=50$ 元及 $P=120$ 元时,销售额对价格 P 的弹性,并说明其经济意义.

解 $\dfrac{EQ}{EP}=\dfrac{P}{Q}\cdot\dfrac{\mathrm{d}Q}{\mathrm{d}P}=\dfrac{P}{300P-2P^2}\cdot(300-4P).$

当 $P=50$ 时,$\dfrac{EQ}{EP}=\dfrac{1}{2}$,这说明当 $P=50$ 时,价格增加 1%,需求增加 0.5%.

当 $P=120$ 时,$\dfrac{EQ}{EP}=-3$,这说明当 $P=120$ 时,价格增加 1%,需求减少 3%.

提高题

1. 设生产某产品的平均成本 $\overline{C}(Q)=1+\mathrm{e}^{-Q}$,其中产量为 Q,求边际成本.

解 $C(Q)=Q\overline{C}(Q)=Q(1+\mathrm{e}^{-Q})$,故 $C'(Q)=1+(1-Q)\mathrm{e}^{-Q}$.

2. 某个体户以每条 10 元的价格购进一批牛仔裤,设此批牛仔裤的需求函数为 $Q=40-2P$,问该个体户应将销售价定为多少时,才能获得最大利润?

解 $L=QP-10Q=(40-2P)P-10(40-2P)=-2P^2+60P-400$,且 $L'=-4P+60=0$,即 $P=15$. $L''=-4<0$,故取最大值,即当 $P=15$ 时,获利最大.

3. 设 $f(x)=cx^a(c>0,0<a<1)$ 为一生产函数,其中 c 为效率因子,x 为投入量,产品的价格 P 与原料价格 Q 均为常量,问:投入量为多少时可使利润最大?

解 $L=PCx^a-Qx$.取 $L'=PC\alpha x^{\alpha-1}-Q=0$,得 $x=\sqrt[\alpha-1]{\dfrac{Q}{PC\alpha}}$.

4. 某商品的需求弹性在 1.5~2.0 之间,现打算将该商品的价格下调 12%,那么明年该商品的需求量和总收益将如何变化?变化多少?

解 $\dfrac{\Delta Q}{Q}=1.5\times12\%=18\%$,$\dfrac{\Delta R}{R}=(1-1.5)\times(-12\%)=6\%$,

$\dfrac{\Delta Q}{Q}=2.0\times12\%=24\%$,$\dfrac{\Delta R}{R}=(1-2.0)\times(-12\%)=12\%$,

即需求量增加 18%~24%,总收益增加 6%~12%.

习题 3.7

1. 讨论下列函数的凸性,并求曲线的拐点:

(1) $y=x^2-x^3$;　　　　(2) $y=\ln(1+x^2)$;　　　　(3) $y=x\mathrm{e}^x$;

(4) $y=(x+1)^4+\mathrm{e}^x$;　　(5) $y=\dfrac{x}{(x+3)^2}$;　　(6) $y=\mathrm{e}^{\arctan x}$.

解 (1) $y'=2x-3x^2$, $y''=2-6x$. 令 $y''=0$, 得 $x=\dfrac{1}{3}$.

当 $x<\dfrac{1}{3}$ 时, $y''>0$; 当 $x>\dfrac{1}{3}$ 时, $y''<0$. 所以 $f(x)$ 在 $\left(\dfrac{1}{3},+\infty\right)$ 是上凸的, 在 $\left(-\infty,\dfrac{1}{3}\right]$ 下凸, 拐点为 $\left(\dfrac{1}{3},y\left(\dfrac{1}{3}\right)\right)$, 即 $\left(\dfrac{1}{3},\dfrac{2}{27}\right)$.

(2) $y'=\dfrac{2x}{1+x^2}$, $y''=\dfrac{2(1+x^2)-4x^2}{(1+x^2)^2}=\dfrac{2-2x^2}{(1+x^2)^2}$. 令 $y''=0$, 得 $x=\pm1$.

当 $x>1$ 或 $x<-1$ 时, $y''\leqslant0$; 当 $-1<x<1$ 时, $y''>0$. 故函数在 $(1,+\infty)$, $(-\infty,-1)$ 内上凸; 在 $[-1,1]$ 内下凸. 拐点为 $(1,\ln2)$, $(-1,\ln2)$.

(3) $y'=e^x+xe^x$, $y''=e^x+e^x+xe^x=(x+2)e^x$. 令 $y''=0$, 得 $x=-2$.

当 $x<-2$ 时, $y''<0$; 当 $x>-2$ 时, $y''>0$. 故函数的上凸区间为 $(-\infty,-2)$, 下凸区间为 $(-2,+\infty)$, 拐点为 $(-2,-2e^{-2})$.

(4) $y'=4(x+1)^3+e^x$, $y''=12(x+1)^2+e^x>0$, $y=(x+1)^4+e^x$ 在 $(-\infty,+\infty)$ 上下凸, 没有拐点.

(5) $y'=\dfrac{1}{(x+3)^2}-\dfrac{2x}{(x+3)^3}=\dfrac{3-x}{(x+3)^3}$, $y''=\dfrac{-2}{(x+3)^3}-\dfrac{2}{(x+3)^3}+\dfrac{6x}{(x+3)^4}=\dfrac{6x-4}{(x+3)^4}$. 令 $y''=0$ 得 $x=\dfrac{2}{3}$.

当 $x<-3$ 时, $y''<0$; 当 $-3<x<\dfrac{2}{3}$, $y''<0$; 当 $x>\dfrac{2}{3}$ 时, $y''>0$. 曲线 $y=\dfrac{x}{(x+3)^2}$ 在 $(-\infty,-3)$, $\left(-3,\dfrac{2}{3}\right)$ 上上凸, 在 $\left(\dfrac{2}{3},+\infty\right)$ 上下凸.

(6) $y'=e^{\arctan x}\dfrac{1}{1+x^2}$, $y''=e^{\arctan x}\dfrac{1-2x}{(1+x^2)^2}$. 令 $y''=0$ 得 $x=\dfrac{1}{2}$.

当 $x<\dfrac{1}{2}$ 时, $y''>0$; 当 $x>\dfrac{1}{2}$ 时, $y''<0$. 曲线 $y=e^{\arctan x}$ 在 $\left(-\infty,\dfrac{1}{2}\right)$ 上下凸, 在 $\left(\dfrac{1}{2},+\infty\right)$ 上上凸.

2. 利用函数的凸性证明下列不等式:

(1) $\dfrac{e^x+e^y}{2}>e^{\frac{x+y}{2}}$, $x\neq y$;　　(2) $x\ln x+y\ln y>(x+y)\ln\dfrac{x+y}{2}$, $x>0,y>0,x\neq y$.

证明 (1) 令 $f(x)=e^x$, 则 $f''(x)=e^x>0$, 故 $f(x)$ 在 $(-\infty,+\infty)$ 上是严格下凸的, 从而有

$f(tx_1+(1-t)x_2)<tf(x_1)+(1-t)f(x_2)$. 令 $x_1=x,x_2=y,t=\dfrac{1}{2}$, 得

$f\left(\dfrac{1}{2}x+\dfrac{1}{2}y\right)<\dfrac{1}{2}f(x)+\dfrac{1}{2}f(y)$, 即 $e^{\frac{x+y}{2}}<\dfrac{e^x+e^y}{2}$, $x\neq y$.

(2) 令 $f(x)=x\ln x$, 则 $f'(x)=\ln x+1$, $f''(x)=\dfrac{1}{x}>0$, 故 $f(x)$ 在 $(0,+\infty)$ 上是严格下凸的, 从而有 $f(tx_1+(1-t)x_2)<tf(x_1)+(1-t)f(x_2)$.

令 $x_1=x,x_2=y,t=\dfrac{1}{2}$, 得 $f\left(\dfrac{1}{2}x+\dfrac{1}{2}y\right)<\dfrac{1}{2}f(x)+\dfrac{1}{2}f(y)$, $x\neq y$, 于是

$\dfrac{x+y}{2}\ln\dfrac{x+y}{2}<\dfrac{1}{2}x\ln x+\dfrac{1}{2}y\ln y$, 即 $x\ln x+y\ln y>(x+y)\ln\dfrac{x+y}{2}$, $x\neq y$.

3. 当 a,b 为何值时, 点 $(1,3)$ 为曲线 $y=ax^3+bx^2$ 的拐点.

解 因为点 $(1,3)$ 在曲线 $y=ax^3+bx^2$ 上, 故得 $a+b=3$.

又 $(1,3)$ 为 $y=ax^3+bx^2$ 的拐点, 而 $y'=3ax^2+2bx$, $y''=6ax+2b$, 所以 $6a+2b=0\Rightarrow a=-\dfrac{3}{2}$, $b=\dfrac{9}{2}$.

4. 求下列曲线的渐近线:

(1) $y=\ln x$;　　(2) $y=\dfrac{1}{\sqrt{2\pi}}e^{-\frac{x^2}{2}}$;　　(3) $y=\dfrac{x}{3-x^2}$;　　(4) $y=\dfrac{x^2}{2x-1}$.

解 (1) $\lim\limits_{x\to+\infty} y=\lim\limits_{x\to+\infty}\ln x=+\infty$，所以没有水平渐近线；$\lim\limits_{x\to0^+} y=\lim\limits_{x\to0^+}\ln x=-\infty$，故 $x=0$ 为铅直渐近线；$\lim\limits_{x\to+\infty}\dfrac{y}{x}=\lim\limits_{x\to+\infty}\dfrac{\ln x}{x}=0$，所以没有斜渐近线；

(2) $\lim\limits_{x\to\infty} y=\lim\limits_{x\to\infty}\dfrac{1}{\sqrt{2\pi}}e^{-\frac{x^2}{2}}=0$，所以 $y=0$ 为水平渐近线；没有铅直渐近线；$\lim\limits_{x\to\infty}\dfrac{y}{x}=\lim\limits_{x\to\infty}\dfrac{1}{\sqrt{2\pi}}\dfrac{1}{x}e^{-\frac{x^2}{2}}=0$，所以没有斜渐近线；

(3) $\lim\limits_{x\to\infty} y=\lim\limits_{x\to\infty}\dfrac{x}{3-x^2}=0$，所以 $y=0$ 为水平渐近线；$\lim\limits_{x\to\pm\sqrt{3}} y=\lim\limits_{x\to\pm\sqrt{3}}\dfrac{x}{3-x^2}=\infty$，故 $x=\pm\sqrt{3}$ 为铅直渐近线；$\lim\limits_{x\to+\infty}\dfrac{y}{x}=\lim\limits_{x\to+\infty}\dfrac{x}{(3-x^2)x}=0$，所以没有斜渐近线；

(4) $\lim\limits_{x\to\infty} y=\lim\limits_{x\to\infty}\dfrac{x^2}{2x-1}=\infty$，所以没有水平渐近线；$\lim\limits_{x\to\frac{1}{2}} y=\lim\limits_{x\to\frac{1}{2}}\dfrac{x^2}{2x-1}=\infty$，故 $x=\dfrac{1}{2}$ 为铅直渐近线；

$\lim\limits_{x\to+\infty}\dfrac{y}{x}=\lim\limits_{x\to+\infty}\dfrac{x^2}{(2x-1)x}=\dfrac{1}{2}$，$\lim\limits_{x\to+\infty}(y-x)=\lim\limits_{x\to+\infty}\left(\dfrac{x^2}{2x-1}-\dfrac{1}{2}x\right)=\dfrac{1}{4}$，所以 $y=\dfrac{1}{2}x+\dfrac{1}{4}$ 为斜渐近线.

5. 作图题(略).

提高题

1. 曲线 $y=x\left(1+\arcsin\dfrac{2}{x}\right)$ 的斜渐近线为_____.

解 $a=\lim\limits_{x\to\infty}\dfrac{x\left(1+\arcsin\dfrac{2}{x}\right)}{x}=\lim\limits_{x\to\infty}\left(1+\arcsin\dfrac{2}{x}\right)=1$，

$b=\lim\limits_{x\to\infty}(y-ax)=\lim\limits_{x\to\infty}\left[x\left(1+\arcsin\dfrac{2}{x}\right)-x\right]=\lim\limits_{x\to\infty}\left(x\arcsin\dfrac{2}{x}\right)=\lim\limits_{x\to\infty}x\cdot\dfrac{2}{x}=2$，

故斜渐近线为 $y=x+2$.

2. 求曲线 $y=\dfrac{x^3}{1+x^2}+\arctan(1+x^2)$ 的斜渐近线方程.

解 $a=\lim\limits_{x\to\infty}\dfrac{\dfrac{x^3}{1+x^2}+\arctan(1+x^2)}{x}=1$，$b=\lim\limits_{x\to\infty}\left[\dfrac{x^3}{1+x^2}+\arctan(1+x^2)-x\right]=\dfrac{\pi}{2}$.

故斜渐近线为 $y=x+\dfrac{\pi}{2}$.

3. 设函数 $f(x)$ 在 $(-\infty,+\infty)$ 内连续，其中二阶导数 $f''(x)$ 的图形如图 3-2 所示，则曲线 $y=f(x)$ 的拐点的个数为(   ).

A. 0   B. 1   C. 2   D. 3

解 $f''(x)$ 正负的分界点有两个，所以拐点有两个，故选 C.

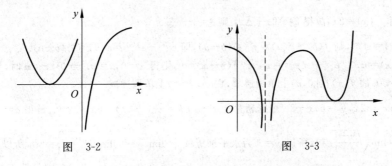

图 3-2   图 3-3

4. 设函数 $y=f(x)$ 在 $(-\infty,+\infty)$ 内连续，其导函数的图形如图 3-3 所示，则(   ).

A. 函数 $f(x)$ 有 2 个极值点，曲线 $y=f(x)$ 有 2 个拐点

B. 函数 $f(x)$ 有 2 个极值点,曲线 $y=f(x)$ 有 3 个拐点

C. 函数 $f(x)$ 有 3 个极值点,曲线 $y=f(x)$ 有 1 个拐点

D. 函数 $f(x)$ 有 3 个极值点,曲线 $y=f(x)$ 有 2 个拐点

解　$f'(x)$ 的正负分界点有 2 个,所以有 2 个极值点. $f'(x)$ 单调减少单调增加的分界点有 3 个,所以有 3 个拐点,故选 B.

5. 曲线 $\begin{cases} x=\dfrac{3t}{1+t^3}, \\ y=\dfrac{3t^2}{1+t^3} \end{cases}$ 的斜渐近线方程是：_____.

解　当 $t\to-1$ 时,$x\to\infty,y\to\infty$,设斜渐近线为 $y=ax+b$.

$$a=\lim_{x\to\infty}\frac{y}{x}=\lim_{t\to-1}\frac{\dfrac{3t^2}{1+t^3}}{\dfrac{3t}{1+t^3}}=\lim_{t\to-1}t=-1,$$

$$b=\lim_{x\to\infty}(y-ax)=\lim_{t\to-1}\left(\frac{3t^2}{1+t^3}+\frac{3t}{1+t^3}\right)=\lim_{t\to-1}\frac{3t(t+1)}{1+t^3}=\lim_{t\to-1}\frac{3t}{1-t+t^2}=-1.$$

故斜渐近线为 $y=-x-1$.

6. 设函数 $f(x)$ 满足关系 $f''(x)=x-(f'(x))^2$,且 $f'(0)=0$,证明：点 $(0,f(0))$ 是曲线 $y=f(x)$ 的拐点.

证明　由关系式 $f''(x)=x-(f'(x))^2$,令 $x=0$,得 $f''(0)=0$.

等式两端求导,得 $f'''(x)=1-2f'(x)f''(x)$,因此 $f'''(0)=1$.

再由 $f'''(x)$ 的连续性可知,在 $x=0$ 附近,$f'''(x)>0$,所以 $f''(x)$ 单增,$f''(x)$ 在 $x=0$ 的两侧异号,故点 $(0,f(0))$ 是曲线 $y=f(x)$ 的拐点.

复习题 3

1. 填空题

(1) 设 $f(x)=x^2$,则在 $x,x+\Delta x$ 之间满足拉格朗日中值定理结论的 $\xi=$ _____.

(2) 设函数 $g(x)$ 在 $[a,b]$ 上连续,(a,b) 内可导,则至少存在一点 $\xi\in(a,b)$,使 $e^{g(b)}-e^{g(a)}=$ _____ 成立.

(3) $f(x)=x^n e^{-x}\,(n>0,x\geqslant0)$ 的单增区间是 _____,单减区间是 _____.

(4) 若点 $\left(1,\dfrac{4}{3}\right)$ 为曲线 $y=ax^3-x^2+b$ 为拐点,则 $a=$ _____,$b=$ _____.

(5) 曲线 $y=\sqrt{\dfrac{x-1}{x+1}}$ 的水平渐近线为 _____,铅直渐近线为 _____.

解　(1) $f'(\xi)=\dfrac{f(x+\Delta x)-f(x)}{\Delta x}=\dfrac{(x+\Delta x)^2-x^2}{\Delta x}=2x+\Delta x$,

而 $f'(x)=2x$,故得 $2\xi=2x+\Delta x$,则 $\xi=x+\dfrac{\Delta x}{2}$.

(2) 令 $f(x)=e^{g(x)}$,则 $f(b)-f(a)=f'(\xi)(b-a)$,即 $e^{g(b)}-e^{g(a)}=e^{g(\xi)}g'(\xi)(b-a)$.

(3) 令 $f'(x)=nx^{n-1}e^{-x}-x^n e^{-x}=e^{-x}x^{n-1}(n-x)=0$,则得 $x=0,x=n$. 当 $0<x<n$ 时,$f'(x)>0$；当 $x>n$ 时,$f'(x)<0$. 故 $f(x)$ 在 $[0,n)$ 上单调递增,在 $[n,+\infty)$ 上单调递减.

(4) $y'=3ax^2-2x,y''=6ax-2$. 根据题意有 $a-1+b=\dfrac{4}{3}$,$y''(1)=6a-2=0$. 解得 $a=\dfrac{1}{3},b=2$.

(5) $\lim_{x\to\infty}y=\lim_{x\to\infty}\sqrt{\dfrac{x-1}{x+1}}=1$,所以 $y=1$ 为水平渐近线；$\lim_{x\to-1^-}y=\lim_{x\to-1^-}\sqrt{\dfrac{x-1}{x+1}}=\infty$,所以 $x=-1$ 为铅

直渐近线. $\lim_{x\to\infty}\dfrac{y}{x}=\lim_{x\to\infty}\dfrac{\sqrt{\dfrac{x-1}{x+1}}}{x}=0$,所以没有斜渐近线.

2. 选择题

(1) 在 $[-1,1]$ 上满足罗尔定理的条件的函数是(　　).

　　A. $\ln|x|$　　　　　　B. e^x　　　　　　C. $1-x^2$　　　　　　D. $\dfrac{2}{1-x^2}$

(2) 正确应用洛必达法则求极限的式子是(　　).

　　A. $\lim\limits_{x\to 0}\dfrac{\sin x}{e^x-1}=\lim\limits_{x\to 0}\dfrac{\cos x}{e^x}=\lim\limits_{x\to 0}\dfrac{-\sin x}{e^x}=0$

　　B. $\lim\limits_{x\to 0}\dfrac{x+\sin x}{x}=\lim\limits_{x\to 0}(1+\cos x)$ 不存在

　　C. $\lim\limits_{x\to 0}\dfrac{1}{x}\left(\dfrac{1}{x}-\cot x\right)=\lim\limits_{x\to 0}\dfrac{\sin x-x\cos x}{x^2\sin x}=\lim\limits_{x\to 0}\dfrac{\sin x-x\cos x}{x^3}=\lim\limits_{x\to 0}\dfrac{x\sin x}{3x^2}=\dfrac{1}{3}$

　　D. $\lim\limits_{x\to\infty}\dfrac{e^x-e^{-x}}{e^x+e^{-x}}=\lim\limits_{x\to\infty}\dfrac{e^{-x}(e^{2x}-1)}{e^{-x}(e^{2x}+1)}=\lim\limits_{x\to\infty}\dfrac{e^{2x}-1}{e^{2x}+1}=\lim\limits_{x\to\infty}\dfrac{2e^{2x}}{2e^{2x}}=1$

(3) 方程 $e^x-x-1=0$(　　).

　　A. 没有实根　　　　　　　　　　　B. 有且仅有一个实根

　　C. 有且仅有两个实根　　　　　　　D. 有三个不同实根

(4) 函数 $y=f(x)$ 具有下列特征: $f(0)=1$, $f'(0)=0$, 当 $x\neq 0$ 时, $f'(x)>0$, $f''(x)=\begin{cases}<0,&x<0,\\>0,&x>0,\end{cases}$ 则

其图形为(　　).

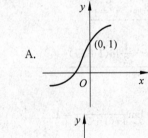

A.

B.

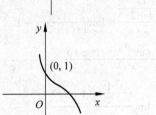

C.

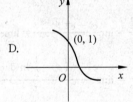

D.

(5) 设 $f(x)$ 在 $[a,b]$ 上连续, $f(a)=f(b)$, 且 $f(x)$ 不恒为常数, 则在 (a,b) 内(　　).

　　A. 必有最大值或最小值　　　　　　B. 既有极大值又有极小值

　　C. 既有最大值又有最小值　　　　　D. 至少存在一点 ξ, 使 $f'(\xi)=0$

解　(1) $\ln|x|$ 在 $x=0$ 处无定义, 更谈不上在 $[-1,1]$ 上连续, 不满足罗尔定理条件;

$e^{-1}\neq e^1$, 不满足罗尔定理条件;

$y=1-x^2$ 在 $[-1,1]$ 上连续, 在 $(-1,1)$ 内可导, $1-(-1)^2=1-1^2$, 满足罗尔定理条件;

$y=\dfrac{2}{1-x^2}$ 在 $x=-1$, $x=1$ 处没有定义, 更谈不上在 $[-1,1]$ 上连续, 不满足罗尔定理条件;

故选 C.

(2) $\lim\limits_{x\to 0}\dfrac{\sin x}{e^x-1}=\lim\limits_{x\to 0}\dfrac{\cos x}{e^x}$ 已经不是未定式了, 而是分子趋于 1, 分母趋于 1;

$\lim\limits_{x\to 0}\dfrac{x+\sin x}{x}=\lim\limits_{x\to 0}(1+\cos x)=2$;

C 正确;　　D 只对 $x\to+\infty$ 成立, 对 $x\to-\infty$ 不成立;

故选 C.

(3) $f(x)=\mathrm{e}^x-x-1$,由 $f'(x)=\mathrm{e}^x-1=0$,得 $x=0$.

当 $x<0$ 时,$f'(x)=\mathrm{e}^x-1<0$,故 $f(x)$ 在 $(-\infty,0)$ 上单调减少;当 $x>0$ 时,$f'(x)=\mathrm{e}^x-1>0$,故 $f(x)$ 在 $(0,+\infty)$ 上单调增加. 而 $f(0)=0$,故 $f(x)=\mathrm{e}^x-x-1$ 在 $x=0$ 处取得唯一极小值 0,也是最小值. 所以 $\mathrm{e}^x-x-1=0$ 有且仅有一个根 $x=0$.

故选 B.

(4) B.

(5) 没说可导,故选 A.

3. 求下列极限:

(1) $\lim\limits_{x\to0}\dfrac{x-\ln(1+x)}{x^2}$;

(2) $\lim\limits_{x\to0}\dfrac{\mathrm{e}^x-(1+2x)^{\frac{1}{2}}}{\ln(1+x^2)}$;

(3) $\lim\limits_{x\to\frac{\pi}{6}}\dfrac{1-2\sin x}{\cos 3x}$;

(4) $\lim\limits_{x\to+\infty}(\pi-2\arctan x)\ln x$;

(5) $\lim\limits_{x\to0}\left(\dfrac{1}{\ln(1+x)}-\dfrac{1}{x}\right)$;

(6) $\lim\limits_{x\to0}\left(\dfrac{1}{x}-\dfrac{1}{\mathrm{e}^{2x}-1}\right)$;

(7) $\lim\limits_{x\to0}(1+x^2)^{\frac{1}{x}}$;

(8) $\lim\limits_{x\to0}\dfrac{\cos x-\mathrm{e}^{-\frac{x^2}{2}}}{x^4}$.

解 (1) 原式 $\xlongequal{\frac{0}{0}\text{型}}\lim\limits_{x\to0}\dfrac{1-\dfrac{1}{1+x}}{2x}=\lim\limits_{x\to0}\dfrac{1}{2(1+x)}=\dfrac{1}{2}$.

(2) 解法一 $\lim\limits_{x\to0}\dfrac{\mathrm{e}^x-(1+2x)^{\frac{1}{2}}}{\ln(1+x^2)}=\lim\limits_{x\to0}\dfrac{\mathrm{e}^x-\mathrm{e}^{\frac{1}{2}\ln(1+2x)}}{x^2}=\lim\limits_{x\to0}\dfrac{\mathrm{e}^{\frac{1}{2}\ln(1+2x)}\left(\mathrm{e}^{x-\frac{1}{2}\ln(1+2x)}-1\right)}{x^2}$

$=\lim\limits_{x\to0}\dfrac{\mathrm{e}^{\frac{1}{2}\cdot2x}\left(x-\dfrac{1}{2}\ln(1+2x)\right)}{x^2}=\lim\limits_{x\to0}\dfrac{x-\dfrac{1}{2}\ln(1+2x)}{x^2}$

$=\lim\limits_{x\to0}\dfrac{1-\dfrac{1}{2}\cdot\dfrac{2}{1+2x}}{2x}=\lim\limits_{x\to0}\dfrac{\dfrac{2+4x-2}{2(1+2x)}}{2x}=\lim\limits_{x\to0}\dfrac{4x}{4x(1+2x)}=1.$

解法二 $\lim\limits_{x\to0}\dfrac{\mathrm{e}^x-(1+2x)^{\frac{1}{2}}}{\ln(1+x^2)}=\lim\limits_{x\to0}\dfrac{\mathrm{e}^x-\mathrm{e}^{\frac{1}{2}\ln(1+2x)}}{x^2}=\lim\limits_{x\to0}\dfrac{\mathrm{e}^{\frac{1}{2}\ln(1+2x)}\left(\mathrm{e}^{x-\frac{1}{2}\ln(1+2x)}-1\right)}{x^2}$

$=\lim\limits_{x\to0}\dfrac{\mathrm{e}^{\frac{1}{2}\cdot2x}\left(x-\dfrac{1}{2}\ln(1+2x)\right)}{x^2}=\lim\limits_{x\to0}\dfrac{x-\dfrac{1}{2}\ln(1+2x)}{x^2}$

$=\lim\limits_{x\to0}\dfrac{2x-\ln(1+2x)}{2x^2}=\lim\limits_{x\to0}\dfrac{\dfrac{1}{2}(2x)^2}{2x^2}=1.$

(3) 原式 $=\lim\limits_{x\to\frac{\pi}{6}}\dfrac{-2\cos x}{-3\sin 3x}=\dfrac{\sqrt{3}}{3}$.

(4) $\lim\limits_{x\to+\infty}(\pi-2\arctan x)\ln x=\lim\limits_{x\to+\infty}\dfrac{\pi-2\arctan x}{\dfrac{1}{\ln x}}=\lim\limits_{x\to+\infty}\dfrac{-2\cdot\dfrac{1}{1+x^2}}{-\dfrac{1}{(\ln x)^2}\cdot\dfrac{1}{x}}=2\lim\limits_{x\to+\infty}\dfrac{x(\ln x)^2}{1+x^2}$

$=2\lim\limits_{x\to+\infty}\dfrac{(\ln x)^2+x\ln x\cdot\dfrac{1}{x}}{2x}=2\lim\limits_{x\to+\infty}\dfrac{(\ln x)^2+\ln x}{2x}$

$=2\lim\limits_{x\to+\infty}\dfrac{2\ln x+1}{2x}=2\lim\limits_{x\to+\infty}\dfrac{2}{2x}=0.$

(5) 解法一 原式 $=\lim\limits_{x\to0}\dfrac{x-\ln(1+x)}{x\ln(1+x)}=\lim\limits_{x\to0}\dfrac{x-\ln(1+x)}{x^2}$ $\quad(\ln(1+x)\sim x)$

$$\xlongequal[x\to 0]{\frac{0}{0}\text{型}}\lim_{x\to 0}\frac{1-\dfrac{1}{1+x}}{2x}\text{(通分)}$$

$$=\lim_{x\to 0}\frac{x}{2x}\frac{1}{1+x}=\frac{1}{2}.$$

解法二　$\displaystyle\lim_{x\to 0}\frac{x-\ln(1+x)}{x\ln(1+x)}=\lim_{x\to 0}\frac{x-\ln(1+x)}{x^2}=\lim_{x\to 0}\frac{\dfrac{1}{2}x^2}{x^2}=\frac{1}{2}.$

（6）解法一　利用洛必达法则.

$$\lim_{x\to 0}\left(\frac{1}{x}-\frac{1}{e^{2x}-1}\right)=\lim_{x\to 0}\frac{e^{2x}-1-x}{x(e^{2x}-1)}=\lim_{x\to 0}\frac{e^{2x}-1-x}{2x^2}=\lim_{x\to 0}\frac{2e^{2x}-1}{4x}\left(\frac{1}{0}\text{ 型}\right)=\infty.$$

解法二　利用等价无穷小.

$$\lim_{x\to 0}\left(\frac{1}{x}-\frac{1}{e^{2x}-1}\right)=\lim_{x\to 0}\frac{e^{2x}-1-x}{x(e^{2x}-1)}=\lim_{x\to 0}\frac{2x-x}{2x^2}=\lim_{x\to 0}\frac{x}{2x^2}=\lim_{x\to 0}\frac{1}{2x}=\infty.$$

（7）属于 1^∞ 型.

解法一　$\displaystyle\lim_{x\to 0}(1+x^2)^{\frac{1}{x}}=e^{\lim\limits_{x\to 0}\frac{\ln(1+x^2)}{x}}=e^{\lim\limits_{x\to 0}\frac{x^2}{x}}=e^0=1.$

解法二　$\displaystyle\lim_{x\to 0}(1+x^2)^{\frac{1}{x}}=e^{\lim\limits_{x\to 0}\frac{x^2}{x}}=e^0=1.$

（8）利用泰勒公式

$$\cos x=1-\frac{1}{2}x^2+\frac{1}{4!}x^4+o(x^4),\quad e^{-\frac{x^2}{2}}=1-\frac{1}{2}x^2+\frac{1}{2!}\left(\frac{x^2}{2}\right)^2+o(x^4),$$

$$\lim_{x\to 0}\frac{\cos x-e^{-\frac{x^2}{2}}}{x^4}=\lim_{x\to 0}\frac{\left(1-\dfrac{1}{2}x^2+\dfrac{1}{24}x^4+o(x^4)\right)-\left(1-\dfrac{x^2}{2}+\dfrac{x^4}{8}+o(x^4)\right)}{x^4}$$

$$=\lim_{x\to 0}\frac{-\dfrac{2}{24}x^4+o(x^4)}{x^4}=-\frac{1}{12}.$$

注　（1）$o(x^4)\pm o(x^4)=o(x^4)$.

（2）此题用洛必达法则会麻烦.

4. 证明：（1）当 $0<x<\dfrac{\pi}{2}$ 时，有 $\tan x+2\sin x>3x$ 成立；

（2）若 $x>0$，则 $e^x>1+x$；

（3）设 $x>0$，则 $x-\dfrac{x^2}{2}<\ln(1+x)<x$.

证明　（1）令 $f(x)=\tan x+2\sin x-3x,0<x<\dfrac{\pi}{2}$.

$f'(x)=\sec^2 x+2\cos x-3,\qquad f''(x)=2\sec^2 x\tan x-2\sin x=2\sin x\left(\dfrac{1}{\cos^3 x}-1\right)>0,\ 0<x<\dfrac{\pi}{2}.$

则 $f'(x)=\sec^2 x+2\cos x-3$ 在 $\left[0,\dfrac{\pi}{2}\right)$ 上单调增加. 故对于任意 $0<x<\dfrac{\pi}{2}$，$f'(x)=\sec^2 x+2\cos x-3>$

$f'(0)=0.$ 则 $f(x)=\tan x+2\sin x-3x$ 在 $\left[0,\dfrac{\pi}{2}\right)$ 上单调增加. 对于任意 $0<x<\dfrac{\pi}{2}$，$f(x)=\tan x+2\sin x-$

$3x>f(0)=0$，即有 $0<x<\dfrac{\pi}{2}$ 时，$\tan x+2\sin x>3x$.

（2）令 $F(x)=e^x-1-x$，则 $F'(x)=e^x-1$. 当 $x>0$ 时，$F'(x)>0$，从而 $F(x)$ 在 $(0,+\infty)$ 单增，因为

$F(0)=0$，故 $F(x)>0$，即 $e^x>1+x$.

（3）令 $f(x)=x-\dfrac{x^2}{2}-\ln(1+x)$，则 $f'(x)=1-x-\dfrac{1}{1+x}=\dfrac{-x^2}{1+x}$. 因 $x>0$，则 $f'(x)<0$，从而 $f(x)$ 在

$(0,+\infty)$ 单减. 故 $f(x) < f(0)=0$, 即 $x-\dfrac{x^2}{2} < \ln(1+x)$.

令 $g(x)=\ln(1+x)-x$, 则 $g'(x)=\dfrac{1}{1+x}-1$. 当 $x>0$ 时, $g'(x)<0$, 从而 $g(x)$ 在 $(0,+\infty)$ 单减, 故 $g(x)<g(0)=0$, 即 $\ln(1+x)<x$.

综上可知, $x-\dfrac{x^2}{2}<\ln(1+x)<x$.

5. 求函数 $y=(x-1)\sqrt[3]{x^2}$ 的极值与单调区间.

解 $y'=\dfrac{5}{3}x^{\frac{2}{3}}-\dfrac{2}{3}x^{-\frac{1}{3}}=\dfrac{5x-2}{3\cdot\sqrt[3]{x}}$.

当 $x=\dfrac{2}{5}$ 时, $y'=0$; 当 $x=0$ 时, y' 不存在.

当 $x<0$ 时, $y'>0$, 故 $(-\infty,0)$ 为单增区间; 当 $0<x<\dfrac{2}{5}$ 时, $y'<0$, 故 $\left[0,\dfrac{2}{5}\right)$ 为单减区间; 当 $x>\dfrac{2}{5}$ 时, $y'>0$, 故 $\left[\dfrac{2}{5},+\infty\right)$ 为单增区间.

于是得, 当 $x=0$ 时, $y=(x-1)\sqrt[3]{x^2}$ 取得极大值 0; 当 $x=\dfrac{2}{5}$ 时 $y=(x-1)\sqrt[3]{x^2}$ 取得极小值 $-\dfrac{3}{5}\sqrt[3]{\dfrac{4}{25}}$.

6. 求函数 $y=x^3-3x^2-9x+14$ 的单调区间.

解 $y'=3x^2-6x-9=3(x+1)(x-3)$.

当 $x<-1$ 时, $y'>0$; 当 $-1<x<3$ 时, $y'<0$; 当 $x>3$ 时, $y'>0$. 故 y 在 $(-\infty,-1]$ 及 $[3,+\infty)$ 单增, 在 $[-1,3]$ 单减.

7. 求函数 $y=\dfrac{\ln^2 x}{x}$ 的单调区间与极值.

解 $y'=\dfrac{(2-\ln x)\ln x}{x^2}$. 令 $y'=0$, 得 $x=1$ 或 e^2, 故可疑极值点为 $1,\mathrm{e}^2$.

x	$(0,1)$	1	$(1,\mathrm{e}^2)$	e^2	$(\mathrm{e}^2,+\infty)$
y'	$-$		$+$		$-$
y	↘	极小值 0	↗	极大值 $\dfrac{4}{\mathrm{e}^2}$	↘

8. 求函数 $y=2\mathrm{e}^x+\mathrm{e}^{-x}$ 的极值.

解 $y'=2\mathrm{e}^x-\mathrm{e}^{-x}$. 令 $y'=0$, 得 $x=-\dfrac{1}{2}\ln 2$. 当 $x<-\dfrac{1}{2}\ln 2$ 时, $y'<0$, 从而 y 单减; 当 $x>-\dfrac{1}{2}\ln 2$ 时, $y'>0$, 从而 y 单增. 故 $x=-\dfrac{1}{2}\ln 2$ 时, y 取极小值 0.

9. 函数 $y=ax^3+bx^2+cx+d(a>0)$ 的系数满足什么关系时, 这个函数没有极值.

解 $y'=3ax^2+2bx+c$. 因 $a>0$, 则 y' 是开口向上的抛物线, 要使 y 没有极值, 则必须使 y 在 $(-\infty,+\infty)$ 是单增或单减, 即必须满足 $y'>0$ 或 $y'<0$, 只有当 $(2b)^2-4\cdot 3ac<0$ 时, 才能使 $y'>0$ 成立, 即 $b^2<3ac$ 时, y 没有极值.

10. 求函数 $y=x\ln x$ 在 $(0,\mathrm{e}]$ 上的最大值与最小值.

解 $y'=\ln x+1$. 令 $y'=0$, 得 $x=\dfrac{1}{\mathrm{e}}$.

$\lim\limits_{x\to 0^+}x\ln x=0$, $y\left(\dfrac{1}{\mathrm{e}}\right)=-\dfrac{1}{\mathrm{e}}$, $y(\mathrm{e})=\mathrm{e}$. 故 $y=x\ln x$ 在 $(0,\mathrm{e}]$ 上的最大值为 $y(\mathrm{e})=\mathrm{e}$, 最小值为

$y\left(\dfrac{1}{e}\right)=-\dfrac{1}{e}.$

11. 求 $y=x^4-2x^3+1$ 的凹凸区间及拐点.

解 $y'=4x^3-6x^2$，$y''=12x^2-12x=12x(x-1)$. 令 $y''=0$，得 $x=0$，$x=1$.

x	$(-\infty,0)$	0	$(0,1)$	1	$(1,+\infty)$
y''	$+$	0	$-$	0	$+$
y	$\cup$	拐点$(0,1)$	$\cap$	拐点$(1,0)$	$\cup$

12. 试决定 $y=k(x^2-3)^2$ 中的 k 的值，使曲线的拐点处的法线通过原点.

解 $y'=4kx(x^2-3)$，$y''=12k(x^2-1)$. 令 $y''=0$，得 $x=1$ 或 -1，则拐点为 $(1,4k)$ 及 $(-1,4k)$.

在拐点 $(1,4k)$ 处切线斜率为 $y'(1)=-8k$，从而在拐点 $(1,4k)$ 处法线斜率为 $\dfrac{1}{8k}$，法线方程为 $y-4k=\dfrac{1}{8k}(x-1)$，因法线过原点，所以 $k=\pm\dfrac{\sqrt{2}}{8}$.

在拐点 $(-1,4k)$ 处切线斜率为 $y'(-1)=8k$，法线方程为 $y-4k=-\dfrac{1}{8k}(x+1)$，因法线过原点，所以 $k=\pm\dfrac{\sqrt{2}}{8}$. 故 $k=\pm\dfrac{\sqrt{2}}{8}$ 时，曲线的拐点处的法线通过原点.

13. 判断函数 $y=\dfrac{x}{1+x}$ 的单调性，并证明 $\dfrac{|a+b|}{1+|a+b|}\leqslant\dfrac{|a|}{1+|a|}+\dfrac{|b|}{1+|b|}$ $(a,b\in\mathbf{R})$.

证明 $y'=\dfrac{1}{(1+x)^2}>0$，$x>0$，故 $y=\dfrac{x}{1+x}$ 在 $[0,+\infty)$ 上单调增加.

由于 $|a+b|\leqslant|a|+|b|$，故 $\dfrac{|a+b|}{1+|a+b|}\leqslant\dfrac{|a|+|b|}{1+|a|+|b|}\leqslant\dfrac{|a|}{1+|a|}+\dfrac{|b|}{1+|b|}$.

14. 判定 e^π 及 π^e 哪个大.

【分析】 $b>a\geqslant e$. 比较 a^b 和 b^a 只需比较 $b\ln a$ 和 $a\ln b$，比较 $\dfrac{\ln a}{a}$ 和 $\dfrac{\ln b}{b}$. 设 $f(x)=\dfrac{\ln x}{x}$ 只需讨论 $f(x)$ 的单调性.

解 令 $f(x)=\dfrac{\ln x}{x}$，则 $f'(x)=\dfrac{1-\ln x}{x^2}$ $(x>0)$. 取 $f'(x)=0$，则 $x=e$.

当 $x>e$ 时，$f'(x)<0$，即 $f(x)=\dfrac{\ln x}{x}$ 在 $[e,+\infty)$ 上单调减少. 从而当 $x>e$ 时，有 $f(x)<f(e)$.

而 $\pi>e$，则 $f(\pi)=\dfrac{\ln\pi}{\pi}<f(e)=\dfrac{\ln e}{e}$，于是得

$$\frac{\ln\pi}{\pi}<\frac{\ln e}{e}\Rightarrow e\ln\pi<\pi\ln e\Rightarrow\ln\pi^e<\ln e^\pi\Rightarrow\pi^e<e^\pi.$$

15. 在半径为 R 的球内，求体积最大的内接圆柱体的高.

解 设圆柱体的高为 x，则圆柱体底面圆直径为 $\sqrt{(2R)^2-x^2}$，圆柱体体积

$$V=\pi\left(\frac{\sqrt{(2R)^2-x^2}}{2}\right)^2\cdot x=\frac{\pi}{4}(4R^2x-x^3),\ 0<x<2R.$$

$V'=\dfrac{\pi}{4}(4R^2-3x^2)$. 令 $V'=0$，得 $x=\dfrac{2\sqrt{3}R}{3}$.

$V''=-\dfrac{3\pi}{2}x<0(x>0)$，故 $V''\left(\dfrac{2\sqrt{3}R}{2}\right)<0$，$x=\dfrac{2\sqrt{3}R}{3}$ 为 V 的唯一极大值点，因此为最大值点. 即当高 $x=\dfrac{2\sqrt{3}R}{3}$ 时，内接圆柱体的体积最大.

16. 某工厂生产某产品，年产量为 x 百台，总成本为 c 万元，其中固定成本 2 万元，每生产一百台，成本增加 2 万元，市场上可销售此种商品 300 台，其销售收入

$$R(x) = \begin{cases} 6x - x^2 + 1, & 0 \leqslant x \leqslant 3(\text{万元}), \\ 10, & x > 3(\text{万元}), \end{cases}$$

问每年生产多少台，总利润最大？

解 设利润函数为 $L(x)$，则

$$L(x) = \begin{cases} 6x - x^2 + 1 - (2 + 2x), & 0 \leqslant x \leqslant 3, \\ 10 - (2 + 2x), & x > 3, \end{cases}$$

$$L'(x) = \begin{cases} -2x + 4, & 0 < x < 3, \\ -2, & x = 3, \\ -2, & x > 3. \end{cases}$$

令 $L'(x) = 0$，得 $x = 2$，且 $L''(2) < 0$. 故当 $x = 2$ 时利润取得最大值 $L(2) = 3$ 万元.

17. 某商品的需求函数为 $Q = 80 - P^2$，其中 P 为该商品的价格.

(1) 求 $P = 4$ 时的需求弹性，并说明其经济意义；

(2) 当 $P = 4$ 时的价格上涨 1% 时，总收益将变化百分之几？是增加还是减少？

解 (1) $\dfrac{EQ}{EP} = \dfrac{P}{Q} \dfrac{dQ}{dP} = \dfrac{P}{80 - P^2} \cdot (-2P)$，$\left. \dfrac{EQ}{EP} \right|_{P=4} = -0.5$，即当 $P = 4$ 时，价格增加 1%，需求量降低 0.5%.

(2) $R = QP = P(80 - P^2)$，$\dfrac{dR}{dP} = 80 - 3P^2$，

$$\frac{ER}{EP} = \frac{P}{R} \frac{dR}{dP} = \frac{P}{P(80 - P^2)} \cdot (80 - 3P^2) = \frac{80 - 3P^2}{80 - P^2}, \qquad \left. \frac{ER}{EP} \right|_{P=4} = 0.5.$$

即当 $P = 4$ 时，价格增加 1%，总收益增加 0.5%.

18. 求下列函数曲线的渐近线：

(1) $y = \dfrac{x}{1 - x^2}$；　　(2) $y = x\mathrm{e}^{\frac{1}{x^2}}$；　　(3) $y = \dfrac{x^2}{(1-x)^2}$；　　(4) $y = \dfrac{x^3}{(1-x)^2}$.

解 (1) 水平渐近线：$\lim\limits_{x \to \infty} \dfrac{x}{1 - x^2} = 0$，故 $y = 0$ 为 $y = \dfrac{x}{1 - x^2}$ 的水平渐近线；

铅直渐近线：$\lim\limits_{x \to \pm 1} \dfrac{x}{1 - x^2} = \infty$，故 $x = 1$ 和 $x = -1$ 为 $y = \dfrac{x}{1 - x^2}$ 的铅直渐近线；

斜渐近线：$\lim\limits_{x \to \infty} \dfrac{1}{1 - x^2} = 0$，故不存在斜渐近线.

(2) 水平渐近线：$\lim\limits_{x \to \infty} x\mathrm{e}^{\frac{1}{x^2}} = \infty$，因此没有水平渐近线；

铅直渐近线：$\lim\limits_{x \to 0} x\mathrm{e}^{\frac{1}{x^2}} = \infty$，故 $x = 0$ 为铅直渐近线；

斜渐近线：$\lim\limits_{x \to \infty} \dfrac{x\mathrm{e}^{\frac{1}{x^2}}}{x} = 1$，$\lim\limits_{x \to \infty} x\mathrm{e}^{\frac{1}{x^2}} - x = \lim\limits_{t \to 0} \dfrac{\mathrm{e}^{t^2} - 1}{t} = \lim\limits_{t \to 0} \dfrac{t^2}{t} = 0$，故 $y = x$ 为斜渐近线.

(3) 水平渐近线：$\lim\limits_{x \to \infty} \dfrac{x^2}{(1-x)^2} = 1$，故 $y = 1$ 为 $y = \dfrac{x^2}{(1-x)^2}$ 的水平渐近线；

铅直渐近线：$\lim\limits_{x \to 1} \dfrac{x^2}{(1-x)^2} = \infty$，故 $x = 1$ 为 $y = \dfrac{x}{1 - x^2}$ 的铅直渐近线；

斜渐近线：$\lim\limits_{x \to \infty} \dfrac{\frac{x^2}{(1-x)^2}}{x} = 0$，因此不存在斜渐近线.

(4) 水平渐近线：$\lim\limits_{x \to \infty} \dfrac{x^3}{(1-x)^2} = \infty$，故不存在水平渐近线；

铅直渐近线：$\lim\limits_{x \to 1} \dfrac{x^3}{(1-x)^2} = \infty$，故 $x = 1$ 为 $y = \dfrac{x^3}{(1-x)^2}$ 的铅直渐近线；

斜渐近线：$\lim\limits_{x\to\infty}\dfrac{\dfrac{x^3}{(1-x)^2}}{x}=1$，$\lim\limits_{x\to\infty}\left[\dfrac{x^3}{(1-x)^2}-x\right]=2$，故斜渐近线为 $y=x+2$.

自测题 3 答案

1. (1) 只需要逐个验证，选 B.

(2) $\forall\,x\in[a,b]$，由 $(x-\xi)f'(x)\geqslant0$ 得：

当 $a<x<\xi$ 时，$f'(x)\leqslant0$，当 $\xi<x<b$ 时，$f'(x)\geqslant0$. 从而有 $f(x)$ 在 ξ 取得唯一极小值，即 $f(x)$ 在 $[a,b]$ 上的最小值为 $f(\xi)$，而 $f(\xi)>0$，所以在 $[a,b]$ 上 $f(x)>0$. 故选 D.

(3) $\lim\limits_{x\to x_0}\dfrac{f'(x)}{g'(x)}$ 存在是 $\lim\limits_{x\to x_0}\dfrac{f(x)}{g(x)}$ 存在的充分条件. $\lim\limits_{x\to x_0}\dfrac{f'(x)}{g'(x)}$ 不存在时 $\lim\limits_{x\to x_0}\dfrac{f(x)}{g(x)}$ 也可能存在. 故选 B.

(4) D；(5) D.

2. **解** (1) 设 $f(x)=x^5-5x+1$.

一方面，$f(x)$ 在 $[-1,1]$ 上连续，$f(-1)=5$，$f(1)=-3$，由零点存在定理，$f(x)=0$ 在 $(-1,1)$ 内至少有一根.

另一方面，$f'(x)=5x^4-5=5(x^4-1)$，当 $x\in(-1,1)$ 时，$f'(x)<0$，即 $f(x)$ 在 $[-1,1]$ 上单调减少，所以 $f(x)=0$ 在 $(-1,1)$ 内至多有一根.

所以 $f(x)=0$ 在 $(-1,1)$ 内有且仅有一个实根.

(2) $f'(x)=\mathrm{e}^{-x}(1-x)$. 令 $f'(x)=\mathrm{e}^{-x}(1-x)=0$ 得驻点 $x=1$. $f(1)=\mathrm{e}^{-1}$，$f(2)=2\mathrm{e}^{-2}$，$f(x)$ 在 $[1,2]$ 上的最大值为 e^{-1}.

(3) $y'=3ax^2+2bx+c$，$y''=6ax+2b$. 由题意知

$y(-2)=-8a+4b-2c+d=44$，　$y'(-2)=12a-4b+c=0$，

$y(1)=a+b+c+d=-10$，　$y'(1)=6a+2b=0$.

解得 $a=1,b=-3,c=-24,d=16$.

(4) $\lim\limits_{x\to+\infty}\dfrac{\ln\left(1+\dfrac{1}{x}\right)}{\arctan x}=\lim\limits_{x\to+\infty}\dfrac{\dfrac{1}{x}}{\arctan x}=0$.

(5) $R(Q)=PQ=10Q-\dfrac{Q^2}{5}$，$R'(Q)=10-\dfrac{2Q}{5}$，$R'(15)=10-\dfrac{2}{5}\times15=4$.

3. **解** (1) $\lim\limits_{x\to\frac{\pi}{6}}\dfrac{1-2\sin x}{\cos 3x}=\lim\limits_{x\to\frac{\pi}{6}}\dfrac{-2\cos x}{-3\sin 3x}=\dfrac{\sqrt{3}}{3}$；

(2) $\lim\limits_{x\to0^+}\dfrac{\ln\tan 5x}{\ln\tan 3x}=\lim\limits_{x\to0^+}\dfrac{\dfrac{5\sec^2 5x}{\tan 5x}}{\dfrac{3\sec^2 3x}{\tan 3x}}=\lim\limits_{x\to0^+}\dfrac{5\cdot 3x}{3\cdot 5x}=1$；

(3) $\lim\limits_{x\to0^+}\sin x\cdot\ln x=\lim\limits_{x\to0^+}x\cdot\ln x=\lim\limits_{x\to0^+}\dfrac{\ln x}{\dfrac{1}{x}}=\lim\limits_{x\to0^+}\dfrac{\dfrac{1}{x}}{-\dfrac{1}{x^2}}=-\lim\limits_{x\to0^+}x=0$；

(4) 令 $y=x^x$，则 $\ln y=x\ln x$. 因为 $\lim\limits_{x\to0^+}x\ln x=\lim\limits_{x\to0^+}\dfrac{\ln x}{\dfrac{1}{x}}\xlongequal{\frac{\infty}{\infty}\text{型}}\lim\limits_{x\to0^+}\dfrac{\dfrac{1}{x}}{-\dfrac{1}{x^2}}=0$，所以原式 $=\mathrm{e}^0=1$；

(5) $\lim\limits_{x\to+\infty}(x^2+2^x)^{\frac{1}{x}}=\mathrm{e}^{\lim\limits_{x\to+\infty}\frac{\ln(x^2+2^x)}{x}}=\mathrm{e}^{\lim\limits_{x\to+\infty}\frac{\frac{2x+2^x\ln 2}{x^2+2^x}}{1}}=\mathrm{e}^{\lim\limits_{x\to+\infty}\frac{2x+2^x\ln 2}{x^2+2^x}}=\mathrm{e}^{\lim\limits_{x\to+\infty}\frac{2+2^x\ln^2 2}{2x+2^x\ln 2}}$

$=\mathrm{e}^{\lim\limits_{x\to+\infty}\frac{2^x\ln^3 2}{2+2^x\ln^2 2}}=\mathrm{e}^{\lim\limits_{x\to+\infty}\frac{2^x\ln^4 2}{2^x\ln^3 2}}=\mathrm{e}^{\ln 2}=2$.

4. **证明** (1) $f'(x)=\dfrac{x^2-2x-a-b}{(x-1)^2}=1-\dfrac{a+b+1}{(x-1)^2}$，故当 $a+b+1>0$ 时，$f'(x)=0$ 有解 $x=$

$1\pm\sqrt{a+b+1}$.

当 $x<1-\sqrt{a+b+1}$ 时, $f'(x)>0$, 从而 $f(x)$ 单增; 当 $1-\sqrt{a+b+1}<x<1+\sqrt{a+b+1}$ 时, $f'(x)<0$, 则 $f(x)$ 单减; 当 $x>1+\sqrt{a+b+1}$ 时, $f'(x)>0$, 则 $f(x)$ 单增. 故 $f(x)$ 在 $x=1-\sqrt{a+b+1}$ 处取得极大值.

(2) $f(x)$ 在 $[a,c]$ 及 $[c,b]$ 上都满足拉格朗日定理条件, 则存在 $\alpha\in(a,c),\beta\in(c,b)$, 使得

$$f'(\alpha)=\frac{f(c)-f(a)}{c-a}=\frac{f(c)}{c-a}, \quad f'(\beta)=\frac{f(b)-f(c)}{b-c}=-\frac{f(c)}{b-c}.$$

因为 $f(c)>0$, 则 $f'(\alpha)>0$, $f'(\beta)<0$.

因 $f(x)$ 在 (a,b) 内二阶可导, 则 $f'(x)$ 在 $[\alpha,\beta]$ 上满足拉格朗日定理条件, 故至少存在一点 $\xi\in(\alpha,\beta)$, 使 $f''(\xi)=\dfrac{f'(\beta)-f'(\alpha)}{\beta-\alpha}<0$.

(3) 设 $f(x)=\tan x-x-\dfrac{1}{3}x^{3}$, 则,

$f'(x)=\sec^{2}x-1-x^{2}=\tan^{2}x-x^{2}=(\tan x-x)(\tan x+x)$, 当 $0<x<\dfrac{\pi}{2}$ 时, $\tan x+x>0$.

设 $g(x)=\tan x-x$, 则 $g'(x)=\sec^{2}x-1=\tan^{2}x>0$, $g(x)$ 在 $\left(0,\dfrac{\pi}{2}\right)$ 内单调增加, 所以 $g(x)>g(0)=0$, 从而 $f'(x)>0$, $f(x)$ 在 $\left(0,\dfrac{\pi}{2}\right)$ 内单调增加, $f(x)>f(0)=0$ 即 $\tan x>x+\dfrac{1}{3}x^{3}$.

5. **解** 令 $y'=6x^{2}-12x-18=0$, 得驻点 $x=-1,x=3$. 令 $y''=12x-12=0$, 得 $x=1$.

x	$(-\infty,-1)$	-1	$(-1,1)$	1	$(1,3)$	3	$(3,+\infty)$
y'	$+$	0	$-$	$-$	$-$	0	$+$
y''	$-$	$-$	$-$	0	$+$	$+$	$+$
y	增、凸	极大	减、凸	拐点	减、凹	极小	增、凹

极大值为 $y(-1)=17$, 极小值为 $y(3)=-47$, 拐点为 $(-1,15)$.

6. **解** (1) $C(P)=5Q+200=5(100-2P)+200=700-10P$,

$R(P)=QP=(100-2P)P=100P-2P^{2}$.

(2) $L(P)=QP-C(P)=(100-2P)P-(700-10P)=110P-2P^{2}-700$,

$L'(P)=110-4P$. 令 $L'(P)=0$, 得 $P=27.5$.

又 $L''(P)=-4<0$, 故当 $P=27.5,Q=45$ 时获得总利润最大.

第 4 章

不定积分

4.1 大纲要求及重点内容

1. 大纲要求

(1) 理解原函数与不定积分的概念；

(2) 会灵活运用不定积分的性质及基本积分公式求不定积分；

(3) 会灵活运用第一类换元积分法求不定积分，会用第二类换元积分法求被积函数含有根式的不定积分；

(4) 会灵活运用分部积分法求不定积分；

(5) 会计算简单有理函数的不定积分.

2. 重点内容

原函数与不定积分的概念；不定积分的换元积分法和分部积分法.

4.2 内容精要

1. 原函数概念

若在某区间 I 上可导函数 $F(x)$ 的导函数为 $f(x)$，即对每一 $x \in I$，都有 $F'(x) = f(x)$ 或 $\mathrm{d}F(x) = f(x)\mathrm{d}x$，则函数 $F(x)$ 称为 $f(x)$ 在该区间上的一个原函数.

2. 不定积分概念

在区间 I 上，$f(x)$ 的所有原函数称为函数 $f(x)$ 在区间 I 上的不定积分，记作 $\int f(x)\mathrm{d}x$.

若 $F(x)$ 是 $f(x)$ 在区间 I 上的一个原函数，则 $\int f(x)\mathrm{d}x = F(x) + C$，其中 C 为任意常数.

3. 基本积分公式

(1) $\int k\mathrm{d}x = kx + C$（$k$ 为常数）；

(2) $\int x^{\mu}\mathrm{d}x = \dfrac{x^{\mu+1}}{\mu+1} + C$ $(\mu \neq -1)$；

(3) $\int \dfrac{\mathrm{d}x}{x} = \ln|x| + C$；

(4) $\int \dfrac{1}{1+x^2}\mathrm{d}x = \arctan x + C$；

(5) $\int \dfrac{1}{\sqrt{1-x^2}}\mathrm{d}x = \arcsin x + C$；

(6) $\int a^x\mathrm{d}x = \dfrac{a^x}{\ln a} + C$（$a > 0$，且 $a \neq 1$）；

(7) $\int e^x dx = e^x + C$；　　　　(8) $\int \cos x dx = \sin x + C$；

(9) $\int \sin x dx = -\cos x + C$；　　　(10) $\int \sec^2 x dx = \tan x + C$；

(11) $\int \csc^2 x dx = -\cot x + C$；　　(12) $\int \sec x \tan x dx = \sec x + C$；

(13) $\int \csc x \cot x dx = -\csc x + C$.

4. 不定积分的性质

性质 1　$\dfrac{\mathrm{d}}{\mathrm{d}x}\left[\int f(x)\mathrm{d}x\right] = f(x)$ 或 $\mathrm{d}\left[\int f(x)\mathrm{d}x\right] = f(x)\mathrm{d}x$.

性质 2　$\int F'(x)\mathrm{d}x = F(x) + C$ 或 $\int \mathrm{d}F(x) = F(x) + C$.

性质 3　两个函数代数和的不定积分，等于它们各自不定积分的代数和，即

$$\int \left[f(x) \pm g(x) \right] \mathrm{d}x = \int f(x)\mathrm{d}x \pm \int g(x)\mathrm{d}x.$$

注　此性质可推广到有限多个函数之和的情形.

性质 4　非零常数因子可提到积分号前面，即

$$\int k f(x)\mathrm{d}x = k \int f(x)\mathrm{d}x \ (k \neq 0).$$

5. 求不定积分的基本方法

(1) 第一类换元积分法（凑微分法）

$\int f(\varphi(x))\varphi'(x)\mathrm{d}x \xrightarrow[\mathrm{d}u = \varphi'(x)\mathrm{d}x]{u = \varphi(x)} \int f(u)\mathrm{d}u$，后一积分对 u 来说容易积分.

(2) 第二类换元积分法　$\int f(x)\mathrm{d}x \xrightarrow[\mathrm{d}x = \phi'(t)\mathrm{d}t]{x = \phi(t)} \int f[\phi(t)]\phi'(t)\mathrm{d}t$.

① 三角代换　被积函数中含有 $\sqrt{a^2 - x^2}$ 时，设 $x = a\sin t$；被积函数中含有 $\sqrt{a^2 + x^2}$ 时，设 $x = a\tan t$；被积函数中含有 $\sqrt{x^2 - a^2}$ 时，设 $x = a\sec t$.

② 倒代换　如 $\int \dfrac{\mathrm{d}x}{x(x^7 + 2)}$，设 $x = \dfrac{1}{t}$.

③ 指数代换　如 $\int \dfrac{2^x \mathrm{d}x}{1 + 2^x + 4^x}$，设 $2^x = t$.

④ 简单无理函数　如 $\int \dfrac{1}{\sqrt{x} + \sqrt[3]{x}}\mathrm{d}x$，设 $x = t^6$.

(3) 分部积分法

$\int u\mathrm{d}v = uv - \int v\mathrm{d}u$，关键的问题是如何把被积函数分成两部分，分成的两部分应满足：$v = \int \mathrm{d}v$ 必须能求出；第二个积分比原积分容易求.

典型的分部积分类型如 $\int x^n \cos x \mathrm{d}x, \int x^n e^x \mathrm{d}x, \int x^n \ln x \mathrm{d}x, \int x \arcsin x \mathrm{d}x, \int x^2 \arctan x \mathrm{d}x,$ 而 $\int e^x \cos x \mathrm{d}x$ 属于循环积分.

(4) 有理函数的积分

任何一个有理假分式都可以化为多项式与有理真分式的和. 又因为多项式的积分很容易, 所以, 可以将有理函数的不定积分转化为有理真分式的积分问题.

理论上已证明, 任何真分式总能分解为部分分式和, 分解方法如下:

设 $R(x) = \dfrac{P(x)}{Q(x)}$ 为真分式, 多项式 $Q(x)$ 总能在实数范围内分解为一次因式和二次真因式的乘积, 不妨设

$$Q(x) = b_0 \ (x-a)^k \cdots \ (x^2 + px + q)^m \cdots,$$

其中 $p^2 - 4q < 0, \cdots$. 于是真分式 $R(x)$ 必能分解为如下形式的部分分式之和:

$$R(x) = \frac{P(x)}{Q(x)} = \frac{A_1}{(x-a)^k} + \frac{A_2}{(x-a)^{k-1}} + \cdots + \frac{A_k}{(x-a)} + \cdots + \frac{M_1 x + N_1}{(x^2 + px + q)^m} +$$

$$\frac{M_2 x + N_2}{(x^2 + px + q)^{m-1}} + \cdots + \frac{M_m x + N_m}{(x^2 + px + q)} + \cdots,$$

其中诸函数中 $A_1, A_2, \cdots, A_k; M_1, M_2, \cdots, M_m; N_1, N_2, \cdots, N_m$ 等在具体问题中用**待定系数法**求出.

一般地, 求有理真分式的不定积分的步骤是:

① 将有理真分式分解为部分分式和;

② 求出各部分分式的原函数.

4.3 题型总结与典型例题

题型 4-1 关于不定积分与原函数的概念

【解题思路】 本章最重要的两个概念是不定积分与原函数, 正确理解不定积分与原函数的定义, 是解决本题型的关键.

例 4.1 设函数 $f(x)$ 在 $(-\infty, +\infty)$ 上连续, 则 $\mathrm{d}\left[\displaystyle\int f(x)\mathrm{d}x\right]$ 等于(   ).

A. $f(x)$ B. $f(x)\mathrm{d}x$ C. $f(x) + C$ D. $f'(x)\mathrm{d}x$

解 设 $F'(x) = f(x)$, 则 $\mathrm{d}\left[\displaystyle\int f(x)\mathrm{d}x\right] = \mathrm{d}[F(x) + C] = f(x)\mathrm{d}x$, 故选 B.

注 d 与 $\displaystyle\int$ 是互逆的运算符号, 相遇时则互相抵消. 不过当 $\displaystyle\int$ 在 d 之前时, 相抵消后要加 C, 如 $\displaystyle\int \mathrm{d}x = x + C$.

例 4.2 已知 $f(x)$ 的一个原函数为 $\cos x$, $g(x)$ 的一个原函数为 x^2, 下列哪些是复合函数 $f[g(x)]$ 的原函数(   ).

A. x^2 B. $\cos^2 x$ C. $\cos x^2$ D. $\cos x$

解 先求 $f[g(x)]$, 由题意得

$$f(x) = (\cos x)' = -\sin x, \quad g(x) = (x^2)' = 2x, \quad \text{所以} \quad f[g(x)] = -\sin 2x.$$

将所给的四个函数逐个求导, 只有 $(\cos^2 x)' = -2\cos x \sin x = -\sin 2x$, 所以只有 $\cos^2 x$ 为 $f[g(x)] = -\sin 2x$ 的一个原函数, 故选 B.

例 4.3　设 $F(x)$ 是 $f(x)$ 的一个原函数, 则 $F(x)$ 为偶函数是 $f(x)$ 为奇函数的(　　).

A. 必要条件　　　　B. 充分条件　　　　C. 充要条件　　　　D. 无关条件

解　**充分性**　因为 $F'(x)=f(x)$, 若 $F(x)$ 为偶函数, 则 $f(x)=F'(x)=-F'(-x)=-f(-x)$, 即 $f(-x)=-f(x)$, $f(x)$ 为奇函数.

必要性　若 $f(x)$ 为奇函数, 又 $\int f(x)\mathrm{d}x=F(x)+C$, 所以 $F(x)$ 为偶函数. 故选 C.

例 4.4　已知 $F'(x)=\dfrac{1+x}{1+\sqrt[3]{x}}$, 且 $F(0)=1$, 求 $F(x)$.

解　根据题设条件, 有

$$F(x)=\int F'(x)\mathrm{d}x=\int \frac{1+x}{1+\sqrt[3]{x}}\mathrm{d}x=\int(1-\sqrt[3]{x}+\sqrt[3]{x^2})\mathrm{d}x$$

$$=\int 1\mathrm{d}x-\int \sqrt[3]{x}\mathrm{d}x+\int \sqrt[3]{x^2}\mathrm{d}x=x-\frac{3}{4}x^{\frac{4}{3}}+\frac{3}{5}x^{\frac{5}{3}}+C.$$

又 $F(0)=1$, 得 $C=1$. 所以 $F(x)=x-\dfrac{3}{4}x^{\frac{4}{3}}+\dfrac{3}{5}x^{\frac{5}{3}}+1.$

题型 4-2　分项积分法

【解题思路】　通常把一个复杂的函数分解成 n 个简单函数之和, 例如: $f(x)=k_1g_1(x)+k_2g_2(x)$, 若能求出右端两个函数 $g_1(x)$ 和 $g_2(x)$ 的积分, 则应用不定积分的基本性质 $\int f(x)\mathrm{d}x=k_1\int g_1(x)\mathrm{d}x+k_2\int g_2(x)\mathrm{d}x$ 就可以求出函数 $f(x)$ 的不定积分.

例 4.5　求下列不定积分:

(1) $\displaystyle\int \frac{1+3x^2}{1+x^2}\mathrm{d}x$;　　(2) $\displaystyle\int \frac{(x+1)^2}{x(x^2+1)}\mathrm{d}x$;　　(3) $\displaystyle\int \frac{1}{\sin^2 x\cos^2 x}\mathrm{d}x$;　　(4) $\displaystyle\int \frac{2^x+\mathrm{e}^x}{2^x\mathrm{e}^x}\mathrm{d}x$.

解　(1) $\displaystyle\int \frac{1+3x^2}{1+x^2}\mathrm{d}x=\int \frac{-2+3(1+x^2)}{1+x^2}\mathrm{d}x=-2\int \frac{1}{1+x^2}\mathrm{d}x+3\int \mathrm{d}x$

$$=-2\arctan x+3x+C.$$

(2) $\displaystyle\int \frac{(x+1)^2}{x(x^2+1)}\mathrm{d}x=\int \frac{x^2+1+2x}{x(x^2+1)}\mathrm{d}x=\int\left(\frac{1}{x}+\frac{2}{x^2+1}\right)\mathrm{d}x$

$$=\ln|x|+2\arctan x+C.$$

(3) $\displaystyle\int \frac{1}{\sin^2 x\cos^2 x}\mathrm{d}x=\int \frac{\sin^2 x+\cos^2 x}{\sin^2 x\cdot\cos^2 x}\mathrm{d}x=\int\left(\frac{1}{\cos^2 x}+\frac{1}{\sin^2 x}\right)\mathrm{d}x$

$$=\int \frac{1}{\cos^2 x}\mathrm{d}x+\int \frac{1}{\sin^2 x}\mathrm{d}x=\tan x-\cot x+C.$$

(4) $\displaystyle\int \frac{2^x+\mathrm{e}^x}{2^x\mathrm{e}^x}\mathrm{d}x=\int(\mathrm{e}^{-1})^x\mathrm{d}x+\int(2^{-1})^x\mathrm{d}x=\frac{\mathrm{e}^{-x}}{\ln \mathrm{e}^{-1}}+\frac{2^{-x}}{\ln 2^{-1}}+C=-\frac{1}{\mathrm{e}^x}-\frac{1}{2^x\ln 2}+C.$

题型 4-3　第一类换元积分法(凑微分法)

【解题思路】　第一类换元积分法又称凑微分法, 解题关键需在被积分函数中"凑"出一部分微分. 即"凑微分法", 由于这种方法灵活多变, 因此是不定积分法中较难掌握的方法, 在熟记常用公式的前提下, 应多熟悉一些常用类型及其变化. 凑微分法是不定积分法中最重要的一种方法也是最难掌握的一种方法.

例 4.6 求下列不定积分：

(1) $\displaystyle\int e^{e^x+x}dx$；

(2) $\displaystyle\int x(1+x^2)^{100}dx$；

(3) $\displaystyle\int \frac{\sqrt{1+2\arctan x}}{1+x^2}dx$；

(4) $\displaystyle\int \frac{\sin x-\cos x}{(\cos x+\sin x)^5}dx$；

(5) $\displaystyle\int \frac{dx}{\sin 2x+2\sin x}$；

(6) $\displaystyle\int (x\ln x)^{\frac{3}{2}}(\ln x+1)dx$.

解 (1) $\displaystyle\int e^{e^x+x}dx=\int e^{e^x}e^x dx=\int e^{e^x}de^x=e^{e^x}+C$.

(2) $\displaystyle\int x(1+x^2)^{100}dx=\frac{1}{2}\int(1+x^2)^{100}d(1+x^2)=\frac{1}{202}(1+x^2)^{101}+C$.

(3) $\displaystyle\int \frac{\sqrt{1+2\arctan x}}{1+x^2}dx=\frac{1}{2}\int(1+2\arctan x)^{\frac{1}{2}}d(1+2\arctan x)$

$$=\frac{1}{2}\times\frac{2}{3}(1+2\arctan x)^{\frac{3}{2}}+C=\frac{1}{3}(1+2\arctan x)^{\frac{3}{2}}+C.$$

(4) $\displaystyle\int \frac{\sin x-\cos x}{(\cos x+\sin x)^5}dx=-\int(\cos x+\sin x)^{-5}d(\cos x+\sin x)=\frac{1}{4}(\cos x+\sin x)^{-4}+C$.

(5) $\displaystyle\int \frac{dx}{\sin 2x+2\sin x}=\int\frac{dx}{2\sin x\cos x+2\sin x}=\int\frac{dx}{2\sin x(1+\cos x)}=\int\frac{dx}{8\sin\frac{x}{2}\cos^3\frac{x}{2}}$

$$=\int\frac{\sec^2\frac{x}{2}d\tan\frac{x}{2}}{4\tan\frac{x}{2}}=\frac{1}{4}\int\left(\tan\frac{x}{2}+\frac{1}{\tan\frac{x}{2}}\right)d\tan\frac{x}{2}$$

$$=\frac{1}{4}\left(\ln\left|\tan\frac{x}{2}\right|+\frac{1}{2}\tan^2\frac{x}{2}\right)+C.$$

(6) $\displaystyle\int (x\ln x)^{\frac{3}{2}}(\ln x+1)dx=\int(x\ln x)^{\frac{3}{2}}d(x\ln x)=\frac{2}{5}(x\ln x)^{\frac{5}{2}}+C$.

题型 4-4 第二类换元积分法

【解题思路】 第一类换元积分法，实际上是作变量代换 $\varphi(x)=t$，只是因为 $\varphi(x)$ 隐含在被积函数中，所以较难掌握；而第二类换元积分法是作变量代换 $x=\varphi(t)$，就较容易掌握，常见的变量代换有：三角代换、倒代换、无理函数的代换，换元积分法得到的结果必须代回原变量这一点很重要.

例 4.7 求下列不定积分：

(1) $\displaystyle\int \frac{xdx}{(x^2+3)\sqrt{1-x^2}}$；

(2) $\displaystyle\int \frac{dx}{x^4\sqrt{1+x^2}}$；

(3) $\displaystyle\int \frac{dx}{1+\sqrt{x^2+2x+2}}$；

(4) $\displaystyle\int \frac{\sqrt{x^2-9}}{x^4}dx$.

解 (1) 被积函数含 $\sqrt{1-x^2}$，于是设 $x=\sin t$，则 $dx=\cos t dt$，故

$$原式=\int\frac{\sin t\cos t dt}{(\sin^2 t+3)\cos t}=\int\frac{\sin t dt}{\sin^2 t+3}=-\int\frac{d\cos t}{4-\cos^2 t}$$

$$=-\frac{1}{4}\int\left(\frac{1}{2-\cos t}+\frac{1}{2+\cos t}\right)d\cos t=-\frac{1}{4}\ln\left|\frac{2+\cos t}{2-\cos t}\right|+C$$

$$=-\frac{1}{4}\ln\left|\frac{2+\sqrt{1-x^2}}{2-\sqrt{1-x^2}}\right|+C.$$

(2) 被积函数含 $\sqrt{1+x^2}$，于是设 $x = \tan t$，则 $\mathrm{d}x = \sec^2 t \mathrm{d}t \left(-\dfrac{\pi}{2} < t < \dfrac{\pi}{2} \right)$，故

$$原式 = \int \frac{\sec^2 t}{\tan^4 t \sec t} \mathrm{d}t = \int \frac{\cos^3 t}{\sin^4 t} \mathrm{d}t = \int \frac{\cos^2 t}{\sin^4 t} \mathrm{d}\sin t = \int \frac{1 - \sin^2 t}{\sin^4 t} \mathrm{d}\sin t$$

$$= \int \left(\frac{1}{\sin^4 t} - \frac{1}{\sin^2 t} \right) \mathrm{d}\sin t = -\frac{1}{3} \frac{1}{\sin^3 t} + \frac{1}{\sin t} + C = -\frac{\sqrt{(1+x^2)^3}}{3x^3} + \frac{\sqrt{1+x^2}}{x} + C.$$

(3) 原式 $= \displaystyle\int \frac{\mathrm{d}(x+1)}{1 + \sqrt{(x+1)^2 + 1}}$. 设 $x + 1 = \tan t$，则 $\mathrm{d}(x+1) = \sec^2 t \mathrm{d}t \left(-\dfrac{\pi}{2}, \dfrac{\pi}{2} \right)$，于是

$$原式 = \int \frac{\sec^2 t \mathrm{d}t}{1 + \sec t} = \int \frac{\mathrm{d}t}{\cos t (1 + \cos t)} = \int \frac{\mathrm{d}t}{\cos t} - \int \frac{1}{1 + \cos t} \mathrm{d}t$$

$$= \int \sec t \mathrm{d}t - \int \frac{1}{\sin^2 t} \mathrm{d}t + \int \frac{\cos t}{\sin^2 t} \mathrm{d}t = \ln | \sec t + \tan t | + \cot t - \frac{1}{\sin t} + C$$

$$= \ln | \sqrt{x^2 + 2x + 2} + x + 1 | + \frac{1}{x+1} - \frac{\sqrt{x^2 + 2x + 2}}{x+1} + C.$$

(4) 设 $x = 3\sec t$，则 $\mathrm{d}x = 3\sec t \tan t \mathrm{d}t$，于是

$$原式 = \int \frac{3\tan t}{3^4 \sec^4 t} 3\sec t \tan t \mathrm{d}t = \frac{1}{9} \int \sin^2 t \cos t \mathrm{d}t = \frac{1}{9} \int \sin^2 t \mathrm{d}\sin t = \frac{1}{27} \sin^3 t + C$$

$$= \frac{1}{27} \left(\frac{\sqrt{x^2 - 9}}{x} \right)^3 + C.$$

例 4.8 求不定积分 $\displaystyle\int \frac{\mathrm{d}x}{x^8 (1 + x^2)}$.

解 设 $x = \dfrac{1}{t}$，则 $\mathrm{d}x = -\dfrac{1}{t^2} \mathrm{d}t$，于是

$$原式 = \int \frac{-\dfrac{1}{t^2} \mathrm{d}t}{\dfrac{1}{t^8} \left(1 + \dfrac{1}{t^2} \right)} = -\int \frac{t^8}{t^2 + 1} \mathrm{d}t = -\int \frac{t^8 - 1 + 1}{t^2 + 1} \mathrm{d}t$$

$$= -\int (t^2 - 1)(t^4 + 1) \mathrm{d}t - \int \frac{1}{t^2 + 1} \mathrm{d}t$$

$$= -\frac{1}{7} t^7 + \frac{1}{5} t^5 - \frac{1}{3} t^3 + t - \arctan t + C$$

$$= -\frac{1}{7x^7} + \frac{1}{5x^5} - \frac{1}{3x^3} + \frac{1}{x} - \arctan \frac{1}{x} + C.$$

注 本题是利用倒代换的换元积分法. 该方法一般适用于被积函数的分子或分母含 x 的高次幂的情形. 设 m, n 分别为被积函数的分子、分母关于 x 的最高次数，当 $n - m > 1$ 时，利用倒代换的换元积分法.

例 4.7，例 4.8 为三角代换、倒代换的第二类换元积分，无理函数的代换的换元积分法在后面有题型.

题型 4-5 分部积分法

【解题思路】 分部积分公式 $\displaystyle\int u(x) \mathrm{d}v(x) = u(x)v(x) - \int v(x) \mathrm{d}u(x)$ 或 $\displaystyle\int u(x) v'(x) \mathrm{d}x =$ $u(x)v(x) - \displaystyle\int v(x) u'(x) \mathrm{d}x$，运用分部积分法的关键是如何选取 $u(x), \mathrm{d}v(x)$. 利用分部积分

公式应注意两点：①v 要容易求出；②$\displaystyle\int v\mathrm{d}u$ 要比 $\displaystyle\int u\mathrm{d}v$ 容易计算.

例 4.9 求下列不定积分：

(1) $\displaystyle\int x^2\sin^2 x\mathrm{d}x$；

(2) $\displaystyle\int \frac{(x+1)\mathrm{e}^x}{(x+2)^2}\mathrm{d}x$；

(3) $\displaystyle\int \mathrm{e}^{-x}\arctan\mathrm{e}^x\mathrm{d}x$；

(4) $\displaystyle\int \frac{x\mathrm{e}^x}{(\mathrm{e}^x+1)^2}\mathrm{d}x$.

解 (1) $\displaystyle\int x^2\sin^2 x\mathrm{d}x = \int x^2\frac{1-\cos 2x}{2}\mathrm{d}x = \frac{1}{2}\int x^2\mathrm{d}x - \frac{1}{2}\int x^2\cos 2x\mathrm{d}x$

$$= \frac{1}{6}x^3 - \frac{1}{2}\left(x^2\cdot\frac{\sin 2x}{2} - \int 2x\cdot\frac{\sin 2x}{2}\mathrm{d}x\right)$$

$$= \frac{1}{6}x^3 - \frac{1}{4}x^2\sin 2x + \frac{1}{2}\left[x\cdot\left(-\frac{\cos 2x}{2}\right) + \int\frac{\cos 2x}{2}\mathrm{d}x\right]$$

$$= \frac{1}{6}x^3 - \frac{1}{4}x^2\sin 2x - \frac{1}{4}x\cos 2x + \frac{1}{8}\sin 2x + C.$$

(2) $\displaystyle\int \frac{(x+1)\mathrm{e}^x}{(x+2)^2}\mathrm{d}x = \int(x+1)\mathrm{e}^x\mathrm{d}\left(-\frac{1}{x+2}\right) = -\frac{(x+1)\mathrm{e}^x}{x+2} + \int\mathrm{e}^x\mathrm{d}x$

$$= -\frac{x+1}{x+2}\mathrm{e}^x + \mathrm{e}^x + C = \frac{1}{x+2}\mathrm{e}^x + C.$$

(3) $\displaystyle\int \mathrm{e}^{-x}\arctan\mathrm{e}^x\mathrm{d}x = \int\arctan\mathrm{e}^x\mathrm{d}(-\mathrm{e}^{-x}) = -\arctan\mathrm{e}^x\cdot\mathrm{e}^{-x} + \int\frac{\mathrm{e}^{-x}}{1+\mathrm{e}^{2x}}\cdot\mathrm{e}^x\mathrm{d}x$

$$= -\arctan\mathrm{e}^x\cdot\mathrm{e}^{-x} + \int\frac{\mathrm{e}^{-2x}}{1+\mathrm{e}^{-2x}}\cdot\mathrm{d}x$$

$$= -\arctan\mathrm{e}^x\cdot\mathrm{e}^{-x} - \frac{1}{2}\ln(1+\mathrm{e}^{-2x}) + C.$$

(4) $\displaystyle\int \frac{x\mathrm{e}^x}{(\mathrm{e}^x+1)^2}\mathrm{d}x = \int\frac{x\mathrm{d}(\mathrm{e}^x+1)}{(\mathrm{e}^x+1)^2} = -\int x\mathrm{d}\left(\frac{1}{\mathrm{e}^x+1}\right)$

$$= -\frac{x}{\mathrm{e}^x+1} + \int\frac{\mathrm{e}^x}{\mathrm{e}^x(\mathrm{e}^x+1)}\mathrm{d}x = -\frac{x}{\mathrm{e}^x+1} + \int\left(\frac{1}{\mathrm{e}^x} - \frac{1}{\mathrm{e}^x+1}\right)\mathrm{d}(\mathrm{e}^x)$$

$$= -\frac{x}{\mathrm{e}^x+1} + \ln\mathrm{e}^x - \ln(\mathrm{e}^x+1) + C = \frac{x\mathrm{e}^x}{\mathrm{e}^x+1} - \ln(\mathrm{e}^x+1) + C.$$

例 4.10 若 $f(x)$ 的一个原函数是 $\ln(x+\sqrt{1+x^2})$，求 $\displaystyle\int xf'(x)\mathrm{d}x$.

解 $f(x)$ 的一个原函数是 $\ln(x+\sqrt{1+x^2})$，则 $f(x) = [\ln(x+\sqrt{1+x^2})]' = \dfrac{1}{\sqrt{1+x^2}}$，

于是 $\displaystyle\int xf'(x)\mathrm{d}x = xf(x) - \int f(x)\mathrm{d}x = \frac{x}{\sqrt{1+x^2}} - \ln(x+\sqrt{1+x^2}) + C.$

例 4.11 设 $f(x)$ 的一个原函数是 $x\ln x$，则 $\displaystyle\int xf(x)\mathrm{d}x = ($ $)$.

A. $x^2\left(\dfrac{1}{2} + \dfrac{1}{4}\ln x\right) + C$

B. $x^2\left(\dfrac{1}{4} + \dfrac{1}{2}\ln x\right) + C$

C. $x^2\left(\dfrac{1}{4} - \dfrac{1}{2}\ln x\right) + C$

D. $x^2\left(\dfrac{1}{2} - \dfrac{1}{4}\ln x\right) + C$

解　$f(x)$ 的一个原函数是 $x\ln x$，则 $f(x) = (x\ln x)' = \ln x + 1$，于是

$$\int xf(x)\mathrm{d}x = \int x(\ln x + 1)\mathrm{d}x = \int x\ln x\mathrm{d}x + \int x\mathrm{d}x = \int \ln x\mathrm{d}\left(\frac{x^2}{2}\right) + \int x\mathrm{d}x$$

$$= \frac{x^2}{2}\ln x - \frac{x^2}{4} + \frac{x^2}{2} + C = \frac{x^2}{2}\ln x + \frac{x^2}{4} + C.$$

故选 B.

题型 4-6　有理函数的积分

【解题思路】　关于有理函数的积分，假分式可以分解为多项式与真分式的和，真分式可以分解为部分分式之和，最简真分式的形式只有四种：

$$\frac{1}{x-a}, \quad \frac{1}{(x-a)^n}, \quad \frac{Mx+N}{x^2+px+q}, \quad \frac{Mx+N}{(x^2+px+q)^n} \quad (n = 2, 3, \cdots, p^2 - 4q < 0).$$

例 4.12　求下列不定积分：

(1) $\displaystyle\int \frac{\mathrm{d}x}{(x^2+1)(x+1)^2}$;

(2) $\displaystyle\int \frac{x^2+1}{x^4+1}\mathrm{d}x$;

(3) $\displaystyle\int \frac{3x-2}{x^2-4x+5}\mathrm{d}x$;

(4) $\displaystyle\int \frac{1}{x(x^6+4)}\mathrm{d}x$.

解　(1) 设 $\dfrac{1}{(x^2+1)(x+1)^2} = \dfrac{Ax+B}{x^2+1} + \dfrac{C}{(x+1)^2} + \dfrac{D}{x+1}$，通分并比较等式两边得

$$(Ax+B)(x+1)^2 + C(x^2+1) + D(x+1)(x^2+1)$$

$$= (A+D)x^3 + (2A+B+C+D)x^2 + (A+2B+D)x + B+C+D = 1,$$

即 $\begin{cases} A+D = 0, \\ 2A+B+C+D = 0, \\ A+2B+D = 0, \\ B+C+D = 1, \end{cases}$　解得 $\begin{cases} A = -\dfrac{1}{2}, \\ B = 0, \\ C = \dfrac{1}{2}, \\ D = \dfrac{1}{2}. \end{cases}$

于是 $\displaystyle\int \frac{1}{(x^2+1)(x+1)^2}\mathrm{d}x = -\frac{1}{2}\int \frac{x}{x^2+1}\mathrm{d}x + \frac{1}{2}\int \frac{\mathrm{d}x}{(x+1)^2} + \frac{1}{2}\int \frac{\mathrm{d}x}{x+1}$

$$= -\frac{1}{4}\ln(x^2+1) - \frac{1}{2(x+1)} + \frac{1}{2}\ln|x+1| + C.$$

(2) **方法一**　因为 $x^4 + 1 = (x^2+1)^2 - (\sqrt{2}x)^2 = (x^2+\sqrt{2}x+1)(x^2-\sqrt{2}x+1)$，所以设 $\dfrac{x^2+1}{x^4+1} = \dfrac{Ax+B}{x^2+\sqrt{2}x+1} + \dfrac{Cx+D}{x^2-\sqrt{2}x+1}$，解得 $A = 0, B = \dfrac{1}{2}, C = 0, D = \dfrac{1}{2}$，于是

$$\int \frac{x^2+1}{x^4+1}\mathrm{d}x = \frac{1}{2}\int \frac{1}{x^2+\sqrt{2}x+1}\mathrm{d}x + \frac{1}{2}\int \frac{1}{x^2-\sqrt{2}x+1}\mathrm{d}x$$

$$= \frac{1}{2}\int \frac{1}{\left(x+\frac{\sqrt{2}}{2}\right)^2 + \frac{1}{2}}\mathrm{d}x + \frac{1}{2}\int \frac{1}{\left(x-\frac{\sqrt{2}}{2}\right)^2 + \frac{1}{2}}\mathrm{d}x$$

$$= \frac{\sqrt{2}}{2}\arctan(\sqrt{2}x+1) + \frac{\sqrt{2}}{2}\arctan(\sqrt{2}x-1) + C.$$

方法二 $\displaystyle\int\frac{x^2+1}{x^4+1}\mathrm{d}x=\int\frac{1+\dfrac{1}{x^2}}{x^2+\dfrac{1}{x^2}}\mathrm{d}x=\int\frac{1+\dfrac{1}{x^2}}{\left(x-\dfrac{1}{x}\right)^2+2}\mathrm{d}x=\int\frac{1}{\left(x-\dfrac{1}{x}\right)^2+2}\mathrm{d}\left(x-\dfrac{1}{x}\right)$

$$=\frac{1}{\sqrt{2}}\arctan\frac{\left(x-\dfrac{1}{x}\right)}{\sqrt{2}}+C=\frac{1}{\sqrt{2}}\arctan\frac{x^2-1}{\sqrt{2}x}+C.$$

(3) $\displaystyle\int\frac{3x-2}{x^2-4x+5}\mathrm{d}x=\frac{3}{2}\int\frac{2x-4}{x^2-4x+5}\mathrm{d}x+4\int\frac{\mathrm{d}x}{x^2-4x+5}$

$$=\frac{3}{2}\int\frac{\mathrm{d}(x^2-4x+5)}{x^2-4x+5}+4\int\frac{\mathrm{d}(x-2)}{(x-2)^2+1}$$

$$=\frac{3}{2}\ln(x^2-4x+5)+4\arctan(x-2)+C.$$

(4) 方法一 $\displaystyle\int\frac{1}{x(x^6+4)}\mathrm{d}x=\int\frac{x^5}{x^6(x^6+4)}\mathrm{d}x=\frac{1}{6}\int\frac{1}{x^6(x^6+4)}\mathrm{d}x^6$

$$=\frac{1}{6}\left[\frac{1}{4}\left(\frac{1}{x^6}-\frac{1}{x^6+4}\right)\mathrm{d}x^6\right]$$

$$=\frac{1}{24}\left[\ln x^6-\ln(x^6+4)\right]+C=\frac{1}{24}\ln\frac{x^6}{x^6+4}+C.$$

方法二 设 $x=\dfrac{1}{t}$,则 $\mathrm{d}x=-\dfrac{1}{t^2}\mathrm{d}t$,于是

$$\int\frac{1}{x(x^6+4)}\mathrm{d}x=\int\frac{1}{\dfrac{1}{t}\left(\dfrac{1}{t^6}+4\right)}\left(-\frac{1}{t^2}\right)\mathrm{d}t=\int\frac{-t^5}{1+4t^6}\mathrm{d}t$$

$$=-\frac{1}{24}\int\frac{1}{1+4t^6}\mathrm{d}(1+4t^6)=-\frac{1}{24}\ln(1+4t^6)+C$$

$$=-\frac{1}{24}\ln\left(1+\frac{4}{x^6}\right)+C=\frac{1}{24}\ln\frac{x^6}{x^6+4}+C.$$

题型 4-7 简单无理函数的积分

【解题思路】 求简单无理函数的积分的关键是运用变量代换,或分子、分母有理化,把根号去掉,从而化为有理函数的积分. 为此,可以通过对被积函数的变形或根据被积表达式的特点,灵活地选择变量来达到目的.

例 4.13 求下列不定积分:

(1) $\displaystyle\int\frac{\mathrm{d}x}{\sqrt{x}\left(1+\sqrt[4]{x}\right)^3}$;   (2) $\displaystyle\int\frac{1}{x}\sqrt{\frac{1+x}{x}}\mathrm{d}x$;   (3) $\displaystyle\int\frac{\ln x}{\sqrt{3x-2}}\mathrm{d}x$.

解 (1) 被积函数含有两个根式 $\sqrt{x}$ 与 $\sqrt[4]{x}$,为了能同时消去这两个根式,令 $\sqrt[4]{x}=t$,即设 $\sqrt[4]{x}=t$,则 $x=t^4$,$\mathrm{d}x=4t^3\mathrm{d}t$,于是

$$\int\frac{\mathrm{d}x}{\sqrt{x}(1+\sqrt[4]{x})^3}=\int\frac{4t^3\mathrm{d}t}{t^2(1+t)^3}=4\int\frac{t}{(1+t)^3}\mathrm{d}t$$

$$=4\int\frac{1}{(1+t)^2}\mathrm{d}t-4\int\frac{1}{(1+t)^3}\mathrm{d}t$$

$$=-\frac{4}{1+t}+\frac{4}{2(1+t)^2}+C$$

$$= \frac{2}{(1+\sqrt[4]{x})^2} - \frac{4}{1+\sqrt[4]{x}} + C.$$

（2）设 $\sqrt{\frac{1+x}{x}} = t$，则 $x = \frac{1}{t^2-1}$，$dx = -\frac{2t}{(t^2-1)^2}dt$，于是

$$\int \frac{1}{x}\sqrt{\frac{1+x}{x}}dx = \int (t^2-1)t \frac{-2t}{(t^2-1)^2}dt = -2\int \frac{t^2}{t^2-1}dt = -2\int \left(1 + \frac{1}{t^2-1}\right)dt$$

$$= -2t - \ln\left|\frac{t-1}{t+1}\right| + C = -2\sqrt{\frac{1+x}{x}} - \ln\left|x\left(\sqrt{\frac{1+x}{x}}-1\right)^2\right| + C.$$

（3）令 $\sqrt{3x-2} = t$，即 $x = \frac{1}{3}(t^2+2)$，则 $dx = \frac{2}{3}tdt$，于是

$$\int \frac{\ln x}{\sqrt{3x-2}}dx = \int \frac{\ln \frac{1}{3}(t^2+2)}{t} \cdot \frac{2}{3}tdt = \frac{2}{3}\int \ln\frac{t^2+2}{3}dt$$

$$= \frac{2}{3}\left(t\ln\frac{t^2+2}{3} - \int t \cdot \frac{3}{t^2+2} \cdot \frac{2t}{3}dt\right)$$

$$= \frac{2}{3}\left(t\ln\frac{t^2+2}{3} - 2\int \frac{t^2}{t^2+2}dt\right)$$

$$= \frac{2}{3}\left(t\ln\frac{t^2+2}{3} - 2t + 2\sqrt{2}\arctan\frac{t}{\sqrt{2}}\right) + C$$

$$= \frac{2}{3}\left[(\ln x - 2)\sqrt{3x-2} + \frac{4\sqrt{2}}{3}\arctan\frac{\sqrt{3x-2}}{\sqrt{2}} + C\right].$$

注　若被积函数含有 $\sqrt[n]{ax+b}$ 形式，可令 $\sqrt[n]{ax+b} = t$，即 $x = \frac{1}{a}(t^n-b)$；对被积函数含有 $\sqrt[n]{\frac{ax+b}{cx+d}}$ 的简单无理函数，可令 $\sqrt[n]{\frac{ax+b}{cx+d}} = t$，即 $x = \frac{b-dt^n}{ct^n-a}$. 尽管一些被积函数中所含根式的形式与上面介绍的有所不同，但也能通过变量替换将根式去掉. 如下面例 4.14 中可令 $\sqrt{e^x-2} = t$，即 $x = \ln(2+t^2)$.

例 4.14　求 $\int \frac{xe^x}{\sqrt{e^x-2}}dx\ (x>1)$.

解　$\int \frac{xe^x}{\sqrt{e^x-2}}dx = 2\int xd\sqrt{e^x-2} = 2x\sqrt{e^x-2} - 2\int \sqrt{e^x-2}dx.$

令 $\sqrt{e^x-2} = t$，即 $x = \ln(2+t^2)$，则 $dx = \frac{1}{2+t^2}2tdt$，于是

$$\int \sqrt{e^x-2}dx = \int t\frac{2t}{2+t^2}dt = 2\int \frac{t^2+2-2}{2+t^2}dt = 2\int \left(1 - \frac{2}{2+t^2}\right)dt$$

$$= 2t - 2\sqrt{2}\arctan\frac{t}{\sqrt{2}} + C_1$$

$$= 2\sqrt{e^x-2} - 2\sqrt{2}\arctan\sqrt{\frac{e^x}{2}-1} + C_1.$$

故

原式 $= 2x\sqrt{e^x - 2} - 2\left(2\sqrt{e^x - 2} - 2\sqrt{2}\arctan\sqrt{\dfrac{e^x}{2} - 1}\right) + C$

$\qquad = 2(x - 2)\sqrt{e^x - 2} + 4\sqrt{2}\arctan\sqrt{\dfrac{e^x}{2} - 1} + C. \quad (C = 2C_1)$

题型 4-8 三角有理式积分

【解题思路】 对三角有理式积分,可通过万能置换公式 $\tan\dfrac{x}{2} = t, \sin x = \dfrac{2t}{1 + t^2}, \cos x = \dfrac{1 - t^2}{1 + t^2}$,化为有理函数的积分,或设 $\tan x = t$,也有直接凑微分的形式. 在一般情况下哪种方法简单就用哪种.

例 4.15 求下列不定积分:

(1) $\displaystyle\int \dfrac{dx}{\cos x + 2\sin x + 3}$;   (2) $\displaystyle\int \dfrac{3\sin x + 2\cos x}{2\sin x + 3\cos x}dx$;   (3) $\displaystyle\int \dfrac{dx}{(2 + \cos x)\sin x}$.

解 (1) 设 $\tan\dfrac{x}{2} = t$,即 $x = 2\arctan t$,则 $dx = \dfrac{2}{1 + t^2}dt$,于是

$$\int \dfrac{dx}{\cos x + 2\sin x + 3} = \int \dfrac{\dfrac{2}{1 + t^2}dt}{\dfrac{1 - t^2}{1 + t^2} + 2 \cdot \dfrac{2t}{1 + t^2} + 3} = \int \dfrac{dt}{t^2 + 2t + 2} = \int \dfrac{d(t + 1)}{(t + 1)^2 + 1}$$

$$= \arctan(t + 1) + C = \arctan\left(\tan\dfrac{x}{2} + 1\right) + C.$$

(2) 设 $3\sin x + 2\cos x = \alpha(2\sin x + 3\cos x) + \beta(2\sin x + 3\cos x)'$,由此得 $2\alpha - 3\beta = 3, 3\alpha + 2\beta = 2$,解出 $\alpha = \dfrac{12}{13}, \beta = -\dfrac{5}{13}$,于是

$$\int \dfrac{3\sin x + 2\cos x}{2\sin x + 3\cos x}dx = \dfrac{12}{13}\int dx - \dfrac{5}{13}\int \dfrac{(2\sin x + 3\cos x)'}{2\sin x + 3\cos x}dx$$

$$= \dfrac{12}{13}x - \dfrac{5}{13}\ln|2\sin x + 3\cos x| + C.$$

(3) $\displaystyle\int \dfrac{dx}{(2 + \cos x)\sin x} = \int \dfrac{\sin x\,dx}{(2 + \cos x)\sin^2 x} = -\int \dfrac{d\cos x}{(2 + \cos x)(1 + \cos x)(1 - \cos x)}$

$$= \int \left(\dfrac{\dfrac{1}{3}}{2 + \cos x} - \dfrac{\dfrac{1}{2}}{1 + \cos x} - \dfrac{\dfrac{1}{6}}{1 - \cos x}\right)d\cos x$$

$$= \dfrac{1}{3}\ln|2 + \cos x| - \dfrac{1}{2}\ln|1 + \cos x| + \dfrac{1}{6}|1 - \cos x| + C.$$

题型 4-9 分段函数的不定积分

【解题思路】 分段函数如果是可积函数,那么原函数是连续的,分别求出各区间段上的不定积分表达式,由原函数连续性,调整各积分常数的关系,使原函数在分界点处连续.

例 4.16 设 $f(x) = \begin{cases} 1, & x < 0, \\ x + 1, & 0 \leqslant x \leqslant 1, \\ 2x, & x > 1, \end{cases}$ 求 $\displaystyle\int f(x)dx$.

解 $\displaystyle\int f(x)\mathrm{d}x = \begin{cases} x + C_1, & x < 0, \\ \dfrac{x^2}{2} + x + C_2, & 0 \leqslant x \leqslant 1, \\ x^2 + C_3, & x > 1. \end{cases}$

因为 $f(x)$ 在 $x=0, x=1$ 处均连续,故原函数也连续,所以得

$$0 + C_1 = 0 + C_2, \quad \frac{1}{2} + 1 + C_2 = 1 + C_3.$$

于是取 $C_1 = C$,则 $C_2 = C, C_3 = \dfrac{1}{2} + C$. 故

$$\int f(x)\mathrm{d}x = \begin{cases} x + C, & x < 0, \\ \dfrac{x^2}{2} + x + C, & 0 \leqslant x \leqslant 1, \\ x^2 + \dfrac{1}{2} + C, & x > 1. \end{cases}$$

例 4.17 求 $\displaystyle\int \max\{1, x^2\}\mathrm{d}x$.

解 因为 $\max\{1, x^2\} = \begin{cases} x^2, & x < -1, \\ 1, & -1 \leqslant x \leqslant 1, \\ x^2, & x > 1, \end{cases}$ 所以

$$g(x) = \int \max\{1, x^2\}\mathrm{d}x = \begin{cases} \dfrac{x^3}{3} + C_1, & x < -1, \\ x + C_2, & -1 \leqslant x \leqslant 1, \\ \dfrac{x^3}{3} + C_3, & x > 1. \end{cases}$$

又 $g(x)$ 为连续函数,所以

$$\lim_{x \to -1^-} g(x) = -\frac{1}{3} + C_1 = -1 + C_2 = g(-1), \quad \lim_{x \to 1^+} g(x) = \frac{1}{3} + C_3 = 1 + C_2 = g(1).$$

解得 $C_1 = -\dfrac{2}{3} + C_2, C_3 = \dfrac{2}{3} + C_2$,于是取 $C = C_2$,得

$$g(x) = \int \max\{1, x^2\}\mathrm{d}x = \begin{cases} \dfrac{x^3}{3} - \dfrac{2}{3} + C, & x < -1, \\ x + C, & -1 \leqslant x \leqslant 1, \\ \dfrac{x^3}{3} + \dfrac{2}{3} + C, & x > 1. \end{cases}$$

题型 4-10 综合题型的不定积分的计算

例 4.18 求 $\displaystyle\int \sin\sqrt[3]{x}\,\mathrm{d}x$.

【分析】 被积函数中含 $\sqrt[3]{x}$,首先去掉根式,再两次用分部积分法积分.

解 令 $\sqrt[3]{x} = t$,即 $x = t^3$,则 $\mathrm{d}x = 3t^2\mathrm{d}t$,于是

原式 $= \displaystyle\int \sin t \cdot 3t^2 \mathrm{d}t = -3\int t^2 \mathrm{d}\cos t = -3t^2\cos t + 3\int \cos t \cdot 2t\mathrm{d}t = -3t^2\cos t + 6\int t\mathrm{d}\sin t$

$$= -3t^2\cos t + 6t\sin t - 6\int\sin t\,dt = -3t^2\cos t + 6t\sin t + 6\cos t + C$$

$$= -3x^{\frac{2}{3}}\cos\sqrt[3]{x} + 6\sqrt[3]{x}\sin\sqrt[3]{x} + 6\cos\sqrt[3]{x} + C.$$

例 4.19 求 $\int e^x\left(\dfrac{1-x}{1+x^2}\right)^2 dx$.

【分析】 用分部积分法 e^x 宜放在 dv 部分,而另一因式 $\left(\dfrac{1-x}{1+x^2}\right)^2$ 较烦琐,应先拆项化简.

解 $\displaystyle\int e^x\left(\frac{1-x}{1+x^2}\right)^2 dx = \int e^x\left[\frac{1}{1+x^2} - \frac{2x}{(1+x^2)^2}\right]dx = \int\frac{e^x}{1+x^2}dx + \int e^x d\left(\frac{1}{1+x^2}\right)$

$$= \int\frac{e^x}{1+x^2}dx + \frac{e^x}{1+x^2} - \int\frac{e^x}{1+x^2}dx = \frac{e^x}{1+x^2} + C.$$

例 4.20 求 $\displaystyle\int\frac{x^2+1}{x(x-1)^2}\ln x\,dx$.

【分析】 用分部积分法 $\ln x$ 应放在分部积分的 u 中,另一因式 $\dfrac{x^2+1}{x(x-1)^2}$ 较烦琐,应先拆项化简.

解 $\displaystyle\int\frac{x^2+1}{x(x-1)^2}\ln x\,dx = \int\left(\frac{1}{x} + \frac{2}{(x-1)^2}\right)\ln x\,dx = \int\frac{1}{x}\ln x\,dx + 2\int\frac{1}{(x-1)^2}\ln x\,dx$

$$= \int\ln x\,d\ln x - 2\int\ln x\,d\left(\frac{1}{x-1}\right)$$

$$= \frac{\ln^2 x}{2} - 2\frac{\ln x}{x-1} + 2\int\frac{1}{x(x-1)}dx$$

$$= \frac{\ln^2 x}{2} - \frac{2\ln x}{x-1} + 2\int\left(\frac{1}{x-1} - \frac{1}{x}\right)dx$$

$$= \frac{\ln^2 x}{2} - 2\frac{\ln x}{x-1} + 2\ln|x-1| - 2\ln|x| + C.$$

4.4 课后习题解答

习题 4.1

1. 设 $f(x) = (2x+1)e^{-x^2}$,则 $\int f'(x)dx = $ _____.

解 因为 $\int f'(x)dx = f(x) + C$,所以 $\int f'(x)dx = (2x+1)e^{-x^2} + C$.

2. 设 $\sin x$ 是 $f(x)$ 的一个原函数,则 $\int f(x)dx = $ _____.

解 因为 $\sin x$ 是 $f(x)$ 的一个原函数,所以 $\int f(x)dx = \sin x + C$.

3. 求下列不定积分:

(1) $\displaystyle\int(1 - \sqrt[3]{x^2})^2 dx$;

(2) $\displaystyle\int\left(\frac{x}{2} - \frac{1}{x} + \frac{4}{x^3}\right)dx$;

(3) $\displaystyle\int\left(2^x + x^2 + \frac{3}{x}\right)dx$;

(4) $\displaystyle\int\left(\frac{1}{x} - \frac{3}{\sqrt{1-x^2}}\right)dx$;

(5) $\displaystyle\int\frac{dx}{x^2(1+x^2)}$;

(6) $\displaystyle\int\frac{1+2x^2}{x^2(1+x^2)}dx$;

(7) $\int 2^x \mathrm{e}^{-x}\mathrm{d}x$; (8) $\int \dfrac{\mathrm{e}^{2x}-1}{\mathrm{e}^x-1}\mathrm{d}x$; (9) $\int \cot^2 x\mathrm{d}x$;

(10) $\int \dfrac{2\times 3^x - 5\times 2^x}{3^x}\mathrm{d}x$; (11) $\int \sin^2 \dfrac{x}{2}\mathrm{d}x$; (12) $\int \dfrac{\cos 2x}{\cos x - \sin x}\mathrm{d}x$;

(13) $\int \dfrac{\mathrm{d}x}{1+\cos 2x}$; (14) $\int \dfrac{1+\cos^2 x}{1+\cos 2x}\mathrm{d}x$.

解 (1) $\int (1-\sqrt[3]{x^2})^2 \mathrm{d}x = \int (1-2x^{\frac{2}{3}}+x^{\frac{4}{3}})\mathrm{d}x = x - \dfrac{6}{5}x^{\frac{5}{3}} + \dfrac{3}{7}x^{\frac{7}{3}} + C$;

(2) $\int \left(\dfrac{x}{2}-\dfrac{1}{x}+\dfrac{4}{x^3}\right)\mathrm{d}x = \dfrac{x^2}{4} - \ln|x| - \dfrac{2}{x^2} + C$;

(3) $\int \left(2^x + x^2 + \dfrac{3}{x}\right)\mathrm{d}x = \dfrac{2^x}{\ln 2} + \dfrac{x^3}{3} + 3\ln|x| + C$;

(4) $\int \left(\dfrac{1}{x}-\dfrac{3}{\sqrt{1-x^2}}\right)\mathrm{d}x = \ln|x| - 3\arcsin x + C$;

(5) $\int \dfrac{\mathrm{d}x}{x^2(1+x^2)} = \int \left(\dfrac{1}{x^2}-\dfrac{1}{1+x^2}\right)\mathrm{d}x = -\dfrac{1}{x} - \arctan x + C$;

(6) $\int \dfrac{1+2x^2}{x^2(1+x^2)}\mathrm{d}x = \int \left(\dfrac{1}{x^2}+\dfrac{1}{1+x^2}\right)\mathrm{d}x = -\dfrac{1}{x} + \arctan x + C$;

(7) $\int 2^x \mathrm{e}^{-x}\mathrm{d}x = \int (2\mathrm{e}^{-1})^x \mathrm{d}x = \dfrac{(2\mathrm{e}^{-1})^x}{\ln(2\mathrm{e}^{-1})} + C = \dfrac{2^x \mathrm{e}^{-x}}{\ln 2 - 1} + C$;

(8) $\int \dfrac{\mathrm{e}^{2x}-1}{\mathrm{e}^x-1}\mathrm{d}x = \int (\mathrm{e}^x+1)\mathrm{d}x = \mathrm{e}^x + x + C$;

(9) $\int \cot^2 x\mathrm{d}x = \int (\csc^2 x - 1)\mathrm{d}x = \int \csc^2 x\mathrm{d}x - \int 1\mathrm{d}x = -\cot x - x + C$;

(10) $\int \dfrac{2\times 3^x - 5\times 2^x}{3^x}\mathrm{d}x = \int \left[2 - 5\left(\dfrac{2}{3}\right)^x\right]\mathrm{d}x = 2x - \dfrac{5\left(\frac{2}{3}\right)^x}{\ln\left(\frac{2}{3}\right)} + C = 2x - \dfrac{5}{\ln 2 - \ln 3}\left(\dfrac{2}{3}\right)^x + C$;

(11) $\int \sin^2 \dfrac{x}{2}\mathrm{d}x = \int \dfrac{1}{2}(1-\cos x)\mathrm{d}x = \dfrac{1}{2}\int (1-\cos x)\mathrm{d}x = \dfrac{1}{2}\left[\int \mathrm{d}x - \int \cos x\mathrm{d}x\right] = \dfrac{1}{2}(x-\sin x) + C$;

(12) $\int \dfrac{\cos 2x}{\cos x - \sin x}\mathrm{d}x = \int \dfrac{\cos^2 x - \sin^2 x}{\cos x - \sin x}\mathrm{d}x = \int (\cos x + \sin x)\mathrm{d}x = \sin x - \cos x + C$;

(13) $\int \dfrac{\mathrm{d}x}{1+\cos 2x} = \int \dfrac{1}{2\cos^2 x}\mathrm{d}x = \dfrac{1}{2}\tan x + C$;

(14) $\int \dfrac{1+\cos^2 x}{1+\cos 2x}\mathrm{d}x = \int \dfrac{1+\cos^2 x}{2\cos^2 x}\mathrm{d}x = \dfrac{1}{2}\int \dfrac{1}{\cos^2 x}\mathrm{d}x + \dfrac{1}{2}\int 1\mathrm{d}x = \dfrac{1}{2}\tan x + \dfrac{1}{2}x + C$.

4. 一曲线通过点 $(\mathrm{e}^2,3)$，且在任一点处的切线的斜率等于该点横坐标的倒数，求该曲线的方程.

解 根据题意知 $f'(x) = \dfrac{1}{x}$，即 $f(x)$ 是 $\dfrac{1}{x}$ 的一个原函数，从而 $f(x) = \int \dfrac{1}{x}\mathrm{d}x = \ln x + C$.

由于曲线通过点 $(\mathrm{e}^2,3)$，得 $3 = 2 + C$，即 $C = 1$，故所求曲线方程为 $y = \ln x + 1$.

5. 对任意 $x\in \mathbf{R}$，$f'(\sin^2 x) = \cos^2 x$ 且 $f(1)=1$，求 $f(x)$.

解 设 $t=\sin^2 x$，则 $f'(t)=1-t$，即 $f'(x)=1-x$，于是 $f(x) = \int (1-x)\mathrm{d}x = x - \dfrac{x^2}{2} + C$.

又由于 $f(1)=1$，所以 $1-\dfrac{1}{2}+C=1$，即 $C=\dfrac{1}{2}$，因此 $f(x)=x-\dfrac{x^2}{2}+\dfrac{1}{2}$.

6. 已知 $F'(x)=\dfrac{\cos 2x}{\sin^2 2x}$，且 $F\left(\dfrac{\pi}{4}\right)=-1$，求 $F(x)$.

解 根据题设条件，有
$$F(x) = \int F'(x)\mathrm{d}x = \int \dfrac{\cos 2x}{\sin^2 2x}\mathrm{d}x = \int \dfrac{\cos^2 x - \sin^2 x}{4\sin^2 x \cos^2 x}\mathrm{d}x$$

$$= \frac{1}{4} \int \left(\frac{1}{\sin^2 x} - \frac{1}{\cos^2 x} \right) dx = -\frac{1}{4} (\tan x + \cot x) + C.$$

由 $F\left(\frac{\pi}{4}\right) = -1$，得 $-\frac{1}{4}\left(\tan\frac{\pi}{4} + \cot\frac{\pi}{4}\right) + C = -1$，即 $C = -\frac{1}{2}$，故 $F(x) = -\frac{1}{4}(\tan x + \cot x) - \frac{1}{2}$.

提高题

1. $y = y(x)$ 在任何点 x 处的增量 $\Delta y = \frac{2x}{1+x^2}\Delta x + o(\Delta x)$，且 $y(0) = 0$，则 $y(1) = $ _____.

解 因为 $\Delta y = \frac{2x}{1+x^2}\Delta x + o(\Delta x)$，所以 $y' = \frac{2x}{1+x^2}$，故 $y = \int y' dx = \int \frac{2x}{1+x^2} dx = \ln(1+x^2) + C$.

由 $y(0) = 0$ 得 $0 = \ln(1+0) + C$，故 $C = 0$，从而 $y = \ln(1+x^2) + C = \ln(1+x^2)$，于是 $y(1) = \ln 2$.

2. $f'(e^x) = 1 + e^{2x}$，$f(0) = 1$，求 $f(x)$.

解 因为 $f'(e^x) = 1 + (e^x)^2$，所以 $f'(x) = 1 + x^2$，于是

$$f(x) = \int f'(x) dx = \int (1+x^2) dx = x + \frac{1}{3}x^3 + C.$$

由 $f(0) = 1$ 得 $C = 1$，故 $f(x) = x + \frac{1}{3}x^3 + 1$.

3. 设某商品的收益函数为 $R(p)$，收益弹性为 $1 + p^3$，其中 p 为价格，且 $R(1) = 1$，求 $R(p)$.

解 由题意得 $\frac{dR}{R} \Big/ \frac{dp}{p} = 1 + p^3$，故 $\int \frac{dR}{R} = \int \frac{1+p^3}{p} dp$，于是 $\ln R = \ln p + \frac{p^3}{3} + C$.

把 $R(1) = 1$ 代入上式，得 $C = -\frac{1}{3}$，于是 $\ln R = \ln p + \frac{p^3}{3} - \frac{1}{3}$.

4. 设某商品的最大需求量为 1200 件，该商品的需求函数 $Q = Q(p)$，需求弹性 $\eta = \frac{p}{120-p}(\eta > 0)$，$p$ 为单价（单位：万元）.

(1) 求需求函数的表达式；

(2) 求 $p = 100$ 万元时的边际效益，并说明其经济意义.

解 (1) 由题意得 $\eta = -\frac{dQ}{Q} \Big/ \frac{dp}{p} = \frac{p}{120-p}$，于是得 $\frac{dQ}{Q} = -\frac{dp}{120-p}$，故 $\int \frac{dQ}{Q} = -\int \frac{dp}{120-p}$，即

$\ln Q = \ln(120-p) + \ln C$，进一步得 $Q = C(120-p)$.

当 $p = 0$ 时，由 $Q = 1200$，得 $C = 10$，所以 $Q = 10(120-p) = 1200 - 10p$.

(2) $R = Qp = Q\frac{1200-Q}{10}$，故 $\frac{dR}{dQ} = \frac{1200-2Q}{10}$，当 $p = 100$ 时，$Q = 200$，$\frac{dR}{dQ}\Big|_{p=100} = \frac{1200-400}{10} = 80$，即需求量每提高 1 件，收益增加 80 万元.

习题 4.2

1. 填空：

(1) $dx = $ _____ $d(5x+2)$；　　(2) $\sin 3x\, dx = $ _____ $d\cos 3x$；

(3) $x^9 dx = $ _____ $d(2x^{10}-5)$；　(4) $e^{3x} dx = $ _____ de^{3x}；

(5) $\frac{1}{2x+1} dx = $ _____ $d(7\ln(2x+1))$；　(6) $\frac{1}{x^2} dx = $ _____ $d\left(\frac{2}{x}\right)$；

(7) $\frac{1}{\sqrt{1-9x^2}} dx = $ _____ $d(\arcsin 3x)$；　(8) $\frac{dx}{\cos^2 2x} = $ _____ $d(\tan 2x)$；

(9) $\frac{dx}{1+9x^2} = $ _____ $d(\arctan 3x)$.

解 (1) $\frac{1}{5}$；(2) $-\frac{1}{3}$；(3) $\frac{1}{20}$；(4) $\frac{1}{3}$；(5) $\frac{1}{14}$；(6) $-\frac{1}{2}$；(7) $\frac{1}{3}$；(8) $\frac{1}{2}$；(9) $\frac{1}{3}$.

2. 求下列不定积分:

(1) $\int (3-2x)^{10}\,dx$;　　　(2) $\int \dfrac{dx}{\sqrt[3]{2-3x}}$;　　(3) $\int e^{3x-1}\,dx$;　　(4) $\int \dfrac{1}{1-5x}\,dx$;

(5) $\int \dfrac{1}{x^2}e^{-\frac{1}{x}}\,dx$　　　(6) $\int \dfrac{\sin\sqrt{t}}{\sqrt{t}}\,dt$;　　(7) $\int \dfrac{dx}{x\ln x\ln\ln x}$;　(8) $\int x\cos x^2\,dx$;

(9) $\int \dfrac{x\,dx}{\sqrt{2-3x^2}}$;　　　(10) $\int \dfrac{1-\tan x}{1+\tan x}\,dx$;　(11) $\int \dfrac{dx}{e^x+e^{-x}}$;　(12) $\int \dfrac{3x^3}{1-x^4}\,dx$;

(13) $\int \dfrac{dx}{x\,(2+5\ln x)}$;　　(14) $\int \dfrac{\arccos^2 x}{\sqrt{1-x^2}}\,dx$;　(15) $\int \dfrac{6^x}{4^x+9^x}\,dx$;　(16) $\int \dfrac{\sin x}{\cos^3 x}\,dx$;

(17) $\int \cos^3 x\,dx$;　　　　　(18) $\int \dfrac{10^{\arctan x}}{1+x^2}\,dx$;　(19) $\int \dfrac{1}{1+e^x}\,dx$;　(20) $\int \dfrac{x+1}{\sqrt{2-x-x^2}}\,dx$;

(21) $\int \dfrac{dx}{(\arcsin x)^2\ \sqrt{1-x^2}}$;　(22) $\int \dfrac{1+\ln x}{(x\ln x)^2}\,dx$;　(23) $\int \dfrac{\sin x\cos x}{1+\sin^4 x}\,dx$;　(24) $\int \dfrac{x^2\,dx}{(x-1)^{100}}$.

解　(1) $\int (3-2x)^{10}\,dx = -\dfrac{1}{2}\int (3-2x)^{10}\,d(3-2x) = -\dfrac{1}{22}(3-2x)^{11}+C$;

(2) $\int \dfrac{dx}{\sqrt[3]{2-3x}} = -\dfrac{1}{3}\int (2-3x)^{-\frac{1}{3}}\,d(2-3x) = -\dfrac{1}{3}\times \dfrac{3}{2}(2-3x)^{\frac{2}{3}}+C = -\dfrac{1}{2}(2-3x)^{\frac{2}{3}}+C$;

(3) $\int e^{3x-1}\,dx = \dfrac{1}{3}\int e^{3x-1}\,d(3x-1) = \dfrac{1}{3}e^{3x-1}+C$;

(4) $\int \dfrac{1}{1-5x}\,dx = -\dfrac{1}{5}\int \dfrac{1}{1-5x}\,d(1-5x) = -\dfrac{1}{5}\ln|1-5x|+C$;

(5) $\int \dfrac{1}{x^2}e^{-\frac{1}{x}}\,dx = \int e^{-\frac{1}{x}}\,d\left(-\dfrac{1}{x}\right) = e^{-\frac{1}{x}}+C$;

(6) $\int \dfrac{\sin\sqrt{t}}{\sqrt{t}}\,dt = 2\int \sin\sqrt{t}\,d\sqrt{t} = -2\cos\sqrt{t}+C$;

(7) $\int \dfrac{dx}{x\ln x\ln\ln x} = \int \dfrac{d\ln\ln x}{\ln\ln x} = \ln|\ln\ln x|+C$;

(8) $\int x\cos x^2\,dx = \dfrac{1}{2}\int \cos x^2\,dx^2 = \dfrac{1}{2}\sin x^2+C$;

(9) $\int \dfrac{x\,dx}{\sqrt{2-3x^2}} = -\dfrac{1}{6}\int (2-3x^2)^{-\frac{1}{2}}\,d(2-3x^2) = -\dfrac{1}{6}\times 2\sqrt{2-3x^2}+C = -\dfrac{1}{3}\sqrt{2-3x^2}+C$;

(10) $\int \dfrac{1-\tan x}{1+\tan x}\,dx = \int \dfrac{1-\dfrac{\sin x}{\cos x}}{1+\dfrac{\sin x}{\cos x}}\,dx = \int \dfrac{\cos x-\sin x}{\cos x+\sin x}\,dx = \int \dfrac{d(\sin x+\cos x)}{\sin x+\cos x} = \ln|\sin x+\cos x|+C$;

(11) $\int \dfrac{dx}{e^x+e^{-x}} = \int \dfrac{e^x\,dx}{(e^x)^2+1} = \int \dfrac{de^x}{(e^x)^2+1} = \arctan e^x+C$;

(12) $\int \dfrac{3x^3}{1-x^4}\,dx = -\dfrac{3}{4}\int \dfrac{d(1-x^4)}{1-x^4} = -\dfrac{3}{4}\ln|1-x^4|+C$;

(13) $\int \dfrac{dx}{x\,(2+5\ln x)} = \dfrac{1}{5}\int \dfrac{d\,(2+5\ln x)}{(2+5\ln x)} = \dfrac{1}{5}\ln|2+5\ln x|+C$;

(14) $\int \dfrac{\arccos^2 x}{\sqrt{1-x^2}}\,dx = -\int \arccos^2 x\,d(\arccos x) = -\dfrac{1}{3}(\arccos x)^3+C$;

(15) $\int \dfrac{6^x}{4^x+9^x}\,dx = \int \dfrac{6^x}{9^x\left[\left(\dfrac{2}{3}\right)^{2x}+1\right]}\,dx = \int \dfrac{\left(\dfrac{2}{3}\right)^x}{\left[\left(\dfrac{2}{3}\right)^{2x}+1\right]}\,dx = \dfrac{1}{\ln 2-\ln 3}\arctan\left(\dfrac{2}{3}\right)^x+C$;

(16) $\int \dfrac{\sin x}{\cos^3 x}\,dx = -\int \dfrac{d\cos x}{\cos^3 x} = \dfrac{1}{2\cos^2 x}+C$;

(17) $\int \cos^3 x \mathrm{d}x = \int \cos^2 x \cos x \mathrm{d}x = \int (1-\sin^2 x)\mathrm{d}\sin x = \sin x - \dfrac{\sin^3 x}{3} + C;$

(18) $\int \dfrac{10^{\arctan x}}{1+x^2}\mathrm{d}x = \int 10^{\arctan x}\mathrm{d}\arctan x = \dfrac{10^{\arctan x}}{\ln 10} + C;$

(19) $\int \dfrac{1}{1+\mathrm{e}^x}\mathrm{d}x = \int \dfrac{(1+\mathrm{e}^x)-\mathrm{e}^x}{1+\mathrm{e}^x}\mathrm{d}x = \int \mathrm{d}x - \int \dfrac{\mathrm{e}^x}{1+\mathrm{e}^x}\mathrm{d}x = x - \int \dfrac{\mathrm{d}(1+\mathrm{e}^x)}{1+\mathrm{e}^x} = x - \ln(1+\mathrm{e}^x) + C;$

(20) $\int \dfrac{x+1}{\sqrt{2-x-x^2}}\mathrm{d}x = \dfrac{1}{2}\int \dfrac{2x+1}{\sqrt{2-x-x^2}}\mathrm{d}x + \dfrac{1}{2}\int \dfrac{1}{\sqrt{2-x-x^2}}\mathrm{d}x$

$\qquad = -\dfrac{1}{2}\int \dfrac{\mathrm{d}(2-x-x^2)}{\sqrt{2-x-x^2}} + \dfrac{1}{2}\int \dfrac{\mathrm{d}(x+1)}{\sqrt{3-(x+1)^2}}$

$\qquad = -\sqrt{2-x-x^2} + \dfrac{1}{2}\arcsin\dfrac{2x+1}{\sqrt{3}} + C;$

(21) $\int \dfrac{\mathrm{d}x}{(\arcsin x)^2 \sqrt{1-x^2}} = \int \dfrac{\mathrm{d}\arcsin x}{(\arcsin x)^2} = -\dfrac{1}{\arcsin x} + C;$

(22) $\int \dfrac{1+\ln x}{(x\ln x)^2}\mathrm{d}x = \int \dfrac{\mathrm{d}(x\ln x)}{(x\ln x)^2} = -\dfrac{1}{x\ln x} + C;$

(23) $\int \dfrac{\sin x\cos x}{1+\sin^4 x}\mathrm{d}x = \dfrac{1}{2}\int \dfrac{\mathrm{d}\sin^2 x}{1+\sin^4 x} = \dfrac{1}{2}\arctan(\sin^2 x) + C;$

(24) $\int \dfrac{x^2\mathrm{d}x}{(x-1)^{100}} = \int \dfrac{(x^2-1)+1}{(x-1)^{100}}\mathrm{d}x = \int \dfrac{x+1}{(x-1)^{99}}\mathrm{d}x + \int \dfrac{1}{(x-1)^{100}}\mathrm{d}x$

$\qquad = \int \dfrac{x-1+2}{(x-1)^{99}}\mathrm{d}x + \int \dfrac{1}{(x-1)^{100}}\mathrm{d}x$

$\qquad = \int \dfrac{1}{(x-1)^{98}}\mathrm{d}(x-1) + 2\int \dfrac{1}{(x-1)^{99}}\mathrm{d}(x-1) + \int \dfrac{1}{(x-1)^{100}}\mathrm{d}(x-1)$

$\qquad = -\dfrac{1}{97}\dfrac{1}{(x-1)^{97}} - \dfrac{1}{49}\dfrac{1}{(x-1)^{98}} - \dfrac{1}{99}\dfrac{1}{(x-1)^{99}} + C.$

3. 求下列不定积分:

(1) $\int \dfrac{\mathrm{d}x}{1+\sqrt{1-x^2}};$ 　　(2) $\int \dfrac{\sqrt{x^2-9}}{x}\mathrm{d}x;$ 　　(3) $\int \dfrac{\mathrm{d}x}{x^2\sqrt{x^2+1}};$

(4) $\int \dfrac{\sqrt{a^2-x^2}}{x^2}\mathrm{d}x;$ 　　(5) $\int \dfrac{\mathrm{d}x}{(x^2+a^2)^{3/2}};$ 　　(6) $\int \sqrt{5-4x-x^2}\mathrm{d}x.$

解 (1) $\int \dfrac{\mathrm{d}x}{1+\sqrt{1-x^2}} = \int \dfrac{1-\sqrt{1-x^2}}{x^2}\mathrm{d}x = \int \dfrac{1}{x^2}\mathrm{d}x - \int \dfrac{\sqrt{1-x^2}}{x^2}\mathrm{d}x = -\dfrac{1}{x} - \int \dfrac{\sqrt{1-x^2}}{x^2}\mathrm{d}x.$

设 $x=\sin t$, 则 $\mathrm{d}x=\cos t\mathrm{d}t$, 于是

$\int \dfrac{\sqrt{1-x^2}}{x^2}\mathrm{d}x = \int \dfrac{\cos^2 t}{\sin^2 t}\mathrm{d}t = \int \cot^2 t\mathrm{d}t = \int (\csc^2 t -1)\mathrm{d}t = -\cot t - t - C = -\dfrac{\sqrt{1-x^2}}{x} - \arcsin x - C,$

从而 $\int \dfrac{\mathrm{d}x}{1+\sqrt{1-x^2}} = \arcsin x - \dfrac{1-\sqrt{1-x^2}}{x} + C.$

(2) 设 $x=3\sec t$, 则 $\mathrm{d}x=3\sec t\tan t\mathrm{d}t$, 于是

$\int \dfrac{\sqrt{x^2-9}}{x}\mathrm{d}x = \int \dfrac{3\tan t}{3\sec t}3\sec t\tan t\mathrm{d}t = 3\int \tan^2 t\mathrm{d}t = 3\int (\sec^2 t -1)\mathrm{d}t$

$\qquad = 3(\tan t - t) + C = \sqrt{x^2-9} - 3\arccos\dfrac{3}{|x|} + C.$

(3) 设 $x=\tan t$, 则 $\mathrm{d}x=\sec^2 t\mathrm{d}t$, 于是

$\int \dfrac{\mathrm{d}x}{x^2\sqrt{x^2+1}} = \int \dfrac{1}{\tan^2 t\sec t}\sec^2 t\mathrm{d}t = \int \dfrac{\cos t}{\sin^2 t}\mathrm{d}t = \int \dfrac{\mathrm{d}(\sin t)}{\sin^2 t} = -\dfrac{1}{\sin t} + C = -\dfrac{\sqrt{1+x^2}}{x} + C.$

（4）设 $x=a\sin t$，则 $\mathrm{d}x=a\cos t\mathrm{d}t$，于是

$$\int \frac{\sqrt{a^2-x^2}}{x^2}\mathrm{d}x=\int \frac{a\cos t}{a^2\sin^2 t}a\cos t\mathrm{d}t=\int \cot^2 t\mathrm{d}t=\int (\csc^2 t-1)\mathrm{d}t$$

$$=-\cot t-t+C=-\frac{\sqrt{a^2-x^2}}{x}-\arcsin \frac{x}{a}+C.$$

（5）设 $x=a\tan t$，则 $\mathrm{d}x=a\sec^2 t\mathrm{d}t$，于是

$$\int \frac{\mathrm{d}x}{(x^2+a^2)^{3/2}}=\int \frac{1}{a^3\sec^3 t}a\sec^2 t\mathrm{d}t=\frac{1}{a^2}\int \cos t\mathrm{d}t=\frac{1}{a^2}\sin t+C=\frac{1}{a^2}\frac{x}{\sqrt{x^2+a^2}}+C.$$

（6）设 $x+2=3\sin t$，则 $\mathrm{d}x=3\cos t\mathrm{d}t$，于是

$$\int \sqrt{5-4x-x^2}\mathrm{d}x=\int \sqrt{9-(x+2)^2}\mathrm{d}x=9\int \cos^2 t\mathrm{d}t=9\int \frac{1+\cos 2t}{2}\mathrm{d}t=\frac{9}{2}\left(t+\frac{\sin 2t}{2}\right)+C$$

$$=\frac{9}{2}(t+\sin t\cos t)+C=\frac{9}{2}\arcsin \frac{x+2}{3}+\frac{x+2}{2}\sqrt{5-4x-x^2}+C.$$

提高题

1. $\int \frac{3\cos x+\sin x}{2\sin x+\cos x}\mathrm{d}x=$ _____．

解　$\int \frac{3\cos x+\sin x}{2\sin x+\cos x}\mathrm{d}x=\int \left(\frac{2\sin x+\cos x}{2\sin x+\cos x}+\frac{2\cos x-\sin x}{2\sin x+\cos x}\right)\mathrm{d}x=\int 1\mathrm{d}x+\int \frac{1}{2\sin x+\cos x}\mathrm{d}(2\sin x+\cos x)$

$$=x+\ln |2\sin x+\cos x|+C.$$

2. 若 $\int f(x)\mathrm{d}x=x^2+C$，求 $\int xf(1-x^2)\mathrm{d}x$．

解　$\int xf(1-x^2)\mathrm{d}x=-\frac{1}{2}\int f(1-x^2)\mathrm{d}(1-x^2)=-\frac{1}{2}(1-x^2)^2+C.$

3. $\int xf(x^2)f'(x^2)\mathrm{d}x=$ _____．

解　$\int xf(x^2)f'(x^2)\mathrm{d}x\xlongequal{t=x^2}\frac{1}{2}\int f(t)f'(t)\mathrm{d}t=\frac{1}{2}\int f(t)\mathrm{d}f(t)=\frac{f^2(t)}{4}+C=\frac{f^2(x^2)}{4}+C.$

4. 已知 $f(x)=\mathrm{e}^{-x}$，求 $\int \frac{f'(\ln x)}{x}\mathrm{d}x$．

解　$\int \frac{f'(\ln x)}{x}\mathrm{d}x=\int f'(\ln x)\mathrm{d}\ln x=f(\ln x)+C=\mathrm{e}^{-\ln x}+C=\frac{1}{x}+C.$

5. 已知 $f'(\cos x)=\sin x$，求 $f(\cos x)$．

解　$\int f'(\cos x)\sin x\mathrm{d}x=-\int f'(\cos x)\mathrm{d}\cos x=-f(\cos x)+C_1.$

又 $\int f'(\cos x)\sin x\mathrm{d}x=\int \sin^2 x\mathrm{d}x=\int \frac{1-\cos 2x}{2}\mathrm{d}x=\frac{x}{2}-\frac{1}{4}\sin 2x+C_2.$ 故

$$f(\cos x)=\frac{1}{4}\sin 2x-\frac{x}{2}+C(C=C_1-C_2).$$

习题 4.3

1. 求下列不定积分：

（1）$\int x\cos 2x\mathrm{d}x$；　　　　（2）$\int x\mathrm{e}^{-x}\mathrm{d}x$；　　　　（3）$\int \ln (x^2+1)\mathrm{d}x$；

（4）$\int \arccos x\mathrm{d}x$；　　　（5）$\int \arctan x\mathrm{d}x$；　　　（6）$\int \ln^2 x\mathrm{d}x$；

（7）$\int x\cos^2 x\mathrm{d}x$；　　　　（8）$\int x\ln (x-1)\mathrm{d}x$；　　（9）$\int \cos\ln x\mathrm{d}x$；

（10）$\int \mathrm{e}^{\sqrt{2x+1}}\mathrm{d}x$；　　（11）$\int \mathrm{e}^x\sin^2 x\mathrm{d}x$；　　（12）$\int (\arcsin x)^2\mathrm{d}x$；

(13) $\displaystyle\int \frac{\ln\sin x}{\sin^2 x}dx$;　　　(14) $\displaystyle\int \frac{\ln(1+x)}{(2-x)^2}dx$;　　　(15) $\displaystyle\int \frac{x\arcsin x}{\sqrt{1-x^2}}dx$.

解 (1) $\displaystyle\int x\cos 2x dx = \int x d\frac{\sin 2x}{2} = \frac{x}{2}\sin 2x - \frac{1}{2}\int\sin 2x dx = \frac{x}{2}\sin 2x + \frac{1}{4}\cos 2x + C$;

(2) $\displaystyle\int xe^{-x}dx = \int x d(-e^{-x}) = -xe^{-x} + \int e^{-x}dx = -xe^{-x} - e^{-x} + C$;

(3) $\displaystyle\int \ln(x^2+1)dx = x\ln(x^2+1) - \int \frac{2x^2}{x^2+1}dx = x\ln(x^2+1) - 2\left(\int dx - \int\frac{1}{x^2+1}dx\right)$

　　　　$= x\ln(x^2+1) - 2x + 2\arctan x + C$;

(4) $\displaystyle\int \arccos x dx = x\arccos x + \int\frac{x}{\sqrt{1-x^2}}dx = x\arccos x - \frac{1}{2}\int\frac{d(1-x^2)}{\sqrt{1-x^2}}$

　　　　$= x\arccos x - \sqrt{1-x^2} + C$;

(5) $\displaystyle\int \arctan x dx = x\arctan x - \int\frac{x}{1+x^2}dx = x\arctan x - \frac{1}{2}\int\frac{d(1+x^2)}{1+x^2}$

　　　　$= x\arctan x - \frac{1}{2}\ln(1+x^2) + C$;

(6) $\displaystyle\int \ln^2 x dx = x\ln^2 x - 2\int\ln x dx = x\ln^2 x - 2\left(x\ln x - \int dx\right) = x\ln^2 x - 2x\ln x + 2x + C$;

(7) $\displaystyle\int x\cos^2 x dx = \int x\frac{1+\cos 2x}{2}dx = \frac{1}{2}\left[\frac{x^2}{2} + \int x d\left(\frac{\sin 2x}{2}\right)\right]$

　　　　$= \frac{1}{4}x^2 + \frac{1}{4}x\sin 2x + \frac{1}{8}\cos 2x + C$;

(8) $\displaystyle\int x\ln(x-1)dx = \int \ln(x-1)d\left(\frac{x^2}{2}\right) = \frac{x^2}{2}\ln(x-1) - \int\frac{x^2}{2}\cdot\frac{dx}{x-1}$

　　　　$= \frac{x^2}{2}\ln(x-1) - \frac{1}{2}\int\frac{x^2-1+1}{x-1}dx$

　　　　$= \frac{x^2}{2}\ln(x-1) - \frac{1}{2}\int\left(x+1+\frac{1}{x-1}\right)dx$

　　　　$= \frac{1}{2}(x^2-1)\ln(x-1) - \frac{1}{4}x^2 - \frac{1}{2}x + C$;

(9) $\displaystyle\int \cos\ln x dx = x\cos\ln x + \int x\sin\ln x\cdot\frac{1}{x}dx = x\cos\ln x + \int\sin\ln x dx$

　　　　$= x\cos\ln x + x\sin\ln x - \int\cos\ln x dx$,

故　　　　　　　　　　$\displaystyle\int\cos\ln x dx = \frac{x}{2}(\sin\ln x + \cos\ln x) + C$.

(10) 设 $t = \sqrt{2x+1}$, 即 $x = \frac{1}{2}(t^2-1)$, 则 $dx = tdt$, 于是

　　　　$\displaystyle\int e^{\sqrt{2x+1}}dx = \int e^t t dt = \int t de^t = te^t - e^t + C = e^{\sqrt{2x+1}}(\sqrt{2x+1}-1) + C$.

(11) $\displaystyle\int e^x\sin^2 x dx = \int e^x\frac{1-\cos 2x}{2}dx = \frac{1}{2}\int e^x dx - \frac{1}{2}\int e^x\cos 2x dx = \frac{1}{2}e^x - \frac{1}{2}\int e^x\cos 2x dx$.

而　　　　$\displaystyle\int e^x\cos 2x dx = \int\cos 2x de^x = e^x\cos 2x + 2\int e^x\sin 2x dx = e^x\cos 2x + 2\int\sin 2x de^x$

　　　　　　$= e^x\cos 2x + 2e^x\sin 2x - 4\int e^x\cos 2x dx$,

故 $\displaystyle\int e^x\cos 2x dx = \frac{1}{5}(\cos 2x + 2\sin 2x)e^x + C$, 从而 $\displaystyle\int e^x\sin^2 x dx = \frac{1}{2}e^x - \frac{1}{10}(\cos 2x + 2\sin 2x)e^x + C$.

$(12) \int (\arcsin x)^2 dx = x(\arcsin x)^2 - \int x \cdot 2\arcsin x \cdot \dfrac{dx}{\sqrt{1-x^2}}$

$\qquad = x(\arcsin x)^2 + 2\int \arcsin x d\sqrt{1-x^2}$

$\qquad = x(\arcsin x)^2 + 2\sqrt{1-x^2}\arcsin x - 2\int dx$

$\qquad = x(\arcsin x)^2 + 2\sqrt{1-x^2}\arcsin x - 2x + C.$

$(13) \int \dfrac{\ln\sin x}{\sin^2 x}dx = \int \ln\sin x d(-\cot x) = -\cot x\ln\sin x + \int \dfrac{\cot x}{\sin x}\cos x dx$

$\qquad = -\cot x\ln\sin x + \int \cot^2 x dx = -\cot x\ln\sin x + \int(\csc^2 x - 1)dx$

$\qquad = -\cot x\ln\sin x - \cot x - x + C.$

$(14) \int \dfrac{\ln(1+x)}{(2-x)^2}dx = \int \ln(1+x)d\left(\dfrac{1}{2-x}\right) = \dfrac{1}{2-x}\ln(1+x) - \int \dfrac{1}{(1+x)(2-x)}dx$

$\qquad = \dfrac{1}{2-x}\ln(1+x) - \dfrac{1}{3}\int\left(\dfrac{1}{1+x} + \dfrac{1}{2-x}\right)dx$

$\qquad = \dfrac{1}{2-x}\ln(1+x) + \dfrac{1}{3}\ln\left|\dfrac{2-x}{1+x}\right| + C.$

$(15) \int \dfrac{x\arcsin x}{\sqrt{1-x^2}}dx = -\int \arcsin x d\sqrt{1-x^2} = -\left(\sqrt{1-x^2}\arcsin x - \int dx\right)$

$\qquad = -\sqrt{1-x^2}\arcsin x + x + C.$

2. 设函数 $f(x)$ 有连续的导函数，且 $\int f(x)dx = \sin x e^x + C.$ 求 $\int xf'(x)dx.$

解 因为 $\int f(x)dx = \sin x e^x + C$，所以 $f(x) = (\sin x e^x)' = (\cos x + \sin x)e^x$，于是

$$\int xf'(x)dx = \int xdf(x) = xf(x) - \int f(x)dx = x(\cos x + \sin x)e^x - \sin x e^x + C$$

$$= (x\cos x + x\sin x - \sin x)e^x + C.$$

3. 设 $f(x)$ 的一个原函数为 $\dfrac{\sin x}{x}$，求 $\int xf'(x)dx.$

解 因为 $f(x)$ 的一个原函数为 $\dfrac{\sin x}{x}$，所以 $f(x) = \left(\dfrac{\sin x}{x}\right)' = \dfrac{x\cos x - \sin x}{x^2}$，于是

$$\int xf'(x)dx = \int xdf(x) = xf(x) - \int f(x)dx = x\dfrac{x\cos x - \sin x}{x^2} - \dfrac{\sin x}{x} + C$$

$$= \dfrac{x\cos x - 2\sin x}{x} + C = \cos x - \dfrac{2\sin x}{x} + C.$$

提高题

1. 已知 $f'(e^x) = 1 + x$，求 $f(x).$

解 设 $t = e^x$，即 $x = \ln t$，则 $f'(t) = 1 + \ln t$，即 $f'(x) = 1 + \ln x$，于是

$$f(x) = \int f'(x)dx = \int(1 + \ln x)dx = x\ln x + C.$$

2. $\int e^{2x}(\tan x + 1)^2 dx = $ _____.

解 $\int e^{2x}(\tan x + 1)^2 dx = \int e^{2x}(\tan^2 x + 2\tan x + 1)dx = \int e^{2x}(\sec^2 x - 1)dx + 2\int e^{2x}\tan x dx + \dfrac{1}{2}e^{2x}$

$\qquad = \int e^{2x}\sec^2 x dx - \int e^{2x}dx + 2\int e^{2x}\tan x dx + \dfrac{1}{2}e^{2x}.$

而

$$\int e^{2x}\sec^2 x dx + 2\int e^{2x}\tan x dx = \int e^{2x}d\tan x + 2\int e^{2x}\tan x dx = e^{2x}\tan x - \int \tan x 2e^{2x}dx + 2\int e^{2x}\tan x dx$$
$$= e^{2x}\tan x + C.$$

所以，原式$= e^{2x}\tan x + C$，故应填 $e^{2x}\tan x + C$.

3. 设函数 $f(x)$ 的一个原函数为 $\dfrac{\sin x}{x}$，求 $\int xf'(2x)dx$.

解 $\int xf'(2x)dx = \dfrac{1}{2}\int xf'(2x)d(2x) = \dfrac{1}{2}\int xdf(2x) = \dfrac{1}{2}xf(2x) - \dfrac{1}{2}\int f(2x)dx$
$$= \dfrac{1}{2}xf(2x) - \dfrac{1}{4}\int f(2x)d(2x).$$

由题设 $f(x) = \left(\dfrac{\sin x}{x}\right)' = \dfrac{x\cos x - \sin x}{x^2}$，所以
$$\int xf'(2x)dx = \dfrac{1}{2}xf(2x) - \dfrac{1}{4}\dfrac{\sin 2x}{2x} + C = \dfrac{\cos 2x}{4} - \dfrac{\sin 2x}{4x} + C.$$

4. 利用分部积分计算 $\int \sqrt{a^2 - x^2}dx$.

解 $\int \sqrt{a^2 - x^2}dx = x\sqrt{a^2-x^2} + \int \dfrac{2x^2}{2\sqrt{a^2-x^2}}dx = x\sqrt{a^2-x^2} + \int \dfrac{-a^2+x^2+a^2}{\sqrt{a^2-x^2}}dx$
$$= x\sqrt{a^2-x^2} - \int \sqrt{a^2-x^2}dx + \int \dfrac{a^2}{\sqrt{a^2-x^2}}dx,$$

故 $2\int \sqrt{a^2-x^2}dx = x\sqrt{a^2-x^2} + a^2\int \dfrac{1}{\sqrt{a^2-x^2}}dx$，即
$$\int \sqrt{a^2-x^2}dx = \dfrac{1}{2}\left(x\sqrt{a^2-x^2} + a^2\arcsin\dfrac{x}{a}\right) + C.$$

习题 4.4

1. 求下列不定积分：

(1) $\int \dfrac{6x+5}{x^2+4}dx$;   (2) $\int \dfrac{2x+3}{x^2+8x+16}dx$;   (3) $\int \dfrac{xdx}{(x+2)(x+3)^2}$;

(4) $\int \dfrac{xdx}{(x+1)(x+2)(x+3)}$;   (5) $\int \dfrac{dx}{x^3-8}$;   (6) $\int \dfrac{1}{x(x^2+1)}dx$;

(7) $\int \dfrac{2x^2-3x+1}{(x^2+1)(x^2+x)}dx$;   (8) $\int \dfrac{dx}{x(x^6+4)}$;   (9) $\int \dfrac{dx}{x^8(1-x^2)}$.

解 (1) $\int \dfrac{6x+5}{x^2+4}dx = \int \dfrac{3}{x^2+4}d(x^2+4) + \int \dfrac{5}{x^2+4}dx = 3\ln(x^2+4) + \dfrac{5}{2}\arctan\dfrac{x}{2} + C.$

(2) $\int \dfrac{2x+3}{x^2+8x+16}dx = \int \dfrac{2x+8}{x^2+8x+16}dx - \int \dfrac{5}{x^2+8x+16}dx$
$$= \int \dfrac{d(x^2+8x+16)}{x^2+8x+16} - 5\int \dfrac{d(x+4)}{(x+4)^2}$$
$$= \ln(x^2+8x+16) + \dfrac{5}{x+4} + C = 2\ln|x+4| + \dfrac{5}{x+4} + C.$$

(3) 设 $\dfrac{x}{(x+2)(x+3)^2} = \dfrac{A}{x+2} + \dfrac{B}{(x+3)^2} + \dfrac{C}{x+3}$，其中 A,B,C 为待定系数，两端比较，得
$$x = A(x+3)^2 + B(x+2) + C(x+2)(x+3).$$

令 $x=-2$ 得 $A=-2$；令 $x=-3$ 得 $B=3$；令 $x=0$ 得 $C=2$，即
$$\dfrac{x}{(x+2)(x+3)^2} = \dfrac{-2}{x+2} + \dfrac{3}{(x+3)^2} + \dfrac{2}{x+3}.$$

$\int \dfrac{x}{(x+2)(x+3)^2}dx = \int \left(\dfrac{-2}{x+2} + \dfrac{3}{(x+3)^2} + \dfrac{2}{x+3}\right)dx$
$$= \int \dfrac{-2}{x+2}d(x+2) + \int \dfrac{3}{(x+3)^2}d(x+3) + \int \dfrac{2}{x+3}d(x+3)$$

$$=-2\ln|x+2|-\frac{3}{x+3}+2\ln|x+3|+C$$

$$=\ln\left(\frac{x+3}{x+2}\right)^2-\frac{3}{x+3}+C.$$

(4) 设 $\dfrac{x}{(x+1)(x+2)(x+3)}=\dfrac{A}{x+1}+\dfrac{B}{x+2}+\dfrac{C}{x+3}$,其中 A,B,C 为待定系数,两端比较,得

$$x=A(x+3)(x+2)+B(x+1)(x+3)+C(x+2)(x+1).$$

令 $x=-1$ 得 $A=-\dfrac{1}{2}$;令 $x=-2$ 得 $B=2$;令 $x=-3$ 得 $C=-\dfrac{3}{2}$,即

$$\frac{x}{(x+1)(x+2)(x+3)}=-\frac{1}{2(x+1)}+\frac{2}{x+2}-\frac{3}{2(x+3)}.$$

$$\int\frac{x\mathrm{d}x}{(x+1)(x+2)(x+3)}=-\frac{1}{2}\int\frac{\mathrm{d}x}{x+1}+2\int\frac{\mathrm{d}x}{x+2}-\frac{3}{2}\int\frac{\mathrm{d}x}{x+3}$$

$$=2\ln|x+2|-\frac{1}{2}\ln|x+1|-\frac{3}{2}\ln|x+3|+C.$$

(5) $x^3-8=(x-2)(x^2+2x+4)$,令 $\dfrac{1}{x^3-8}=\dfrac{A}{x-2}+\dfrac{Bx+C}{x^2+2x+4}$,其中 A,B,C 为待定系数,两端比较得

$$1=A(x^2+2x+4)+(Bx+C)(x-2),$$

解得 $A=\dfrac{1}{12}$,$B=-\dfrac{1}{12}$,$C=-\dfrac{1}{3}$.

$$\int\frac{\mathrm{d}x}{x^3-8}=\int\frac{1}{12}\cdot\frac{1}{x-2}\mathrm{d}x+\int\frac{-\dfrac{1}{12}x-\dfrac{1}{3}}{x^2+2x+4}\mathrm{d}x$$

$$=\frac{1}{12}\int\frac{1}{x-2}\mathrm{d}(x-2)-\frac{1}{24}\int\frac{2x+8}{x^2+2x+4}\mathrm{d}x$$

$$=\frac{1}{12}\ln|x-2|-\frac{1}{24}\int\frac{2x+2}{x^2+2x+4}\mathrm{d}x-\frac{1}{24}\int\frac{6}{x^2+2x+4}\mathrm{d}x$$

$$=\frac{1}{12}\ln|x-2|-\frac{1}{24}\int\frac{\mathrm{d}(x^2+2x+4)}{x^2+2x+4}-\frac{1}{4}\int\frac{\mathrm{d}(x+1)}{(x+1)^2+3}$$

$$=\frac{1}{12}\ln|x-2|-\frac{1}{24}\ln(x^2+2x+4)-\frac{1}{4\sqrt{3}}\arctan\frac{x+1}{\sqrt{3}}+C.$$

(6) $\displaystyle\int\frac{1}{x(1+x^2)}\mathrm{d}x=\int\left(\frac{1}{x}-\frac{x}{1+x^2}\right)\mathrm{d}x=\int\frac{1}{x}\mathrm{d}x-\frac{1}{2}\int\frac{\mathrm{d}(1+x^2)}{1+x^2}$

$$=\ln|x|-\frac{1}{2}\ln(x^2+1)+C.$$

(7) 令 $\dfrac{2x^2-3x+1}{(x^2+1)(x^2+x)}=\dfrac{A}{x}+\dfrac{B}{x+1}+\dfrac{Cx+D}{x^2+1}$,其中 A,B,C,D 为待定系数,两端比较得

$$2x^2-3x+1=A(x^2+1)(x+1)+Bx(x^2+1)+x(x+1)(Cx+D)$$

$$=(A+B+C)x^3+(A+D+C)x^2+(A+B+D)x+A,$$

则 $\begin{cases}A+B+C=0,\\A+D+C=2,\\A+B+D=-3,\\A=1,\end{cases}$,解得 $\begin{cases}A=1,\\B=-3,\\C=2,\\D=-1.\end{cases}$

$$\int\frac{2x^2-3x+1}{(x^2+1)(x^2+x)}\mathrm{d}x=\int\frac{1}{x}\mathrm{d}x+\int\frac{-3}{x+1}\mathrm{d}x+\int\frac{2x-1}{x^2+1}\mathrm{d}x$$

$$=\ln|x|-3\ln|x+1|+\ln(x^2+1)-\arctan x+C.$$

(8) $\displaystyle\int\frac{\mathrm{d}x}{x(x^6+4)}=\int\frac{x^5\mathrm{d}x}{x^6(x^6+4)}=\frac{1}{4}\int\frac{x^5\mathrm{d}x}{x^6}-\frac{1}{4}\int\frac{x^5\mathrm{d}x}{x^6+4}=\frac{1}{24}\int\frac{\mathrm{d}(x^6)}{x^6}-\frac{1}{24}\int\frac{\mathrm{d}(x^6+4)}{x^6+4}$

$$= \frac{1}{4}\ln|x| - \frac{1}{24}\ln(x^6+4) + C.$$

(9) 令 $\frac{1}{x^8(1-x^2)} = \frac{A_1}{x^8} + \frac{A_2}{x^7} + \frac{A_3}{x^6} + \frac{A_4}{x^5} + \frac{A_5}{x^4} + \frac{A_6}{x^3} + \frac{A_7}{x^2} + \frac{A_8}{x} + \frac{B_1}{1+x} + \frac{B_2}{1-x}$,其中 $A_1, A_2, \cdots, A_8, B_1,$
B_2 为待定系数,于是得

$$1 = A_1(1-x^2) + A_2 x(1-x^2) + \cdots + A_8 x^7(1-x^2) + B_1 x^8(1-x) + B_2 x^8(1+x).$$

两端比较系数解得

$$A_1 = 1, A_2 = 0, A_3 = 1, A_4 = 0, A_5 = 1, A_6 = 0, A_7 = 1, A_8 = 0, B_1 = \frac{1}{2}, B_2 = \frac{1}{2},$$

所以

$$\int \frac{dx}{x^8(1-x^2)} = \int \frac{1}{x^8}dx + \int \frac{1}{x^6}dx + \int \frac{1}{x^4}dx + \int \frac{1}{x^2}dx + \frac{1}{2}\int \frac{1}{1+x}dx + \frac{1}{2}\int \frac{1}{1-x}dx$$

$$= -\frac{1}{7x^7} - \frac{1}{5x^5} - \frac{1}{3x^3} - \frac{1}{x} + \frac{1}{2}\ln|1+x| - \frac{1}{2}\ln|1-x| + C$$

$$= -\frac{1}{7x^7} - \frac{1}{5x^5} - \frac{1}{3x^3} - \frac{1}{x} - \frac{1}{2}\ln\left|\frac{1-x}{1+x}\right| + C.$$

2. 求下列不定积分:

(1) $\displaystyle\int \frac{\sqrt{x+2}}{x+3}dx$;　　(2) $\displaystyle\int \frac{1}{x^2}\sqrt[5]{\left(\frac{x}{x+1}\right)^3}dx$;　　(3) $\displaystyle\int \frac{dx}{\sqrt{x}+\sqrt[4]{x}}$;

(4) $\displaystyle\int \sqrt{\frac{a+x}{a-x}}dx$;　　(5) $\displaystyle\int \frac{\sqrt{x+1}-1}{\sqrt{x+1}+1}dx$;　　(6) $\displaystyle\int \frac{dx}{\sqrt[4]{(x-2)^3(x+1)^5}}$.

解 (1) 令 $t = \sqrt{x+2}$,即 $x = t^2-2$,则 $dx = 2tdt$,于是

$$\int \frac{\sqrt{x+2}}{x+3}dx = \int \frac{t}{t^2+1}2tdt = 2\int \frac{t^2+1-1}{t^2+1}dt = 2\int\left(1 - \frac{1}{t^2+1}\right)dt$$

$$= 2(t - \arctan t) + C = 2\sqrt{x+2} - 2\arctan\sqrt{x+2} + C.$$

(2) 令 $t = \sqrt[5]{\frac{x}{1+x}}$,即 $x = \frac{t^5}{1-t^5}$,则 $dx = \frac{5t^4}{(1-t^5)^2}dt$,于是

$$\int \frac{1}{x^2}\sqrt[5]{\left(\frac{x}{1+x}\right)^3}dx = \int\left(\frac{1-t^5}{t^5}\right)^2 t^3 \frac{5t^4}{(1-t^5)^2}dt = 5\int \frac{1}{t^3}dt = -\frac{5}{2}\frac{1}{t^2} + C = -\frac{5}{2}\left(\frac{x+1}{x}\right)^{\frac{2}{5}} + C.$$

(3) 设 $x = t^4$,则 $dx = 4t^3 dt$,于是

$$\int \frac{1}{\sqrt{x}+\sqrt[4]{x}}dx = \int \frac{4t^3}{t^2+t}dt = \int \frac{4t^2}{t+1}dt = 4\int \frac{t^2-1+1}{t+1}dt = 4\int\left(t-1+\frac{1}{t+1}\right)dt$$

$$= 4\left(\frac{t^2}{2} - t + \ln|t+1|\right) + C = 2\sqrt{x} - 4\sqrt[4]{x} + 4\ln(\sqrt[4]{x}+1) + C.$$

(4) 令 $t = \sqrt{\frac{a+x}{a-x}}$,即 $x = \frac{a(t^2-1)}{t^2+1}$,则 $dx = \frac{4at\,dt}{(t^2+1)^2}$,于是 $\displaystyle\int \sqrt{\frac{a+x}{a-x}}dx = 4a\int \frac{t^2\,dt}{(t^2+1)^2}$.

设 $t = \tan u$,则 $dt = \sec^2 u\,du$,于是

$$\int \sqrt{\frac{a+x}{a-x}}dx = 4a\int \frac{\tan^2 u}{\sec^4 u}\sec^2 u\,du = 4a\int \sin^2 u\,du = 4a\int \frac{1-\cos 2u}{2}du = 2a\left(u - \frac{\sin 2u}{2}\right) + C$$

$$= 2a\left(\arctan t - \frac{t}{1+t^2}\right) + C = 2a\left(\arctan\sqrt{\frac{a+x}{a-x}} - \frac{\sqrt{a^2-x^2}}{2a}\right) + C$$

$$= 2a\arctan\sqrt{\frac{a+x}{a-x}} - \sqrt{a^2-x^2} + C.$$

(5) 令 $t = \sqrt{x+1}$,即 $x = t^2-1$,则 $dx = 2tdt$,于是

$$\int \frac{\sqrt{x+1}-1}{\sqrt{x+1}+1}dx = \int \frac{t-1}{t+1}2tdt = 2\int \frac{t^2-t}{t+1}dt = 2\int \frac{t^2+t-(2t+2)+2}{t+1}dt$$

$$= 2 \left(\int t \mathrm{d}t - 2 \int \mathrm{d}t + \int \frac{2}{t+1} \mathrm{d}t \right) = 2 \left(\frac{t^2}{2} - 2t + 2\ln|t+1| \right) + C_1$$

$$= x - 4\sqrt{x+1} + 4\ln(\sqrt{x+1}+1) + C,$$

其中 $C = C_1 + 1$.

(6) $\displaystyle \int \frac{\mathrm{d}x}{\sqrt[4]{(x-2)^3 (x+1)^5}} = \int \frac{1}{(x+1)^2} \sqrt[4]{\left(\frac{x+1}{x-2} \right)^3} \mathrm{d}x.$

令 $t = \sqrt[4]{\dfrac{x+1}{x-2}}$，即 $x = \dfrac{2t^4+1}{t^4-1}$，则 $\mathrm{d}x = \dfrac{-12t^3}{(t^4-1)^2} \mathrm{d}t$，于是

$$\int \frac{\mathrm{d}x}{\sqrt[4]{(x-2)^3 (x+1)^5}} = \int \frac{(t^4-1)^2}{9t^8} \cdot t^3 \cdot \frac{-12t^3}{(t^4-1)^2} \mathrm{d}t = -\frac{4}{3} \int \frac{1}{t^2} \mathrm{d}t = \frac{4}{3t} + C = \frac{4}{3} \sqrt[4]{\frac{x-2}{x+1}} + C.$$

提高题

1. 求下列不定积分：

(1) $\displaystyle \int \frac{1}{1+\tan x} \mathrm{d}x$；　　(2) $\displaystyle \int \sin(\ln x) \mathrm{d}x$；　　(3) $\displaystyle \int \frac{x+1}{x^2 \sqrt{x^2-1}} \mathrm{d}x$；　　(4) $\displaystyle \int \frac{\mathrm{d}x}{(1+5x^2)\sqrt{1+x^2}}$.

解　(1) $\displaystyle \int \frac{1}{1+\tan x} \mathrm{d}x = \int \frac{\cos x}{\sin x + \cos x} \mathrm{d}x = \frac{1}{2} \int \frac{\cos x + \sin x + \cos x - \sin x}{\sin x + \cos x} \mathrm{d}x$

$$= \frac{1}{2} \int \left(1 + \frac{\cos x - \sin x}{\sin x + \cos x} \right) \mathrm{d}x = \frac{1}{2} \left[x + \int \frac{1}{\sin x + \cos x} \mathrm{d}(\sin x + \cos x) \right]$$

$$= \frac{1}{2} (x + \ln|\cos x + \sin x|) + C.$$

(2) $\displaystyle \int \sin(\ln x) \mathrm{d}x = x\sin(\ln x) - \int x\cos(\ln x) \cdot \frac{1}{x} \mathrm{d}x = x\sin(\ln x) - \int \cos(\ln x) \mathrm{d}x$

$$= x\sin(\ln x) - x\cos(\ln x) - \int \sin(\ln x) \mathrm{d}x,$$

所以　　　　　　　　　　$\displaystyle \int \sin(\ln x) \mathrm{d}x = \frac{x}{2} \left[\sin(\ln x) - \cos(\ln x) \right] + C.$

(3) 令 $x = \dfrac{1}{t}$，则 $\mathrm{d}x = -\dfrac{1}{t^2} \mathrm{d}t$，于是

$$\int \frac{x+1}{x^2 \sqrt{x^2-1}} \mathrm{d}x = \int \frac{\frac{1}{t}+1}{\frac{1}{t^2} \sqrt{\frac{1}{t^2}-1}} \left(-\frac{1}{t^2} \right) \mathrm{d}t = -\int \frac{1+t}{\sqrt{1-t^2}} \mathrm{d}t = -\int \frac{\mathrm{d}t}{\sqrt{1-t^2}} - \int \frac{t}{\sqrt{1-t^2}} \mathrm{d}t$$

$$= -\arcsin t + \sqrt{1-t^2} + C = -\arcsin \frac{1}{x} + \frac{\sqrt{x^2-1}}{x} + C.$$

(4) 设 $x = \tan t$，则 $\mathrm{d}x = \sec^2 t \mathrm{d}t$，于是

$$\int \frac{\mathrm{d}x}{(1+5x^2)\sqrt{1+x^2}} = \int \frac{\sec^2 t \mathrm{d}t}{(1+5\tan^2 t)\sec t} = \int \frac{\sec t \mathrm{d}t}{1+5\tan^2 t} = \int \frac{\frac{1}{\cos t}}{1+5\frac{\sin^2 t}{\cos^2 t}} \mathrm{d}t$$

$$= \int \frac{\cos t \mathrm{d}t}{\cos^2 t + 5\sin^2 t} = \int \frac{\mathrm{d}\sin t}{1+4\sin^2 t} = \frac{1}{2} \int \frac{1}{1+4\sin^2 t} \mathrm{d}(2\sin t)$$

$$= \frac{1}{2}\arctan(2\sin t) + C = \frac{1}{2}\arctan \frac{2x}{\sqrt{1+x^2}} + C.$$

2. 设 $f(\sin^2 x) = \dfrac{x}{\sin x}$，求 $\displaystyle \int \frac{\sqrt{x}}{\sqrt{1-x}} f(x) \mathrm{d}x$.

解　设 $u = \sin^2 x$，即 $\sin x = \sqrt{u}$，$x = \arcsin\sqrt{u}$，则 $f(u) = \dfrac{\arcsin\sqrt{u}}{\sqrt{u}}$，即 $f(x) = \dfrac{\arcsin\sqrt{x}}{\sqrt{x}}$.

$$\int \frac{\sqrt{x}}{\sqrt{1-x}} f(x) \mathrm{d}x = \int \frac{\arcsin\sqrt{x}}{\sqrt{1-x}} \mathrm{d}x = \int \arcsin\sqrt{x}\,\mathrm{d}(-2\sqrt{1-x}) = -2\sqrt{1-x}\arcsin\sqrt{x} + \int \frac{1}{\sqrt{x}} \mathrm{d}x$$

$$= -2\sqrt{1-x}\arcsin\sqrt{x} + 2\sqrt{x} + C.$$

复习题 4

1. 填空题

(1) 已知 $\varphi(x) = 2x + \mathrm{e}^{-x}$ 是 $f(x)$ 的原函数，是 $g(x)$ 的导函数，且 $g(0) = 1$，则 $f(x) = $ _____；
$g(x) = $ _____；

(2) 若 $f''(x)$ 连续，则 $\int x f''(x) \mathrm{d}x = $ _____；

(3) 若 $\mathrm{d}(\cos x) = f(x) \mathrm{d}x$，则 $\int x f(x) \mathrm{d}x = $ _____；

(4) 若 $f(x)$ 可导，则 $\int f(x) \mathrm{d}x$ 一定 _____；

(5) 若 $f(x)$ 的某个原函数为常数，则 $f(x)$ _____.

解 (1) 答案：$2 - \mathrm{e}^{-x}$；$x^2 - \mathrm{e}^{-x} + 2$.

因为 $\varphi(x) = 2x + \mathrm{e}^{-x}$ 是 $f(x)$ 的原函数，所以 $f(x) = \varphi'(x) = 2 - \mathrm{e}^{-x}$. $\varphi(x) = 2x + \mathrm{e}^{-x}$ 是 $g(x)$ 的导

函数，所以 $g(x) = \int \varphi(x) \mathrm{d}x = x^2 - \mathrm{e}^{-x} + C$. 又 $g(0) = 1$，得 $C = 2$，于是 $g(x) = x^2 - \mathrm{e}^{-x} + 2$.

(2) 答案：$x f'(x) - f(x) + C$.

$$\int x f''(x) \mathrm{d}x = \int x \mathrm{d}f'(x) = x f'(x) - \int f'(x) \mathrm{d}x = x f'(x) - f(x) + C.$$

(3) 答案：$x\cos x - \sin x + C$.

若 $\mathrm{d}(\cos x) = f(x) \mathrm{d}x$，则 $f(x) = -\sin x$，于是

$$\int x f(x) \mathrm{d}x = -\int x \sin x \mathrm{d}x = x\cos x - \int \cos x \mathrm{d}x = x\cos x - \sin x + C.$$

(4) 答案：存在.

若 $f(x)$ 可导，则 $f(x)$ 连续，所以 $\int f(x) \mathrm{d}x$ 一定存在.

(5) 答案：0.

若 $f(x)$ 的某个原函数为常数，则 $f(x) = (C)' = 0$.

2. 选择题

(1) 若 $\int f(x) \mathrm{d}x = x^2 \mathrm{e}^{2x} + C$，则 $f(x) = ($ ____ $)$.

    A. $2x\mathrm{e}^{2x}$ B. $2x^2 \mathrm{e}^{2x}$ C. $4x\mathrm{e}^{2x}$ D. $2x\mathrm{e}^{2x}(1+x)$.

(2) 若 $f(x)$ 的一个原函数是 $\dfrac{\ln x}{x}$，则 $\int f'(x) \mathrm{d}x = ($ ____ $)$.

    A. $\dfrac{\ln x}{x} + C$ B. $\dfrac{1}{2} \ln^2 x + C$ C. $\ln|\ln x| + C$ D. $\dfrac{1 - \ln x}{x^2} + C$

(3) 原函数族 $f(x) + C$ 可写成(____)形式.

    A. $\int f'(x) \mathrm{d}x$ B. $\left[\int f(x) \mathrm{d}x\right]'$ C. $\mathrm{d}\int f(x) \mathrm{d}x$ D. $\int F'(x) \mathrm{d}x$

(4) 若 $f'(x^2) = \dfrac{1}{x} (x > 0)$，则 $f(x) = ($ ____ $)$.

    A. $2x + C$ B. $\ln|x| + C$ C. $2\sqrt{x} + C$ D. $\dfrac{1}{\sqrt{x}} + C$

(5) 若 $F'(x) = \dfrac{1}{\sqrt{1-x^2}}$，$F(1) = \dfrac{3}{2}\pi$，则 $F(x) = ($ ____ $)$.

A. $\arcsin x$　　　　B. $\arcsin x + \dfrac{\pi}{2}$　　　　C. $\arccos x + \pi$　　　　D. $\arcsin x + \pi$

解 (1) 因为 $\int f(x)\mathrm{d}x = x^2 e^{2x} + C$，所以 $f(x) = (x^2 e^{2x})' = 2x e^{2x}(1 + x)$，故选 D.

(2) 因为 $f(x)$ 的一个原函数是 $\dfrac{\ln x}{x}$，所以 $f(x) = \left(\dfrac{\ln x}{x}\right)' = \dfrac{1 - \ln x}{x^2}$.

而 $f(x)$ 又是 $f'(x)$ 的一个原函数，于是 $\int f'(x)\mathrm{d}x = \dfrac{1 - \ln x}{x^2} + C$，故选 D.

(3) 因为 $\int f'(x)\mathrm{d}x = f(x) + C$，所以选 A.

(4) 若 $f'(x^2) = \dfrac{1}{x}(x > 0)$，即 $f'(t) = \dfrac{1}{\sqrt{t}}$，所以 $f'(x) = \dfrac{1}{\sqrt{x}}$，于是 $f(x) = \int f'(x)\mathrm{d}x = \int \dfrac{1}{\sqrt{x}}\mathrm{d}x = $

$2\sqrt{x} + C$，故选 C.

(5) 因为 $F(x) = \int F'(x)\mathrm{d}x = \int \dfrac{1}{\sqrt{1 - x^2}}\mathrm{d}x = \arcsin x + C$. 又由 $F(1) = \dfrac{3}{2}\pi$，得 $C = \pi$，故选 D.

3. 若 $\int f'(e^x)\mathrm{d}x = e^{2x} + C$，求 $f(x)$.

解　因为 $\int f'(e^x)\mathrm{d}x = e^{2x} + C$，所以 $f'(e^x) = (e^{2x})' = 2e^{2x}$.

设 $t = e^x$，则 $f'(t) = 2t^2$，即 $f'(x) = 2x^2$，于是 $f(x) = \int f'(x)\mathrm{d}x = \int 2x^2\mathrm{d}x = \dfrac{2}{3}x^3 + C$.

4. 设 $\int x f(x)\mathrm{d}x = \arcsin x + C$，求 $\int \dfrac{\mathrm{d}x}{f(x)}$.

解　因为 $\int x f(x)\mathrm{d}x = \arcsin x + C$，所以 $x f(x) = (\arcsin x)' = \dfrac{1}{\sqrt{1 - x^2}}$，即 $f(x) = \dfrac{1}{x\sqrt{1 - x^2}}$，故

$$\int \dfrac{\mathrm{d}x}{f(x)} = \int x\sqrt{1 - x^2}\mathrm{d}x = -\dfrac{1}{2}\int \sqrt{1 - x^2}\mathrm{d}(1 - x^2) = -\dfrac{1}{3}\sqrt{(1 - x^2)^3} + C.$$

5. 设 $f(x^2 - 1) = \ln\dfrac{x^2}{x^2 - 2}$，且 $f[\varphi(x)] = \ln x$，求 $\int \varphi(x)\mathrm{d}x$.

解　因为 $f(x^2 - 1) = \ln\dfrac{x^2}{x^2 - 2} = \ln\dfrac{(x^2 - 1) + 1}{(x^2 - 1) - 1}$，所以 $f(t) = \ln\dfrac{t + 1}{t - 1}$. 由 $f[\varphi(x)] = \ln x$，得

$f[\varphi(x)] = \ln\dfrac{\varphi(x) + 1}{\varphi(x) - 1} = \ln x$，即 $\dfrac{\varphi(x) + 1}{\varphi(x) - 1} = x$，解得 $\varphi(x) = \dfrac{x + 1}{x - 1}$. 于是

$$\int \varphi(x)\mathrm{d}x = \int \dfrac{x + 1}{x - 1}\mathrm{d}x = \int \dfrac{(x - 1) + 2}{x - 1}\mathrm{d}x = \int \left(1 + \dfrac{2}{x - 1}\right)\mathrm{d}x = x + 2\ln|x - 1| + C.$$

6. 求 $\int \left[\dfrac{f(x)}{f'(x)} - \dfrac{f^2(x)f''(x)}{f'^3(x)}\right]\mathrm{d}x$.

解　$\displaystyle\int \left[\dfrac{f(x)}{f'(x)} - \dfrac{f^2(x)f''(x)}{f'^3(x)}\right]\mathrm{d}x = \int \left[\dfrac{f(x)}{f'(x)} \cdot \dfrac{[f'^2(x) - f(x)f''(x)]}{f'^2(x)}\right]\mathrm{d}x = \int \dfrac{f(x)}{f'(x)}\mathrm{d}\left(\dfrac{f(x)}{f'(x)}\right)$

$$= \dfrac{1}{2}\left[\dfrac{f(x)}{f'(x)}\right]^2 + C.$$

7. 设 $f(\ln x) = \dfrac{\ln(x + 1)}{x}$，求 $\int f(x)\mathrm{d}x$.

解　设 $t = \ln x$，则 $x = e^t$，由此得 $f(t) = \dfrac{\ln(e^t + 1)}{e^t}$，即 $f(x) = \dfrac{\ln(e^x + 1)}{e^x}$，于是

$$\int f(x)\mathrm{d}x = \int \dfrac{\ln(e^x + 1)}{e^x}\mathrm{d}x = \int \ln(e^x + 1)\mathrm{d}(-e^{-x}) = -e^{-x}\ln(e^x + 1) + \int \dfrac{e^x}{e^x + 1}e^{-x}\mathrm{d}x$$

$$= -\dfrac{\ln(e^x + 1)}{e^x} + x - \ln(e^x + 1) + C.$$

8. 求下列不定积分:

(1) $\displaystyle\int \frac{x+\arccos x}{\sqrt{1-x^2}}\mathrm{d}x$;　　(2) $\displaystyle\int \frac{x^2}{4+9x^2}\mathrm{d}x$;　　(3) $\displaystyle\int x(1+x)^{100}\mathrm{d}x$;　　(4) $\displaystyle\int \frac{\mathrm{e}^{-1/x^2}}{x^3}\mathrm{d}x$;

(5) $\displaystyle\int \frac{2}{\mathrm{e}^x+\mathrm{e}^{-x}}\mathrm{d}x$;　　(6) $\displaystyle\int \frac{x}{\sqrt{x^2+1}-x}\mathrm{d}x$;　　(7) $\displaystyle\int \frac{2^x 3^x}{9^x-4^x}\mathrm{d}x$;　　(8) $\displaystyle\int \frac{\mathrm{d}x}{x(2+x^{10})}$;

(9) $\displaystyle\int \frac{7\cos x-3\sin x}{5\cos x+2\sin x}\mathrm{d}x$;　　(10) $\displaystyle\int \frac{\mathrm{d}x}{x\sqrt{4-x^2}}$;　　(11) $\displaystyle\int \frac{\sqrt{x^2-4}}{x}\mathrm{d}x$;　　(12) $\displaystyle\int \frac{\mathrm{d}x}{x\sqrt{1+x^4}}$.

解 (1) $\displaystyle\int \frac{x+\arccos x}{\sqrt{1-x^2}}\mathrm{d}x = -\frac{1}{2}\int \frac{\mathrm{d}(1-x^2)}{\sqrt{1-x^2}} - \int \arccos x \, \mathrm{d}\arccos x$

$$= -\sqrt{1-x^2} - \frac{1}{2}(\arccos x)^2 + C.$$

(2) $\displaystyle\int \frac{x^2}{4+9x^2}\mathrm{d}x = \frac{1}{9}\int \frac{(9x^2+4)-4}{4+9x^2}\mathrm{d}x = \frac{1}{9}\left(\int \mathrm{d}x - 4\int \frac{1}{4+9x^2}\mathrm{d}x\right)$

$$= \frac{1}{9}\left[x - \frac{2}{3}\int \frac{1}{1+\left(\frac{3}{2}x\right)^2}\mathrm{d}\left(\frac{3}{2}x\right)\right] = \frac{1}{9}\left[x - \frac{2}{3}\arctan\left(\frac{3}{2}x\right)\right] + C.$$

(3) 令 $1+x = u$, 即 $x = u-1$, 则 $\mathrm{d}x = \mathrm{d}u$, 于是

$$\int x(1+x)^{100}\mathrm{d}x = \int (u-1)u^{100}\mathrm{d}u = \int u^{101}\mathrm{d}u - \int u^{100}\mathrm{d}u = \frac{u^{102}}{102} - \frac{u^{101}}{101} + C$$

$$= \frac{1}{102}(1+x)^{102} - \frac{1}{101}(1+x)^{101} + C.$$

(4) $\displaystyle\int \frac{\mathrm{e}^{-1/x^2}}{x^3}\mathrm{d}x = \frac{1}{2}\int \mathrm{e}^{-\frac{1}{x^2}}\mathrm{d}\left(-\frac{1}{x^2}\right) = \frac{1}{2}\mathrm{e}^{-\frac{1}{x^2}} + C.$

(5) $\displaystyle\int \frac{2}{\mathrm{e}^x+\mathrm{e}^{-x}}\mathrm{d}x = \int \frac{2\mathrm{e}^x}{\mathrm{e}^{2x}+1}\mathrm{d}x = 2\int \frac{\mathrm{d}(\mathrm{e}^x)}{\mathrm{e}^{2x}+1} = 2\arctan\mathrm{e}^x + C.$

(6) $\displaystyle\int \frac{x}{\sqrt{x^2+1}-x}\mathrm{d}x = \int x(\sqrt{x^2+1}+x)\mathrm{d}x = \int x\sqrt{x^2+1}\,\mathrm{d}x + \int x^2\mathrm{d}x$

$$= \frac{1}{2}\int \sqrt{x^2+1}\,\mathrm{d}(x^2+1) + \frac{1}{3}x^3 = \frac{1}{3}(\sqrt{x^2+1})^3 + \frac{1}{3}x^3 + C.$$

(7) $\displaystyle\int \frac{2^x 3^x}{9^x-4^x}\mathrm{d}x = \int \frac{2^x 3^x}{4^x\left[\left(\frac{3}{2}\right)^{2x}-1\right]}\mathrm{d}x = \int \frac{\left(\frac{3}{2}\right)^x}{\left[\left(\frac{3}{2}\right)^{2x}-1\right]}\mathrm{d}x$

$$\xlongequal{t=\left(\frac{3}{2}\right)^x} \frac{1}{\ln\frac{3}{2}}\int \frac{\mathrm{d}t}{t^2-1} = \frac{1}{\ln 3-\ln 2}\cdot\frac{1}{2}\ln\frac{t-1}{t+1} + C$$

$$= \frac{1}{2(\ln 3-\ln 2)}\ln\left|\frac{3^x-2^x}{3^x+2^x}\right| + C.$$

(8) $\displaystyle\int \frac{\mathrm{d}x}{x(2+x^{10})} = \int \frac{x^9\mathrm{d}x}{x^{10}(2+x^{10})} = \frac{1}{20}\int \left(\frac{1}{x^{10}} - \frac{1}{2+x^{10}}\right)\mathrm{d}(x^{10})$

$$= \frac{1}{20}\left[\ln x^{10} - \ln(x^{10}+2)\right] + C = \frac{1}{2}\ln|x| - \frac{1}{20}\ln(x^{10}+2) + C.$$

(9) $\displaystyle\int \frac{7\cos x-3\sin x}{5\cos x+2\sin x}\mathrm{d}x = \int \frac{(5\cos x+2\sin x)+(2\cos x-5\sin x)}{5\cos x+2\sin x}\mathrm{d}x = \int \mathrm{d}x + \int \frac{\mathrm{d}(5\cos x+2\sin x)}{5\cos x+2\sin x}$

$$= x + \ln|5\cos x+2\sin x| + C.$$

(10) **方法一** 令 $\sqrt{4-x^2} = t$, 即 $x^2 = 4-t^2$, 则 $x\mathrm{d}x = -t\mathrm{d}t$, 于是

$$\int \frac{\mathrm{d}x}{x\sqrt{4-x^2}} = \int \frac{x\mathrm{d}x}{x^2\sqrt{4-x^2}} = -\int \frac{t\mathrm{d}t}{t(4-t^2)} = \frac{1}{4}\ln\left|\frac{t-2}{t+2}\right| + C = \frac{1}{4}\ln\left|\frac{\sqrt{4-x^2}-2}{\sqrt{4-x^2}+2}\right| + C.$$

方法二 令 $x = 2\sin t$，则 $\mathrm{d}x = 2\cos t\,\mathrm{d}t$，于是

$$\int \frac{\mathrm{d}x}{x\sqrt{4-x^2}} = \frac{1}{2}\int \frac{\cos t\,\mathrm{d}t}{\sin t\cos t} = \frac{1}{2}\int \frac{\mathrm{d}t}{\sin t} = \frac{1}{2}\ln|\csc t - \cot t| + C = \frac{1}{4}\ln\left|\frac{\sqrt{4-x^2}-2}{\sqrt{4-x^2}+2}\right| + C.$$

(11) 设 $x = 2\sec t$，则 $\mathrm{d}x = 2\sec t\tan t\,\mathrm{d}t$，于是

$$\int \frac{\sqrt{x^2-4}}{x}\mathrm{d}x = \int \frac{2\tan t \cdot 2\sec t\tan t}{2\sec t}\mathrm{d}t = 2\int \tan^2 t\,\mathrm{d}t = 2\int(\sec^2 t - 1)\mathrm{d}t = 2\tan t - 2t + C$$

$$= \sqrt{x^2-4} - 2\arccos\frac{2}{x} + C.$$

(12) 设 $x^2 = \tan t$，则 $2x\mathrm{d}x = \sec^2 t\,\mathrm{d}t$，于是

$$\int \frac{\mathrm{d}x}{x\sqrt{1+x^4}} = \int \frac{x\mathrm{d}x}{x^2\sqrt{1+x^4}} = \int \frac{\sec^2 t\,\mathrm{d}t}{2\tan t\sec t} = \frac{1}{2}\int \csc t\,\mathrm{d}t = \frac{1}{2}\ln|\csc t - \cot t| + C$$

$$= \frac{1}{2}\ln\left|\frac{\sqrt{1+x^4}}{x^2} - \frac{1}{x^2}\right| + C = \frac{1}{2}\ln\left|\frac{\sqrt{1+x^4}-1}{x^2}\right| + C.$$

9. 求下列不定积分：

(1) $\displaystyle\int \frac{\ln(1+x^2)}{x^3}\mathrm{d}x$；　　　　(2) $\displaystyle\int \frac{x^2}{1+x^2}\arctan x\,\mathrm{d}x$；　　　　(3) $\displaystyle\int \frac{\ln\ln x}{x}\mathrm{d}x$；

(4) $\displaystyle\int \ln\left(x + \sqrt{1+x^2}\right)\mathrm{d}x$；　　(5) $\displaystyle\int \frac{x\mathrm{e}^x}{\sqrt{\mathrm{e}^x-3}}\mathrm{d}x$；　　(6) $\displaystyle\int \frac{\mathrm{e}^x(1+\sin x)}{1+\cos x}\mathrm{d}x$.

解 (1) $\displaystyle\int \frac{\ln(1+x^2)}{x^3}\mathrm{d}x = \int \ln(1+x^2)\mathrm{d}\left(-\frac{1}{2x^2}\right) = -\frac{\ln(1+x^2)}{2x^2} + \int \frac{x}{x^2(1+x^2)}\mathrm{d}x$

$$= -\frac{\ln(1+x^2)}{2x^2} + \int \left(\frac{1}{x} - \frac{x}{1+x^2}\right)\mathrm{d}x$$

$$= -\frac{\ln(1+x^2)}{2x^2} + \ln|x| - \frac{1}{2}\ln(1+x^2) + C$$

$$= \ln\frac{|x|}{\sqrt{1+x^2}} - \frac{\ln(1+x^2)}{2x^2} + C.$$

(2) $\displaystyle\int \frac{x^2}{1+x^2}\arctan x\,\mathrm{d}x = \int \arctan x\,\mathrm{d}x - \int \frac{\arctan x}{1+x^2}\mathrm{d}x = x\arctan x - \frac{1}{2}\ln(1+x^2) - \frac{1}{2}(\arctan x)^2 + C.$

(3) $\displaystyle\int \frac{\ln\ln x}{x}\mathrm{d}x = \int \ln\ln x\,\mathrm{d}\ln x = \ln x\ln\ln x - \int \ln x \cdot \frac{1}{\ln x} \cdot \frac{1}{x}\mathrm{d}x = \ln x[\ln(\ln x) - 1] + C.$

(4) $\displaystyle\int \ln\left(x + \sqrt{1+x^2}\right)\mathrm{d}x = x\ln\left(x + \sqrt{1+x^2}\right) - \int x\mathrm{d}\ln\left(x + \sqrt{1+x^2}\right)$

$$= x\ln\left(x + \sqrt{1+x^2}\right) - \int x \cdot \frac{1}{x + \sqrt{1+x^2}}\left(1 + \frac{x}{\sqrt{1+x^2}}\right)\mathrm{d}x$$

$$= x\ln\left(x + \sqrt{1+x^2}\right) - \int \frac{x}{\sqrt{1+x^2}}\mathrm{d}x$$

$$= x\ln\left(x + \sqrt{1+x^2}\right) - \frac{1}{2}\int \frac{1}{\sqrt{1+x^2}}\mathrm{d}(1+x^2)$$

$$= x\ln\left(x + \sqrt{1+x^2}\right) - \sqrt{x^2+1} + C.$$

(5) 令 $\sqrt{\mathrm{e}^x-3} = t$，即 $\mathrm{e}^x = t^2 + 3, x = \ln(t^2+3)$，则 $\mathrm{d}x = \frac{2t}{t^2+3}\mathrm{d}t$，于是

$$\int \frac{x\mathrm{e}^x}{\sqrt{\mathrm{e}^x-3}}\mathrm{d}x = \int \frac{\ln(t^2+3)(t^2+3)}{t} \cdot \frac{2t}{t^2+3}\mathrm{d}t = 2\int \ln(t^2+3)\mathrm{d}t$$

$$= 2\left[t\ln(t^2+3) - \int t\mathrm{d}\ln(t^2+3)\right] = 2\left[t\ln(t^2+3) - \int \frac{2t^2}{t^2+3}\mathrm{d}t\right]$$

$$= 2t\ln(t^2+3) - 4\int \frac{t^2+3-3}{t^2+3}\mathrm{d}t = 2t\ln(t^2+3) - 4\left(t - \int \frac{3}{t^2+3}\mathrm{d}t\right)$$

$$= 2x\sqrt{e^x-3} - 4\sqrt{e^x-3} + 4\sqrt{3}\arctan\frac{\sqrt{e^x-3}}{\sqrt{3}} + C.$$

(6) $\displaystyle\int \frac{e^x(1+\sin x)}{1+\cos x}dx = \int\frac{e^x}{1+\cos x}dx + \int e^x\frac{\sin x}{1+\cos x}dx = \int\frac{e^x}{2\cos^2\frac{x}{2}}dx + \int e^x\frac{2\sin\frac{x}{2}\cos\frac{x}{2}}{2\cos^2\frac{x}{2}}dx$$

$$= e^x\tan\frac{x}{2} - \int e^x\tan\frac{x}{2}dx + \int e^x\tan\frac{x}{2}dx = e^x\tan\frac{x}{2} + C.$$

10. 设 $I_n = \displaystyle\int\tan^n x\,dx$,求证:$I_n = \dfrac{1}{n-1}\tan^{n-1}x - I_{n-2}$,并求 $\displaystyle\int\tan^5 x\,dx$.

解 $I_n = \displaystyle\int\tan^n x\,dx = \int\tan^{n-2}x\tan^2 x\,dx = \int\tan^{n-2}x(\sec^2 x-1)dx$

$$= \int\tan^{n-2}x\sec^2 x\,dx - \int\tan^{n-2}x\,dx = \frac{1}{n-1}\tan^{n-1}x - I_{n-2}.$$

$$I_5 = \frac{1}{5-1}\tan^{5-1}x - I_{5-2} = \frac{1}{4}\tan^4 x - I_3 = \frac{1}{4}\tan^4 x - \left(\frac{1}{2}\tan^2 x - I_1\right)$$

$$= \frac{1}{4}\tan^4 x - \frac{1}{2}\tan^2 x + \int\tan x\,dx = \frac{1}{4}\tan^4 x - \frac{1}{2}\tan^2 x - \ln|\cos x| + C.$$

11. 求下列不定积分:

(1) $\displaystyle\int\frac{3x-1}{x^2-4x+8}dx$;   (2) $\displaystyle\int\frac{x^{11}dx}{x^8+3x^4+2}$;   (3) $\displaystyle\int\frac{1-x^8}{x(1+x^8)}dx$;

(4) $\displaystyle\int\frac{x}{(x^2+1)(x^2+4)}dx$;   (5) $\displaystyle\int\frac{dx}{(x^2+1)(x^2+x+1)}$;   (6) $\displaystyle\int\frac{\sqrt{x(x+1)}}{\sqrt{x}+\sqrt{x+1}}dx$;

(7) $\displaystyle\int\frac{1}{(x-1)\sqrt{x^2-2}}dx$;   (8) $\displaystyle\int\cos\sqrt{3x+2}\,dx$;   (9) $\displaystyle\int\frac{\sqrt{x}}{\sqrt[4]{x^3}+1}dx$;

(10) $\displaystyle\int\frac{\sqrt{1+\ln x}}{x\ln x}dx$.

解 (1) $\displaystyle\int\frac{3x-1}{x^2-4x+8}dx = \frac{1}{2}\int\frac{6x-2}{x^2-4x+8}dx = \frac{1}{2}\int\frac{6x-12+10}{x^2-4x+8}dx$

$$= \frac{1}{2}\int\frac{3(2x-4)}{x^2-4x+8}dx + \int\frac{5}{x^2-4x+8}dx$$

$$= \frac{3}{2}\int\frac{d(x^2-4x+8)}{x^2-4x+8}dx + \int\frac{5}{(x-2)^2+4}d(x-2)$$

$$= \frac{3}{2}\ln|x^2-4x+8| + \frac{5}{2}\arctan\frac{x-2}{2} + C.$$

(2) $\displaystyle\int\frac{x^{11}}{x^8+3x^4+2}dx = \int\frac{(x^{11}+3x^7+2x^3)-(3x^7+2x^3)}{x^8+3x^4+2}dx = \int x^3dx - \int\frac{3x^7+2x^3}{x^8+3x^4+2}dx$

$$= \int x^3dx - \int\frac{3x^7+2x^3}{(x^4+1)(x^4+2)}dx = \int x^3dx + \int\left(\frac{x^3}{x^4+1} - \frac{4x^3}{x^4+2}\right)dx$$

$$= \frac{x^4}{4} + \frac{1}{4}\int\frac{d(x^4+1)}{x^4+1} - \int\frac{d(x^4+2)}{x^4+2}$$

$$= \frac{x^4}{4} + \frac{1}{4}\ln(x^4+1) - \ln(x^4+2) + C = \frac{1}{4}x^4 + \ln\frac{\sqrt[4]{x^4+1}}{x^4+2} + C.$$

(3) $\displaystyle\int\frac{1-x^8}{x(1+x^8)}dx = \int\frac{(1-x^8)x^7}{x^8(1+x^8)}dx = \frac{1}{8}\int\frac{1-x^8}{x^8(1-x^8)}d(x^8) = \frac{1}{8}\int\left(\frac{1}{x^8} - \frac{2}{x^8+1}\right)d(x^8)$

$$= \frac{1}{8}\ln x^8 - \frac{2}{8}\ln(x^8+1) + C = \ln|x| - \frac{1}{4}\ln(1+x^8) + C.$$

(4) $\displaystyle\int\frac{x}{(x^2+1)(x^2+4)}dx = \int\frac{1}{3}\left(\frac{x}{x^2+1} - \frac{x}{x^2+4}\right)dx = \frac{1}{3}\left(\int\frac{x}{x^2+1}dx - \int\frac{x}{x^2+4}dx\right)$

$$= \frac{1}{3}\left[\frac{1}{2}\int \frac{d(x^2+1)}{x^2+1} - \frac{1}{2}\int \frac{d(x^2+4)}{x^2+4}\right]$$

$$= \frac{1}{6}\ln(x^2+1) - \frac{1}{6}\ln(x^2+4) + C = \frac{1}{6}\ln\left(\frac{x^2+1}{x^2+4}\right) + C.$$

(5) $\displaystyle\int \frac{dx}{(x^2+1)(x^2+x+1)} = \int\left(\frac{-x}{x^2+1} + \frac{x+1}{x^2+x+1}\right)dx$

$$= -\frac{1}{2}\int \frac{d(x^2+1)}{x^2+1} + \frac{1}{2}\int \frac{2x+1+1}{x^2+x+1}dx$$

$$= -\frac{1}{2}\ln(x^2+1) + \frac{1}{2}\ln(x^2+x+1) + \frac{1}{2}\int \frac{d\left(x+\frac{1}{2}\right)}{\left(x+\frac{1}{2}\right)^2 + \frac{3}{4}}$$

$$= \frac{1}{2}\ln\frac{x^2+x+1}{x^2+1} + \frac{\sqrt{3}}{3}\arctan\frac{2x+1}{\sqrt{3}} + C.$$

(6) $\displaystyle\int \frac{\sqrt{x(x+1)}}{\sqrt{x} + \sqrt{x+1}}dx = \int \sqrt{x(x+1)}(\sqrt{x+1} - \sqrt{x})dx = \int\left[(x+1)\sqrt{x} - x\sqrt{x+1}\right]dx$

$$= \int x^{\frac{3}{2}}dx + \int x^{\frac{1}{2}}dx - \int (x+1)^{\frac{3}{2}}dx + \int (x+1)^{\frac{1}{2}}dx$$

$$= \frac{2}{5}x^{\frac{5}{2}} + \frac{2}{3}x^{\frac{3}{2}} - \frac{2}{5}(x+1)^{\frac{5}{2}} + \frac{2}{3}(x+1)^{\frac{3}{2}} + C.$$

(7) 令 $t = x-1$，再令 $t = \dfrac{1}{u}$，则

$$\int \frac{1}{(x-1)\sqrt{x^2-2}}dx = \int \frac{dt}{t\sqrt{t^2+2t-1}} = -\int \frac{du}{\sqrt{1+2u-u^2}} = -\int \frac{d(u-1)}{\sqrt{2-(u-1)^2}}$$

$$= -\arcsin\frac{u-1}{\sqrt{2}} + C = -\arcsin\frac{2-x}{\sqrt{2}(x-1)} + C.$$

(8) 令 $\sqrt{3x+2} = t$，即 $x = \dfrac{1}{3}(t^2-2)$，则 $dx = \dfrac{2}{3}tdt$，于是

$$\int \cos\sqrt{3x+2}dx = \int \cos t \cdot \frac{2}{3}tdt = \frac{2}{3}\int td(\sin t) = \frac{2}{3}\left(t\sin t - \int \sin tdt\right) = \frac{2}{3}(t\sin t + \cos t) + C$$

$$= \frac{2}{3}\left(\sqrt{3x+2}\sin\sqrt{3x+2} + \cos\sqrt{3x+2}\right) + C.$$

(9) 令 $\sqrt[4]{x} = t$，即 $x = t^4$，则 $dx = 4t^3dt$，于是

$$\int \frac{\sqrt{x}}{\sqrt[4]{x^3}+1}dx = \int \frac{t^2}{t^3+1}\cdot 4t^3dt = 4\int \frac{t^5}{t^3+1}dt = 4\int \frac{t^5+t^2-t^2}{t^3+1}dt = 4\int t^2dt - 4\int \frac{t^2}{t^3+1}dt$$

$$= \frac{4}{3}t^3 - \frac{4}{3}\int \frac{d(t^3+1)}{t^3+1} = \frac{4}{3}t^3 - \frac{4}{3}\ln(t^3+1) + C$$

$$= \frac{4}{3}\left[\sqrt[4]{x^3} - \ln(\sqrt[4]{x^3}+1)\right] + C.$$

(10) 令 $t = \ln x$，则 $dt = \dfrac{1}{x}dx$，于是 $\displaystyle\int \frac{\sqrt{1+\ln x}}{x\ln x}dx = \int \frac{\sqrt{1+t}}{t}dt.$

再令 $u = \sqrt{1+t}$，即 $t = u^2-1$，则 $dt = 2udu$，于是

$$\int \frac{\sqrt{1+t}}{t}dt = 2\int \frac{u^2}{u^2-1}du = 2\int \frac{u^2-1+1}{u^2-1}du = 2\left(\int du + \int \frac{1}{u^2-1}du\right)$$

$$= 2u + \ln\left|\frac{u-1}{u+1}\right| + C = 2\sqrt{1+t} + \ln\left|\frac{\sqrt{1+t}-1}{\sqrt{1+t}+1}\right| + C.$$

所以，$\displaystyle\int \frac{\sqrt{1+\ln x}}{x\ln x}dx = 2\sqrt{1+\ln x} + \ln\left|\frac{\sqrt{1+\ln x}-1}{\sqrt{1+\ln x}+1}\right| + C.$

12. 求 $\int \dfrac{\arcsin\sqrt{x}+\ln x}{\sqrt{x}}\mathrm{d}x$.

解 $\int \dfrac{\arcsin\sqrt{x}+\ln x}{\sqrt{x}}\mathrm{d}x = 2\int(\arcsin\sqrt{x}+2\ln\sqrt{x})\mathrm{d}\sqrt{x}$

$$\overset{t=\sqrt{x}}{=} 2\int(\arcsin t+2\ln t)\mathrm{d}t = 2\left[t\arcsin t-\int\dfrac{t}{\sqrt{1-t^2}}\mathrm{d}t + 2t\ln t - 2\int\mathrm{d}t\right]$$

$$= 2[t\arcsin t+\sqrt{1-t^2}+2t\ln t-2t]+C$$

$$= 2[\sqrt{x}\arcsin\sqrt{x}+\sqrt{1-x}+\sqrt{x}\ln x-2\sqrt{x}]+C.$$

13. 设 $f(x)$ 的一个原函数 $F(x)>0$, 且 $F(0)=1$. 当 $x\geqslant 0$ 时, $f(x)F(x)=\sin^2 2x$, 求 $f(x)$.

解 $\int f(x)F(x)\mathrm{d}x = \int \sin^2 2x\mathrm{d}x = \dfrac{x}{2}-\dfrac{1}{8}\sin 4x+C_1$.

又 $\int f(x)F(x)\mathrm{d}x = \int F(x)\mathrm{d}F(x) = \dfrac{1}{2}F^2(x)+C_2$, 从而 $F^2(x) = x-\dfrac{1}{4}\sin 4x+C(C=2C_1-2C_2)$.

代入 $F(0)=1$, 得 $C=1$, 即 $F^2(x)=x-\dfrac{1}{4}\sin 4x+1$. 而 $F(x)>0$, 于是 $F(x)=\sqrt{x-\dfrac{1}{4}\sin 4x+1}$,

即 $f(x) = F'(x) = \dfrac{1-\cos 4x}{2\sqrt{x-\dfrac{1}{4}\sin 4x+1}}$.

自测题 4 答案

1. 填空题

解 (1) 因为 e^{-x} 是函数 $f(x)$ 的一个原函数, 所以 $\int f(x)\mathrm{d}x = \mathrm{e}^{-x}+C$.

(2) 因为 $\int f(x)\mathrm{d}x = 2\cos\dfrac{x}{2}+C$, 所以 $f'(x) = \left(2\cos\dfrac{x}{2}\right)' = -\sin\dfrac{x}{2}$.

(3) $\int f'(x)\mathrm{d}x = f(x)+C = \dfrac{1}{x}+C$.

(4) $\int f(x)\mathrm{d}f(x) = \dfrac{1}{2}f^2(x)+C$.

(5) $\int \sin x\cos x\mathrm{d}x = \int \sin x\mathrm{d}\sin x = \dfrac{\sin^2 x}{2}+C$.

2. 单项选择题

解 (1) 因为 $\int f(x)\mathrm{d}x = \dfrac{3}{4}\ln\sin 4x+C$, 所以 $f(x) = \left(\dfrac{3}{4}\ln\sin 4x\right)' = \dfrac{3}{4}\dfrac{\cos 4x}{\sin 4x}\cdot 4 = 3\cot 4x$, 故选 D.

(2) 因为 $\int\dfrac{\ln x}{x}\mathrm{d}x = \int \ln x\mathrm{d}\ln x = \dfrac{\ln^2 x}{2}+C$, 所以选 B.

(3) $\mathrm{d}\left[\int f(x)\mathrm{d}x\right] = \mathrm{d}f(x)$, 故 B 错; $\int f'(x)\mathrm{d}x = f(x)+C$, 故 C 错; $\int \mathrm{d}f(x) = f(x)+C$, 故 D 错; 而 $\left[\int f(x)\mathrm{d}x\right]' = f(x)$ 正确. 故选 A.

(4) $\mathrm{d}(\sqrt{x}) = \dfrac{\mathrm{d}x}{2\sqrt{x}}$ 故 B 错; $\mathrm{d}\left(\dfrac{1}{x}\right) = -\dfrac{1}{x^2}\mathrm{d}x$, 故 C 错; $\mathrm{d}\left(\dfrac{1}{1+x^2}\right) = \dfrac{-2x}{(1+x^2)^2}\mathrm{d}x$, 故 D 错; $\mathrm{d}\sin^2 x =$

$2\sin x\cos x\mathrm{d}x = \sin 2x\mathrm{d}x$, 故选 A.

(5) $\int xf(1-x^2)\mathrm{d}x = -\dfrac{1}{2}\int f(1-x^2)\mathrm{d}(1-x^2) = -\dfrac{1}{2}(1-x^2)^2+C$, 故选 D.

3. 计算题

解 (1) $\int\dfrac{1}{9-4x^2}\mathrm{d}x = \dfrac{1}{6}\int\left(\dfrac{1}{3+2x}+\dfrac{1}{3-2x}\right)\mathrm{d}x$

$$= \frac{1}{6}\left(\frac{1}{2}\ln|3+2x| - \frac{1}{2}\ln|3-2x|\right) + C = \frac{1}{12}\ln\left|\frac{3+2x}{3-2x}\right| + C.$$

(2) 设 $\sqrt[6]{x} = t$, 即 $x = t^6$, 则 $\mathrm{d}x = 6t^5\mathrm{d}t$, 于是

$$\int \frac{1}{\sqrt{x}+\sqrt[3]{x}}\mathrm{d}x = \int \frac{6t^5}{t^3+t^2}\mathrm{d}t = 6\int \frac{t^3}{t+1}\mathrm{d}t = 6\int \frac{t^3+1-1}{t+1}\mathrm{d}t = 6\int\left(t^2 - t + 1 - \frac{1}{t+1}\right)\mathrm{d}t$$

$$= 6\left(\frac{t^3}{3} - \frac{t^2}{2} + t - \ln|t+1|\right) + C = 2\sqrt{x} - 3\sqrt[3]{x} + 6\sqrt[6]{x} - 6\ln(1+\sqrt[6]{x}) + C.$$

(3) 设 $x = 2\sec t$, 则 $\mathrm{d}x = 2\sec t\tan t\mathrm{d}t$, 于是

$$\int \frac{\sqrt{x^2-4}}{x}\mathrm{d}x = \int \frac{2\tan t}{2\sec t}2\sec t\tan t\mathrm{d}t = 2\int \tan^2 t\mathrm{d}t = 2\int(\sec^2 t - 1)\mathrm{d}t$$

$$= 2(\tan t - t) + C = \sqrt{x^2-4} - 2\arccos\frac{2}{x} + C.$$

(4) 令 $u = \arcsin x$, $\mathrm{d}v = \mathrm{d}x$, 则

$$\int \arcsin x\mathrm{d}x = x\arcsin x - \int x\mathrm{d}(\arcsin x) = x\arcsin x - \int x\frac{1}{\sqrt{1-x^2}}\mathrm{d}x$$

$$= x\arcsin x + \frac{1}{2}\int \frac{1}{\sqrt{1-x^2}}\mathrm{d}(1-x^2) = x\arcsin x + \sqrt{1-x^2} + C.$$

(5) $\displaystyle\int \frac{x+\arctan x}{1+x^2}\mathrm{d}x = \int\left(\frac{x}{1+x^2} + \frac{\arctan x}{1+x^2}\right)\mathrm{d}x = \frac{1}{2}\int \frac{1}{1+x^2}\mathrm{d}(1+x^2) + \int \arctan x\mathrm{d}\arctan x$

$$= \frac{1}{2}\ln(1+x^2) + \frac{1}{2}\arctan^2 x + C.$$

(6) $\displaystyle\int \frac{1+2x^2}{x^2(1+x^2)}\mathrm{d}x = \int\left(\frac{1}{x^2} + \frac{1}{1+x^2}\right)\mathrm{d}x = -\frac{1}{x} + \arctan x + C.$

4. 综合题

解　(1) 由题意得 $y' = x + e^x$, 故

$$y = \int(x+e^x)\mathrm{d}x = \frac{x^2}{2} + e^x + C.$$

由 $y(0) = 1 + C = 2$, 得 $C = 1$, 故该曲线方程为 $y = \dfrac{x^2}{2} + e^x + C.$

(2) 由题意得 $R(x) = \displaystyle\int(100-10x)\mathrm{d}x = 100x - 5x^2 + C.$

由 $R(0) = 0$, 得 $C = 0$. 而 $R(x) = P(x)x$, 即 $100x - 5x^2 = P(x)x$, 从而得价格函数 $P(x) = 100 - 5x.$

第 5 章

定积分及其应用

5.1　大纲要求及重点内容

1. 大纲要求

(1) 理解定积分的概念和基本性质,牢固掌握定积分概念,理解定积分是一种和式的极限,对用定积分解决问题的思想有初步体会.

(2) 理解变上限积分定义的函数及其求导,掌握牛顿-莱布尼茨公式,理解定积分和不定积分、微分和积分间的联系.

(3) 掌握定积分的换元法与分部积分法.

(4) 了解反常积分的概念并会计算反常积分.

(5) 理解定积分的来源、几何意义(平面图形的面积、旋转体的体积及侧面积、平行截面面积为已知的立体体积).

2. 重点内容

(1) 定积分的计算、证明;

(2) 变上限积分的导数;

(3) 通过微元法求解应用问题,特别是求曲线围成的面积和旋转体的体积.

5.2　内容精要

1. 基本概念　定积分的定义 $\int_a^b f(x)\mathrm{d}x = \lim_{\lambda \to 0} \sum_{i=1}^n f(\xi_i)\Delta x_i$.

2. 几何意义

若 $f(x) \geqslant 0$,则 $\int_a^b f(x)\mathrm{d}x$ 表示由 $x=a$, $x=b$, $y=f(x)$, x 轴围成的图形的面积.

3. 基本性质

性质 1　$\int_a^b [f(x) \pm g(x)]\mathrm{d}x = \int_a^b f(x)\mathrm{d}x \pm \int_a^b g(x)\mathrm{d}x$.

性质 2　$\int_a^b kf(x)\mathrm{d}x = k\int_a^b f(x)\mathrm{d}x (k$ 为常数$)$.

性质 3　$\int_a^b f(x)\mathrm{d}x = \int_a^c f(x)\mathrm{d}x + \int_c^b f(x)\mathrm{d}x$.

性质 4　$\int_a^b 1 \cdot \mathrm{d}x = \int_a^b \mathrm{d}x = b - a$.

性质 5　若在区间$[a,b]$上有 $f(x) \leqslant g(x)$，则$\int_a^b f(x)\mathrm{d}x \leqslant \int_a^b g(x)\mathrm{d}x(a < b)$.

推论 1　若在区间$[a,b]$上 $f(x) \geqslant 0$，则$\int_a^b f(x)\mathrm{d}x \geqslant 0(a < b)$.

推论 2　$\left| \int_a^b f(x)\mathrm{d}x \right| \leqslant \int_a^b | f(x) | \mathrm{d}x(a < b)$.

性质 6(估值定理)　设 M 及 m 分别是函数 $f(x)$ 在区间$[a,b]$上的最大值及最小值，则

$$m(b-a) \leqslant \int_a^b f(x)\mathrm{d}x \leqslant M(b-a).$$

性质 7(定积分中值定理)　如果函数 $f(x)$ 在闭区间$[a,b]$上连续，则在$[a,b]$上至少存在一个点 ξ，使得

$$\int_a^b f(x)\mathrm{d}x = f(\xi)(b-a) \quad (a \leqslant \xi \leqslant b).$$

4. 基本定理

(1)（牛顿-莱布尼茨公式）$\int_a^b f(x)\mathrm{d}x = F(b) - F(a)$，其中 $F(x)$ 是 $f(x)$ 的一个原函数.

(2) 若 $f(x)$ 在$[a,b]$上连续，$x \in [a,b]$，则变上限函数$\int_a^x f(t)\mathrm{d}t$ 是 $f(x)$ 的一个原函数，即$\dfrac{\mathrm{d}}{\mathrm{d}x}\int_a^x f(t)\mathrm{d}t = f(x)$.

(3) 推论　$\dfrac{\mathrm{d}}{\mathrm{d}x}\int_{u(x)}^{v(x)} f(t)\mathrm{d}t = f[v(x)]v'(x) - f[u(x)]u'(x)$.

5. 公式

(1) 设 $f(x)$ 在$[-l,l]$上连续，则

$$\int_{-l}^l f(x)\mathrm{d}x = 0(f(x)\ 奇函数)；\quad \int_{-l}^l f(x)\mathrm{d}x = 2\int_0^l f(x)\mathrm{d}x(f(x)\ 偶函数).$$

(2) 设 $f(x)$ 是以 T 为周期的连续函数，a 为任意的实数，则$\int_a^{a+T} f(x)\mathrm{d}x = \int_0^T f(x)\mathrm{d}x$.

(3) $\int_0^{\frac{\pi}{2}} \sin^n x \,\mathrm{d}x = \int_0^{\frac{\pi}{2}} \cos^n x \,\mathrm{d}x = \begin{cases} \dfrac{n-1}{n} \cdot \dfrac{n-3}{n-2} \cdot \cdots \cdot \dfrac{1}{2} \cdot \dfrac{\pi}{2}, & 当 n 为偶函数, \\[2mm] \dfrac{n-1}{n} \cdot \dfrac{n-3}{n-2} \cdot \cdots \cdot \dfrac{2}{3} \cdot 1, & 当 n 为奇函数. \end{cases}$

(4) $\int_0^a \sqrt{a^2 - x^2}\,\mathrm{d}x \doteq \dfrac{\pi a^2}{4}$.

6. 反常积分

(1) 无限区间上的反常积分

① 设 $f(x)$ 在$[a + \infty)$上连续，则$\int_a^{+\infty} f(x)\mathrm{d}x = \lim_{b \to +\infty} \int_a^b f(x)\mathrm{d}x$.

② 设 $f(x)$ 在$(-\infty,b]$上连续，则$\int_{-\infty}^b f(x)\mathrm{d}x = \lim_{a \to -\infty} \int_a^b f(x)\mathrm{d}x$.

③ 设 $f(x)$ 在 $(-\infty,\infty)$ 上连续,则 $\int_{-\infty}^{+\infty} f(x)\mathrm{d}x = \lim\limits_{a\to-\infty}\int_a^0 f(x)\mathrm{d}x + \lim\limits_{b\to+\infty}\int_0^b f(x)\mathrm{d}x.$

若以上极限存在,则称反常积分收敛,否则称反常积分发散.

(2) 无界函数的反常积分

① 设函数 $f(x)$ 在 $[a,b)$ 上连续,b 为瑕点. 对任意的 $\varepsilon > 0$ 且 $b-\varepsilon > a$,如果 $\lim\limits_{\varepsilon\to 0^+}\int_a^{b-\varepsilon} f(x)\mathrm{d}x$ 存在,称极限 $\lim\limits_{\varepsilon\to 0^+}\int_a^{b-\varepsilon} f(x)\mathrm{d}x$ 为无界函数 $f(x)$ 在 $[a,b]$ 上的反常积分.

② 若函数 $f(x)$ 在 $(a,b]$ 上连续,且 a 为瑕点,则定义无界函数的反常积分为

$$\int_a^b f(x)\mathrm{d}x = \lim\limits_{\varepsilon\to 0^+}\int_{a+\varepsilon}^b f(x)\mathrm{d}x.$$

③ 若函数 $f(x)$ 在 $[a,c),(c,b]$ 内连续,$x=c$ 为 $f(x)$ 瑕点,则定义无界函数的积分为

$$\int_a^b f(x)\mathrm{d}x = \lim\limits_{\varepsilon_1\to 0^+}\int_a^{c-\varepsilon_1} f(x)\mathrm{d}x + \lim\limits_{\varepsilon_2\to 0^+}\int_{c+\varepsilon_2}^b f(x)\mathrm{d}x.$$

7. 定积分的应用

(1) 微元法　在 $[a,b]$ 上的任意子区间 $[u,u+\mathrm{d}u]$ 上建立所求量的微分 $\mathrm{d}M$ 与某一函数 $f(u)$ 及自变量 u 的微分 $\mathrm{d}u$ 之间的关系式:$\mathrm{d}M = f(u)\mathrm{d}u$,其中 $\mathrm{d}M$ 表示 M 的微元,$f(u)\mathrm{d}u$ 是所求量的局部表达式.

(2) 求平面图形的面积

I. 直角坐标系中平面图形的面积 $S = \int_a^b f(x)\mathrm{d}x$;

II. 边界曲线为参数方程 $L:\begin{cases} x=\varphi(t), \\ y=\psi(t), \end{cases} t_1 \leqslant t \leqslant t_2$ 的图形的面积 $S = \int_a^b y\mathrm{d}x = \int_?^? \psi(t)\varphi'(t)\mathrm{d}t$,当 $x=a$ 时的 t 值做 $\int_?^? \psi(t)\varphi'(t)\mathrm{d}t$ 的下限,当 $x=b$ 时的 t 值做 $\int_?^? \psi(t)\varphi'(t)\mathrm{d}t$ 的上限.

(3) 旋转体的体积　$V_x = \pi\int_a^b f^2(x)\mathrm{d}x,\ V_y = \pi\int_c^d \varphi^2(y)\mathrm{d}y.$

注　① 图形绕着平行于 x 轴的直线旋转的体积仍然对 x 积分;绕着平行于 y 轴的直线旋转的体积仍然对 y 积分.

② 如果曲线是 $y = f(x)$ 的图形,由 $0 \leqslant y \leqslant f(x)$,$a \leqslant x \leqslant b$ 绕着 y 轴旋转的体积

$$V_y = 2\pi\int_a^b xf(x)\mathrm{d}x.$$

(4) 旋转体的侧面积　$y = f(x) \geqslant 0,\ a \leqslant x \leqslant b,\ S_{侧} = \int_a^b 2\pi f(x)\sqrt{1+f'^2(x)}\,\mathrm{d}x.$

5.3　题型总结与典型例题

题型 5-1　利用定积分求数列的极限

【解题思路】　根据定积分定义,它是 n 项和的极限,因此如果某数列的通项是 n 项和的形式时,可以用定积分来计算这样数列的极限. 利用定积分的定义,求某些数列的极限,关键是找到适当的被积函数和积分区间.

例 5.1　求极限：(1) $\lim\limits_{n\to\infty}\dfrac{1}{n^2}(\sqrt{n}+\sqrt{2n}+\cdots+\sqrt{n^2})$；　　(2) $\lim\limits_{n\to\infty}\sum\limits_{k=1}^{n}\dfrac{\mathrm{e}^{\frac{k}{n}}}{n+n\mathrm{e}^{\frac{2k}{n}}}$.

解　(1) $\lim\limits_{n\to\infty}\dfrac{1}{n^2}(\sqrt{n}+\sqrt{2n}+\cdots+\sqrt{n^2})=\lim\limits_{n\to\infty}\dfrac{1}{n}\left(\sqrt{\dfrac{1}{n}}+\sqrt{\dfrac{2}{n}}+\cdots+\sqrt{\dfrac{n}{n}}\right)$

$$=\lim\limits_{n\to\infty}\dfrac{1}{n}\sum\limits_{k=1}^{n}\sqrt{\dfrac{k}{n}}=\int_0^1\sqrt{x}\,\mathrm{d}x=\dfrac{2}{3}x^{\frac{3}{2}}\Big|_0^1=\dfrac{2}{3}.$$

(2) $\lim\limits_{n\to\infty}\sum\limits_{k=1}^{n}\dfrac{\mathrm{e}^{\frac{k}{n}}}{n+n\mathrm{e}^{\frac{2k}{n}}}=\lim\limits_{n\to\infty}\sum\limits_{k=1}^{n}\dfrac{\mathrm{e}^{\frac{k}{n}}}{1+\mathrm{e}^{\frac{2k}{n}}}\cdot\dfrac{1}{n}=\int_0^1\dfrac{\mathrm{e}^x}{1+\mathrm{e}^{2x}}\mathrm{d}x=\arctan\mathrm{e}^x\Big|_0^1=\arctan\mathrm{e}-\dfrac{\pi}{4}.$

题型 5-2　定积分的几何意义

【解题思路】　从定积分的具体表达式找被积函数和积分区间，然后根据被积函数和积分区间确定该定积分表示的平面图形的面积.

例 5.2　利用定积分的几何意义求下列定积分：

(1) $\int_0^2(2-x)\mathrm{d}x$；　　　　　　　　(2) $\int_0^1\sqrt{2x-x^2}\,\mathrm{d}x$.

解　(1) $\int_0^2(2-x)\mathrm{d}x$ 表示直线 $x+y=2$ 与 x 轴、y 轴所围成的三角形的面积，于是

$$\int_0^2(2-x)\mathrm{d}x=\dfrac{1}{2}\times2\times2=2.$$

(2) $\int_0^1\sqrt{2x-x^2}\,\mathrm{d}x$ 表示圆 $(x-1)^2+y^2=1$ 的四分之一面积，即 $\dfrac{\pi}{4}$.

题型 5-3　有关定积分的性质问题

【解题思路】　若在区间 $[a,b]$ 上有 $f(x)\leqslant g(x)$，则 $\int_a^b f(x)\mathrm{d}x\leqslant\int_a^b g(x)\mathrm{d}x$. 利用定积分的比较性质比较两个定积分值的大小，主要是比较被积函数在积分区间上的大小. 设 M 及 m 分别是函数 $f(x)$ 在区间 $[a,b]$ 上的最大值和最小值，则 $m(b-a)\leqslant\int_a^b f(x)\mathrm{d}x\leqslant M(b-a)$. 利用定积分的估值性质来估计定积分值的大小，主要是求被积函数在积分区间上的最大值和最小值.

例 5.3　$I_1=\int_0^{\frac{\pi}{4}}\dfrac{\tan x}{x}\mathrm{d}x,\ I_2=\int_0^{\frac{\pi}{4}}\dfrac{x}{\tan x}\mathrm{d}x$，则（　　）.

A. $I_1>I_2>1$　　　　B. $1>I_1>I_2$　　　　C. $I_2>I_1>1$　　　　D. $1>I_2>I_1$

解　在 $\left(0,\dfrac{\pi}{4}\right)$ 内 $\tan x>x$，因为 $I_1-I_2=\dfrac{\tan^2x-x^2}{x\tan x}>0$，所以排除 C，D.

又因为 $I_2=\int_0^{\frac{\pi}{4}}\dfrac{x}{\tan x}\mathrm{d}x<\int_0^{\frac{\pi}{4}}\mathrm{d}x=\dfrac{\pi}{4}<1$，所以排除 A. 故选 B.

例 5.4　估计下列各积分值：

(1) $\int_{\frac{\sqrt{3}}{3}}^{\sqrt{3}}x\arctan x\,\mathrm{d}x$；　　　　　　(2) $\int_2^0\mathrm{e}^{x-x^2}\mathrm{d}x$.

解　(1) 设 $f(x)=x\arctan x,x\in\left[\dfrac{\sqrt{3}}{3},\sqrt{3}\right]$. 因为当 $x\in\left[\dfrac{\sqrt{3}}{3},\sqrt{3}\right]$ 时 $f'(x)=\arctan x+\dfrac{x}{1+x^2}>0$，所以 $f(x)$ 单调递增，于是

$$\max f(x) = f(\sqrt{3}) = \sqrt{3}\arctan\sqrt{3} = \frac{\pi}{\sqrt{3}}, \quad \min f(x) = f\left(\frac{\sqrt{3}}{3}\right) = \frac{\sqrt{3}}{3}\arctan\frac{\sqrt{3}}{3} = \frac{\sqrt{3}\pi}{18},$$

因此 $\frac{\sqrt{3}\pi}{18} \leqslant f(x) \leqslant \frac{\pi}{\sqrt{3}}$，即 $\frac{\pi}{9} \leqslant \int_{\frac{\sqrt{3}}{3}}^{\sqrt{3}} x\arctan x \mathrm{d}x \leqslant \frac{2\pi}{3}$.

(2) 设 $f(x) = \mathrm{e}^{x-x^2}, x \in [0,2]$. 因为 $f'(x) = (1-2x)\mathrm{e}^{x-x^2}$，令 $f'(x) = 0$，得 $x = \frac{1}{2}$.

而 $f\left(\frac{1}{2}\right) = \mathrm{e}^{\frac{1}{4}}, f(0) = 1, f(2) = \mathrm{e}^{-2}$，所以 $f(x)$ 在 $[0,2]$ 上有最小值为 e^{-2}，最大值为 $\mathrm{e}^{\frac{1}{4}}$，故

$$2\mathrm{e}^{-2} \leqslant \int_0^2 \mathrm{e}^{x-x^2} \mathrm{d}x \leqslant 2\mathrm{e}^{\frac{1}{4}}, \quad \text{即} -2\mathrm{e}^{\frac{1}{4}} \leqslant \int_2^0 \mathrm{e}^{x-x^2} \mathrm{d}x \leqslant -2\mathrm{e}^{-2}.$$

题型 5-4 定积分中值定理的应用

【解题思路】 如果函数 $f(x)$ 在闭区间 $[a,b]$ 上连续，则在 $[a,b]$ 上至少存在一个点 ξ，使得 $\int_a^b f(x)\mathrm{d}x = f(\xi)(b-a)(a \leqslant \xi \leqslant b)$. 利用定积分的中值定理可以求极限、证明等式以及不等式问题.

例 5.5 设 $f(x)$ 可导，且 $\lim\limits_{x \to +\infty} f(x) = 1$，求 $\lim\limits_{x \to +\infty} \int_x^{x+2} t\sin\frac{3}{t} f(t)\mathrm{d}t$.

解 由积分中值定理知有 $\xi \in [x, x+2]$，使 $\int_x^{x+2} t\sin\frac{3}{t} f(t)\mathrm{d}t = \xi\sin\frac{3}{\xi} f(\xi)(x+2-x)$，

所以 $\lim\limits_{x \to +\infty} \int_x^{x+2} t\sin\frac{3}{t} f(t)\mathrm{d}t = 2\lim\limits_{\xi \to +\infty} \xi\sin\frac{3}{\xi} f(\xi) = 2\lim\limits_{\xi \to +\infty} 3f(\xi) = 6.$

例 5.6 设 $f(x)$ 在 $[0,1]$ 上连续，在 $(0,1)$ 内可导，且满足 $f(1) = k\int_0^{\frac{1}{k}} x\mathrm{e}^{1-x} f(x)\mathrm{d}x$ $(k > 1)$，证明至少存在一点 $\xi \in (0,1)$，使得 $f'(\xi) = (1-\xi^{-1})f(\xi)$.

证明 由定积分的中值定理知，存在 $x_0 \in \left(0, \frac{1}{k}\right)$，使得

$$k\int_0^{\frac{1}{k}} x\mathrm{e}^{1-x} f(x)\mathrm{d}x = kx_0 \mathrm{e}^{1-x_0} f(x_0) \cdot \frac{1}{k} = x_0 \mathrm{e}^{1-x_0} f(x_0)，\text{于是 } f(1) = x_0 \mathrm{e}^{1-x_0} f(x_0).$$

设 $F(x) = x\mathrm{e}^{1-x} f(x)$，则 $F(x)$ 在 $[x_0, 1]$ 上连续，在 $(x_0, 1)$ 内可导，且 $F'(x) = \mathrm{e}^{1-x} f(x) - x\mathrm{e}^{1-x} f(x) + x\mathrm{e}^{1-x} f'(x)$，于是 $F(1) = f(1) = x_0 \mathrm{e}^{1-x_0} f(x_0) = F(x_0)$，所以，由罗尔定理知，存在 $\xi \in (x_0, 1) \subset (0,1)$，使得 $F'(\xi) = 0$，即 $\mathrm{e}^{1-\xi}[f(\xi) - \xi f(\xi) + \xi f'(\xi)] = 0$，解得

$$f'(\xi) = (1-\xi^{-1})f(\xi).$$

题型 5-5 关于变上、下限积分的求导问题

【解题思路】 利用公式 $\frac{\mathrm{d}}{\mathrm{d}x}\int_{\alpha(x)}^{\beta(x)} f(t)\mathrm{d}t = f(\beta(x))\beta'(x) - f(\alpha(x))\alpha'(x)$，可以求变上、下限积分的导数. 如果被积函数中也含有变量 x，要么设法把 x 拿到积分号外面，要么通过变量代换把 x 换到积分的上、下限去. 如果隐函数或参数方程所表示的函数中有变上、下限积分，同样方法处理.

例 5.7 设 $f(x)$ 连续，求函数 $F(x) = \int_0^x (x-t)f(t)\mathrm{d}t$ 的导数.

解 因为 $F(x) = \int_0^x (x-t)f(t)\mathrm{d}t = x\int_0^x f(t)\mathrm{d}t - \int_0^x tf(t)\mathrm{d}t$，所以

$$F'(x) = \int_0^x f(t)\mathrm{d}t + xf(x) - xf(x) = \int_0^x f(t)\mathrm{d}t.$$

例 5.8 设 $f(x)$ 连续，$\varphi(x) = \int_0^1 f(x^2 + t)\mathrm{d}t$，求 $\varphi'(x)$.

解 因为 $\varphi(x) = \int_0^1 f(x^2 + t)\mathrm{d}t \xdef\underset{u = x^2 + t}{=\!=\!=\!=\!=} \int_{x^2}^{x^2+1} f(u)\mathrm{d}u$，所以

$$\varphi'(x) = 2xf(x^2 + 1) - 2xf(x^2) = 2x[f(x^2 + 1) - f(x^2)].$$

题型 5-6 带有变上、下限积分的未定式极限的计算

【解题思路】 未定式极限的计算中如果有变上、下限积分，一般用洛必达法则，把含有变上、下限积分的部分作为分子或分母，求导后可去掉积分号. 如果积分号里面有变量，要提到积分号外或通过换元变到积分上、下限，然后再求导.

例 5.9 求下列极限：

(1) $\displaystyle\lim_{x\to 0} \frac{\displaystyle\int_0^{x^2} t\mathrm{e}^t \sin t\,\mathrm{d}t}{x^6 \mathrm{e}^x}$；

(2) $\displaystyle\lim_{x\to 0} \frac{x - \displaystyle\int_0^x \mathrm{e}^{t^2}\mathrm{d}t}{x^2 \sin 2x}$.

解 (1) $\displaystyle\lim_{x\to 0} \frac{\displaystyle\int_0^{x^2} t\mathrm{e}^t \sin t\,\mathrm{d}t}{x^6 \mathrm{e}^x} \overset{\frac{0}{0}}{=\!=} \lim_{x\to 0} \frac{x^2 \mathrm{e}^{x^2} \sin(x^2)\cdot 2x}{6x^5 \mathrm{e}^x + x^6 \mathrm{e}^x} \overset{\sin x^2 \sim x^2}{=\!=\!=\!=\!=} \lim_{x\to 0} \frac{2x^5 \mathrm{e}^{x^2}}{x^5(6 + x)\mathrm{e}^x}$

$$= \lim_{x\to 0} \frac{2\mathrm{e}^{x^2}}{(6 + x)\mathrm{e}^x} = \frac{1}{3}.$$

(2) 由洛必达法则及无穷小的替代法，得

$$\lim_{x\to 0} \frac{x - \displaystyle\int_0^x \mathrm{e}^{t^2}\mathrm{d}t}{x^2 \sin 2x} = \lim_{x\to 0} \frac{x - \displaystyle\int_0^x \mathrm{e}^{t^2}\mathrm{d}t}{2x^3} = \lim_{x\to 0} \frac{1 - \mathrm{e}^{x^2}}{6x^2} = \lim_{x\to 0} \frac{-2x\mathrm{e}^{x^2}}{12x} = -\frac{1}{6}.$$

题型 5-7 含有"变上限积分"或"定积分"的方程

【解题思路】 含有"变上限积分"的方程，通常对方程两边求导或多次求导，求 $f(x)$. 含有"定积分"的方程，通常采取两边积分的方法求 $f(x)$.

例 5.10 设 $f(x)$ 为连续函数，且 $\displaystyle\int_0^{2x} xf(t)\mathrm{d}t + 2\int_x^0 tf(2t)\mathrm{d}t = 2x^3(x - 1)$，求 $f(x)$.

解 把 $\displaystyle\int_0^{2x} xf(t)\mathrm{d}t + 2\int_x^0 tf(2t)\mathrm{d}t = 2x^3(x - 1)$ 两边对 x 求导，得

$$\int_0^{2x} f(t)\mathrm{d}t + 2xf(2x) - 2xf(2x) = 8x^3 - 6x^2, \quad \text{即} \quad \int_0^{2x} f(t)\mathrm{d}t = 8x^3 - 6x^2.$$

把上式两边再对 x 求导，得 $2f(2x) = 24x^2 - 12x$，即 $f(2x) = 12x^2 - 6x$. 于是

$$f(x) = 3x^2 - 3x.$$

例 5.11 已知 $f(x)$ 满足方程 $f(x) = 3x - \sqrt{1 - x^2}\displaystyle\int_0^1 f^2(x)\mathrm{d}x$，求 $f(x)$.

解 设 $\displaystyle\int_0^1 f^2(x)\mathrm{d}x = C$，则 $f(x) = 3x - C\sqrt{1 - x^2}$，于是 $\displaystyle\int_0^1 (3x - C\sqrt{1 - x^2})^2\mathrm{d}x = C$.

积分得 $3 + \dfrac{2}{3}C^2 - 2C = C$，从而得 $C = 3$ 或 $C = \dfrac{3}{2}$. 所以

$$f(x) = 3x - 3\sqrt{1 - x^2}, \quad \text{或} \quad f(x) = 3x - \frac{3}{2}\sqrt{1 - x^2}.$$

题型 5-8　用换元法计算定积分

【解题思路】　定积分的换元法与不定积分的换元积分法类似,但在作定积分换元 $x = \varphi(t)$ 时还应注意:①$x = \varphi(t)$ 应为区间 $[\alpha, \beta]$ 上的单值且有连续导数的函数;②换限要伴随换元同时进行;③求出新的被积函数的原函数后,无须再回代成原来变量,只要把相应的积分限代入计算即可.

例 5.12　求下列定积分:

$(1) \displaystyle\int_0^1 \frac{\mathrm{d}x}{(1+x^2)^2}$;　　　$(2) \displaystyle\int_0^6 \frac{1}{\sqrt[3]{(4-x)^2}} \mathrm{d}x$;　　　$(3) \displaystyle\int_{\frac{1}{2}}^1 \frac{\arcsin\sqrt{x}}{\sqrt{x(1-x)}} \mathrm{d}x$.

解　(1) 令 $x = \tan t$,则 $\mathrm{d}x = \sec^2 t\, \mathrm{d}t$,于是

$$\int_0^1 \frac{\mathrm{d}x}{(1+x^2)^2} = \int_0^{\frac{\pi}{4}} \frac{\sec^2 t\, \mathrm{d}t}{(1+\tan^2 t)^2} = \int_0^{\frac{\pi}{4}} \cos^2 t\, \mathrm{d}t = \int_0^{\frac{\pi}{4}} \frac{1+\cos 2t}{2} \mathrm{d}t = \frac{\pi}{8} + \frac{1}{4}.$$

(2) 令 $t = \sqrt[3]{4-x}$,即 $x = 4-t^3$,则 $\mathrm{d}x = -3t^2\, \mathrm{d}t$,且当 $x = 0$ 时,$t = \sqrt[3]{4}$,当 $x = 6$ 时,$t = -\sqrt[3]{2}$. 于是 $\displaystyle\int_0^6 \frac{1}{\sqrt[3]{(4-x)^2}} \mathrm{d}x = \int_{\sqrt[3]{4}}^{-\sqrt[3]{2}} \frac{-3t^2}{t^2} \mathrm{d}t = 3(\sqrt[3]{4} + \sqrt[3]{2})$.

(3) **方法一**　$\displaystyle\int_{\frac{1}{2}}^1 \frac{\arcsin\sqrt{x}}{\sqrt{x(1-x)}} \mathrm{d}x \xrightarrow[x=t^2]{t=\sqrt{x}} 2\int_{\frac{1}{\sqrt{2}}}^1 \frac{\arcsin t}{\sqrt{1-t^2}} \mathrm{d}t = 2\int_{\frac{1}{\sqrt{2}}}^1 \arcsin t\, \mathrm{d}\arcsin t$

$$= \arcsin^2 t \Big|_{\frac{1}{\sqrt{2}}}^1 = \frac{3\pi^2}{16}.$$

方法二　$\displaystyle\int_{\frac{1}{2}}^1 \frac{\arcsin\sqrt{x}}{\sqrt{x(1-x)}} \mathrm{d}x \xrightarrow{x=\sin^2 u} \int_{\frac{\pi}{4}}^{\frac{\pi}{2}} \frac{u \cdot 2\sin u \cos u}{\sin u \cos u} \mathrm{d}u = u^2 \Big|_{\frac{\pi}{4}}^{\frac{\pi}{2}} = \frac{3\pi^2}{16}$.

题型 5-9　用定积分的换元法证明等式

【解题思路】　用定积分的换元法证明等式,要根据被积函数上、下限的特点及其构成情况来选择证明. ①若等式的一端为被积函数 $f(x)$,另一端为 $f[\varphi(t)]$,则令 $x = \varphi(t)$ 进行换元;②若等式的一端为 $f(x)$,另一端也为 $f(x)$ 或 $f(u)$,则从积分上、下限出发寻找换元;③若被积函数含有三角函数,一般从诱导公式出发,兼顾 $f(x)$ 与上、下限进行换元.

例 5.13　证明以下各题:

$(1) \displaystyle\int_0^a x^3 f(x^2) \mathrm{d}x = \frac{1}{2} \int_0^{a^2} x f(x) \mathrm{d}x\, (a>0)$;　$(2) \displaystyle\int_0^{\frac{\pi}{2}} \sin^m x\, \cos^m x\, \mathrm{d}x = 2^{-m} \int_0^{\frac{\pi}{2}} \cos^m x\, \mathrm{d}x$.

证明　(1) 令 $u = x^2$,则 $\mathrm{d}u = 2x\, \mathrm{d}x$,于是

$$\int_0^a x^3 f(x^2) \mathrm{d}x = \int_0^a x^2 f(x^2) x\, \mathrm{d}x = \frac{1}{2} \int_0^{a^2} u f(u) \mathrm{d}u = \frac{1}{2} \int_0^{a^2} x f(x) \mathrm{d}x.$$

(2) 左边 $= \displaystyle\int_0^{\frac{\pi}{2}} \frac{1}{2^m} \sin^m 2x\, \mathrm{d}x = 2^{-m} \int_0^{\frac{\pi}{2}} \sin^m 2x\, \mathrm{d}x$.

令 $2x = \dfrac{\pi}{2} - t$,即 $x = \dfrac{\pi}{4} - \dfrac{t}{2}$,则

$$\text{左边} = 2^{-m} \int_{\frac{\pi}{2}}^{-\frac{\pi}{2}} \cos^m t \cdot \left(-\frac{1}{2}\right) \mathrm{d}t = 2^{-m} \int_0^{\frac{\pi}{2}} \cos^m t\, \mathrm{d}t = \text{右边}.$$

题型 5-10　用定积分的换元法证明不等式

【解题思路】　定积分不等式的证明通常用定积分的比较定理、估值不等式、积分上限函数的单调性、微分与积分中值定理、泰勒公式等. 有时要构造辅助函数 $F(x)$，求 $F(x)$ 的导数，讨论 $F(x)$ 的单调性，并与 $F(x)$ 的端点值比较，从而得出不等式. 涉及更高阶导数用泰勒公式证明.

例 5.14　设 $f(x)$ 在 $[a,b]$ 上连续，且 $f(x)>0$，求证 $\int_a^b f(x)\mathrm{d}x\int_a^b \dfrac{1}{f(x)}\mathrm{d}x \geqslant (b-a)^2$.

证明　设 $F(t)=\int_a^t f(x)\mathrm{d}x\int_a^t \dfrac{1}{f(x)}\mathrm{d}x-(t-a)^2$，则

$$F'(t)=f(t)\int_a^t \frac{1}{f(x)}\mathrm{d}x+\frac{1}{f(t)}\int_a^t f(x)\mathrm{d}x-2(t-a)=\int_a^t \left[\frac{f(t)}{f(x)}+\frac{f(x)}{f(t)}-2\right]\mathrm{d}x$$

$$=\int_a^t \left[\sqrt{\frac{f(t)}{f(x)}}-\sqrt{\frac{f(x)}{f(t)}}\right]^2 \mathrm{d}x \geqslant 0.$$

$F(x)$ 为单调增函数，且 $F(a)=0$，所以 $F(b)\geqslant F(a)>0$，即

$$\int_a^b f(x)\mathrm{d}x\int_a^b \frac{1}{f(x)}\mathrm{d}x \geqslant (b-a)^2.$$

例 5.15　设 $f(x)$ 在 $[0,a]$ 上二阶可导，且 $f''(x)\geqslant 0$，证明 $\int_0^a f(x)\mathrm{d}x \geqslant af\left(\dfrac{a}{2}\right)$.

证明　$f(x)$ 在 $\dfrac{a}{2}$ 处的一阶泰勒公式为

$$f(x)=f\left(\frac{a}{2}\right)+f'\left(\frac{a}{2}\right)\left(x-\frac{a}{2}\right)+\frac{f''(\xi)}{2!}\left(x-\frac{a}{2}\right)^2,$$

其中，ξ 在 x 与 $\dfrac{a}{2}$ 之间. 利用条件 $f''(x)\geqslant 0$，可得 $f(x)\geqslant f\left(\dfrac{a}{2}\right)+f'\left(\dfrac{a}{2}\right)\left(x-\dfrac{a}{2}\right)$. 两边从 0 到 a 取积分，得 $\int_0^a f(x)\mathrm{d}x \geqslant af\left(\dfrac{a}{2}\right)+f'\left(\dfrac{a}{2}\right)\int_0^a \left(x-\dfrac{a}{2}\right)\mathrm{d}x=af\left(\dfrac{a}{2}\right)$.

注　已知 $f(x)$ 二阶可导，可考虑利用 $f(x)$ 的一阶泰勒公式估计 $f(x)$；又所证的不等式中出现了点 $\dfrac{a}{2}$，故考虑使用在 $x_0=\dfrac{a}{2}$ 处的泰勒公式.

题型 5-11　用分部积分法计算定积分

【解题思路】　定积分的分部积分法的基本原则与不定积分的分部积分法类似，在 $u,\mathrm{d}v$ 的选择方面，按照不定积分的分部积分法的思路进行. 当被积函数中含有抽象函数的导数形式时，常用分部积分法. 对于被积函数中含有变上、下限积分的定积分的情况，常用的方法也是利用分部积分法，把变上限或变下限积分取作 u，其余部分取作 $\mathrm{d}v$. 这类题目的另一种做法是将原积分化为二重积分（微积分（下册）的内容），再更换累次积分的次序.

例 5.16　求下列定积分：

(1) $\int_0^{\frac{\pi}{4}} \dfrac{x\sin x}{\cos^3 x}\mathrm{d}x$；　　(2) $\int_0^1 \mathrm{e}^{\sqrt{1-x}}\mathrm{d}x$；　　(3) $\int_1^e \cos(\ln x)\mathrm{d}x$.

解　(1) $\int_0^{\frac{\pi}{4}} \dfrac{x\sin x}{\cos^3 x}\mathrm{d}x=-\int_0^{\frac{\pi}{4}} \dfrac{x}{\cos^3 x}\mathrm{d}(\cos x)=\dfrac{1}{2}\int_0^{\frac{\pi}{4}} x\mathrm{d}\left(\dfrac{1}{\cos^2 x}\right)$

$$=\frac{1}{2}\left(\frac{x}{\cos^2 x}\bigg|_0^{\frac{\pi}{4}}-\int_0^{\frac{\pi}{4}} \frac{1}{\cos^2 x}\mathrm{d}x\right)=\frac{\pi}{4}-\frac{1}{2}\tan x\bigg|_0^{\frac{\pi}{4}}=\frac{\pi}{4}-\frac{1}{2}.$$

(2) $\displaystyle\int_0^1 e^{\sqrt{1-x}}dx \xlongequal{\sqrt{1-x}=t} -\int_1^0 e^t \cdot 2t dt = 2\int_0^1 t e^t dt = 2\left(t e^t \Big|_0^1 - e^t \Big|_0^1 \right) = 2.$

(3) $\displaystyle\int_1^e \cos(\ln x)dx = [x\cos(\ln x)]\Big|_1^e + \int_1^e x \sin(\ln x)\frac{1}{x}dx$

$$= e\cos 1 - 1 + \int_1^e \sin(\ln x)dx = e\cos 1 - 1 + x\sin(\ln x)\Big|_1^e - \int_1^e \cos(\ln x)dx$$

$$= e\cos 1 - 1 + e\sin 1 - \int_1^e \cos(\ln x)dx,$$

则 $2\displaystyle\int_1^e \cos(\ln x)dx = e\cos 1 + e\sin 1 - 1$,故$\displaystyle\int_1^e \cos(\ln x)dx = \frac{1}{2}[e(\cos 1 + \sin 1) - 1].$

例 5.17 设 $f(x)$ 在 $[0,\pi]$ 上具有二阶连续导数，$f'(\pi) = 3$,且$\displaystyle\int_0^\pi [f(x) + f''(x)]\cos x dx = 2$,求 $f'(0)$.

解 $\displaystyle\int_0^\pi [f(x) + f''(x)]\cos x dx = \int_0^\pi f(x)d\sin x + \int_0^\pi \cos x df'(x)$

$$= \sin x \cdot f(x)\Big|_0^\pi - \int_0^\pi \sin x \cdot f'(x)dx + \cos x \cdot f'(x)\Big|_0^\pi + \int_0^\pi \sin x \cdot f'(x)dx$$

$$= -f'(\pi) - f'(0) = 2.$$

故 $f'(0) = -2 - f'(\pi) = -2 - 3 = -5.$

例 5.18 计算 $\displaystyle\int_0^1 (x-1)^2 f(x)dx$,其中 $f(x) = \displaystyle\int_0^x e^{-y^2+2y}dy.$

解 $\displaystyle\int_0^1 (x-1)^2 f(x)dx = \int_0^1 (x-1)^2 \left[\int_0^x e^{-y^2+2y}dy\right]dx$

$$= \left[\frac{1}{3}(x-1)^3 \int_0^x e^{-y^2+2y}dy\right]\Big|_0^1 - \int_0^1 \frac{1}{3}(x-1)^3 e^{-x^2+2x}dx$$

$$= -\frac{1}{6}\int_0^1 (x-1)^2 e^{-(x-1)^2+1}d[(x-1)^2]$$

$$\xlongequal{t=(x-1)^2} -\frac{e}{6}\int_1^0 t e^{-t}dt = \frac{1}{6}(e-2).$$

题型 5-12 带有绝对值的定积分的计算

【解题思路】 被积函数中有绝对值的定积分的计算,应注意的是正确地确定分界点,先去掉绝对值. 去掉绝对值的方法有两种,一是令含绝对值部分的函数为零,求出其实根,以其实根为分界点,将被积函数化成分段函数；二是利用函数的奇偶性、周期性等性质,使绝对值符号去掉.

例 5.19 求下列定积分：

(1) $\displaystyle\int_{e^{-2}}^{e^2} \frac{|\ln x|}{\sqrt{x}}dx$; (2) $\displaystyle\int_0^{\frac{\pi}{2}} \sqrt{1-\sin 2x}dx$; (3) $\displaystyle\int_{-2}^2 (x + |x|e^{-x})dx.$

解 (1) $\displaystyle\int_{e^{-2}}^{e^2} \frac{|\ln x|}{\sqrt{x}}dx = \int_{e^{-2}}^1 \frac{-\ln x}{\sqrt{x}}dx + \int_1^{e^2} \frac{\ln x}{\sqrt{x}}dx$

$$= -2\sqrt{x}\ln x\Big|_{e^{-2}}^1 + 2\int_{e^{-2}}^1 \frac{\sqrt{x}}{x}dx + 2\sqrt{x}\ln x\Big|_1^{e^2} - 2\int_1^{e^2} \frac{\sqrt{x}}{x}dx$$

$$= -\frac{4}{e} + 2\int_{e^{-2}}^1 \frac{1}{\sqrt{x}}dx + 4e - 2\int_1^{e^2} \frac{1}{\sqrt{x}}dx$$

$$=-\frac{4}{e}+4\sqrt{x}\Big|_{e^{-2}}^{1}+4e-4\sqrt{x}\Big|_{1}^{e^{2}}=8\Big(1-\frac{1}{e}\Big).$$

$(2)\int_{0}^{\frac{\pi}{2}}\sqrt{1-\sin 2x}\,dx=\int_{0}^{\frac{\pi}{2}}\sqrt{(\sin x-\cos x)^{2}}\,dx=\int_{0}^{\frac{\pi}{2}}|\sin x-\cos x|\,dx$

$$=\int_{0}^{\frac{\pi}{4}}(\cos x-\sin x)\,dx+\int_{\frac{\pi}{4}}^{\frac{\pi}{2}}(\sin x-\cos x)\,dx$$

$$=(\sin x+\cos x)\Big|_{0}^{\frac{\pi}{4}}+(-\cos x-\sin x)\Big|_{\frac{\pi}{4}}^{\frac{\pi}{2}}=2\sqrt{2}-2.$$

$(3)\int_{-2}^{2}(x+|x|e^{-|x|})\,dx=\int_{-2}^{2}x\,dx+\int_{-2}^{2}|x|e^{-|x|}\,dx=2\int_{0}^{2}xe^{-x}\,dx$

$$=-2xe^{-x}\Big|_{0}^{2}+2\int_{0}^{2}e^{-x}\,dx=-4e^{-2}-2e^{-x}\Big|_{0}^{2}=2-6e^{-2}.$$

题型 5-13 分段函数的定积分的计算

【解题思路】 分段函数的积分应分段计算,应注意的是正确地确定分界点,当被积函数是以给定函数与某一简单函数复合而成的函数时,要通过变量代换将其化为给定函数的形式.

例 5.20 设 $f(x)=\begin{cases}1+x^{2}, & x\leqslant 0,\\ e^{-x}, & x>0,\end{cases}$ 求 $\int_{1}^{3}f(x-2)\,dx.$

解 令 $t=x-2,$ 则 $dx=dt,$ 于是

$\int_{1}^{3}f(x-2)\,dx=\int_{-1}^{1}f(t)\,dt=\int_{-1}^{0}(1+t^{2})\,dt+\int_{0}^{1}e^{-t}\,dt=\Big(t+\frac{t^{3}}{3}\Big)\Big|_{-1}^{0}-e^{-t}\Big|_{0}^{1}=\frac{7}{3}-\frac{1}{e}.$

例 5.21 计算下列定积分:

$(1)\ \Phi(x)=\int_{0}^{x}f(t)\,dt,$ 其中 $f(x)=\begin{cases}kx, & 0\leqslant x\leqslant\dfrac{l}{2},\\[2mm] c, & \dfrac{l}{2}<x\leqslant l;\end{cases}$

$(2)\int_{0}^{x}f(t)g(x-t)\,dt(x\geqslant 0),$ 其中当 $x\geqslant 0$ 时,$f(x)=x,$ 而

$$g(x)=\begin{cases}\sin x, & 0\leqslant x\leqslant\dfrac{\pi}{2},\\[2mm] 0, & x\geqslant\dfrac{\pi}{2}.\end{cases}$$

解 (1) 当 $0\leqslant x\leqslant\dfrac{l}{2}$ 时,$\Phi(x)=\int_{0}^{x}kt\,dt=\dfrac{1}{2}kx^{2}.$

当 $\dfrac{l}{2}<x\leqslant l$ 时,$\Phi(x)=\int_{0}^{x}f(t)\,dt=\int_{0}^{\frac{l}{2}}kt\,dt+\int_{\frac{l}{2}}^{x}c\,dt=\dfrac{1}{8}kl^{2}+c\Big(x-\dfrac{l}{2}\Big).$ 因此

$$\Phi(x)=\begin{cases}\dfrac{1}{2}kx^{2}, & 0\leqslant x\leqslant\dfrac{l}{2},\\[3mm] \dfrac{1}{8}kl^{2}+c\Big(x-\dfrac{l}{2}\Big), & \dfrac{l}{2}<x\leqslant l.\end{cases}$$

$(2)\int_{0}^{x}f(t)g(x-t)\,dt\xrightarrow{u=x-t}\int_{x}^{0}f(x-u)g(u)(-du)=\int_{0}^{x}f(x-u)g(u)\,du.$

当 $0 \leqslant x < \dfrac{\pi}{2}$ 时，$\displaystyle\int_0^x f(x-u)g(u)\mathrm{d}u = \int_0^x (x-u)\sin u\,\mathrm{d}u = x - \sin x$；

当 $x \geqslant \dfrac{\pi}{2}$ 时，$\displaystyle\int_0^x f(x-u)g(u)\mathrm{d}u = \int_0^{\frac{\pi}{2}} (x-u)\sin u\,\mathrm{d}u + 0 = x - 1$. 因此

$$\int_0^x f(t)g(x-t)\mathrm{d}t = \begin{cases} x - \sin x, & 0 \leqslant x < \dfrac{\pi}{2}, \\[2mm] x - 1, & x \geqslant \dfrac{\pi}{2}. \end{cases}$$

题型 5-14 反常积分的计算

【解题思路】 ①确定反常积分的类型：判断是无穷限的反常积分还是无界函数的反常积分；②求被积函数的原函数；③求反常积分值，判断其收敛性.

例 5.22 计算 $\displaystyle\int_1^{+\infty} \dfrac{\mathrm{d}x}{x\sqrt{1+x^5+x^{10}}}$.

解 分母的阶数较高，可利用倒代换，令 $x = \dfrac{1}{t}$，则

$$\int_1^{+\infty} \dfrac{\mathrm{d}x}{x\sqrt{1+x^5+x^{10}}} = \int_1^0 \dfrac{-t^4}{\sqrt{1+t^5+t^{10}}}\mathrm{d}t = \int_0^1 \dfrac{t^4\,\mathrm{d}t}{\sqrt{1+t^5+t^{10}}}.$$

再令 $u = t^5$，则

$$\int_0^1 \dfrac{t^4\,\mathrm{d}t}{\sqrt{1+t^5+t^{10}}} = \dfrac{1}{5}\int_0^1 \dfrac{\mathrm{d}u}{\sqrt{u^2+u+1}} = \dfrac{1}{5}\int_0^1 \dfrac{\mathrm{d}u}{\sqrt{\left(u+\dfrac{1}{2}\right)^2 + \dfrac{3}{4}}}$$

$$= \dfrac{1}{5}\ln\left(u + \dfrac{1}{2} + \sqrt{u^2+u+1}\right)\Big|_0^1 = \dfrac{1}{5}\ln\left(1 + \dfrac{2}{\sqrt{3}}\right).$$

例 5.23 计算反常积分 $\displaystyle\int_0^1 \dfrac{\arcsin\sqrt{x}}{\sqrt{x(1-x)}}\mathrm{d}x$.

解 被积函数有两个可疑的瑕点：$x=0$ 和 $x=1$.

因为 $\displaystyle\lim_{x \to 0^+} \dfrac{\arcsin\sqrt{x}}{\sqrt{x(1-x)}} = 1$，所以 $x=1$ 是被积函数的唯一瑕点. 从而

$$\int_0^1 \dfrac{\arcsin\sqrt{x}}{\sqrt{x(1-x)}}\mathrm{d}x = \int_0^1 \dfrac{\arcsin\sqrt{x}}{\sqrt{x(1-x)}}\mathrm{d}x = \left(\arcsin\sqrt{x}\right)^2\Big|_0^1 = \dfrac{\pi^2}{4}.$$

题型 5-15 平面图形的面积

【解题思路】 ①画出平面图形，借助于几何直观了解所求面积的特点，确定积分变量；②求出相关的交点，确定积分区间；③合理选择积分曲线方程（直角坐标方程，参数方程，或极坐标方程），代入公式计算；④当图形具有对称性或由几个面积相等部分所组成时，可先求出一部分面积，再利用对称性或等积性求全面积.

例 5.24 求下列各平面图形的面积 S：

(1) 平面图形是由曲线 $y = \cos x$，$y = \sin x$，$x = 0$ 以及 $x = \pi$ 所围成；

(2) 平面图形是由曲线 $y = -x + \dfrac{3}{2}$ 和 $x = 4y^2$ 所围成.

解 （1）由于曲线 $y=\sin x$ 与 $y=\cos x$ 的交点坐标为 $\left(\dfrac{\pi}{4},\dfrac{\sqrt{2}}{2}\right)$（如图 5-1(a)所示），因此平面图形的面积为

$$S=\int_0^{\frac{\pi}{4}}(\cos x-\sin x)\mathrm{d}x+\int_{\frac{\pi}{4}}^{\pi}(\sin x-\cos x)\mathrm{d}x$$

$$=(\sin x+\cos x)\Big|_0^{\frac{\pi}{4}}+(-\cos x-\sin x)\Big|_{\frac{\pi}{4}}^{\frac{\pi}{2}}=2\sqrt{2}.$$

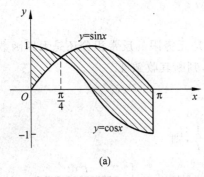
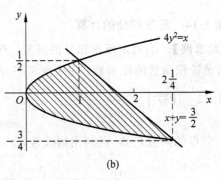

(a)　　　　　　　(b)

图 5-1

（2）由于曲线 $y=-x+\dfrac{3}{2}$ 与 $x=4y^2$ 的交点为 $\left(1,\dfrac{1}{2}\right)$ 和 $\left(2\dfrac{1}{4},-\dfrac{3}{4}\right)$（如图 5-1(b)所示）．这里我们选择 y 为积分变量，因此平面图形面积为

$$S=\int_{-\frac{3}{4}}^{\frac{1}{2}}\left[\left(\frac{3}{2}-y\right)-4y^2\right]\mathrm{d}y=\left(\frac{3}{2}y-\frac{1}{2}y^2-\frac{4}{3}y^3\right)\Big|_{-\frac{3}{4}}^{\frac{1}{2}}=\frac{125}{96}.$$

例 5.25 已知星形线的参数方程为 $\begin{cases}x=a\cos^3 t,\\ y=a\sin^3 t\end{cases}(a>0)$，试求它所围图形的面积．

解 根据图形的对称性（如图 5-2 所示），可得它所围的面积为

$$A=4\int_0^a y\mathrm{d}x=4\int_{\frac{\pi}{2}}^0 a\sin^3 t\,3a\cos^2 t(-\sin t)\mathrm{d}t$$

$$=12\int_0^{\frac{\pi}{2}}a^2[\sin^4 t-\sin^6 t]\mathrm{d}t=12a^2\left[\frac{3}{4}\times\frac{1}{2}\times\frac{\pi}{2}\left(1-\frac{5}{6}\right)\right]=\frac{3\pi}{8}a^2.$$

例 5.26 求心脏线 $r=a(1+\cos\theta)$ 与 $r=a(a>0)$ 所围成部分的面积．

解 画出草图（如图 5-3 所示），由图所求面积为 3 个部分：

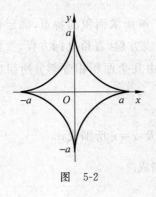
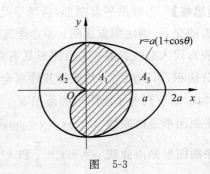

图 5-2　　　　　　　图 5-3

(1)圆内、心脏线内公共部分的面积为 A_1；(2)圆内、心脏线外公共部分的面积为 A_2；(3)圆外、心脏线内公共部分的面积为 A_3.

根据图形的对称性,可计算上半部分的面积再乘 2 即可.

先求交点,由 $\begin{cases} r=a(1+\cos\theta), \\ r=a, \end{cases}$ 得 $\left(\dfrac{\pi}{2}, a\right)$,$\left(\dfrac{3\pi}{2}, a\right)$,于是 A_1 可视为 y 轴左侧的一部分 $\left(\text{极角由}\dfrac{\pi}{2}\text{变到}\dfrac{3}{2}\pi\right)$ 与 y 轴右侧的半圆合起来的,故

$$A_1 = 2\int_{\frac{\pi}{2}}^{\pi} \frac{1}{2} r^2(\theta)\,\mathrm{d}\theta + \frac{\pi}{2}a^2 = a^2 \int_{\frac{\pi}{2}}^{\pi} (1+\cos\theta)^2\,\mathrm{d}\theta + \frac{\pi}{2}a^2$$

$$= \frac{\pi}{2}a^2 + a^2\left(\frac{3}{4}\pi - 2\right) = a^2\left(\frac{5}{4}\pi - 2\right),$$

$$A_2 = \pi a^2 - A_1 = a^2\left(2 - \frac{\pi}{4}\right),$$

$$A_3 = 2\int_0^{\pi} \frac{1}{2}a^2 (1+\cos\theta)^2\,\mathrm{d}\theta - a^2\left(\frac{5}{4}\pi - 2\right) = a^2\left(2 + \frac{\pi}{4}\right),$$

$\left(A_1 + A_3 = \dfrac{3}{2}\pi a^2 \text{ 就是心脏线所围成的面积}\right)$.

例 5.27 试求由曲线 $y=x\mathrm{e}^x$ 与 x 轴的负半轴所围平面图形的面积.

解 如图 5-4 所示,由于 $x=0$ 时,$y=0$；$x\to -\infty$ 时,$y=x\mathrm{e}^x\to 0$,故取 x 为积分变量,$x\in(-\infty, 0]$,在任意部分区间 $[x, x+\mathrm{d}x]$ 上相应的面积元素为 $\mathrm{d}A=|x\mathrm{e}^x|\,\mathrm{d}x$,从而,所求面积为 $A = \int_{-\infty}^0 |x\mathrm{e}^x|\,\mathrm{d}x = -\int_{-\infty}^0 x\mathrm{e}^x\,\mathrm{d}x = 1$.

题型 5-16 旋转体的体积

【解题思路】 用定积分求旋转体的体积时,要恰当选取积分变量. 求绕 x 轴或平行于 x 轴的直线旋转的旋转体体积时,一般选 x 为积分变量. 求绕 y 轴或平行于 y 轴的直线旋转的旋转体的体积时,一般选 y 为积分变量.

例 5.28 求由曲线 $y=x^2-2x$ 及直线 $y=0$,$x=1$,$x=3$ 所围成的平面图形的面积 S,并分别求该平面图形绕 x 轴及绕 y 轴旋转所得到的立体的体积.

解 画草图(如图 5-5 所示).

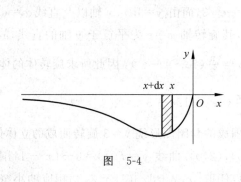

图 5-4

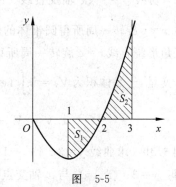

图 5-5

面积: $S = S_1 + S_2 = \int_1^2 (2x - x^2) \mathrm{d}x + \int_2^3 (x^2 - 2x) \mathrm{d}x$

$$= \left(x^2 - \frac{x^3}{3}\right)\Big|_1^2 + \left(\frac{1}{3}x^3 - x^2\right)\Big|_2^3 = \frac{2}{3} + \frac{4}{3} = 2.$$

绕 x 轴旋转的体积为

$$V_x = \pi \int_1^3 (x^2 - 2x)^2 \mathrm{d}x = \pi \int_1^3 (x^4 - 4x^3 + 4x^2) \mathrm{d}x = \pi \left(\frac{x^5}{5} - x^4 + \frac{4}{3}x^3\right)\Big|_1^3 = \frac{46}{15}\pi.$$

S_1 绕 y 轴旋转一周形成的立体体积为

$$V_1 = \pi \int_{-1}^0 (1 + \sqrt{1+y})^2 \mathrm{d}y - \pi = \pi \int_{-1}^0 (1 + 2\sqrt{1+y} + 1 + y) \mathrm{d}y - \pi = \frac{11}{6}\pi.$$

S_2 绕 y 轴旋转一周形成的立体体积为

$$V_2 = 27\pi - \pi \int_0^3 (1 + \sqrt{1+y})^2 \mathrm{d}y = 27\pi - \pi \int_0^3 (2 + 2\sqrt{1+y} + y) \mathrm{d}y = \frac{43}{6}\pi.$$

故绕 y 轴旋转一周形成的立体体积, $V_y = V_1 + V_2 = \frac{11}{6}\pi + \frac{43}{6}\pi = 9\pi$.

如以 x 为积分变量,更为简单. $V_y = 2\pi\left[\int_1^2 x(2x - x^2)\mathrm{d}x + \int_2^3 x(x^2 - 2x)\mathrm{d}x\right] = 9\pi.$

此处注意 S_1 在 x 轴下方,故体积前加一负号.

例 5.29 过原点作曲线 $y = \ln x$ 的切线,该切线与 $y = \ln x$ 及 x 轴围成平面图形 D. 求:

(1) D 的面积;

(2) D 绕直线 $x = \mathrm{e}$ 旋转一周所形成的旋转体的体积.

解 (1) 设曲线 $y = \ln x$ 在 $(t, \ln t)$ 点处的切线为

$y - \ln t = \frac{x}{t} - 1$,由于切线要过原点,因而得 $\ln t = 1$,即

$t = \mathrm{e}$,切点为 $(\mathrm{e}, 1)$,于是切线方程为 $y = \frac{x}{\mathrm{e}}$,从而 D 的

图形如图 5-6 所示. 选 y 为积分变量. 则 D 的面积为

$A = \int_0^1 (\mathrm{e}^y - \mathrm{e}y)\mathrm{d}y = \frac{\mathrm{e}}{2} - 1.$

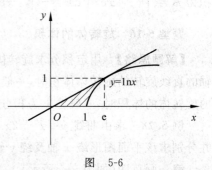

图 5-6

(2) 切线 $y = \frac{x}{\mathrm{e}}$、x 轴及直线 $x = \mathrm{e}$ 所围成三角形

绕直线 $x = \mathrm{e}$ 旋转一周所得圆锥体的体积 $V_1 = \pi \mathrm{e}^2/3$,而由 $y = \ln x$、x 轴以及直线 $x = \mathrm{e}$ 所围曲边三角形绕直线 $x = \mathrm{e}$ 旋转一周所得旋转体,其旋转轴 $x = \mathrm{e}$ 为平行于 y 轴的直线,故选 y 为积分变量,于是体积为 $V_2 = \pi \int_0^1 (\mathrm{e} - \mathrm{e}^y)^2 \mathrm{d}y = \frac{\pi}{2}(4\mathrm{e} - 1 - \mathrm{e}^2)$,因此所求旋转体的体积为

$$V = V_1 - V_2 = \frac{\pi}{6}(5\mathrm{e}^2 - 12\mathrm{e} + 3).$$

例 5.30 求曲线 $y = 3 - |x^2 - 1|$ 与 x 轴围成的封闭图形绕 $y = 3$ 旋转而成的立体体积.

解 $y = 3 - |x^2 - 1|$ 与 x 轴交点是 $(-2, 0), (2, 0)$. 曲线 $y = f(x) = 3 - |x^2 - 1|$ 围成的平面图形如图 5-7 所示. 显然做垂直分割方便,任取 $[x, x + \mathrm{d}x] \subset [-2, 2]$ 相应的小窄曲边梯形绕 $y = 3$ 旋转而成的立体体积,于是

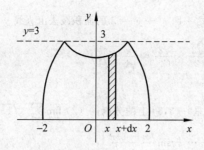

图　5-7

$$dV = \pi\left[3^2 - (3-f(x))^2\right]dx = \pi\left[9 - |\ x^2-1\ |^2\right]dx,$$

$$V = \pi\int_{-2}^{2}\left[9 - (x^2-1)^2\right]dx = 2\pi\int_{0}^{2}\left[9 - (x^4-2x^2+1)\right]dx$$

$$= 2\pi\left[18 - \left(\frac{1}{5}\times 2^5 - \frac{2}{3}\times 2^3 + 2\right)\right] = \frac{448}{15}\pi.$$

5.4　课后习题解答

习题 5.1

1. 利用定积分的定义,试求下列定积分:

(1) $\displaystyle\int_0^1 2x\mathrm{d}x$;　　　　　　　　　　　(2) $\displaystyle\int_0^1 \mathrm{e}^x\mathrm{d}x$.

解　(1) 因函数 $f(x)=2x$ 在 $[0,1]$ 上连续,故可积. 从而定积分的值与对区间 $[0,1]$ 的分法及 ξ_i 的取法无关. 为便于计算,将 $[0,1]$ n 等分,则 $\lambda=\Delta x_i=\dfrac{1}{n}$. 于是 $\lambda\to 0$,即 $n\to\infty$,取每个小区间的右端点 ξ_i,则 $\xi_i=\dfrac{i}{n}$ $(i=1,2,\cdots,n)$,故

$$\int_0^1 2x\mathrm{d}x = \lim_{\lambda\to 0}\sum_{i=1}^{n}f(\xi_i)\Delta x_i = \lim_{\lambda\to 0}\sum_{i=1}^{n}2\xi_i\Delta x_i = \lim_{n\to\infty}\sum_{i=1}^{n}2\,\frac{i}{n}\cdot\frac{1}{n} = \lim_{n\to\infty}\frac{2}{n^2}\sum_{i=1}^{n}i$$

$$= \lim_{n\to\infty}\frac{1}{n^2}(1+2+3+\cdots+n) = \lim_{n\to\infty}\frac{2}{n^2}\cdot\frac{n(n+1)}{2} = \lim_{n\to\infty}\left(1+\frac{1}{n}\right) = 1.$$

(2) 因函数 $f(x)=\mathrm{e}^x$ 在 $[0,1]$ 上连续,故可积. 从而定积分的值与对区间 $[0,1]$ 的分法及 ξ_i 的取法无关. 为便于计算,将 $[0,1]$ n 等分,则 $\lambda=\Delta x_i=\dfrac{1}{n}$. 于是 $\lambda\to 0$,即 $n\to\infty$,取每个小区间的右端点 ξ_i,则 $\xi_i=\dfrac{i}{n}$ $(i=1,2,\cdots,n)$,故

$$\int_0^1 \mathrm{e}^x\mathrm{d}x = \lim_{\lambda\to 0}\sum_{i=1}^{n}f(\xi_i)\Delta x_i = \lim_{\lambda\to 0}\sum_{i=1}^{n}\mathrm{e}^{\xi_i}\Delta x_i = \lim_{n\to\infty}\sum_{i=1}^{n}\mathrm{e}^{\frac{i}{n}}\cdot\frac{1}{n} = \lim_{n\to\infty}\frac{1}{n}(\mathrm{e}^{\frac{1}{n}}+\mathrm{e}^{\frac{2}{n}}+\cdots+\mathrm{e}^{\frac{n}{n}})$$

$$= \lim_{n\to\infty}\frac{\mathrm{e}^{\frac{1}{n}}(1-\mathrm{e})}{n(1-\mathrm{e}^{\frac{1}{n}})} = \lim_{n\to\infty}\frac{\mathrm{e}^{\frac{1}{n}}(1-\mathrm{e})}{n\left(-\frac{1}{n}\right)} = \mathrm{e}-1.$$

2. 利用定积分的几何意义,计算下列定积分:

(1) $\displaystyle\int_1^2 2x\mathrm{d}x$;　　　　　　　　　　　(2) $\displaystyle\int_{\frac{\sqrt{2}}{2}}^{1} \sqrt{1-x^2}\,\mathrm{d}x$.

解　(1) $\displaystyle\int_1^2 2x\mathrm{d}x$ 表示直线 $y=2x$ 与 $x=1,x=2,x$ 轴所围成的直角梯形的面积,即 $\dfrac{1}{2}\times(2+4)\times 1 = 3$.

(2) $\int_{\frac{\sqrt{2}}{2}}^{1} \sqrt{1-x^2}\,\mathrm{d}x$ 表示八分之一圆 $x^2+y^2=1$ 的面积减去由直线 $y=x$ 与 $x=\dfrac{\sqrt{2}}{2}$ 及 x 轴所围成的

直角三角形的面积,即 $\dfrac{\pi}{8}-\dfrac{1}{2}\times\dfrac{\sqrt{2}}{2}\times\dfrac{\sqrt{2}}{2}=\dfrac{\pi}{8}-\dfrac{1}{4}$.

3. 利用定积分表示下列极限:

(1) $\lim\limits_{\lambda\to 0}\sum\limits_{i=1}^{n}(\xi_i{}^2-3\xi_i)\Delta x_i$,$\lambda$ 是 $[-3,5]$ 上的分割;　(2) $\lim\limits_{\lambda\to 0}\sum\limits_{i=1}^{n}\sqrt{4-\xi_i{}^2}\Delta x_i$,$\lambda$ 是 $[0,2]$ 上的分割;

(3) $\lim\limits_{n\to\infty}\dfrac{1}{n}\left[\sin\dfrac{\pi}{n}+\sin\dfrac{2\pi}{n}+\cdots+\sin\dfrac{(n-1)\pi}{n}\right]$;

(4) $\lim\limits_{n\to\infty}\dfrac{1}{n}\left[\ln\left(1+\dfrac{1}{n}\right)+\ln\left(1+\dfrac{2}{n}\right)+\cdots+\ln\left(1+\dfrac{n-1}{n}\right)\right]$.

解　(1) $\int_{-3}^{5}(x^2-3x)\,\mathrm{d}x$;　(2) $\int_{0}^{2}\sqrt{4-x^2}\,\mathrm{d}x$;　(3) $\int_{0}^{1}\sin(\pi x)\,\mathrm{d}x$;　(4) $\int_{0}^{1}\ln(1+x)\,\mathrm{d}x$.

提高题

1. 求 $\lim\limits_{n\to\infty}\sum\limits_{n=1}^{\infty}\dfrac{1}{n+\dfrac{i^2+1}{n}}$.

解　$\sum\limits_{n=1}^{\infty}\dfrac{1}{n+\dfrac{(i+1)^2}{n}}<\sum\limits_{n=1}^{\infty}\dfrac{1}{n+\dfrac{i^2+1}{n}}<\sum\limits_{n=1}^{\infty}\dfrac{1}{n+\dfrac{i^2}{n}}$,而

$$\lim_{n\to\infty}\sum_{i=1}^{n}\frac{1}{n+\dfrac{i^2}{n}}=\lim_{n\to\infty}\sum_{i=1}^{n}\frac{1}{1+\left(\dfrac{i}{n}\right)^2}\cdot\frac{1}{n}=\int_{0}^{1}\frac{1}{1+x^2}\,\mathrm{d}x=\arctan x\Big|_{0}^{1}=\frac{\pi}{4},$$

$$\lim_{n\to\infty}\sum_{i=1}^{n}\frac{1}{n+\dfrac{(i+1)^2}{n}}=\lim_{n\to\infty}\left[-\frac{1}{n+\dfrac{1}{n}}+\sum_{i=0}^{n-1}\frac{1}{n+\dfrac{(i+1)^2}{n}}+\frac{1}{n+\dfrac{(n+1)^2}{n}}\right]$$

$$=0+\lim_{n\to\infty}\sum_{i=0}^{n-1}\frac{1}{1+\left(\dfrac{i+1}{n}\right)^2}\cdot\frac{1}{n}+0=\int_{0}^{1}\frac{1}{1+x^2}\,\mathrm{d}x=\arctan x\Big|_{0}^{1}=\frac{\pi}{4}.$$

所以,由夹逼定理得 $\lim\limits_{n\to\infty}\sum\limits_{i=1}^{n}\dfrac{1}{n+\dfrac{i^2+1}{n}}=\dfrac{\pi}{4}$.

2. 求 $\lim\limits_{n\to\infty}\sum\limits_{k=1}^{n}\dfrac{k}{n^2}\ln\left(1+\dfrac{k}{n}\right)$.

解　$\lim\limits_{n\to\infty}\sum\limits_{k=1}^{n}\dfrac{k}{n^2}\ln\left(1+\dfrac{k}{n}\right)=\lim\limits_{n\to\infty}\sum\limits_{k=1}^{n}\dfrac{k}{n}\ln\left(1+\dfrac{k}{n}\right)\cdot\dfrac{1}{n}=\int_{0}^{1}x\ln(1+x)\,\mathrm{d}x$

$$=\frac{x^2}{2}\ln(1+x)\Big|_{0}^{1}-\frac{1}{2}\int_{0}^{1}\frac{x^2}{1+x}\,\mathrm{d}x=\frac{1}{4}.$$

3. 设 $a_n=\sqrt[n^2]{\left(1+\dfrac{1}{n}\right)\left(1+\dfrac{2}{n}\right)^2\cdots\left(1+\dfrac{n}{n}\right)^n}$,则 $\lim\limits_{n\to\infty}a_n=$ _____.

解　$\lim\limits_{n\to\infty}a_n=\lim\limits_{n\to\infty}\mathrm{e}^{\sum\limits_{k=1}^{n}\frac{k}{n^2}\ln\left(1+\frac{k}{n}\right)}$.

$$\lim_{n\to\infty}\sum_{k=1}^{n}\frac{k}{n^2}\ln\left(1+\frac{k}{n}\right)=\lim_{n\to\infty}\sum_{k=1}^{n}\frac{k}{n}\ln\left(1+\frac{k}{n}\right)\cdot\frac{1}{n}=\int_{0}^{1}x\ln(1+x)\,\mathrm{d}x$$

$$=\frac{x^2}{2}\ln(1+x)\Big|_{0}^{1}-\frac{1}{2}\int_{0}^{1}\frac{x^2}{1+x}\,\mathrm{d}x=\frac{1}{4}.$$

故 $\lim\limits_{n\to\infty}a_n=\mathrm{e}^{\frac{1}{4}}$,即应填 $\mathrm{e}^{\frac{1}{4}}$.

4. 甲、乙两人赛跑,计时开始时,甲在乙前方10(单位:m)处(如图 5-8 所示),实线表示甲的速度曲线 $v=v_1(t)$(单位:m/s),虚线表示乙的速度曲线 $v=v_2(t)$,三块阴影部分的面积分别为 $10,20,3$,计时开始后乙追上甲的时刻为 t_0,则(　　).

A. $t_0=10$ 　　　　　　　　B. $15 < t_0 < 20$

C. $t_0=25$ 　　　　　　　　D. $t_0 > 25$

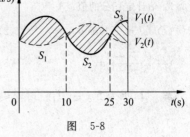

图 5-8

解 从 0 到 t_0 这段时间内甲、乙的位移分别为 $\int_0^{t_0} V_1(t)\mathrm{d}t, \int_0^{t_0} V_2(t)\mathrm{d}t.$

若乙要追上甲,则 $\int_0^{t_0}[V_2(t)-V_1(t)]\mathrm{d}t=10$,当 $t_0=25$ 时满足,故选 C.

5. 设二阶可导函数 $f(x)$ 满足 $f(1)=f(-1)=1, f(0)=-1$,且 $f''(x) > 0$,则(　　).

A. $\int_{-1}^1 f(x)\mathrm{d}x > 0$ 　　　　　　　　B. $\int_{-1}^1 f(x)\mathrm{d}x < 0$

C. $\int_{-1}^0 f(x)\mathrm{d}x > \int_0^1 f(x)\mathrm{d}x$ 　　　　　　D. $\int_{-1}^0 f(x)\mathrm{d}x < \int_0^1 f(x)\mathrm{d}x$

解 $f(x)$ 为偶函数满足题设,此时 $\int_{-1}^0 f(x)\mathrm{d}x = \int_0^1 f(x)\mathrm{d}x$,故排除 C,D.

取 $f(x)=2x^2-1$ 满足条件,则 $\int_{-1}^1 f(x)\mathrm{d}x = \int_{-1}^1 (2x^2-1)\mathrm{d}x = -\dfrac{2}{3} < 0$,故选 B.

6. 函数 $f(x)=3^{x^2}$,求 $\lim\limits_{n\to\infty}\dfrac{1}{n^3}\ln[f(1)f(2)\cdot\cdots\cdot f(n)].$

解 $\lim\limits_{n\to\infty}\dfrac{1}{n^3}\ln[f(1)f(2)\cdot\cdots\cdot f(n)] = \lim\limits_{n\to\infty}\dfrac{1}{n^3}\sum\limits_{k=1}^n \ln f(k) = \lim\limits_{n\to\infty}\dfrac{1}{n^3}\sum\limits_{k=1}^n \ln 3^{k^2} = \lim\limits_{n\to\infty}\sum\limits_{k=1}^n \dfrac{k^2}{n^3}\ln 3$

$= \ln 3 \lim\limits_{n\to\infty}\sum\limits_{k=1}^n \left(\dfrac{k}{n}\right)^2 \dfrac{1}{n} = \ln 3 \int_0^1 x^2\mathrm{d}x = \dfrac{\ln 3}{3}.$

习题 5.2

1. 设 $f(x)$ 在 $[0,4]$ 上连续,而且 $\int_0^3 f(x)\mathrm{d}x=4, \int_0^4 f(x)\mathrm{d}x=7$,求下列各值.

(1) $\int_3^4 f(x)\mathrm{d}x$; 　　　　　　　　(2) $\int_4^3 f(x)\mathrm{d}x$.

解 (1) $\int_3^4 f(x)\mathrm{d}x = \int_0^4 f(x)\mathrm{d}x - \int_0^3 f(x)\mathrm{d}x = 7-4=3$;

(2) $\int_4^3 f(x)\mathrm{d}x = -\int_3^4 f(x)\mathrm{d}x = -3.$

2. 比较定积分的大小:

(1) $\int_0^1 x^2\mathrm{d}x$ 与 $\int_0^1 x^3\mathrm{d}x$; 　　　　　　(2) $\int_3^4 (\ln x)^2\mathrm{d}x$ 与 $\int_3^4 (\ln x)^3\mathrm{d}x$;

(3) $\int_0^1 \mathrm{e}^x\mathrm{d}x$ 与 $\int_0^1 \mathrm{e}^{x^2}\mathrm{d}x$; 　　　　　　(4) $\int_0^{\frac{\pi}{2}} x\mathrm{d}x$ 与 $\int_0^{\frac{\pi}{2}} \sin x\mathrm{d}x$.

解 (1) 因为当 $x\in[0,1]$ 时,$x^2 \geqslant x^3$,等号仅在 $x=0$ 和 $x=1$ 时成立,所以 $\int_0^1 x^2\mathrm{d}x > \int_0^1 x^3\mathrm{d}x$;

(2) 因为当 $x\in[3,4]$ 时,$\ln x > 1$,所以 $(\ln x)^2 < (\ln x)^3$,所以 $\int_3^4 (\ln x)^2\mathrm{d}x < \int_3^4 (\ln x)^3\mathrm{d}x$;

(3) 因为当 $x\in[0,1]$ 时,$\mathrm{e}^x \geqslant \mathrm{e}^{x^2}$,等号仅在 $x=0$ 和 $x=1$ 时成立,所以 $\int_0^1 \mathrm{e}^x\mathrm{d}x > \int_0^1 \mathrm{e}^{x^2}\mathrm{d}x$;

(4) 设 $g(x)=x-\sin x$,则 $g(0)=0, g'(x)=1-\cos x \geqslant 0$. 当 $x\in\left[0,\dfrac{\pi}{2}\right]$ 时,$g'(x) \geqslant 0$,即 $g(x)$ 在

$\left[0,\dfrac{\pi}{2}\right]$ 上单调增加,故 $g(x)\geqslant g(0)=0$,即 $x\geqslant \sin x$,于是 $\int_0^{\frac{\pi}{2}}x\mathrm{d}x>\int_0^{\frac{\pi}{2}}\sin x\mathrm{d}x$.

3. 估计定积分的值:

(1) $\displaystyle\int_1^4(x^2+1)\mathrm{d}x$;　　　　(2) $\displaystyle\int_0^\pi(1+\sin x)\mathrm{d}x$;　　　　(3) $\displaystyle\int_0^2 e^{x^2-x}\mathrm{d}x$;

(4) $\displaystyle\int_0^1\dfrac{x^2+3}{x^2+2}\mathrm{d}x$;　　　　(5) $\displaystyle\int_0^1\sqrt{2x-x^2}\mathrm{d}x$;　　　　(6) $\displaystyle\int_0^\pi\dfrac{1}{3+\sin^3x}\mathrm{d}x$.

解　(1) 因为当 $x\in[1,4]$ 时,$2\leqslant x^2+1\leqslant 17$,所以 $\displaystyle\int_1^4 2\mathrm{d}x\leqslant\int_1^4(x^2+1)\mathrm{d}x\leqslant\int_1^4 17\mathrm{d}x$,于是

$$6\leqslant\int_1^4(x^2+1)\mathrm{d}x\leqslant 51;$$

(2) 当 $x\in[0,\pi]$ 时,$1\leqslant 1+\sin x\leqslant 2$,所以 $\displaystyle\int_0^\pi 1\mathrm{d}x\leqslant\int_0^\pi(1+\sin x)\mathrm{d}x\leqslant\int_0^\pi 2\mathrm{d}x$,于是

$$\pi\leqslant\int_0^\pi(1+\sin x)\mathrm{d}x\leqslant 2\pi;$$

(3) 当 $x\in[0,2]$ 时,$-\dfrac{1}{4}\leqslant x^2-x=\left(x-\dfrac{1}{2}\right)^2-\dfrac{1}{4}\leqslant 2$,所以 $e^{-\frac{1}{4}}\leqslant e^{(x^2-x)}\leqslant e^2$,因此

$$\int_0^2 e^{-\frac{1}{4}}\mathrm{d}x\leqslant\int_0^2 e^{(x^2-x)}\mathrm{d}x\leqslant\int_0^2 e^2\mathrm{d}x,\quad 即\quad 2e^{-\frac{1}{4}}\leqslant\int_0^2 e^{(x^2-x)}\mathrm{d}x\leqslant 2e^2;$$

(4) 因为当 $x\in[0,1]$ 时,$\dfrac{4}{3}\leqslant\dfrac{x^2+3}{x^2+2}=1+\dfrac{1}{x^2+2}\leqslant\dfrac{3}{2}$,所以 $\dfrac{4}{3}\leqslant\displaystyle\int_0^1\dfrac{x^2+3}{x^2+2}\mathrm{d}x\leqslant\dfrac{3}{2}$;

(5) 当 $x\in[0,1]$ 时,$0\leqslant\sqrt{2x-x^2}=\sqrt{1-(x-1)^2}\leqslant 1$,所以

$$\int_0^1 0\mathrm{d}x\leqslant\int_0^1\sqrt{2x-x^2}\mathrm{d}x\leqslant\int_0^1\mathrm{d}x,\quad 即\quad 0\leqslant\int_0^1\sqrt{2x-x^2}\mathrm{d}x\leqslant 1;$$

(6) $f(x)=\dfrac{1}{3+\sin^3x}$,$x\in[0,\pi]$,因为 $0\leqslant\sin^3x\leqslant 1$,所以 $\dfrac{1}{4}\leqslant\dfrac{1}{3+\sin^3x}\leqslant\dfrac{1}{3}$,故

$$\int_0^\pi\dfrac{1}{4}\mathrm{d}x\leqslant\int_0^\pi\dfrac{1}{3+\sin^3x}\mathrm{d}x\leqslant\int_0^\pi\dfrac{1}{3}\mathrm{d}x,\quad 于是\quad \dfrac{\pi}{4}\leqslant\int_0^\pi\dfrac{1}{3+\sin^3x}\mathrm{d}x\leqslant\dfrac{\pi}{3}.$$

4. 证明: $\displaystyle\lim_{n\to\infty}\int_0^{\frac{1}{2}}\dfrac{x^n}{1+x}\mathrm{d}x=0$.

证明　由积分中值定理知,至少存在 $\xi_n\in\left[0,\dfrac{1}{2}\right]$,使得 $\displaystyle\int_0^{\frac{1}{2}}\dfrac{x^n}{1+x}\mathrm{d}x=\dfrac{\xi_n^n}{1+\xi_n}\cdot\dfrac{1}{2}$.因为 $0\leqslant\xi_n\leqslant\dfrac{1}{2}$,所以 $\displaystyle\lim_{n\to\infty}\xi_n^n=0$,而 $\left\{\dfrac{1}{1+\xi_n}\right\}$ 有界,于是 $\displaystyle\lim_{n\to\infty}\int_0^{\frac{1}{2}}\dfrac{x^n}{1+x}\mathrm{d}x=0$.

5. 设函数 $f(x)$ 在 $[0,1]$ 上连续,在 $(0,1)$ 内可导,且 $k\displaystyle\int_{1-\frac{1}{k}}^1 f(x)\mathrm{d}x=f(0)$,$k>1$.证明:存在 $\xi\in(0,1)$,使 $f'(\xi)=0$.

证明　由积分中值定理可知,存在 $\eta\in\left[1-\dfrac{1}{k},1\right]$,使得 $f(0)=k\displaystyle\int_{1-\frac{1}{k}}^1 f(x)\mathrm{d}x=k\cdot\dfrac{1}{k}f(\eta)=f(\eta)$.再由罗尔定理可知,存在 $\xi\in(0,\eta)\subset(0,1)$,使即 $f'(\xi)=0$.

6. 设 $f(x)$ 在 $[a,b]$ 上连续,证明:

(1) 若在 $[a,b]$ 上,$f(x)\geqslant 0$,且 $\displaystyle\int_a^b f(x)\mathrm{d}x=0$,则在 $[a,b]$ 上 $f(x)\equiv 0$;

(2) 若在 $[a,b]$ 上,$f(x)\geqslant 0$,且 $f(x)$ 不恒等于零,则 $\displaystyle\int_a^b f(x)\mathrm{d}x>0$.

证明　(1) 反证法.假设在 (a,b) 内有一点 x_0,使得 $f(x_0)>0$,由 $f(x)$ 在 $[a,b]$ 上连续可知,必有 x_0 的 δ 邻域 $(x_0-\delta,x_0+\delta)$ 使 $f(x)>0$,则

$$\int_a^b f(x)\mathrm{d}x=\int_a^{x_0-\delta}f(x)\mathrm{d}x+\int_{x_0-\delta}^{x_0+\delta}f(x)\mathrm{d}x+\int_{x_0+\delta}^b f(x)\mathrm{d}x>\int_{x_0-\delta}^{x_0+\delta}f(x)\mathrm{d}x>0.$$

这与已知 $\int_a^b f(x)\mathrm{d}x = 0$ 矛盾. 对 $x_0 = a$ 和 $x_0 = b$ 同理可证,故在 $[a,b]$ 上 $f(x) \equiv 0$.

(2) 因为 $f(x) \geqslant 0$,所以 $\int_a^b f(x)\mathrm{d}x \geqslant 0$. 假设 $\int_a^b f(x)\mathrm{d}x = 0$,则由(1)结论可得在 $[a,b]$ 上,$f(x) \equiv 0$,这与 $f(x)$ 不恒等于零矛盾,故 $\int_a^b f(x)\mathrm{d}x > 0$.

7. 若 $f(x)$ 在 $[2,6]$ 上连续,且 $f(x)$ 在 $[2,6]$ 上的平均值为 4,求 $\int_2^6 f(x)\mathrm{d}x$.

解 因为 $\dfrac{\int_2^6 f(x)\mathrm{d}x}{4} = 4$,所以 $\int_2^6 f(x)\mathrm{d}x = 16$.

提高题

1. 设函数 $f(x)$ 在 $[0,3]$ 上连续,在 $(0,3)$ 内存在二阶导数,且 $2f(0) = \int_0^2 f(x)\mathrm{d}x = f(2) + f(3)$.
证明:(1) 存在 $\eta \in (0,2)$ 使 $f(\eta) = f(0)$;(2) 存在 $\xi \in (0,3)$,使 $f''(\xi) = 0$.

【分析】 需要证明的结论与导数有关,自然联想到用微分中值定理.

证明 (1) 令 $F(x) = \int_0^x f(t)\mathrm{d}t$. 因 $f(x)$ 在闭区间 $[0,2]$ 上连续,所以 $F(x)$ 在闭区间 $[0,2]$ 上连续,在开区间 $(0,2)$ 内可导,由拉格朗日中值定理得,至少存在一点 $\eta \in (0,2)$,使得 $F(2) - F(0) = F'(\eta)(2-0)$,即 $\int_0^2 f(x)\mathrm{d}x = 2f(\eta)$. 又 $2f(0) = \int_0^2 f(x)\mathrm{d}x$,所以 $f(\eta) = f(0)$. 命题(1)得证.

(2) 因为 $2f(0) = f(2) + f(3)$,则 $f(0) = \dfrac{f(2) + f(3)}{2}$. 又函数 $f(x)$ 在闭区间 $[0,3]$ 上连续,从而 $f(0) = \dfrac{f(2) + f(3)}{2}$ 介于 $f(x)$ 在 $[2,3]$ 上的最大值与最小值之间,由介值定理知,至少存在一点 $\gamma \in [2,3]$,使得 $f(\gamma) = f(0)$.

因此 $f(x)$ 在区间 $[0,\eta]$,$[0,\gamma]$ 上都满足罗尔中值定理条件,于是至少存在点 $\xi_1 \in (0,\eta)$,$\xi_2 \in (\eta,\gamma)$,使得 $f'(\xi_1) = f'(\xi_2) = 0$.

由 $f(x)$ 在闭区间 $[0,3]$ 上连续,在开区间 $(0,3)$ 内存在二阶导数,知 $f'(x)$ 在 $[\xi_1,\xi_2]$ 上连续,在 (ξ_1,ξ_2) 可导,用罗尔中值定理,至少存在一点 $\xi \in (\xi_1,\xi_2) \subset (0,3)$,使得 $f''(\xi) = 0$.

习题 5.3

1. 求下列函数的导数:

(1) $\int_0^x \sin\mathrm{e}^t \mathrm{d}t$;   (2) $\int_0^{x^2} \mathrm{e}^{-t^2}\mathrm{d}t$;   (3) $\int_{\sin x}^{\cos x} \cos(\pi t^2)\mathrm{d}t$;   (4) $\int_0^x xf(t)\mathrm{d}t$.

解 (1) $\dfrac{\mathrm{d}}{\mathrm{d}x}\left(\int_0^x \sin\mathrm{e}^t \mathrm{d}t\right) = \sin\mathrm{e}^x$.

(2) $\dfrac{\mathrm{d}}{\mathrm{d}x}\left(\int_0^{x^2} \mathrm{e}^{-t^2}\mathrm{d}t\right) = \mathrm{e}^{-x^4}(x^2)' = 2x\mathrm{e}^{-x^4}$.

(3) $\dfrac{\mathrm{d}}{\mathrm{d}x}\left(\int_{\sin x}^{\cos x} \cos(\pi t^2)\mathrm{d}t\right) = \cos(\pi \cos^2 x)(\cos x)' - \cos(\pi \sin^2 x)(\sin x)'$

$\qquad\qquad = \cos(\pi \cos^2 x)(-\sin x) - \cos(\pi \sin^2 x)(\cos x)$

$\qquad\qquad = \cos[\pi(1 - \sin^2 x)](-\sin x) - \cos(\pi \sin^2 x)(\cos x)$

$\qquad\qquad = \cos(\pi \sin^2 x)\sin x - \cos(\pi \sin^2 x)(\cos x) = \cos(\pi \sin^2 x)(\sin x - \cos x)$.

(4) 因为 $\int_0^x xf(t)\mathrm{d}t = x\int_0^x f(t)\mathrm{d}t$,所以 $\left(\int_0^x xf(t)\mathrm{d}t\right)' = xf(x) + \int_0^x f(t)\mathrm{d}t$.

2. 求由 $\int_0^y \mathrm{e}^t\mathrm{d}t + \int_0^x \cos t\mathrm{d}t = 0$ 所决定的隐函数对 x 的导数 $\dfrac{\mathrm{d}y}{\mathrm{d}x}$.

解 在方程两边同时对 x 求导得 $\dfrac{\mathrm{d}}{\mathrm{d}x}\left(\displaystyle\int_0^y \mathrm{e}^t\mathrm{d}t\right)+\dfrac{\mathrm{d}}{\mathrm{d}x}\left(\displaystyle\int_0^x \cos t\mathrm{d}t\right)=0$, 于是 $\mathrm{e}^y\dfrac{\mathrm{d}y}{\mathrm{d}x}+\cos x=0$, 即

$\dfrac{\mathrm{d}y}{\mathrm{d}x}=-\dfrac{\cos x}{\mathrm{e}^y}$. 而由 $\displaystyle\int_0^y \mathrm{e}^t\mathrm{d}t+\displaystyle\int_0^x \cos t\mathrm{d}t=0$ 得, $\mathrm{e}^y-1+\sin x=0$, 即 $\mathrm{e}^y=1-\sin x$, 于是 $\dfrac{\mathrm{d}y}{\mathrm{d}x}=-\dfrac{\cos x}{1-\sin x}$.

3. 求由参数表达式 $x=\displaystyle\int_0^t \sin u\mathrm{d}u, y=\displaystyle\int_0^t \cos u\mathrm{d}u$ 所给定的函数 y 对 x 的导数.

解 $\dfrac{\mathrm{d}y}{\mathrm{d}x}=\dfrac{\dfrac{\mathrm{d}y}{\mathrm{d}t}}{\dfrac{\mathrm{d}x}{\mathrm{d}t}}=\dfrac{\dfrac{\mathrm{d}\left(\displaystyle\int_0^t \cos u\mathrm{d}u\right)}{\mathrm{d}t}}{\dfrac{\mathrm{d}\left(\displaystyle\int_0^t \sin u\mathrm{d}u\right)}{\mathrm{d}t}}=\dfrac{\cos t}{\sin t}=\cot t.$

4. 求下列极限:

(1) $\displaystyle\lim_{x\to 0}\dfrac{\displaystyle\int_0^x \arctan t\mathrm{d}t}{x^2}$;   (2) $\displaystyle\lim_{x\to 0}\dfrac{\displaystyle\int_{\cos x}^1 \mathrm{e}^{-t^2}\mathrm{d}t}{x^2}$;   (3) $\displaystyle\lim_{x\to 0}\dfrac{\displaystyle\int_0^{\sin x}\sin t\mathrm{d}t}{x^2}$;   (4) $\displaystyle\lim_{x\to +\infty}\dfrac{\displaystyle\int_0^x (\arctan t)^2\mathrm{d}t}{\sqrt{1+x^2}}$.

解 (1) $\displaystyle\lim_{x\to 0}\dfrac{\displaystyle\int_0^x \arctan t\mathrm{d}t}{x^2}=\lim_{x\to 0}\dfrac{\arctan x}{2x}=\dfrac{1}{2}$.

(2) $\displaystyle\lim_{x\to 0}\dfrac{\displaystyle\int_{\cos x}^1 \mathrm{e}^{-t^2}\mathrm{d}t}{x^2}=\lim_{x\to 0}\dfrac{\sin x\cdot \mathrm{e}^{-\cos^2 x}}{2x}=\dfrac{1}{2\mathrm{e}}$.

(3) $\displaystyle\lim_{x\to 0}\dfrac{\displaystyle\int_0^{\sin x}\sin t\mathrm{d}t}{x^2}=\lim_{x\to 0}\dfrac{\sin\sin x\cdot \cos x}{2x}=\lim_{x\to 0}\dfrac{x\cos x}{2x}=\dfrac{1}{2}$.

(4) $\displaystyle\lim_{x\to +\infty}\dfrac{\displaystyle\int_0^x (\arctan t)^2\mathrm{d}t}{\sqrt{1+x^2}}=\lim_{x\to +\infty}\dfrac{(\arctan x)^2}{\dfrac{2x}{2\sqrt{1+x^2}}}=\dfrac{\pi^2}{4}$.

5. 求下列函数的定积分:

(1) $\displaystyle\int_{-1}^8\left(\sqrt[3]{x}+\dfrac{1}{x^2}\right)\mathrm{d}x$;   (2) $\displaystyle\int_{\frac{1}{\sqrt{3}}}^{\sqrt{3}}\dfrac{1}{1+x^2}\mathrm{d}x$;   (3) $\displaystyle\int_{-\frac{1}{2}}^{\frac{1}{2}}\dfrac{\mathrm{d}x}{\sqrt{1-x^2}}$;

(4) $\displaystyle\int_0^1 |2x-1|\mathrm{d}x$;   (5) $\displaystyle\int_0^{2\pi}|\sin x|\mathrm{d}x$;   (6) $\displaystyle\int_0^{\frac{\pi}{4}}\tan^2 x\mathrm{d}x$.

解 (1) $\displaystyle\int_{-1}^8\left(\sqrt[3]{x}+\dfrac{1}{x^2}\right)\mathrm{d}x=\left.\left(\dfrac{3}{4}x^{\frac{4}{3}}-\dfrac{1}{x}\right)\right|_{-1}^8=\dfrac{81}{8}$.

(2) $\displaystyle\int_{\frac{1}{\sqrt{3}}}^{\sqrt{3}}\dfrac{1}{1+x^2}\mathrm{d}x=\left.\arctan x\right|_{\frac{1}{\sqrt{3}}}^{\sqrt{3}}=\arctan\sqrt{3}-\arctan\dfrac{1}{\sqrt{3}}=\dfrac{\pi}{3}-\dfrac{\pi}{6}=\dfrac{\pi}{6}$.

(3) $\displaystyle\int_{-\frac{1}{2}}^{\frac{1}{2}}\dfrac{\mathrm{d}x}{\sqrt{1-x^2}}=\left.\arcsin x\right|_{-\frac{1}{2}}^{\frac{1}{2}}=\arcsin\dfrac{1}{2}-\arcsin\left(-\dfrac{1}{2}\right)=\dfrac{\pi}{6}+\dfrac{\pi}{6}=\dfrac{\pi}{3}$.

(4) 因为 $|2x-1|=\begin{cases}1-2x, & x\leqslant\dfrac{1}{2},\\[2mm]2x-1, & x>\dfrac{1}{2},\end{cases}$ 所以

$\displaystyle\int_0^1 |2x-1|\mathrm{d}x=\int_0^{1/2}(1-2x)\mathrm{d}x+\int_{1/2}^1(2x-1)\mathrm{d}x=\left.(x-x^2)\right|_0^{1/2}+\left.(x^2-x)\right|_{1/2}^0=\dfrac{1}{2}$.

(5) $\displaystyle\int_0^{2\pi}|\sin x|\mathrm{d}x=\int_0^{\pi}\sin x\mathrm{d}x+\int_{\pi}^{2\pi}(-\sin x)\mathrm{d}x=\left.(-\cos x)\right|_0^{\pi}+\left.\cos x\right|_{\pi}^{2\pi}=4$.

(6) $\displaystyle\int_0^{\frac{\pi}{4}}\tan^2 x\mathrm{d}x=\int_0^{\frac{\pi}{4}}(\sec^2 x-1)\mathrm{d}x=\left.\tan x\right|_0^{\frac{\pi}{4}}-\dfrac{\pi}{4}=1-\dfrac{\pi}{4}$.

6. 设 $f(x) = \begin{cases} x+1, & x \leqslant 1, \\ \dfrac{1}{2}x^2, & x > 1, \end{cases}$ 求 $\displaystyle\int_0^2 f(x)\,\mathrm{d}x$.

解 $\displaystyle\int_0^2 f(x)\,\mathrm{d}x = \int_0^1 f(x)\,\mathrm{d}x + \int_1^2 f(x)\,\mathrm{d}x = \int_0^1 (x+1)\,\mathrm{d}x + \int_1^2 \frac{1}{2}x^2\,\mathrm{d}x$

$\qquad = \left(\dfrac{x^2}{2}+x\right)\Big|_0^1 + \dfrac{x^3}{6}\Big|_1^2 = \dfrac{3}{2}+\dfrac{8}{6}-\dfrac{1}{6} = \dfrac{16}{6} = \dfrac{8}{3}.$

7. 设 $f(x) = \begin{cases} x^2, & 0 \leqslant x \leqslant 1, \\ 2-x, & 1 < x \leqslant 2, \end{cases}$ 求 $\varPhi(x) = \displaystyle\int_0^x f(t)\,\mathrm{d}t (0 \leqslant x \leqslant 2).$

解 $\varPhi(x) = \begin{cases} \displaystyle\int_0^x t^2\,\mathrm{d}t, & 0 \leqslant x \leqslant 1 \\ \displaystyle\int_0^1 t^2\,\mathrm{d}t + \int_1^x (2-t)\,\mathrm{d}t, & 1 < x \leqslant 2 \end{cases} = \begin{cases} \dfrac{x^3}{3}, & 0 \leqslant x \leqslant 1, \\ -\dfrac{x^2}{2}+2x-\dfrac{7}{6}, & 1 < x \leqslant 2. \end{cases}$

8. 设 $f(x)$ 连续,且 $f(x) = x + 2\displaystyle\int_0^1 f(t)\,\mathrm{d}t$,求 $f(x)$.

解 对 $f(x) = x + 2\displaystyle\int_0^1 f(t)\,\mathrm{d}t$ 两边积分,得

$$\int_0^1 f(x)\,\mathrm{d}x = \int_0^1 x\,\mathrm{d}x + 2\int_0^1 f(t)\,\mathrm{d}t\int_0^1 1\,\mathrm{d}x,$$

于是 $\displaystyle\int_0^1 f(x)\,\mathrm{d}x = -\int_0^1 x\,\mathrm{d}x = -\dfrac{1}{2}$,即 $f(x) = x-1$.

9. 设 $f(x) = \begin{cases} x+1, & x < 0, \\ x, & x \geqslant 0, \end{cases}$ $F(x) = \displaystyle\int_{-1}^x f(t)\,\mathrm{d}t$,讨论 $F(x)$ 在 $x = 0$ 处的连续性与可导性.

解 $F(x) = \displaystyle\int_{-1}^x f(t)\,\mathrm{d}t = \begin{cases} \displaystyle\int_{-1}^x (t+1)\,\mathrm{d}t, & x < 0 \\ \displaystyle\int_{-1}^0 (t+1)\,\mathrm{d}t + \int_0^x t\,\mathrm{d}t, & x \geqslant 0 \end{cases} = \begin{cases} \dfrac{x^2}{2}+x+\dfrac{1}{2}, & x < 0, \\ \dfrac{x^2}{2}+\dfrac{1}{2}, & x \geqslant 0. \end{cases}$

因为 $\displaystyle\lim_{x\to 0^-} F(x) = \lim_{x\to 0^-}\left(\dfrac{x^2}{2}+x+\dfrac{1}{2}\right) = \dfrac{1}{2}$, $\displaystyle\lim_{x\to 0^+} F(x) = \lim_{x\to 0^+}\left(\dfrac{x^2}{2}+\dfrac{1}{2}\right) = \dfrac{1}{2}$, 所以 $\displaystyle\lim_{x\to 0^-} F(x) = \lim_{x\to 0^+} F(x) = F(0)$,即 $F(x)$ 在 $x = 0$ 处连续.

又因为 $\displaystyle\lim_{x\to 0^-} \dfrac{F(x)-F(0)}{x-0} = \lim_{x\to 0^-} \dfrac{\frac{x^2}{2}+x}{x} = 1$, $\displaystyle\lim_{x\to 0^+} \dfrac{F(x)-F(0)}{x-0} = \lim_{x\to 0^+} \dfrac{\frac{x^2}{2}}{x} = 0$,所以 $F(x)$ 在 $x = 0$ 处不可导.

10. 设 $f(x)$ 在 $[a,b]$ 上连续且 $f(x) > 0$, $F(x) = \displaystyle\int_a^x f(t)\,\mathrm{d}t + \int_b^x \dfrac{1}{f(t)}\,\mathrm{d}t$,证明:

(1) $F'(x) \geqslant 2$;   (2) 方程 $F(x) = 0$ 在 (a,b) 内有且只有一个根.

证明 (1) $F'(x) = f(x) + \dfrac{1}{f(x)} = \dfrac{f^2(x)+1}{f(x)} \geqslant \dfrac{2f(x)}{f(x)} = 2.$

(2) $F(a) = \displaystyle\int_a^a f(t)\,\mathrm{d}t + \int_b^a \dfrac{1}{f(t)}\,\mathrm{d}t = \int_b^a \dfrac{1}{f(t)}\,\mathrm{d}t < 0$, $F(b) = \displaystyle\int_a^b f(t)\,\mathrm{d}t + \int_b^b \dfrac{1}{f(t)}\,\mathrm{d}t = \int_a^b f(t)\,\mathrm{d}t > 0.$

由连续函数介值定理可知,在 (a,b) 内必有 ξ 使得 $F(\xi) = 0$. 又因为 $F'(x) > 0$,故 $F(x)$ 在 $[a,b]$ 上单调增加,从而方程 $F(x) = 0$ 在 (a,b) 内必有且仅有一根.

提高题

1. 已知两曲线 $y = f(x)$ 与 $y = \displaystyle\int_0^{\arctan x} \mathrm{e}^{-t^2}\,\mathrm{d}t$ 在点 $(0,0)$ 处的切线相同. 则 $\displaystyle\lim_{n\to\infty} \dfrac{n^2}{n+1}\cdot f\left(\dfrac{2}{n}\right) = $ _____.

解　$y'(x) = e^{-\arctan^2 x} \cdot \dfrac{1}{1+x^2}, y'(0) = f'(0) = e^0 \cdot 1 = 1, f(0) = y(0) = 0$, 故

$$\lim_{n \to \infty} \frac{n^2}{n+1} \cdot f\left(\frac{2}{n}\right) = \lim_{n \to \infty} n \cdot f\left(\frac{2}{n}\right) = \lim_{n \to \infty} \frac{f\left(\dfrac{2}{n}\right) - f(0)}{\dfrac{2}{n}} \cdot 2 = 2f'(0) = 2.$$

2. $\lim\limits_{x \to 0} \dfrac{\displaystyle\int_0^x (x-t)\sin t^2 \, dt}{x^2\left(1 - \sqrt{1-x^2}\right)} = \underline{\qquad}$.

解　原式 $= \lim\limits_{x \to 0} \dfrac{x\displaystyle\int_0^x \sin t^2 \, dt - \displaystyle\int_0^x t\sin t^2 \, dt}{x^2 \cdot \dfrac{x^2}{2}} = \lim\limits_{x \to 0} \dfrac{\displaystyle\int_0^x \sin t^2 \, dt + x\sin x^2 - x\sin x^2}{2x^3} = \lim\limits_{x \to 0} \dfrac{\sin x^2}{6x^2} = \dfrac{1}{6}.$

3. 已知函数 $f(x)$ 在 $(-\infty, +\infty)$ 上连续, 且 $f(x) = (x+1)^2 + 2\displaystyle\int_0^x f(t) \, dt$, 则当 $n \geqslant 2$ 时, $f^{(n)}(0) = $

$\underline{\qquad}$.

解　由 $f(x) = (x+1)^2 + 2\displaystyle\int_0^x f(t) \, dt$, 得 $f(0) = 1$, 且 $f'(x) = 2(x+1) + 2f(x)$, 故 $f'(0) = 4$,

$f''(x) = 2 + 2f'(x)$,　$f''(0) = 10$,　$f'''(x) = 2f''(x)$,　$f'''(0) = 2 \times 10$,

$f^{(4)}(x) = 2f'''(x)$,　$f^{(4)}(0) = 2^2 \times 10, \cdots, f^{(n)}(x) = 2f^{(n-1)}(x)$,　$f^{(n)}(0) = 2^{n-2} \times 10 (n \geqslant 2)$.

从而 $f^{(n)}(0) = 5 \times 2^{n-1} (n \geqslant 2)$, 故应填 $5 \times 2^{n-1} (n \geqslant 2)$.

4. 设函数 $f(x)$ 在 $[0,1]$ 上可积, 且满足关系式 $f(x) = \dfrac{1}{1+x^2} + x^3\displaystyle\int_0^1 f(x) \, dx$, $f(x)$ 的表达式为

$f(x) = \underline{\qquad}$.

解　两边取积分得

$$\int_0^1 f(x) \, dx = \int_0^1 \frac{1}{1+x^2} \, dx + \int_0^1 f(x) \, dx \cdot \int_0^1 x^3 \, dx = \arctan x \Big|_0^1 + \int_0^1 f(x) \, dx \cdot \frac{x^4}{4} \Big|_0^1 = \frac{\pi}{4} + \frac{1}{4}\int_0^1 f(x) \, dx,$$

即 $\dfrac{3}{4}\displaystyle\int_0^1 f(x) \, dx = \dfrac{\pi}{4}$, 故 $\displaystyle\int_0^1 f(x) \, dx = \dfrac{\pi}{3}$. 于是 $f(x) = \dfrac{1}{1+x^2} + \dfrac{\pi}{3}x^3$, 即应填 $f(x) + \dfrac{\pi}{3}x^3$.

5. 设 $\alpha(x) = \displaystyle\int_0^x (e^{t^2} - 1) \, dt, \beta(x) = \sqrt{1+\tan x} - \sqrt{1+\sin x}$, 当 $x \to 0$ 时, $\alpha(x)$ 是 $\beta(x)$ 的 $\underline{\qquad}$ 阶

无穷小.

解　$\lim\limits_{x \to 0} \dfrac{\alpha(x)}{\beta(x)} = \lim\limits_{x \to 0} \dfrac{\displaystyle\int_0^x (e^{t^2} - 1) \, dt}{\sqrt{1+\tan x} - \sqrt{1+\sin x}} = \lim\limits_{x \to 0} \dfrac{\displaystyle\int_0^x (e^{t^2} - 1) \, dt}{\tan x - \sin x} \cdot \left(\sqrt{1+\tan x} + \sqrt{1+\sin x}\right)$

$= \lim\limits_{x \to 0} \dfrac{\displaystyle\int_0^x (e^{t^2} - 1) \, dt}{\sin x\left(\dfrac{1}{\cos x} - 1\right)} \cdot 2 = 2\lim\limits_{x \to 0} \dfrac{\displaystyle\int_0^x (e^{t^2} - 1) \, dt \cdot \cos x}{\sin x \cdot \dfrac{1}{2}x^2} = 4\lim\limits_{x \to 0} \dfrac{\displaystyle\int_0^x (e^{t^2} - 1) \, dt}{x^3}$

$= 4\lim\limits_{x \to 0} \dfrac{e^{x^2} - 1}{3x^2} = 4\lim\limits_{x \to 0} \dfrac{x^2}{3x^2} = \dfrac{4}{3}.$

故 $\alpha(x)$ 是 $\beta(x)$ 的同阶无穷小, 应填"同".

6. 把 $x \to 0^+$ 时的无穷小量 $\alpha = \displaystyle\int_0^x \cos t^2 \, dt, \beta = \displaystyle\int_0^{x^2} \tan\sqrt{t} \, dt, \gamma = \displaystyle\int_0^{\sqrt{x}} \sin t^3 \, dt$ 排队, 使排在后面的是前一个

的高阶无穷小, 则正确的排列次序是(　　).

A. α, β, γ　　　　　　B. α, γ, β　　　　　　C. β, α, γ　　　　　　D. β, γ, α

解　$\lim\limits_{x \to 0^+} \dfrac{\alpha}{\beta} = \lim\limits_{x \to 0^+} \dfrac{\displaystyle\int_0^x \cos t^2 \, dt}{\displaystyle\int_0^{x^2} \tan\sqrt{t} \, dt} = \lim\limits_{x \to 0^+} \dfrac{\cos x^2}{2x \cdot \tan\sqrt{x}} = \infty$, 即 β 是 α 的高阶无穷大, 排除 C, D.

$$\lim_{x \to 0^+} \frac{\beta}{\gamma} = \lim_{x \to 0^+} \frac{\int_0^{x^2} \tan\sqrt{t}\,dt}{\int_0^{\sqrt{x}} \sin t^3\,dt} = \lim_{x \to 0^+} \frac{\tan x \cdot 2x}{\sin x^{\frac{3}{2}} \cdot \frac{1}{2\sqrt{x}}} = \lim_{x \to 0^+} \frac{4x^{\frac{5}{2}}}{x^{\frac{3}{2}}} = 0,$$

即 β 是 γ 的高阶无穷小，故应选 B.

7. （如图 5-9 所示）连续函数 $y = f(x)$ 在区间 $[-3, -2]$，

$[2, 3]$ 上的图形分别是直径为 1 的上、下半圆周，在区间 $[-2, 0]$，

$[0, 2]$ 上的图形分别是直径为 2 的上、下半圆周，设 $F(x) =$

$\int_0^x f(x)\,dt$. 则下列结论正确的是（ ）.

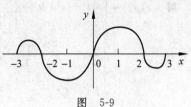

图 5-9

  A. $F(3) = -\dfrac{3}{4}F(-2)$ 　　 B. $F(3) = \dfrac{5}{4}F(2)$

  C. $F(3) = \dfrac{3}{4}F(2)$ 　　 D. $F(3) = -\dfrac{5}{4}F(-2)$

解　$F(3) = \int_0^3 f(t)\,dt = \int_0^2 f(t)\,dt + \int_2^3 f(t)\,dt = \dfrac{\pi}{2} - \dfrac{1}{2}\pi\left(\dfrac{1}{2}\right)^2 = \dfrac{3}{8}\pi,$

$F(-2) = \int_0^{-2} f(t)\,dt = -\int_{-2}^0 f(t)\,dt = -\left(-\dfrac{1}{2}\pi\right) = \dfrac{\pi}{2}, \ -\dfrac{3}{4}F(-2) = -\dfrac{3}{8}\pi,$

A,D 错.

$$\frac{3}{4}F(2) = \frac{3}{4} \times \frac{1}{2}\pi = \frac{3}{8}\pi = F(3).$$

故应选 C.

8. 设 $f(x) = \begin{cases} \dfrac{2\sin^2 ax + 4x^2}{e^{x^2} - 1}, & x < 0, \\[2mm] 6, & x = 0, \\[2mm] \dfrac{6\int_0^x \sin at^2\,dt}{x - \tan x}, & x > 0. \end{cases}$

(1) a 取何值时，$f(x)$ 在 $x = 0$ 处连续；

(2) a 取何值时，$x = 0$ 是 $f(x)$ 的可去间断点.

解　$\lim_{x \to 0^-} f(x) = \lim_{x \to 0^-} \dfrac{2\sin^2 ax + 4x^2}{e^{x^2} - 1} = \lim_{x \to 0^-} \dfrac{2\sin^2 ax + 4x^2}{x^2} = 2a^2 + 4,$

$\lim_{x \to 0^+} f(x) = \lim_{x \to 0^+} \dfrac{6\int_0^x \sin at^2\,dt}{x - \tan x} = \lim_{x \to 0^+} \dfrac{6\sin ax^2}{1 - \sec^2 x} = \lim_{x \to 0^+} \dfrac{6ax^2}{-x^2} = -6a.$

令 $2a^2 + 4 = -6a$，得 $a = -1, a = -2$.

当 $a = -1$ 时，$\lim\limits_{x \to 0^+} f(x) = \lim\limits_{x \to 0^-} f(x) = f(0) = 6$，故 $f(x)$ 在 $x = 0$ 点连续；当 $a = -2$ 时，$\lim\limits_{x \to 0^+} f(x) = \lim\limits_{x \to 0^-} f(x) \neq f(0)$，故 $x = 0$ 是 $f(x)$ 的可去间断点.

9. 设可导函数 $y = y(x)$ 由方程 $\int_0^{x+y} e^{-t^2}\,dt = \int_0^x x\sin t^2\,dt$ 确定，则 $\dfrac{dy}{dx}\Big|_{x=0} = $ _____.

解　由题设可得 $e^{-(x+y)}\left(1 + \dfrac{dy}{dx}\right) = \int_0^x \sin t^2\,dt + x\sin x^2.$

当 $x = 0$ 时，由题设可得 $\int_0^y e^{-t^2}\,dt = 0$，而 $e^{-t^2} > 0\,(t > 0)$，故得 $y = 0$，取 $x = 0, y = 0$ 代入上式得

$$1 + \frac{dy}{dx}\Big|_{x=0} = 0, \quad 故 \quad \frac{dy}{dx}\Big|_{x=0} = -1.$$

故应填 -1.

10. 设函数 $f(x) = \int_0^1 |t^2 - x^2| \, dt \, (x > 0)$，求 $f'(x)$ 并求 $f(x)$ 的最小值.

解　$f(x) = \int_0^1 |t^2 - x^2| \, dt = \begin{cases} \int_0^x (x^2 - t^2) \, dt + \int_x^1 (t^2 - x^2) \, dt, & 0 < x < 1 \\ \int_0^1 (x^2 - t^2) \, dt, & x \geqslant 1 \end{cases}$

$$= \begin{cases} \dfrac{4}{3}x^3 - x^2 + \dfrac{1}{3}, & 0 < x < 1, \\ x^2 - \dfrac{1}{3}, & x \geqslant 1, \end{cases}$$

故 $f'(x) = \begin{cases} 4x^2 - 2x, & 0 < x < 1, \\ 2x, & x \geqslant 1. \end{cases}$

令 $f'(x) = 0$ 得 $x = \dfrac{1}{2}$，且 $f''\left(\dfrac{1}{2}\right) > 0$，所以 $f(x)$ 在 $x = \dfrac{1}{2}$ 处取得最小值 $f\left(\dfrac{1}{2}\right) = \dfrac{1}{4}$.

11. 设函数 $f(x) = \int_0^1 t|t - x| \, dt$，求 $f(x)$ 在 $[0,1]$ 上的最大值与最小值.

解　$f(x) = \int_0^1 t|t - x| \, dt = \int_0^x t(x - t) \, dt + \int_x^1 t(t - x) \, dt = \dfrac{x^3}{3} - \dfrac{x}{2} + \dfrac{1}{3}, f'(x) = x^2 - \dfrac{1}{2}$.

令 $f'(x) = 0$，得 $x = \dfrac{1}{\sqrt{2}}$. 而 $f(0) = \dfrac{1}{3}$，$f\left(\dfrac{1}{\sqrt{2}}\right) = \dfrac{2 - \sqrt{2}}{6}$，$f(1) = \dfrac{1}{6}$，则最小值为 $f\left(\dfrac{1}{\sqrt{2}}\right) = \dfrac{2 - \sqrt{2}}{6}$，最大值为 $f(0) = \dfrac{1}{3}$.

习题 5.4

1. 计算下列定积分：

(1) $\displaystyle\int_0^{\sqrt{2}} \sqrt{2 - x^2} \, dx$；　　　　(2) $\displaystyle\int_0^1 x^2 \sqrt{1 - x^2} \, dx$；　　　　(3) $\displaystyle\int_1^{\sqrt{3}} \dfrac{dx}{x^2 \sqrt{1 + x^2}}$；　　　　(4) $\displaystyle\int_{-1}^1 \dfrac{x \, dx}{\sqrt{5 - 4x}}$；

(5) $\displaystyle\int_0^4 \dfrac{x + 2}{\sqrt{2x + 1}} \, dx$；　　(6) $\displaystyle\int_0^\pi \cos^4 x \sin x \, dx$；　　(7) $\displaystyle\int_0^1 t e^{-t^2} \, dt$；　　(8) $\displaystyle\int_1^e \dfrac{1 + \ln x}{x} \, dx$；

(9) $\displaystyle\int_0^\pi \sqrt{\sin^2 x - \sin^4 x} \, dx$；　(10) $\displaystyle\int_0^1 \dfrac{dx}{e^x + e^{-x}}$.

解　(1) 设 $x = \sqrt{2}\sin t$，则 $dx = \sqrt{2}\cos t \, dt$. 当 $x = 0$ 时，$t = 0$；当 $x = \sqrt{2}$ 时，$t = \dfrac{\pi}{2}$. 于是

$$\int_0^{\sqrt{2}} \sqrt{2 - x^2} \, dx = \int_0^{\frac{\pi}{2}} \sqrt{2 - 2\sin^2 t} \cdot \sqrt{2}\cos t \, dt = 2\int_0^{\frac{\pi}{2}} \cos^2 t \, dt = \int_0^{\frac{\pi}{2}} (1 + \cos 2t) \, dt = \dfrac{\pi}{2} + \dfrac{\sin 2t}{2}\Big|_0^{\frac{\pi}{2}} = \dfrac{\pi}{2}.$$

(2) 设 $x = \sin t$，则 $dx = \cos t \, dt$，当 $x = 0$ 时，$t = 0$；当 $x = 1$ 时，$t = \dfrac{\pi}{2}$. 于是

$$\int_0^1 x^2 \sqrt{1 - x^2} \, dx = \int_0^{\frac{\pi}{2}} \sin^2 t \cos^2 t \, dt = \dfrac{1}{4}\int_0^{\frac{\pi}{2}} \sin^2 2t \, dt = \dfrac{1}{4}\int_0^{\frac{\pi}{2}} \dfrac{1 - \cos 4t}{2} \, dt = \dfrac{1}{8}\left(\dfrac{\pi}{2} - \dfrac{\sin 4t}{4}\Big|_0^{\frac{\pi}{2}}\right) = \dfrac{\pi}{16}.$$

(3) 设 $x = \tan t$，则 $dx = \sec^2 t \, dt$，当 $x = 1$ 时，$t = \dfrac{\pi}{4}$；当 $x = \sqrt{3}$ 时，$t = \dfrac{\pi}{3}$. 于是

$$\int_1^{\sqrt{3}} \dfrac{dx}{x^2 \sqrt{1 + x^2}} = \int_{\frac{\pi}{4}}^{\frac{\pi}{3}} \dfrac{\sec^2 t}{\tan^2 t \sec t} \, dt = \int_{\frac{\pi}{4}}^{\frac{\pi}{3}} \dfrac{\sec t}{\tan^2 t} \, dt = \int_{\frac{\pi}{4}}^{\frac{\pi}{3}} \dfrac{\cos t}{\sin^2 t} \, dt = \int_{\frac{\pi}{4}}^{\frac{\pi}{3}} \dfrac{d\sin t}{\sin^2 t} = -\dfrac{1}{\sin t}\Big|_{\frac{\pi}{4}}^{\frac{\pi}{3}} = \sqrt{2} - \dfrac{2}{3}\sqrt{3}.$$

(4) 设 $t = \sqrt{5 - 4x}$，则 $x = \dfrac{5 - t^2}{4}$，$dx = -\dfrac{t}{2} \, dt$，当 $x = -1$ 时，$t = 3$；当 $x = 1$ 时，$t = 1$. 于是

$$\int_{-1}^1 \dfrac{x \, dx}{\sqrt{5 - 4x}} = \int_3^1 \dfrac{5 - t^2}{4t}\left(-\dfrac{t}{2}\right) \, dt = -\dfrac{1}{8}\int_3^1 (5 - t^2) \, dt = \dfrac{1}{8}\left(10 - \dfrac{t^3}{3}\Big|_1^3\right) = \dfrac{1}{8}\left(10 - \dfrac{26}{3}\right) = \dfrac{1}{6}.$$

(5) 令 $t = \sqrt{2x+1}$，则 $x = \dfrac{t^2-1}{2}$，$\mathrm{d}x = t\mathrm{d}t$，当 $x = 0$ 时，$t = 1$；当 $x = 4$ 时，$t = 3$. 从而

$$\int_0^4 \frac{x+2}{\sqrt{2x+1}}\mathrm{d}x = \int_1^3 \frac{\dfrac{t^2-1}{2}+2}{t}t\mathrm{d}t = \frac{1}{2}\int_1^3 (t^2+3)\mathrm{d}t = \frac{1}{2}\left(\frac{1}{3}t^3+3t\right)\Big|_1^3$$

$$= \frac{1}{2}\left[\left(\frac{27}{3}+9\right)-\left(\frac{1}{3}+3\right)\right] = \frac{22}{3}.$$

(6) $\displaystyle\int_0^\pi \cos^4 x \sin x\,\mathrm{d}x = -\int_0^\pi \cos^4 x\,\mathrm{d}\cos x = -\frac{1}{5}\cos^5 x\Big|_0^\pi = \frac{2}{5}.$

(7) $\displaystyle\int_0^1 t\mathrm{e}^{-t^2}\,\mathrm{d}t = -\frac{1}{2}\int_0^1 \mathrm{e}^{-t^2}\,\mathrm{d}(-t^2) = -\frac{1}{2}\mathrm{e}^{-t^2}\Big|_0^1 = \frac{1}{2}(1-\mathrm{e}^{-1}).$

(8) $\displaystyle\int_1^\mathrm{e} \frac{1+\ln x}{x}\mathrm{d}x = \int_1^\mathrm{e}(1+\ln x)\mathrm{d}\ln x = \left(\ln x + \frac{\ln^2 x}{2}\right)\Big|_1^\mathrm{e} = \frac{3}{2}.$

(9) 因为 $\sqrt{\sin^2 x - \sin^4 x} = |\cos x|\sin x$，所以

$$\int_0^\pi \sqrt{\sin^2 x - \sin^4 x}\,\mathrm{d}x = \int_0^\pi |\cos x|\sin x\,\mathrm{d}x = \int_0^{\frac{\pi}{2}}\cos x \sin x\,\mathrm{d}x - \int_{\frac{\pi}{2}}^\pi \cos x \sin x\,\mathrm{d}x$$

$$= \int_0^{\frac{\pi}{2}}\sin x\,\mathrm{d}\sin x - \int_{\frac{\pi}{2}}^\pi \sin x\,\mathrm{d}\sin x = \frac{1}{2}\sin^2 x\Big|_0^{\frac{\pi}{2}} - \frac{1}{2}\sin^2 x\Big|_{\frac{\pi}{2}}^\pi = 1.$$

(10) $\displaystyle\int_0^1 \frac{\mathrm{d}x}{\mathrm{e}^x + \mathrm{e}^{-x}} = \int_0^1 \frac{\mathrm{e}^x\mathrm{d}x}{1+\mathrm{e}^{2x}} = \int_0^1 \frac{\mathrm{d}(\mathrm{e}^x)}{1+\mathrm{e}^{2x}} = \arctan(\mathrm{e}^x)\Big|_0^1 = \arctan\mathrm{e} - \frac{\pi}{4}.$

2. 设 $f(x) = \begin{cases} x\mathrm{e}^{-x^2}, & x \geqslant 0, \\ \dfrac{1}{1+\cos x}, & -1 < x < 0, \end{cases}$ 求 $\displaystyle\int_1^4 f(x-2)\mathrm{d}x$.

解 设 $t = x - 2$，则 $\mathrm{d}t = \mathrm{d}x$，于是

$$\int_1^4 f(x-2)\mathrm{d}x = \int_{-1}^2 f(t)\mathrm{d}t = \int_{-1}^0 \frac{1}{1+\cos t}\mathrm{d}t + \int_0^2 t\mathrm{e}^{-t^2}\mathrm{d}t = \int_{-1}^0 \frac{1}{2\cos^2\dfrac{t}{2}}\mathrm{d}t + \left(-\frac{1}{2}\right)\int_0^2 \mathrm{e}^{-t^2}\mathrm{d}(-t^2)$$

$$= \int_{-1}^0 \frac{1}{\cos^2\dfrac{t}{2}}\mathrm{d}\left(\frac{t}{2}\right) - \frac{1}{2}\mathrm{e}^{-t^2}\Big|_0^2 = \tan\frac{t}{2}\Big|_{-1}^0 - \frac{1}{2}(\mathrm{e}^{-4}-1) = \tan\frac{1}{2} - \frac{1}{2}\mathrm{e}^{-4} + \frac{1}{2}.$$

3. 利用函数的奇偶性计算下列定积分：

(1) $\displaystyle\int_{-5}^5 \frac{x^3\sin^2 x}{x^4+2x^2+1}\mathrm{d}x$；

(2) $\displaystyle\int_{-\frac{1}{2}}^{\frac{1}{2}} \frac{(\arcsin x)^2}{\sqrt{1-x^2}}\mathrm{d}x$；

(3) $\displaystyle\int_{-1}^1 \frac{2x^2+x\cos x}{1+\sqrt{1-x^2}}\mathrm{d}x$；

(4) $\displaystyle\int_{-2}^2 \frac{x+|x|}{2+x^2}\mathrm{d}x$.

解 (1) 因为被积函数为奇函数，并且积分区间为对称区间，所以积分的值为 0.

(2) $\displaystyle\int_{-\frac{1}{2}}^{\frac{1}{2}} \frac{(\arcsin x)^2}{\sqrt{1-x^2}}\mathrm{d}x = 2\int_0^{\frac{1}{2}} (\arcsin x)^2\,\mathrm{d}\arcsin x = 2\cdot\frac{(\arcsin x)^3}{3}\Big|_0^{\frac{1}{2}} = \frac{2}{3}\left(\arcsin\frac{1}{2}\right)^3$

$$= \frac{2}{3}\cdot\left(\frac{\pi}{6}\right)^3 = \frac{\pi^3}{324}.$$

(3) $\displaystyle\int_{-1}^1 \frac{2x^2+x\cos x}{1+\sqrt{1-x^2}}\mathrm{d}x = \int_{-1}^1 \frac{2x^2}{1+\sqrt{1-x^2}}\mathrm{d}x + \int_{-1}^1 \frac{x\cos x}{1+\sqrt{1-x^2}}\mathrm{d}x = 4\int_0^1 \frac{x^2}{1+\sqrt{1-x^2}}\mathrm{d}x$

$$= 4\int_0^1 \frac{x^2(1-\sqrt{1-x^2})}{x^2}\mathrm{d}x = 4\int_0^1 (1-\sqrt{1-x^2})\mathrm{d}x$$

$$= 4\left(1-\frac{\pi}{4}\right) = 4-\pi.$$

(4) $\displaystyle\int_{-2}^{2}\frac{x+|x|}{2+x^2}\mathrm{d}x=\int_{-2}^{2}\frac{x}{2+x^2}\mathrm{d}x+\int_{-2}^{2}\frac{|x|}{2+x^2}\mathrm{d}x=0+2\int_{0}^{2}\frac{x}{2+x^2}\mathrm{d}x=\int_{0}^{2}\frac{\mathrm{d}(2+x^2)}{2+x^2}$

$$=\ln(2+x^2)\Big|_{0}^{2}=\ln6-\ln2=\ln3.$$

4. 计算下列定积分：

(1) $\displaystyle\int_{0}^{\frac{\pi}{2}}x^2\sin x\mathrm{d}x$　　　　(2) $\displaystyle\int_{1}^{e}x\ln x\mathrm{d}x$;　　　　(3) $\displaystyle\int_{0}^{1}x\arctan x\mathrm{d}x$;　　　　(4) $\displaystyle\int_{0}^{\frac{1}{2}}\arcsin x\mathrm{d}x$;

(5) $\displaystyle\int_{0}^{\frac{\pi}{4}}\frac{x\mathrm{d}x}{1+\cos2x}$;　　　(6) $\displaystyle\int_{\frac{1}{e}}^{e}|\ln t|\mathrm{d}t$;　　　(7) $\displaystyle\int_{1}^{e}\sin(\ln x)\mathrm{d}x$;　　　(8) $\displaystyle\int_{0}^{1}\frac{x\mathrm{e}^x}{(1+x)^2}\mathrm{d}x$.

解　(1) 由分部积分公式得

$$\int_{0}^{\frac{\pi}{2}}x^2\sin x\mathrm{d}x=\int_{0}^{\frac{\pi}{2}}x^2\mathrm{d}(-\cos x)=x^2(-\cos x)\Big|_{0}^{\frac{\pi}{2}}+\int_{0}^{\frac{\pi}{2}}\cos x\mathrm{d}(x^2)=2\int_{0}^{\frac{\pi}{2}}x\cos x\mathrm{d}x.$$

再用一次分部积分公式得

$$\int_{0}^{\frac{\pi}{2}}x\cos x\mathrm{d}x=\int_{0}^{\frac{\pi}{2}}x\mathrm{d}(\sin x)=x\sin x\Big|_{0}^{\frac{\pi}{2}}-\int_{0}^{\frac{\pi}{2}}\sin x\mathrm{d}x=\frac{\pi}{2}+\cos x\Big|_{0}^{\frac{\pi}{2}}=\frac{\pi}{2}-1.$$

从而 $\displaystyle\int_{0}^{\frac{\pi}{2}}x^2\sin x\mathrm{d}x=2\int_{0}^{\frac{\pi}{2}}x\cos x\mathrm{d}x=\pi-2.$

(2) $\displaystyle\int_{1}^{e}x\ln x\mathrm{d}x=\int_{1}^{e}\ln x\mathrm{d}\left(\frac{x^2}{2}\right)=\frac{x^2}{2}\ln x\Big|_{1}^{e}-\frac{1}{2}\int_{1}^{e}x^2\cdot\frac{1}{x}\mathrm{d}x=\frac{e^2}{2}-\frac{1}{2}\int_{1}^{e}x\mathrm{d}x=\frac{e^2}{2}-\frac{1}{2}\cdot\frac{x^2}{2}\Big|_{1}^{e}$

$$=\frac{e^2}{2}-\frac{e^2}{4}+\frac{1}{4}=\frac{e^2}{4}+\frac{1}{4}.$$

(3) 令 $u=\arcsin x,\mathrm{d}v=\mathrm{d}x$,则 $\mathrm{d}u=\dfrac{\mathrm{d}x}{\sqrt{1-x^2}},v=x$, 于是

$$\int_{0}^{\frac{1}{2}}\arcsin x\mathrm{d}x=(x\arcsin x)\Big|_{0}^{\frac{1}{2}}-\int_{0}^{\frac{1}{2}}\frac{x\mathrm{d}x}{\sqrt{1-x^2}}=\frac{1}{2}\cdot\frac{\pi}{6}+\frac{1}{2}\int_{0}^{\frac{1}{2}}\frac{1}{\sqrt{1-x^2}}\mathrm{d}(1-x^2)$$

$$=\frac{\pi}{12}+(\sqrt{1-x^2})\Big|_{0}^{\frac{1}{2}}=\frac{\pi}{12}+\frac{\sqrt{3}}{2}-1.$$

(4) $\displaystyle\int_{0}^{1}x\arctan x\mathrm{d}x=\int_{0}^{1}\arctan x\mathrm{d}\left(\frac{x^2}{2}\right)=\frac{x^2}{2}\arctan x\Big|_{0}^{1}-\frac{1}{2}\int_{0}^{1}\frac{x^2}{1+x^2}\mathrm{d}x$

$$=\frac{1}{2}\times\frac{\pi}{4}-\frac{1}{2}\int_{0}^{1}\left(1-\frac{1}{1+x^2}\right)\mathrm{d}x=\frac{\pi}{8}-\frac{1}{2}(1-\arctan x)\Big|_{0}^{1}$$

$$=\frac{\pi}{8}-\frac{1}{2}+\frac{1}{2}\times\frac{\pi}{4}=\frac{\pi}{4}-\frac{1}{2}.$$

(5) $\displaystyle\int_{0}^{\frac{\pi}{4}}\frac{x\mathrm{d}x}{1+\cos2x}=\int_{0}^{\frac{\pi}{4}}\frac{x\mathrm{d}x}{2\cos^2x}=\frac{1}{2}\int_{0}^{\frac{\pi}{4}}x\mathrm{d}\tan x=\frac{1}{2}\left(x\tan x\Big|_{0}^{\frac{\pi}{4}}-\int_{0}^{\frac{\pi}{4}}\tan x\mathrm{d}x\right)$

$$=\frac{1}{2}\times\frac{\pi}{4}+\frac{1}{2}\ln|\cos x|\Big|_{0}^{\frac{\pi}{4}}=\frac{\pi}{8}+\frac{1}{2}\ln\frac{1}{\sqrt{2}}-\ln1=\frac{\pi}{8}-\frac{\ln2}{4}.$$

(6) $\displaystyle\int_{\frac{1}{e}}^{e}|\ln t|\mathrm{d}t=-\int_{\frac{1}{e}}^{1}\ln t\mathrm{d}t+\int_{1}^{e}\ln t\mathrm{d}t=-(t\ln t-t)\Big|_{\frac{1}{e}}^{1}+(t\ln t-t)\Big|_{1}^{e}=2-2\mathrm{e}^{-1}.$

(7) $\displaystyle\int_{1}^{e}\sin(\ln x)\mathrm{d}x=x\sin(\ln x)\Big|_{1}^{e}-\int_{1}^{e}x\cos(\ln x)\frac{\mathrm{d}x}{x}=x\sin(\ln x)\Big|_{1}^{e}-\int_{1}^{e}\cos(\ln x)\mathrm{d}x$

$$=\mathrm{e}\sin1-x\cos(\ln x)\Big|_{1}^{e}-\int_{1}^{e}\sin(\ln x)\mathrm{d}x=\mathrm{e}\sin1-\mathrm{e}\cos1+1-\int_{1}^{e}\sin(\ln x)\mathrm{d}x,$$

故 $\displaystyle\int_{1}^{e}\sin(\ln x)\mathrm{d}x=\frac{1}{2}(\mathrm{e}\sin1-\mathrm{e}\cos1+1)$.

(8) $\int_0^1 \dfrac{xe^x}{(1+x)^2}dx = \int_0^1 e^x\dfrac{1+x-1}{(1+x)^2}dx = \int_0^1 \dfrac{e^x}{1+x}dx - \int_0^1 \dfrac{e^x}{(1+x)^2}dx = \int_0^1 \dfrac{e^x}{1+x}dx + \int_0^1 e^x d\left(\dfrac{1}{1+x}\right)$

$= \int_0^1 \dfrac{e^x}{1+x}dx + \dfrac{e^x}{1+x}\Big|_0^1 - \int_0^1 \dfrac{e^x}{1+x}dx = \dfrac{e}{2}-1.$

5. 已知 $f(x)$ 连续且满足方程 $f(x)=xe^{-x}+2\int_0^1 f(t)dt$，求 $f(x)$.

解 对方程 $f(x)=xe^{-x}+2\int_0^1 f(t)dt$ 两边积分，得 $\int_0^1 f(x)dx=\int_0^1 xe^{-x}dx+2\int_0^1 f(t)dt$，即 $\int_0^1 f(x)dx=$

$1-2e^{-1}+2\int_0^1 f(t)dt$，所以 $\int_0^1 f(x)dx=2e^{-1}-1$，于是 $f(x)=xe^{-x}+4e^{-1}-2$.

6. 设 $f(x)$ 在 $[a,b]$ 上连续，证明 $\int_a^b f(x)dx=(b-a)\int_0^1 f[a+(b-a)x]dx$.

证明 设 $x=a+(b-a)t$，则 $dx=(b-a)dt$. 当 $x=a$ 时，$t=0$；当 $x=b$ 时，$t=1$. 于是

$\int_a^b f(x)dx=\int_0^1 f[a+(b-a)t](b-a)dt=(b-a)\int_0^1 f[a+(b-a)t]dt=(b-a)\int_0^1 f[a+(b-a)x]dx.$

7. 证明：$\int_0^1 x^m(1-x)^n dx=\int_0^1 x^n(1-x)^m dx$.

证明 设 $x=1-t$，则 $dx=-dt$，当 $x=0$ 时，$t=1$；当 $x=1$ 时，$t=0$. 于是

$\int_0^1 x^m(1-x)^n dx=\int_1^0 (1-t)^m t^n(-dt)=\int_0^1 (1-t)^m t^n dt=\int_0^1 x^n(1-x)^m dx.$

8. 证明 $\int_0^{\frac{\pi}{2}} \dfrac{\sin^3 x}{\sin x+\cos x}dx=\int_0^{\frac{\pi}{2}} \dfrac{\cos^3 x}{\sin x+\cos x}dx$. 并求出积分值.

证明 令 $x=\dfrac{\pi}{2}-t$，则 $\int_0^{\frac{\pi}{2}} \dfrac{\sin^3 x}{\sin x+\cos x}dx=-\int_{\frac{\pi}{2}}^0 \dfrac{\cos^3 t}{\sin t+\cos t}dt=\int_0^{\frac{\pi}{2}} \dfrac{\cos^3 t}{\sin t+\cos t}dt.$

设 $a=\int_0^{\frac{\pi}{2}} \dfrac{\sin^3 x}{\sin x+\cos x}dx$，则 $2a=\int_0^{\frac{\pi}{2}} \dfrac{\sin^3 x+\cos^3 x}{\sin x+\cos x}dx=\int_0^{\frac{\pi}{2}} \left(\sin^2 x-\dfrac{1}{2}\sin 2x+\cos^2 x\right)dx=\dfrac{\pi-1}{2}$，故

$a=\dfrac{\pi-1}{4}.$

9. 若 $f(t)$ 连续且为奇函数，证明 $\int_0^x f(t)dt$ 是偶函数；若 $f(t)$ 连续且为偶函数，证明 $\int_0^x f(t)dt$ 是奇函数.

证明 设 $F(x)=\int_0^x f(t)dt$，则 $F(-x)=\int_0^{-x} f(t)dt \xlongequal{t=-u} \int_0^x f(-u)(-du)=-\int_0^x f(-u)du.$

又因为 $f(x)$ 为奇函数，所以 $f(-u)=-f(u)$，因此 $F(-x)=\int_0^x f(u)du=\int_0^x f(t)dt=F(x)$，即 $F(x)$ 是偶函数.

若 $f(x)$ 为偶函数，所以 $f(-u)=f(u)$，因此 $F(-x)=-\int_0^x f(u)du=-\int_0^x f(t)dt=-F(x)$，即 $F(x)$ 是奇函数.

10. 若 $f''(x)$ 在 $[0,\pi]$ 上连续，$f(0)=2,f(\pi)=1$，证明：$\int_0^\pi [f(x)+f''(x)]\sin x dx=3.$

证明 因为

$\int_0^\pi f''(x)\sin x dx=\int_0^\pi \sin x df'(x)=\sin x f'(x)\Big|_0^\pi-\int_0^\pi f'(x)\cos x dx=-\int_0^\pi f'(x)\cos x dx$

$=-\int_0^\pi \cos x df(x)=-f(x)\cos x\Big|_0^\pi-\int_0^\pi f(x)\sin x dx=f(\pi)+f(0)-\int_0^\pi f(x)\sin x dx$

$=1+2-\int_0^\pi f(x)\sin x dx=3-\int_0^\pi f(x)\sin x dx,$

所以 $\int_0^\pi [f(x)+f''(x)]\sin x dx=3.$

提高题

1. $\int_{-\pi}^{\pi}\left(\sin^3 x+\sqrt{\pi^2-x^2}\right)\mathrm{d}x=$ _____ .

解 $\int_{-\pi}^{\pi}\left(\sin^3 x+\sqrt{\pi^2-x^2}\right)\mathrm{d}x=2\int_{0}^{\pi}\sqrt{\pi^2-x^2}\mathrm{d}x=2\cdot\dfrac{1}{4}\cdot\pi\cdot\pi^2=\dfrac{\pi^3}{2}.$ 故应填 $\dfrac{\pi^3}{2}$.

2. $\int_{-\frac{\pi}{4}}^{\frac{\pi}{4}}\dfrac{1}{(1+\mathrm{e}^x)\cos^2 x}\mathrm{d}x=$ _____ .

解 $\int_{-\frac{\pi}{4}}^{\frac{\pi}{4}}\dfrac{1}{(1+\mathrm{e}^x)\cos^2 x}\underset{\mathrm{d}x=-\mathrm{d}t}{\overset{x=-t}{=\!=\!=}}\int_{-\frac{\pi}{4}}^{\frac{\pi}{4}}\dfrac{\mathrm{d}t}{(1+\mathrm{e}^{-t})\cos^2 t}$,故

$$2\int_{-\frac{\pi}{4}}^{\frac{\pi}{4}}\dfrac{\mathrm{d}x}{(1+\mathrm{e}^x)\cos^2 x}=\int_{-\frac{\pi}{4}}^{\frac{\pi}{4}}\dfrac{\mathrm{d}x}{(1+\mathrm{e}^x)\cos^2 x}+\int_{-\frac{\pi}{4}}^{\frac{\pi}{4}}\dfrac{\mathrm{e}^x\mathrm{d}x}{(1+\mathrm{e}^x)\cos^2 x}=\int_{-\frac{\pi}{4}}^{\frac{\pi}{4}}\dfrac{1+\mathrm{e}^x}{(1+\mathrm{e}^x)\cos^2 x}\mathrm{d}x$$

$$=\int_{-\frac{\pi}{4}}^{\frac{\pi}{4}}\dfrac{1}{\cos^2 x}\mathrm{d}x=2\tan x\Big|_{0}^{\frac{\pi}{4}}=2,$$

即 $\int_{-\frac{\pi}{4}}^{\frac{\pi}{4}}\dfrac{1}{(1+\mathrm{e}^x)\cos^2 x}\mathrm{d}x=1.$ 故应填 1.

3. $\int_{0}^{\frac{\pi}{2}}\dfrac{\sin^{2016}x}{\sin^{2016}x+\cos^{2016}x}\mathrm{d}x=$ _____ .

解 设 $x=\dfrac{\pi}{2}-t$,则 $\mathrm{d}x=-\mathrm{d}t$,于是

$$I=\int_{0}^{\frac{\pi}{2}}\dfrac{\sin^{2016}x}{\sin^{2016}x+\cos^{2016}x}\mathrm{d}x=\int_{-\frac{\pi}{2}}^{0}\dfrac{\cos^{2016}t}{\cos^{2016}t+\sin^{2016}t}(-\mathrm{d}t)=\int_{0}^{\frac{\pi}{2}}\dfrac{\cos^{2016}x}{\cos^{2016}x+\sin^{2016}x}\mathrm{d}x,$$

$$2I=\int_{0}^{\frac{\pi}{2}}\dfrac{\sin^{2016}x}{\sin^{2016}x+\cos^{2016}x}\mathrm{d}x+\int_{0}^{\frac{\pi}{2}}\dfrac{\cos^{2016}x}{\cos^{2016}x+\sin^{2016}x}\mathrm{d}x=\int_{0}^{\frac{\pi}{2}}\mathrm{d}x=\dfrac{\pi}{2},$$

于是 $I=\dfrac{\pi}{4}$,故应填 $\dfrac{\pi}{4}$.

4. 设连续非负函数满足 $f(x)f(-x)=1(-\infty<x<+\infty)$,则 $\int_{-\frac{\pi}{2}}^{\frac{\pi}{2}}\dfrac{\cos x}{1+f(x)}\mathrm{d}x=$ _____ .

解 $\int_{-\frac{\pi}{2}}^{\frac{\pi}{2}}\dfrac{\cos x}{1+f(x)}\mathrm{d}x\underset{\mathrm{d}x=-\mathrm{d}t}{\overset{x=-t}{=\!=\!=}}-\int_{\frac{\pi}{2}}^{-\frac{\pi}{2}}\dfrac{\cos(-t)}{1+f(-t)}\mathrm{d}t=\int_{-\frac{\pi}{2}}^{\frac{\pi}{2}}\dfrac{\cos(-t)}{1+\dfrac{1}{f(t)}}\mathrm{d}t=\int_{-\frac{\pi}{2}}^{\frac{\pi}{2}}\dfrac{f(t)\cos t}{f(t)+1}\mathrm{d}t$

$$=\int_{-\frac{\pi}{2}}^{\frac{\pi}{2}}\dfrac{f(x)\cos x}{1+f(x)}\mathrm{d}x,$$

$$\int_{-\frac{\pi}{2}}^{\frac{\pi}{2}}\dfrac{\cos x}{1+f(x)}\mathrm{d}x=\dfrac{1}{2}\left[\int_{-\frac{\pi}{2}}^{\frac{\pi}{2}}\dfrac{\cos x}{1+f(x)}\mathrm{d}x+\int_{-\frac{\pi}{2}}^{\frac{\pi}{2}}\dfrac{f(x)\cos x}{1+f(x)}\mathrm{d}x\right]=\dfrac{1}{2}\int_{-\frac{\pi}{2}}^{\frac{\pi}{2}}\dfrac{[1+f(x)]\cos x}{1+f(x)}\mathrm{d}x$$

$$=\dfrac{1}{2}\int_{-\frac{\pi}{2}}^{\frac{\pi}{2}}\cos x\mathrm{d}x=\dfrac{1}{2}\cdot\sin x\Big|_{-\frac{\pi}{2}}^{\frac{\pi}{2}}=1.$$

故应填 1.

5. 设函数 $f(x)$ 连续,且 $f(0)=f'(0)=0$,记

$$F(x)=\begin{cases}\displaystyle\int_{0}^{x}\left[\int_{0}^{u}f(t)\mathrm{d}t\right]\mathrm{d}u, & x\leqslant 0,\\\displaystyle\int_{-x}^{0}\ln[1+f(x+t)]\mathrm{d}t, & x>0,\end{cases}$$

求 $F'(x)$ 及 $F''(0)$.

解 当 $x<0$ 时,$F'(x)=\int_{0}^{x}f(t)\mathrm{d}t$;当 $x>0$ 时,令 $u=x+t$,则 $F(x)=\int_{0}^{x}\ln[1+f(u)]\mathrm{d}u$,故得

$$F'(x)=\ln[1+f(x)].$$

由于 $F'_-(0) = \lim\limits_{x \to 0^-} \dfrac{F(x) - F(0)}{x} = \lim\limits_{x \to 0^-} \dfrac{\int_0^x \mathrm{d}u \int_0^u f(t)\mathrm{d}t}{x} = \lim\limits_{x \to 0^-} \int_0^x f(t)\mathrm{d}t = 0,$

$F'_+(0) = \lim\limits_{x \to 0^+} \dfrac{F(x) - F(0)}{x} = \lim\limits_{x \to 0^+} \dfrac{\int_0^x \ln(1 + f(u))\mathrm{d}u}{x} = \lim\limits_{x \to 0^+} \ln(1 + f(x)) = \ln(1 + f(0)) = 0,$

所以 $F'(0) = 0$,从而

$$F'(x) = \begin{cases} \int_0^x f(t)\mathrm{d}t, & x < 0, \\ 0, & x = 0, \\ \ln[1 + f(x)], & x > 0. \end{cases}$$

由于

$F''_-(0) = \lim\limits_{x \to 0^-} \dfrac{F'(x) - F'(0)}{x} = \lim\limits_{x \to 0^-} \dfrac{\int_0^x f(t)\mathrm{d}t}{x} = \lim\limits_{x \to 0^-} f(x) = 0,$

$F''_+(0) = \lim\limits_{x \to 0^+} \dfrac{F'(x) - F'(0)}{x} = \lim\limits_{x \to 0^+} \dfrac{\ln[1 + f(x)]}{x} = \lim\limits_{x \to 0^+} \dfrac{f(x)}{x} = \lim\limits_{x \to 0^+} \dfrac{f(x) - f(0)}{x} = f'(0) = 0,$

所以 $F''(0) = 0$.

6. 设函数 $f(x) = \int_1^x \dfrac{\ln t}{1 + t^2}\mathrm{d}t (x > 0)$,则 $f(x) - f\left(\dfrac{1}{x}\right) = $ _____.

解 $f\left(\dfrac{1}{x}\right) = \int_1^{\frac{1}{x}} \dfrac{\ln t}{1 + t^2}\mathrm{d}t \xlongequal[\mathrm{d}t = -\frac{1}{u^2}\mathrm{d}u]{t = \frac{1}{u}} \int_1^x \dfrac{\ln \frac{1}{u}}{1 + \frac{1}{u^2}}\left(-\dfrac{1}{u^2}\right)\mathrm{d}u = \int_1^x \dfrac{\ln u}{1 + u^2}\mathrm{d}u = \int_1^x \dfrac{\ln t}{1 + t^2}\mathrm{d}t,$

$$f(x) - f\left(\dfrac{1}{x}\right) = \int_1^x \dfrac{\ln t}{1 + t^2}\mathrm{d}t - \int_1^x \dfrac{\ln t}{1 + t^2}\mathrm{d}t = 0.$$

故应填 0.

7. 求 $\lim\limits_{x \to 0^+} \dfrac{\int_0^x \sqrt{x - t}\,\mathrm{e}^t\mathrm{d}t}{\sqrt{x^3}}$.

解 $\lim\limits_{x \to 0^+} \dfrac{\int_0^x \sqrt{x - t}\,\mathrm{e}^t\mathrm{d}t}{\sqrt{x^3}} \xlongequal{x - t = u} \lim\limits_{x \to 0^+} \dfrac{\mathrm{e}^x \cdot \int_0^x \sqrt{u}\,\mathrm{e}^{-u}\mathrm{d}u}{x^{\frac{3}{2}}} \xlongequal{\lim\limits_{x \to 0^+} \mathrm{e}^x = 1} \lim\limits_{x \to 0^+} \dfrac{\sqrt{x}\,\mathrm{e}^{-x}}{\frac{3}{2}x^{\frac{1}{2}}} \cdot 1 = \dfrac{2}{3}.$

8. 如图 5-10 所示,曲线 C 的方程为 $y = f(x)$,点 $(3,2)$ 是它的一个拐点,直线 l_1 与 l_2 分别是曲线 C 在点 $(0,0)$ 与 $(3,2)$ 处的切线,其交点为 $(2,4)$.设函数 $f(x)$ 具有三阶连续导数,计算定积分 $\int_0^3 (x^2 + x)f'''(x)\mathrm{d}x$.

解 由题设图形知 $f(0) = 0, f'(0) = 2; f(3) = 2, f'(3) = -2,$
$f''(3) = 0$. 故

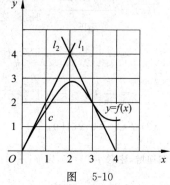

图 5-10

$\int_0^3 (x^2 + x)f'''(x)\mathrm{d}x = \int_0^3 (x^2 + x)\mathrm{d}f''(x)$

$= (x^2 + x)f''(x)\Big|_0^3 - \int_0^3 f''(x)(2x + 1)\mathrm{d}x$

$= -\int_0^3 (2x + 1)\mathrm{d}f'(x)$

$= -(2x + 1)f'(x)\Big|_0^3 + \int_0^3 f'(x) \cdot 2\mathrm{d}x$

$= 16 + 2[f(3) - f(0)] = 20.$

9. $\int_{\frac{\pi}{2}}^{\frac{21}{2}\pi} \sin^6 x\,dx = $ _____.

解 因为 $f(x) = \sin^6 x$ 的周期为 π, 所以

$$\int_{\frac{\pi}{2}}^{\frac{21}{2}\pi} \sin^6 x\,dx = 10 \int_{\frac{\pi}{2}}^{\frac{3}{2}\pi} \sin^6 x\,dx = 10 \int_{-\frac{\pi}{2}}^{\frac{\pi}{2}} \sin^6 x\,dx = 10 \times 2 \int_0^{\frac{\pi}{2}} \sin^6 x\,dx = 20 \times \frac{5}{6} \times \frac{3}{4} \times \frac{1}{2} \times \frac{\pi}{2} = \frac{25}{8}\pi.$$

故应填: $\frac{25}{8}\pi$.

10. 设 $a_n = \int_{n\pi}^{(n+1)\pi} \frac{\sin x}{x}\,dx$, n 为正整数, 证明: (1) $|a_{n+1}| < |a_n|$; (2) $\lim\limits_{n\to +\infty} a_n = 0$.

证明 令 $x = n\pi + t$, 得 $a_n = \int_{n\pi}^{(n+1)\pi} \frac{\sin x}{x}\,dx = (-1)^n \int_0^\pi \frac{\sin t}{n\pi + t}\,dt$.

(1) $|a_{n+1}| = \int_0^\pi \frac{\sin t}{(n+1)\pi + t}\,dt < \int_0^\pi \frac{\sin t}{n\pi + t}\,dt = |a_n|$;

(2) $|a_n| = \int_0^\pi \frac{\sin t}{n\pi + t}\,dt < \int_0^\pi \frac{\sin t}{n\pi}\,dt = \frac{2}{n\pi}$, 由夹逼准则得 $\lim\limits_{n\to +\infty} a_n = 0$.

11. 设 $f(x)$ 单调增加且有连续导数, $f(0) = 0$, $f(a) = b$, $f(x)$ 与 $g(x)$ 互为反函数, 证明:

$$\int_0^a f(x)\,dx + \int_0^b g(x)\,dx = ab.$$

证明 设 $F(t) = \int_0^t f(x)\,dx + \int_0^{f(t)} g(x)\,dx - tf(t)$, 则 $F(0) = 0$,

$$F'(t) = f(t) + g(f(t))f'(t) - f(t) - tf'(t) = f(t) + tf'(t) - f(t) - tf'(t) = 0,$$

所以 $F(t) \equiv C = F(0) = 0$.

取 $t = a$, 得

$$F(a) = \int_0^a f(x)\,dx + \int_0^{f(a)} g(x)\,dx - af(a) = 0, \quad 即 \quad \int_0^a f(x)\,dx + \int_0^b g(x)\,dx = ab.$$

12. 已知 $f(x)$ 在 $\left[0, \frac{3\pi}{2}\right]$ 上连续, 在 $\left(0, \frac{3\pi}{2}\right)$ 内是函数 $\frac{\cos x}{2x - 3\pi}$ 的一个原函数, $f(0) = 0$.

(1) 求 $f(x)$ 在区间 $\left[0, \frac{3\pi}{2}\right]$ 上的平均值;

(2) 证明 $f(x)$ 在区间 $\left(0, \frac{3\pi}{2}\right)$ 内存在唯一零点.

解 (1) $f(x) = \int_0^x \frac{\cos t}{2t - 3\pi}\,dt$,

$$\overline{f(x)} = \frac{\int_0^{\frac{3}{2}\pi} f(x)\,dx}{\frac{3}{2}\pi} = \frac{2}{3\pi} \int_0^{\frac{3}{2}\pi} \underbrace{\left(\int_0^x \frac{\cos t}{2t - 3\pi}\,dt\right)}_{u} \underbrace{dx}_{v} = \frac{2}{3\pi}\left[\int_0^x \frac{\cos t}{2t - 3\pi}\,dt \cdot x \Big|_0^{\frac{3}{2}\pi} - \int_0^{\frac{3}{2}\pi} x \cdot \frac{\cos x}{2x - 3\pi}\,dx\right]$$

$$= \frac{2}{3\pi}\left[\frac{3}{2}\pi \int_0^{\frac{3}{2}\pi} \frac{\cos x}{2x - 3\pi}\,dx - \int_0^{\frac{3}{2}\pi} x \cdot \frac{\cos x}{2x - 3\pi}\,dx\right] = \frac{2}{3\pi} \int_0^{\frac{3}{2}\pi} \frac{\cos x}{2x - 3\pi} \cdot \left[\frac{3}{2}\pi - x\right]\,dx$$

$$= \frac{2}{3\pi} \cdot \left(-\frac{1}{2}\right) \cdot \int_0^{\frac{3}{2}\pi} \frac{\cos x}{2x - 3\pi} \cdot (2x - 3\pi)\,dx = -\frac{1}{3\pi} \cdot \sin x \Big|_0^{\frac{3}{2}\pi} = \frac{1}{3\pi}.$$

(2) $f'(x) < 0$, $x \in \left(0, \frac{\pi}{2}\right)$, $f'(x) > 0$, $x \in \left(\frac{\pi}{2}, \frac{3\pi}{2}\right)$, 从而 $f(x)$ 在 $\left(0, \frac{\pi}{2}\right)$ 内单调递减, 在 $\left(\frac{\pi}{2}, \frac{3\pi}{2}\right)$ 内单调递增, 注意 $f(0) = 0$, 则 $f\left(\frac{\pi}{2}\right) < 0$,

$$f\left(\frac{3\pi}{2}\right) = \int_0^{\frac{3\pi}{2}} \frac{\cos t}{2t - 3\pi}\,dt = \int_0^{\frac{\pi}{2}} \frac{\cos t}{2t - 3\pi}\,dt + \int_{\frac{\pi}{2}}^{\frac{3\pi}{2}} \frac{\cos t}{2t - 3\pi}\,dt > \int_0^{\frac{\pi}{2}} \frac{\cos t}{-2\pi}\,dt + \int_{\frac{\pi}{2}}^{\frac{3\pi}{2}} \frac{\cos t}{-2\pi}\,dt = \frac{1}{2\pi} > 0.$$

$f(x)$ 在 $\left(0, \frac{\pi}{2}\right)$ 内单调递减, 则 $f(x)$ 在 $\left(0, \frac{\pi}{2}\right)$ 内无零点, $f(x)$ 在 $\left(\frac{\pi}{2}, \frac{3\pi}{2}\right)$ 内单调递增, 则 $f(x)$ 在

$\left(\dfrac{\pi}{2}, \dfrac{3\pi}{2}\right)$ 内有唯一零点,从而 $f(x)$ 在 $\left(0, \dfrac{\pi}{2}\right)$ 内有唯一零点.

习题 5.5

1. 判断反常积分的敛散性:

(1) $\displaystyle\int_{1}^{+\infty} \dfrac{1}{x^4}\mathrm{d}x$;

(2) $\displaystyle\int_{0}^{+\infty} \mathrm{e}^{-x}\mathrm{d}x$;

(3) $\displaystyle\int_{0}^{+\infty} \sin x\,\mathrm{d}x$;

(4) $\displaystyle\int_{-\infty}^{0} \dfrac{\mathrm{e}^x}{1+\mathrm{e}^x}\mathrm{d}x$;

(5) $\displaystyle\int_{-\infty}^{+\infty} \dfrac{1}{x^2+2x+2}\mathrm{d}x$;

(6) $\displaystyle\int_{1}^{+\infty} \dfrac{1}{x(1+x^2)}\mathrm{d}x$;

(7) $\displaystyle\int_{-1}^{1} \dfrac{1}{x}\mathrm{d}x$;

(8) $\displaystyle\int_{0}^{1} \dfrac{\ln x}{x}\mathrm{d}x$;

(9) $\displaystyle\int_{0}^{1} \dfrac{x}{\sqrt{1-x^2}}\mathrm{d}x$;

(10) $\displaystyle\int_{-\frac{\pi}{2}}^{\frac{\pi}{2}} \dfrac{1}{\cos^2 x}\mathrm{d}x$.

解 (1) $\displaystyle\int_{1}^{+\infty} \dfrac{1}{x^4}\mathrm{d}x = -\dfrac{1}{3x^3}\Big|_{1}^{+\infty} = \dfrac{1}{3}$,故反常积分 $\displaystyle\int_{1}^{+\infty} \dfrac{1}{x^4}\mathrm{d}x$ 收敛.

(2) $\displaystyle\int_{0}^{+\infty} \mathrm{e}^{-x}\mathrm{d}x = \lim_{b\to+\infty}\int_{0}^{b} \mathrm{e}^{-x}\mathrm{d}x = \lim_{b\to+\infty}(1-\mathrm{e}^{-b}) = 1$,或 $\displaystyle\int_{0}^{+\infty} \mathrm{e}^{-x}\mathrm{d}x = -\mathrm{e}^{-x}\Big|_{0}^{+\infty} = 0-(-1) = 1$,故收敛.

(3) 对任意 $b>0$,$\displaystyle\int_{0}^{b} \sin x\,\mathrm{d}x = -\cos x\Big|_{0}^{b} = -\cos b + (\cos 0) = 1-\cos b$.

因为 $\displaystyle\lim_{b\to+\infty}(1-\cos b)$ 不存在,故由定义知反常积分 $\displaystyle\int_{0}^{+\infty} \sin x\,\mathrm{d}x$ 发散.

(4) $\displaystyle\int_{-\infty}^{0} \dfrac{\mathrm{e}^x}{1+\mathrm{e}^x}\mathrm{d}x = \ln(1+\mathrm{e}^x)\Big|_{-\infty}^{0} = \ln 2$,故反常积分 $\displaystyle\int_{-\infty}^{0} \dfrac{\mathrm{e}^x}{1+\mathrm{e}^x}\mathrm{d}x$ 收敛.

(5) $\displaystyle\int_{-\infty}^{+\infty} \dfrac{1}{x^2+2x+2}\mathrm{d}x = \int_{-\infty}^{+\infty} \dfrac{1}{(x+1)^2+1}\mathrm{d}(x+1) = \arctan(x+1)\Big|_{-\infty}^{+\infty} = \pi$,故收敛.

(6) $\displaystyle\int_{1}^{+\infty} \dfrac{1}{x(1+x^2)}\mathrm{d}x = \int_{1}^{+\infty}\left(\dfrac{1}{x} - \dfrac{x}{1+x^2}\right)\mathrm{d}x = \ln\dfrac{x}{\sqrt{1+x^2}}\Big|_{1}^{+\infty} = \dfrac{1}{2}\ln 2$,故收敛.

(7) $\displaystyle\int_{-1}^{1} \dfrac{1}{x}\mathrm{d}x = \int_{-1}^{0} \dfrac{1}{x}\mathrm{d}x + \int_{0}^{1} \dfrac{1}{x}\mathrm{d}x$,而 $\displaystyle\int_{0}^{1} \dfrac{1}{x}\mathrm{d}x = \ln x\Big|_{0}^{1} = \infty$,所以 $\displaystyle\int_{0}^{1} \dfrac{1}{x}\mathrm{d}x$ 发散,即 $\displaystyle\int_{-1}^{1} \dfrac{1}{x}\mathrm{d}x$ 发散.

(8) 因为 $\displaystyle\int_{0}^{1} \dfrac{\ln x}{x}\mathrm{d}x = \int_{0}^{1} \ln x\,\mathrm{d}\ln x = \dfrac{\ln^2 x}{2}\Big|_{0}^{1} = \infty$,从而 $\displaystyle\int_{0}^{1} \dfrac{\ln x}{x}\mathrm{d}x$ 发散.

(9) 因为 $\displaystyle\int_{0}^{1} \dfrac{x}{\sqrt{1-x^2}}\mathrm{d}x = -\dfrac{1}{2}\int_{0}^{1} \dfrac{1}{\sqrt{1-x^2}}\mathrm{d}(1-x^2) = -\sqrt{1-x^2}\Big|_{0}^{1} = 1$,从而 $\displaystyle\int_{0}^{1} \dfrac{x}{\sqrt{1-x^2}}\mathrm{d}x$ 收敛.

(10) 因为 $\displaystyle\int_{-\frac{\pi}{2}}^{\frac{\pi}{2}} \dfrac{1}{\cos^2 x}\mathrm{d}x = 2\int_{0}^{\frac{\pi}{2}} \dfrac{1}{\cos^2 x}\mathrm{d}x = 2\tan x\Big|_{0}^{\frac{\pi}{2}} = \infty$,从而 $\displaystyle\int_{-\frac{\pi}{2}}^{\frac{\pi}{2}} \dfrac{1}{\cos^2 x}\mathrm{d}x$ 发散.

2. 已知 $\displaystyle\lim_{x\to\infty}\left(\dfrac{1+x}{x}\right)^{ax} = \int_{-\infty}^{a} t\mathrm{e}^t\mathrm{d}t$,求常数 a.

解 $\displaystyle\int_{-\infty}^{a} t\mathrm{e}^t\mathrm{d}t = (t\mathrm{e}^t - \mathrm{e}^t)\Big|_{-\infty}^{a} = \mathrm{e}^a(a-1)$,$\displaystyle\lim_{x\to\infty}\left(\dfrac{1+x}{x}\right)^{ax} = \lim_{x\to\infty}\left(1+\dfrac{1}{x}\right)^{a\cdot x} = \mathrm{e}^a$,由 $\mathrm{e}^a(a-1) = \mathrm{e}^a$,解得 $a = 2$.

3. 当 λ 为何值时,反常积分 $\displaystyle\int_{2}^{+\infty} \dfrac{\mathrm{d}x}{x\,(\ln x)^{\lambda}}$ 收敛?当 λ 为何值时,该反常积分发散?

解 $\displaystyle\int_{2}^{+\infty} \dfrac{\mathrm{d}x}{x\,(\ln x)^{\lambda}} = \int_{2}^{+\infty} \dfrac{\mathrm{d}(\ln x)}{(\ln x)^{\lambda}} = \dfrac{1}{1-\lambda}(\ln x)^{1-\lambda}\Big|_{2}^{+\infty}$.

当 $1-\lambda > 0$,即 $\lambda < 1$ 时,$\displaystyle\int_{2}^{+\infty} \dfrac{\mathrm{d}x}{x\,(\ln x)^{\lambda}} = +\infty$;

当 $1-\lambda = 0$,即 $\lambda = 1$ 时,$\displaystyle\int_{2}^{+\infty} \dfrac{\mathrm{d}x}{x\ln x} = \ln|\ln x|\Big|_{2}^{+\infty} = +\infty$;

当 $1-\lambda < 0$,即 $\lambda > 1$ 时,$\displaystyle\int_{2}^{+\infty} \dfrac{\mathrm{d}x}{x\,(\ln x)^{\lambda}} = \dfrac{(\ln 2)^{1-\lambda}}{\lambda-1}$.

故当 $\lambda \leqslant 1$ 时,反常积分 $\displaystyle\int_2^{+\infty} \dfrac{\mathrm{d}x}{x\,(\ln x)^\lambda}$ 发散,当 $\lambda > 1$ 时,反常积分 $\displaystyle\int_2^{+\infty} \dfrac{\mathrm{d}x}{x\,(\ln x)^\lambda}$ 收敛.

4. 计算 $\displaystyle\int_1^{+\infty} \dfrac{\arctan x}{x^2}\mathrm{d}x$.

解 $\displaystyle\int_1^{+\infty} \dfrac{\arctan x}{x^2}\mathrm{d}x = \int_1^{+\infty} \arctan x\,\mathrm{d}\left(-\dfrac{1}{x}\right) = -\dfrac{1}{x}\arctan x\,\Big|_1^{+\infty} + \int_1^{+\infty} \dfrac{1}{x(1+x^2)}\mathrm{d}x$

$\qquad\qquad = \dfrac{\pi}{4} + \displaystyle\int_1^{+\infty}\left(\dfrac{1}{x} - \dfrac{x}{1+x^2}\right)\mathrm{d}x = \dfrac{\pi}{4} + \dfrac{1}{2}\ln\dfrac{x^2}{1+x^2}\,\Big|_1^{+\infty} = \dfrac{\pi}{4} + \dfrac{1}{2}\ln 2.$

提高题

1. $\displaystyle\int_0^{+\infty} \dfrac{\ln(1+x)}{(1+x)^2}\mathrm{d}x$ _____.

解 原式 $= \displaystyle\int_0^{+\infty} \ln(1+x)\,\mathrm{d}\left(-\dfrac{1}{1+x}\right) = \left(-\dfrac{1}{1+x}\right)\ln(1+x)\,\Big|_0^{+\infty} + \int_0^{+\infty} \dfrac{1}{(1+x)^2}\mathrm{d}x$

$\qquad = -0 - \dfrac{1}{1+x}\,\Big|_0^{+\infty} = 0 - (0-1) = 1.$

故应填 1.

2. $\displaystyle\int_{-\infty}^1 \dfrac{1}{x^2+2x+5}\mathrm{d}x =$ _____.

解 原式 $= \displaystyle\int_{-\infty}^1 \dfrac{1}{(x+1)^2+2^2}\mathrm{d}x = \dfrac{1}{2}\arctan\dfrac{x+1}{2}\,\Big|_{-\infty}^1 = \dfrac{1}{2}\left(\dfrac{\pi}{4}+\dfrac{\pi}{2}\right) = \dfrac{3}{8}\pi.$ 故应填 $\dfrac{3}{8}\pi$.

习题 5.6

1. 求下列曲线所围图形的面积:

(1) $y = 8 - 2x^2$ 与 $y = 0$;

(2) $y = \sqrt{x}$ 与 $y = x$;

(3) $y = x^2$ 与 $y = 2x + 3$;

(4) $y = \dfrac{1}{x}$,$y = x$ 与 $x = 2$;

(5) $y = \ln x$,y 轴与 $y = \ln a$,$y = \ln b\,(b > a > 0)$;

(6) $y = \mathrm{e}^x$,$y = \mathrm{e}^{-x}$ 与 $x = 1$.

解 (1) 画草图(如图 5-11(a) 所示). $A = 2\displaystyle\int_0^2 (8-2x^2)\mathrm{d}x = 2\left(16 - \dfrac{2}{3}x^3\,\Big|_0^2\right) = 32 - \dfrac{4}{3}\times 8 = \dfrac{64}{3}.$

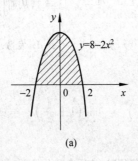
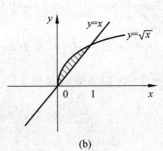

(a)   (b)

图 5-11

(2) 画草图(如图 5-11(b)所示). $A = \displaystyle\int_0^1 (\sqrt{x} - x)\mathrm{d}x = \left(\dfrac{2}{3}x^{\frac{3}{2}} - \dfrac{x^2}{2}\right)\Big|_0^1 = \dfrac{2}{3} - \dfrac{1}{2} = \dfrac{1}{6}.$

(3) 画草图(如图 5-12(a)所示).

$\qquad A = \displaystyle\int_{-1}^3 (2x+3-x^2)\mathrm{d}x = x^2\,\Big|_{-1}^3 + 3\times 4 - \dfrac{1}{3}x^3\,\Big|_{-1}^3 = 8 + 12 - \dfrac{1}{3}\times 28 = \dfrac{32}{3}.$

(4) 画草图(如图 5-12(b)所示). $A = \displaystyle\int_1^2 \left(x - \dfrac{1}{x}\right)\mathrm{d}x = \dfrac{x^2}{2}\,\Big|_1^2 - \ln x\,\Big|_1^2 = \dfrac{3}{2} - \ln 2.$

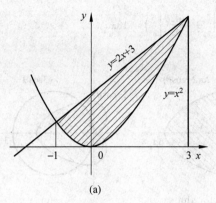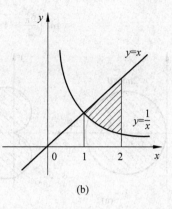

(a)   (b)

图 5-12

(5) 画草图(如图 5-13(a)所示). $A = \int_{\ln a}^{\ln b} e^y \, dy = e^y \Big|_{\ln a}^{\ln b} = e^{\ln b} - e^{\ln a} = b - a.$

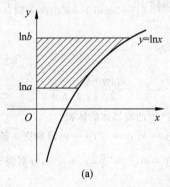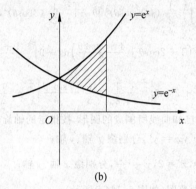

(a)   (b)

图 5-13

(6) 画草图(如图 5-13(b)所示). $A = \int_0^1 (e^x - e^{-x}) \, dx = e^x \Big|_0^1 + e^{-x} \Big|_0^1 = e + e^{-1} - 2.$

2. 曲线 $y = x^2$ 在点 $(1,1)$ 处的切线与 $x = y^2$ 所围成图形的面积.

解 画草图(如图 5-14 所示).

因 $y' = 2x$,故 $k = 2$,切线方程为 $y - 1 = 2(x - 1)$,即 $y = 2x - 1$.

由 $\begin{cases} y = 2x - 1 \\ x = y^2 \end{cases}$,解得交点为 $\left(\dfrac{1}{4}, -\dfrac{1}{2} \right)$,$(1,1)$. 故

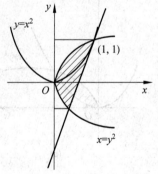

图 5-14

$$A = \int_{-\frac{1}{2}}^{1} \left(\frac{y+1}{2} - y^2 \right) dy = \left(\frac{y^2}{4} + \frac{y}{2} - \frac{y^3}{3} \right) \Big|_{-\frac{1}{2}}^{1} = \frac{9}{16}.$$

3. 求下列极坐标表示的曲线所围图形的面积:

(1) $r = 2a\cos\theta$;   (2) $r = 2a(2 + \cos\theta)$;

(3) $r = 3\cos\theta$ 与 $r = 1 + \cos\theta$ 所围图形的公共部分.

解 (1) 画草图(如图 5-15(a)所示).

$$A = 2 \int_0^{\frac{\pi}{2}} \frac{1}{2} (2a\cos\theta)^2 \, d\theta = 4a^2 \int_0^{\frac{\pi}{2}} \cos^2\theta \, d\theta = 4a^2 \int_0^{\frac{\pi}{2}} \frac{1 + \cos 2\theta}{2} \, d\theta = 2a^2 \left(\frac{\pi}{2} + \frac{\sin 2\theta}{2} \Big|_0^{\frac{\pi}{2}} \right) = \pi a^2.$$

(2) 画草图(如图 5-15(b)所示).

$$A = 2 \int_0^\pi \frac{1}{2} \left[2a(2 + \cos\theta) \right]^2 \, d\theta = 4a^2 \int_0^\pi (4 + 4\cos\theta + \cos^2\theta) \, d\theta = 4a^2 \int_0^\pi \left(4 + 4\cos\theta + \frac{1 + \cos 2\theta}{2} \right) d\theta$$

$$= 4a^2 \left(\frac{9\pi}{2} + 4\sin\theta \Big|_0^\pi + \frac{\sin2\theta}{4} \Big|_0^\pi \right) = 18\pi a^2.$$

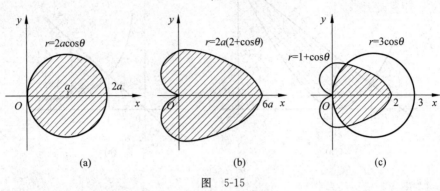

图 5-15

(3) 画草图(如图 5-15(c)所示).

$$A = 2 \left(\int_0^{\frac{\pi}{3}} \frac{1}{2} (1+\cos\theta)^2 d\theta + \int_{\frac{\pi}{3}}^{\frac{\pi}{2}} \frac{1}{2} (3\cos\theta)^2 d\theta \right) = \int_0^{\frac{\pi}{3}} (1+2\cos\theta+\cos^2\theta) d\theta + 9 \int_{\frac{\pi}{3}}^{\frac{\pi}{2}} \cos^2\theta d\theta$$

$$= \int_0^{\frac{\pi}{3}} \left(1+2\cos\theta + \frac{1+\cos2\theta}{2} \right) d\theta + 9 \int_{\frac{\pi}{3}}^{\frac{\pi}{2}} \frac{1+\cos2\theta}{2} d\theta$$

$$= \frac{\pi}{3} + 2\sin\theta \Big|_0^{\frac{\pi}{3}} + \frac{1}{2} \times \frac{\pi}{3} + \frac{\sin2\theta}{4} \Big|_0^{\frac{\pi}{3}} + \frac{9}{2} \left(\frac{\pi}{2} - \frac{\pi}{3} + \frac{\sin2\theta}{2} \Big|_{\frac{\pi}{3}}^{\frac{\pi}{2}} \right) = \frac{5\pi}{4}.$$

4. 求下列已知曲线所围成的图形,按指定的轴旋转所产生的旋转体的体积:

(1) $y = x^2, x = y^2,$ 分别绕 x 轴、y 轴;　　　　(2) $y = x^3, x = 2, y = 0,$ 分别绕 x 轴、y 轴;

(3) $y = x, x = 2, y = \frac{1}{x},$ 分别绕 x 轴、y 轴;　　(4) $y = 0, x = \frac{\pi}{2}, y = \sin x,$ 分别绕 x 轴、y 轴.

解 (1) 画草图(如图 5-16(a)所示).

$$V_x = \int_0^1 \pi (\sqrt{x})^2 dx - \int_0^1 \pi (x^2)^2 dx = \frac{3\pi}{10}, \quad V_y = \int_0^1 \pi (\sqrt{y})^2 dy - \int_0^1 \pi (y^2)^2 dy = \frac{3\pi}{10}.$$

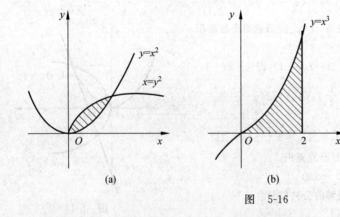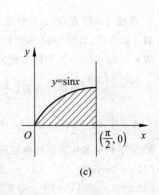

图 5-16

(2) 画草图(如图 5-16(b)所示).

$$V_x = \int_0^2 \pi (x^3)^2 dx = \frac{128\pi}{7}, \quad V_y = \pi 2^2 \times 8 - \int_0^8 \pi (\sqrt[3]{y})^2 dy = 32\pi - \frac{3}{5} \times 32\pi = \frac{64}{5}\pi.$$

(3) 草图如前面图 5-12(b)所示.

$$V_x = \int_1^2 \pi (x)^2 dx - \int_1^2 \pi \left(\frac{1}{x} \right)^2 dx = \frac{11\pi}{6}, \quad V_y = \pi 2^2 \times \frac{3}{2} - \int_{\frac{1}{2}}^1 \pi \left(\frac{1}{y} \right)^2 dy - \int_1^2 \pi y^2 dy = \frac{8}{3}\pi.$$

(4) 画草图(如图 5-16(c)所示). $V_x = \int_0^{\frac{\pi}{2}} \pi (\sin x)^2 dx = \int_0^{\frac{\pi}{2}} \pi \frac{1-\cos 2x}{2} dx = \frac{\pi^2}{4}$,

$$V_y = \pi \left(\frac{\pi}{2}\right)^2 \times 1 - \int_0^1 \pi (\arcsin y)^2 dy = \frac{\pi^3}{4} - \pi y (\arcsin y)^2 \Big|_0^1 + 2\int_0^1 \pi y \arcsin y \frac{1}{\sqrt{1-y^2}} dy = 2\pi.$$

若对 x 积分,则有 $V_y = 2\pi \int_0^{\frac{\pi}{2}} x f(x) dx = 2\pi \int_0^{\frac{\pi}{2}} x \sin x dx = 2\pi$.

5. 计算由摆线 $x = a(t-\sin t), y = a(1-\cos t)$ 的一拱,直线 $y = 0$ 所围成的图形分别绕 x 轴和 y 轴旋转而成的旋转体的体积.

解 画草图(如图 5-17 所示).按旋转体的体积公式,所述图形绕 x 轴旋转成旋转体的体积为

$$V_x = \int_0^{2\pi a} \pi y^2(x) dx = \pi \int_0^{2\pi} a^2 (1-\cos t)^2 a(1-\cos t) dt = \pi a^3 \int_0^{2\pi} (1 - 3\cos t + 3\cos^2 t - \cos^3 t) dt = 5\pi^2 a^3.$$

所述图形绕 y 轴旋转成旋转体的体积可看成是平面图形 $OABC$ 与 OBC(图 5-17)分别绕 y 轴旋转而成转体的体积之差.因此所求的体积为

$$V_y = \int_0^{2a} \pi x_2^2(y) dy - \int_0^{2a} \pi x_1^2(y) dy = \pi \int_{2\pi}^{\pi} a^2 (t-\sin t)^2 a \sin t dt - \pi \int_0^{\pi} a^2 (t-\sin t)^2 a \sin t dt$$

$$= -\pi a^3 \int_0^{2\pi} (t-\sin t)^2 \sin t dt = 6\pi^3 a^3.$$

6. 求以半径为 R 的圆为底、平行且等于底圆直径的线段为顶、高为 h 的正劈锥体的体积.

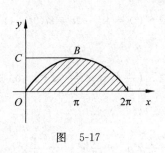

图 5-17

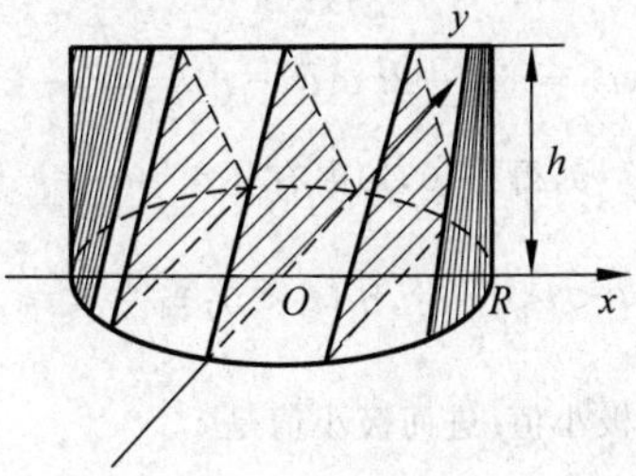

图 5-18

解 如图 5-18 所示,取底圆所在的平面为 xOy 平面,圆心 O 为原点,并使 x 轴与正劈锥的顶平行,底圆的方程为 $x^2 + y^2 = R^2$.

过 x 轴上的点 $x(-R \leqslant x \leqslant R)$ 作垂直于 x 轴的平面,截正劈锥体得等腰三角形,此截面的面积为 $A(x) = \frac{1}{2} h \cdot 2y = h \sqrt{R^2 - x^2}$,于是所求正劈锥体的体积为

$$V = \int_{-R}^R A(x) dx = h \int_{-R}^R \sqrt{R^2 - x^2} dx = 2R^2 h \int_0^{\frac{\pi}{2}} \cos^2 \theta d\theta = \frac{\pi R^2 h}{2},$$

即正劈锥体的体积等于同底同高的圆柱体体积的一半.

7. 证明:由平面图形 $0 \leqslant a \leqslant x \leqslant b, 0 \leqslant y \leqslant f(x)$ 绕 y 轴旋转所得旋转体的体积为 $V = 2\pi \int_a^b x f(x) dx$.

证明 体积微元 $dV = 2\pi x f(x) dx$,故 $V = \int_a^b 2\pi x f(x) dx = 2\pi \int_a^b x f(x) dx$.

提高题

1. 设位于曲线 $y = \dfrac{1}{\sqrt{x(1+\ln^2 x)}} (e \leqslant x < +\infty)$ 下方、x 轴上方的无界区域为 G,则 G 绕 x 轴旋转一周所得空间区域的体积为_____.

解 $V = \int_e^{+\infty} \pi y^2(x) dx = \int_e^{+\infty} \pi \frac{1}{x(1+\ln^2 x)} dx = \pi \lim_{x \to +\infty} \left(\arctan \ln x - \frac{\pi}{4}\right) = \pi \left(\frac{\pi}{2} - \frac{\pi}{4}\right) = \frac{\pi^2}{4}$.

故应填 $\dfrac{\pi^2}{4}$.

2. 求由曲线 $y=\lim\limits_{n\to+\infty}\dfrac{x}{1+x^2+\mathrm{e}^{nx}}$，$y=\dfrac{x}{2}$，$y=0$ 及 $x=1$ 围成的平面图形的面积.

解 $y=\lim\limits_{n\to+\infty}\dfrac{x}{1+x^2+\mathrm{e}^{nx}}=\begin{cases}0, & x\geqslant 0,\\[2mm] \dfrac{x}{1+x^2}, & x<0,\end{cases}$　故所求面积为

$$S=\int_{-1}^{0}\left(\frac{x}{2}-\frac{x}{1+x^2}\right)\mathrm{d}x+\int_{0}^{1}\frac{x}{2}\mathrm{d}x=\frac{1}{2}\ln 2.$$

3. 设 S_1 是由曲线 $y=x^2$ 与直线 $y=t^2(0<t<1)$ 及 y 轴所围图形的面积，S_2 是由曲线 $y=x^2$ 与直线 $y=t^2(0<t<1)$ 及 $x=1$ 所围图形的面积（如图 5-19 所示）. 求：t 取何值时，$S(t)=S_1+S_2$ 取到极小值？极小值是多少？

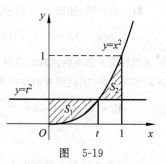

图　5-19

解　解法一　根据题意知

$$S(t)=S_1+S_2=\left(t^3-\int_{0}^{t}x^2\mathrm{d}x\right)+\left[\int_{t}^{1}x^2\mathrm{d}x-t^2(1-t)\right]$$
$$=2t^3-t^2-\int_{0}^{t}x^2\mathrm{d}x+\int_{t}^{1}x^2\mathrm{d}x,$$

或 $S(t)=S_1+S_2=\displaystyle\int_{0}^{t}(t^2-x^2)\mathrm{d}x+\int_{t}^{1}(x^2-t^2)\mathrm{d}x=\dfrac{4}{3}t^3-t^2+\dfrac{1}{3}$，则

$$S'(t)=6t^2-2t-t^2-t^2=4t^2-2t=2t(2t-1)，\text{或}\ S'(t)=4t^2-2t=2t(2t-1).$$

令 $S'(t)=0$，得在 $(0,1)$ 内有驻点 $t=\dfrac{1}{2}$.

显然，当 $0<t<\dfrac{1}{2}$ 时，$S'(t)<0$；当 $\dfrac{1}{2}<t<1$ 时，$S'(t)>0$ 或 $S''\left(\dfrac{1}{2}\right)=8\times\dfrac{1}{2}-2=2>0$. 所以 $S(t)$ 在 $t=\dfrac{1}{2}$ 处取得极小值. 进而极小值是

$$S\left(\frac{1}{2}\right)=2\times\frac{1}{8}-\frac{1}{4}-\int_{0}^{\frac{1}{2}}x^2\mathrm{d}x+\int_{\frac{1}{2}}^{0}x^2\mathrm{d}x=-\frac{1}{3}x^3\Big|_{0}^{\frac{1}{2}}+\frac{1}{3}x^3\Big|_{\frac{1}{2}}^{1}=\frac{1}{4},$$

或 $S\left(\dfrac{1}{2}\right)=\dfrac{4}{3}\times\dfrac{1}{8}-\dfrac{1}{4}+\dfrac{1}{3}=\dfrac{1}{4}$.

解法二　根据题意知

$$S(t)=S_1+S_2=\int_{0}^{t^2}\sqrt{y}\mathrm{d}y+\left[(1-t^2)-\int_{t^2}^{1}\sqrt{y}\mathrm{d}y\right]=1-t^2+\int_{0}^{t^2}\sqrt{y}\mathrm{d}y-\int_{t^2}^{1}\sqrt{y}\mathrm{d}y,$$

或 $S(t)=S_1+S_2=\displaystyle\int_{0}^{t^2}\sqrt{y}\mathrm{d}y+\int_{t^2}^{1}[1-\sqrt{y}]\mathrm{d}y=\dfrac{4}{3}t^3-t^2+\dfrac{1}{3}$，则

$$S'(t)=-2t+2t^2+2t^2=4t^2-2t=2t(2t-1)\ \text{或}\ S'(t)=4t^2-2t=2t(2t-1).$$

其余步骤同方法一.

4. 设直线 $y=ax$ 与抛物线 $y=x^2$ 所围成的图形的面积为 S_1，它们与直线 $x=1$ 所围成的图形的面积为 S_2，并且 $a<1$. 试确定 a 的值，使 $S=S_1+S_2$ 达到最小，并求出最小值.

解　画草图（如图 5-20(a)、(b)所示）.

当 $0<a<1$ 时

$$S=S_1+S_2=\int_{0}^{a}(ax-x^2)\mathrm{d}x+\int_{a}^{1}(x^2-ax)\mathrm{d}x=\frac{a^3}{3}-\frac{a}{2}+\frac{1}{3},\quad S'=a^2-\frac{1}{2},\ S''=2a.$$

令 $S'=a^2-\dfrac{1}{2}=0$ 得 $a=\dfrac{1}{\sqrt{2}}$，而 $S''\left(\dfrac{1}{\sqrt{2}}\right)=\sqrt{2}>0$，所以 $S\left(\dfrac{1}{\sqrt{2}}\right)=\dfrac{2-\sqrt{2}}{6}$ 是唯一的极小值也即最小值.

当 $a\leqslant 0$ 时

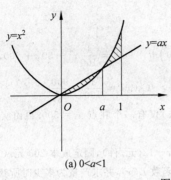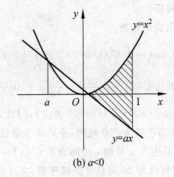

图 5-20

$$S = S_1 + S_2 = \int_a^0 (ax - x^2)\,\mathrm{d}x + \int_0^1 (x^2 - ax)\,\mathrm{d}x = -\frac{a^3}{6} - \frac{a}{2} + \frac{1}{3},$$

$$S' = -\frac{1}{2}a^2 - \frac{1}{2} < 0,$$

所以 S 单调减少,当 $a = 0$ 时,S 取最小值,此时 $S(0) = \frac{1}{3}$.

综上所述,当 $a = \frac{1}{\sqrt{2}}$ 时,S 取最小值 $S\left(\frac{1}{\sqrt{2}}\right) = \frac{2-\sqrt{2}}{6}$.

5. 设 D_1 是由抛物线 $y = 2x^2$ 和直线 $x = a, x = 2$ 及 $y = 0$ 所围成的平面区域;D_2 是由抛物线 $y = 2x^2$ 和直线 $y = 0, x = a$ 所围成的平面区域,其中 $0 < a < 2$.

(1)试求 D_1 绕 x 轴旋转而成的旋转体的体积 V_1 及 D_2 绕 y 轴旋转而成的旋转体的体积 V_2;

(2)问当 a 为何值时,$V_1 + V_2$ 取得最大值?试求此最大值.

解 如图 5-21 所示.

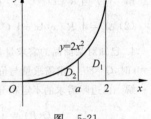

图 5-21

(1)由题设及旋转体体积公式,有

$$V_1 = \pi \int_a^2 (2x^2)^2\,\mathrm{d}x = \frac{4\pi}{5}(32 - a^5),$$

$$V_2 = \pi a^2 \cdot 2a^2 - \pi \int_0^{2a^2} \frac{y}{2}\,\mathrm{d}y = 2\pi a^4 - \pi a^4 = \pi a^4.$$

(2)设 $V = V_1 + V_2 = \frac{4\pi}{5}(32 - a^5) + \pi a^4$. 令 $V' = 4\pi a^3(1 - a) = 0$,得 $(0, 2)$ 内的唯一驻点 $a = 1$.

当 $0 < a < 1$ 时,$V' > 0$;当 $1 < a < 2$ 时,$V' < 0$. 故 $a = 1$ 是极大值点,亦即最大值点,此时 $V_1 + V_2$ 取得最大值 $\frac{129}{5}\pi$.

6. 设平面图形 A 由 $x^2 + y^2 \leqslant 2x$ 与 $y \geqslant x$ 所确定,求图形 A 绕直线 $x = 2$ 旋转一周所得旋转体的体积.

解 以 y 为积分变量,它的最大范围为 $0 \leqslant y \leqslant 1$,在其上固定一点,过此点作平行于 x 轴的平行线,这条平行线与图形 A 的两条边界线 $x = y, x = 1 - \sqrt{1 - y^2}$ 相交,它们与旋转轴之间的距离分别为 $2 - y, 2 - (1 - \sqrt{1 - y^2})$,则所求体积为

$$V = \pi \int_0^1 \left\{ \left[2 - (1 - \sqrt{1 - y^2}) \right]^2 - (2 - y)^2 \right\}\mathrm{d}y = 2\pi \int_0^1 \left[\sqrt{1 - y^2} - (1 - y)^2 \right]\mathrm{d}y$$

$$= 2\pi \left[\frac{\pi}{4} + \frac{1}{3}(1 - y)^3 \Big|_0^1 \right] = \frac{\pi^2}{2} - \frac{2\pi}{3}.$$

习题 5.7

1. 某企业生产 x 吨产品时的边际成本为 $C'(x) = \frac{1}{50}x + 30$(元/吨),且固定成本为 900 元,试求产量为

多少时平均成本最低?

解 首先求出成本函数.

$$C(x) = \int_0^x C'(t)\mathrm{d}t + C_0 = \int_0^x \left(\frac{1}{50}t + 30\right)\mathrm{d}t + 900 = \frac{1}{100}x^2 + 30x + 900,$$

故得平均成本函数为 $\bar{C}(x) = \frac{C(x)}{x} = \frac{1}{100}x + 30 + \frac{900}{x}$, $\bar{C}'(x) = \frac{1}{100} - \frac{900}{x^2}$.

令 $\bar{C}' = 0$, 得 $x_1 = 300 (x_2 = -300$ 舍去), 因此, $\bar{C}(x)$ 仅有一个驻点 $x_1 = 300$. 再由实际问题本身可知 $\bar{C}(x)$ 有最小值. 故当产量为 300 吨时, 平均成本最低.

2. 已知某产品生产 x 件时, 边际成本 $C'(x) = 0.4x - 12$(元/件), 固定成本 200 元. (1) 求其成本函数. (2) 若此种商品的售价为 20 元且可全部售出, 求其利润函数 $L(x)$, 并求产量为多少时所获得的利润最大.

解 由已知条件得 $C'(x) = 0.4x - 12, C(0) = 200$. 因此生产 x 件商品的总成本为

$$C(x) = \int_0^x C'(t)\mathrm{d}t + C(0) = \int_0^x (0.4t - 12)\mathrm{d}t + 200 = 0.2x^2 - 12x + 200(元).$$

销售收入为 $R(x) = 20x$(元)

$$L(x) = R(x) - C(x) = 20x - (0.2x^2 - 12x + 200) = -0.2x^2 + 32x - 200(元).$$

令 $L'(x) = -0.4x + 32 = 0$, 得唯一个驻点 $x = 80$. 又 $L''(x) = -0.4$, 所以当 $x = 80$ 时所得到的利润最大, 最大利润为 $L(80) = -0.2 \times 80^2 + 32 \times 80 - 200 = 1080$ 元.

3. 某种商品的成本函数 $C(x)$(万元), 其边际成本为 $C'(x) = 1$, 边际收益是生产量 x(百台) 的函数, 即 $R'(x) = 5 - x$. (1) 求生产量为多少时, 总利润最大? (2) 从利润量最大的生产量又生产了 100 台, 总利润减少了多少

解 (1) 当 $R'(x) = C'(x)$ 时, 利润最大, 即当 $5 - x = 1, x = 4$ 时, 总利润最大.

(2) $\Delta L = \int_4^5 R'(x)\mathrm{d}x - \int_4^5 C'(x)\mathrm{d}x = \int_4^5 (5 - x - 1)\mathrm{d}x = \int_4^5 (4 - x)\mathrm{d}x = -0.5$, 所以总利润减少 0.5 万元.

4. 已知对某商品的需求量是价格 P 的函数, 且边际需求 $Q'(P) = -4$, 该商品的最大需求量为 80(即 $P = 0$ 时, $Q = 80$), 求需求量与价格的函数关系.

解 由边际需求的不定积分公式, 可得需求量

$$Q(P) = \int Q'(P)\mathrm{d}P = \int -4\mathrm{d}P = -4P + C \quad (C \text{ 为积分常数}).$$

代入 $Q(P)\big|_{P=0} = 80$, 得 $C = 80$, 于是需求量与价格的函数关系是 $Q(P) = -4P + 80$.

本例也可由变上限的定积分公式直接求得

$$Q(P) = \int_0^P Q'(t)\mathrm{d}t + Q(0) = \int_0^P (-4)\mathrm{d}P + 80 = -4P + 80.$$

提高题

1. 若一企业生产某产品的边际成本是产量 x 的函数 $C'(x) = 2\mathrm{e}^{0.2x}$, 固定成本 $C_0 = 90$, 求总成本函数.

解 由定积分得 $C(x) = \int_0^x C'(x)\mathrm{d}x + 90 = \frac{2}{0.2}\mathrm{e}^{0.2x}\bigg|_0^x + 90 = 10\mathrm{e}^{0.2x} + 80$, 于是总成本函数为 $C(x) = 10\mathrm{e}^{0.2x} + 80$.

2. 有一个大型投资项目, 投资成本为 $A = 10000$(万元), 投资年利率为 5%, 每年的均匀收入率为 $a = 2000$(万元), 求该投资为无限期时的纯收入的贴现值(或称为投资的资本价值).

解 由已知条件收入率为 $a = 2000$(万元), 年利率 $r = 5\%$, 故无限期的投资的总收入的贴现值为

$$y = \int_0^{+\infty} a\,\mathrm{e}^{-rt}\,\mathrm{d}t = \int_0^{+\infty} 2000\mathrm{e}^{-0.05t}\,\mathrm{d}t = \lim_{b \to +\infty} \int_0^b 2000\mathrm{e}^{-0.05t}\,\mathrm{d}t = \lim_{b \to +\infty} \frac{2000}{0.05}[1 - \mathrm{e}^{-0.05b}]$$

$$= 2000 \times \frac{1}{0.05} = 40000(\text{万元}),$$

从而投资为无限期时的纯收入贴现值为

$$R = y - A = 40000 - 10000 = 30000(万元) = 3 亿元.$$

总复习题 5

1. 填空题

(1) 设 $f(x)$ 为连续函数,则 $\int_2^3 f(x)dx + \int_3^1 f(u)du + \int_1^2 f(t)dt =$ _____.

(2) $\lim\limits_{x \to 0} \dfrac{\int_0^x \sin^2 t\,dt}{x^3} =$ _____.

(3) 函数 $F(x) = \int_1^x \left(1 - \ln\sqrt{t}\right)dt \, (x > 0)$ 的递减区间为 _____.

(4) 已知 $\int_0^1 f(x)dx = 1, f(1) = 0$,则 $\int_0^1 xf'(x)dx =$ _____.

(5) 设 $\lim\limits_{x \to +\infty} f(x) = 1, a$ 为常数, $\lim\limits_{x \to +\infty} \int_x^{x+a} f(x)dx =$ _____.

解 (1) 0; (2) $\dfrac{1}{3}$; (3) $[e^2, +\infty)$; (4) -1; (5) a.

2. 选择题

(1) 在下列积分中,其值为 0 的是( ).

A. $\int_{-1}^1 |\sin 2x|\,dx$ B. $\int_{-1}^1 \cos 2x\,dx$ C. $\int_{-1}^1 x\sin x\,dx$ D. $\int_{-1}^1 \sin 2x\,dx$

(2) 设 $f(x)$ 在 $[a,b]$ 上非负,在 (a,b) 内 $f'(x) > 0, f'(x) < 0. I_1 = \dfrac{b-a}{2}\left[f(b) + f(a)\right], I_2 = \int_a^b f(x)dx, I_3 = (b-a)f(b)$,则 I_1, I_2, I_3 的大小关系为( ).

A. $I_1 \leqslant I_2 \leqslant I_3$ B. $I_2 \leqslant I_3 \leqslant I_1$ C. $I_1 \leqslant I_3 \leqslant I_2$ D. $I_3 \leqslant I_2 \leqslant I_1$

(3) 设 $\Phi(x) = \int_0^x \sin(x-t)dt$,则 $\Phi'(x)$ 等于( ).

A. $\cos x$ B. $-\sin x$ C. $\sin x$ D. 0

(4) 定积分 $\int_{-1}^1 x^{2002}(e^x - e^{-x})dx$ 的值为( ).

A. 0   B. $2002!\left(e - \dfrac{1}{e}\right)$ C. $2003!\left(e - \dfrac{1}{e}\right)$ D. $2001!\left(e - \dfrac{1}{e}\right)$

(5) 设 $f(x) = \int_0^{\sin x} \sin t^2\,dt, g(x) = x^3 + x^4$,则当 $x \to 0$ 时,$f(x)$ 是 $g(x)$ 的( )无穷小量.

A. 等价   B. 同阶但非等价   C. 高阶   D. 低阶

解 (1) D; (2) D; (3) C; (4) A; (5) B.

3. 求极限:

(1) $\lim\limits_{n \to \infty} \sum\limits_{k=1}^n \dfrac{n}{n^2 + 3k^2}$;

(2) $\lim\limits_{n \to \infty} \dfrac{1}{n} \sum\limits_{i=1}^n \sqrt{1 + \dfrac{i}{n}}$;

(3) $\lim\limits_{x \to a} \dfrac{x}{x-a} \int_a^x f(t)dt$,其中 $f(x)$ 连续;

(4) $\lim\limits_{x \to 0} \dfrac{\int_{2x}^0 e^{-t^2}dt}{e^x - 1}$.

解 (1) $\lim\limits_{n \to \infty} \sum\limits_{k=1}^n \dfrac{n}{n^2 + 3k^2} = \lim\limits_{n \to \infty} \sum\limits_{k=1}^n \dfrac{1}{1 + 3\left(\dfrac{k}{n}\right)^2} \dfrac{1}{n} = \int_0^1 \dfrac{1}{1 + 3x^2}dx = \dfrac{1}{\sqrt{3}}\arctan\sqrt{3}x \Big|_0^1 = \dfrac{\sqrt{3}\pi}{9}$.

(2) $\lim\limits_{n \to \infty} \dfrac{1}{n} \sum\limits_{i=1}^n \sqrt{1 + \dfrac{i}{n}} = \int_0^1 \sqrt{1+x}\,dx = \dfrac{2}{3}(1+x)^{\frac{3}{2}} \Big|_0^1 = \dfrac{2}{3}\left[2\sqrt{2} - 1\right]$.

(3) $\lim\limits_{x \to a} \dfrac{x}{x-a} \int_a^x f(t)dt = \lim\limits_{x \to a} \dfrac{\left(x\int_a^x f(t)dt\right)'}{(x-a)'} = \lim\limits_{x \to a} \dfrac{\int_a^x f(t)dt + xf(x)}{1} = af(a)$.

(4) $\lim\limits_{x\to 0}\dfrac{\displaystyle\int_{2x}^{0}\mathrm{e}^{-t^2}\,\mathrm{d}t}{\mathrm{e}^x-1}=\lim\limits_{x\to 0}\dfrac{-2\mathrm{e}^{-4x^2}}{\mathrm{e}^x}=-2.$

4. 估计积分 $\displaystyle\int_{\pi/4}^{\pi/2}\dfrac{\sin x}{x}\mathrm{d}x$ 的值.

解 $f(x)=\dfrac{\sin x}{x},x\in\left[\dfrac{\pi}{4},\dfrac{\pi}{2}\right],f'(x)=\dfrac{x\cos x-\sin x}{x^2}=\dfrac{\cos x(x-\tan x)}{x^2}<0,$

$f(x)$ 在 $\left[\dfrac{\pi}{4},\dfrac{\pi}{2}\right]$ 上单调下降,故区间端点即为极值点.

$M=f\left(\dfrac{\pi}{4}\right)=\dfrac{2\sqrt{2}}{\pi},m=f\left(\dfrac{\pi}{2}\right)=\dfrac{2}{\pi}$,因为 $b-a=\dfrac{\pi}{2}-\dfrac{\pi}{4}=\dfrac{\pi}{4}$,所以

$$\dfrac{2}{\pi}\cdot\dfrac{\pi}{4}\leqslant\int_{\frac{\pi}{4}}^{\frac{\pi}{2}}\dfrac{\sin x}{x}\mathrm{d}x\leqslant\dfrac{2\sqrt{2}}{\pi}\cdot\dfrac{\pi}{4},\qquad 即\qquad \dfrac{1}{2}\leqslant\int_{\frac{\pi}{4}}^{\frac{\pi}{2}}\dfrac{\sin x}{x}\mathrm{d}x\leqslant\dfrac{\sqrt{2}}{2}.$$

5. 求下列函数的导数:

(1) $\dfrac{\mathrm{d}}{\mathrm{d}x}\displaystyle\int_0^x\sin(x-t)^2\,\mathrm{d}t$; (2) $\dfrac{\mathrm{d}}{\mathrm{d}x}\displaystyle\int_0^x tf(x^2-t^2)\,\mathrm{d}t$,其中 $f(x)$ 是连续函数.

解 (1) 设 $u=x-t$,则 $\mathrm{d}u=-\mathrm{d}t,\displaystyle\int_0^x\sin(x-t)^2\,\mathrm{d}t=-\int_x^0\sin u^2\,\mathrm{d}u$, 故

$$\dfrac{\mathrm{d}}{\mathrm{d}x}\int_0^x\sin(x-t)^2\,\mathrm{d}t=-\dfrac{\mathrm{d}\left(\displaystyle\int_x^0\sin u^2\,\mathrm{d}u\right)}{\mathrm{d}x}=\sin x^2.$$

(2) 设 $u=x^2-t^2$,则 $\mathrm{d}u=-2t\mathrm{d}t,\displaystyle\int_0^x tf(x^2-t^2)\,\mathrm{d}t=-\dfrac{1}{2}\int_{x^2}^0 f(u)\,\mathrm{d}u=\dfrac{1}{2}\int_0^{x^2}f(u)\,\mathrm{d}u$, 故

$$\dfrac{\mathrm{d}}{\mathrm{d}x}\int_0^x tf(x^2-t^2)\,\mathrm{d}t=\dfrac{1}{2}\dfrac{\mathrm{d}\left(\displaystyle\int_0^{x^2}f(u)\,\mathrm{d}u\right)}{\mathrm{d}x}=xf(x^2).$$

6. 设函数 $y=y(x)$ 由方程 $\displaystyle\int_0^{y^2}\mathrm{e}^{-t}\,\mathrm{d}t+\int_x^0\cos t^2\,\mathrm{d}t=0$ 所确定,求 $\dfrac{\mathrm{d}y}{\mathrm{d}x}$.

解 在方程两边同时对 x 求导得 $\dfrac{\mathrm{d}}{\mathrm{d}x}\left(\displaystyle\int_0^{y^2}\mathrm{e}^{-t}\,\mathrm{d}t\right)+\dfrac{\mathrm{d}}{\mathrm{d}x}\left(\displaystyle\int_x^0\cos t^2\,\mathrm{d}t\right)=0$,于是

$$\dfrac{\mathrm{d}}{\mathrm{d}y}\left(\int_0^{y^2}\mathrm{e}^{-t}\,\mathrm{d}t\right)\cdot\dfrac{\mathrm{d}y}{\mathrm{d}x}+\dfrac{\mathrm{d}}{\mathrm{d}x}\left(\int_x^0\cos t^2\,\mathrm{d}t\right)=0,$$

即 $\mathrm{e}^{-y^2}\cdot(2y)\cdot\dfrac{\mathrm{d}y}{\mathrm{d}x}+(-\cos x^2)=0$,故 $\dfrac{\mathrm{d}y}{\mathrm{d}x}=\dfrac{\mathrm{e}^{y^2}\cos x^2}{2y}(y\neq 0)$.

7. 设 $f(x)$ 连续且满足 $\displaystyle\int_0^{x^2(1+x)}f(t)\,\mathrm{d}t=x$,求 $f(2)$.

解 把 $\displaystyle\int_0^{x^2(1+x)}f(t)\,\mathrm{d}t=x$ 两边对 x 求导得 $f(x^2(1+x))(2x+3x^2)=1.$

令 $x=1$ 得 $f(2)(2+3)=1$,即 $f(2)=\dfrac{1}{5}.$

8. 已知 $f(x)=x^2-x\displaystyle\int_0^2 f(x)\,\mathrm{d}x+2\int_0^1 f(x)\,\mathrm{d}x$,求 $f(x)$.

解 原等式两端分别从 0 到 1 和从 0 到 2 积分得 $\left($注意$\displaystyle\int_0^2 f(x)\,\mathrm{d}x,\int_0^1 f(x)\,\mathrm{d}x$ 是常数$\right)$

$$\int_0^1 f(x)\,\mathrm{d}x=\int_0^1 x^2\,\mathrm{d}x-\int_0^1 x\mathrm{d}x\cdot\int_0^2 f(x)\,\mathrm{d}x+2\int_0^1 f(x)\,\mathrm{d}x,$$

$$\int_0^2 f(x)\,\mathrm{d}x=\int_0^2 x^2\,\mathrm{d}x-\int_0^2 x\mathrm{d}x\cdot\int_0^2 f(x)\,\mathrm{d}x+4\int_0^1 f(x)\,\mathrm{d}x,$$

即

$$\int_0^1 f(x)\,\mathrm{d}x=\dfrac{1}{3}-\dfrac{1}{2}\int_0^2 f(x)\,\mathrm{d}x+2\int_0^1 f(x)\,\mathrm{d}x,\qquad \int_0^2 f(x)\,\mathrm{d}x=\dfrac{8}{3}-2\int_0^2 f(x)\,\mathrm{d}x+4\int_0^1 f(x)\,\mathrm{d}x.$$

从以上两式可解得 $\int_0^1 f(x)\mathrm{d}x=\dfrac{1}{3}$，$\int_0^2 f(x)\mathrm{d}x=\dfrac{4}{3}$，故 $f(x)=x^2-\dfrac{4}{3}x+\dfrac{2}{3}$.

9. 设 $F(x)=\displaystyle\int_0^x \mathrm{e}^{-\frac{t^2}{2}}\mathrm{d}t$，$x\in(-\infty,+\infty)$，求曲线 $y=F(x)$ 在拐点处的切线方程.

解 $F'(x)=\mathrm{e}^{\frac{x^2}{2}}$，$F''(x)=x\mathrm{e}^{\frac{x^2}{2}}$，令 $F''=0$ 得拐点 $(0,0)$，从而得切线斜率为 $k=1$，切线方程为 $y=x$.

10. 设 $f(x)$ 和 $g(x)$ 均为 $[a,b]$ 上的连续函数，证明：至少存在一点 $\xi\in(a,b)$，使

$$f(\xi)\int_\xi^b g(x)\mathrm{d}x=g(\xi)\int_a^\xi f(x)\mathrm{d}x.$$

证明 设 $F(x)=\displaystyle\int_a^x f(t)\mathrm{d}t\cdot\int_x^b g(t)\mathrm{d}t$，则 $F(x)$ 在 $[a,b]$ 上连续，$F(x)$ 在 (a,b) 内可导，且

$$F(a)=F(b)=0,\quad F'(x)=f(x)\int_x^b g(t)\mathrm{d}t-g(x)\int_a^x f(t)\mathrm{d}t.$$

由罗尔定理，存在 $\xi\in(a,b)$，有 $F'(\xi)=0$，即 $f(\xi)\displaystyle\int_\xi^b g(x)\mathrm{d}x=g(\xi)\int_a^\xi f(x)\mathrm{d}x$.

11. 设 $f(x)$ 在 $(-\infty,+\infty)$ 内连续且 $f(x)>0$. 证明函数 $F(x)=\dfrac{\displaystyle\int_0^x tf(t)\mathrm{d}t}{\displaystyle\int_0^x f(t)\mathrm{d}t}$ 在 $(0,+\infty)$ 内为单调增加函数.

证明 因为 $\dfrac{\mathrm{d}}{\mathrm{d}x}\displaystyle\int_0^x tf(t)\mathrm{d}t=xf(x)$，$\dfrac{\mathrm{d}}{\mathrm{d}x}\displaystyle\int_0^x f(t)\mathrm{d}t=f(x)$，所以

$$F'(x)=\frac{xf(x)\displaystyle\int_0^x f(t)\mathrm{d}t-f(x)\int_0^x tf(t)\mathrm{d}t}{\left(\displaystyle\int_0^x f(t)\mathrm{d}t\right)^2}=\frac{f(x)\displaystyle\int_0^x (x-t)f(t)\mathrm{d}t}{\left(\displaystyle\int_0^x f(t)\mathrm{d}t\right)^2}.$$

因为 $f(x)>0(x>0)$，所以 $\displaystyle\int_0^x f(t)\mathrm{d}t>0$，同理 $\displaystyle\int_0^x (x-t)f(t)\mathrm{d}t>0$，故得 $F'(x)>0(x>0)$，即 $F(x)$ 在 $(0,+\infty)$ 内为单调增加函数.

12. 求下列定积分：

(1) $\displaystyle\int_0^\pi(\sin^2 x-\sin^3 x)\mathrm{d}x$；　　(2) $\displaystyle\int_0^3\frac{\mathrm{d}x}{(1+x)\sqrt{x}}$；　　(3) $\displaystyle\int_{-\sqrt{2}}^{\sqrt{2}}\sqrt{8-2x^2}\,\mathrm{d}x$；　　(4) $\displaystyle\int_0^1\frac{\ln(1+x)}{(2-x)^2}\mathrm{d}x$.

解 (1) $\displaystyle\int_0^\pi(\sin^2 x-\sin^3 x)\mathrm{d}x=\int_0^\pi\frac{1-\cos 2x}{2}\mathrm{d}x+\int_0^\pi(1-\cos^2 x)\mathrm{d}\cos x$

$$=\frac{\pi}{2}-\frac{\sin 2x}{4}\Big|_0^\pi+\left(\cos x-\frac{\cos^3 x}{3}\right)\Big|_0^\pi=\frac{\pi}{2}-\frac{4}{3}.$$

(2) $\displaystyle\int_0^3\frac{\mathrm{d}x}{(1+x)\sqrt{x}}=2\int_0^3\frac{\mathrm{d}\sqrt{x}}{1+(\sqrt{x})^2}=2\arctan\sqrt{x}\Big|_0^3=\frac{2}{3}\pi.$

(3) 设 $x=2\sin t$，则 $\mathrm{d}x=2\cos t\mathrm{d}t$，于是

$$原式=\int_{-\frac{\pi}{4}}^{\frac{\pi}{4}}2\sqrt{2}\cos t\cdot 2\cos t\mathrm{d}t=8\sqrt{2}\int_0^{\frac{\pi}{4}}\cos^2 t\mathrm{d}t=8\sqrt{2}\int_0^{\frac{\pi}{4}}\frac{1+\cos 2t}{2}\mathrm{d}t$$

$$=8\sqrt{2}\left(\frac{\pi}{8}+\frac{\sin 2t}{4}\Big|_0^{\frac{\pi}{4}}\right)=\sqrt{2}(\pi+2).$$

(4) $\displaystyle\int_0^1\frac{\ln(1+x)}{(2-x)^2}\mathrm{d}x=\int_0^1\ln(1+x)\mathrm{d}\left(\frac{1}{2-x}\right)=\left[\ln(1+x)\frac{1}{2-x}\right]\Big|_0^1-\int_0^1\frac{1}{(1+x)(2-x)}\mathrm{d}x$

$$=\ln 2-\frac{1}{3}\int_0^1\left(\frac{1}{1+x}+\frac{1}{2-x}\right)\mathrm{d}x=\ln 2-\frac{1}{3}\ln\left|\frac{1+x}{2-x}\right|\Big|_0^1$$

$$=\ln 2-\frac{1}{3}\left(\ln 2-\ln\frac{1}{2}\right)=\frac{1}{3}\ln 2.$$

13. 设 $\int_0^\pi \dfrac{\cos x}{(x+2)^2}\mathrm{d}x = A$，求 $\int_0^{\frac{\pi}{2}} \dfrac{\sin x \cos x}{x+1}\mathrm{d}x$.

解　$\displaystyle\int_0^{\frac{\pi}{2}} \frac{\sin x \cos x}{x+1}\mathrm{d}x = \frac{1}{2}\int_0^{\frac{\pi}{2}} \frac{\sin 2x}{x+1}\mathrm{d}x \xrightarrow[\mathrm{d}x = \frac{1}{2}\mathrm{d}t]{x = \frac{t}{2}} \frac{1}{2}\int_0^\pi \frac{\sin t}{\frac{t}{2}+1} \cdot \frac{\mathrm{d}t}{2} = \frac{1}{2}\int_0^\pi \frac{\sin t}{t+2}\mathrm{d}t$

$$= \frac{1}{2}\int_0^\pi \frac{1}{t+2}\mathrm{d}(-\cos t) = \frac{1}{2}\left[\frac{-\cos t}{t+2}\Big|_0^\pi - \int_0^\pi \frac{\cos t}{(t+2)^2}\mathrm{d}t\right]$$

$$= \frac{1}{2}\left(\frac{1}{\pi+2} + \frac{1}{2} - A\right).$$

14. 设 $f(x)$ 在 $[0,2a]$ 上连续，则 $\displaystyle\int_0^{2a} f(x)\mathrm{d}x = \int_0^a [f(x)+f(2a-x)]\mathrm{d}x$.

证明　$\displaystyle\int_0^{2a} f(x)\mathrm{d}x = \int_0^a f(x)\mathrm{d}x + \int_a^{2a} f(x)\mathrm{d}x$. 令 $x = 2a-u$，则 $\mathrm{d}x = -\mathrm{d}u$，于是

$$\int_a^{2a} f(x)\mathrm{d}x = \int_0^a f(2a-u)\mathrm{d}u = \int_0^a f(2a-x)\mathrm{d}x,$$

故 $\displaystyle\int_0^{2a} f(x)\mathrm{d}x = \int_0^a [f(x)+f(2a-x)]\mathrm{d}x$.

15. 证明 $\displaystyle\int_x^1 \frac{\mathrm{d}x}{1+x^2} = \int_1^{\frac{1}{x}} \frac{\mathrm{d}x}{1+x^2}\ (x>0)$.

证明　令 $x = \dfrac{1}{u}$，则 $\mathrm{d}x = -\dfrac{1}{u^2}\mathrm{d}u$，于是

$$\int_x^1 \frac{\mathrm{d}x}{1+x^2} = -\int_{\frac{1}{x}}^1 \frac{1}{1+\frac{1}{u^2}} \cdot \frac{1}{u^2}\mathrm{d}u = -\int_{\frac{1}{x}}^1 \frac{\mathrm{d}u}{1+u^2} = \int_1^{\frac{1}{x}} \frac{\mathrm{d}u}{1+u^2} = \int_1^{\frac{1}{x}} \frac{\mathrm{d}x}{1+x^2}.$$

16. 设 $f(x), g(x)$ 在区间 $[-a,a]\ (a>0)$ 上连续，$g(x)$ 为偶函数，且 $f(x)$ 满足条件 $f(x)+f(-x)=A$（A 为常数）.

(1) 证明：$\displaystyle\int_{-a}^a f(x)g(x)\mathrm{d}x = A\int_0^a g(x)\mathrm{d}x$；

(2) 利用 (1) 结论计算定积分 $\displaystyle\int_{-\frac{\pi}{2}}^{\frac{\pi}{2}} |\sin x| \arctan \mathrm{e}^x \mathrm{d}x$.

证明　(1) 因为 $\displaystyle\int_{-a}^a f(x)g(x)\mathrm{d}x = \int_{-a}^0 f(x)g(x)\mathrm{d}x + \int_0^a f(x)g(x)\mathrm{d}x$，在上式右端第一项中，设 $x=-t$，

则 $\mathrm{d}x = -\mathrm{d}t$，于是 $\displaystyle\int_{-a}^0 f(x)g(x)\mathrm{d}x = \int_a^0 f(-t)g(-t)(-\mathrm{d}t) = \int_0^a f(-t)g(-t)\mathrm{d}t$.

又 $g(x)$ 为偶函数，所以 $\displaystyle\int_{-a}^0 f(x)g(x)\mathrm{d}x = \int_0^a f(-x)g(x)\mathrm{d}x$，于是

$$\int_{-a}^a f(x)g(x)\mathrm{d}x = \int_0^a [f(-x)g(x)+f(x)g(x)]\mathrm{d}x = \int_0^a [f(-x)+f(x)]g(x)\mathrm{d}x = A\int_0^a g(x)\mathrm{d}x.$$

(2) 因为 $g(x) = |\sin x|$ 是偶函数，设 $f(x) = \arctan \mathrm{e}^x$，则

$$h(x) = f(x)+f(-x) = \arctan \mathrm{e}^x + \arctan \mathrm{e}^{-x}, \quad h'(x) = \frac{\mathrm{e}^x}{1+\mathrm{e}^{2x}} + \frac{-\mathrm{e}^{-x}}{1+\mathrm{e}^{-2x}} = 0,$$

故 $h(x) = c$（c 为常数）. 令 $x=0$，得 $h(x) = f(x)+f(-x) = \dfrac{\pi}{2}$，于是

$$\int_{-\frac{\pi}{2}}^{\frac{\pi}{2}} |\sin x| \arctan \mathrm{e}^x \mathrm{d}x = \frac{\pi}{2}\int_0^{\frac{\pi}{2}} |\sin x|\mathrm{d}x = \frac{\pi}{2}\int_0^{\frac{\pi}{2}} \sin x \mathrm{d}x = \frac{\pi}{2}.$$

17. 设 $f(x)$ 是以 T 为周期的连续函数，证明对任意实数 a，有 $\displaystyle\int_a^{a+T} f(x)\mathrm{d}x = \int_0^T f(x)\mathrm{d}x$. 并求 $\displaystyle\int_0^{100\pi} \sqrt{1-\cos 2x}\,\mathrm{d}x$.

证明　$\displaystyle\int_a^{a+T} f(x)\mathrm{d}x = \int_a^0 f(x)\mathrm{d}x + \int_0^T f(x)\mathrm{d}x + \int_T^{a+T} f(x)\mathrm{d}x$.

对 $\int_T^{a+T} f(x)\mathrm{d}x$，令 $x=t+T$，则 $\mathrm{d}x=\mathrm{d}t$，于是 $\int_T^{a+T}f(x)\mathrm{d}x=\int_0^a f(t+T)\mathrm{d}t=\int_0^a f(t)\mathrm{d}t=\int_0^a f(x)\mathrm{d}x$，故

$$\int_a^{a+T}f(x)\mathrm{d}x=\int_a^0 f(x)\mathrm{d}x+\int_0^T f(x)\mathrm{d}x+\int_0^a f(x)\mathrm{d}x=\int_0^T f(x)\mathrm{d}x.$$

$$\int_0^{100\pi}\sqrt{1-\cos2x}\,\mathrm{d}x=100\int_0^\pi\sqrt{1-\cos2x}\,\mathrm{d}x=100\int_0^\pi\sqrt2\sin x\,\mathrm{d}x=100\sqrt2(-\cos x)\Big|_0^\pi=200\sqrt2.$$

18. 设 $f(x)$ 是以 π 为周期的连续函数，证明：$\int_0^{2\pi}(\sin x+x)f(x)\mathrm{d}x=\int_0^\pi(2x+\pi)f(x)\mathrm{d}x.$

证明 $\int_0^{2\pi}(\sin x+x)f(x)\mathrm{d}x=\int_0^\pi(\sin x+x)f(x)\mathrm{d}x+\int_\pi^{2\pi}(\sin x+x)f(x)\mathrm{d}x.$

令 $x=\pi+u$，则 $\int_\pi^{2\pi}(\sin x+x)f(x)\mathrm{d}x=\int_0^\pi[\sin(\pi+u)+\pi+u]f(\pi+u)\mathrm{d}u.$

因为 $f(x)$ 以 π 为周期，所以

$$\int_\pi^{2\pi}(\sin x+x)f(x)\mathrm{d}x=\int_0^\pi(-\sin u+\pi+u)f(u)\mathrm{d}u=\int_0^\pi(-\sin x+\pi+x)f(x)\mathrm{d}x,$$

故

$$\int_0^{2\pi}(\sin x+x)f(x)\mathrm{d}x=\int_0^\pi(\sin x+x)f(x)\mathrm{d}x+\int_0^\pi(-\sin x+\pi+x)f(x)\mathrm{d}x=\int_0^\pi(2x+\pi)f(x)\mathrm{d}x.$$

19. 设 $f(x),g(x)$ 都是 $[a,b]$ 上的连续函数，且 $g(x)$ 在 $[a,b]$ 上不变号，证明：至少存在一点 $\xi\in[a,b]$，使下列等式成立 $\int_a^b f(x)g(x)\mathrm{d}x=f(\xi)\int_a^b g(x)\mathrm{d}x.$ 这一结果称为积分第一中值定理.

证明 不妨设在 $[a,b]$ 上 $g(x)\geqslant0$，因为 $f(x)$ 在 $[a,b]$ 上连续，必有最大值 M，最小值 m，所以

$$mg(x)\leqslant f(x)g(x)\leqslant Mg(x),\text{且}\int_a^b g(x)\mathrm{d}x\geqslant0.$$

上式两边积分得 $\int_a^b mg(x)\mathrm{d}x\leqslant\int_a^b f(x)g(x)\mathrm{d}x\leqslant\int_a^b Mg(x)\mathrm{d}x$，即

$$m\int_a^b g(x)\mathrm{d}x\leqslant\int_a^b f(x)g(x)\mathrm{d}x\leqslant M\int_a^b g(x)\mathrm{d}x.$$

当 $\int_a^b g(x)\mathrm{d}x>0$ 时，有 $m\leqslant\dfrac{\int_a^b f(x)g(x)\mathrm{d}x}{\int_a^b g(x)\mathrm{d}x}\leqslant M$，记 $\dfrac{\int_a^b f(x)g(x)\mathrm{d}x}{\int_a^b g(x)\mathrm{d}x}=\mu$，则有 $m\leqslant\mu\leqslant M$. 因为 $f(x)$

在 $[a,b]$ 上连续，由介值定理必有 $\xi\in[a,b]$，使得 $f(\xi)=\mu$，即 $\dfrac{\int_a^b f(x)g(x)\mathrm{d}x}{\int_a^b g(x)\mathrm{d}x}=f(\xi)$，所以

$$\int_a^b f(x)g(x)\mathrm{d}x=f(\xi)\int_a^b g(x)\mathrm{d}x.$$

当 $\int_a^b g(x)\mathrm{d}x=0$ 时，有 $g(x)=0,x\in[a,b]$，于是 $\int_a^b f(x)g(x)\mathrm{d}x=0$，在 $[a,b]$ 上任取一点 ξ，都有 $\int_a^b f(x)g(x)\mathrm{d}x=f(\xi)\int_a^b g(x)\mathrm{d}x.$

综上可得 $\int_a^b f(x)g(x)\mathrm{d}x=f(\xi)\int_a^b g(x)\mathrm{d}x(a\leqslant\xi\leqslant b).$ 同理可证 $g(x)\leqslant0$ 的情形.

20. 已知 $\int_0^{+\infty}\dfrac{\sin x}{x}\mathrm{d}x=\dfrac{\pi}{2}$，求 $\int_0^{+\infty}\dfrac{\sin^2 x}{x^2}\mathrm{d}x.$

解 $\int_0^{+\infty}\dfrac{\sin^2 x}{x^2}\mathrm{d}x=\int_0^{+\infty}\sin^2 x\,\mathrm{d}\left(-\dfrac{1}{x}\right)=-\dfrac{\sin^2 x}{x}\Big|_0^{+\infty}+\int_0^{+\infty}\dfrac{2\sin x\cos x}{x}\mathrm{d}x$

$$=0+\int_0^{+\infty}\dfrac{\sin2x}{x}\mathrm{d}x\xlongequal[\mathrm{d}x=\frac12\mathrm{d}t]{x=\frac{t}{2}}\int_0^{+\infty}\dfrac{\sin t}{\frac{t}{2}}\dfrac12\mathrm{d}t=\int_0^{+\infty}\dfrac{\sin x}{x}\mathrm{d}x=\dfrac{\pi}{2}.$$

21. 判断积分 $\int_{2/\pi}^{+\infty} \dfrac{1}{x^2}\sin\dfrac{1}{x}\mathrm{d}x$ 的收敛性.

解 原式 $=-\int_{\frac{2}{\pi}}^{+\infty}\sin\dfrac{1}{x}\mathrm{d}\left(\dfrac{1}{x}\right)=-\lim_{b\to+\infty}\int_{\frac{2}{\pi}}^{b}\sin\dfrac{1}{x}\mathrm{d}\left(\dfrac{1}{x}\right)=\lim_{b\to+\infty}\left(\cos\dfrac{1}{x}\right)\Big|_{\frac{2}{\pi}}^{b}$

$$=\lim_{b\to+\infty}\left(\cos\dfrac{1}{b}-\cos\dfrac{\pi}{2}\right)=1,$$

故收敛.

22. 判断积分 $\int_0^3 \dfrac{\mathrm{d}x}{(x-1)^{2/3}}$ 的收敛性.

解 因为 $x=1$ 为瑕点，则 $\int_0^3\dfrac{\mathrm{d}x}{(x-1)^{2/3}}=\int_0^1\dfrac{\mathrm{d}x}{(x-1)^{2/3}}+\int_1^3\dfrac{\mathrm{d}x}{(x-1)^{2/3}}$.

$$\int_0^1\dfrac{\mathrm{d}x}{(x-1)^{2/3}}=\dfrac{1}{1-2/3}(x-1)^{1/3}\Big|_0^1=3,\quad \int_1^3\dfrac{\mathrm{d}x}{(x-1)^{2/3}}=\dfrac{1}{1-2/3}(x-1)^{1/3}\Big|_1^3=3\sqrt[3]{2},$$

所以 $\int_0^3\dfrac{\mathrm{d}x}{(x-1)^{2/3}}=3(1+\sqrt[3]{2})$，故收敛.

23. 求抛物线 $y=-x^2+4x-3$ 及其在点 $(0,-3)$ 和 $(3,0)$ 处的切线所围成的图形的面积.

解 画草图 5-22. 因为 $y'(0)=4$，$y'(3)=-2$，曲线在 $(0,-3)$ 处的切线方程为 $y+3=4x$，即 $y=4x-3$，曲线在 $(3,0)$ 处的切线方程为 $y=-2(x-3)$，即 $y=-2x+6$.

由 $\begin{cases} y=4x-3,\\ y=-2x+6 \end{cases}$ 得两切线的交点为 $\left(\dfrac{3}{2},3\right)$，则所求面积为

$$A=\int_0^{\frac{3}{2}}[4x-3-(-x^2+4x-3)]\mathrm{d}x+\int_{\frac{3}{2}}^3[-2x+6-(-x^2+4x-3)]\mathrm{d}x.$$

$$=\int_0^{\frac{3}{2}}x^2\mathrm{d}x+\int_{\frac{3}{2}}^3(x^2-6x+9)\mathrm{d}x=\left(\dfrac{1}{3}x^3\right)\Big|_0^{\frac{3}{2}}+\left(\dfrac{1}{3}x^3-3x^2+9x\right)\Big|_{\frac{3}{2}}^3=\dfrac{9}{4}.$$

24. 求曲线 $y=-x^3+x^2+2x$ 与 x 轴所围成的图形的面积.

解 画草图 5-23. $A=-\int_{-1}^0(-x^3+x^2+2x)\mathrm{d}x+\int_0^2(-x^3+x^2+2x)\mathrm{d}x=\dfrac{37}{12}$.

25. 求位于曲线 $y=\mathrm{e}^x$ 下方，该曲线过原点的切线的左方以及 x 轴上方之间的图形的面积.

解 画草图 5-24. 设 $y=\mathrm{e}^x$ 的过原点的切线为 $y=kx$，切点为 $A(x_0\,y_0)$. 则 $k=y'(x_0)=\mathrm{e}^x\big|_{x=x_0}=\mathrm{e}^{x_0}$，切线为 $y=\mathrm{e}^{x_0}x$. 将 $(x_0\,y_0)$ 代入 $y=\mathrm{e}^x$ 和 $y=\mathrm{e}^{x_0}x$ 有 $y_0=\mathrm{e}^{x_0}=\mathrm{e}^{x_0}x_0$. 从而 $x_0=1$，故 $k=\mathrm{e}$，所以

$$A=\int_{-\infty}^0\mathrm{e}^x\mathrm{d}x+\int_0^1(\mathrm{e}^x-\mathrm{e}x)\mathrm{d}x=\mathrm{e}^x\Big|_{-\infty}^0+\left(\mathrm{e}^x-\dfrac{\mathrm{e}x^2}{2}\right)\Big|_0^1=\mathrm{e}^x\Big|_{-\infty}^1-\dfrac{\mathrm{e}x^2}{2}\Big|_0^1=\dfrac{\mathrm{e}}{2}.$$

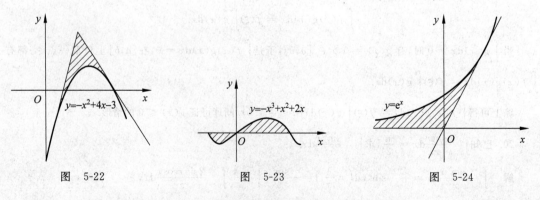

图 5-22   图 5-23   图 5-24

26. 求由下列已知曲线所围成的图形，按指定的轴旋转所产生的旋转体的体积：

(1) $y=\mathrm{e}^x$ 与 $x=1$，$y=1$ 所围成的图形，分别绕 x 轴，y 轴；

(2) $x^2+(y-5)^2\leqslant 16$，绕 x 轴.

解 (1)画草图 5-25(a).

$$V_x = \pi \int_0^1 (e^x)^2 dx - \pi = \frac{1}{2}\pi(e^2 - 3),$$

$$V_y = \pi(e-1) - \pi \int_1^e (\ln y)^2 dy = \pi(e-1) - \pi\left[(\ln y)^2 y \Big|_1^e - 2\int_1^e \ln y dy\right]$$

$$= \pi(e-1) - \pi\left[e - 2y\ln y \Big|_1^e + 2\int_1^e dy\right] = \pi(e-1) - \pi[e - 2e + 2e - 2] = \pi.$$

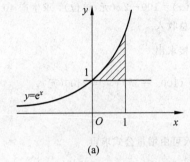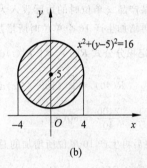

图 5-25

(2)画草图 5-25(b).

$$V_x = \pi \int_{-4}^4 (5 + \sqrt{16-x^2})^2 dx - \pi \int_{-4}^4 (5 - \sqrt{16-x^2})^2 dx = 20\pi \int_{-4}^4 \sqrt{16-x^2} dx$$

$$= 20\pi \cdot \frac{\pi 4^2}{2} = 160\pi^2.$$

27. 求曲线 $y = 4 - x^2$ 及 $y = 0$ 所围成的图形绕直线 $x = 3$ 旋转所得旋转体的体积.

解 画草图 5-26,取 y 为积分变量,$y \in [0,4]$.由前面常用的方法,所求体积为曲边梯形 $ABDE$ 绕 $x=3$ 旋转所得旋转体的体积 V_2 减去由曲边梯形 $ACDE$ 绕 $x=3$ 旋转所得旋转体的体积 V_1,其体积元素分别为

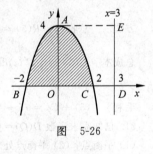

图 5-26

$$dV_2 = \pi(3 + \sqrt{4-y})^2 dy, \quad dV_1 = \pi(3 - \sqrt{4-y})^2 dy.$$

所求体积为

$$V = V_2 - V_1 = \pi \int_0^4 (3 + \sqrt{4-y})^2 dy - \pi \int_0^4 (3 - \sqrt{4-y})^2 dy$$

$$= 12\pi \int_0^4 \sqrt{4-y} dy = 64\pi.$$

注 (1)此题的旋转轴不是 y 轴,而是直线 $x=3$,因此,在确定体积元素 dV 时,旋转半径不是曲边到 y 轴的距离,而是曲边到直线 $x=3$ 的距离.

(2)此题也可看成平行截面面积为已知的立体的情况.解法如下:

过 y 轴上一点 $y(0<y<4)$ 作垂直于 y 轴的平行截面,截得一个圆环面,其面积为

$$A(y) = \pi(3-x_2)^2 - \pi(3-x_1)^2 = \pi(3 + \sqrt{4-y})^2 - \pi(3 - \sqrt{4-y})^2$$

$$= 12\pi\sqrt{4-y},$$

所求体积为 $V = \int_0^4 A(y)dy = \int_0^4 12\pi\sqrt{4-y}dy = 64\pi.$

28. 设抛物线 $L: y = -bx^2 + a(a>0, b>0)$,确定常数 a, b 的值,使得

(1) L 与直线 $y = x+1$ 相切;

(2) L 与 x 轴所围图形绕 y 轴旋转所得旋转体的体积最大.

解 (1)设切点为 $(x_0, 1+x_0)$. 因为 $y' = -2bx$,所以 $-2bx_0 = 1$,又 $(x_0, 1+x_0)$ 在抛物线上,所以 $1 + x_0 =$

$-bx_0^2+a$，由 $\begin{cases} -2bx_0=1, \\ 1+x_0=-bx_0^2+a \end{cases}$，解得 $a=1-\dfrac{1}{4b}$.

（2）L 与 x 轴所围图形绕 y 轴旋转所得旋转体的体积为

$$V=\int_0^a \pi \frac{a-y}{b}\mathrm{d}y=\int_0^a \pi 4(1-a)(a-y)\mathrm{d}y=4\pi(1-a)\frac{a^2}{2}=2\pi a^2(1-a),$$

$$V'=-2\pi(3a^2-2a)，令 V'=0，得 a=\frac{2}{3}，于是 b=\frac{3}{4}.$$

29. 已知生产某产品 x 单位时的边际收入为 $R'(x)=100-2x$（元/单位），求生产 40 单位时的总收入及平均收入，并求再增加生产 10 个单位时所增加的总收入.

解 由变上限定积分公式 $R(x)=\int_0^x R'(t)\mathrm{d}t$ 直接求出

$$R(40)=\int_0^{40}(100-2x)\mathrm{d}x=(100x-x^2)\Big|_0^{40}=2400(元),$$

平均收入 $\dfrac{R(40)}{40}=\dfrac{2400}{40}=60(元).$

在生产 40 单位后再生产 10 单位所增加的总收入可由增量公式求得

$$\Delta R=R(50)-R(40)=\int_{40}^{50}R'(x)\mathrm{d}x=\int_{40}^{50}(100-2x)\mathrm{d}x=(100x-x^2)\Big|_{40}^{50}=100(元).$$

30. 已知某产品的边际收入 $R'(x)=25-2x$，边际成本 $C'(x)=13-4x$，固定成本为 $C_0=10$，求当 $x=5$ 时的毛利和纯利.

解 方法一 由边际利润 $L'(x)=R'(x)-C'(x)=(25-2x)-(13-4x)=12+2x$.

可求得 $x=5$ 时的毛利为 $\int_0^x L'(t)\mathrm{d}t=\int_0^5(12+2t)\mathrm{d}t=(12t+t^2)\Big|_0^5=85;$

当 $x=5$ 时的纯利为 $L(5)=\int_0^5 L'(t)\mathrm{d}t-C_0=85-10=75.$

方法二 总收入 $R(5)=\int_0^5 R'(t)\mathrm{d}t=\int_0^5(25-2t)\mathrm{d}t=(25t-t^2)\Big|_0^5=100,$

总成本 $C(5)=\int_0^5 C'(t)\mathrm{d}t+C_0=\int_0^5(13-4t)\mathrm{d}t+10=(13t-2t^2)\Big|_0^5+10=25,$ 所以纯利为

$$L(5)=R(5)-C(5)=100-25=75,$$

毛利 $L(5)+C_0=75+10=85.$

31. 已知需求函数 $D(Q)=(Q-5)^2$ 和消费函数 $S(Q)=Q^2+Q+3$.求：

（1）平衡点；（2）平衡点处的消费者剩余；（3）平衡点处的生产者剩余.

解 （1）为了求平衡点，令 $D(Q)=S(Q)$，并求解如下方程 $(Q-5)^2=Q^2+Q+3$，解之得 $Q=2$，即 $Q^*=2$.把 $Q=2$ 代入 $D(Q)$，则 $P^*=D(2)=(2-5)^2=9$，因此，平衡点是 $(2,9)$.

（2）平衡点处的消费者剩余是

$$\int_0^{Q^*} D(Q)\mathrm{d}Q-P^*Q^*=\int_0^2(Q-5)^2\mathrm{d}Q-2\cdot 9=\frac{(Q-5)^3}{3}\Big|_0^2-18=\frac{44}{3}\approx 14.67.$$

（3）平衡点处的生产者剩余是

$$P^*Q^*-\int_0^{Q^*} S(Q)\mathrm{d}Q=2\times 9-\int_0^2(Q^2+Q+3)\mathrm{d}Q=18-\left(\frac{Q^3}{3}+\frac{Q^2}{2}+3Q\right)\Big|_0^2=\frac{22}{3}\approx 7.33.$$

自测题 5 答案

1. **解** （1）$\int_a^b f'(2x)\mathrm{d}x=\frac{1}{2}\int_a^b f'(2x)\mathrm{d}(2x)=\frac{1}{2}f(2x)\Big|_a^b=\frac{1}{2}[f(2b)-f(2a)];$

（2）$\int_{-\frac{\pi}{2}}^{\frac{\pi}{2}}(3+\sqrt{1+\cos^4 x}\sin x)\mathrm{d}x=2\int_0^{\frac{\pi}{2}}3\mathrm{d}x+\int_{-\frac{\pi}{2}}^{\frac{\pi}{2}}\sqrt{1+\cos^4 x}\sin x\mathrm{d}x=3\pi+0=3\pi;$

(3) $\dfrac{\mathrm{d}}{\mathrm{d}x}\left(\displaystyle\int_{x^2}^0 x\cos t\,\mathrm{d}t + \int_0^1 t\cos t\,\mathrm{d}t\right) = \dfrac{\mathrm{d}}{\mathrm{d}x}\left(x\displaystyle\int_{x^2}^0 \cos t\,\mathrm{d}t\right) = \displaystyle\int_{x^2}^0 \cos t\,\mathrm{d}t - 2x^2\cos x$

$$= \sin t\Big|_{x^2}^0 - 2x^2\cos x^2 = -\sin x^2 - 2x^2\cos x^2\,;$$

(4) $\displaystyle\int_0^{+\infty} \dfrac{\arctan x}{1+x^2}\,\mathrm{d}x = \int_0^{+\infty} \arctan x\,\mathrm{d}\arctan x = \dfrac{(\arctan x)^2\Big|_0^{+\infty}}{2} = \dfrac{\pi^2}{8}\,;$

(5) $\displaystyle\int_0^{\frac{1}{c}} (x^2 - cx^3)\,\mathrm{d}x = \left(\dfrac{x^3}{3} - c\dfrac{x^4}{4}\right)\Big|_0^{\frac{1}{c}} = \dfrac{1}{12c^3} = \dfrac{2}{3}$，解得 $c = \dfrac{1}{2}$.

2. 解　(1) 因为 $3 < x < 4$ 时 $\ln x > 1$，所以 $\ln^2 x < \ln^4 x$，故 $\displaystyle\int_3^4 \ln^2 x\,\mathrm{d}x < \int_3^4 \ln^4 x\,\mathrm{d}x$，即 $I_1 < I_2$，故选 B.

(2) 因为 $\displaystyle\lim_{x\to 0}\dfrac{f(x)}{g(x)} = \lim_{x\to 0}\dfrac{x^2 - \displaystyle\int_0^{x^2}\cos t^2\,\mathrm{d}t}{\sin^{10}x} = \lim_{x\to 0}\dfrac{x^2 - \displaystyle\int_0^{x^2}\cos t^2\,\mathrm{d}t}{x^{10}} = \lim_{x\to 0}\dfrac{2x - 2x\cos x^4}{10x^9}$

$$= \lim_{x\to 0}\dfrac{1-\cos x^4}{5x^8} = \lim_{x\to 0}\dfrac{\frac{1}{2}x^8}{5x^8} = \dfrac{1}{10}\,,$$

所以 $f(x)$ 是 $g(x)$ 的同阶但非等价无穷小. 故选 B.

(3) $F'(x) = \left(\displaystyle\int_{x^2}^{\mathrm{e}^{-x}} f(t)\,\mathrm{d}t\right)' = -\mathrm{e}^{-x} f(\mathrm{e}^{-x}) - 2x f(x^2)$，故选 A.

(4) 设 $F(x) = \displaystyle\int_a^x f(t)\,\mathrm{d}t + \int_b^x \dfrac{1}{f(t)}\,\mathrm{d}t$，则 $F(a) = \displaystyle\int_b^a \dfrac{1}{f(t)}\,\mathrm{d}t < 0$，$F(b) = \displaystyle\int_a^b f(t)\,\mathrm{d}t > 0$，由零点存在定

理得 $F(x) = 0$ 在区间 (a,b) 内的至少有一根，而 $F'(x) = f(x) + \dfrac{1}{f(x)} > 0$，$F(x)$ 单调增，所以只有一根，

故选 B.

(5) 因为 $f(x)$ 在 $[a,b]$ 上连续，$\displaystyle\int_a^b f(x)\,\mathrm{d}x$ 存在. 但 $\displaystyle\int_a^b f(x)\,\mathrm{d}x$ 存在，$f(x)$ 在 $[a,b]$ 上不一定连续，有可能

有有限个间断点. 故选 B.

3. 解　(1) $\displaystyle\lim_{x\to 0}\dfrac{\displaystyle\int_0^{x^2}\sin^{\frac{3}{2}}t\,\mathrm{d}t}{\displaystyle\int_0^x t(t-\sin t)\,\mathrm{d}t} = \lim_{x\to 0}\dfrac{2x\sin^3 x}{x(x-\sin x)} = \lim_{x\to 0}\dfrac{2x^3}{x-\sin x} = \lim_{x\to 0}\dfrac{6x^2}{1-\cos x} = \lim_{x\to 0}\dfrac{12x}{\sin x} = 12.$

(2) 由于 $\sqrt{1+x^4} - 1 \sim \dfrac{1}{2}x^4$，则

$$\lim_{x\to 0}\dfrac{\displaystyle\int_0^{\sin^2 x}\ln(1+t)\,\mathrm{d}t}{\sqrt{1+x^4}-1} = \lim_{x\to 0}\dfrac{\displaystyle\int_0^{\sin^2 x}\ln(1+t)\,\mathrm{d}t}{\frac{1}{2}x^4} \xlongequal{\frac{0}{0}} \lim_{x\to 0}\dfrac{\ln(1+\sin^2 x)\cdot 2\sin x\cos x}{2x^3}$$

$$\xlongequal{\ln(1+u)\sim u} \lim_{x\to 0}\dfrac{\sin^2 x\cdot 2\sin x\cos x}{2x^3} = 1.$$

4. 解　(1) $\displaystyle\int_0^4 x\mathrm{e}^{\sqrt{x}}\,\mathrm{d}x \xlongequal{\sqrt{x}=t} \int_0^2 t^2\mathrm{e}^t 2t\,\mathrm{d}t = 2\int_0^2 t^3\mathrm{e}^t\,\mathrm{d}t = 2\left(t^3\mathrm{e}^t\Big|_0^2 - 3\int_0^2 t^2\mathrm{e}^t\,\mathrm{d}t\right)$

$$= 2\left[8\mathrm{e}^2 - 3\left(t^2\mathrm{e}^t\Big|_0^2 - 2\int_0^2 t\mathrm{e}^t\,\mathrm{d}t\right)\right] = 16\mathrm{e}^2 - 24\mathrm{e}^2 + 12\int_0^2 t\mathrm{e}^t\,\mathrm{d}t$$

$$= -8\mathrm{e}^2 + 12(t\mathrm{e}^t - \mathrm{e}^t)\Big|_0^2 = 4\mathrm{e}^2 + 12.$$

(2) $\displaystyle\int_{-2}^2 \dfrac{x+|x|}{2+x^2}\,\mathrm{d}x = \int_{-2}^2 \dfrac{x}{2+x^2}\,\mathrm{d}x + \int_{-2}^2 \dfrac{|x|}{2+x^2}\,\mathrm{d}x = 0 + 2\int_0^2 \dfrac{x}{2+x^2}\,\mathrm{d}x = \int_0^2 \dfrac{\mathrm{d}(2+x^2)}{2+x^2}$

$$= \ln(2+x^2)\Big|_0^2 = \ln 6 - \ln 2 = \ln 3.$$

(3) $\displaystyle\int_0^{2\pi} \sqrt{1+\cos x}\,\mathrm{d}x = \int_0^{2\pi} \sqrt{2}\,\left|\cos^2\frac{x}{2}\right|\,\mathrm{d}x = \int_0^{\pi} \sqrt{2}\cos\frac{x}{2}\,\mathrm{d}x + \int_{\pi}^{2\pi} \sqrt{2}\cos\frac{x}{2}\,\mathrm{d}x$

$\displaystyle = 2\sqrt{2}\left(\sin\frac{x}{2}\Big|_0^{\pi} + \sin\frac{x}{2}\Big|_{\pi}^{2\pi}\right) = 4\sqrt{2}.$

5. 设 $t = x - 1$,则 $\mathrm{d}x = \mathrm{d}t$,于是

$\displaystyle\int_{\frac{1}{2}}^{2} f(x-1)\,\mathrm{d}x = \int_{-\frac{1}{2}}^{1} f(t)\,\mathrm{d}t = \int_{-\frac{1}{2}}^{0} (1+t^2)\,\mathrm{d}t + \int_0^1 \mathrm{e}^{-t}\,\mathrm{d}t = \frac{1}{2} + \frac{1}{3}\times\frac{1}{8} - \mathrm{e}^{-x}\Big|_0^1 = \frac{37}{24} - \frac{1}{\mathrm{e}}.$

6. **解** 面积微元: (1) $x \in [-2, 0]$, $\mathrm{d}A_1 = (x^3 - 6x - x^2)\,\mathrm{d}x$, (2) $x \in [0, 3]$, $\mathrm{d}A_2 = (x^2 - x^3 + 6x)\,\mathrm{d}x$. 故

所求面积为 $A = \displaystyle\int_{-2}^0 \mathrm{d}A_1 + \int_0^3 \mathrm{d}A_2 = \int_{-2}^0 (x^3 - 6x - x^2)\,\mathrm{d}x + \int_0^3 (x^2 - x^3 + 6x)\,\mathrm{d}x = \frac{253}{12}.$

7. **解** 解方程组求交点: $\begin{cases} y = 2 - x^2, \\ y = x, \end{cases}$ 得交点坐标 $A(1,1)$.

从而可求得绕 x 轴和绕 y 轴旋转所得的旋转体体积

$\displaystyle V_x = \pi\int_0^1 (2-x^2)^2\,\mathrm{d}x - \pi\int_0^1 x^2\,\mathrm{d}x = \pi\int_0^1 (4 - 5x^2 + x^4)\,\mathrm{d}x = \pi\left(4x - \frac{5}{3}x^3 + \frac{1}{5}x^5\right)\Big|_0^1 = \frac{38}{15}\pi,$

$\displaystyle V_y = \int_0^1 \pi y^2\,\mathrm{d}y + \int_1^2 \pi(2-y)\,\mathrm{d}y = \frac{1}{3}\pi y^3\Big|_0^1 + \pi\left(2y - \frac{1}{2}y^2\right)\Big|_1^2 = \frac{1}{3}\pi + \frac{1}{2}\pi = \frac{5}{6}\pi.$

8. **解** $I'(x) = x(1 + 2\ln x)$,令 $I'(x) = 0$,得驻点 $x = 0$, $x = \mathrm{e}^{-1/2} \approx 6.03$,且 $I'(x)$ 在 $[1, \mathrm{e}]$ 是恒大于 0,故 $I(x)$ 在 $[1, \mathrm{e}]$ 上单调增加.

当 $x = 1$ 时, $I(x)$ 取最小值,最小值为 $I(1) = 0$;当 $x = \mathrm{e}$ 时, $I(x)$ 取最大值,最大值为 $I(\mathrm{e})$.

$\displaystyle I(\mathrm{e}) = \int_1^{\mathrm{e}} t(1 + 2\ln t)\,\mathrm{d}t = \int_1^{\mathrm{e}} (t + 2t\ln t)\,\mathrm{d}t = \frac{1}{2}t^2\Big|_1^{\mathrm{e}} + 2\left(\frac{1}{2}t^2\ln t\Big|_1^{\mathrm{e}} - \frac{1}{4}t^2\Big|_1^{\mathrm{e}}\right) = \mathrm{e}^2,$

即最大值 $I(\mathrm{e}) = \mathrm{e}^2$,最小值 $I(1) = 0$.

9. **证明** 因为 $f(x)$ 是以 2 为周期的周期函数,所以 $\displaystyle\int_x^{x+2} f(t)\,\mathrm{d}t = \int_0^2 f(t)\,\mathrm{d}t$,于是

$\displaystyle G(x+2) = 2\int_0^{x+2} f(t)\,\mathrm{d}t - (x+2)\int_0^2 f(t)\,\mathrm{d}t$

$\displaystyle = 2\int_0^x f(t)\,\mathrm{d}t + 2\int_x^{x+2} f(t)\,\mathrm{d}t - x\int_0^2 f(t)\,\mathrm{d}t - 2\int_0^2 f(t)\,\mathrm{d}t$

$\displaystyle = 2\int_0^x f(t)\,\mathrm{d}t + 2\int_0^2 f(t)\,\mathrm{d}t - x\int_0^2 f(t)\,\mathrm{d}t - 2\int_0^2 f(t)\,\mathrm{d}t$

$\displaystyle = 2\int_0^x f(t)\,\mathrm{d}t - x\int_0^2 f(t)\,\mathrm{d}t = G(x),$

即 $G(x)$ 是以 2 为周期的周期函数.